지능형 차량 안전을 위한 영상 및 비전 시스템

저자 신현철 | 강행봉 | 곽노준 | 김학일 | 조상복

홍릉과학출판사

PREFACE ::

머리말

지능형 차량용 전자시스템은 급속한 성장이 예상되어 다양한 연구가 활발하게 진행되는 분야입니다. 지능형 차량 기술에서 중용한 부분 중 하나가 안전 운행을 위한 첨단 운전자 보조 시스템의 영상 비전 시스템입니다. 지능형 차량 영상 비전 시스템에서는 영상 정보를 이용하여 편리하고 안전한 운전 도움 기능들을 제공하고자 합니다. 연간 교통사고 사망자가 백만 명이 넘고 부상자가 수천만인 점을 감안하여, 교통사고를 크게 줄이는 일은 중요합니다. 이 책에서는 카메라 센서를 통해 받은 영상 정보를 처리하는 방법들의 특징들을 이해하고, 이를 이용하여 효과적인 안전 시스템의 설계를 목표로 하고 있습니다.

본서는 지능형 차량을 배우고자 하는 일반인과 학생 등 어느 누구나 쉽게 접근할 수 있도록 구성하였습니다. 흔히 사용하는 색도 공간인 RGB와 CMYK와 같은 영상 비전의 기초적인 부분도 설명하여 독자들의 이해를 돕도록 하였습니다. 그리고 Scale Invariant Feature Transform (SIFT), Speeded Up Robust Feature (SURF), Bag of Features (BoF), Histogram of Gradients (HoG), Haar like Features 등과 같은 특징 추출 알고리즘이나 인식을 위한 Support Vector Machine (SVM), K Nearest Neighbors (KNN) 등에 대한 알고리즘의 특징들도 자세하게 서술하였습니다. 또한 차선, 차량, 보행자 인식 기술과 super resolution 및 물체 추적 기술도 설명하였습니다. 일부 알고리즘에 대해서는 OpenCV를 이용하여 실제로 구현해보는 방법을 통해 이해를 돕고 있습니다. 본서가 앞으로의 지능형 차량 기술 개발에 많은 도움과 토대가 되었으면 합니다.

지능형 차량 개발을 위해 모든 열정을 쏟고 있는 분들께 존경의 박수를 보내드립니다. 이 분들의 노력이 헛되지 않도록 지능형 차량에 대한 연구가 더 활발해져 연구와 관련 산업이 무한히 발전하길 기대합니다. 또한 본서가 아직 관련 교재가 많지 않은 지능형 차량 전자시스템 분야 연구에 도움이 되기를 기대하며, 출판되기까지 고생하며 많은 노고를 아끼지 않은 아주대 곽노준 교수, 가톨릭대 강행봉 교수, 울산대 조상복 교수, 인하대 김학일 교수께 감사의 말씀을 전하고 싶습니다.

대표저자 신현철

CONTENTS ::

목 차

CONTENTS ::

CONTENTS ::

CONTENTS ::

01 지능형 차량 안전을 위한 영상 비전 시스템

지능형 차량 안전을 위한 영상 및 비전 시스템은 근래에 활발한 연구가 이루어지는 중요 분야이다. 근래에는 실험적인 무인 운전 자동차도 성공적으로 개발되어 구글 자율 주행 자동차는 미국 네바다주에서 운전면허를 받았다. 본 서에서는 영상 정보를 활용한 차량 안전 운행 시스템 플랫폼 개발을 위해 영상 정보를 이용한 차량, 보행자, 장애물 인식 충돌방지 운행 시스템, 파노라마 비전을 이용한 주변 물체, 차선, 차량, 보행자를 인식하여 정보를 취득하는 기술을 소개한다. 물체 인식을 위한 방법인 모폴로지 연산, SIFT, HoG 등을 OpenCV 예제를 통해 보여주며, 인식률 향상을 위한 잡음 및 번짐. 제거 기법, 조명 변화 및 occlusion 대응 기술 등에 대해서도 설명한다.

교재의 전반부에는 지능형 영상 및 비전 시스템에 대해 설명하고, 동영상 처리, 영상분할, 에지 검출과 같은 기본적인 영상 처리에 대해 설명하도록 한다. 그리고 차선 인식, 패턴 인식, 특징추출 및 분류, SIFT, HoG, 파노라마 등과 같은 다양한 영상 처리 방법들을 OpenCV 실습을 통해 설명한다. 후반부에는 지능형 차량에서 사용하기 위한 차량주변 영상 재구성, 렌즈 보정, 물체추적 기술(optical flow, KLT-transform, particle filter) 등을 OpenCV를 이용하여 실제로 구현할 수 있도록 한다.

제1장에서는 지능형 차량용 비전 산업에 대하여 알아보고, 차선 인식 및 차량 인식 기술을 소개한다. 여기에서는 실제 응용 사례와 이해에 필요한 주요 기술을 소개하며, 특징 검출, 매칭, 패턴 인식 등의 핵심 기술들은 뒤에서 다시 자세히 설명하기로 한다. 일부 내용은 OpenCV 또는 MATLAB™을 이용하여 실습할 수 있도록 하였다.

1.1 영상 비전 관련 시장 전망 및 지능형 자동차 발전 추세

지능형 영상 비전 시스템의 시장 전망에 대해서 알아보며, 앞으로의 발전 추세에 대해서도 논의한다. 그리고 현재 자동차 관련 산업의 규모 및 국내외 산업 현황에 대해서 알아본다.

1.1.1 지능형 영상 비전 시스템 시장 전망

영상 분야와 관련된 시장의 규모가 점차 커지고 있으며, 많은 부분에서 영상 분야를 응용하여 사용하고 있다. 특히, 자동차나 가정에서 사용하는 영상시스템의 규모가 엄청나게 커질 것으로 예상된다. 단순하게 영상만 보여주는 것이 아닌 바이오 인식 또는 무인전자경비 시스템과 같은 다양한 기술에도 지능형 영상 비전 시스템이 사용될 것으로 예상된다.

- 영상 관계 품목별 전 세계 시장 규모는 2009년 82.6억 달러에서 2014년 144.7억 달러 규모로 연평균 11.9% 성장할 것으로 예상된다 (IMS research 2009).
- 지능형 영상 감시를 위한 순수 VA(Video Analytics) S/W의 규모는 2009년 약 4천5백만 달러에서 2013년 1억 5백만 달러로 성장할 것이다 (IMS research 2009).
- 국내 보안 시장 규모는 CCTV 영상 감시, 출입통제, 알람 모니터링, 바이오 인식, 무인전자경비 분야에 걸쳐 2009년에 약 2조 3천억 원 정도이며 2011년에는 3조 2천5백억 원 정도로 예상된다 (시큐리티 월드).

표 1-1 시장규모의 예측

구분	2009년 시장 규모	예상 시장 규모(2014년)
세계 시장 규모	82.6억 달러	144.7억 달러
국내 시장 규모	2조 3천억 원	3조 2천5백억 원(2011년)
산출 근거	IMR Research 2009, 시큐리티 월드	

1.1.2 지능형 자동차 발전 추세

차량의 전자화 비중은 갈수록 증가하고 있으며, 그림 1-1과 같이 1980년 이후로 지속적인 성장을 거듭해 왔다. 1990년대 후반으로 가면서 내비게이션, 멀티미디어, 차량 내 통신

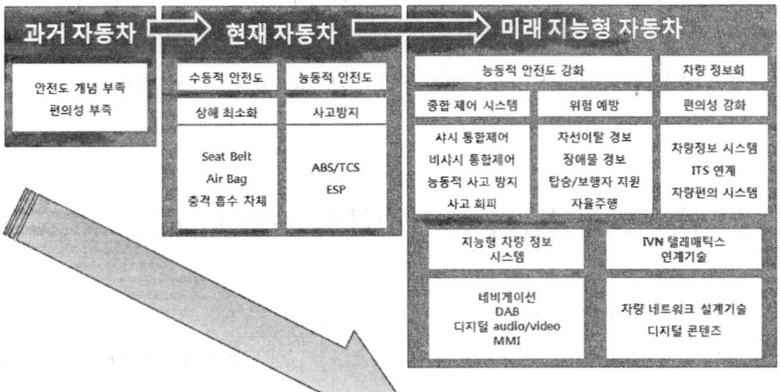

그림 1-1 지능형 자동차 발전 추세

장치 등의 편의 시스템을 추가하고 Electronic Stability Program(ESP) 등을 통해 안전 시스템을 강화하였다. 이러한 요소와 함께 자동차의 수요 증가에 따른 환경오염 및 사고사례가 증가하면서, 자동차 산업계에서는 친환경/지능형 자동차의 개발이 요구되어 왔다.

1.1.3 국내외 산업 현황

산업 구조 면에서의 자동차 산업의 국내경제 비중은, 고용 면에서 전체 제조업 종사자의 8.9%에 달하는 26만 명이 종사하고 있으며, 제조업 전체 생산액의 11.6%에 해당하는 99조 원에 이르는 등 국가경제를 주도하는 핵심 산업이다. 그러나 근래 자동차 산업은 선진국에서의 질적 확대와 신흥국의 양적 확대로 인한 시장 구조의 변화, IT, 전기 및 전자 기술 등 이종 기술 간의 융합으로 인한 기술 환경의 변화와 전(全) 방위적 경쟁으로 인한 경쟁구조의 변화로 인해 급변하고 있다. 이러한 자동차 산업의 환경 변화에 대한 국내 자동차 관련 산업의 생존전략으로 자동차 전장부품의 중요성이 날로 커지고 있다.

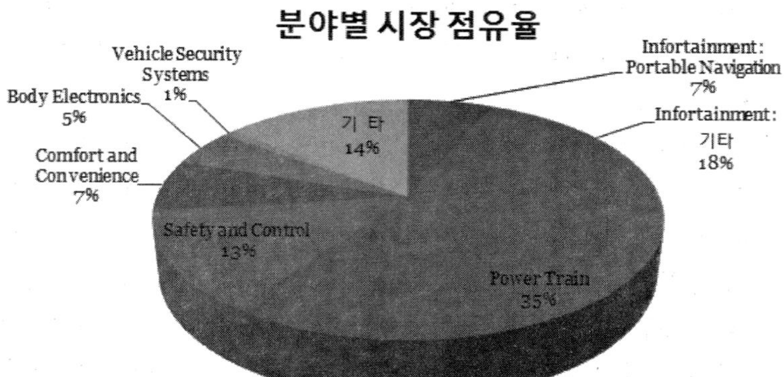

그림 1-2 자동차용 반도체 산업 사장 점유율[13]

고급 운전자 보조시스템(advanced driving assistance system)은 차선 인식, 차량 인식, 졸음 운전방지, 보행자 인식 등 기능을 가지고 있다. 카메라를 통한 영상 정보에서 차량/보행자를 인식하고, 충돌위험이 있을 경우 이를 사전에 알려, 교통사고를 미연에 예방하는데 도움을 줄 수 있다. 아래 내용에서는 주로 차선 인식과 차량 인식 방법에 대하여 알아본다.

1.2 허프 트랜스폼을 이용한 차선 인식 및 오류 감소

다양한 기술을 이용한 차선 인식 방법이 있으나 여기에서는 많이 사용되는 허프 트랜스폼에 기반한 차선 인식 기술[1]을 소개한다.

1.2.1 허프 트랜스폼

허프 트랜스폼은 디지털 화상 처리, 컴퓨터 비전 등에서 사용하는 방법 중의 하나이다. 영상 전 영역에 걸친 패턴 추출에 많이 이용된다. 특히 산재하고 있는 패턴, 구멍이 있는 패턴, 잡음이 있는 패턴 등을 포함하는 영상에 사용되고 있다. 직선, 다항식, 원과 같이 적절한 조건 공간에서 조건식으로 표현할 수 있는 직선 또는 곡선들을 찾는 데 허프 트랜스폼은 유용하다. 복잡한 다항식일 경우에는 조건을 제한하여 파라미터의 차원을 줄일 수 있다. 또한 곡선과 직선으로 구분되는 차선처럼 특정 패턴을 검출하는데 매우 효과적이다.

1.2.2 허프 트랜스폼의 원리

허프 트랜스폼의 원리에 대해 설명하기 위해 간단한 수식들에 대해 설명한다. 그림 1-3의 직선은 식 $y = ax + b$로 나타낸다. 이때 식에서 a와 b 값이 고정된 상숫값이 되고 x와 y 값의 변화에 따라 $(x,\ y)$점을 이으면 그래프가 그려진다. 이와 반대로 한 점을 지나는 직선들도 수식으로 표현 할 수 있는데, 이때는 x와 y 값이 고정되는 값이 되며 변하는 a와 b 값들에 의해 그래프가 그려진다. 여기서 변하는 a, b 값들의 집합을 이용하면 허프 트랜스폼을 사용할 수 있다.

이미지에서 특정 조건을 만족하는 점들을 추출하고 그 점들 중에서 직선인 부분만 찾아내기 위해 히스토그램을 이용한 투표 방법이 사용된다. 아래 그림은 추출된 한 점에서 a와 b 값을 투표하여 누적 히스토그램을 구하는 것이다. 추출 된 다른 점들에 대해서도 같은 방법을 취해 투표한다. 가장 많은 히스토그램 값을 지니는 a와 b의 값을 찾아내어 $y = ax + b$식에 대입하면 원하는 직선을 찾을 수 있다. 그림 1-4와 같이 점들이 추출된다면 a_3와 b_3일 때의 투표 값이 가장 많으므로 $y = a_3x + b_3$ 그래프가 차선으로 인식된다. 그래프의 정확도와 연산속도는 a와 b 값의 분해능(얼마나 작게 나눌 것인지)에 따라 달라

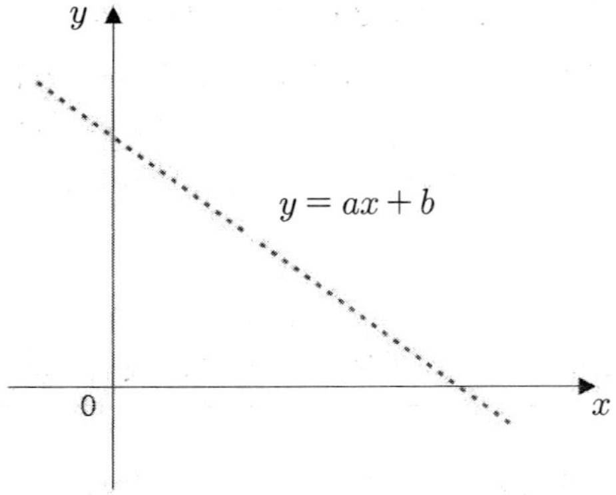

그림 1-3 직선 그래프

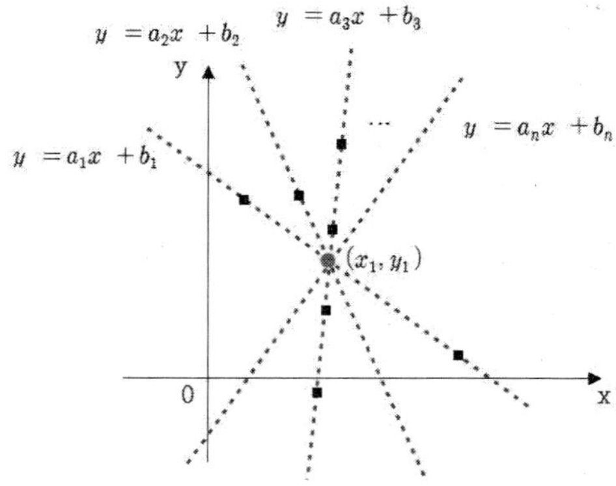

그림 1-4 한 점(x_1, y_1)에서 a와 b 값을 변화하며 그린 그래프

진다. 분해능이 높으면 정확하게 직선의 위치를 찾을 수 있지만 연산량이 많아지게 되어 속도가 느려지는 단점이 있다.

1.2.3 허프 트랜스폼을 이용한 차선 인식 및 오류 감소

도로에는 차선뿐만 아니라 다른 표시 또는 장애물 등이 존재한다. 또한 차선도 곡선인 구간이 있으므로 오류가 발생할 수 있다.

1.2.3.1 추적 및 오류 감소

허프 트랜스폼을 이용하여 차선의 검증을 수행하고 효과적으로 차선을 구별하는 방법을 이용한다. 곡선 구간에서의 차선 인식을 위해서는 좌·우 두 차선의 관계를 데이터베이스에 저장하여 사용면 오류를 크게 줄일 수 있다. 그림 1-5는 데이터베이스에 저장되어 있는 특정 차선의 오른쪽 라인 방향과 왼쪽 라인 방향의 관계를 보여준다.

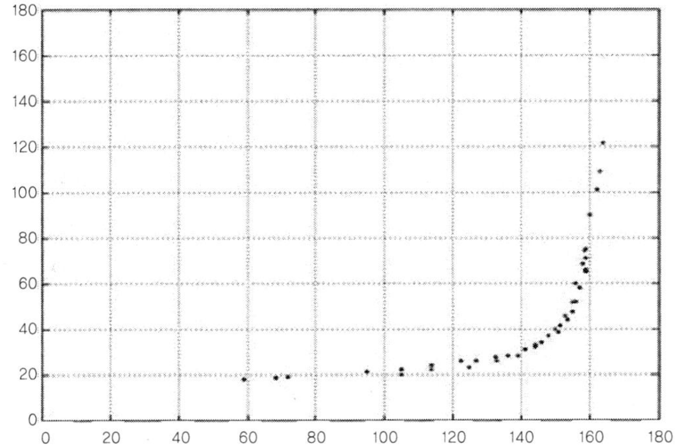

그림 1-5 좌측, 우측 라인의 각도 관계

1.2.3.2 차선 인식 실험

그림 1-6과 그림 1-7은 움직이는 자동차에서 하나의 CCD 카메라와 허프 트랜스폼을 사용하여 얻은 결과이다. 임의의 도로에서 주행해 본 결과 도로 상의 안내표시 또는 굽어진 길에서 오류가 발생하는 것을 알 수 있었다.

일반적인 허프 트랜스폼을 사용해서는 오류를 제거할 수 없다. 도로 상의 안내표시나 굽어진 길을 만나게 되면 일관성 없는 값들을 얻게 되는데, 일단 이 값들을 모두 임시로 저장한다. 그리고 지정되어 있는 값들 중에서 임계값 범위를 만족하는 값들만 실제 저장 공간으로 옮기고 나머지는 모두 버린다. 이러한 방법을 통해 도로 상의 안내표시나 굽어진 길에서의 오류를 없앤다. 도로에서 가장 중요한 정보에는, 차선, 차량, 보행자, 장애물 등이 있는데, 앞에서는 차선에 대한 정보를 얻는 방법에 대해 설명했다. 다음에는 차량에 대한 정보를 얻는 방법들에 대해 소개한다.

그림 1-6 도로 상에서 발생하는 오류 1

그림 1-7 도로 상에서 발생하는 오류 2

1.3 차량 인식 시스템

최근 영상 처리 분야에서 많이 사용하는 Scale Invariant Feature Transform(SIFT) 매칭 기법[2]을 지능형 차량 안전 시스템에도 적용한다. SIFT 매칭 기법을 사용하여 자동차주변에서 여러 가지 특징점들을 찾아내고 필요한 곳에 사용한다. 특징점들을 찾아낼 때 불필요한 부분들도 추출되는데, 이를 적응적 임계값을 이용하여 효과적으로 제거하는 방법에 대해서도 알아본다.

1.3.1 Scale Invariant Feature Transform

물체 인식은 영상 처리 및 다양한 응용 분야에서 활발히 연구되고 있는 분야 중 하나이다.

이러한 연구 과정에서 물체를 인식하는 주된 방법 중에 하나는 특징기반 물체 인식 방법이다. 그 중 조명에 강인하고 영상의 크기와 회전에 관계없는 특성을 가진 SIFT 알고리즘이 널리 사용된다. SIFT 알고리즘을 아래 다섯 단계에 걸쳐서 설명하도록 한다.

1.3.1.1 크기 공간에서의 극값 검출

먼저 크기와 방향에 불변할 것이라고 추측되는 관심 포인트들을 검출하는 과정이다.

- 이 알고리즘에서는 Difference of Gaussian(DoG)을 사용하였고, DoG와 Laplacian of Gaussian(LoG)와 비슷한 값을 갖는데 연산량이 적고 속도가 빠르기 때문에 DoG를 사용한다.
- 다음의 그림처럼 영상에 대해 크기를 다르게 한 가우시안 이미지들에 대해 DoG를 계산하고 DoG 영상에서 극값을 찾는다. 그림 1-8에서 보는 바와 같이 3×3×3 공간에서 중심에 있는 값이 가장 크거나 가장 작을 때 키 포인트 후보로 선정된다.

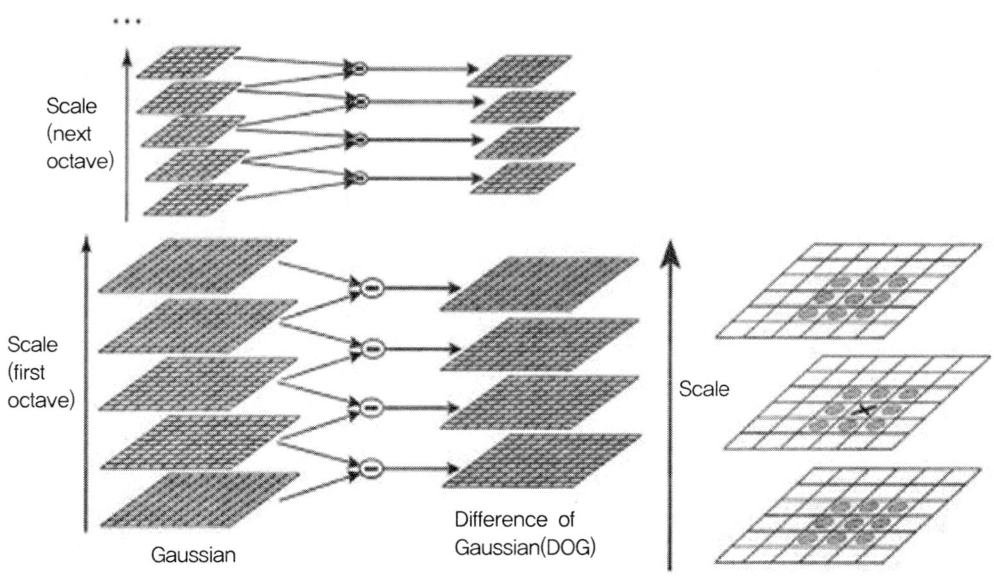

그림 1-8 크기 공간에서의 극값 검출

1.3.1.2 키 포인트 위치 확정

- 키 포인트의 후보로 선택된 점들 중 매칭을 함에 있어 안정적이지 못한 점들을 제거하고, 키 포인트를 정수형 도메인이 아닌 연속 공간에 정확히 위치시킨다. 이를 위하여 테일러(Taylor) 급수를 사용한다.

• 테일러 급수로 DoG 영상을 전계하면 gray 영상이 연속 영상에 근사된다. 근사된 영상은 이진 영상과의 차이 값에서 다른 극점을 가지게 되므로, 이 차이가 어느 방향으로든 0.5(한 화소 간격의 50%) 이상 차이나게 된다면, 키 포인트는 현재의 위치가 아닌 다른 점에 가까우므로 이동하여 다시 테일러 급수를 전계하여야 한다.

$$D(x) = D + \frac{\partial D^T}{\partial x} x + \frac{1}{2} x^T \frac{\partial^2 D}{\partial x^2} x$$

• 0.5보다 작다면 세밀하게 계산된 차이 함수의 극점의 좌표를 계산하여 키 포인트의 위치를 조정한다. 또한 차이 값이 특정한 값(실험결과 0.03) 보다 작다면 저대비도이므로 키 포인트에서 제외시킨다.

1.3.1.3 방향 할당

• 각 키 포인트의 방향, 크기 즉, 방향을 구하는 단계이다.
• 키 포인트 주변의 화소의 방향을 다음 2개의 식을 이용하여 계산하고 방향 히스토그램을 만든다.

$$m(x,y) = \sqrt{(L(x+1,y) - L(x-1,y))^2 + (L(x,y+1) - L(x,y-1))^2}$$

$$\theta(x,y) = \tan^{-1}\left(\frac{L(x,y+1) - L(x,y-1)}{L(x+1,y) - L(x-1,y)}\right)$$

• 가장 값이 큰 것을 해당 키 포인트의 방향으로 결정하며, 만약 해당 방향의 값의 80%에 해당하는 다른 점이 있다면 또 다른 키 포인트를 만들어 준다. 즉, 같은 지점에서 여러 개의 키 포인트가 존재할 수 있다.

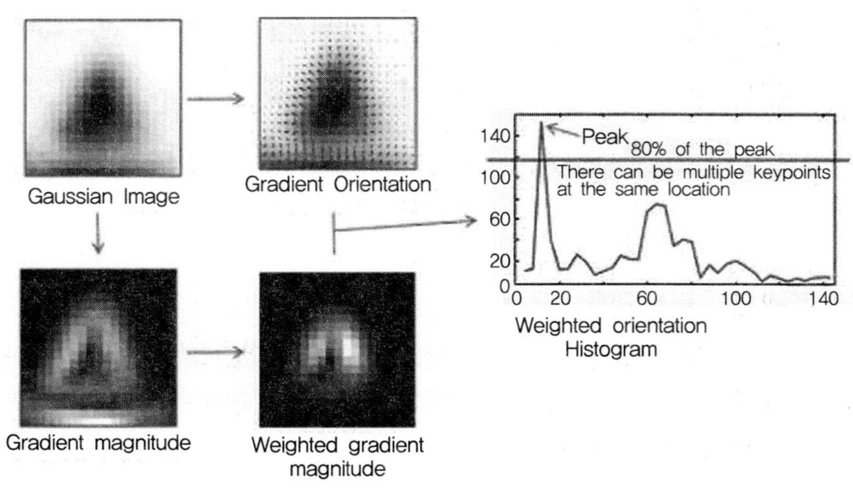

그림 1-9 방향 할당

1.3.1.4 키 포인트 기술자

- 키 포인트를 중심으로 주변에 있는 기울기 값들의 방향을 구한다.
- 주변의 기울기 값들은 가우시안 윈도를 사용하여 가중치를 주는데 그 크기는 해당 키 포인트의 크기 값의 1.5배에 해당하는 값을 사용한다. 즉, 마스크의 크기가 원래의 이미지에 적용되었던 크기의 1.5배이다.

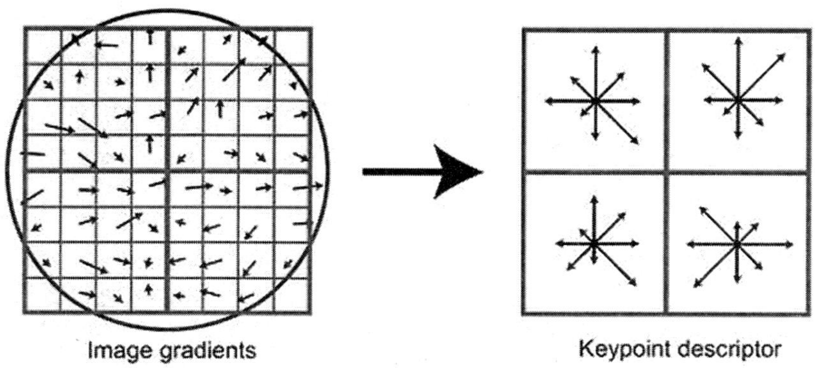

그림 1-10 키 포인트 기술자

- 방향 불변을 위하여 기울기 값을 구할 때 사용하는 좌표는 반드시 키 포인트의 방향으로 회전시켜주어 샘플링한다.
- 밝기 불변을 위하여 모든 방향 값을 평활화한다.

1.3.1.5 매칭

- 템플릿 이미지와 환경 이미지를 매칭할 때, 먼저 두 영상의 키 포인트 데이터베이스를 구성한 후 템플릿 이미지의 모든 키 포인트를 환경 이미지의 키 포인트들과 비교한다. 키 포인트는 이미 스케일이 계산되어 있고, 평활화 방향에 회전되어 있기 때문에 단순히 배열을 비교하는 것으로 매칭을 수행할 수 있다.
- 물체 인식에서 좀 더 좋은 결과물을 위하여, 하나의 키 포인트에서 가장 가까운 매칭된 키 포인트와 두 번째로 가까운 매칭된 키 포인트 사이의 거리가 일정 비율(임계값 0.8) 이상인 경우에는 매칭에서 제외시킨다.
- 고정된 임계값인 0.8 대신 적응적 임계값을 사용하면 더 효과적인 매칭결과를 얻을 수 있다.

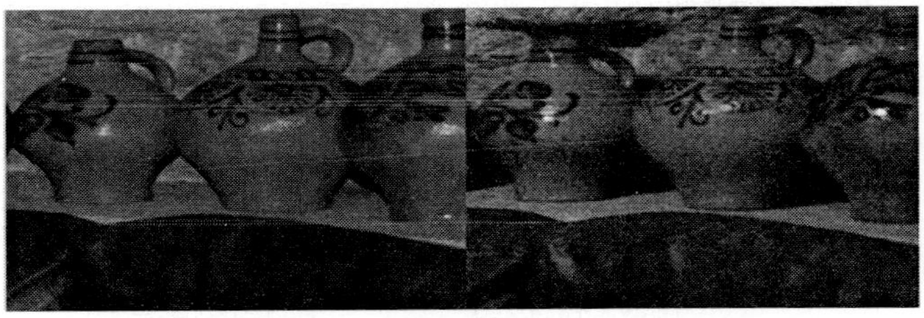

(a) 고정된 임계값

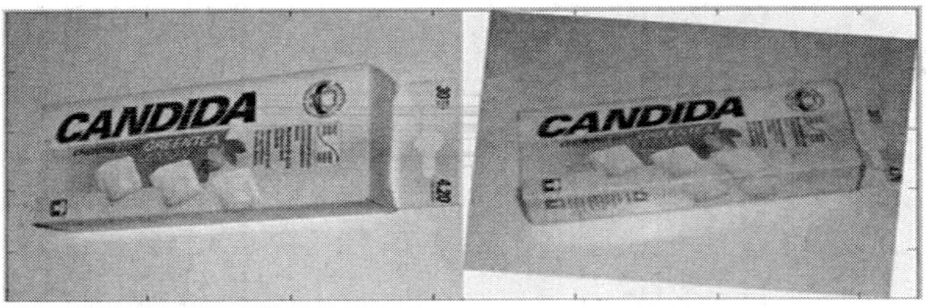

(b) 고정된 임계값

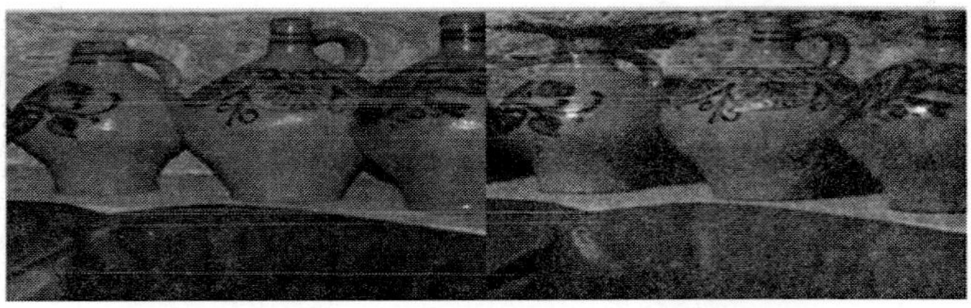

(c) 적응적 임계값

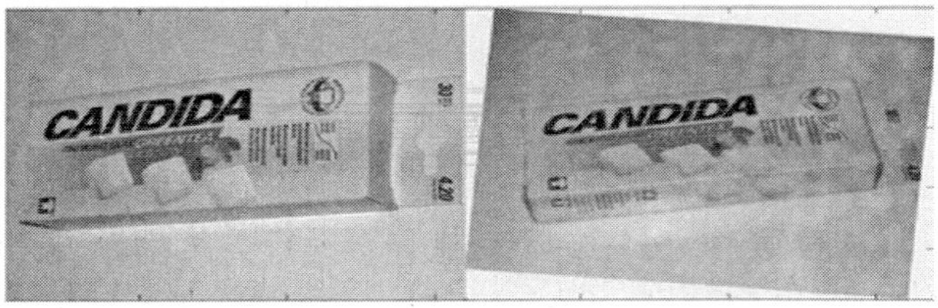

(d) 적응적 임계값

그림 1-11 매칭 결과 비교

1.3.2 Difference of BiGaussian(DoBG)와 Bag-of-Feature(BoF)을 결합한 차량 인식 알고리즘

1.3.2.1 차량 인식 알고리즘의 방법론

먼저 이 부분에서는 SIFT, 해리스 코너, DoBG와 BoF 등 다양한 특징들을 기반으로 하는 정확한 차량 인식 알고리즘을 설명한다. 그림 1-12의 블록다이어그램과 같이 가설 설정을 하고 그 가설에 대한 검증과정을 보여준다. 다양한 알고리즘들이 검증과정에서 사용된다.

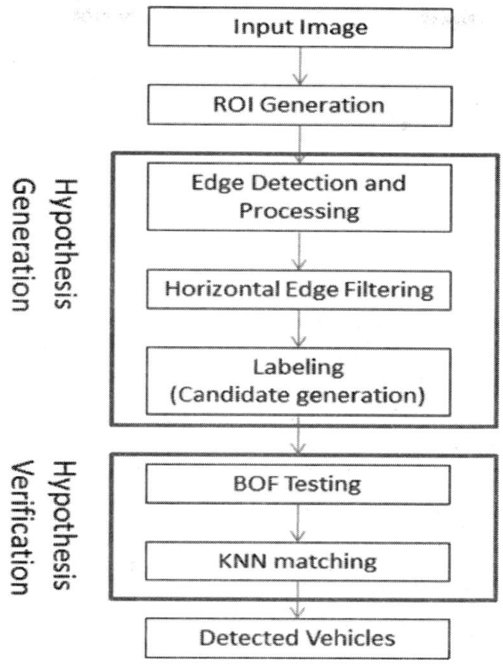

그림 1-12 차량 인식 알고리즘 전체 흐름도

1.3.2.2 차량의 후보 선정

차량 인식에서 정확도는 가정 후보 설정에 따라 달라지기 때문에 후보 선정은 매우 중요한 과정이다. 그 중에서도 차량 경계선을 이용한 후보영역 선정 방법이 가장 많이 쓰이고 있다. 많은 연구에서는 수평 혹은 수직 경계선을 이용하였다. 수직 경계선으로 차량의 좌우 위치를 판단하거나 차량 후방 범퍼 밑 그림자의 특징을 이용한다.

에지는 물체의 많은 정보를 가지고 있기 때문에 중요한 특성 중의 하나이다. 캐니와 Susan[3]과 같은 에지 검출기는 노이즈에 아주 민감하며 에지가 흐려질 때는 결과가 좋지 않다. 많은 연구나 논문에서 캐니를 가장 좋은 에지 검출기라고 소개한다. 그러나 그림 1-13에서 보듯 노이즈를 약하게 제거하고 에지를 검출하면 노이즈가 너무 많이 남게 되고, 반대로 강하게 제거하고 에지를 검출하면 에지가 왜곡되는 것을 볼 수 있다. 그래서 노이즈에 강인하고 에지 위치가 정확이 잡히는 에지 BiGaussian 검출 알고리즘을 제안하였다[12].

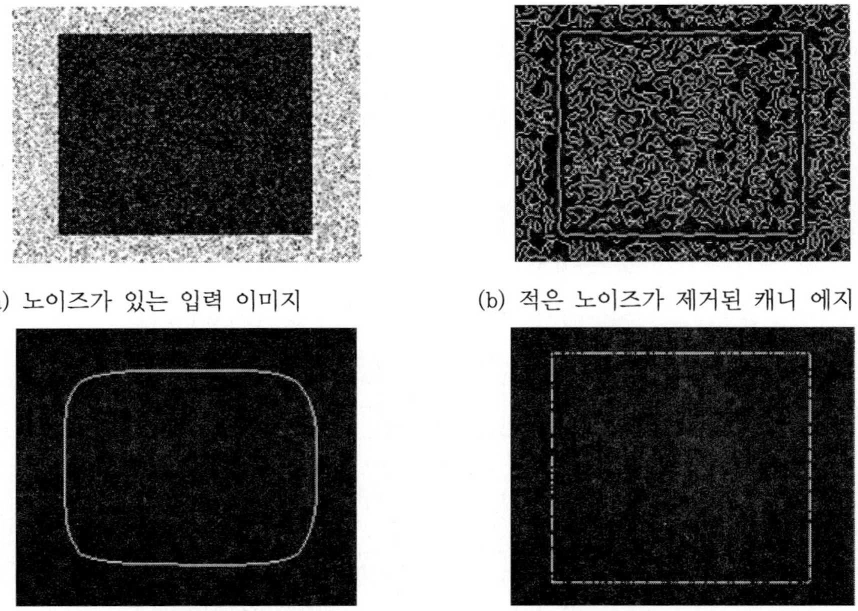

(a) 노이즈가 있는 입력 이미지 (b) 적은 노이즈가 제거된 캐니 에지 맵

(c) 많은 노이즈가 제거된 캐니 에지 맵 (d) BiGaussian 에지 맵

그림 1-13 노이즈를 제거한 에지 맵

1.3.2.3 에지 검출의 문제점

경계선은 에지 검출 알고리즘을 이용하여 쉽게 검출할 수 있다. 그러나 정확한 검출기는 효율적이고 원본 영상의 정보들을 정확한 위치에 표현해야 한다. 대부분의 이미지는 노이즈를 가지고 있는데 이를 제거하기 위해서 로우 패스 필터링을 사용하여 스무딩하는 방법을 주로 사용한다.

대부분의 에지 검출기는 가우시안의 1차 또는 2차 편미분 캐널을 이용한다. 그러나 이와 같은 방법은 고주파수 부분의 노이즈를 제거할 수 있지만, 이미지 전체가 스무딩되는 것을 피할 수 없다. 스무딩되는 정도는 필터의 변수에 따라 다르다. 너무 약하면 노이즈가 제거되지 않고 너무 강하면 스무딩이 심하게 된다.

1.3.2.4 Bilateral 필터링

1998년 C. Tomasi[4]는 도메인과 휘도 값의 차이를 동시에 고려한 스무딩 필터를 소개하였다. Bilateral 필터는 스무딩할 때 적절하게 이웃 화소 사이 기하학적 친밀도와 광도의 유사성을 동시에 고려한 가중치를 준다. Bilateral 필터는 다음과 같다.

$$J_p = \frac{1}{K_p} \Sigma_{q \in \Omega} I_p f(||p-q||)\, g(||I_p - I_q||)$$

여기서 p는 필터링되는 화소이고 I_p는 휘도 값이며 q는 주변 화소이고 I_q는 그 휘도 값이다. 그리고 J_p는 필터링된 이미지이고 K_p는 정규화 계수이고 Ω는 윈도 화소를 주변의 집합이다. 일반적으로 $f(||p-q||)$와 $g(||I_p - I_q||)$ 함수 둘 다 가우시안 함수를 이용한다. 우리가 제안하는 BiGaussian 방법에서는 이전에 가우시안 기반 기술의 기초에서 언급한 단점을 극복하기 위해 Bilateral 필터를 이용한 에지 검출의 새로운 기술을 소개한다[12].

1.3.2.5 BiGaussian 기반 에지 검출

Bilateral 필터는 스무딩할 때 이웃 화소 사이 기하학적 친밀도와 휘도의 유사성을 동시에 고려한 가중치를 준다. BiGaussian 기반의 에지 검출기의 기본 아이디어는 이미지 휘도 범위에서 에지의 정확한 위치를 찾는 동시에 이미지의 공간적 도메인의 노이즈를 제거하는 것이다. 원래 위치를 보존하고 동시에 같은 그림에 표시된 노이즈를 감소하기 때문에 BiGaussian 기반의 에지 검출은 최적화 위치를 감지할 수 있다. 노이즈를 제거하기 위하여 아래 수식과 같이 공간 도메인에서 기하학적 거리를 이용하였다.

$$g(p-q) = e^{-\frac{1}{2}\left(\frac{||p-q||}{\delta_d}\right)^2}$$

이와 동시에 에지를 검출하기 위하여 아래 수식과 같이 인자 사이의 기하학적 거리에 관한 역 가우시안 함수를 휘도 범위에서 적용한다.

$$h(I_p - I_q) = 1 - e^{-\frac{1}{2}\left(\frac{||p-q||}{\delta_r}\right)^2} + \alpha$$

위의 두 수식을 조합하면,

$$J_p = \frac{1}{K_p}\Sigma_{q\in\Omega} I_q\, g(p-q)\, h(I_p - I_q)$$

p는 고려하는 화소이고 q는 그 이웃 화소이며 I_p와 I_q는 각각 휘도 값을 나타내며 α는 I_p와 I_q의 상이 0이 되는 것을 방지하기 위한 오프셋이다. 인접한 화소에서 가우시안 함수는 노이즈를 줄이기 위해 공간 도메인의 작은 범위에 적용된다. 같은 영역에서 변화가 적은 영역의 경우 화소값은 유사하므로 h에 의하여 매개 화소에 아주 작은 값의 가중치를 준다.

경계 부분에서 밝은 면의 화소를 중심으로 필터링하면 유사성 가우시안 함수는 어두운 부분에 높은 가중치를 주고 밝은 부분에는 거의 0에 가까운 가중치를 둔다. 반대로 어두운 화소를 중심으로 필터링되었을 때 밝은 부분에는 더 높은 가중치를 부여한다. 그러므로 이 필터는 g에 의하여 도메인 로우 패스 필터로써 노이즈에 의한 화소 사이의 작고 약한 상호 차이를 평균화시키며, 동시에 h에 의하여 주변 화소 간의 차이점을 강조하기 위한 휘도 도메인에서의 표준 하이 패스 필터의 역할을 한다.

(a) 원본 이미지

(b) BiGaussian 기반 에지 맵

(c) 낮은 시그마 값의 캐니 에지 맵

(d) 높은 시그마 값의 캐니 에지 맵

그림 1-14 차량 이미지 에지 검출

따라서 이 필터를 적용하면 에지 부분이 강조되는 스무딩된 이미지를 얻을 수 있다. 이 필터는 에지를 얻기 위하여 필터링된 이미지의 휘도 값과 원본 이미지의 휘도 값의 차를 이용한 과정을 거친다. 원본 이미지의 실제 경계선의 위치와 정확히 매핑되는 에지 맵을 얻을 수 있는 것이 이 알고리즘의 참신한 점이다. 그림 1-14는 도시 내부 도로와 차량의 이미지를 각각 캐니 에지 검출기와 BiGaussain 기반으로 에지 검출기를 적용한 에지 검출 결과이다.

1.3.2.6 신호 실험 분석

높은 차수에서 파생된 방법으로 일반적인 에지를 찾는 방법은 좋지 않다. V. Berzins[5]는 이런 결과가 나타나는 이유를 가우시안 필터링 때문이 아닌 근사화된 라플라시안 미분 값 때문이라는 것을 보였다. 이러한 연산과정들은 에지를 둥글게 만든다는 것을 보여주었다. 또한, 에지에서 벗어나 튀어나온 부분의 높이를 자세하게 측정하는 방법을 제시했다.

제안한 방법이 이러한 요인을 극복할 수 있는 성질이 있다는 것을 확인하려면, 먼저 단순하고 결과가 뚜렷하게 나타날 수 있는 단순한 이미지에 테스트해야 한다. 노이즈가 없는 입력 이미지인 그림 1-15(a), 가우시안 노이즈를 넣은 이미지인 그림 1-15(b), DoG 연산을 적용시켜 낮은 인자 값으로 로우패스 필터링시킨 이미지가 그림 1-15(c)인데, 결과를 보면 노이즈가 제대로 제거되지 않았다. 반면에 높은 인자 값으로 적용시킨 그림 1-15(d)에서 노이즈는 제거되었지만 에지 부분이 변형되었다. 그림 1-15(e)와 (f)의 캐니의 경우에도 같은 결과가 나타난다. 검은 사각형의 경계선이 필터링된 후 확장되는 것을 쉽게 볼 수 있다. 노이즈가 제거되고 에지 맵이 잘 배치된 에지 맵의 결과는 우리가 제안한 방법의 결과인 그림 1-15(h)이다.

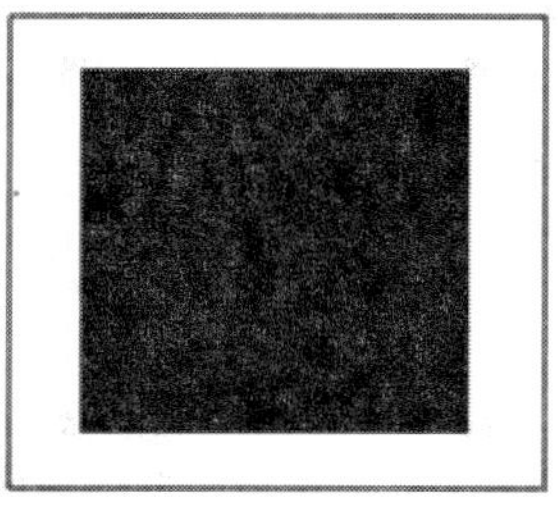

(a) 노이즈가 없는 입력 이미지

(b) 노이즈가 있는 입력 이미지

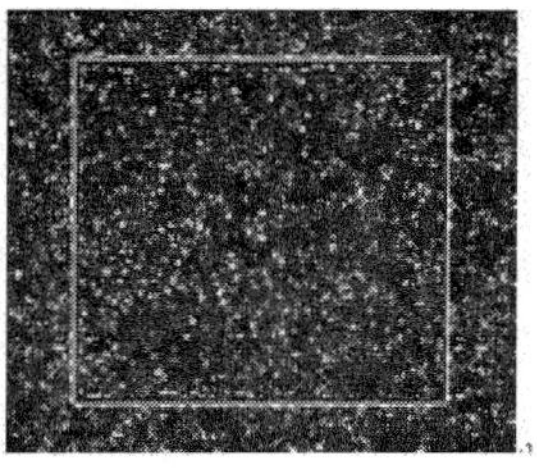

(c) 적은 노이즈가 제거된 DoG 에지 맵

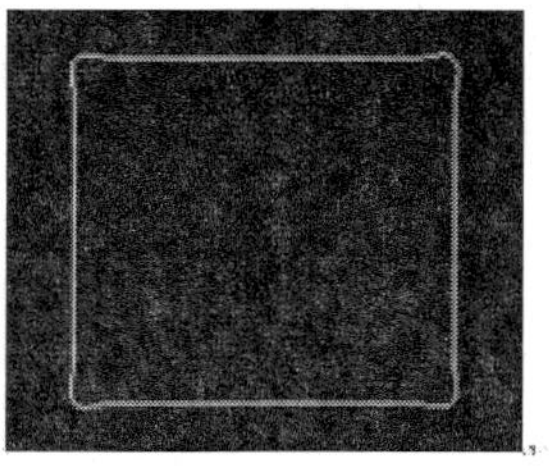

(d) 많은 노이즈가 제거된 DoG 에지 맵

(e) 적은 노이즈가 제거된 캐니 에지 맵

(f) 많은 노이즈가 제거된 캐니 에지 맵

(g) BiGaussian 기반 필터링 이미지

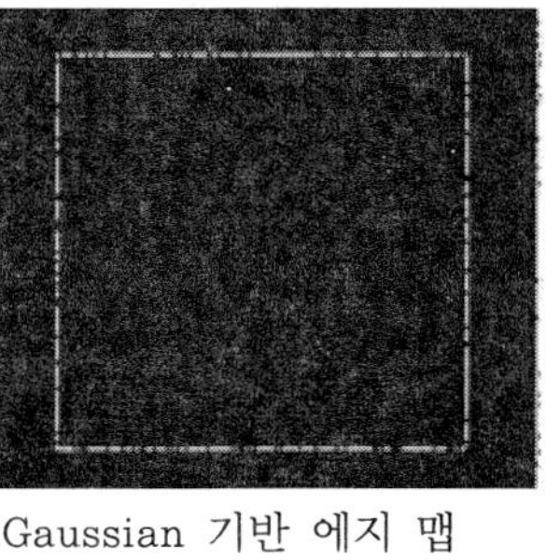

(h) BiGaussian 기반 에지 맵

그림 1-15 노이즈가 있는 이미지에서 에지 검출기의 결과

1.3.2.7 노이즈 제거 능력

제안한 에지 검출 방법은 이미지의 범위에서 에지를 강조하며 노이즈를 제거하는 성질이 있다는 것을 위에서 보여주었다. 이 부분에서는 에지 필터의 노이즈 제거 능력에 대하여 알아본다. 캐니 에지 검출기는 에지 필터 중에서 비교적 효과적이고 성능이 좋은 필터로 알려졌다. 그래서 제안하는 방법과 캐니 에지 검출기를 비교하여 방법의 신뢰성을 설명하기로 한다.

여기서는 그림 1-16(a)에서와 같이 각각 다른 파라미터를 적용한 가우시안 노이즈를 넣은 단순한 박스 이미지를 테스트 대상으로 정하였다. 그림 1-16(a)의 첫 번째 이미지의 왼쪽 위 끝점의 좌표는 (28, 18)이고 대각선의 방향에 있는 끝점의 좌표는 (183, 144)이다. 그림 1-16(b)는 그림 1-16(a)의 3개 이미지에 대하여 각각 캐니 에지 검출기를 이용하여

Low Gaussian noise(σ=0.01) Medium Gaussian noise(σ=0.05) High Gaussian noise(σ=0.1)

(a) 이미지에 시그마 값을 달리한 가우시안 노이즈를 적용

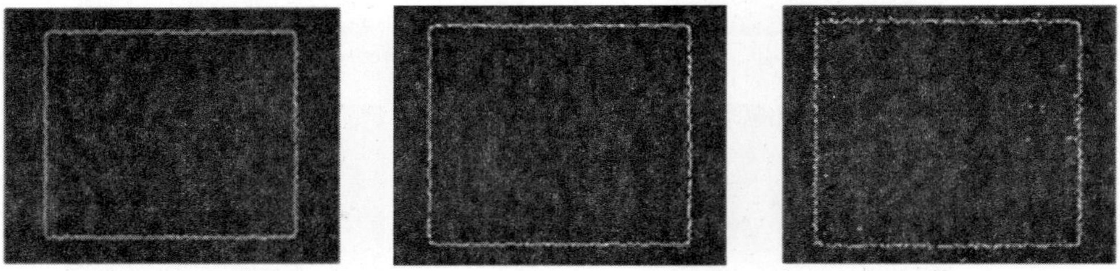

Low Gaussian noise(σ=0.01) Medium Gaussian noise(σ=0.05) High Gaussian noise(σ=0.1)

(b) 캐니 에지 검출기로 얻은 에지 맵들

Low Gaussian noise(σ=0.01) Medium Gaussian noise(σ=0.05) High Gaussian noise(σ=0.1)

(c) Bilateral 필터 기반의 에지 검출기로 얻은 에지 맵들

그림 1-16 Bilateral 필터 기반의 에지 검출기의 노이즈 제거 능력 분석 및 다양한 노이즈 레벨에서의 최적의 캐니 에지 검출기 분석

에지를 추출한 결과이다. 그림 1-16(b)의 첫 번째 그림의 추출한 후 왼쪽 위 끝점의 좌표는 (27, 17)이고 대각선의 방향에 있는 끝점의 좌표는 (184, 145)로 변했다. 이처럼 캐니 에지 검출기는 노이즈가 적은 상황임에도 불구하고 정확한 에지의 위치를 찾지 못한다. 노이즈가 중간 정도일 때와 많을 때는 최대 8~10개 화소만큼 오차가 생긴다. 하지만 우리가 제안한 방법을 쓰면 검출한 에지는 테스트 이미지의 위치와 정확히 매칭이 된다. 노이즈가 각이한 세 가지 경우에 에지 맵의 끝점의 좌표는 정확히 테스트 이미지의 끝점 좌표(28, 18), (183, 144)과 일치한다.[12][20]

1.3.2.8 실제 이미지 실험 분석

에지 검출 방법을 평가하는 것은 매우 어려운 일[6][7]이다. 여기서는 컴퓨터에서 생성된 실제 이미지를 사용하여 본 방법을 평가한다. 캐니 에지 검출기가 가장 신뢰할 수 있는 결과를 제공하고 있기 때문에 캐니 에지 검출기와 함께 비교해서 보여주려 한다. 실제 이미지들은 버클리 데이터 집합[8]에 있는 이미지들을 사용하였다. 그림 1-17은 BiGaussian 에지 검출과 캐니 에지 검출기를 적용한 이미지이다.

(a) 입력 이미지

(b) BiGaussian 기반의 에지 맵

(c) 캐니 에지 맵, 좁은 가우시안 로우패스 필터를 사용하여 많은 노이즈가 존재

(d) 캐니 에지 맵, 넓은 가우시안 로우패스 필터를 사용하여 에지의 위치들이 바뀜

그림 1-17 실제 이미지에서의 실험 결과

그림 1-17(c)는 캐니 에지 검출기에서 낮은 임계값을 부여하면, 많은 노이즈가 생기고 에지들이 왜곡된 것을 볼 수 있다. 반대로, 임계값을 증가하면 대부분의 노이즈는 제거되지만 에지들도 따라서 사라지거나 원본 이미지의 위치와 다른 곳에 매핑된 것을 볼 수 있다. 추가적으로 계단과 문, 지붕의 날카로운 경계들이 둥글게 변하게 된다. 그림 1-17(b)와 같이 BiGaussian 기반의 에지 검출기를 사용하면 모든 에지들이 제 위치에 있으며 원래의 에지 모양을 유지하고 있는 것을 볼 수 있다.

1.3.3 BiGaussian 에지 필터링을 이용한 가설 검증

이 부분에서는 효율적인 차량 인식을 위해 BiGaussaian, Horizontal Edge Filtering(HEF)을 어떻게 사용하는지에 대해 알아보고 차량 인식을 위한 차량 후보 가설영역을 설정해 본다. 가설 영역에서의 차량 검출을 위해 K-means 클러스터링과 Bag-of-visual words를 생성하여 비교하는 방법 등을 사용한다.

1.3.3.1 관심 영역 생성 및 수평 에지 필터링

가설 영역 생성을 위해 수평 에지 필터링(HEF)에 기초한 BiGaussian 에지 필터링을 사용한다. 먼저, 연산 시간을 줄이기 위해서 이미지의 상단과 하단 부분을 잘라 관심지역(ROI)를 설정한다. 상단과 하단 부분에는 자동차 이미지가 없으므로 제거한다. 남은 이미지에 에지가 있다면 화소값을 1로 할당하고, 없다면 0으로 할당한다. 일반적으로 이미지에서 긴 에지들은 차량의 후면에서 나타나는 것을 알 수 있다.

BiGaussian 기반의 에지 검출을 적용한 후 Horizontal Edge Filtering(HEF)을 한다. HEF는 전체 에지 맵의 행에서 10개의 연속된 1을 검색한다. 연속된 1들을 발견할 때마다 긴 수평 에지들을 보존하게 된다. 이 기준에 따라 모든 이미지가 스캔되어 긴 에지들만 1의 값이 할당되고 연결되지 않은 작은 에지들에는 0이 할당된다. 결과적으로 연결되지 않은 작은 에지들은 무시되고 길게 연결된 에지들만 남게 되는 것을 그림 1-18(b)에서 볼 수 있다.

차량 후면에는 일반적으로 범퍼의 형상, 바람막이, 번호판 그리고 차량의 지붕 때문에 긴 수평의 에지들을 포함하게 된다. 이러한 긴 에지들은 일반적으로 서로 가까운 곳에 위치하게 되며, 세로로 나란히 나열된다. 이 정보들을 이용하여 라벨링을 할 수 있다. 수직으로 긴 3개의 에지가 나열되는 경우에 라벨링을 위한 영역으로 간주할 수 있다. 라벨링 직사각형은 처음의 긴 에지에서부터 마지막으로 긴 가장자리의 끝까지 이어진다. 이러한 성질들을 이용하여 라벨링을 통해 이미지로부터 자동차들을 추출할 수 있다. 먼 거리의 자동차들은 수평 에지들이 너무 짧아 제대로 관측되지 않을 수도 있다. 마찬가지로, 자동차가 카메라의 오른쪽과 왼쪽에서부터 들어오게 되면 작은 수평 에지들은 검출이 되지 않는다. 그러므로 이미지와 좌우 부분에는 다른 HEF를 적용하여 라벨링 과정에서 연속되는 5개의 1로 간주하도록 한다. 이미지의 상단과 오른쪽과 왼쪽에서부터 들어오는 차량을 감지하기 위해 그림 1-18(c)와 같이 관심 영역을 분리하여 실험했다.

(a) DoBG 에지 맵

(b) 수평 에지 필터링 결과

(c) 관심 영역 분리

그림 1-18 수평 에지 필터링을 이용한 관심영역 분리

1.3.3.2 관심 영역에서의 차량 검출

가설 검증은 매칭 오류를 최소화하고 검출의 정확성을 향상해야 하기 때문에 전체 과정에서 매우 중요한 단계이다. 알고리즘의 흐름은 다음과 같다.

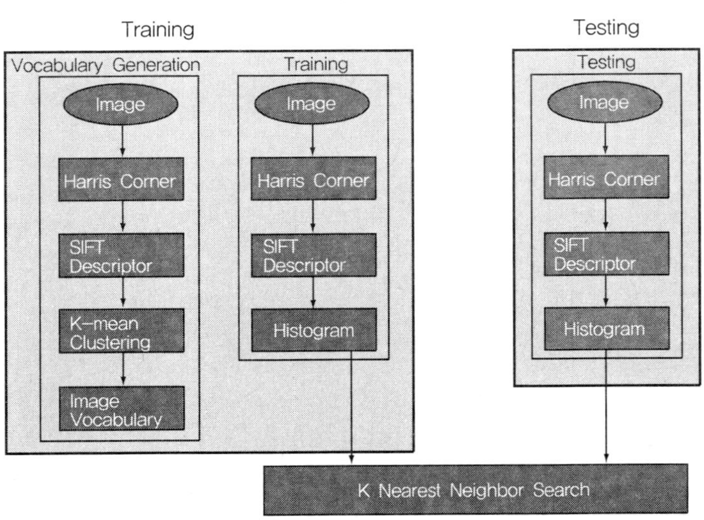

그림 1-19 Bag-of-Feature 알고리즘 흐름도

이 과정에서 가설 검증을 위해 BoF 알고리즘을 사용한다. 최근에 BoF는 객체 인식 및 차량 인식에 많이 사용되고 있다[9]. BoF는 주어진 이미지에서 특정 이미지 패턴과 일치한 수를 히스토그램으로 보여준다. 이 방법의 주된 장점은 단순성과 계산의 효율성, 그리고 어파인 변환에 불변성을 갖고 있다는 것이다.

BoF는 텍스트 검색을 위한 모델링에서 파생되었으며 알고리즘의 정의는 다음과 같다. 이미지 패치를 만들고 매칭되는 패치의 개수를 카운트하며, 핵심 포인트들을 구축하는 클러스터 구성하고 분류기를 사용해서 bag of features의 키 포인트를 찾는다. 그리고 그 카테고리가 이미지에 해당되는지를 확인하는 것이다.

BoF의 목표는 주어진 데이터를 알맞게 분류하는 단어를 선택하는 것이다. BoF 알고리즘은 시각적인 feature word 생성, 분류 및 테스트 3개 과정으로 나눌 수 있다. BoF 모델링은 훈련 이미지 히스토그램을 생성하고 테스트 이미지들의 히스토그램과 비교하여 수행한다.

1.3.3.3 K-means 클러스터링

통계 및 데이터 베이스에서 K-means 클러스터링은 클러스터를 k 클러스터들로 분할 및 관찰을 목적으로 분석하는 방법이다. 그 결과로 Voronoi[10] 셀로 데이터 공간을 분할하게 된다. 이 문제는 계산이 어려운 NP-hard 문제이다. 일반적으로 로컬 최적화에 빠르게 동작하는 효과적인 알고리즘들이 있다. 가우시안 분포 혼합을 위한 알고리즘과 expectation-maximization 알고리즘이다. 두 가지 알고리즘 모두 데이터 모델에서 사용한다.

$(x_1, x_2, \cdots, x_n)$는 d차원의 실수 벡터이다. K-means 클러스터링은 n개의 관찰자를 k개의 $(k \le n)$ $S=\{S_1, S_2, \cdots, S_k\}$ 세트로 파티션하여 Within-Cluster Sum of Squares(WCSS)의 값을 최소화하는 것이 목적이다.

$$\arg\min_{\mathbf{S}} \sum_{i=1}^{k} \sum_{x_j \in S_i} ||\mathbf{x}_j - \boldsymbol{\mu}_i||^2$$

여기서 u_i는 객체들의 S_i에서의 평균을 나타낸다.

1.3.3.4 Visual Vocabulary 생성

Visual Vocabulary는 해리스 코너 검출기를 사용하여 검출한다. 두 이미지를 어파인 변환을 한다면 크기 불변 키 포인트 검출기는 키 포인트 위치의 안정성을 가지기에는 불충분하다. 따라서 해리스 코너 검출기로 작업하는 것을 선호한다. 패치 생성을 위해 SIFT 기술어가 사용된다. 최근에 Mikolajczyk[14]는 매칭을 위한 다양한 기술어들을 비교하고 SIFT 기술어가 가장 효과적인 것을 발견했다. 벡터 양자화는 다양한 이미지에서 추출된 SIFT 기술어들을 사용하여 Visual Vocabulary를 생성하기 위해 사용된다. 여기서 K-means 클러스터링 알고리즘은 벡터 양자화에 사용된다. K 클러스터는 클러스터링에 의해 생성된 후, 각 클러스터의 중심적인 Visual Vocabulary가 된다. 실험에서, 40개의 클러스터링이 사용되었다. Visual Vocabulary를 생성하기 위해 Caltech database[11]에 있는 500개의 자동차 이미지를 사용했다. 50개의 좌우에서 들어오는 차량 이미지와 500개의 차량이 아닌 이미지들은 구글 링크에서 확보했다.

1.3.4 BoF testing 및 KNN matching을 이용한 차량 식별

1.3.4.1 실험

클래스 생성을 위한 실험은 앞의 Visual Vocabulary 생성 후 수행된다. 자동차 클래스와 비자동차 클래스의 히스토그램은 Visual Vocabulary에 사용되는 유사한 알고리즘을 사용하여 생성한다. 핵심 포인트들은 해리스 코너 검출기를 사용하여 생성하고, 패치들은 SIFT 기술어를 사용하여 핵심 포인트들을 감지하여 생성된다. 실험 이미지의 히스토그램은 Visual Vocabulary와 패치들을 비교하면서 만든다. 히스토그램은 주어진 이미지의 Visual Vocabulary의 빈도를 표현한다.

그림 1-20 차량 데이터들의 몇 가지 예제

그림 1-21 비차량 데이터들의 몇 가지 예제

1.3.4.2 테스트

마지막으로, 차량 또는 기타 객체의 검출을 위한 K Nearest Neighbor 알고리즘을 사용하여 이미지 실험의 히스토그램과 테스트 이미지의 히스토그램을 비교해 본다. 이 과정에서 테스트 이미지의 히스토그램이 차량 히스토그램과 일치하는 경우에는 차량으로, 아닌 경우에는 차량이 아닌 것으로 판단한다.

1.3.5 차량 인식 알고리즘의 성능 평가

실제 도로 주행을 통해 모은 이미지를 바탕으로 실험 평가와 인식률을 측정한다. 그 결과를 이용하여 차량 검출 알고리즘의 성능을 다른 알고리즘들과 비교해 본다.

1.3.5.1 실험 평가

실제 한국의 도로를 캡처하여 실제 동영상 이미지를 추출했다. 동영상은 도로를 촬영하기 위해 차량 내부에 장착한 카메라에서 추출한 것이다. 추출된 이미지들은 차량 가설 영역 생성 및 가설 검증을 수행하는 실험에 사용된다. HEF와 BiGaussian 기반으로 생성한 차량 가설 영역은 그림 1-22(a)와 같고, 가설 검증을 위해 KNN 알고리즘과 BoF를 이용하여 차량을 검출한 결과는 그림 1-22(b)에서 볼 수 있듯이 2개의 가설 영역이 제거되었다.

(a) 가정 생성 결과 (b) 가정 검증 결과

그림 1-22

1.3.5.2 데이터

Caltech 데이터들로 차량 인식 알고리즘의 성능을 테스트하였다. Caltech 데이터들은 126개의 차량 후면의 정지 이미지로 구성되어 있다. 이 데이터들은 차량 인식을 위한 알고리즘 개발의 목적으로 많은 연구자들에 의해 널리 사용되고 있다. 차량 클래스 알고리즘을 실험하기 위해 카메라의 오른쪽과 왼쪽에서 들어오는 차량 이미지들을 구글 링크로부터 확보하였다.

1.3.5.3 인식률 비교

최근에, 차량 인식속도 문제를 개선하기 위한 많은 연구가 진행되고 있다. 표 1-2는 차량 인식에 대한 각기 다른 방법들의 인식속도를 비교하여 보여준다. HEF를 사용한 캐니 에지 맵, 가설 검증을 위한 KNN 방법 등이 사용된다[12]. 이 방법은 국도 및 고속도로에서 모두 안정적인 인식률을 보여준다.

표 1-2 인식률 비교

진행된 연구	인식률	
	In City	On Highways
A. Takeuchi et al[16], 2010	평균 98%	
S. Sivaraman et al[17], 2010	91%	99%
X. Wen et al[18], 2010	평균 97%	
C, -C, R Wang et al[19], 2008	평균 95%	
Canny + BoF[20]	96%	98%
제안한 방법[21]	98%	99%
	평균 98.51%	

1.3.5.4 수행 평가

표 1-3은 제안한 방법의 차량 검출 결과를 보여준다. 실험은 국도 한 곳과 4곳의 고속도로에서 수행하였다. 국도에서의 이미지 시퀀스는 'C'로 표시한다. 흐린 날의 오후에 고속도로에서 추출한 이미지 시퀀스는 'H1', 'H2'로 표시한다. 맑은 날씨의 주간에 고속도로에서 추출한 이미지 시퀀스는 'H3'로 표시한다. 흐린 날씨에 야간에 고속도로에서 추출한 이미지 시퀀스는 'H4'로 표시한다. 비디오의 모든 프레임에 표시되는 자동차의 수는 전체 차량의 수를 나타낸다. 초기 실험의 후보자는 검색된 모든 후보자들을 나타낸다.

표 1-3 차량 인식 결과

항목 설명	이미지 순서					
	C	H1	H2	H3	H4	T(avg.)
전체 차량	200	110	233	312	219	1,074
초기 후보들	214	140	233	315	221	1,123
비차량 후보들	20	32	3	8	9	72
검증된 후보들	196	108	230	309	215	1,058
놓친 후보들	4	2	3	3	4	16
인식률	98%	98.6%	98.7%	99.03%	98.17%	98.51%

1.3.5.5 실험 결과 논의

그림 1-23(a), (b), (c)는 각각 고속도로와 국도에서 제안한 방법을 사용하여 검출한 결과이고 그림 1-23(d), (e), (f)는 고속도로와 도시의 도로에서 HEF 및 캐니 에지 검출기를 사용하여 검출한 결과이다. 그림 1-24(b)는 잘못된 차량 감지를 보여준다. 동그라미는 차량이 감지되지 않은 경우이고, 사각형은 제대로 감지된 경우이다. 차량의 작은 일부만 보이거나 차량이 너무 멀리 있으면 인식이 어렵다.

본 장에서는 지능형 차량에서의 비전 문제를 소개하고, 우리 연구실에서 개발한 기술을 중심으로 차선 인식과 차량 인식 기술을 소개하였다.

(a) 고속도로에서의 차량 인식 결과

(b) 도심에서의 차량 인식 결과

(c) 고속도로에서의 차량 인식 결과

(d) 캐니와 BoF를 이용한 차량 인식 결과

(e) 캐니와 BoF를 이용한 차량 인식 결과

(f) 캐니와 BoF를 이용한 차량 인식 결과

그림 1-23 차량 인식 결과

(a) 원본 이미지　　　　(b) 놓친 차량의 결과

그림 1-24 차량 인식 오류

1.4 참고문헌

[1] R. O. Duda and P. E. Hart. "Use of the hough transformation to detect lines and curves in pictures", Commun. ACM, 15(1):11-15, Jan 1972.

[2] D. G. Lowe, "Distinctive Image Features from Scale-Invariant key points", International Journal of Computer Vision, 2004.

[3] S. M. Smith, J. M. Brady, "SUSAN- A New Approach to Low Level Image Processing", International Journal of Computer Vision, 23(1), pp. 45-78, 1997.

[4] C. Tomasi, R. Manduchi, "Bilateral filtering for gray and color images", in Proc. of the Sixth Int. Conf. on Computer Vision, pp. 839-846, 1998.

[5] V. Berzins, "Accuracy of laplacian edge-detectors", Comput. Vis. Graph. Image Process., vol. 27, pp. 195-210, 1984.

[6] K. W. Bowyer, C. Kranenburg, S. Dougherty, "Edge detector evaluation using empirical ROC curves", Computer Vision Pattern Recognit. (CVPR '99), Fort Collins, Colorado, Jun 1999.

[7] M. Heath, S. Sarkar, T. Sanocki, K. W. Bowyer, "A Robust Visual Method for Assessing the Relative Performance of Edge Detection Algorithms", IEEE Trans. on Pattern Analysis and Machine Intell., vol. 19, no. 12, pp. 1338-1359, Dec 1997.

[8] D. Martin, C. Fowlkes, D. Tal, J. Malik, "A database of human segmented natural images and its application to evaluating segmentation algorithms and measuring ecological statistics", in Proc. of the Eighth IEEE Int. Conf. on Computer Vision, 2001.

[9] D. M. Jang, M. Turk, "Car-Rec: A real time car recognition system", in Proc. IEEE Workshop on Applications of Computer Vision (WACV), pp. 599- 605, 2011.

[10] F. Aurenhammer, "Voronoi Diagrams — A Survey of a Fundamental Geometric Data Structure", ACM Computing Surveys, Vol. 23, No. 3, Sep 1991.

[11] Caltech Cars Dataset, http://www.robots.ox.ac.uk/~vgg/data3.html

[12] S. J. H. Pirzada, E. U. Haq, H. Shin, "Single Camera Vehicle Detection Using Edges and Bag-of-Features", In Proc. Lecture Notes on Electrical Engineering (LNEE), The 3rd international Conference on Computer Science and its Applications (CSA), 2011.

[13] 조선일보, 데이코 산업연구소, "미래형자동차 시장동향과 전망", P.161-170, Apr.27 2011.

[14] K. Mikolajczyk, C. Schmid. "An affine invariant interest point detector", ECCV, 2002.

[15] J. W. Seo, S. C. Jung, M. W. Baig, H. C. Shin, "Lane Detection and Detection-Error Correction by using Hough Transform", ICS 2010 정보 및 제어 심포지엄 논문집, page(s): 3-266, Apr 2010.

[16] A. Takeuchi, S. Mita, D. McAllester, "On-road Vehicle Tracking Using Deformable Object Model and Particle Filter with Integrated Likelihoods", in Proc. IEEE Intelligent Vehicles Symposium (IV), pp. 1014-1021, 2010.

[17] S. Sivaraman, M. M. Trivedi, "A General Active-Learning Framework for On-Road Vehicle Recognition and Tracking", IEEE Trans. on Intell. Trans. Sys., vol. 11, no. 2, pp. 267-276, Jun 2010.

[18] X. Wen, Y. Zheng, "An Improved Algorithm Based on AdaBoost for Vehicle Recognition", in Proc. 2nd International Conference on Information Science and Engineering (ICISE), pp. 981-984, 2010.

[19] C. -C. R Wang, J. -J. J. Lien, "Automatic Vehicle Detection Using Local Features—A Statistical Approach,", IEEE Trans. on Intell.Trans. Sys., vol. 9, no. 1, pp. 83-96, 2008.

[20] H. Shin et al., Difference of BiGaussian : A New Edge Detector for Well Localized Edge Maps, Patent Pending 2011-0118499.

[21] S. J. H. Pirzada, E. U. Haq, H. C. Shin, "A Multi Feature Based On-Road Vehicle Recognition", ICCIT, 2011.

02 영상 처리 개요

세상의 모든 물체는 3차원의 형태를 갖고 있다. 그리고 사진이나 동영상 등 현재 우리가 접할 수 있는 모든 영상은 2차원 형태를 갖고 있지만 신기하게도 우리는 2차원인 영상을 접하면서도 그것이 2차원이라는 것을 인지하지 못한다. 오히려 차원이 낮아짐을 생각지 못하고 그것을 3차원인 양 느끼며 영상을 접하게 되는데 어떻게 이럴 수 있을까.

디지털 이미지를 처리하고 공부하는 데 있어서 이미지의 기본을 제대로 이해하는 것은 굉장히 중요한 작업이다. 이 장에서 우리는 3차원 공간인 현실의 물체들이 어떻게 더 낮은 차원인 2차원으로 표현될 수 있는지에 대해서 알아보고 그것을 표현하는 여러 가지 색상들과 이미지 포맷에 대해서도 간단히 학습할 것이다.

2.1 상의 형성

어떤 물체가 상을 형성하기 위해서는 간단히 다음과 같은 과정을 거친다.

- 물체에 입사되는 빛이 존재한다.
- 물체로부터 빛이 반사가 된다.
- 반사된 빛이 막에 상을 형성한다.

예를 들면 어떤 공간을 가지고 있는 물체가 사람의 눈의 망막이나 카메라의 센서에 상이 맺히기 위해서 물체의 존재만으로는 불가능하다. 그 전에 있어야 할 것이 빛의 원천이다. 지구에서 낮에는 태양이 빛의 원천이 된다. 이 빛의 원천으로부터 입사된 빛이 물체의 각 지점에서 반사를 일으킨다. 이때에 물체에 흡수되는 파장과 반사되는 파장으로 물체의 색상이 결정된다. 그리고 최종적으로 물체는 사람의 눈의 수정체나 카메라의 렌즈를 통해 망막이나 센서에 상이 잘 맺힐 수 있도록 굴절된 후 상이 만들어지게 된다. 이를 간단히 함수식으로 표현하면 다음과 같다.

$$\begin{gathered} c(x,y,z,\lambda) = E(x,y,z,\lambda)\cdot r(x,y,z,\lambda) \\ CAMERA(c(x,y,z,\lambda)) \end{gathered} \qquad \text{(식 2-1)}$$

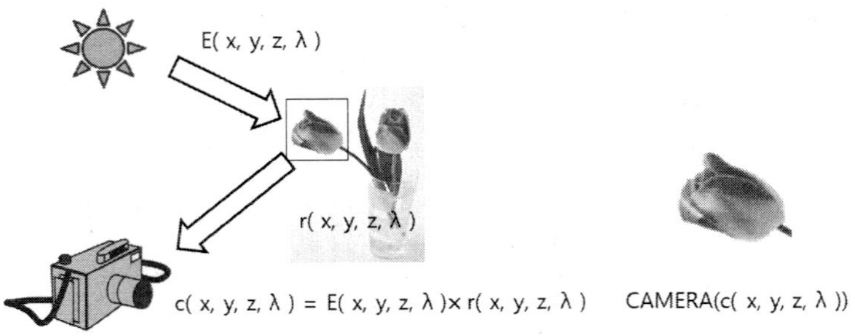

그림 2-1 물체가 상을 형성하는 과정

$E(x,y,z,\lambda)$는 빛의 원천에서 물체의 지점으로 입사되는 빛을 함수로 나타낸 것이고, $r(x,y,z,\lambda)$는 물체의 지점에서의 반사 함수를 나타낸다. 결과적으로 어떤 물체로부터 만들어진 영상 $c(x,y,z,\lambda)$은 $E(x,y,z,\lambda)$와 $r(x,y,z,\lambda)$의 곱으로 표현할 수 있다. 또 이렇게 만들어진 3차원 영상은 카메라를 통해 2차원 영상으로 변환되는 것을 $CAMERA(c(x,y,z,\lambda))$으로 나타낼 수 있다. 이번 장에서는 상이 실제로 형성되어 투사되는 과정과 디지털 이미지를 학습하기 위한 카메라의 빛의 센서에 대해서 학습할 것이다.

2.1.1 투사

카메라의 구조는 눈의 구조를 따라 만들어졌다. 상이 눈의 수정체를 통해 망막에 맺히는 과정과 카메라의 렌즈를 통해 필름에 맺히는 과정은 같다. 이 과정은 막에 상을 형성함으로써 3차원인 물체가 2차원 이미지로 만들어지는 과정이고 이를 투사라고 한다. 투사는 기본적으로 3차원의 물체를 2차원의 평면 위에 표시하는 방법이다. 예를 들면, 카메라로 찍은 영상과 사람의 눈으로 사물을 보는 것은 원근 투사에 해당하고 이 경우에 멀리 있는 물체는 작게 가까이 있는 물체는 크게 보인다. 이와는 다르게 거리와는 관계없이 물체의 절대 크기를 나타내는 방법으로 직각 투사가 있다.

그림 2-2 원근법을 이용한 재미있는 사진

그림 2-3 김홍도의〈서당〉 원근법을 무시

2.1.1.1 원근 투사(perspective projection)

원근 투사는 하나의 그림만으로 3차원 물체의 모양을 나타내는 투사법이다. 멀리 있는 물체는 작게 가까이 있는 물체는 크게 표현되며 초점의 개수와 거리에 따라 그 종류도 다양하다. 이 투사법은 공통적으로 인간이 사물을 보는 것과 같은 모양으로 상을 형성하기 때문에 이로 만들어진 영상들은 실제로 3차원 공간을 보는 듯한 기분을 들게 한다. 원근 투사의 가장 쉬운 예로 바늘구멍 사진기가 있다.

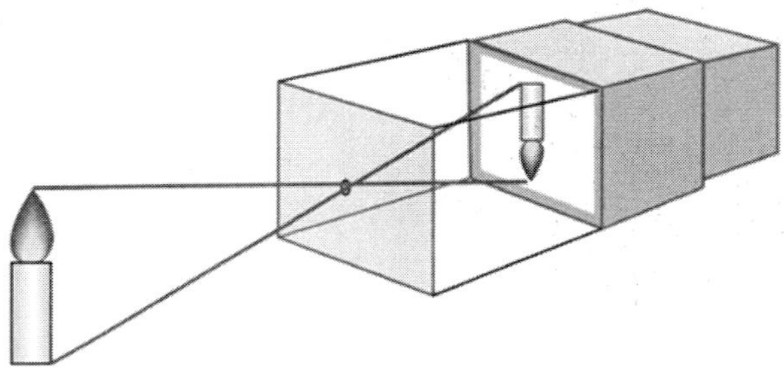

그림 2-4 바늘구멍 사진기

바늘구멍 사진기는 빛이 들어오지 않는 상자에 한쪽은 바늘구멍을 다른 한쪽은 필름을 둔 것이다. 이 바늘구멍 사진기의 원리는 현재 초등학교 6학년 과학 시간에 배울 만큼 간단하지만, 현재의 정교한 카메라의 실제 원리이다. 빛은 직진하는 성질과 바늘구멍이 필름에 상을 맺히게 하는 것이다. 바늘구멍이 없으면 물체의 어떤 지점에서 출발한 빛이 필름 전체에 어디에나 도달하게 되므로 특정 영역에 상이 맺힐 수가 없다.

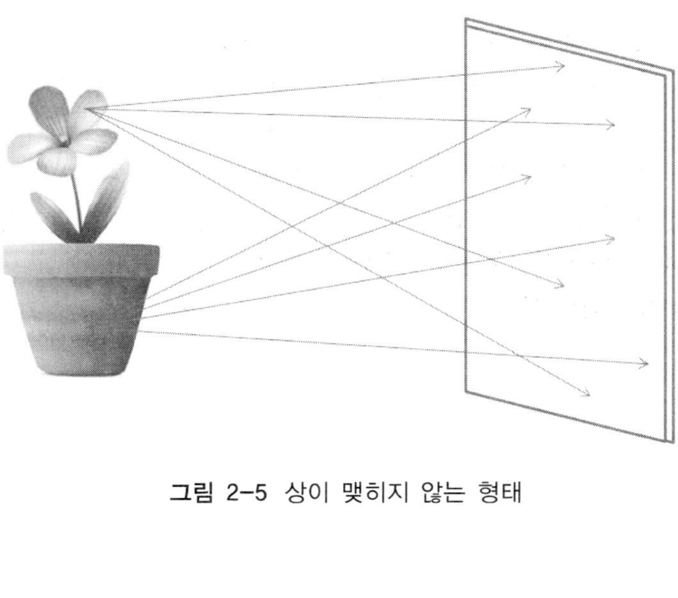

그림 2-5 상이 맺히지 않는 형태

그림 2-4와 같이 물체와 필름 사이에 바늘구멍을 만들어 주게 되면 필름에 물체의 특정 부분만이 바늘구멍을 통과해 상을 만들게 된다(이때 상은 뒤집히게 된다). 따라서 바늘구멍은 아주 중요한 역할을 하는데 바늘구멍의 크기와 초점거리(바늘구멍과 필름 사이의 거리)는 선명도와 상의 크기를 결정하는 역할을 한다. 바늘구멍의 크기는 카메라의 셔터속도, 초점거리와 바늘구멍은 카메라의 렌즈의 역할을 수행하는 것이다.

그림 2-6 카메라와 카메라 렌즈

결과적으로 반사된 입체 영상은 카메라의 렌즈를 통해 2차원 평면(필름)으로 투사된다.

$$c_p(x', y', \lambda) = CAMERA(c(x, y, z, \lambda)) \qquad \text{(식 2-2)}$$

2.1.1.2 정 투사(orthographic projection)

정 투사는 물체의 거리와는 관계없이 그 고유한 크기를 평면 위에 표시하는 방법이다. 이 방법은 서로 다른 방향에서 정 투사된 그림을 이용하여 3차원 입체의 물체를 2차원 그림으로 표현하는 방법이다. 평면에 담고자 하는 물체의 모양과 크기를 다시 3차원의 형태로 만들어 내는 것이 가능할 정도로 정확히 표현하기 위한 방법이다. 주로 건축물의 평면도나 기계부품 등을 기하학적으로 나타낸 도면(설계도면)에 쓰인다.

정 투사는 기본적으로 3개의 투사 면으로 물체를 표현한다. 입화면은 물체의 특징을 잘 표현할 수 있는 정면으로 세워진 투사 면이고, 평화면은 물체의 위쪽에서 수평으로 놓여있는 투사 면이고, 측화면은 물체의 입화면과 평화면에 각각 수직이 되는 면으로 세워진 투상면을 말한다. 각각의 투사 면으로 정 투사된 것을 순서대로 정면도, 평면도, 측면도라고 한다.

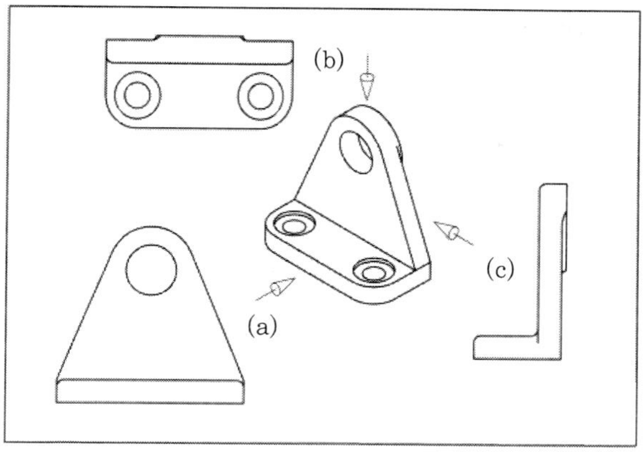

그림 2-7 정 투사도

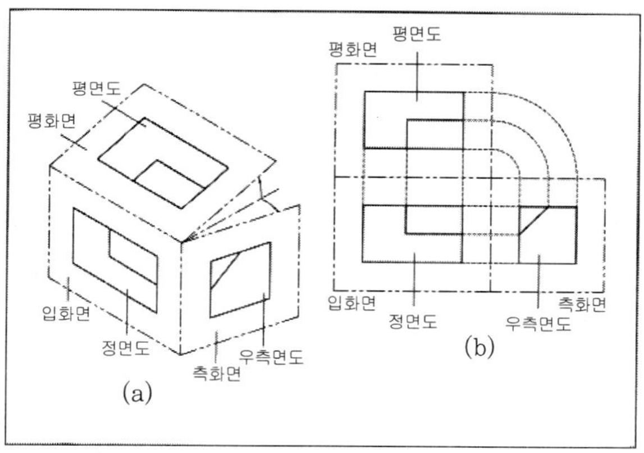

그림 2-8 정면도, 평면도, 측면도

2.1.2 민감도 함수(sensitivity function)

렌즈를 통해 굴절된 빛이 카메라의 이미지 센서를 작동시키게 된다. 카메라의 렌즈와 이미지 센서의 성능에 따라 카메라의 성능이 정해지게 된다. 좋은 이미지 센서는 어떤 것일까? 물체를 선명하고 깨끗하게 나타내는 것이다. 높은 해상도를 가진 카메라는 세밀한 사진을 찍을 수 있고, 높은 감도를 가진 카메라는 선명한 사진을 찍을 수가 있다.

카메라의 감도는 이미지 센서가 빛의 광량에 따라 각 픽셀의 이미지 센서가 만드는 전기적 신호의 양으로, 단위는 mV/lx, V/lx·s를 쓴다. 이것은 1lux의 빛이 들어왔을 때 만들어지는 mV의 양으로 결정되는 것으로, 감도가 높을수록 어두운 곳에서도 선명한 영상이 나오게 된다. 그리고 감도가 높다는 것은 곧 신호량이 많아지는 것이므로 S/N 비가 높아지게 된다.

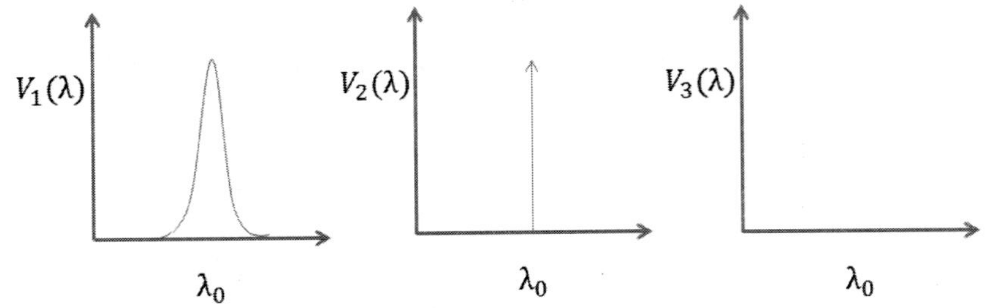

그림 2-9 감도 함수

카메라 센서의 감도 함수를 다음과 같이 정의하면 얻어지는 영상의 함수도 정의된다.

$$f(x',y')= \int C_p(x',y',\lambda)\, V(\lambda)d\lambda \qquad \text{(식 2-3)}$$

$Cp(x',y',\lambda)$는 물체로부터 반사되어 온 영상이 카메라의 렌즈를 지나 평면(x', y)으로 투사된 함수이다. 그리고, $V(\lambda)$는 영상을 찍는 장치의 민감도 함수이다. 카메라의 감도 함수는 현재 이미지 센서로 투사된 영상 $C_p(x',y',\lambda)$에서 파장(λ : wavelengths)에 얼마나 민감한가를 나타내는 함수이다. 민감도 함수 그림에서 λ_1는 특정 파장 λ_0를 중심으로 좁은 대역폭을 통과시키는 것을 보여 준다. λ_2는 정확히 λ_0의 파장만을 통과시키는 센서를 나타내고 V_3는 어떠한 파장에도 센서가 반응하지 않는 것을 보여준다.

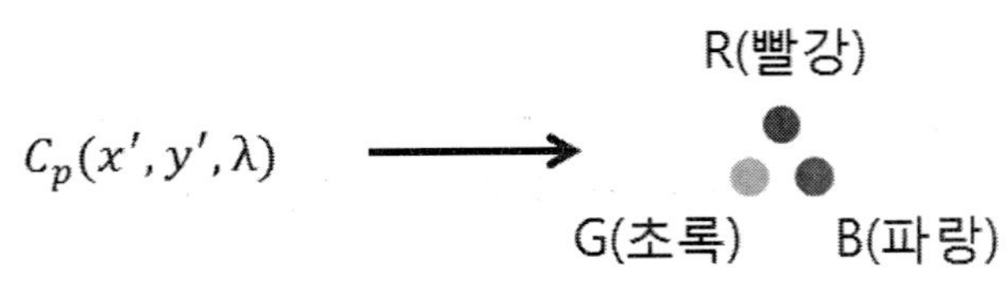

그림 2-10 카메라의 RGB 센서

$$f_R(x',\, y')= \int C_p(x',\, y',\, \lambda)\, V_R(\lambda)\, d\lambda$$

$$f_G(x',\, y')= \int C_p(x',\, y',\, \lambda)\, V_G(\lambda)\, d\lambda$$

$$f_B(x',\, y')= \int C_p(x',\, y',\, \lambda)\, V_B(\lambda)\, d\lambda \quad \text{RGB 센서 감도 함수 (식 2-4)}$$

카메라가 영상을 획득할 때는 카메라 내부에는 세 가지 종류의 센서가 있다. 이 센서들은 각각 빨간색(red), 초록색(green), 파란색(blue)의 파장에 반응하는 감도 함수를 가진다. 세 센서에서 들어온 정보를 취합하여 컬러 이미지를 만들어낸다. 이 세 가지 함수를 이용하여 영상과 여러 가지 색을 표시할 수 있다. 컬러 이미지를 얻는 방법은 두 가지이다. 하나는 단색카메라와 3개의 필터, 즉 빨간색, 초록색, 파란색 각각의 중심 파장과 근처의 좁은 대역폭만을 통과시키는 필터를 단색카메라에 부착하여 컬러 영상을 얻는 방법과, 다른 하나는 영상의 모든 점에서 빨간색, 초록색, 파란색에서의 반사를 측정할 수 있는 센서를 장착한 컬러 카메라를 사용하는 방법이다.

2.1.3 정리

결론적으로 입체의 형태를 가지는 물체가 평면의 이미지로 바뀌는 과정은 간단히 다음과 같다.

$$f_c(x', y') = \int c_p(x', y', \lambda) V_c(\lambda) d\lambda \qquad \text{(식 2-5)}$$

- 어떤 물체에 입사광선 $E(x, y, z, \lambda)$이 있다.
- 그 물체에 반사 함수 $r(x, y, z, \lambda)$가 있다.
- 입사광선과 반사 함수로부터 $c(x, y, z, \lambda) = E(x, y, z, \lambda) \times r(x, y, z, \lambda)$반사된 빛이 생긴다.
- 3차원의 반사된 빛이 카메라의 2차원 좌표로 투사된다.
- 카메라의 민감도 함수와 2차원으로 투사된 영상이 결합되어 영상을 만들어 낸다.

2.2 디지털 이미지

인화된 사진으로 대표되는 아날로그 이미지와 컴퓨터 모니터로 보이는 디지털 이미지는 무엇이 다를까? 이미지는 원래 아날로그 신호로 구성되어 있으며 이러한 신호는 연속적인 실수로 구성되어 있다. 반면에 디지털 이미지는 0과 1의 2진법으로 구성되어 있다. 구성상의 차이로 인해 아날로그 이미지를 디지털 이미지로 사용하기 위해선 변환의 과정이 필요하다.

이번 장에서는 아날로그 이미지를 디지털 이미지로 변환하는 방법과 원리에 대해서 논의할 것이다. 논의에 앞서 아날로그 이미지의 정의와 디지털 이미지의 정의에 대해 알아보자.

아날로그 영상은 함수 $f_c(x', y')$로 나타낼 수 있다. 여기서 사용되는 좌표계의 원점이 영상의 왼쪽 위에 있고, 수직 아래 방향으로 y'축, 수평 방향으로 x'축인 좌표계를 말하고 축 x', y'는 연속적인 실수의 값을 가진다.

$$x' \in [x'\text{min}, x'\text{max}], \quad y' \in [y'\text{min}, y'\text{max}] \qquad \text{(식 2-6)}$$

또한 좌표 x', y'에서 함수 f_c의 값은 그 점에서의 영상의 밝기 혹은 빛의 세기를 나타낸다. 또한 함수 f_c의 값도 연속적인 실수의 값을 가진다.

$$f' \in [f'\min, f'\max] \qquad \text{(식 2-7)}$$

컴퓨터는 연속적인 신호를 처리할 수 없기 때문에, 함수 $f_c(x', y')$를 컴퓨터로 처리하기 위해서는 디지털 변환과정(ADC)이 필요하다. 아날로그 이미지를 디지털 이미지로 바꾸기 위해서 간단히 두 가지 과정을 거친다.

먼저 x', y'를 이산화(discrete)시켜야 한다. 이 과정을 표본화(sampling)라고 하며 x', y'는 각각 불연속적인 실수값을 가진다.

$$f_c(x', y') \rightarrow f_c(x_i', y_j')$$
$$x', y' \rightarrow x_i', y_j' \ (i = 0, \ldots, N-1, j = 0, \ldots, M-1) \qquad \text{(식 2-8)}$$

다음 과정은 연속적인 실수값을 가지는 함수 f_c를 불연속적인 실수로 바꾸어주는 과정인 양자화(quantization)를 거쳐야 한다. 양자화는 간단히 다음과 같다.

$$f_c(x_i', y_j') \rightarrow \hat{f_c} \qquad \text{(식 2-9)}$$

표본화와 양자화를 거치면서 좌표의 값과 함수의 값이 불연속적인 실수값으로 한정됨과 동시에 디지털 이미지는 아날로그 이미지의 근사적인 표현이 된다. 이 과정은 디지털 이미지를 만들기 위해서 지불해야 할 대가이다.

2.2.1 표본화(sampling)

표본화란 어떤 연속적인 신호를 디지털화하기 위해 일정한 간격으로 표본을 얻는 것을 의미한다. 예를 들면 표본화란 신호의 특성이 1개의 전압값으로 표현되는 1차원 시계열 신호의 표본화와 2차원 신호 즉, 이미지의 표본화를 포함한다.

2.2.1.1 1차원 신호의 표본화

2차원 이미지의 표본화를 공부하기에 앞서, 1차원 시계열 신호의 표본화를 바로 알고 넘어가자. 1차원 시계열 신호의 표본을 올바르게 취하기 위해서는 조건이 있다. 다음 그림 2-12는 표본화의 과정에서 신호의 정보가 손실되는 것의 예이다. 표본을 취하는 시간의 간격이 신호가 담고 있는 정보를 반영시키지 못한다. 이것은 취해진 표본들로 신호를 만들었을 때 원래의 신호와 다른 것으로 확인할 수 있다. 1차원 신호에서 정보의 손실 없이 표본화를 하기 위해서는 신호가 가진 최대 주파수의 2배 이상으로 표본을 취하여야 한다(Nyquist theorem). 예를 들어 그림 2-12의 가운데 그림은 원래 신호의 2배의 주파수로 표본화 한 것으로 표본으로 재생한 신호가 원래 신호와 거의 같음을 볼 수 있다.

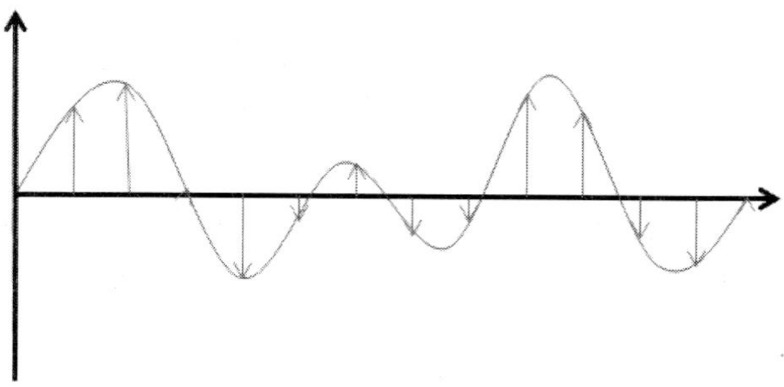

그림 2-11 아날로그 신호의 표본화

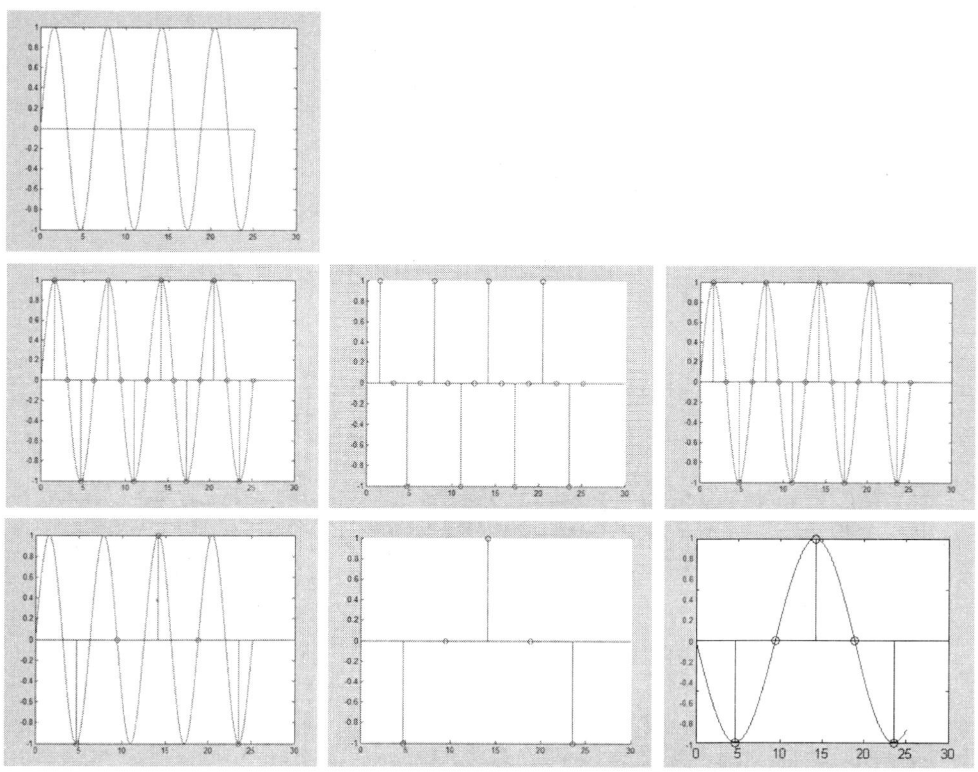

그림 2-12 신호의 표본화와 신호의 복원

2.2.1.2 2차원 이미지의 표본화

2차원 표본화는 이미지의 x축과 y축을 각각 이산화하는 과정이다. 그림 2-13처럼 아날로그 이미지에 모눈종이를 겹치고 한 모눈에 할당되는 이미지의 밝기를 평준화하면 이미지를 모눈들의 2차원 배열로 나타낼 수 있다. 이 과정을 표본화라고 하고 각각의 모눈은 픽셀, 또는 화소라고 한다. 결과적으로 디지털 영상은 픽셀의 2차원 배열로 나타낼 수 있고, 배열의 좌표값은 각 픽셀의 좌표를 나타내고 각각의 x, y의 값은 정수값을 가진다.

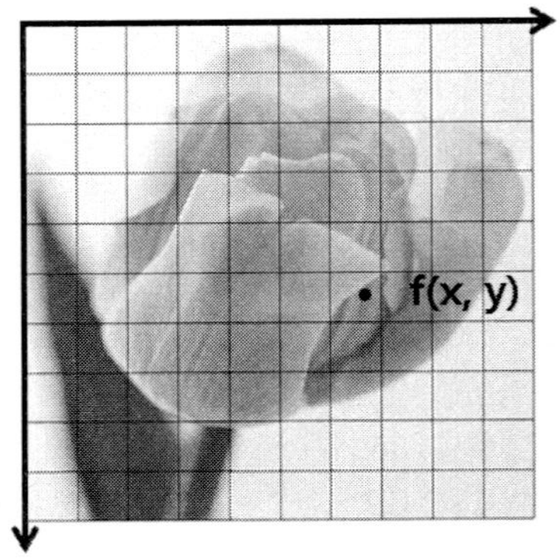

그림 2-13 2차원 표본화

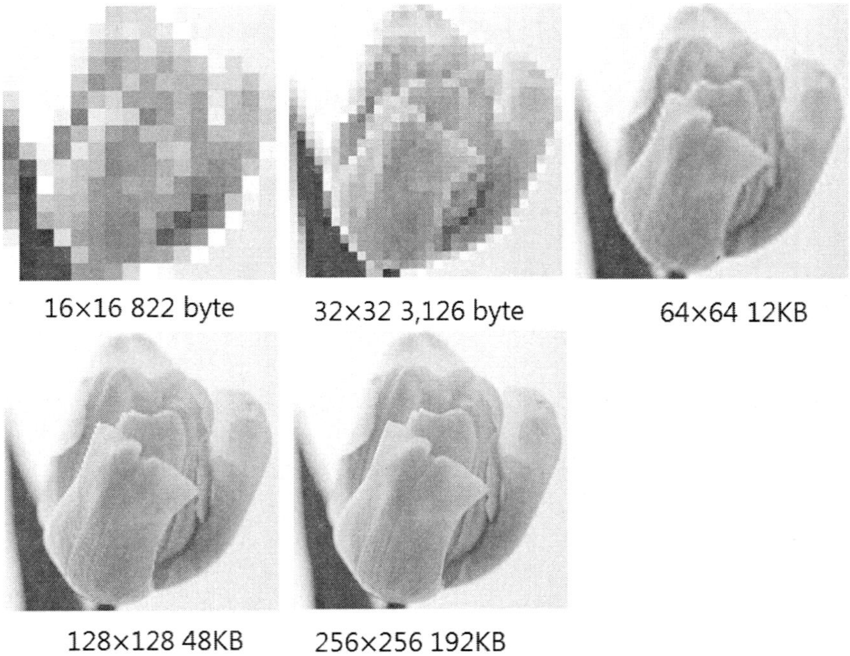

그림 2-14 해상도별 이미지파일의 크기

1차원 시계열 신호에서의 표준화 주기에 따른 정보의 손실 여부와 2차원 이미지의 픽셀의 크기의 설정은 같은 표본화이기 때문에 같은 특징을 가진다. 1차원 신호의 표본화를 하는 과정에서는 표준화가 잦을수록 원래 신호와 차이가 적고 필요로 하는 메모리가 많은 반면, 표준화가 뜸할수록 원래 신호가 왜곡되지만 필요로 하는 메모리는 적다. 따라서 나이키스트정리에 따라 원 신호의 최대 주파수의 2배로 표준화를 하게 정보의 손실 없이 필요로 하는 최적의 메모리를 사용할 수 있다. 2차원 이미지에서도 마찬가지로 픽셀이 작을수록 원래 이미지처럼 세세하게 이미지를 표현할 수 있고 픽셀이 커질수록 세세한 이미지를 얻기는 어려워진다. 하지만 무턱대고 해상도가 좋은(픽셀이 작은) 이미지가 좋은 것만은 아니다. 해상도가 놓아질수록 그만큼 필요로 하는 메모리도 많아질 것이고 이미지의 처리 속도도 느려진다는 것을 알 필요가 있다.

2.2.2 양자화(quantization)

아날로그 이미지를 컴퓨터가 처리할 수 있는 디지털 이미지로 만드는 것에는 공간좌표 (x, y)뿐만 이산화를 하는 것이 아니라 빛의 세기 f도 이산화시켜주어야 한다. 여기서 함수 f를 이산화하는 것을 양자화(quantization)이라고 한다. 표본화와 마찬가지로 양자화도 양자화의 수준의 수에 따라 원래 이미지와의 차이가 생긴다.

2.2.2.1 1차원 신호의 양자화

양자화란 미리 지정해놓은 양자화 수준의 개수에 따라 그 대푯값으로 값을 근사시키는 것을 의미한다. 다시 말해 표본화가 된 신호의 함숫값들은 연속의 실수의 값을 갖고 있으므로 양자화 수준에 따라 그 값들을 근사시키는 것에 해당한다. 그림 2-15와 같이 원래 신호를 잘 복원할 수 있는지 여부는 양자화의 수준에 따라 결정된다. 2비트로 양자화를 하면 4단계로 신호를 표현하지만 4비트로 양자화를 하면 16단계로 원래 신호와의 차이가 현저히 줄어듦을 볼 수 있다.

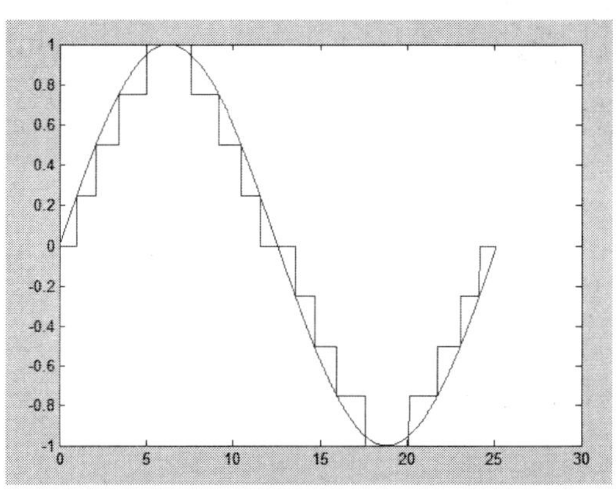

그림 2-15 1차원 신호의 양자화

2.2.2.2 2차원 이미지의 양자화

2차원 신호의 양자화란 표본화된 이미지의 각 픽셀의 밝기 값을 양자화 수준의 개수에 따라 빛의 밝기를 근사화시키는 과정이다. 일반적으로 n개의 양자화 수준은 0, 1, ⋯, n-1로 표시하고 0은 검은색을 마지막인 n-1은 흰색을 나타낸다. 그 사이의 수준들은 회색을 나타내며 값이 커짐에 따라 점차 밝은 회색을 나타낸다. 양자화 수준을 그레이 레벨(gray level)이라고 하고, 양자화 수준으로 정해지는 양자화의 값의 범위를 그레이 스케일(gray scale)이라고 한다. 흑백의 디지털 이미지에서 그레이 레벨을 b비트, 그레이 스케일을 n으로 표시한다면, 두 변수는 $n = 2^b$의 관계를 가진다.

일반적으로 흑백 이미지를 표현할 때 8비트의 그레이 레벨로 표현하기 때문에, 이때 의 그레이 스케일은 최대 255, 최소 0의 값을 가진다. 0은 검은색, 255는 흰색을 의미한다. 그림 2-16에서 양자화의 수준이 높아짐에 따라 이미지가 자연스러워짐을 알 수가 있다.

16단계 8단계

4단계 2단계

그림 2-16 양자화 수준에 따른 그림 변화

2.2.3 디지털 이미지의 표현

앞에서 학습해 온 바와 같이, 디지털 영상을 함수 $f(x, y)$로 표현한다면 공간좌표 (x, y)에서의 함숫값 f는 그 픽셀(또는 화소)의 빛의 세기를 나타낼 것이다. 다시 말해,

영상의 왼쪽 위에서 수평방향으로는 x축 수직 아래 방향으로는 y축의 표본화된 공간좌표계를 쓰는 함수라고 할 수 있다. 따라서 영상은 M×N 행렬의 모양을 하는 배열의 형태로 표현할 수 있고 이러한 배열들의 개수와 화소의 양자화수준에 따라 영상의 종류가 결정된다. 이미지 각각의 픽셀의 특징에 따라 2진(bi-level), 흑백(gray scale) 또는 컬러 이미지가 될 수 있다.

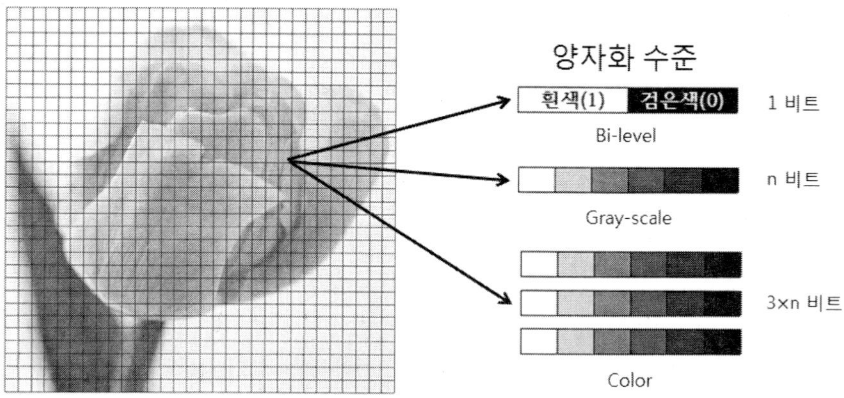

그림 2-17 디지털 이미지의 표현

2.2.3.1 화소(pixel)

화소는 아날로그 이미지를 표본화한 결과로 디지털 이미지를 구성하는 기본단위이다. 화소는 픽셀(pixel)이라고도 하는데, 영어의 picture(그림)와 element(원소)의 합성어다. 그래서 우리말로는 한자를 사용하여 화소(畵素)로 명칭하고 사용한다. 디지털 이미지를 크게 확대를 하면 작은 사각형들을 눈으로도 확인할 수가 있는데 그것이 화소이다.

픽셀의 개수는 영상의 정밀도와 밀접한 관련이 있다는 것을 앞에서 확인할 수 있었다. 흔히 해상도라고 말하는 것은 영상의 가로와 세로의 픽셀의 개수를 말하는 것이다. 예를 들어 1280×720의 해상도를 가지는 이미지는 가로 1,280개의 화소, 세로 720개의 화소, 총 921,600개의 화소를 가지는 이미지를 나타낸다. 결과적으로 같은 크기의 이미지에서 해상도가 크면 클수록 이미지의 화질도 더 좋아진다.

2.2.3.2 색의 깊이(pixel depth)

영상은 쓰임에 따라 여러 종류의 영상이 존재한다. 기본적으로 단색, 회색, 컬러, 트루컬러 이미지로 분류할 수 있다. 각각의 영상들은 지니는 화소가 가지는 특성이 다르다. 색의 깊이(pixel depth)는 영상에서 한 픽셀이 가지는 정보의 양을 나타낸다. 예를 들면 지문, 팩스, 문자 영상에서 사용되는 단색 영상은 0 또는 1의 값만을 가지기 때문에 1비트의 색의 깊이를 가진다.

가 나 다 라 마 바 사
아 자 차 카 타 파 하

가 나 다 라 마 바 사
아 자 차 카 타 파 하

가 나 다 라 마 바 사
아 자 차 카 타 파 하

(a) 글자

(b) 지문

그림 2-18 단색 영상의 예

회색 영상은 픽셀의 밝기가 검은색에서 흰색까지 여러 단계의 회색으로 이루어진 영상을 말한다. 일반적으로 2^n의 양자화 단계로 표현되고 n은 비트 수를 나타낸다. 하나의 픽셀의 값이 0에서 255의 값을 가지는 8비트(2^8단계) 영상이 대표적이다. 흑백 TV나 흑백 사진이 이것에 해당된다. 회색 영상이 의료나 천문학같이 특별히 정확도가 요구되는 분야에서는 더욱 자세히 볼 수 있는 12비트 또는 16비트의 회색 영상이 사용되기도 한다.

그림 2-19 회색 영상

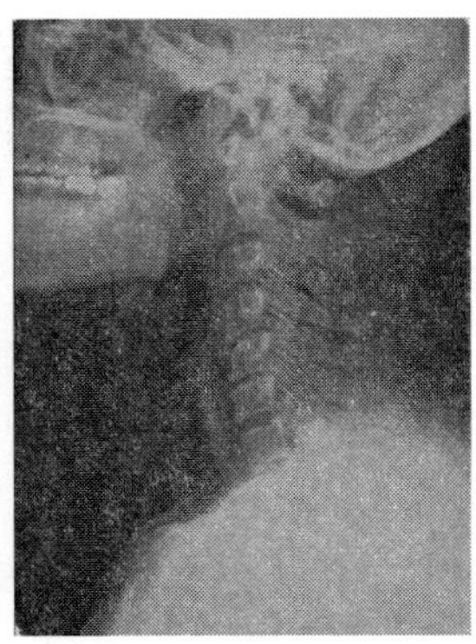

그림 2-20 X-ray

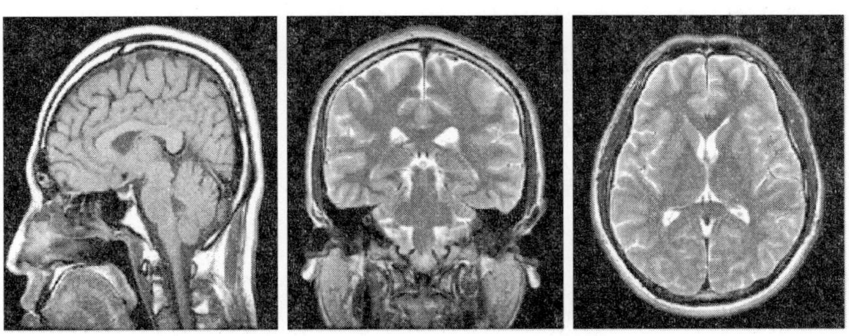

그림 2-21 MRI 사람의 머리

컬러 영상은 서로 다른 세 가지의 색에 대응되는 3개의 채널의 명암 영상의 합으로 나타낸다. 빨강, 파랑, 초록의 세 가지 채널로 이루어진 영상이 일반적이며 각각 8비트의 양자화 단계로 표현된다. 즉 컬러 영상은 24비트, 표현할 수 있는 색은 총 1,677만 개로 실제와 비슷한 자연스러운 영상을 표현할 수 있다. 따라서 24비트 컬러 영상은 트루컬러라고도 하며 8비트의 alpha를 더해 32비트의 영상으로도 쓰인다. 이 경우 alpha는 색깔에 관여하지 않기 때문에 색상의 가짓수는 24비트 컬러 영상과 같다. 이외에도 빨강, 초록, 파란색을 5비트씩 사용하고 1비트의 alpha를 더해 16비트의 컬러 영상도 많이 쓰인다.

2.3 색의 모델

전자기파 스펙트럼 중에서 인간의 눈으로 볼 수 있는 부분은 극히 적은 부분에 속한다. 이 부분에 속하는 색을 가시광선이라고 하는데 400~700nm의 파장을 가진다. 이 보다 높은 파장이나 낮은 파장의 빛은 사람의 눈으로 보이지 않아 인지할 수 없다. 400nm 이하의 파장은 자외선, X선, 감마선, 우주선으로 그 쓰임과 용도에 따라 분류되어 있으며, 700nm 이상의 파장의 빛은 적외선 초단파 등으로 분류된다.

이 중 가시광선으로 분류되는 빛만이 우리가 색으로 인지할 수 있다. 빛의 특성에 따라 빛의 삼원색인 빨간색(red), 초록색(green), 파란색(blue) 빛의 조합으로 거의 모든 색을 얻을 수 있다. 반면 색의 삼원색인 청록색(cyan), 자홍색(magenta), 노란색(yellow)의 혼합으로도 거의 모든 색을 종이 위에 그려낼 수 있다.

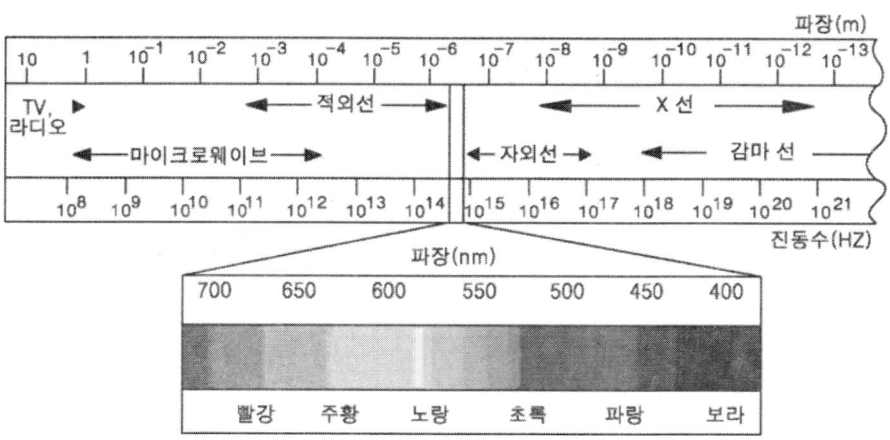

그림 2-22 스펙트럼

2.3.1 RGB

RGB는 빛의 삼원색을 이용하여 색을 표현하는 방식이다. 빨간색(red), 녹색(green), 파란색(blue) 세 종류의 광원을 이용하여 색을 혼합한다. 빛의 삼원색은 가산하여 색을 표현하기 때문에 '가산 혼합'이라고도 한다. 모든 색이 이런 방식으로 얻어지는 것은 아니다. 하지만 RGB는 인간의 눈이 색을 인식하는 방법과 가장 흡사하기 때문에 가장 광범위하게 사용되는 컬러 시스템이다. 빛의 삼원색을 이용한 특성 때문에 일반적으로 모니터 등, 빛으로 색을 표현하는 장치에 사용된다.

RGB 색 모델에서 (X,Y,Z)는 R,G,B에 대응하는 구성요소로 이루어진 벡터이다. RGB 색모델은 정규화(0≤R,G,B≤1)되었다고 가정되기 때문에, 그림과 같이 컬러 공간을 정의하는 입방체의 한 축으로 생각할 수 있다. 좌표로 RGB 주 색상을 나타내면 빨간색은 (1,0,0), 초록색은 (0,1,0), 파란색은 (0,0,1)의 좌표값을 가진다. 검은색은 모든 색이 없는 경우인 (0,0,0)으로 표현할 수 있고, 그 반대로 흰색은 모든 색이 같게 혼합되어 (1,1,1)로 나타낼 수 있다. 그리고 검은색 (0,0,0)과 흰색 (1,1,1)을 이은 선분은 명암도를 나타내는 역할을 한다. 노란색은 (1,1,0)으로 빨강과 초록이 1:1로 혼합된 색이다.

일반적으로, 세 가지 구성요소 빨간색, 초록색, 파란색은 각각 8비트씩을 사용하여 양자화되므로 영상은 주로 24비트 컬러 영상으로 표현된다. 이 경우, 각 원색은 0에서 255까지의 정수로 표현되므로 약 1,600만 가지의 색을 정의할 수 있다.

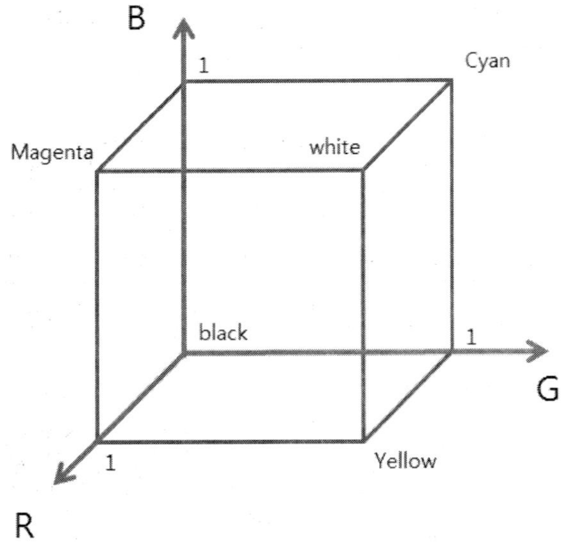

그림 2-23 RGB 색 모델

2.3.2 CMYK

CMYK 색 모델은 색의 삼원색인 청록색(cyan), 자홍색(magenta), 노란색(yellow)을 주 색상으로 가지는 컬러 시스템이다. CMYK와 RGB는 보색 관계로 간단히 매칭시킬 수 있는데, RGB로부터 유도할 수 있다.

$$\begin{bmatrix} C \\ M \\ Y \end{bmatrix} = \begin{bmatrix} 1 \\ 1 \\ 1 \end{bmatrix} - \begin{bmatrix} R \\ G \\ B \end{bmatrix} \quad \text{(식 2-10)}$$

반대로 생각해 보면 CMYK 모델을 RGB 모델로 변환할 수도 있다.

$$\begin{bmatrix} R \\ G \\ B \end{bmatrix} = \begin{bmatrix} 1 \\ 1 \\ 1 \end{bmatrix} - \begin{bmatrix} C \\ M \\ Y \end{bmatrix} \quad \text{(식 2-11)}$$

CMYK 모델의 (X, Y, Z) 좌표에서 주 색상의 위치는 (1, 0, 0), (0, 1, 0), (0, 0, 1)로 각각 청록색(C), 자홍색(M), 노란색(Y)을 나타낸다. 흰색은 (0, 0, 0), 검은색은 (1, 1, 1)로 모든 색의 혼합으로 표현될 수 있다. CMYK 색 모델을 보면 초록색은 노란색(Y)과 청록색(C)이 1:1로 (1, 1, 0)에 위치하고 혼합된 색인 것을 확인할 수 있다.

그림을 종이 등에 인쇄하는 경우에는 CMYK 모델을 사용하는 것이 바람직하다. 이론적으로 청록색, 자홍색, 노란색을 섞어서 거의 모든 색을 만들어 낼 수 있지만, 실제로 이 세 가지 색으로는 검은색을 만들어 내지 못한다. 실제로 세 가지 색을 섞어 검은 색을 만들어

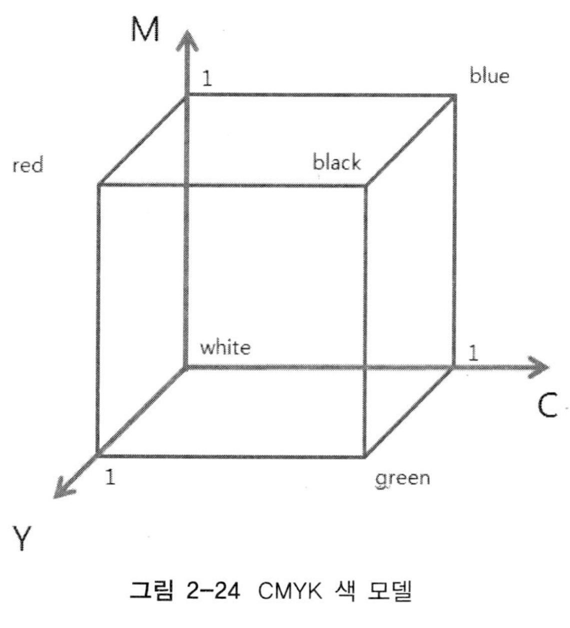

그림 2-24 CMYK 색 모델

내는 것보다 오리지널 검은 색을 사용하는 것이 비용적인 면에서도 더 싸기 때문에, CMYK 모델에서 네 번째 구성요소 K라고 이름 붙여 분류하고 검은 컬러를 첨가해서 표현한다. CMYK 모델은 컬러 프린트를 사용하여 디지털 영상의 하드카피를 생성할 때 사용되는 모델이다.

2.3.3 HSI

HSI 모델은 색상(hue), 채도(saturation), 명도(intensity)로 색을 표현하는 모델이다. 모니터를 통해 색을 출력하는 RGB 모델과, 프린트를 통해 색을 만들어내는 CMYK 모델은 색의 가산 또는 감산을 이용하여 다른 색을 만들어 내는 방법에 비해 이 모델은 다른 모델들과는 달리 사람이 색을 인지하는 방식과 매우 유사한 방식으로 색을 표현한다. 색상의 종류와 색의 짙음 정도 그리고 색의 밝기 정보를 이용하여 사람이 쉽게 색을 연상할 수 있게 하는 모델이다.

이 모델의 큰 장점 중의 하나는 색상 정보와 명도, 채도 정보를 분리할 수 있다는 것이다. HSI 색 모델은 2개의 원뿔 모양이 밑면을 맞대고 있는 모양이다. 원뿔 밑면은 빨강(R), 초록(G), 파랑(B), 청록(C), 자홍(M), 노랑(Y)의 각점이 정육각형 모양을 취하고 있다. 원뿔의 중심축에서 멀어질수록 채도(S)가 높아지며 원뿔의 빗면과 만나면 1이 된다. 명도(I)는 아래 원뿔의 꼭짓점에서 위 원뿔의 꼭짓점으로 갈수록 값이 0에서 1로 가까워지며, 아래 꼭짓점에서부터의 높이가 명도가 된다.

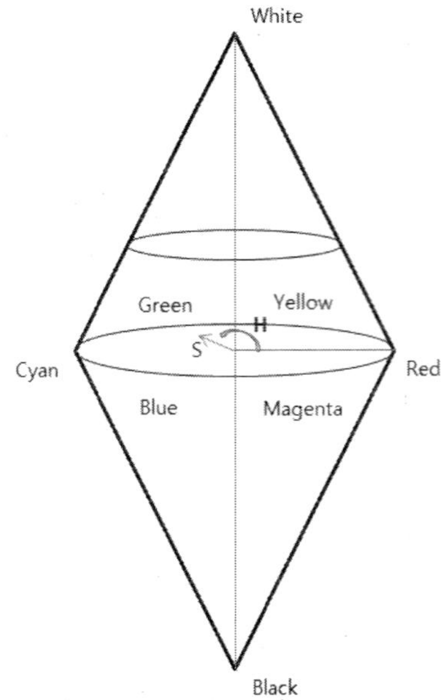

그림 2-25 HSI 색 모델

이 모델은 RGB 모델로부터 유도가 가능하고 그 유도식은 다음 공식을 따른다.

$$I = \frac{R+G+B}{3}$$
$$S = I - \frac{3}{R+G+B} min(R,G,B) \qquad (식\ 2\text{-}12)$$
$$H = \cos^{-1}\frac{0.5\times(R-G)+(R+B)}{\sqrt{(R-G)^2+(R-B)(G-B)}}$$

RGB를 HSI를 이용해 구하는 방법은 다음 표 2-1 안의 공식을 따른다.

표 2-1 HSI를 RGB로 변경

0°<H≤120°	120°<H≤240°	240°<H≤360°
$R = \frac{1}{3}\left(1+\frac{S\cos(H)}{\cos(60°-H)}\right)$ $G = 1-(R+B)$ $B = \frac{1}{3}(1-S)$	$H = H-120$ $R = \frac{1}{3}(1-S)$ $G = \frac{1}{3}\left(1+\frac{S\cos(H)}{\cos(60°-H)}\right)$ $B = 1-(R+G)$	$H = H-240$ $R = 1-(G+B)$ $G = \frac{1}{3}(1-S)$ $B = \frac{1}{3}\left(1+\frac{S\cos(H)}{\cos(60°-H)}\right)$

2.3.4 YIQ, YUV

YIQ에서 Y는 색의 밝기 정보(luminance), I와 Q는 색깔 정보(chrominance)를 가진다. YIQ는 RGB와 간단한 식을 통해 구한다.

$$\begin{bmatrix} Y \\ I \\ Q \end{bmatrix} = \begin{bmatrix} 0.299 & 0.587 & 0.144 \\ 0.596 & -0.275 & -0.321 \\ 0.212 & -0.523 & 0.311 \end{bmatrix} \begin{bmatrix} R \\ G \\ B \end{bmatrix} \qquad (식\ 2\text{-}13)$$

역으로 YIQ 정보로 RGB 정보를 계산한다.

$$\begin{bmatrix} R \\ G \\ B \end{bmatrix} = \begin{bmatrix} 0.1 & 0.956 & 0.621 \\ 0.1 & -0.272 & 0.647 \\ 0.1 & -1.105 & 1.702 \end{bmatrix} \begin{bmatrix} Y \\ I \\ Q \end{bmatrix} \qquad (식\ 2\text{-}14)$$

YUV도 YIQ와 마찬가지로 Y는 색의 밝기 정보를 U, V는 색깔 정보를 나타낸다. YUV는 YIQ와 비슷하지만 다른 공식을 사용한다.

$$Y = 0.3R + 0.59G + 0.11B$$
$$U = (B-Y)\times 0.493 \qquad (식\ 2\text{-}15)$$
$$V = (R-Y)\times 0.877$$

의 공식을 이용해 RGB로부터 YUV의 값을 계산할 수 있고, 반대로

$$R = Y + 0.956U + 0.621V$$
$$G = Y + 0.272U + 0.647V \quad \text{(식 2-16)}$$
$$B = Y + 1.106U + 1.703V$$

의 식을 이용해 YUV로부터 RGB 값을 계산할 수 있다.

YIQ는 NTCS(National Television System Committee)에서 지정한 방식으로 북미와 우리나라에서 TV 표준으로 사용되는 방식이고, YUV방식은 유럽의 TV 방송 표준으로 지정되어 있으며 PAL 시스템에서 지정한 방식이다. 두 방식 모두 사람의 눈이 색상보다는 밝기에 민감하다는 것에 착안해 고안된 방법이다. 이 방법이 TV 방송에 쓰이게 된 이유는 흑백TV와 컬러TV가 함께 혼용되고 있을 때 정보전달의 편이 때문이었다. YIQ방식으로 영상정보를 전달하면 Y 신호는 흑백 영상만을 전송해 주기 때문에, 컬러TV와 혼용이 가능했기 때문이다. 또 다른 이유는 이 방법이 영상압축에 쉽기 때문이다. 눈이 밝기에는 민감하지만 색에는 둔감한 것을 이용한다. Y 정보는 그대로 보내고 I, Q 정보는 압축을 하여도 사람의 눈에는 거의 같은 영상으로 보이기 때문에 압축을 하여도 본 영상과 같은 해상도로 같은 영상을 제공할 수 있기 때문이다. 요즘은 HDTV가 보급되어 영상을 압축하지 않고는 방송을 할 수 없기 때문에 영상의 압축은 꼭 필요한 작업이다. 흔히 쓰이는 압축으로 YUV 422이 쓰이며, YUV 411도 쓰인다. 이는 다음 장에서 자세히 설명할 것이다.

2.4 이미지의 형식

2.4.1 트루컬러(true color)와 파레트(palette)

이 책의 예시들은 영상을 화면 상에 표현하기 위해서 출력 장치로는 RGB 색 모델 사용한다. 각각의 화소는 8비트로 표현할 수 있는 범위는 0에서 255까지이다. 이 색 모델은 컴퓨터 시스템에서 가장 흔하게 사용된다. 예를 들면 총 16,777,216개의 구분된 색을 표현할 수 있다. 컬러를 표현하기 위해서 더 많은 비트를 사용하는 컴퓨터 시스템도 있다. 예를 들면 의학에 종종 12비트짜리 회색 영상이 쓰인다. 따라서 어떤 이미지 포맷은 8비트보다 큰(12비트 JPEG, 16비트 PNG) 픽셀당 비트를 처리한다.

한 화소가 만들어 낼 수 있는 색깔들 중 하나를 표현하는 방법에는 두 가지 방법이 있다. 가장 간단한 방법은 이전에 미리 압축된 자료의 각각의 화소에 색의 정보를 담는 것이다. 예를 들면 픽셀당 24비트짜리 영상에서 각각의 화소가 3바이트의 색깔 값을 가지는 것이다. 24비트 이상의 영상에서는 사람이 색상의 차이를 구분할 수 없다. 색을 표현하는 데

있어서, 24비트 또는 그 이상의 비트를 사용하는 영상을 트루컬러 이미지라고 부른다. 하지만, 트루컬러 이미지에는 16,777,216가지의 엄청난 개수의 색깔 때문에 영상을 처리하는데 문제가 있다. 옛날 컴퓨터는 24비트짜리 영상을 아예 처리를 하지 못하였고, 요즘의 컴퓨터도 충분한 영상메모리가 없다면 24비트짜리 영상을 처리할 수가 없다. 예를 들면 컴퓨터의 해상도가 1,024×768로 설정되어 있다면, 영상메모리는 2,359,296(1,024×768×3=2.25MB)의 메모리가 필요하다. 영상메모리가 2MB이면 800×600의 해상도로 설정할 수 있다(800×600×3=1.4MB).

그래서 예전 24비트의 영상들이 나오던 때에 해결책으로 파레트(Palette)로 영상을 처리하는 방법이 나왔다. 파레트는 영상 안의 색깔들을 모아서 정의하는 것인데 개념적으로는 3바이트의 RGB 픽셀들이 나타내는 색깔들의 1차원적인 배열이다. 색의 정보를 바로 RGB 형태로 각 픽셀에 담는 것이 아니라, 각각에 픽셀에 색 파레트에 명시되어 있는 색인을 담는 것으로 생각하면 된다. 파레트는 256가지 색을 표현할 수 있는 8비트의 사이즈가 가장 널리 쓰인다. 요즘 대부분의 컴퓨터에서 쓰이는 모든 해상도는 파레트를 사용하여 8비트의 그림으로 표현할 수 있다. 조금 설명을 덧붙이자면, 픽셀당 24비트 이상을 사용하는 그림은 파레트를 사용하지 않는다. 그 이유는 픽셀 색의 값을 바로 담는 것보다 파레트의 색인을 사용하는 것이 더 많은 용량을 쓰기 때문이다.

이미지의 확장자 중 비트맵(BMP)은 기본적으로 컴퓨터 모니터가 영상을 출력하는 방법과 똑같은 방법으로 색을 표현한다. 또 어떤 확장자는 각 픽셀의 색상 정보만을 이용해서 색을 표현하는 것도 있고, 또 어떤 것은 색 파레트만을 이용하는 것도 있고, 또 어떤 확장자는 두 방법 다를 이용하는 것도 있다. 다음의 표 2-2에서 다양한 확장자가 어떤 방법을 이용하여 색을 표현하는지를 확인해 볼 수 있다.

표 2-2 색의 표현 방법

	파레트	Color Value
BMP	✔	✔
JPEG		✔
GIF	✔	
PNG	✔	✔

파레트를 사용하는 이미지형식은 이미지의 메모리를 줄이기 위해서 8비트(256가지 색)보다 더 적은 비트를 사용할 수도 있다. 4비트를 사용하는 것은 8비트를 사용하는 영상보다 메모리가 절반 정도 밖에 되지 않는다. 만화같이 영상에 나타나는 색이 몇 가지 안 되는 경우에는, 영상의 정밀도는 떨어지지만 간단하게 자료의 용량을 줄일 수가 있다.

2.4.2 압축

비트맵(BMP)이미지가 메가바이트(mega-byte)를 넘어서는 용량을 가지기 때문에 다른 이미지형식들은 압축 기술들을 짜 넣게 되었다. 적은 용량을 차지하면서 원본 이미지와 똑같은 이미지를 만들어 내기 위해서 영상의 패턴을 이용하는 알고리즘들이 압축 기술로 사용되었다. 완전히 랜덤한 영상은 압축할 수가 없다. 표 2-3에서 각 이미지 확장자가 사용하는 압축 기술들을 확인할 수 있다.

표 2-3 다양한 확장자에서 사용하는 압축 방법

	BMP	GIF	PNG	JPEG
RLE	✔			✔
LZW		✔	✔	
Huffman			✔	✔
DCT				✔

압축 기술들을 아주 간단히 소개해 보자면 다음과 같다.

- Run Length Encoding(RLE) : 같은 값을 가진 연속된 화소들을 그 값과 길이의 쌍으로 부호화하는 방법이다. 예를 들면, 4의 값을 가지고 8번 반복되는 영상을 2바이트의 시퀀스로 표현할 수 있다.

$$04_{16}\ 04_{16}\ 04_{16}\ 04_{16}\ 04_{16}\ 04_{16}\ 04_{16}\ 04_{16}$$

  대신에

$$04_{16}\ 08_{16}$$

  로 표현하는 것이다.
- LZW 부호화 : LZW 부호화는 이미 한번 발생한 픽셀값을 저장해서 사전형태로 만드는 것이다. 압축된 픽셀들은 사전에 저장한 색인을 표시하는 방법이다. 같은 값이 반복해서 나올수록 압축에 유리하다.
- Huffman 부호화 : 픽셀의 값을 나타내기 위해 고정된 개수의 비트를 사용하는 것이 아니라, 이미지의 형태에 따라 다양한 길이로 픽셀값을 만들어 사용하는 방법이다. 많이 나오는 픽셀값은 더 짧은 비트로 적게 나오는 픽셀값은 긴 비트로 표현하여 압축을 하는 방법이다.
- Discrete Cosine Transform(DCT) : 이미지를 적당한 크기 8×8의 크기단위로 잘라 다른 주파수의 코사인 함수를 사용하여 영상을 압축하는 방법이다. 이미지에서 높은 주파수의 값은 적은 정보를 가지고 있기 때문에 버려진다. 낮은 주파수대역의 정보만을 이용해 이미지를 표현한다.

그림 2-26 아기사진

그림 2-27 태극기

각각의 압축 기술이 사용하는 패턴들이 다르기 때문에, 압축의 효과는 이미지형태에 따라 다르다. 그림 2-26은 사진이고 그림 2-27은 그림이다. 사진은 색에 변화가 있는 부분이 굉장히 많은 반면 그림은 같은 색으로 된 넓은 부분들을 가지고 있다.

그래프 2-1은 그림 2-26을 여러 가지 이미지형태로 압축했을 때 용량을 보여준다. BMP와 BMP-RLE, LZW는 압축이 조금만 되었지만 PNG와 특히 JPEG는 엄청난 압축률을 보인다. 그래프 2-1은 그림 2-27을 같은 방법으로 압축한 것이다. 사진의 압축률과는 다르게 다른 이미지 확장자들이 JPEG과 비슷한 압축률을 보이는 것을 확인할 수 있다.

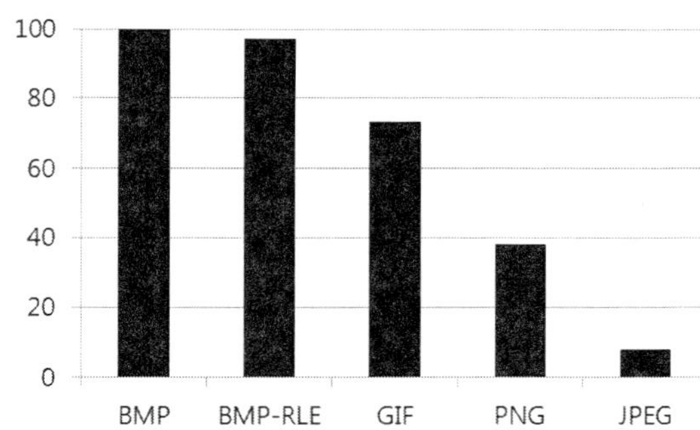

그래프 2-1 아기사진 압축 시 파일의 크기

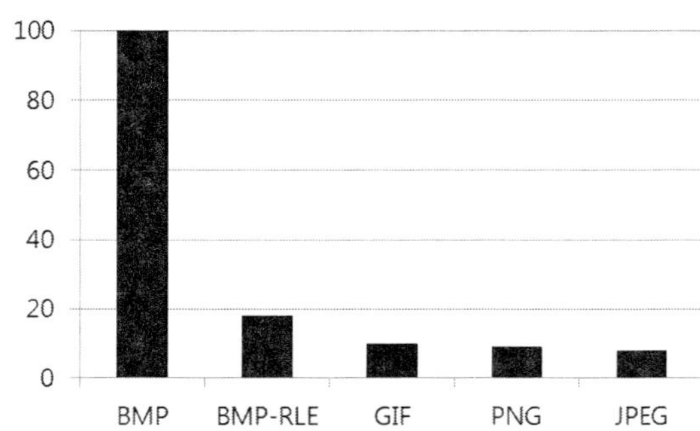

그래프 2-2 태극기사진 압축 시 파일의 크기

2.4.3 비 손실(lossless) 압축과 손실(lossy) 압축

대부분의 이미지 확장자는 비 손실압축을 사용한다. 이것은 우리가 이미지를 비 손실 압축 기법을 이용하여 압축을 했다가 다시 압축을 풀었을 때, 그 이미지가 원본 이미지와 정확히 똑같다는 것을 말한다.

하지만 몇몇의 압축 방법은 손실 압축이다. 예를 들면 JPEG이 대표적이다. JPEG의 압축 방법을 사용하여 압축을 했다가 다시 압축을 풀면 그 이미지의 각각의 화소값은 원본 이미지와 비슷하지만 정확히 똑같지는 않다. 즉, 압축의 결과로 나온 RGB 값이 (128,153,90)의 값을 가지면 원본의 RGB 값은 (129,152,89)인지 (129,154,91)인지 또는 (128,153,90)일지는 알 수가 없다. 손실 압축의 경우에는 사람의 눈이 비슷한 색을 잘 구분해 낼 만큼 정교하지 않은 것을 이용한다.

우리가 원본 영상을 포기하고 손실 압축을 사용하는 이유는 비 손실 압축보다 훨씬 큰 압축률 차이 때문이다. 대다수의 경우에 데이터의 적은 손실은 우리가 보기에도 별 차이가 없을뿐더러 압축률과 맞바꾸는 것이 바람직하다.

03 영상 필터링(image filtering), 동영상 압축, 분할(segmentation)

3.1 영상 필터링(image filtering)

영상 필터링(image filtering)은 영상에 포함된 주파수 성분을 사용자의 임의대로 조절하여 영상의 성분들에 변화를 주는 것을 의미한다. 이러한 영상 필터링하기 위해서는 영상을 변환하여 주파수 성분을 알아내야 한다.

3.1.1 영상 변환(image transform)이란?

일반적으로 영상 변환(image transform)은 영상의 정보를 다른 형태로 대체하는 것을 의미한다. 이러한 영상 변환을 하는 이유는 영상을 압축, 개선, 복원 등의 여러 가지 영상 신호 처리 작업을 더 쉽고 편리하게 할 수 있기 때문이다. 이러한 영상 변환은 대부분 공간 영역의 영상을 주파수 영역으로 변환하는 방식을 사용하며 그 종류는 푸리에 변환(fourier transform), 이산 코사인 변환(discrete cosine transform), 왈시 변환(walsh transform) 등이 있다. 본 교제에서는 일반적으로 많이 사용되는 푸리에 변환과 이산 코사인 변환에 대하여 배우도록 하겠다.

3.1.1.1 푸리에 변환(fourier transform)

이미지에서 푸리에 변환은 공간 영역의 이미지를 주파수 영역으로 변환하는 방법 중 하나이다. 그리고 역변환을 하면 주파수 영역의 이미지를 공간 영역으로 변환할 수 있다.

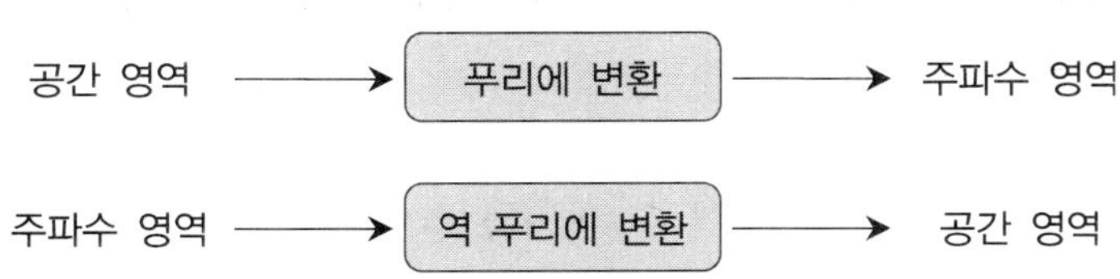

그림 3-1 영역 변환 도표

푸리에 변환(Fourier transform)을 이해하기 위해서 푸리에 이론의 기본 개념부터 알아야 한다. 18세기 프랑스 물리학자 Jean Baptisiter Joseph Fourier가 주장한 이 이론은 매우 복잡하게 보이는 신호라도 그 신호가 주기적인 특성을 지니고 있으면 사인(sin)과 코사인(cosine)의 합으로 표현할 수 있다는 것이다.

(1) 주파수 영역

그림 3-2에서처럼 일반적인 주기 신호에서 T는 파장, Φ는 위상, A를 진폭이라고 한다. 그리고 파장의 역수, 즉 $1/T$는 주파수라고 하며 f로 나타낸다. 주파수가 높고 낮음의 척도는 단위 길이당 같은 모양이 반복되는 횟수($1/T$)로 나타내며 반복 횟수가 많으면 주파수가 높고 적으면 주파수가 낮다.

그림 3-2의 주기 신호는 푸리에 이론에 따라 2개의 사인 함수의 합으로 표현할 수 있다. 다음의 그림 3-3을 보면 그림 3-3(a)와 그림 3-3(b)의 합이 그림 3-2와 같이 되는 것을 쉽게 이해할 수 있다.

(2) 푸리에 급수(fourier Series)

지금까지 배운 푸리에 이론은 푸리에 급수의 기초이다. 푸리에 급수는 과학, 공학 등 여러 분야에서 나타나는 신호들을 분석하는데 필요한 도구로 사용된다. 푸리에 급수는 기저 함수라 부르는

$$1,\ \cos\omega_0 x,\ \sin\omega_0 x,\ \cos 2\omega_0 x,\ \sin 2\omega_0 x \cdots \cos n\omega_0 x,\ \sin n\omega_0 x \cdots$$

로 주기 신호 $f(x)$를 표현하는 것이다. 주기 신호 $f(x)$를 푸리에 급수로 표현하면 다음과 같다.

$$\begin{aligned} f(x) &= a_0 + a_1\cos\omega_0 x + b_1\sin\omega_0 x + a_2\cos 2\omega_0 x + b_2\cos 2\omega_0 x \ldots \\ &= a_0 + \sum_{n=1}^{\infty}(a_n\cos n\omega_0 x + b_n\sin n\omega_0 x) \\ &= \sum_{n=0}^{\infty}(a_n\cos n\omega_0 x + b_n\sin n\omega_0 x) \\ &= \sum_{n=0}^{\infty}\left(a_n\cos n\left(\frac{2\pi ux}{N}\right) + b_n\sin n\left(\frac{2\pi ux}{N}\right)\right) \end{aligned} \qquad \text{(식 3-1)}$$

(식 3-1)에서 a_n과 b_n을 푸리에 계수(fourier coefficient)라 하고, 기본 각 주파수 ω_0는 주기 T와 다음과 같은 관계를 가진다.

$$\omega_0 = \frac{2\pi u}{N} = \frac{2\pi}{T} \qquad \text{(식 3-2)}$$

푸리에 급수를 2차원 신호 $f(x,y)$에 대하여 정리하면 기저 함수를 $\cos(m\omega_{0x}x + n\omega_{0y}y)$와 $\sin(m\omega_{0x}x + n\omega_{0y}y)$를 갖는 식으로 표현된다.

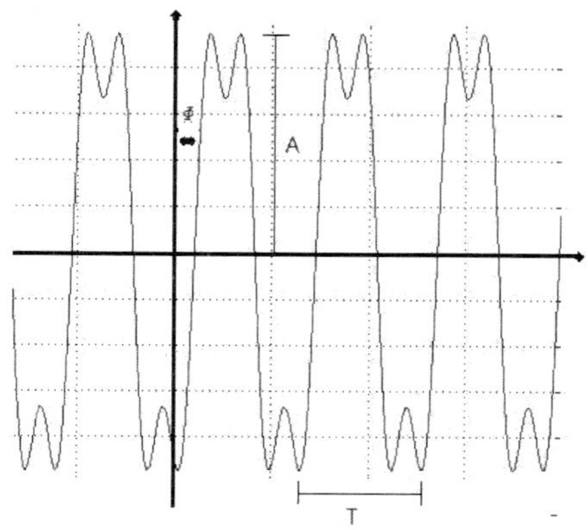

그림 3-2 주파수 영역

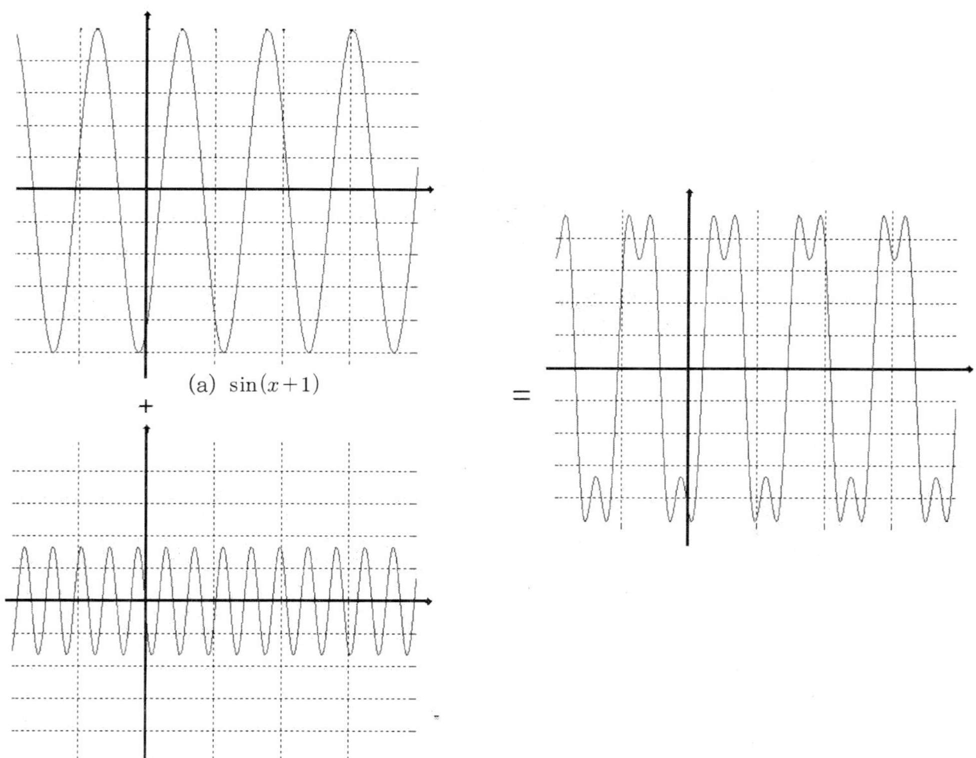

(a) $\sin(x+1)$

(b) $1/3\sin(x+1)$

그림 3-3 주파수의 합

$$f(x,y) = \sum_{m=0}^{\infty}\sum_{n=0}^{\infty}[a_{m,n}\cos(m\omega_{0x}x + n\omega_{0y}y) + b_{m,n}\sin(m\omega_{0x}x + n\omega_{0y}y)] \quad \text{(식 3-3)}$$

여기서 기본 각주파수는 다음과 같다.

$$\omega_{0x} = \frac{2\pi u}{M} = \frac{2\pi}{T_x}, \omega_{0y} = \frac{2\pi u}{N} = \frac{2\pi}{T_y} \quad \text{(식 3-4)}$$

(3) 이산 푸리에 변환(DFT : Discrete Fourier Transform)

지금부터는 디지털 영상과 관련된 이산 푸리에 변환(DFT : Discrete Fourier Transform)에 대해서 알아보도록 하자. 컴퓨터가 사용하는 디지털 신호는 0과 1로 이루어진 이산 신호이다. 디지털 영상도 픽셀로 이루어진 2차원 이산 신호라 할 수 있다. 영상의 크기가 $M \times N$이라 가정하고 이산 푸리에 변환을 해보도록 하자. 여기서 변환된 식은 Euler 공식 ($e^{jx} = \cos x + j\sin x$)를 통해 지수 함수로 나타낼 수도 있다.

$$\begin{aligned} F(u,v) &= \frac{1}{MN}\sum_{x=0}^{M-1}\sum_{y=0}^{N-1} f(x,y)e^{-j2\pi(ux/M + vy/N)} \\ &= \frac{1}{MN}\sum_{x=0}^{M-1}\sum_{y=0}^{N-1} f(x,y)[\cos 2\pi(\frac{ux}{M} + \frac{vy}{N}) - j\sin 2\pi(\frac{ux}{M} + \frac{vy}{N})] \end{aligned} \quad \text{(식 3-5)}$$

식 3-5에서 $u = 0, 1, \cdots, M-1$, $v = 0, 1, \cdots, N-1$이다. 이렇게 생성된 $F(u,v)$는 일반적으로 복소수이다. 즉 실수 함수로 구성된 $f(x,y)$가 이산 푸리에 변환을 통하여 복소수로 변환되는 것이다. 이는 푸리에 급수의 계수가 실수인 a_n, b_n를 가지는 것과 다른 성질을 가지고 있다는 것을 알 수 있다.

$F(u,v)$는 한 쌍의 기저 영상 $\cos 2\pi(\frac{ux}{M} + \frac{vy}{N})$, $\sin 2\pi(\frac{ux}{M} + \frac{vy}{N})$가 영상 $f(x,y)$에 얼마나 공헌하는지에 대한 정도를 나타낸다. 즉 $M \times N$ 크기의 영상에서 x축에 대한 공간 주파수 u, y축에 대한 공간 주파수 v가 얼마만큼 많이 존재하는가를 나타내는 것이다.

$F(u,v)$가 주어지면 역변환을 통하여 영상 $f(x,y)$를 구할 수도 있다.

$$\begin{aligned} f(x,y) &= \sum_{x=0}^{M-1}\sum_{y=0}^{N-1} f(x,y)e^{-j2\pi(ux/M + vy/N)} \\ &= \sum_{x=0}^{M-1}\sum_{y=0}^{N-1} F(u,v)[\cos 2\pi(\frac{ux}{M} + \frac{vy}{N}) + j\sin 2\pi(\frac{ux}{M} + \frac{vy}{N})] \end{aligned} \quad \text{(식 3-6)}$$

$M \times N$크기의 영상 $f(x,y)$의 이산 푸리에 변환은 $M \times N$계수 행렬 $F(u,v)$를 생성한다. 그리고 역변환은 계수 행렬로부터 원래의 영상을 복원한다. 그래서 $f(x,y)$와 $F(u,v)$을 푸리에 변환 쌍이라고 한다.

(4) 푸리에 스펙트럼(fourier spectrum)

대부분 우리가 사용하는 영상들은 실수로 이루어졌다. 그러나 이러한 영상들을 푸리에 변환한 $F(u,v)$는 복소수이다. 복소수인 $F(u,v)$의 실수부(코사인 항)와 허수부(사인 항)는 그 자체로 어떠한 정보를 지니고 있지는 않지만 크기와 위상으로 사용하면 영상을 설명하는데 유용한 정보를 지니고 있다. $F(u,v)$를 일반적인 복소수의 형태로 쓰면 다음과 같다.

$$F(u,v) = R(u,v) + jI(u,v) \quad (j = \sqrt{-1}) \tag{식 3-7}$$

여기서 $R(u,v)$와 $I(u,v)$는 각각 $F(u,v)$ 실수부와 허수부이다. 위의 식을 지수 함수형태로 변환하는 것이 이해하기 더 편하다.

$$F(u,v) = |F(u,v)|e^{j\Phi(u,v)} \tag{식 3-8}$$

(식 3-8)에서

$$\begin{aligned} |F(u,v)| &= [R^2(u,v) + I^2(u,v)]^{\frac{1}{2}} \\ \Phi(u,v) &= \tan^{-1}\left[\frac{I(u,v)}{R(u,v)}\right] \end{aligned} \tag{식 3-9}$$

로 표현할 수 있으며 $|F(u,v)|$는 $f(x,y)$의 푸리에 스펙트럼, $\Phi(u,v)$는 위상 스펙트럼이라 한다. 푸리에 스펙트럼은 기저 영상이 식에 미치는 영향을 나타내며 일반적으로 스펙트럼이라 하면 푸리에 스펙트럼을 의미한다. 이는 위상 스펙트럼은 영상을 그대로 유지하는데 중요한 부분이므로 건드리지 않고 푸리에 스펙트럼을 사용하여 영상을 조작하기 때문이다. 그림 3-4는 원본 영상과 그 영상의 푸리에 스펙트럼, 위상 스펙트럼을 보여주고 있다.

(a) 원본 영상 (b) 푸리에 스펙트럼 (c) 위상 스펙트럼

그림 3-4 영상과 스펙트럼

(a) 두 스펙트럼 정보로 복원한 영상 (b) 푸리에 스펙트럼 정보로 복원한 영상 (c) 위상 스펙트럼 정보로 복원한 영상

그림 3-5 영상 복원

이렇게 푸리에 변환을 실행한 영상을 다시 복원하려면 푸리에 역변환을 하여야 한다. 여기서 생각해 보아야 할 것이 있다. 만약 푸리에 스펙트럼이나 위상 스펙트럼 중 하나만을 사용하여 영상을 복원하면 어떻게 될 것인가이다. 결론부터 말하자면 하나의 정보만 가지고는 영상을 복원할 수 없다가 정답이다. 위의 그림 3-4(c)를 보면 잡음같이 보이기도 하고 난수같이 보이기도 하여 중요한 정보가 없을 것처럼 보인다. 하지만 위상 정보가 없으면 영상의 공간상 일관성이 사라져 버리기 때문에 관심 있는 특징을 제대로 인식할 수가 없게 된다. 또한 푸리에 스펙트럼의 정보가 없으면 특징들 간의 상대적 밝기에 대한 정보를 결정할 수가 없게 되므로 복원을 할 수가 없게 된다. 역변환의 결과는 그림 3-5를 보면 정확히 알 수 있다.

(5) 고속 푸리에 변환(FFT : Fast Fourier Transform)

이산 푸리에 변환으로 $F(u,v)$를 계산하기 위해서는 영상의 모든 픽셀에 대한 합을 계산해야한다. 이는 영상의 크기가 $N\times N$이라 가정하면 $O(N^2)$의 연산 복잡 도를 가진다. 그리고 $F(u,v)$는 복소수 곱셈에 $O(N^4)$의 계산량을 가진 복소수 곱셈을 하여야한다. 그러므로 영상의 크기가 커지면 커질수록 엄청난 양의 계산량을 가진 수식을 계산해 내야 하는 것이다. 이러한 단점을 보완하기 위해 우리는 고속 푸리에 변환(FFT : Fast Fourier Transform)이라는 것을 사용한다.

고속 푸리에 변환은 길이 N인 이산 푸리에 변환은 N/2 길이의 두 푸리에 변환의 합으로 쓸 수 있다는 특징을 이용하여 이러한 분할을 두 점의 변환될 때까지 재귀적으로 적용하여 계산량을 감소시켰다. 즉 N이 2의 지수승일 때 고속 푸리에 변환은 $O(\frac{N}{2}\log_2 N)$이 된다. 예를 들어 영상의 크기가 512×512라면 이산 푸리에 변환방식에서는 $512^2\times512^2=(2^9)^2\times(2^9)^2=2^{36}$번의 연산을 필요로 하지만 고속 푸리에 변환방식에서는 $\frac{512\times512}{2}\log_2(512\times512)=\frac{2^9\times2^9}{2}\log_2(2^9\times2^9)=2^{18}\times9$번의 연산을 하면 된다. 즉 512×512 크기의 영상에서는 고속 푸리에 변환이 이산 푸리에 변환보다 약 30,000배 정도 빠르게 연산을 수행할 수 있는 것이다.

(6) 주파수 영역에서의 필터링

디지털 영상을 푸리에 변환을 하고나면 영상의 주요 성분들은 푸리에 스펙트럼의 중심 즉 저주파대역에 몰려있다. 그림 3-6에서 노란 원이 그려진 부분의 안쪽 부분이 저주파 대역이며 이 원의 반지름이 70픽셀일 때 영상의 주요 성분들의 98.89%가 원 안에 몰려있다.

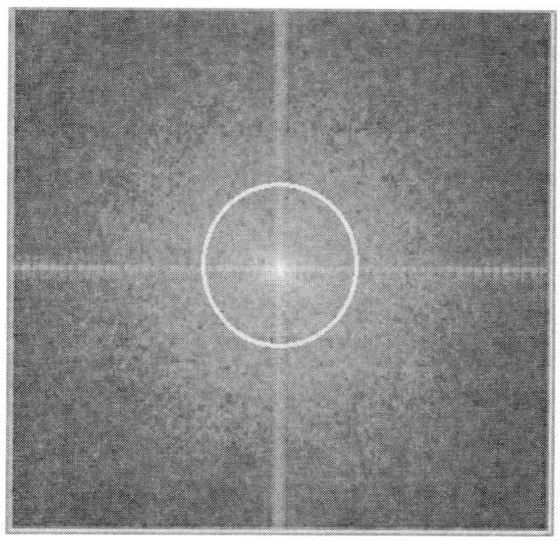

그림 3-6 주파수 영역 내 주요 성분 밀집 점

원의 안쪽인 저주파대역에는 이미지의 변화도가 작은 요소들이 모여 있으며 원 바깥쪽 부분인 고주파대역에는 영상의 형태 또는 변화도가 큰 요소들이 모여 있다. 이러한 특성을 이용하여 저주파 통과(lowpass filter), 고주파 통과 필터(high pass filter) 등의 필터들을 설계하여 사용한다.

영상을 필터링하고 다시 복원하는 일련의 과정들을 영상 처리(image processing)과정이라고 한다. 아래의 그림 3-7로 영상 처리과정을 순서도로 표현해 놓았다.

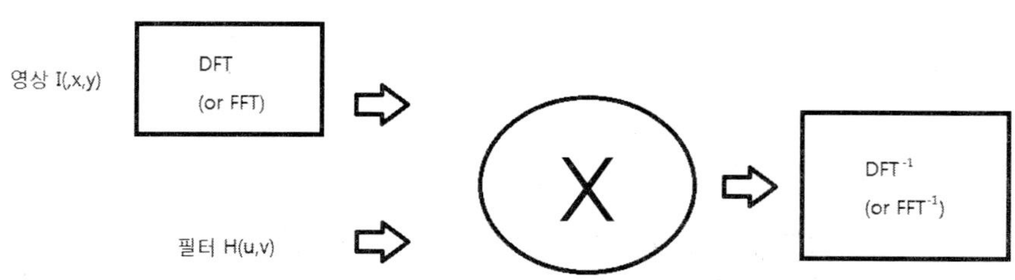

그림 3-7 영상 처리과정

위의 과정 중 푸리에 변환된 영상과 필터가 결합되는 부분이 바로 필터링과정이다. 이러한 필터링에 필요한 필터의 종류에는 여러 가지가 있다. 기본적인 필터는 저주파 통과 필터(lowpass filter), 고주파 통과 필터(high pass filter), 대역 거절 필터(band reject filter), 대역 통과 필터(band pass filter) 등이 있다.

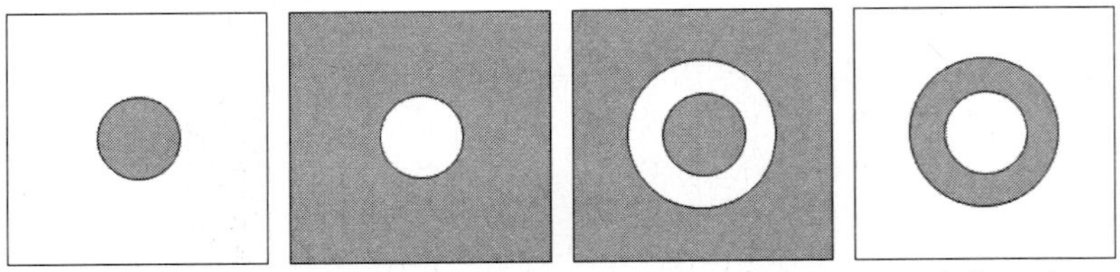

저주파 통과 고주파 통과 대역 거절 대역 통과

그림 3-8 주파수 영역에서의 필터들

저주파 통과 필터는 영상을 전반에 걸쳐 흐릿하게 만든다. 이는 영상의 형태 정보가 있는 고주파대역을 제거하였기 때문에 생기는 현상이다. 그리고 고주파 통과 필터는 저주파 성분을 감쇠시켜 영상을 선명하게 만들어주는 효과를 가지고 있다. 대역 거절 및 통과 필터는 특정한 주파수 영역만을 걸러 내거나 통과시키는 특성을 가지고 있다.

(a) 원본 이미지 (b) 원본 이미지의 푸리에 스펙트럼

(c) 필터의 푸리에 스펙트럼 (d) 필터링된 이미지

그림 3-9 저주파 통과 필터링과정

(a) 원본 이미지

(b) 원본 이미지의 푸리에 스펙트럼

(c) 필터의 푸리에 스펙트럼

(d) 필터링된 이미지

그림 3-10 고주파 통과 필터링과정

그림 3-9는 영상을 저주파 통과 필터 중 하나인 가우시안 저주파 통과 필터를 통과시킨 예이다. 그림 3-9(b)의 원본 영상의 스펙트럼을 그림 3-9(c)의 가우시안 저주파 통과 필터에 통과시키면 원본 영상보다 흐릿해진 그림 3-9(d)를 얻을 수 있다.

다음으로 고주파 통과 필터를 살펴보도록 하자. 그림 3-10은 영상을 고주파 통과 필터를 통과시키는 과정을 설명하기 위한 그림이다.

그림 3-10(b)의 원본 영상의 스펙트럼을 그림 3-10(c)의 고주파 통과 필터에 통과시키면 원본 영상의 윤곽선이 나타나있는 그림 3-10(d)를 얻을 수 있다.

이렇게 여러 가지 필터들을 사용하여 영상에서 자신이 원하는 정보를 얻어내는 것이 영상 필터링의 목적이다.

(7) 푸리에 변환의 장단점

푸리에 변환은 계산의 효율성으로 인하여 매우 대중적으로 쓰이고 있다. 하지만 계산의 결과가 허수부를 포함하고 있어 복잡하며 에너지 밀집률(energy compaction)이 낮은 단점을 가지고 있다.

에너지 밀집(energy compaction)이란 에너지 압축이 가능한 몇 개의 주파수에 공간 시퀀스의 에너지를 가지고 있는 것을 뜻한다. 이는 영상을 압축에 매우 중요한 요소로 만약 에너지 밀집도가 높으면 모든 영역의 픽셀을 변환하지 않고 작은 영역의 주파수만 변환하여도 원본 영상과 거의 똑같은 영상으로 압축할 수 있게 된다.

3.1.1.2 이산 코사인 변환(DCT : Discrete Cosine Transform)

이산 코사인 변환(Discrete Cosine Transform)은 지금까지 배운 이산 푸리에 변환의 단점인 에너지 밀집률이 낮다는 점과 계산상의 허수부 존재한다는 점을 보완한 변환 방법이다. 이산 코사인 변환은 푸리에 변환의 실수부(코사인 항)과 매우 비슷하다. 그래서 복소수까지 계산하여야 하는 이산 푸리에 변환보다 영상 신호를 처리하는데 있어 더욱 효율적이다. 그리고 에너지 밀집률을 최대화하여 큰 정보의 손실 없이 영상을 압축할 수 있다. 그래서 오늘날 멀티미디어 관련 국제 표준(JPEG, MPEG, H.264 등)에 압축 알고리즘 핵심요소로 사용된다.

영상의 크기가 $N_1 \times N_2$이라 가정하고 2차원에서 이산 코사인 변환을 해보도록 하자.

$$C_x[k_1,k_2] = \begin{cases} \sum_{x=0}^{N-1}\sum_{y=0}^{N-1} x[n_1,n_2]\cos\left[\frac{\pi}{2N_1}k_1(2n_1+1)\right]\cos\left[\frac{\pi}{2N_2}k_2(2n_2+1)\right] & 0 \le k_1 \le N_1,\ 0 \le k_2 \le N_2 \\ 0 & \text{그 외} \end{cases} \quad \text{(식 3-10)}$$

식 3-10에서 $C_x[k_1,k_2]$는 주파수 영역 $x[n_1,n_2]$는 공간 영역이다. $C_x[k_1,k_2]$를 역 변환하는 식은 아래와 같다.

$$x[n_1,n_2] = \begin{cases} \frac{1}{N_1N_2}\sum_{k_1=0}^{N_1-1}\sum_{k_2=0}^{N_2-1} w_1[k_1]w_2[k_2]C_x[k_1,k_2] \\ \quad \times\cos\left[\frac{\pi}{2N_1}k_1(2n_1+1)\right] & 0 \le k_1 \le N_1,\ 0 \le k_2 \le N_2 \\ \quad \times\cos\left[\frac{\pi}{2N_2}k_2(2n_2+1)\right] \\ 0 & \text{그 외} \end{cases} \quad \text{(식 3-11)}$$

$$w_1[k_1] = \begin{cases} 1/2 & k_1 = 0 \\ 1 & 1 \le k_1 < N_1 \end{cases} \quad \text{(식 3-12)}$$

$$w_2[k_2] = \begin{cases} 1/2 & k_2 = 0 \\ 1 & 1 \le k_2 < N_2 \end{cases} \quad \text{(식 3-13)}$$

위의 두 식을 이산 코사인 변환 쌍이라고 한다.

이렇게 이산 코사인 변환에 의해 얻어진 값들은 이산 코사인 변환 계수나 공간 주파수 계수로 불린다. 이 계수들은 좌측 상단, 즉 (0,0) 지점은 DC(Direct Current) 계수이고 나머지 부분들은 AC(Alternate Current) 계수로 이루어졌다. 그림 3-11이 영상을 이산 코사인 변환한 영상이다.

그림 3-11 이산 코사인 변환으로 변환된 영상

이렇게 변환된 영상과 이산 푸리에 변환으로 변환된 영상을 비교해 보면 에너지 밀집도의 차이를 알 수 있다.

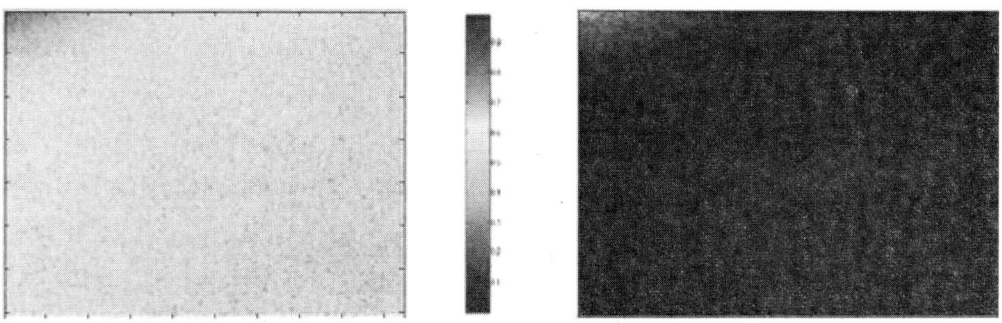

그림 3-12 이산 푸리에 변환과 이산 코사인 변환의 에너지 밀집도

그림 3-12에 나타나듯 이산 푸리에 변환의 에너지 밀집도보다 이산 코사인 변환의 에너지 밀집도가 매우 높다는 것을 알 수 있다. 이러한 특징을 이용하여 현재 많은 압축 기술에 이산 코사인 변환이 사용되고 있는 것이다.

3.2 동영상 압축

3.2.1 동영상 압축 개요

동영상 압축은 우리의 실생활 곳곳에 사용되고 있다. 디지털 set-top box, HDTV, DVD player, 인터넷 동영상 등이 동영상 압축이 사용되는 예들이다. 우리가 많이 사용하는 동영상 압축에는 크게 두 가지 종류가 있다. 하나는 ISO Motion Picture Experts Group(MPEG)의 MPEG-x 시리즈로 MPEG-1, MPEG-2, MPEG-4, MPEG-7과 MPEG-21을 사용하고 있다.

나머지 하나는 ITY-T Video Coding Experts Group(VCEG)의 H.26x 시리즈로 H.264를 여러 방면에 사용하고 있다.

3.2.2 MPEG

이번에는 동영상 압축의 두 가지 방법 중 대중적으로 더 많이 하는 MPEG에 대해서 설명해 보도록 하겠다. MPEG을 사용하는 이유는 동영상들이 간단한 그림이나 프레임들의 연속으로 이루어져 있기 때문에 그림을 압축하는 방법인 JPEG과 같은 방법으로도 압축을 할 수는 있지만 각 프레임 간의 미세한 차이를 이용하는 방법인 MPEG을 사용하면 그림만 압축하여 사용하는 것보다 2-4배 정도 배가된 압축을 할 수 있게 되기 때문이다. MPEG 압축 방법의 기본 아이디어를 그림 3-13을 보면서 이해해 보도록 하자.

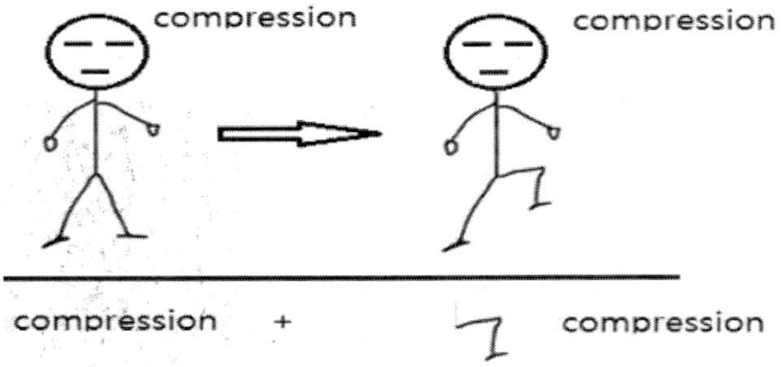

그림 3-13 MPEG 압축 방법의 기본 아이디어

일단 그림 3-13의 위쪽은 JPEG 방법으로 영상 압축만을 실행하는 예시이다. 앞의 프레임과 뒤의 프레임의 영상 전체를 압축하는 방법을 사용하는 것이다. 하지만 MPEG에서는 오른쪽 영상을 일단 JPEG방식으로 압축한 후 압축된 영상과 다음 영상 간의 차이만을 압축하는 방식을 사용하는 것이다. 여기서 필요한 기술이 움직임 예측(estimation)과 보정(compensation)이다. 이러한 방법을 사용함으로써 2~4배 배가된 압축률을 가질 수 있게 된다.

3.2.2.1 프레임의 구성

MPEG의 원리를 더욱 자세히 이해하기 위해서는 프레임의 구성을 알아야 한다. 프레임은 3종류로 구분할 수 있다. I 프레임이라 부르는 Intra-pictures는 완전히 구성된 하나의 이미지이다. 다음은 P 프레임이라 불리는 Unidirectional predicted pictures는 전에 입력된 I 프레임을 사용하여 만들지는 프레임으로 움직임 보정에 사용되는 프레임이다. 마지막으로 B 프레임이라 불리는 Bidirectional predicted pictures는 전에 입력된 I와 P 프레임 두 부분을 모두 사용하여 움직임을 예측하는 데 사용된다. 이러한 프레임들은 무작위 재생과 앞뒤로 감기에 사용된다.

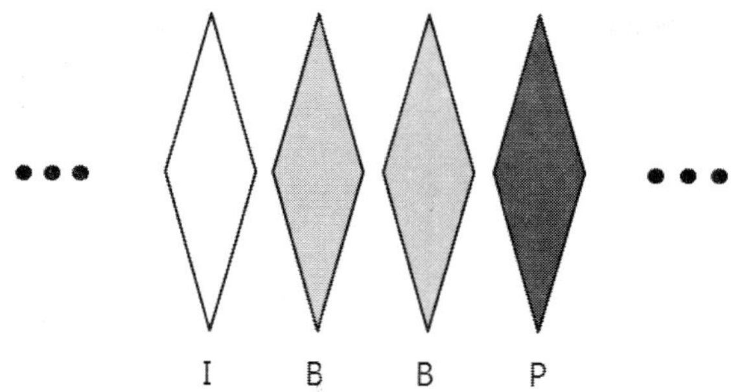

그림 3-14 프레임 구성

다음으로 Group of Pictures(GOP)에 대해 알아보도록 하자. 위에서 설명한 세 가지 종류의 프레임들로 이루어진 Group이다. 이 GOP들이 나열되면서 동영상을 생성하는 것이다.

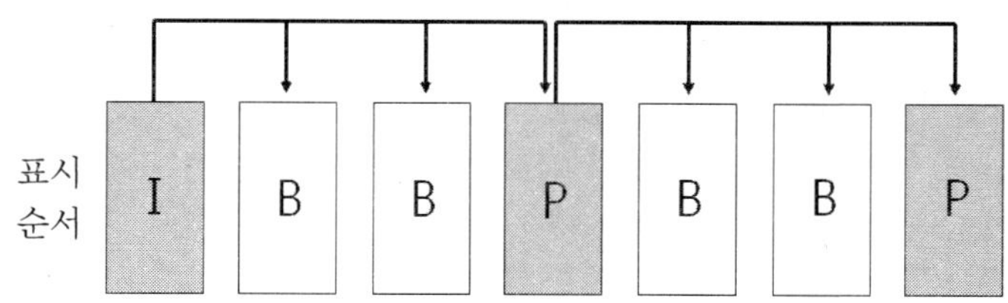

그림 3-15 프레임의 표시 순서

그림 3-15는 GOP의 표시 순서를 나타낸 그림이다. 위의 순서대로 이루어진 GOP가 연속적으로 나열되면서 동영상이 재생이 되는 것이다. 그러나 앞에서 말했듯이 B 프레임은 I 프레임과 P 프레임을 모두 사용하여 생성되는 프레임이다. 그렇기 때문에 MPEG encoding (부호화) 과정에서 순서를 바꿔서 보낸 후 decoding(복호화) 과정에서 다시 표시 순서로 바꿔준다.

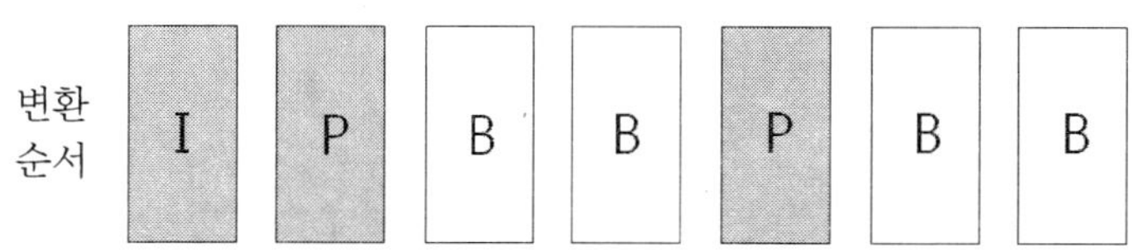

그림 3-16 프레임의 변환 순서

3.2.2.2 MPEG 부호화(encoding)

앞에서 설명한 프레임들을 부호화하는 과정을 통합하여 MPEG encoding(부호화)라고 한다. MPEG 부호화를 설명하기에 앞서 macroblock이라는 것을 알아보도록 하자. 이 macroblock이라는 것은 MPEG 부호화를 수행 시 사용되는 단위이며 16×16 pixel 단위로 사용된다. 그리고 4 : 2 : 0의 subsampling을 가진다.

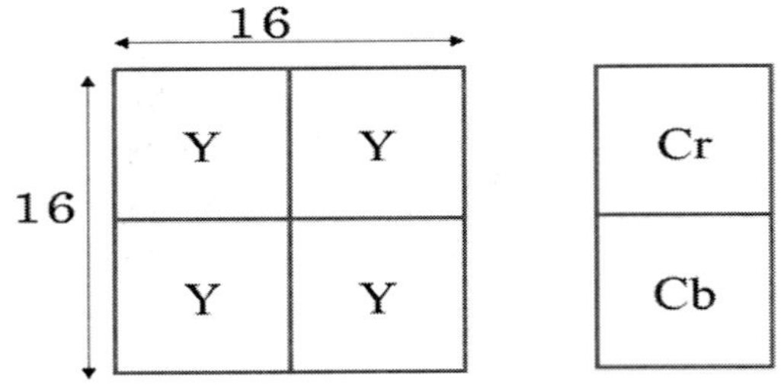

그림 3-17 Macroblock

그럼 이제부터 MPEG 부호화의 과정을 하나하나 살펴보도록 하자.

(1) I 프레임

MPEG 부호화 과정 중 가장 먼저 하는 것은 I 프레임 부호화이다. 이 과정은 DCT (Discrete Cosine Transform)을 사용한 영상 압축 JPEG의 방식을 따른다.

(2) P 프레임 부호화

P 프레임 부호화는 이전의 I 프레임을 사용하는 특징을 가진다. 이전 프레임과 현재 프레임의 차이를 부호화하는 것이다.

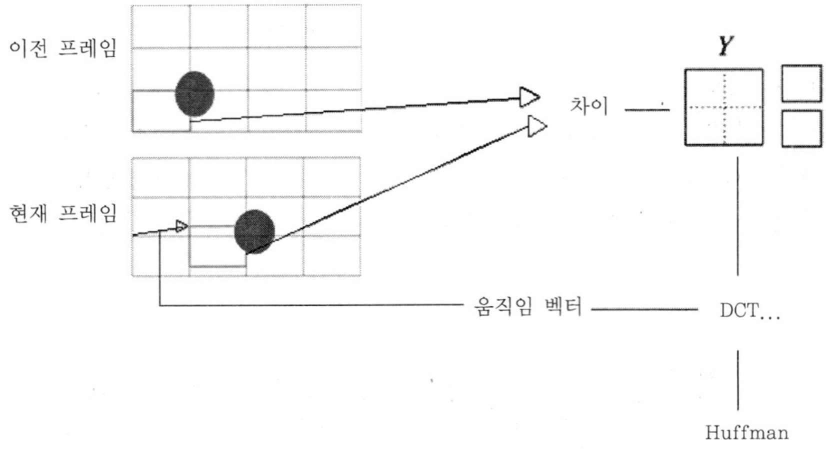

그림 3-18 P 프레임 부호화 순서도

그림 3-18은 P 프레임 부호화의 과정을 그림으로 설명해 놓은 것이다. 이전 프레임과 현재 프레임의 차이와 움직임 벡터(motion vector)를 DCT와 Huffman coding을 이용하여 부호화하는 것이 P 프레임 부호화의 전체 과정이라 할 수 있겠다. 여기서 또 알아야 할 것이 바로 움직임 벡터(motion vector)가 하는 일이다. 이는 motion estimation(움직임 예측)에 사용되는데, 이전 프레임의 모든 macroblock 중 현재 프레임과 가장 잘 맞는 영역을 찾

아내는 것이다. 즉 그림 3-18의 주황색 상자 부분을 찾아내는 것이라 할 수 있다. 움직임 예측은 두 가지 종류가 있다. 하나는 P 프레임에서 순방향 예측을 하는데 쓰이며, 다른 하나는 B 프레임에서 양방향 예측이나 움직임 보정에 사용되는 경우이다. 움직임 벡터의 부호화는 entropy code를 결과로 가지게 되고 이를 P 프레임 부호화에 사용하게 된다. 하지만 P 프레임 부호화에서의 차이가 움직임 벡터만으로 충분히 설명되지 않는 경우도 있다. 이는 prediction error라는 것 때문에 발생하게 되는데 이 경우를 그림 3-19를 통하여 알아보도록 하자.

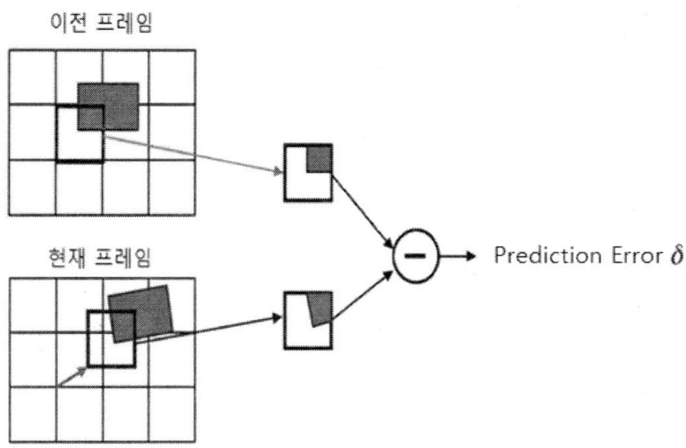

그림 3-19 움직임 예측(motion estimation)

그림 3-19에서처럼 현재 프레임이 이전 프레임과 비교했을 때 모양이 변형되어 있을 때 prediction error가 발생하게 된다. 이렇게 발생된 에러는 양쪽의 화소들에서 발생된 차이를 부호화함으로써 해결한다.

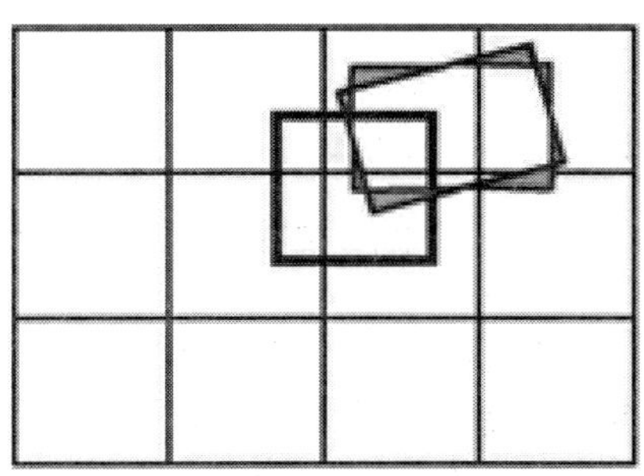

그림 3-20 움직임 예측(motion estimation)통한 에러 보정

이러한 과정들을 거치게 되면 I 프레임 부호화가 끝나게 된다.

(3) B 프레임 부호화

B 프레임은 macroblock들 중 이전 프레임과 미래 프레임의 정보 2개 모두 필요한 경우에 사용된다. 예를 들어 이전 프레임의 정보만으로는 현재 프레임의 정보를 얻을 수 없을 때 사용하는 것이다.

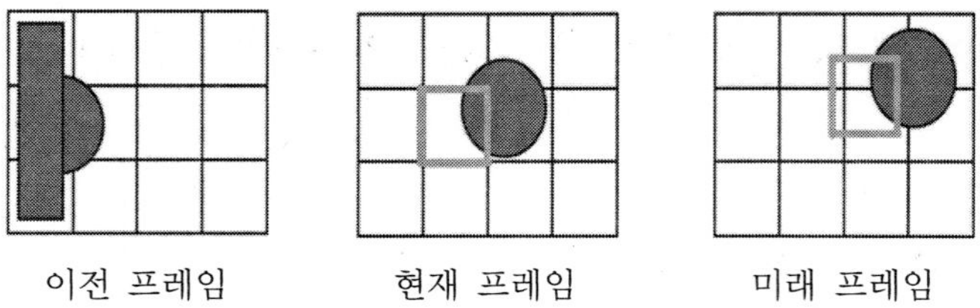

그림 3-21 이전 프레임의 정보가 부족한 경우

B 프레임 부호화의 과정은 아래와 같다.

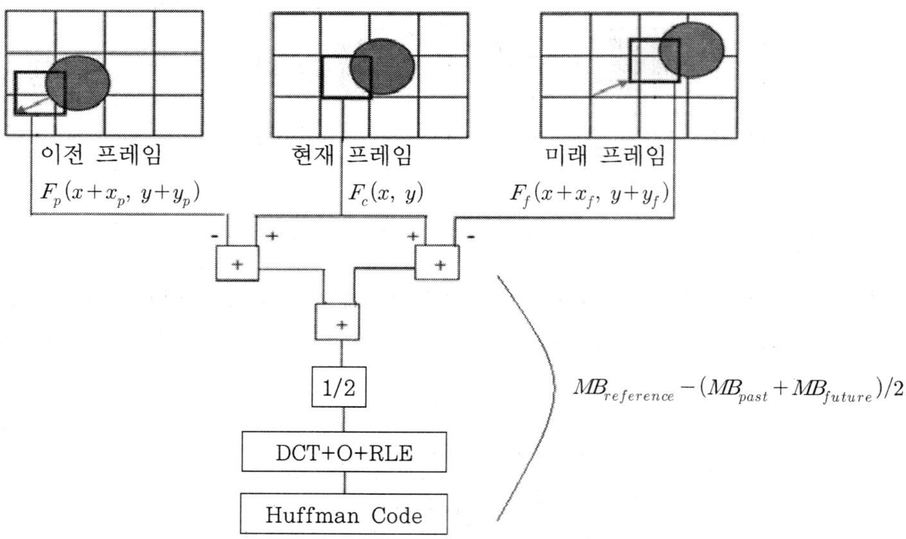

그림 3-22 B 프레임 부호화 과정

먼저 이전 프레임과 타깃 프레임 간의 차이와 미래 프레임과 타깃 프레임 간의 차이를 계산하여 더한다. 그리고 더해진 값들을 반으로 나눈 후 부호화 과정을 거치면 되는 것이다. P 프레임이 이전 프레임의 정보만을 가지고 부호화하는 것과 다르게 이전 프레임과 미래 프레임 양쪽의 정보를 모두 사용하여 부호화하는 것을 특징으로 가진다. 이러한 B 프레임의 특징 때문에 transmit order와 display order가 달라지는 것이다. Display Order는 I 프레임 혹은 P 프레임으로 이루어진 이전 프레임과 P 프레임으로 이루어진 미래 프레임 사이에 B 프레임이 있어 시간 순서로 나열되어 있는 반면에 transmit order에서는 이전 프레임과

미래 프레임이 먼저 입력된 후 그 사이의 B 프레임들이 입력되어 있다. 이는 부호화 과정에서 B 프레임을 부호화하기 위해서는 이전 프레임과 미래 프레임이 모두 필요하기 때문에 미래 프레임을 먼저 입력받고 그 뒤에 B 프레임을 입력받는 것이다.

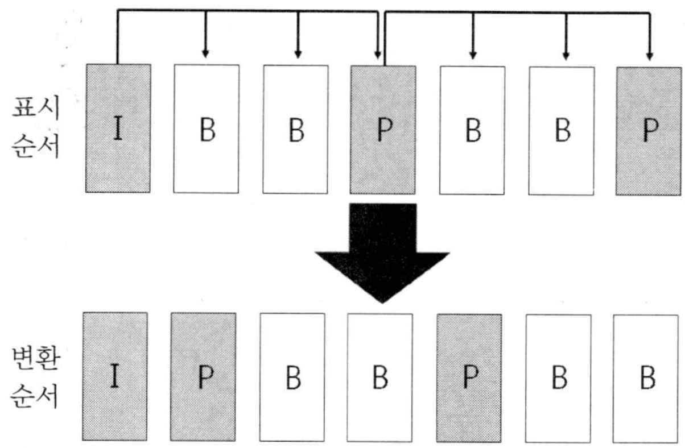

그림 3-23 표시 순서와 변환 순서의 차이점

3.2.2.3 MPEG 시리즈

- MPEG-1: 1991년 표준 제정. 1.2~1.5Mbps, 해상도 352×240에서는 30fps(NTSC) 또는 352×288에서는 25fps(PAL), VHS의 화질
- MPEG-2: 3~6Mbps(352×240, 30fps), 1,920×1,152 이상에서 30fps(60~80Mbps), TV와 HDTV 화질
- MPEG-4: 음성과 영상을 부호화, 여러 가지 응용 프로그램을 위한 일반적인 toolbox, 상호적이며 낮은 bit rate를 가짐
- MPEG-7: 멀티미디어 정보를 기술하기 위한 표준

3.3 분할(segmentation)

이제부터는 입력된 영상으로부터 추출된 특징을 처리하는 방법 중 하나인 영상분할에 대해서 설명하도록 하겠다. 영상분할이란 이미지를 구성 지역이나 개체들로 나누는 것을 뜻한다. 즉 영상에서 객체를 추출할 수 있다는 것이다. 이러한 영상 분할은 영상 처리 방법 중 어려운 분야로 아직 많은 연구들이 진행 중에 있다. 영상분할에는 개체의 가장자리 윤곽을 추출하여 그 개체의 모양을 설명하는 에지(edge) 검출과 개체의 질감 혹은 색상 등을 구분하여 분할하는 방법들이 있다. 에지 검출은 뒷부분에 자세하게 다룰 예정이므로 여기서는 색상을 이용한 분할에 대하여 설명하도록 하겠다. 그림 3-24는 에지 검출의 예시이다.

그림 3-24 에지 검출의 예시

개체의 색상 정보를 이용하여 영역을 분할하는 것은 그리 어렵지 않다. 왜냐하면 RGB 영상에서 지정된 색상 정보를 이용하여 나누기만 하면 되는 것이기 때문이다. 기본 색상에서 영역을 설정하고 영상에서 그 범위 내에 들어오는 색들을 하나로 묶어 표현하면 영상 분할이라 할 수 있다. 여기서 우리가 지정해 주어야 할 것은 몇 개의 영역으로 색상을 나눌 것이냐이다. 영역을 많이 나누면 나눌수록 원래의 영상과 비슷한 영상이 결과로 나올 것이다. 그림 3-25는 Expectation Maximization(EM) 알고리즘을 이용한 k-Gaussian으로 영상을 분할한 결과이다. 여기서 k값이 몇 개의 영역으로 나눌 것이냐를 결정하는 상수이다.

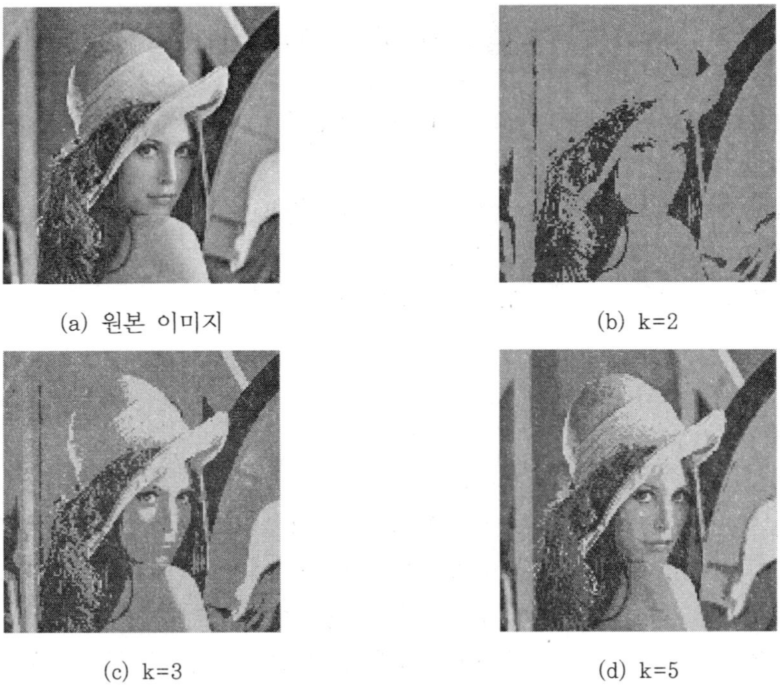

(a) 원본 이미지 (b) k=2

(c) k=3 (d) k=5

그림 3-25 EM(Expectation Maximization) 알고리즘을 이용한 k-Gaussian 영상분할 결과

04 차선 인식

4.1 에지 검출(edge detection)

4.1.1 에지의 기본 개념

에지(edge)란 영상에서 다른 두 영역 사이의 경계를 나타내는 특징이다. 화소가 낮은 값에서 높은 값으로 또는 높은 값에서 낮은 값으로 밝기가 급격하게 변하는 경계로써, 불연속 점을 나타낸다. 이러한 에지들은 영상에 대한 많은 정보를 포함하고 있어서 영상 안의 물체 모양, 위치, 크기 등에 대한 정보를 알 수 있다. 따라서 에지를 이용하면 물체를 식별할 수 있으며 방향성을 탐지할 수 있는 정보를 제공한다. 에지는 깊이, 표면 방향, 반사도, 조명의 불연속성에서 발생하며 물체의 경계, 표면의 경계, 빛에 의한 반사, 그림자 등이 에지로 나타난다. 에지는 영상의 밝기 값이 갑자기 변하는 스텝 에지(step edge), 영상의 밝기 값이 일정 구간 동안 점점 변하는 램프 에지(ramp edge), 영상의 밝기 값이 갑자기 변했다가 특정 구간을 지나 원래 값으로 돌아오는 라인 에지(ling edge), 영상의 밝기 값이 점점 변하다가 특정 구간을 지나 점점 원래 값으로 돌아오는 루프 에지(roof edge) 등이 있다.

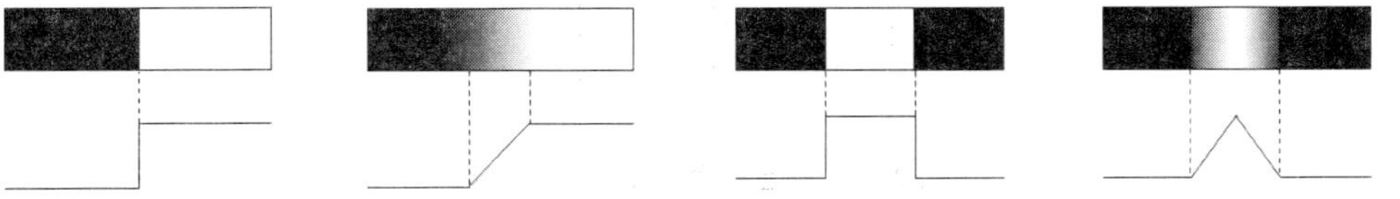

(a) 스텝 에지 (b) 램프 에지 (c) 라인 에지 (d) 루프 에지

그림 4-1 에지의 종류

4.1.2 에지 검출의 개념

에지는 영상 안에서 상당한 밝기의 차이가 있는 곳이고, 물체의 경계에 해당하는 곳이므로 영상 처리의 관점에서 볼 때 에지는 화소값의 불연속이나 화소의 변화율이 큰 불연속 점이라고 할 수 있다.

에지 검출 방법에는 여러 가지가 있다. 간단한 에지 추출 기법인 유사 연산자와 차 연산자가 있으며 연산 자체가 간단하고 빠르며 이 두 방법으로 얻은 에지를 강화하거나 약화시키는 추가적인 문턱값(threshold)을 처리하는 방법이 있다. 또한, 미분을 이용한 에지 검출 방법으로써 에지는 픽셀의 밝기 변화율에 관여하기 때문에 1차 미분과 2차 미분을 이용하여 검출 가능하여, 2차 미분을 이용한 검출 방법은 1차 미분으로 얻은 결과에 미분을 한 번 더 추가하여 에지 검출의 성능을 향상시킨 것이며, 미분 연산자의 역할을 해주는 여러 가지 마스크들을 이용하여 에지를 검출할 수 있다.

이 책에서는 마스크를 이용하여 에지를 검출하는 방법을 구체적으로 설명하도록 한다. 마스크란 영상 안에서 일정 부분에 위치시키기 위한 어떤 행렬 모양을 한 구조체로써, 주로 정방 행렬(3×3, 5×5, 16×16)을 많이 사용하며 원본 영상에 마스크를 겹쳐서 왼쪽부터 오른쪽으로, 위에서 아래 방향으로 진행하면서 계산한 뒤 계산된 값을 중심에 다시 할당함으로써 출력 영상을 획득한다.

에지 검출을 위한 마스크는 로버츠(Roberts) 마스크, 소벨(Sobel) 마스크, 프리윗(Prewitt) 마스크, 로빈슨 컴퍼스(Robinson compass) 마스크, 캐니(Canny) 마스크, 라플라시안(Laplacian) 마스크 등이 있으며, 각 마스크마다 행 검출과 열 검출 마스크가 있고, 고유한 특징이 있다.

먼저 로버츠 마스크는 가장 오래된 마스크로써 크기가 작아 간단하고 매우 빠른 속도로 동작하여 효과적으로 사용이 가능한 마스크이다. 하지만 이 마스크의 경우 45° 배수 방향의 에지를 검출하는데 어려움이 있으며, 돌출된 값을 잘 평균할 수 없어 분명한 에지만을 검출하고 잡음에 민감한 단점이 있다.

-1	0
0	1

0	-1
1	0

그림 4-2 로버츠(Roberts) 마스크 행렬

미분 연산자 마스크의 가장 대표적인 소벨 마스크는 돌출된 값을 잘 평균화하여 잡음에 강하며, 대각선 방향 에지 검출에 효과가 높으나 민감하게 반응하는 것이 단점이다. 프리윗 마스크는 돌출된 값을 잘 평균화하며 소벨 마스크보다 간단하여 더 빠른 속도로 동작한다. 대각선보다 수평과 수직에 놓인 에지에 더 민감하게 반응한다.

-1	-2	-1
0	0	0
1	2	1

-1	0	1
-2	0	2
-1	0	1

그림 4-3 소벨(Sobel) 마스크 행렬

-1	-1	-1
0	0	0
1	1	1

-1	0	1
-1	0	1
-1	0	1

그림 4-4 프리윗(Prewitt) 마스크 행렬

컴퍼스(compass) 마스크는 북, 북서, 북동, 동, 남동, 남, 남서, 서의 나침반 방향과 같이 45°의 방향성을 가지는 총 8개의 마스크에 대해서 기울기를 구하여 각 기울기의 최댓값을 이용해 에지를 추출하는 방법이다. 컴퍼스는 로빈슨과 커시 마스크 계열로 분류한다. 캐니 마스크는 잡음에 강한 검출 방법으로 잡음으로 인해 잘못된 에지를 계산하는 것을 방지하기 위하여 개발된 방법이다.

캐니 검출 알고리즘은 가우시안 필터로 입력 영상을 스무딩(smoothing)을 한 후 기울기 크기와 방향을 계산한다. 굵은 선인 리지를 하나의 가는 선으로 만들어 주는 비최댓값 삭제

-1	0	1
-2	0	2
-1	0	1

0	1	2
-1	0	1
-2	-1	0

1	2	1
0	0	0
-1	-2	-1

2	1	0
1	0	-1
0	-1	-2

1	0	-1
2	0	-2
1	0	-1

0	-1	-2
1	0	-1
2	1	0

-1	-2	-1
0	0	0
1	2	1

-2	-1	0
-1	0	1
0	1	2

그림 4-5 로빈슨 컴퍼스(Robinson compass) 마스크 행렬

(non-maximal suppression)를 수행하고 문턱값 적용 및 에지를 연결한다. 2개의 문턱값(T1, T2)을 사용하여 T2보다 큰 값을 가지는 리지 픽셀들을 강한 에지, T1과 T2 사이의 값을 가지는 리지 픽셀들을 약한 에지라고 한다. 캐니는 실제 모든 에지를 탐지하는 탐지성, 실제 에지와 탐지된 에지의 차이를 최소화하는 국부성, 각 에지에 대하여 단일한 응답을 하는 응답성을 만족하는 에지를 찾는다.

라플라시안 마스크는 2차 미분을 이용한 에지 연산자로써, 2차 미분의 특성상 하나의 경계선에 대해 두 라인의 에지가 검출되며, 저주파 성분에 해당하는 값들은 소거되고 고주파 성분들은 더 선명하게 나타나게 된다. 에지의 방향은 검출되지 않아 에지의 강도만 검출하는 데 이용한다. 1차 미분을 이용하는 연산자와는 달리 신호 값이 선형적으로 서서히 변화하는 부분은 에지로 검출되지 않는다. 하나의 마스크로 윤곽선 검출을 수행하여 연산 속도가 빠르고 모든 방향의 에지를 검출해 낸다.

0	1	0
1	-4	1
0	1	0

(a) 4-이웃 라플라시안

-1	-1	-1
-1	8	-1
-1	-1	-1

(b) 8-이웃 라플라시안

그림 4-6 라플라시안 마스크 행렬

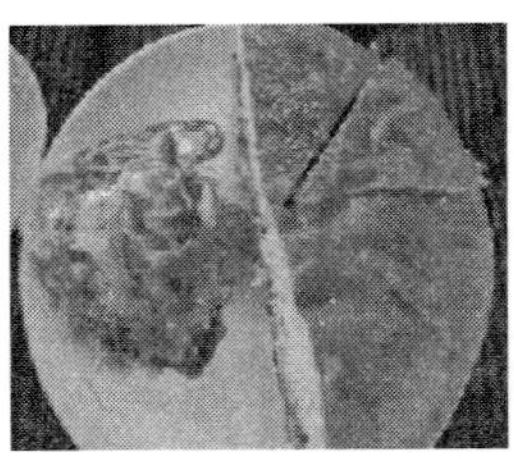
(a) 원본 영상

(b) 로버츠(Roberts) 에지 검출 영상

(c) 소벨(Sobel) 에지 검출 영상

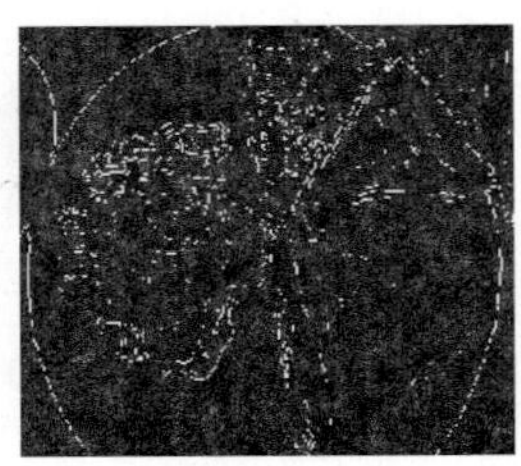
(d) 프리윗(Prewitt) 에지 검출 영상

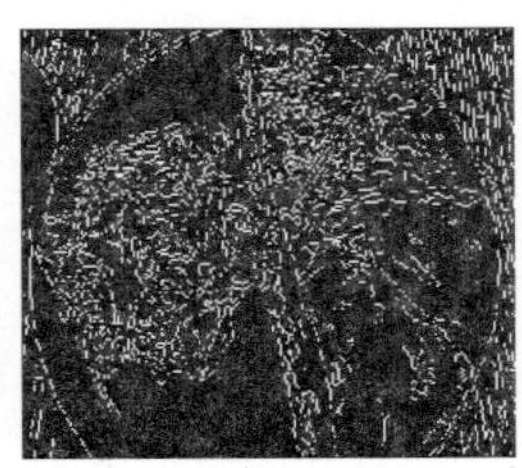
(e) 캐니(Canny) 에지 검출 영상

그림 4-7 에지 검출 수행 예시 영상

4.1.3 에지 검출 수행 예제

OpenCV에서는 에지 검출 방법으로 소벨 에지 검출 방법, 캐니 에지 검출 방법, 라플라시안 에지 검출 방법에 대하여 cvSoble() 함수, cvCanny() 함수, cvLaplace() 함수를 지원하고 있다.

■ cvSobel

선언형식

```
void cvSobel(CvArr* src, CvArr* dst, int xorder, int yorder, int aperture_size=3)
```

(1) src는 원본 영상을 나타낸다.
(2) dst는 목적 영상을 나타낸다.
(3) xorder는 x 방향 미분 차수를 나타낸다.
(4) yorder는 y 방향 미분 차수를 나타낸다.
(5) aperture_size는 마스크 크기를 나타낸다.

x 방향으로 1차 미분을 하려면 (3) xorder에 숫자 1을 적어주면 되고, y 방향으로 1차 미분을 하려면 (4) yorder에 숫자 1을 적어주면 된다. 마스크 크기는 보통 3×3크기의 마스크로 사용하지만, 사용하는 목적에 따라 홀수(1, 3, 5, 7)를 적어주면 된다.

■ cvConvertScale

선언형식

```
void cvConvertScale(CvArr* src, CvArr* dst, double scale=1, double shift=0)
```

(1) src는 소스 영상을 나타낸다.
(2) dst는 목적 영상을 나타낸다.
(3) scale은 스케일 파라미터를 나타낸다.
(4) shift는 이동 파라미터를 나타낸다.

원본 영상을 스케일 파라미터와 이동 파라미터를 사용하여 목적 영상으로 변환하는 함수이다. cvSobel 함수를 거치면 곱들의 합이 되어 결과 값이 8비트를 초과하는 경우가 생기게 되기 때문에, 오류와 오차를 막기 위하여 16비트 영상에 저장한 후 8비트 영상으로 변환시켜 주어야 한다. 목적 영상(dst) = 원본 영상(src)×scale + shift으로 변환하게 되며 만약 원본 영상의 값이 5, scale이 3, shift가 50이면 dst = 5×3 + 50이 되므로 원본 영상의 값이 5가 아닌 65의 값으로 변환된다.

■ cvCanny

선언형식

```
void cvCanny(CvArr* src, CvArr* edges, double threshold1, double threshold2,
            int aperture_size=3)
```

(1) src는 소스 영상을 나타낸다.
(2) edges는 목적 영상을 나타낸다.
(3) threshold1는 문턱값 T1를 나타낸다.
(4) threshold2는 문턱값 T2를 나타낸다.
(5) aperture_size는 마스크 크기를 나타낸다.

문턱값 T2보다 높은 값을 가지는 값들은 에지로 간주하고 문턱값 T1과 문턱값 T2 사이의 값을 가진 값들은 주변에 T2 값이 존재하는 경우에는 에지로 간주한다. 문턱값 T1보다 낮은 값을 가지는 값들은 에지가 검출되지 않는다.

■ cvLaplace

선언형식

```
void cvLaplace(CvArr* src, CvArr* dst, int aperture_size=3)
```

(1) src는 소스 영상을 나타낸다.
(2) dst는 목적 영상을 나타낸다.
(3) aperture_size는 마스크 크기를 나타낸다.

■ 예제 코드

(1) 순서도

```
(가) 컬러 또는 그레이 영상 불러오기 - cvLoadImage
(나) 에지 영상을 저장할 영상 생성하기 - cvCreateImage
(다) 영상을 보여줄 창 생성하기 - cvNamedWindow
(라) (컬러 영상인 경우) 컬러 영상을 그레이 영상으로 변환하기 – cvCvtColor
(마) 에지 검출하기
   – cvSobel
   – cvCanny
   – cvLaplace
(바) 영상 변환하기 - cvConvertScale
(사) 영상 출력하기 - cvShowImage
(아) 키 입력이 들어올 때까지 영상 출력하기 - cvWaitKey
(자) 메모리로부터 영상 해제하기 - cvReleaseImage
(차) 윈도 창 해제하기 – cvDestroyAllWindows
```

(2) 에지 검출 코드(소벨, 캐니, 라플라스)

```
#include <stdio,h>
#include "cv.h"
#include "highgui.h"

int main(int argc, char* argv[])
{
   IplImage* origin = cvLoadImage(argv[1], 1);
   IplImage* gray
   = cvCreateImage(cvGetSize(origin), IPL_DEPTH_8U, 1);
   IplImage* edgeS
   = cvCreateImage(cvGetSize(origin), IPL_DEPTH_16S, 1);
   IplImage* edgeL
   = cvCreateImage(cvGetSize(origin), IPL_DEPTH_16S, 1);

   IplImage* Sobel
   = cvCreateImage(cvGetSize(origin), IPL_DEPTH_8U, 1);
   IplImage* Canny
   = cvCreateImage(cvGetSize(origin), IPL_DEPTH_8U, 1);
   IplImage* Lapla
   = cvCreateImage(cvGetsize(origin), IPL_DEPTH_8U, 1);

   cvNamedWindow("Original Image", CV_WINDOW_AUTOSIZE);
   cvNamedWindow("Sobel Edge Image", CV_WINDOW_AUTOSIZE);
   cvNamedWindow("Canny Edge Image", CV_WINDOW_AUTOSIZE);
   cvNamedWindow("Laplace Edge Image", CV_WINDOW_AUTOSIZE);

   cvCvtColor(origin, gray, CV_RGB2GRAY);
   cvSobel(gray, edgeS, 1, 1, 3);
   cvConvertScale(edgeS, Sobel, 1, 0);
   cvCanny(gray, Canny, 50, 100, 3);
   cvLaplace(gray, edgeL, 3);
   cvConvertScale(edgeL, Lapla, 1, 0);

   cvShowImage("Original Image", origin);
   cvShowImage("Sobel Edge Image", Sobel);
   cvShowImage("Canny Edge Image", Canny);
   cvShowImage("Laplace Edge Image", Lapla);

   cvWaitKey(0);
```

```
    cvReleaseImage(&origin);
    cvReleaseImage(&gray);
    cvReleaseImage(edgeS);
    cvReleaseImage(&edgeL);
    cvReleaseImage(&Sobel);
    cvReleaseImage(&Canny);
    cvReleaseImage(&Lapla);

    cvDestroyAllWindows();
}
```

4.2 허프 변환(hough transform)

4.2.1 허프 변환의 기본 개념

허프 변환은 디지털 영상 처리나 컴퓨터 비전 분야에서 사용되는 특징 추출 기법 중 하나로 영상에서 직선이나 원, 타원과 같은 형태의 특징을 찾는 데 이용되는 방법이다.

대부분의 경우, 영상에서 형태의 경계선을 얻기 위한 전처리과정으로 에지 검출을 수행하여 찾고자 하는 모양을 찾는다. 그러나 고르지 않은 조명이나 다른 영향에 의해 검출된 에지가 온전히 검출되지 않거나 사이사이에 다른 물체의 에지 점들이 잡음으로 끼어드는 경우가 발생하여 문제가 생기기도 하는데, 허프 변환 방법은 투표방식을 이용하여 에지의 선을 연결하고 찾고자 하는 모양을 찾아내므로 잡음에 덜 민감하다. 즉, 에지 점들 사이에 어느 정도의 간격 차이가 존재하거나 다른 물체의 에지에 의해 가려지게 되는 경우에도 비교적 영향을 덜 받아 에지의 선을 연결하기 때문에 찾고자 하는 형태를 찾아내기에 유용하다.

4.2.2 허프 변환의 직선 검출

직선의 방정식이 $y = mx + c$라 할 때, 영상 공간에 있는 점들은 파라미터 공간, 즉 허프 공간으로 보내면 파라미터 공간에서 각각 직선들로 변환되고, 영상 공간에서의 직선들은 파라미터 공간에서 각각 점으로 변환된다.

영상 공간에서의 에지 점들이 이루는 직선의 방정식을 알아내기 위해 파라미터 공간으로 변환시켜 변환된 직선들이 만나는 점의 좌표를 구한다. 이 좌표가 곧 영상 공간에서 에지 점들이 이루는 직선의 기울기와 y 절편이 된다.

예를 들어, 영상 공간에 점 $(x_0,\ y_0),\ \cdots,\ (x_5,\ y_5)$가 그림과 같이 놓여 있다고 가정해 보자. 점 $(x_0,\ y_0)$가 파라미터 공간에서 $c=-x_0m+y_0$인 직선으로 변환되고, 점 $(x_5,\ y_5)$가 $c=-x_5m+y_5$인 직선으로 변환되어 5개의 점에 대한 직선들이 생기고, 5개의 직선들은 점 $(m,\ c)$에서 서로 만나게 된다. 즉, 점 $(m,\ c)$의 m은 영상 공간에서 직선의 기울기를 나타내고 c는 y 절편을 나타내어, 5개의 점을 연결하는 직선을 검출하게 된다.

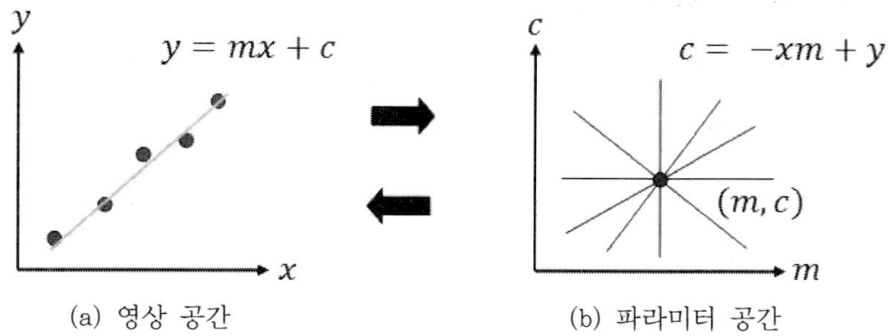

그림 4-8 $y=mx+c$ **방정식에 대한 허프 변환**

그러나 $y=mx+c$ 방정식은 기울기 m과 y 절편 c의 범위가 제한적이지 않아서 무한대가 될 수 있기 때문에 실질적으로는 $\rho=x\cos\theta+y\sin\theta$ 방정식을 이용하여 직선 검출을 수행한다.

극좌표 방정식을 이용하면, 앞에서 서술한 내용과는 달리 영상 공간에서의 한 점은 파라미터 공간에서 하나의 사인 곡선으로 변환되고, 한 직선 상에 존재하는 여러 개의 점들은 하나의 교점을 가지는 여러 개의 사인 곡선들로 변환된다. 반대로 파라미터 공간상의 한 점은 영상 공간에서 하나의 직선으로 변환되고, 같은 곡선상에 위치한 여러 개의 점들은 하나의 교점을 가지는 직선들로 변환된다.

이제 극좌표 방정식을 이용하여 직선을 검출하는 알고리즘을 살펴보자. 먼저, ρ와 θ의 최솟값과 최댓값을 구해 범위를 정하고 초깃값이 0인 축적 배열 $A(\rho,\theta)$를 생성한다. 그 다음, 영상 공간에 있는 모든 에지 점들의 θ에 따른 ρ를 구하여 축적 배열 $A(\rho,\theta)$의 해당되는 인덱스를 1 증가시키는 과정을 반복한다. 축적 배열 $A(\rho,\theta)$에서 최댓값 $(\rho',\ \theta')$을 찾아 영상 공간에서의 직선의 방정식을 계산한다.

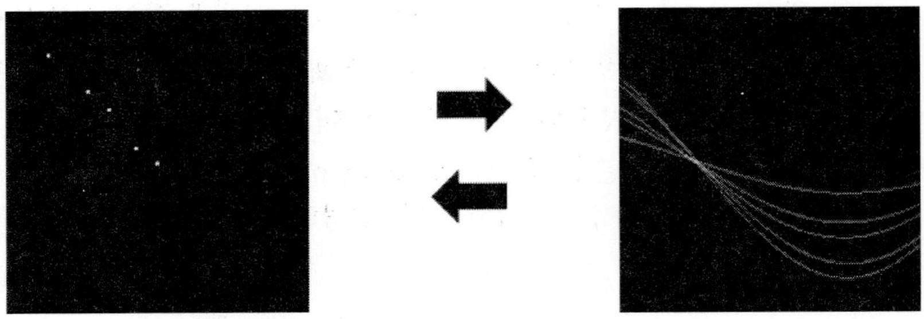

(a) 영상 공간　　　　　　　　　　(b) 파라미터 공간

그림 4-9 $\rho = x\cos\theta + y\sin\theta$ 방정식에 대한 허프 변환

아래 그림은 허프 변환을 이용하여 차선 검출을 수행해 본 결과를 첨부한 것이다. 그림에서 보이는 바와 같이 먼저 차선 영상에 대해 에지 검출을 수행한 후, 허프 변환을 이용하여 양쪽 차선을 각각 검출한 것이다.

(a) 에지 영상　　　　　　　　　　(b) 직선 검출 영상

그림 4-10 허프 변환을 이용한 차선 검출

4.2.3 허프 변환의 원 검출

허프 변환을 이용하여 원 검출을 수행하기 위해 3개의 파라미터가 존재하는 $(x-a)^2 + (y-b)^2 = r$ 방정식을 이용한다. 영상 공간에서 원을 이루는 각 에지 점들은 파라미터 공간에서 각각 직원뿔형태로 변환되고, 그 직원뿔들의 교점인 (a', b', r)를 찾을 수 있다. 여기서 a', b'가 원의 중심을 나타내고 r이 원의 반지름을 나타낸다.

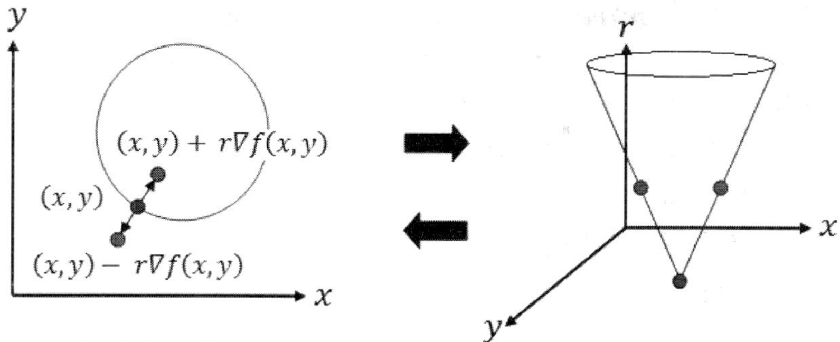

(a) 영상 공간 (b) 파라미터 공간

그림 4-11 $(x-a)^2+(y-b)^2=r$ **방정식에 대한 허프 변환**

아래에는 몇 개의 동전에 대해 허프 변환을 수행하여 원 모양을 찾고 그 중 반지름이 큰 동전을 검출하는 그림을 보여준다.

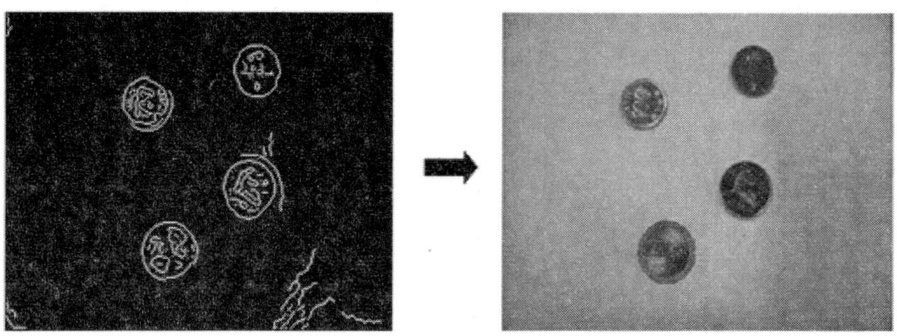

(a) 에지 영상 (b) 동전 검출 영상

그림 4-12 허프 변환을 이용한 반지름이 큰 동전 검출

4.2.4 허프 변환 수행 예제

OpenCV에서는 허프 변환에 대한 함수인 cvHoughLines2() 함수를 지원하고 있다.

■ cvHoughLines2

선언형식

```
CvSeq* cvHoughLines2(CvArr* image, void* storage, int method, double rho, double
theta, int threshold, double param1=0, double param2=0)
```

(1) image는 8비트, 1채널인 2진 영상을 나타낸다.

(2) storage는 검출된 직선들을 저장하는 저장소를 나타낸다.

(3) method는 허프 변환 방법의 종류를 나타낸다.

- CV_HOUGH_STANDARD
- CV_HOUGH_PROBABILISTIC
- CV_HOUGH_MULTI_SCALE

(4) rho는 거리 단위를 나타낸다.

- rho=1, 1화소 단위로 조사

(5) theta는 각도 단위를 나타낸다.

- theta=PI/180, 1° 단위로 조사

(6) threshold는 문턱값을 나타낸다.

- 문턱값보다 중첩되는 개수가 많으면 직선으로 간주

(7) param1은 최소 길이를 나타낸다(CV_HOUGH_PROBABILISTIC인 경우).

(8) param2는 최대 길이를 나타낸다(CV_HOUGH_PROBABILISTIC인 경우).

■ 예제 코드

(1) 순서도

(가) 컬러 또는 그레이 영상 불러오기 - cvLoadImage
(나) 에지 영상을 저장할 영상 생성하기 - cvCreateImage
(다) 직선들을 저장할 저장소 생성하기 - cvCrerateMemStorage, cvSeq
(라) 영상을 보여줄 창 생성하기 - cvNamedWindow
(마) (컬러 영상인 경우) 컬러 영상을 그레이 영상으로 변환하기 - cvCvtColor
(바) 에지 검출하기 - cvSobel, cvCanny
(사) 직선 검출하기 - cvHoughLines2
(아) 직선 그리기 - cvLine
(자) 영상 출력하기 - cvShowImage
(차) 키 입력 기다리기 - cvWaitKey
(카) 메모리로부터 저장소 해제하기 - cvReleaseMemStorage
(타) 메모리로부터 영상 해제하기 - cvReleaseImage
(파) 윈도 창 해제하기 - cvDestroyAllWindows

(2) 직선 검출 코드

```
#include <stdio.h>
#include "cv.h"
#include "highgui.h"

int main(int argc, char* argv[])
```

```
{
  int i;
  IplImage* origin = cvLoadImage(argv[1], 1);
  IplImage* gray
  = cvCreateImage(cvGetSize(origin), IPL_DEPTH_8U, 1);
  IplImage* Canny
  = cvCreateImage(cvGetSize(origin), IPL_DEPTH_8U, 1);

  CvMemStorage* storage = cvCreateMemStorage(0);
  CvSeq* lines = 0;

  cvNamedWindow("Canny Edge Image", CV_WINDOW_AUTOSIZE);
  cvNamedWindow("Hough Transform", CV_WINDOW_AUTOSIZE);

  cvCvtColor(origin, gray, CV_RGB2GRAY);
  cvCanny(gray, Canny, 50, 100, 3);

  (가) standard hough transform
  lines = cvHoughLines2(Canny, storage, CV_HOUGH_STANDARD, 1,
        CV_PI/180, 100, 0, 0);
  for (i = 0; i < MIN(lines->total,100); i++)
  {
    float* line = (float*)cvGetSeqElem(lines,i);
    float rho = line[0];
    float theta = line[1];
    CvPoint pt1, pt2;
    double a = cos(theta), b = sin(theta);
    double x0 = a*rho, y0 = b*rho;
    pt1.x = cvRound(x0 + 1000*(-b));
    pt1.y = cvRound(y0 + 1000*(a));
    pt2.x = cvRound(x0 - 1000*(-b));
    pt2.y = cvRound(y0 - 1000*(a));
    cvLine(origin, pt1, pt2, CV_RGB(255,0,0), 3, 8, 0);
  }

  (나) probabilistic hough transform
  lines = cvHoughLines2(Canny, storage, CV_HOUGH_PROBABILISTIC, 1,
        CV_PI/180, 30, 30, 10);
  for (i = 0; i < lines->total; i++)
  {
```

```
        CvPoint* line = (CvPoint*)cvGetSeqElem(lines, i);
        cvLine(origin, line[0], line[1], CV_RGB(0,0,255), 3, 8, 0);
    }

    cvShowImage("Canny Edge Image", Canny);
    cvShowImage("Hough Transform", origin);

    cvWaitKey(0);

    cvReleaseMemStorage(&storage);
    cvReleaseImage(&origin);
    cvReleaseImage(&gray);
    cvReleaseImage(&Canny);

    cvDestroyAllWindows();
}
```

4.3 형태학(morphology)

4.3.1 형태학의 기본 개념

형태학은 동물과 식물의 형태와 구조를 다루는 생물학의 한 분야이나, 영상의 특징인 경계나 골격 등을 추출하기 위해 수학적 형태학을 사용한다. 이 수학적 형태학은 원래 2진 영상에서 사용되다가 확장되어 그레이 영상에서도 사용되고 있다.

형태학의 기본 연산은 팽창 연산(dilation operation)과 침식 연산(erosion operation)으로 이루어져 있고, 이를 이용하여 열림 연산(opening operation)과 닫힘 연산(closing operation)을 수행할 수 있다.

4.3.2 팽창 연산

팽창 연산은 영상에 있는 물체의 크기를 확장하거나 배경을 축소하는 역할을 한다. 또한 물체 내부에 비어있는 공간을 채워주고, 짧게 끊어진 영역을 연결시킨다.

팽창 연산은 수학적으로 정의하면, (식 4-1)과 같다.

$$A \oplus B = \{z \mid [(\hat{B})_z \cap A] \subseteq A\} = \{z \mid (\hat{B})_z \cap A \neq \varnothing\} \quad \text{(식 4-1)}$$

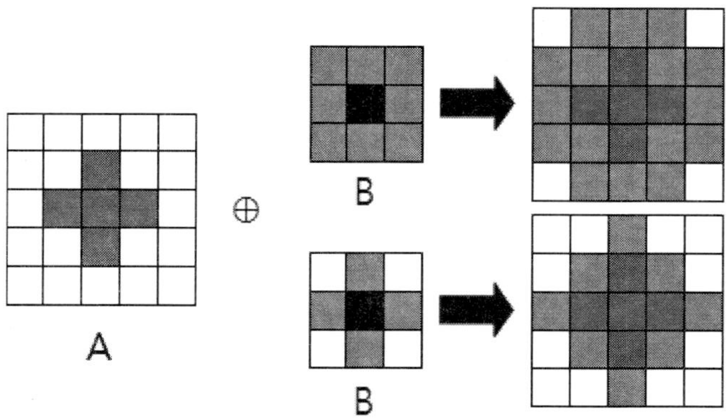

그림 4-13 팽창 연산 수행결과[2]

4.3.3 침식 연산

침식 연산은 영상에 있는 물체의 크기를 축소시키거나 배경을 확대하는 역할을 한다. 또한, 작은 덩어리의 객체들을 제거할 수 있고 서로 닿는 물체들을 분리할 수 있다.

침식 연산을 수학적으로 정의하면 다음과 같다.

$$A \ominus B = \{z \mid (B)_z \subseteq A\} = \{z \mid (B)_z \cap A^c = \varnothing\} \quad \text{(식 4-2)}$$

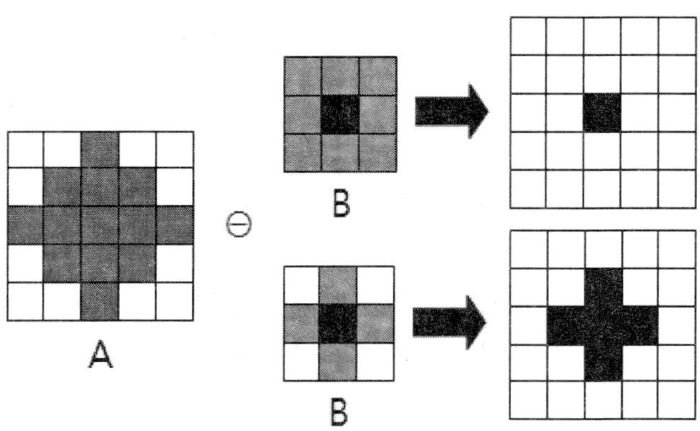

그림 4-14 침식 연산 수행결과[2]

4.3.4 열림 연산

열림 연산은 침식 연산을 먼저 수행한 후, 팽창 연산을 수행하는 연산으로, 침식 연산에 의해 영상에 있는 물체가 축소되거나 물체에서 볼록하게 나온 부분 및 작은 덩어리의 객체들을 제거된 다음 팽창 연산에 의해 물체나 물체 주변에 있는 잡음이 제거된 상태로 물체가 다시 확대된다.

열림 연산의 수학적 정의는 침식 연산과 팽창 연산에 의해 정의된다.

$$A \circ B = (A \ominus B) \oplus B \qquad \text{(식 4-3)}$$

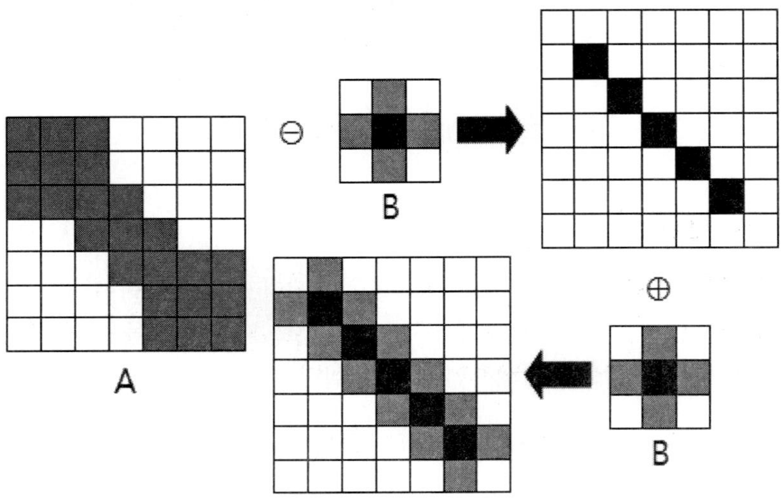

그림 4-15 열림 연산 수행결과[2]

4.3.5 닫힘 연산

닫힘 연산은 팽창 연산을 먼저 수행한 후, 침식 연산을 수행하는 연산으로, 팽창 연산에 의해 영상에 있는 물체가 확장되거나 물체에 오목하게 들어온 부분이 부드럽게 처리되며 물체에 존재하는 작은 구멍들이 채워진다. 그 다음 침식 연산에 의해 물체가 축소된다. 즉, 물체에 있는 구멍이 채워지거나 오목한 부분이 처리된 상태로 물체가 축소된 결과가 나온다.

닫힘 연산의 수학적 정의 또한 팽창 연산과 침식 연산에 의해 정의된다.

$$A \bullet B = (A \oplus B) \ominus B \qquad \text{(식 4-4)}$$

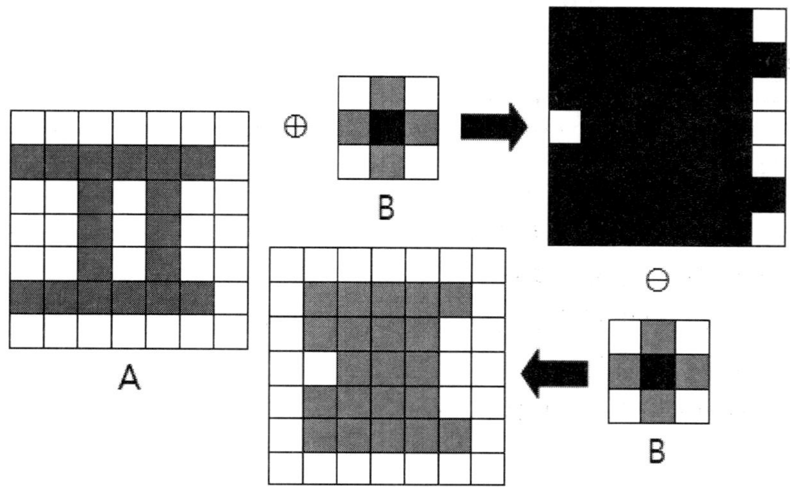

그림 4-16 닫힘 연산 수행결과[2]

4.3.6 형태학 예제 코드

OpenCV에서는 형태학에 대한 함수로 cvCreateStructuringElememtEx() 함수, cvDilate() 함수, cvErode() 함수, cvMorphologyEx() 함수를 지원하고 있다.

■ cvCreateStructuringElementEx

선언형식

```
IplConvKernel* cvCreateStructuringElementEx(int cols, int rows, int anchorX,
int anchorY, int shape, int* values=NULL)
```

(1) cols는 구조적 요소의 열의 수를 나타낸다.
(2) rows는 구조적 요소의 행의 수를 나타낸다.
(3) anchorX는 중심점의 x 좌표를 나타낸다.
(4) anchorY는 중심점의 y 좌표를 나타낸다.
(5) shape은 구조적 요소의 모양을 나타낸다.
- CV_SHAPE_RECT: 사각형 구조적 요소
- CV_SHAPE_CROSS: 십자형 구조적 요소
- CV_SHAPE_ELLIPSE: 타원형 구조적 요소
- CV_SHAPE_CUSTOM: 사용자 정의 구조적 요소

(6) values는 구조적 요소 데이터를 가리킬 포인터를 나타낸다.
(CV_SHAPE_CUSTOM인 경우).

■ cvDilate

선언형식

```
void cvDilate(const CvArr* src, CvArr* dst, IplConvKernel* element=NULL, int
iterations=1)
```

(1) src는 소스 영상을 나타낸다.
(2) dst는 목적 영상을 나타낸다.
(3) element는 팽창 영산을 위한 구조적 요소를 나타낸다.
  • NULL: 3×3 사각형 구조적 요소
(4) iterations는 팽창 연산 반복 횟수를 나타낸다.

■ cvErode

선언형식

```
void cvErode(const CvArr* src, CvArr* dst, IplConvKernel* element=NULL, int
iterations=1)
```

(1) src는 소스 영상을 나타낸다.
(2) dst는 목적 영상을 나타낸다.
(3) element는 침식 연산을 위한 구조적 요소를 나타낸다.
  • NULL: 3×3 사각형 구조적 요소
(4) iterations는 침식 연산 반복 횟수를 나타낸다.

■ cvMorphologyEx

선언형식

```
void cvMorphologyEx(const CvArr* src, CvArr* dst, CvArr* temp, IplConvKernel*
element, int operation, int iterations=1)
```

(1) src는 소스 영상을 나타낸다.
(2) dst는 목적 영상을 나타낸다.
(3) temp는 temporary 영상을 나타낸다.
(4) element는 구조적 요소를 나타낸다.
(5) operation은 형태학 연산의 종류를 나타낸다.
  • CV_MOP_OPEN
  • CV_MOP_CLOSE

- CV_MOP_GRADIENT
- CV_MOP_TOPHAT
- CV_MOP_BLACKHAT

(6) iterations는 반복 횟수를 나타낸다.

■ 예제 코드

(1) 순서도

(가) 컬러 또는 그레이 영상 불러오기 - cvLoadImage
(나) 형태학 연산 출력 영상을 저장할 영상 생성하기 - cvCreateImage
(다) 구조적 요소 정의하기 - cvCrerateStructuringElementEx
(라) 영상을 보여줄 창 생성하기 - cvNamedWindow
(마) 형태학 연산 수행하기 - cvDilate, cvErode, cvMorphologyEx
(바) 영상 출력하기 - cvShowImage
(사) 키 입력 기다리기 - cvWaitKey
(아) 메모리로부터 영상 해제하기 – cvReleaseImage
(자) 윈도 창 해제하기 – cvDestroyAllWindows

(2) 형태학 연산 코드(팽창, 침식, 열림, 닫힘)

```
#include <stdio.h>
#include "cv.h"
#include "highgui.h"

int main(int argc, char* argv[])
{
   IplImage* origin = cvLoadImage(argv[1], 1);
   IplImage* gray
   = cvCreateImage(cvGetSize(origin), IPL_DEPTH_8U, 1);
   IplImage* morph
   = cvCreateImage(cvGetSize(origin), IPL_DEPTH_8U, 1);
   IplImage* tmp
   = cvCreateImage(cvGetSize(origin), IPL_DEPTH_8U, 1);

   IplConvKernel* element = cvCreateStructuringElementEx(3, 3, 1, 1,
                           CV_SHALE_RECT, 0);

   cvNamedWindow("Original Image", CV_WINDOW_AUTOSIZE);
   cvNamedWindow("Morphology Image", CV_WINDOW_AUTOSIZE);

   cvCvtColor(origin, gray, CV_RGB2GRAY);
```

```
  (가) 팽창 연산
  cvDilate(gray, morph, element, 1);

  (나) 침식 연산
  cvErode(gray, morph, element, 1);

  (다) 열림 연산
  cvErode(gray, tmp, element, 1);
  cvDilate(tmp, morph, element, 1);
  또는
  cvMorphologyEx(gray, morph, NULL, element, CV_MOP_OPEN, 1);

  (라) 닫힘 연산
  cvDilate(gray, tmp, element, 1);
  cvErode(tmp, morph, element, 1);
  또는
  cvMorphologyEx(gray, morph, NULL, element, CV_MOP_CLOSE, 1);

  cvShowImage("Original Image", origin);
  cvShowImage("Morphology Image", morph);

  cvWaitKey(0);

  cvReleaseImage(&origin);
  cvReleaseImage(&gray);
  cvReleaseImage(&Canny);

  cvDestroyAllWindows();
}
```

4.4 참고문헌

[1] Rafel C. Gonzalez, Richard E. Woods, Steven L. Eddins, Digital Image Processing using MATLAB, Pearson Education, 2004.

[2] 임동훈, 초보자를 위한 OpenCV를 이용한 영상처리, 자유 아카데미, 2008.

[3] 오일석, 패턴인식, 교보문고, 2008.

05 패턴 인식 개요

5.1 패턴이란?

5.1.1 특징

특징(feature)이란 물체가 가지고 있는 고유하고, 분별 가능한 것, 즉 특성이다. 특징은 다양한 방식으로 표현할 수 있지만, 사용의 편의를 위해서 수치화해서 사용한다. 가령 색깔은 RGB로 표현하는 식이다. 특징이 여러 개인 경우는 그 특징들을 모아서 d차원의 열벡터로 표현하고, 그것을 특징 벡터(feature vector)라 한다. 그리고 그러한 특징 벡터가 정의 되는 공간을 특징 공간(feature space)이라고 한다.

따라서 모든 데이터는 특징 공간상에서 특징 벡터가 가리키는 점으로 표현할 수 있다. 3차원 데이터(즉, 특징이 3개인 데이터)까지는 시각적으로 표현할 수 있지만, 4차원 이상의 데이터는 시각적으로 표현할 수 없다.

예를 들어, 물고기의 특징은 길이, 색깔, 머리 모양, 눈의 크기, 무게, 가로세로 비 등이 있을 수 있다. 머리 모양이나 색깔 같은 것들을 표시할 때는 수치화해서 사용한다.

5.1.2 패턴

패턴(pattern)이란 물체의 고유한 특징이며, 따라서 특징을 모아놓은 집합이 패턴이다. 패턴은 관측한 특징 벡터 x와 이 특징 벡터가 속한 클래스(class) ω로 이루어진 $\{x, \omega\}$로 표현한다. 클래스는 패턴들의 공통된 속성을 뜻하며, 라벨(label)이라고도 한다. 예를 들어 물고기의 클래스는 물고기의 어종, 즉 붕어, 상어, 농어 등이라고 할 수 있다.

패턴은 세상에 다양하게 존재한다. 하늘의 별자리, 나무뿌리, 사람의 얼굴, 뇌의 활동, 사람 및 동물의 음성, 언어 등이 있다.

5.1.3 좋은 특징이란?

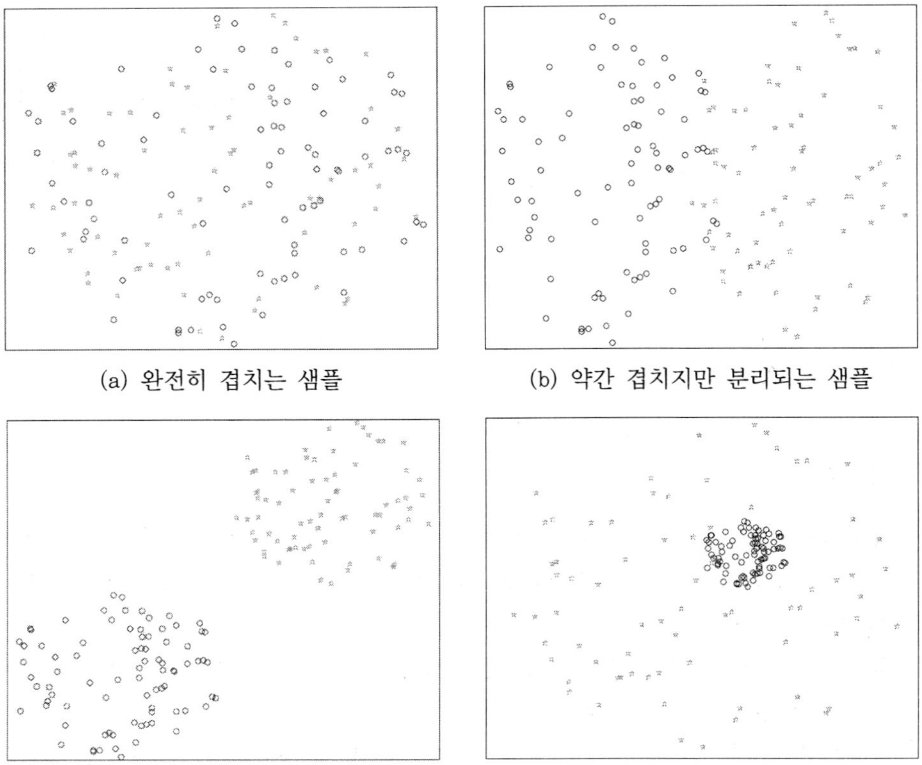

(a) 완전히 겹치는 샘플 (b) 약간 겹치지만 분리되는 샘플

(c) 완전히 잘 분리되는 샘플 (d) 한쪽으로 모인 샘플

그림 5-1 샘플의 분포

좋은 특징이란 클래스별 구분이 잘 되는 특징이다. 예를 들어 물고기의 어종을 분류할 때, 눈의 개수는 사실상 같기 때문에 의미가 없다. 그런 특징의 분포를 그림 5-1의 (a)가 보여주고 있다. 가장 좋은 특징은 클래스 간에 겹침이 없는 (c)와 같은 특징이지만, 실제로는 (b)와 (d)같이 일부 겹치는 특징이 자주 발견되며, 괜찮은 특징으로 사용할 수 있다.

5.1.4 패턴 인식의 응용

거짓말 탐지기, 손 글씨 인식, 음성 인식, 지문 인식, 홍채 인식, 얼굴 인식, 걸음걸이 인식, 냄새 인식, 차량 번호판 인식, DNA 배열 읽기, 과일/야채 인식, 차선 인식, 인터넷 검색 패턴 인식, 스팸 메일 처리, 자동으로 적 인식하는 미사일 등이 있다.

5.2 패턴 인식 기초

5.2.1 패턴 인식 시스템

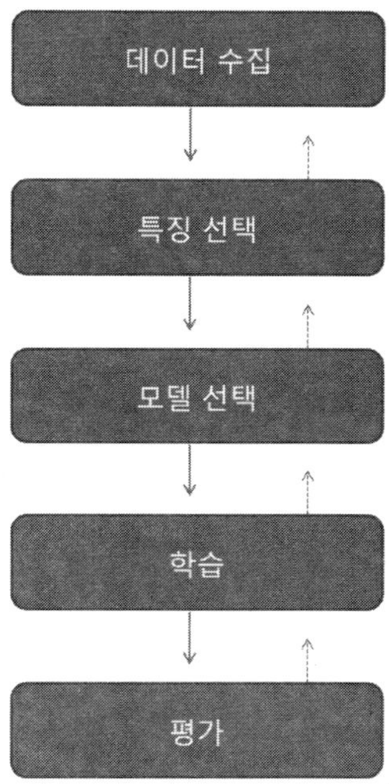

그림 5-2 패턴 인식 시스템

패턴 인식의 시스템은 그림 5-2와 같다. 데이터 수집(data collection) 단계는 패턴 인식 시스템에서 가장 시간이 많이 걸리는 단계이다. 성공적인 패턴 인식을 위해서는 가능한 다양하고 많은 데이터를 수집하는 것이 중요하다. 특징 선택(feature choice) 단계는 수집된 데이터 중에서 구분이 잘 되어있는 좋은 특징들을 고르는 단계이다. 기초적인 사전지식이 필요하기도 하다. 모델 선택(model choice) 단계에서는 특징들을 잘 표현할 수 있는 모델을 골라야 한다. 모델의 종류는 다음 장부터 배울 것이다. 모델의 종류에 따라서 필요한 파라미터값 역시 정해야 한다. 학습(training) 단계에서는 선택한 특징을 선택한 모델로 풀어내는 단계이다. 지도 학습이나 자율 학습 중 하나를 선택해서 학습할 수 있다. 평가(evaluation) 단계는 학습한 모델의 결과가 얼마나 좋은지 평가하는 단계이다. 클래스의 구분이 잘 되는지, 과적합되지는 않았는지, 원하는 시간 안에 계산이 되는지 등을 평가해서 좋지 않으면 이전의 단계들로 돌아가서 다시 시작하면 된다.

5.2.2 특이값

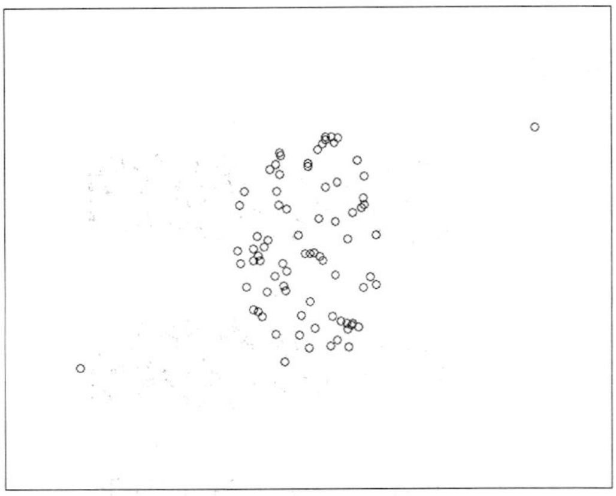

그림 5-3 특이값이 있는 샘플

특이값(outlier)은 특징값 중에서 다수의 특징값들에 비해 매우 멀리 떨어져 있는 특징값을 뜻한다. 물고기를 분류하기 위한 특징으로 길이를 선택했을 때, 길이가 대략적으로 50cm 근처라고 가정해 보자. 만약 100cm 길이의 붕어나, 10cm 길이의 붕어가 있다면 그것은 특이값이 된다. 만약 100cm 길이의 붕어가 있다면 평균을 큰 쪽으로 옮겨가게 되고, 물고기를 분류하기 어렵게 한다.

5.2.3 지도 학습, 자율 학습

지도 학습(supervised learning)은 모델에 특징값과 클래스를 동시에 알려주는 학습 방법이다. 지도 학습은 분류(classification)를 하는데 주로 사용하며, 모델로는 k-최근접 이웃(kNN : k-Nearest Neighbor), 결정 트리(decision tree), SVM(Support Vector Machine) 등이 있다.

자율 학습(unsupervised learning)은 모델에 특징값만을 알려주면, 모델이 자동으로 군집화해서 클래스를 찾아내는 학습 방법이다. 자율 학습은 비지도 학습으로 불리기도 하며, 군집화(clustering)을 하는데 주로 사용한다. 모델로는 자기 조직화 지도(SOM : Self Organiging Map), 벡터 양자화(vector quantization) 등이 있다.

5.2.4 평가 방법

데이터 수집을 통해서 얻은 데이터는 일반적으로 학습 집합(training set), 검증 집합(validation set), 테스트 집합(test set) 같은 3개의 집합으로 나눈다. 학습 집합을 통해서 학습 과정을 한 후에, 검증 집합을 이용해서 원하는 정도의 인식률이 나오는지 확인한다. 검증 집합을 통과한 후에 일반적인 인식률 계산을 위해서 테스트 집합을 이용한다. 데이터는 랜덤으로 선택해서 나누며, 학습 집합이 가장 많고, 검증 집합과 테스트 집합은 비슷한 비율로 만드는 것이 일반적이다. 데이터가 적은 상황이거나, 모델을 설계한 사람의 개인적인 성향에 따라서 검증 집합을 빼고, 학습 집합과 테스트 집합 2개로 나누는 경우도 있다.

5.2.5 과다 적합

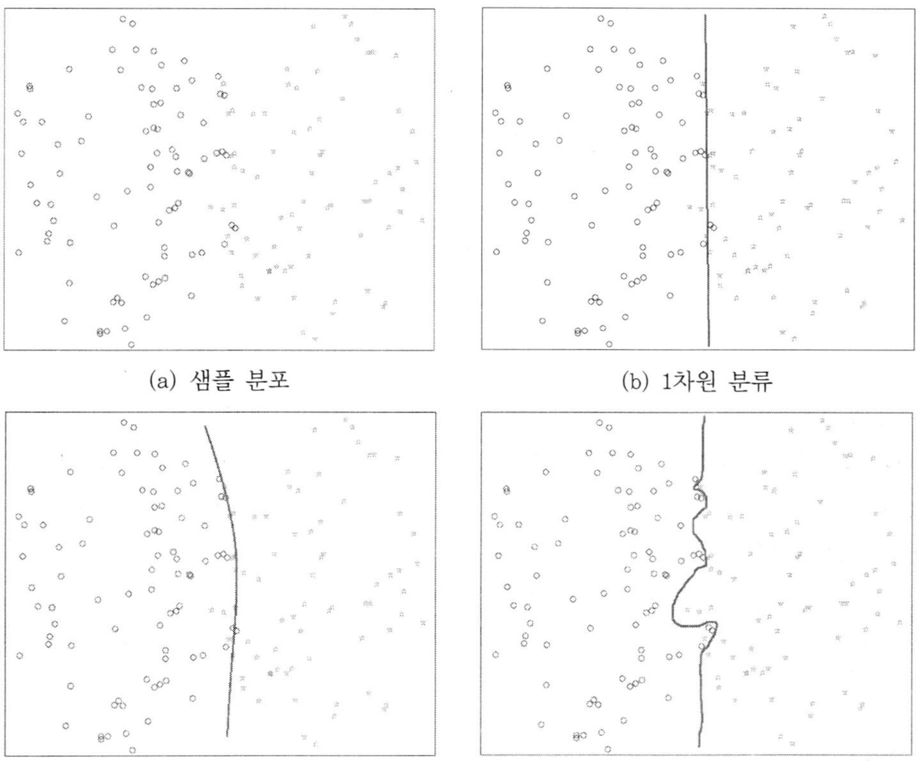

(a) 샘플 분포 (b) 1차원 분류

(c) 2차원 분류 (d) 다차원 분류

그림 5-4 샘플의 분류

2개의 클래스를 가지는 샘플의 그림 5-4(a)와 같이 분포되어 있다고 하자. 학습 집합에 과도하게 맞춰져 있는 그림 5-4의 (d)같은 분류를 과다 적합(overfitting)된 분류기라고 한다. 모든 데이터를 가지고 학습할 수 없기 때문에, (d)와 같이 분류할 경우 테스트 집합을 이용해서 실험해 보면 성능이 매우 떨어질 수 있다. 이와 같은 내용을 이론적으로 증명한 것이 VC Dimension(Vapnik-Chervonenkis dimension)이다. 자세한 내용은 책의 범위를 벗어나기 때문에 생략하기로 한다. VC dimension에서 가장 중요한 것이 VC confidence라는 것인데, 분류기가 복잡할수록 VC confidence가 증가하고, 이에 따라서 전체 오류율이 증가한다는 것이다.

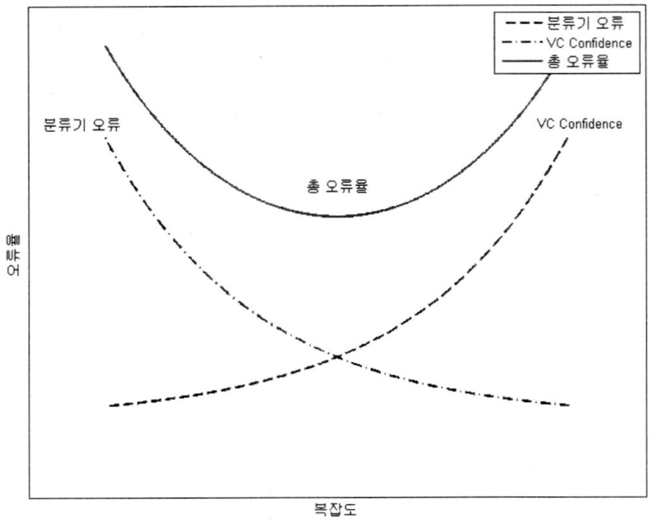

그림 5-5 복잡도에 따른 오류율

이 내용을 간단히 그림을 그리면 그림 5-5와 같다. 분류기 오류가 매우 작아지고, VC Confidence가 커지는 방향으로 가는 것을 과다 적합(overfitting)되어 있다고 하고, VC Confidence는 작지만 분류기 오류가 큰 방향으로 가는 것을 과소 적합(underfitting) 또는 설익은 수렴이라고 한다. 따라서 좋은 분류기를 만들기 위해서는 적절한 복잡성을 가지는 분류기를 만드는 것이 효율적이다.

이와 비슷한 내용으로 오캄의 면도날(Occam's razor)이라는 것이 있다. 내용을 요약하면, "다른 모든 것이 같다면, 복잡한 설명보다는 단순할 설명이 낫다"("Simpler explanations are, other things being equal, generally better than more complex ones.")이다.

5.2.6 차원의 저주

차원의 저주(curse of dimensionality)는 차원이 높아질수록 나타나는 안 좋은 현상에 대해 설명하는 것으로 패턴 인식뿐 아니라, 다양한 분야에서 사용한다. 패턴 인식에서의 차원은 특징 벡터를 구성하는 특징의 개수라고 볼 수 있다. 차원의 저주는 일반적으로 두 가지 해석을 할 수 있는데, 첫 번째는 차원이 높아질수록 많은 데이터가 필요하다는 것이다.

10개의 데이터를 2개의 클래스로 나누는 문제를 가정하자. 1개의 특징, 즉 1차원을 이용했을 때 그림 5-6의 (a)와 같이 분류할 수 있다. 하지만 2개의 특징을 이용할 때는 (b)와 같이 분류가 어려워진다. 만약 3개의 특징이 있다면 2개의 클래스로는 분류할 수 없는 상태가 된다. 따라서 차원이 높아질수록 기하급수적으로 많은 데이터가 필요하다. 하지만 실질적으로 얻을 수 있는 데이터는 한계가 있기 때문에 차원이 너무 높지 않아야 한다는 것이 첫 번째 해석이다.

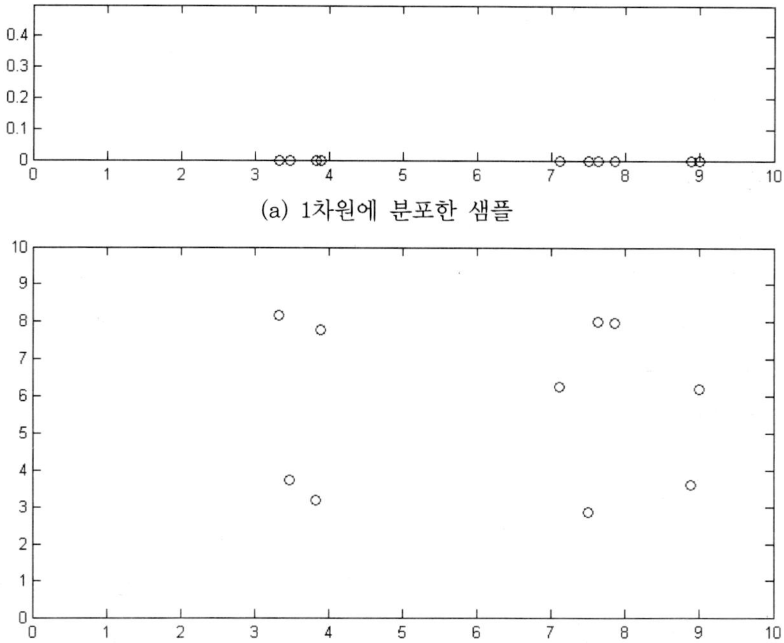

(a) 1차원에 분포한 샘플

(b) 2차원에 분포한 샘플

그림 5-6 샘플의 차원에 따른 분포

두 번째 해석은 차원이 높아질수록 계산량이 기하급수적으로 증가한다는 것이다. 그림 5-6을 다시 보자. 10개의 데이터를 1개의 특징에서 계산할 때 10번을 계산해야 한다고 가정해 보자. 2개의 특징을 이용하면 계산량은 $10^2 = 100$ 번이 되고, n 개의 특징을 사용하면 10^n 번을 계산해야 한다.

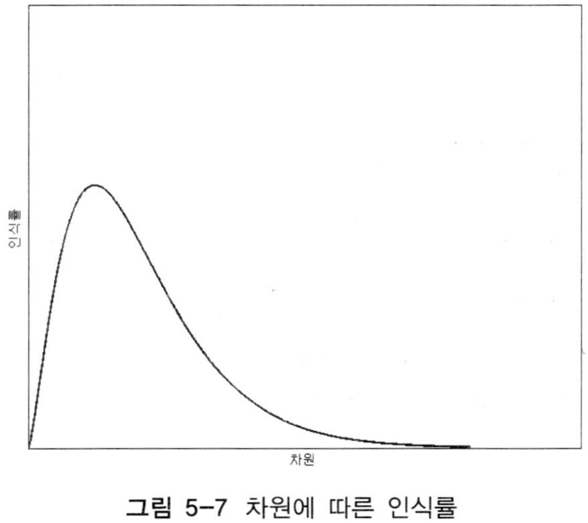

그림 5-7 차원에 따른 인식률

일반적으로 그림 5-7과 같이 차원이 증가하면 인식률이 증가하다가, 데이터의 한계가 되는 차원을 지난 후에는 인식률이 점점 감소하기 때문에, 적절한 수의 특징을 설정하는 것이 중요하다.

5.2.7 혼동 행렬

혼동 행렬(confusion matrix)은 신호탐지 이론(detection theory, 또는 signal detection theory)에서 연구된 것으로 초기에 레이더 연구원들이 연구하였다. 혼동 행렬은 오류의 종류를 구분하는 방법이다. 레이더의 예를 들어보자. 도시 방어를 위해서 레이더로 미사일을 탐지해서 미사일을 격추시키는 시스템을 만들었다고 가정해 보자. 다음 표와 같은 상황을 생각해 볼 수 있다.

표 5-1 레이더 시스템의 상황 행렬

		레이더 탐지	
		미사일을 탐지함	미사일을 탐지하지 않음
실제	미사일을 쏜 경우	적중(hit)	미탐지(miss)
	미사일을 안 쏜 경우	오경보(false alarm)	정기각(correct rejection)

적중과 정기각은 올바른 판단이고, 미탐지와 오경보는 오류이다. 이때, 오경보와 미탐지의 잃는 것에 대해서 자세히 생각해 보자. 오경보의 경우는 적이 쏜 미사일을 격추시키기 위한 미사일 하나를 잃는다. 하지만 미탐지 상태에서는 적이 쏜 미사일이 도시의 건물에 맞았다면 건물이 부서질 수도 있고, 최악의 경우 사람이 죽을 수도 있다. 따라서 이 두 가지를 다른 오류로 보는 것이 타당하다. 위 표를 일반적인 문제로 바꾼 것은 다음과 같다.

표 5-2 혼동 행렬

		출력	
		ω_1	ω_2
실제	ω_1	적중(hit)	미탐지(miss)
	ω_2	오경보(false alarm)	정기각(correct rejection)

여기서 ω_1, ω_2는 어떤 사건을 뜻한다. 적중은 true positive라고도 하며, 정기각은 true negative라고 불리기도 한다. 미탐지는 false negative 또는 type I error라고도 하며, 오경보는 false positive 또는 type II error라고도 한다.

5.3 베이지안 결정 이론

패턴 인식 문제를 해결하는 데는 크게 두 가지 방법이 있다. 하나는 확률 정보를 이용하는 것이고, 다른 하나는 그렇지 않는 것이다. 베이지안 결정 이론(Bayesian decision theory)은 확률 정보를 이용해서 패턴 인식을 하는 방법이다. 모든 확률 정보를 알고 있거나, 가정할 수 있을 때 풀 수 있으며, 주어진 확률에서 최선의 결정을 하게 된다. 또한 새로운 정보가 추가되면 추가된 정보를 반영해서 확률을 갱신하고, 다시 최적의 해를 찾아낸다.

5.3.1 확률 기초

베이지안 결정 이론을 쉽게 이해하기 위해서 필요한 확률의 기초 지식들을 배워보자.

5.3.1.1 확률

확률(probability)이란 어떤 조건에서 하나의 사건이 일어날 수 있는 가능성의 정도를 나타내는 수치를 말한다. 어떤 사건을 A라고 하면 확률은 P(A)로 표시하며, 확률은 항상 $0 \le P(A) \le 1$의 범위를 만족한다. 예를 들어 일반적인 동전을 던질 때, 앞이 나올 확률은 0.5이며 뒤가 나올 확률은 0.5이다. 또한 정육면체 모양의 주사위를 던질 때 1에서 6까지 나올 확률은 모두 $\frac{1}{6}$ 이다.

5.3.1.2 조건부 확률

조건부 확률(conditional probability)이란 사건 A와 B가 있을 때, 사건 B가 일어났을 때, 사건 A가 발생할 확률을 뜻한다. $P(A|B)$라고 쓰며, 영어로는 probability of A given B라고 한다. $P(A|B)$는 다음과 같이 정의한다.

$$P(A|B) = \frac{P(A \cap B)}{P(B)} \quad \text{(식 5-1)}$$

5.3.1.3 베이스 정리

조건부 확률의 정의에 따라서 다음과 같은 2개의 식을 만들 수 있다.

$$P(A|B) = \frac{P(A \cap B)}{P(B)}, \quad P(B|A) = \frac{P(B \cap A)}{P(A)} \quad \text{(식 5-2)}$$

이때, $P(A \cap B) = P(B \cap A)$ 이므로 (식 5-3)을 유도할 수 있다.

$$P(A|B) = \frac{P(B|A)P(A)}{P(B)} \quad \text{(식 5-3)}$$

(식 5-3)을 베이스 정리(Bayes theorem)라고 한다. (식 5-3)에서 P(A)는 사전 확률(a prior probability)이라고 부른다. 일반적으로 사전확률은 알고 있는 확률이라고 가정한다. $\mathrm{P}(\mathrm{A}|\mathrm{B})$는 사후 확률(a posterior probability)이라고 부른다. $\mathrm{P}(\mathrm{B})$는 정규화 상수의 역할을 한다. $\mathrm{P}(\mathrm{B}|\mathrm{A})$는 우도(likelihood)라고 부르며, $\mathrm{L}(\mathrm{A}|\mathrm{B})$라고 쓰기도 한다. 우도를 이용해서 식을 다시 쓰면 $\mathrm{P}(\mathrm{A}|\mathrm{B}) \propto \mathrm{L}(\mathrm{A}|\mathrm{B})\mathrm{P}(\mathrm{A})$이다. 위 식을 다시 쓰면 다음과 같다.

$$(\text{사후 확률}) = \frac{(\text{우도}) \times (\text{사전 확률})}{(\text{정규화 상수})} \qquad \text{(식 5-4)}$$

5.3.1.4 확률변수

확률변수(random variable 또는 stochastic variable)는 어떤 변수가 여러 가지 값을 가질 수 있으며, 그런 값을 가질 확률이 정의되어 있는 변수를 뜻한다. 예를 들면 동전을 던져서 나오는 면이나 주사위를 던져서 나오는 눈의 수 등이 있다.

5.3.1.5 확률 밀도 함수

동전 던지기나, 주사위 던지기는 불연속 사건에 대해서 정의한 확률이다. 연속 사건에 대해서도 확률을 정의할 수 있지 않을까? 지하철을 기다리는 시간을 가정해 보자. 지하철이 10분 간격으로 온다면, 0분에서 10분 사이의 시간 동안 기다릴 가능성이 있다. 4분에서 6분 사이를 기다릴 확률은 $\frac{6-4}{10-0} = 0.2$이다. 하지만 정확히 4분을 기다릴 확률은 $\lim_{\Delta \to 0} \frac{\Delta}{10-0} = 0$이 된다. 마찬가지로 정확히 어떤 시간을 기다릴 확률은 모두 0이 된다. 이와 같은 오류를 피하고, 연속 사건에 대한 확률을 표현하기 위해서 확률 밀도 함수(PDF : Probability Density Function)를 정의한다.

확률 밀도 함수를 정의하기에 앞서서 누적 분포 함수(CDF : Cumulative Distribution Function)를 정의해야 된다. 누적 분포 함수는 $F_X(x)$라 쓰고, $F_X(x) = \mathrm{P}(X \leqq x)$로 정의한다.

확률 밀도 함수는 $\mathrm{p}(x)$라 쓰고, 다음과 같다.

$$\mathrm{p}(x) = \frac{\mathrm{d}}{\mathrm{d}x} F_X(x) = \frac{\mathrm{d}}{\mathrm{d}x} \mathrm{P}(X \leqq x) \qquad \text{(식 5-5)}$$

즉, 확률 밀도 함수는 누적 분포 함수의 미분이라고 볼 수 있다.

5.3.2 베이지안 분류기

특징 벡터가 $x = [x_1, x_2, \cdots, x_d]^{\mathrm{T}}$이고 클래스가 2개, 즉 ω_1, ω_2일 때 분류에 대해서 생각해 보자. 단순하게 생각해 보면 ω_1의 확률과 ω_2의 확률 중 큰 것으로 무조건 분류하면 50% 이상의 분류 확률을 얻을 수 있다. 이를 수식으로 쓰면 다음과 같다.

$$\omega^* = \begin{cases} \omega_1, & P(\omega_1) > P(\omega_2) \\ \omega_2, & \text{그 외} \end{cases} \quad \text{(식 5-6)}$$

이제 확률 정보를 이용해서 분류하는 방법에 대해서 생각해 보자. $p(x|\omega_1)$은 클래스가 ω_1일 때 특징 벡터의 확률 밀도 함수이다. 또한 $P(\omega_1)$과 $P(\omega_2)$는 쉽게 알 수 있는 값이고, 모른다고 해도 알고 있는 값이라고 가정하자. 이제 베이스 정리를 우리에게 주어진 데이터로 정리해 보자. (식 5-3)을 다시 상기해 보자. (식 5-3)에서 A를 ω_k로, B를 x로 바꾸어 쓰면 된다. 이때 특징 벡터 x는 일반적으로 연속 함수로 이루어져 있기 때문에, 확률 밀도 함수로 바꾸어 쓸 수 있다(수학적인 설명은 생략한다). 이제 식을 다시 정리하면 다음과 같다.

$$P(\omega_k|x) = \frac{p(x|\omega_k)P(\omega_k)}{p(x)} \quad \text{(식 5-7)}$$

이때, $P(\omega_k|x)$는 어떤 특징 벡터가 있을 때, 클래스가 ω_k일 확률로 생각할 수 있다. 따라서 $P(\omega_k|x)$가 큰 ω_k를 찾아서 분류하면 아까의 단순한 분류법보다 훨씬 좋은 분류를 할 수 있다. 이를 식으로 써보면 다음과 같다.

$$\omega^* = \begin{cases} \omega_1, & P(\omega_1|x) > P(\omega_2|x) \\ \omega_2, & \text{그 외} \end{cases} \quad \text{(식 5-8)}$$

이를 2분류 베이지안 분류기(2-class Bayesian classifier)라 한다. 이제 클래스를 ω_1으로 분류하는 결정규칙(decision rule)을 정리해 보자. (식 5-8)에서 결정규칙은 $P(\omega_1|x) > P(\omega_2|x)$이 된다. 이 식에 위에서 구한 베이스 정리를 대입해서 정리하면

$$\frac{p(x|\omega_1)P(\omega_1)}{p(x)} > \frac{p(x|\omega_2)P(\omega_2)}{p(x)} \quad \text{(식 5-9)}$$

이고, 이때, $p(x)$가 같으므로 양변에 곱하면

$$p(x|\omega_1)P(\omega_1) > p(x|\omega_2)P(\omega_2) \quad \text{(식 5-10)}$$

가 되고, x에 대해서 모아주면

$$\frac{p(x|\omega_1)}{p(x|\omega_2)} > \frac{P(\omega_2)}{P(\omega_1)} \quad \text{(식 5-11)}$$

와 같은 식을 얻을 수 있다. 따라서 (식 5-8)을 다시 정리하면

$$\omega^* = \begin{cases} \omega_1, & \dfrac{p(x|\omega_1)}{p(x|\omega_2)} > T \\ \omega_2, & \text{그 외} \end{cases}, \quad T = \frac{P(\omega_2)}{P(\omega_1)} \quad \text{(식 5-12)}$$

와 같이 쓸 수 있다.

5.3.3 최소 위험 베이지안 분류기

2-분류 문제에서 베이지안 분류기의 분류오류율에 대해서 생각해 보자. 2-분류 문제에서 잘못된 분류는 클래스가 ω_1 인데 ω_2로 분류하는 것과, 클래스가 ω_2 인데 ω_1으로 분류하는 것이 있다. 혼동 행렬을 상기해 보자. 위의 오류 2개의 위험도는 일반적으로 다르다. 혼동 행렬에 위험도를 대입한 위험 행렬(risk matrix)을 만들어 보면 다음과 같다.

표 5-3 위험 행렬

		출력	
		ω_1	ω_2
실제	ω_1	적중 위험도(λ_{11})	미탐지 위험도(λ_{12})
	ω_2	오경보 위험도(λ_{21})	정기각 위험도(λ_{22})

이때, 클래스가 ω_1 일 때의 위험도를 q_1 이라고 하자. q_1은 실제로 ω_1 일 확률과 적중 위험도(λ_{11})의 곱과 클래스가 ω_2 인데 ω_1로 분류할 때의 확률과 오경보 위험도(λ_{21})의 곱의 합으로 나타낼 수 있다. 이를 식으로 쓰면 다음과 같다.

$$q_1 = \lambda_{11}\, \mathrm{p}(x|\omega_1)\, \mathrm{P}(\omega_1) + \lambda_{21}\, \mathrm{p}(x|\omega_2)\, \mathrm{P}(\omega_2) \qquad \text{(식 5-13)}$$

마찬가지로 q_2를 구하면 다음과 같다.

$$q_2 = \lambda_{22}\, \mathrm{p}(x|\omega_2)\, \mathrm{P}(\omega_2) + \lambda_{21}\, \mathrm{p}(x|\omega_1)\, \mathrm{P}(\omega_1) \qquad \text{(식 5-14)}$$

위험도가 작은 쪽으로 분류하는 것이 당연하기 때문에 다음과 같은 식을 만들 수 있다.

$$\omega^* = \begin{cases} \omega_1, & q_2 > q_1 \\ \omega_2, & \text{그 외} \end{cases}$$
$$\text{단, } \begin{array}{l} q_1 = \lambda_{11}\, \mathrm{p}(x|\omega_1)\, \mathrm{P}(\omega_1) + \lambda_{21}\, \mathrm{p}(x|\omega_2)\, \mathrm{P}(\omega_2) \\ q_2 = \lambda_{22}\, \mathrm{p}(x|\omega_2)\, \mathrm{P}(\omega_2) + \lambda_{21}\, \mathrm{p}(x|\omega_1)\, \mathrm{P}(\omega_1) \end{array} \qquad \text{(식 5-15)}$$

이제 $q_2 > q_1$을 정리해서 (식 5-15)를 다시 쓰면 다음과 같은 결과를 얻을 수 있다.

$$\omega^* = \begin{cases} \omega_1, & \dfrac{\mathrm{p}(x|\omega_1)}{\mathrm{p}(x|\omega_2)} > T \\ \omega_2, & \text{그 외} \end{cases}, \quad T = \frac{(\lambda_{21} - \lambda_{22})\, \mathrm{P}(\omega_2)}{(\lambda_{12} - \lambda_{11})\, \mathrm{P}(\omega_1)} \qquad \text{(식 5-16)}$$

이것을 2-분류 최소 위험 베이지안 분류기(2-class minimum risk Bayesian classifier)라고 한다.

5.4 모수적 분포 추정

5.3절에서 배운 베이지안 결정 이론은 실제 확률 분포를 알고 있다는 가정하에 진행 되었다. 5.4, 5.5, 5.6절에서는 샘플들을 가지고 확률 분포를 추정하는 방법에 대해서 배울 것이다.

5.4.1 모수적 분포 추정 vs 비모수적 분포 추정

확률 분포를 추정하는 방법에는 크게 두 가지 방법이 있다. 첫 번째 방법은 샘플들이 어떤 특별한 확률 분포를 하고 있다는 가정하에 분포를 추정하는 것이다. 이것을 모수적 분포 추정(parametric density estimation)이라 부른다. 특별한 확률 분포의 종류에는 가우스 분포, 라플라스 분포 등이 있다. 특별한 확률 분포는 몇 가지 매개변수를 통해서 쉽게 분포를 만들어 낼 수 있기 때문에 매개변수만을 추정하면 확률 분포를 추정할 수 있다. 특히 가우스 분포는 평균과 분산(또는 표준편차)만을 이용해서 확률 분포를 만들어 낼 수 있고, 현실세계와 잘 부합하기 때문에 자주 쓰인다.

모수적 분포 추정의 장점은 샘플들이 실제로 가정한 확률 분포를 따를 경우에 값이 매우 근사하게 나온다는 점이고, 단점은 확률 분포를 따르지 않는 경우에는 잘 맞지 않는다는 점이다. 하지만 일반적으로 샘플들이 가정한 확률 분포와 비슷한 경우가 많기 때문에 매우 효과적이다.

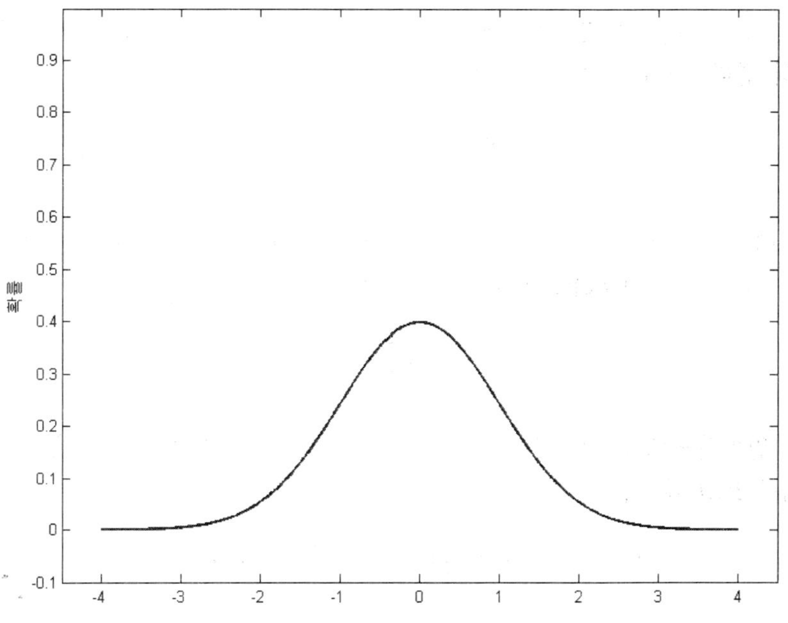

그림 5-8 가우스 분포

두 번째 방법은 샘플들의 확률 분포를 가정하지 않고, 샘플 그 자체를 이용해서 분포를 추정하는 방법이다. 이를 비모수적 분포 추정(non-parametric density estimation)이라 부른다.

비모수적 분포 추정의 장점은 샘플들이 어떤 모양으로 있어도 추정할 수 있다는 점이고, 단점은 샘플 수가 적거나, 샘플이 모집단에 비해 한쪽으로 치우쳐져 있을 때는 좋지 않은 결과를 낸다는 점이다. 이번 절에서는 모수적 분포 추정에 대해서 다뤄 볼 것이다.

5.4.2 최대 우도 vs 베이지안

모수적 분포 추정에는 크게 두 가지 방법이 있다. 하나는 최대 우도 추정법(MLE : Maximum Likelihood Estimation)이고, 다른 하나는 베이지안 추정법(Bayesian parameter estimation)이다. 베이지안 추정법 안에는 최대 사후 확률 추정법(MAP : Maximum A Posteriori estimation)과 최소 평균 제곱오류 추정법(MMSE : Minimum Mean Square Error estimation) 등이 있다.

최대 우도 추정법과 베이지안 추정법에는 두 가지 큰 차이가 있다. 첫 번째는 추정하려는 값의 상태가 다르다는 점이다. 최대 우도 추정법은 추정하려는 값을 알 수는 없지만 정해진 변수로 가정한다. 하지만 베이지안 추정법은 추정하려는 값을 정해진 값이 아닌 확률 변수로 가정한다. 두 번째 차이점은 사전 확률을 가정하는 것의 유무에 있다. 최대 우도 추정법은 사전 확률을 가정하지 않고, 사용하지도 않는다. 하지만 베이지안 추정법은 사전 확률을 알고 있거나, 혹은 추정하였다고 가정한다.

5.4.3 최대 우도 추정법

우도 $\mathrm{L}(\theta|x)=\mathrm{p}(x|\theta)$를 최대화하는 확률 분포의 매개변수를 찾는 방법을 최대 우도 추정법이라 한다. 따라서 다음과 같은 식을 얻을 수 있다.

$$\hat{\theta}=\underset{\theta}{\mathrm{argmax}}\ \mathrm{p}(x|\theta) \quad \text{(식 5-17)}$$

특징 벡터 $x=[x_1, x_2, \dots, x_d]^{\mathrm{T}}$가 있을 때, $\mathrm{p}(x|\theta)$가 i. i. d.(independent and identically distrubuted) 조건을 만족한다고 가정하면 다음과 같은 식이 성립한다.

$$\mathrm{p}(x|\theta)=\prod_k \mathrm{p}(x_k|\theta) \quad \text{(식 5-18)}$$

이때, 일반적으로 특징의 개수는 많기 때문에 $\mathrm{p}(x|\theta)$가 매우 작게 나온다. 따라서 편의를 위해서 로그 우도를 사용한다.

$$\log \mathrm{p}(x|\theta)=\log \prod_k \mathrm{p}(x_k|\theta)=\sum_k \log \mathrm{p}(x_k|\theta) \quad \text{(식 5-19)}$$

로그 우도의 장점은 매우 작은 값을 로그를 이용해서 값을 키우기 때문에 정확도가 높아지고, 미분이 쉬워진다는 점이다. 또한 로그 함수는 단조 증가 함수이기 때문에 문제의 유형도 바뀌지 않고 같다. 이제 (식 5-17)은 다음과 같이 바꿔 쓸 수 있다.

$$\hat{\theta} = \underset{\theta}{\operatorname{argmax}} \sum_k \log p(x_k|\theta) \quad \text{(식 5-20)}$$

$\hat{\theta}$을 구하려면 미분을 이용한다. 다음과 (식 5-21)을 만족하는 θ를 찾으면 그것이 $\hat{\theta}$이 된다.

$$\frac{\partial L(\theta)}{\partial \theta} = 0, \quad L(\theta) = \sum_k \log p(x_k|\theta) \quad \text{(식 5-21)}$$

5.4.4 최대 사후 확률 추정법

최대 사후 확률 추정법은 사후 확률을 최대화하는 확률 분포를 찾는 것이다.

$$\hat{\theta} = \underset{\theta}{\operatorname{arg\,max}}\ p(\theta|x) = \underset{\theta}{\operatorname{arg\,max}}\ p(x|\theta)P(\theta) \quad \text{(식 5-22)}$$

최대 우도 추정법과 비교하면 최대 우도 추정법에서는 $P(\theta)$가 암시적으로 같다고 보고 있는 것과 같다. 따라서 최대 우도 추정법과 같이 $p(x|\theta)$가 i. i. d. 조건을 만족한다고 가정하고, 계산의 편의를 위해서 로그 함수를 이용하면 다음과 같은 식을 얻을 수 있다.

$$\hat{\theta} = \underset{\theta}{\operatorname{arg\,max}}\ P(\theta) \sum_k \log p(x_k|\theta) \quad \text{(식 5-23)}$$

최대 우도 추정법의 (식 5-21)과 같이 미분을 이용해서 θ를 구하면 된다.

5.5 EM 알고리즘

EM 알고리즘(Expectation-Maximization algorithm)은 4장에서 배운 모수적 분포 추정을 반복해서 최상의 분포 추정을 방법이다. 기존의 우도 또는 사후 확률을 이용해서 더 좋은 우도 또는 사후 확률을 찾는 계산을 반복하는 구조로 되어있다. EM 알고리즘은 두 가지 단계로 나눌 수 있다. 첫 번째 단계는 기대치 단계(E Step)로 우도 또는 사후 확률의 기대치를 구하는 단계이다. 두 번째 단계는 최대화 단계(M Step)로 E Step에서 구한 우도 또는 사후 확률을 이용해서 매개변수를 최대화하는 과정이다.

5.6 비모수적 분포 추정

5.4절에서는 샘플들이 특별한 확률 분포를 이루고 있다는 가정하에 확률 밀도 함수를 추정하였다. 이번 장에서는 단지 샘플 그 자체만을 이용해서 확률 밀도 함수를 추정하는 법에 대해서 배울 것이다. 또한 그림 5-9의 확률 밀도 함수를 가지는 샘플의 분포를 비모수적 분포 추정을 이용해서 추정해 볼 것이다.

5.6.1 히스토그램 방법

히스토그램 방법(histogram method)은 가장 간단하게 생각할 수 있는 방법으로, 샘플 공간을 bin의 개수로 나눈 후에, 각 bin에 포함되는 샘플의 개수를 새는 방법이다. 히스토그램 방법은 2개의 매개변수가 필요한데, 첫 번째는 bin의 길이이고, 두 번째는 첫 번째 bin의 시작 위치이다.

그림 5-10은 그림 5-9의 확률 밀도 함수를 가지는 샘플을 히스토그램 방법으로 bin을 30개 이용해서 추정한 것이다. 히스토그램 방법의 장점은 매우 간단한 방법이라는 점이다. 하지만 여러 가지의 단점이 존재한다. 첫 번째 단점은 bin의 시작 위치에 의존적이라는 점이다. 또한 불연속점을 처리할 만한 방법이 없기 때문에 불연속점이 존재하는 확률 밀도 함수는 추정이 어렵다는 점이다. 가장 심각한 단점은 차원의 저주를 피할 수 없다는 점이다. 1차원에서 bin의 개수를 n개라 하면 2차원에서는 n^2개 d차원에서는 n^d개의 bin이 생긴다. 따라서 차원이 커지면 계산량이 매우 늘어나게 되고, 또한 정확한 확률 밀도 함수를 추정할 수 없게 된다.

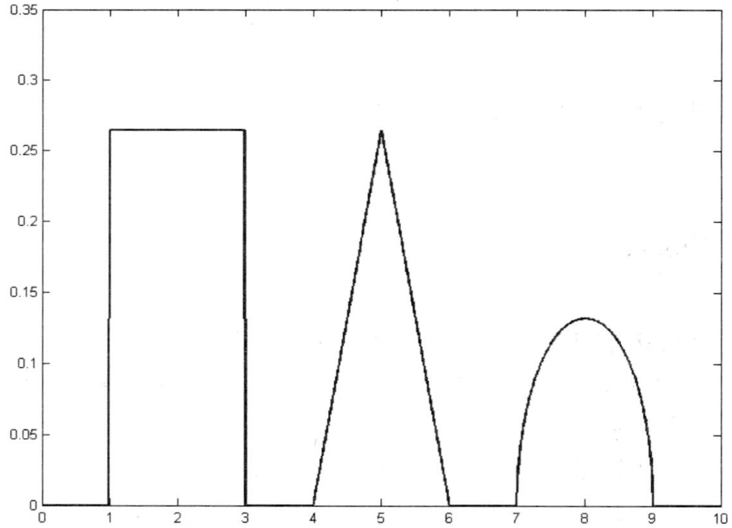

그림 5-9 어떤 샘플의 확률 밀도 함수

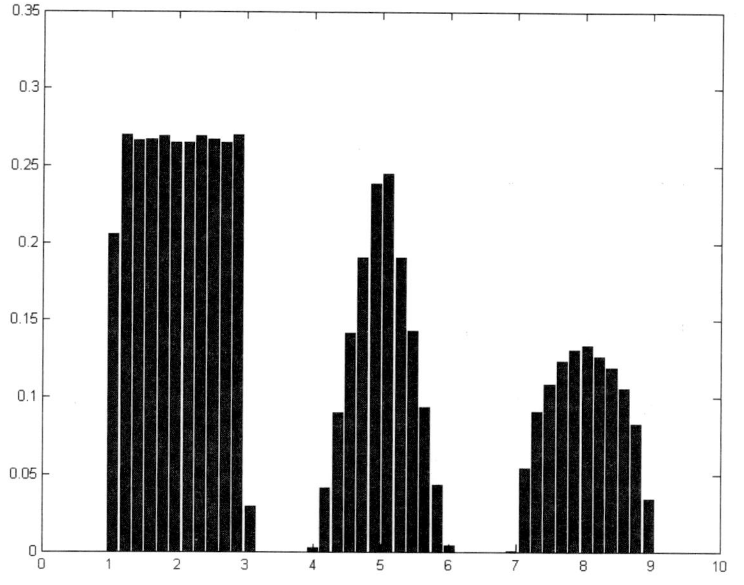

그림 5-10 히스토그램 방법으로 그림 5-9의 확률 밀도 함수 추정

5.6.2 비모수적 분포 추정의 일반 공식

$$\mathrm{p}(x) \cong \frac{k}{NV} \qquad \text{(식 5-24)}$$

확률 밀도 함수 $\mathrm{p}(x)$는 (식 5-24)와 같이 추정할 수 있다. 이때 N은 전체 데이터의 개수이고, V는 x를 둘러싸고 있는 볼륨의 체적이며, k는 V안에 존재하는 샘플의 개수이다. 일반 공식을 이용해서 두 가지 방법의 비모수적 분포 추정 방법을 생각할 수 있다. 첫 번째는 V를 일정하게 하고, k를 변화시켜 가면서 추정하는 방법이다. 이런 방법을 커널 분포 추정법(kernel density estimation) 또는 파젠 창(Parzen windows)이라 한다. 두 번째는 k를 일정하게 하고 V를 변화시켜 가면서 추정하는 방법이다. 이런 방법을 k-최근접 이웃 분포 추정법(kNN : k-Nearest Neighbor density estimation)이라 한다.

5.6.3 커널

커널(kernel)은 비모수적 분포 추정을 위해서 각 값에 가중치를 주는 함수이다. (식 5-24)에서 V는 커널 함수의 넓이를 뜻한다. 커널의 값은 항상 0보다 크거나 같아야 하고, 우함수여야 한다. 그리고 커널의 넓이는 반드시 1이어야 한다. 1차원에서는 일반적으로 사각 함수나 가우시안 함수를 많이 사용한다.

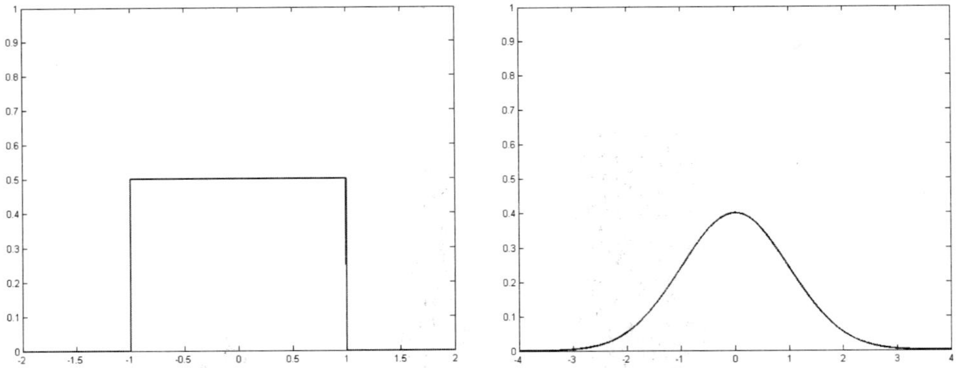

(a) 사각 커널 (b) 가우시안 커널

그림 5-11 커널의 예

5.6.4 파젠 창

파젠 창(Parzen windows)은 각 샘플에 커널 함수를 씌운 후에 다 더해서 분포를 추정하는 방법이다.

그림 5-12에서 작은 원형은 샘플의 위치를 나타내며 샘플에 커널 함수를 씌우면 그림 5-12처럼 나오며, 그것들을 다 더한 후에, 확률 밀도 함수의 조건을 맞추기 위해서 넓이를 1로 만들면 된다.

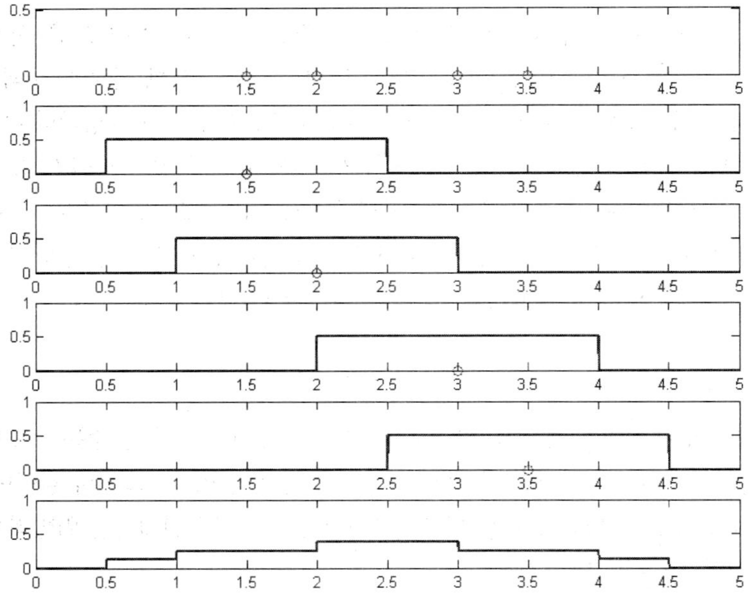

그림 5-12 파젠 창 기초

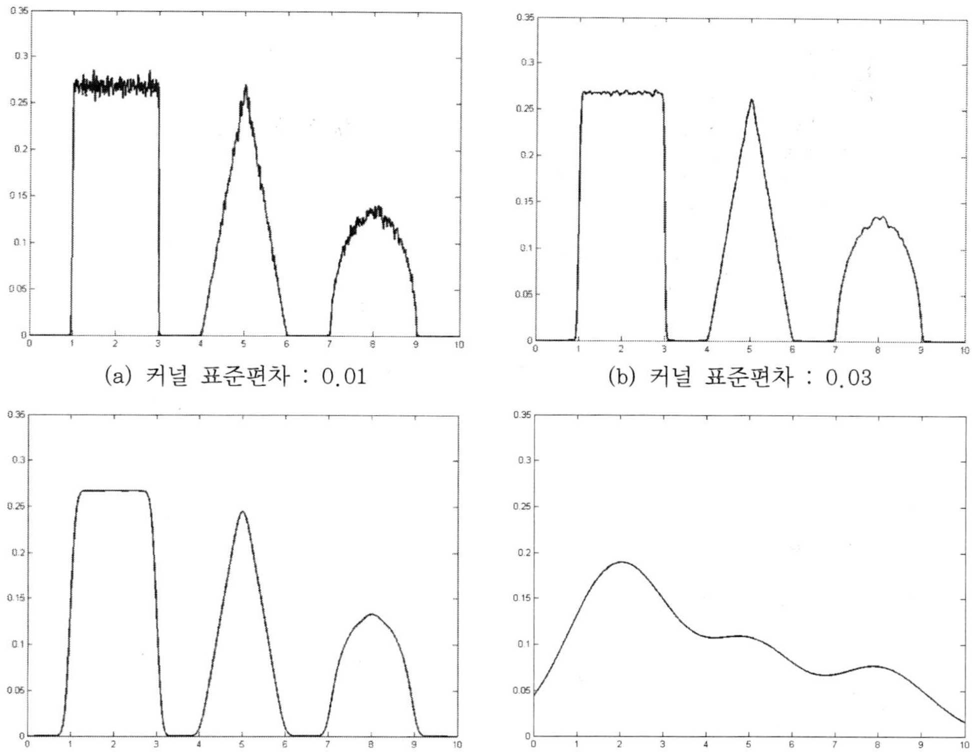

(a) 커널 표준편차 : 0.01　(b) 커널 표준편차 : 0.03

(c) 커널 표준편차 : 0.1　(d) 커널 표준편차 : 1

그림 5-13 파젠 창 추정으로 그림 5-9의 확률 밀도 함수 추정

그림 5-13은 그림 5-9의 확률 밀도 함수를 갖는 샘플을 가지고 가우시안 커널을 사용해서 분포를 추정해 본 것이다. 파젠 창에서는 커널 함수의 폭이 중요한 요소이다. 가우시안 커널에서는 폭을 결정하는 것이 표준편차이다. 표준편차의 변화에 따라서 보면 0.03과 0.1이 가장 좋은 추정을 했기 때문에, 가우시안 커널의 표준편차가 0.03에서 0.1 사이가 가장 좋은 추정을 할 것으로 추측할 수 있다. 커널의 폭이 너무 넓으면 (d)처럼 추정한 확률 밀도 함수가 뭉개지는 현상이 일어날 수 있기 때문에 샘플의 특징에 따라서 적절하게 폭을 설정하는 것이 중요하다.

5.6.5 k-최근접 이웃 분포 추정

k-최근접 이웃 분포 추정(k-Nearest Neighbor density estimation)은 커널 안에 k개의 샘플이 들어올 때까지 커널의 크기를 키운 후에, 커널의 크기의 역수로 분포를 추정하는 방법이다.

그림 5-9의 확률 밀도 함수를 갖는 샘플을 가지고 k-최근접 이웃 분포 추정을 이용해서 분포 추정을 해보면 그림 5-14와 같다. k-최근접 이웃 분포 추정은 지역적인 잡음에 민감하기 때문에 k가 작은 경우에는 그림 5-14(a)처럼 잡음이 많이 생기게 된다.

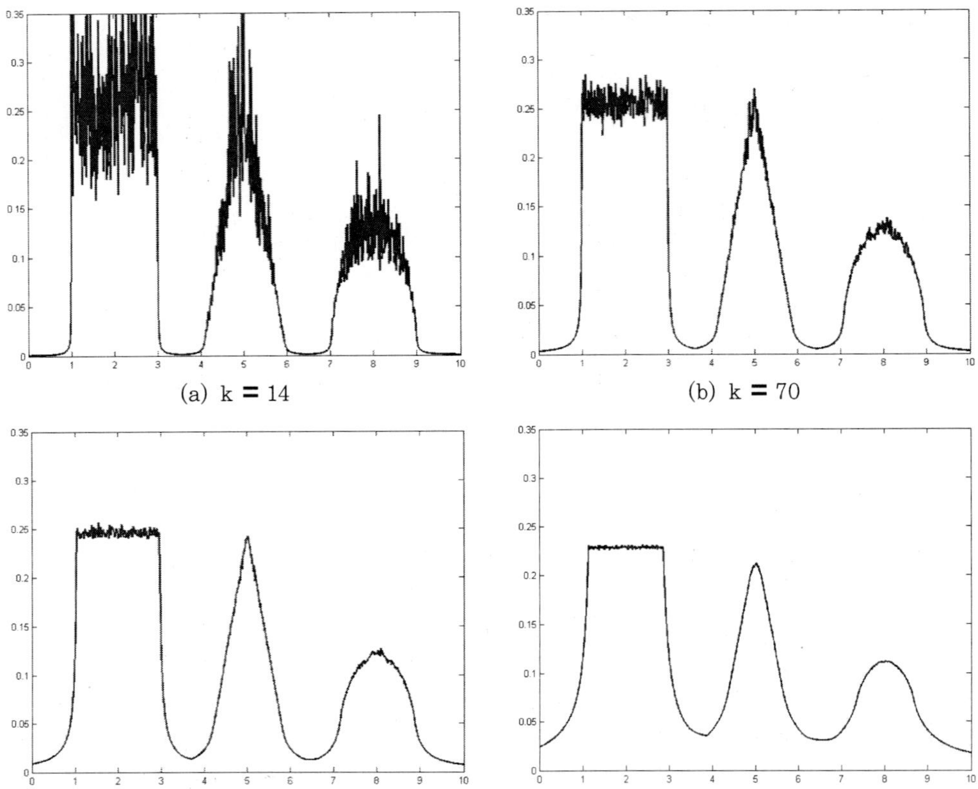

(a) k = 14　(b) k = 70　(c) k = 200　(d) k = 700

그림 5-14 kNN 추정으로 그림 5-9의 확률 밀도 함수 추정

반대로 k가 샘플에 비해서 매우 크면 (d)처럼 그림이 점점 뭉개지고, 확률 밀도 함수가 없는 부분에서도 확률 밀도 함수가 추정되어 나온다. 따라서 k가 그림 (b)와 (c) 사이에 있는, 즉 70에서 200 사이에서 가장 좋은 추정이 나온다고 볼 수 있다.

5.7 참고문헌

[1] Christopher M. Bishop, *Neural Networks for Pattern Recognition,* Oxford University Press, 1995.

[2] Peyton Z. Peebles, JR, *Probability, Random Variables and Random Signal Principles,* McGraw-Hill Book, 2001.

[3] 오일석, *패턴 인식,* 교보문고, 2008.

[4] www.wikipedia.org

[5] www.google.com

06 특징 추출 및 OpenCV 실습

6.1 패턴 인식의 개요

6.1.1 패턴 인식 기술 관련 국내 현황

최근 디지털 카메라와 카메라가 장착된 휴대전화 및 스마트폰의 급속한 보급과 인터넷의 발달로 인한 블로그 및 UCC (user created contents) 등의 활성화로 개인이 만들어 내고 접하는 영상 정보는 기하급수적으로 늘어나고 있다. 또한 은행의 무인 창구나 공공장소, 아파트 공동현관, 주요 도로 및 골목길 곳곳까지 CCTV가 설치되어 보안이나 단속 및 범죄 예방용 등으로 사용되고 있다. 이렇게 범람하는 영상 데이터에서 인간이 원하는 정보를 자동으로 추출해 낼 수 있는 기술이 필요하게 되었고 이러한 기술들 중 대표적인 것으로 패턴 인식을 들 수 있다.

현재 국내 기업은 패턴 인식 기술과 관련하여 지문, 얼굴, 홍채, 정맥 인식 기술의 원천기술 보유하고 있으며, 내수보다는 수출 위주의 영업 정책을 펴고 있다. 2002년의 경우 지문 인식에 대한 국내 기업의 연구가 64.7%로 가장 높은 비율을 차지하고 있으며, 얼굴 인식에 대한 연구가 8.8%로 두 번째로 높은 연구 비율을 나타내고 있다. 또한 법무부와 외교통상부, 건설교통부, 해양수산부, 산업자원부 등의 국가기관에서 패턴 인식 기술을 업무에 적극 활용하고 있는 실정이다.

국내 시장의 경우 2008년 지문 인식 시장이 1,121억 원으로 전체의 93.5%를 차지하지만, 지문 인식 시장의 비중은 점진적으로 떨어지고 있고, 얼굴 인식 시장은 2008년엔 56억 원이지만, 연간 41.1%로 타 바이오 인식 기술 중 가장 높은 성장률을 보이며 2012년엔 220억 원에 달할 것으로 전망되고 있다.

기관명	기술 활용 내용	기관 성격	해당 국제기구
법무부	내외국인 출입국 관리 및 관련 서비스	활동	
외교통상부	여권·비자 발급	발급	ICAO
건설교통부	공항·항만 안전 관리	활용	ICAO-NB
해양수산부	선원수첩 발급	발급/활용	ILO
산업자원부	기술 표준 제정	기술표준화	ISO-NB
행정자치부	주민등록증 발급	발급/활용	
정보통신부	기술개발지원 및 기술 표준 제정	기술지원/평가	IEC-ITU
경찰청	운전면허증 발급 및 범죄수사	발급/활용	
국가정보원	보안성 평가	평가	

그림 6-1 패턴 인식 기술 관련 국내 정부 기관 현황
(출처 : 2003, 2004 한국패턴 인식포럼 설문조사)

6.1.2 패턴 인식 기술 관련 국외 현황

미국에서는 지문 인식과 얼굴 인식을 결합한 신분 확인 기술을 도입하여 자국 국민과 방문객들의 안전을 높이고, 합법적인 여행 및 무역 절차를 간편화 하고, 이민 시스템의 무결성을 확고히 하며, 방문객들의 프라이버시를 보호하고 있다. 입국의 경우 서류심사 후 양 손의 검지 지문과 안면 사진 영상을 획득하여 등록하면, 출입국관리시스템에 자동 기록이 된다. 출국 심사의 경우 생체 정보를 스캔하여 본인 여부를 확인하게 된다. 이를 통해, 출국심사과정 간소화하였으며, 이는 출입국관리 시스템에 자동 기록이 된다. 서비스 대상은 비자를 소지한 외국인 방문자이며, 국제선 공항(115개) 및 항구(14개)에서 이루어진다. 또한, 영국에서는 출입국 서비스 개선, 테러 및 범죄 대응, 신원 사칭 감소, 공공 서비스 수준 제고를 위해 안면사진, 지문, 홍채를 사용할 예정이며, 일본에서는 휴대폰과 얼굴 인식을 이용하여 탑승 절차를 간소화하였으며, 호주에서는 얼굴 인식을 사용한 입국심사를 수행하고 있다.

6.1.3 패턴 인식 시장의 성장

패턴 인식 산업은 매우 크게 성장하고 있다. 보고서에 따르면, 1998년 패턴 인식 산업의 총 수입은 5천만 달러이며, 1999년에는 1억달러, 그리고 지난 2000년에는 전년도에 비해 100%가 성장한 2억 달러에 달했다. 또한 기술 분야별로 살펴보면, 지난 3년 동안 전체 패턴 인식 시장의 가장 큰 비중을 차지하고 있는 분야는 지문 인식 시장으로, 2000년 약 1억 달러의 시장을 형성, 전체 시장의 60% 이상을 차지하고 있는 것으로 조사됐다. 응용 분야로는 물리적 접근제어 (PAC : Physical Access Control) 부문이 가장 크며, 다음으로 컴퓨터

부문의 시장도 크게 형성되어 왔고, 금융산업에서의 패턴 인식 사용률도 높은 것으로 나타났다. 지역별 시장을 살펴보면, 가장 두드러진 현상은 아시아-태평양 시장의 성장이다. 1998년 전체 시장의 5%를 차지했던 이 시장은 2000년 시장 점유율이 26%에 달해 유럽보다도 시장규모가 커진 것으로 조사됐다.

이와 같은 성장은 사람들의 생체적이고 행동적인 특성으로부터 개인을 인식 및 인증할 수 있는 서비스를 제공해 주는 기술에 대한 수요가 증가하는 데 기인하고 있다. 산업적 견지에서 보면, 패턴 인식 시장은 최근에야 성장하기 시작한 산업으로, 매년 수입 증가율이 매우 높다. 현재 미국의 경우, 패턴 인식 시장에는 약 200여개 업체가 참여하고 있으며, 하드웨어나 소프트웨어 공급업체, 서비스 제공업체 등으로 구성되어 있다. 신규 업체들의 시장진입에 따라 인수·합병이 활발히 이루어지고 있는데, 특히, 지문 인식 시장에서 주로 이루어지고 있다. 또한 업체들 사이에서는 경영 전략 방향이나 회사 조직을 변화시키려는 움직임도 일고 있는데, 많은 업체들이 순수 패턴 인식 제품 공급업체에서 애플리케이션 서비스 제공업자로 변모하고 있다.

(1) 소형화된 패턴 인식 제품 발달

하드웨어 환경이 데스크톱 시스템에서 무선 플랫폼으로 옮겨가면서 사용자의 인터페이스를 위한 액정의 소형화는 중요하게 고려되어야 할 사항이다. 기존에는 처리 능력보다는 고도의 기술을 수행할 수 있는 복잡한 알고리즘을 개발해왔으나, 얼굴 인식 산업이 내수시장이나 휴대전화 등에 눈을 돌림에 따라 기술적인 변화가 생기게 되었다.

(2) 화상과 음성 패턴 인식 솔루션

얼굴과 음성 생체측정은 개별적으로 볼 때 통제되지 않은 환경 속에서 정확도가 떨어진다는 단점이 있으나, 다중형태로 이용할 경우 상호 보완에 따른 추가 정보를 얻을 수 있다. 화상과 음성 패턴 인식 솔루션은 휴대전화나 PDA 등에 응용될 수 있다.

(3) 3차원 얼굴 이미지

기존 얼굴 인식 기술은 CCD 카메라를 사용한 2차원 이미지를 분석하는 것에 초점이 맞춰졌는데, 최근 깊이 있는 정보를 얻기 위한 3차원 얼굴형을 구조화하는 연구가 활발히 이루어지고 있다.

6.1.4 패턴 인식의 주요 기술 : 얼굴 인식 분야

패턴 인식 기술 분야 중 특히 얼굴 인식 분야에 대한 연구를 살펴보면 다음과 같다.

(1) 국내 얼굴 데이터

얼굴 인식 연구의 시작 단계에서부터 최종 성능 평가에 이르기까지 얼굴 데이터는 매우 중요한 역할을 차지하게 된다. 현재 여러 연구기관이나 대학에서 얼굴 데이터를 구축하여 웹 공간에 얼굴 데이터를 공개하고 있다. 대용량의 얼굴 데이터를 구축하는 작업은 많은 비용과 시간, 그리고 체계적인 노력이 필요하다. 따라서, 국내의 기술로 상용화 제품을 개발하기 위해 대용량의 한국인 얼굴 데이터의 구축이 필요하다. 현재 국내에서 개발된 대표적인 얼굴 데이터로는 연세대학교에서 개발한 "연세대 표정 데이터"가 있다. 이는 연세대 심리학과에서 G7 과제의 일환으로 제작된 표정 데이터로 연극 배우 6명의 83가지 표정이 연구실에서 촬영된 데이터이다.

(2) 국외 얼굴 데이터

현재 국외에서도 여러 연구 기관과 대학에서 얼굴 데이터를 구축하여 공개하고 있다. 대표적인 주요 얼굴 데이터는 다음과 같다.

① Stirling DB : 영국 Stirling 대학 심리학과에서 구축한 것으로 표정, 포즈 연구를 목적으로 제작되었다. 비교적 많은 사람을 대상으로 데이터를 구축하였고, 분류도 잘 되어있다.

② MIT DB : 얼굴 인식 연구자들에게 가장 잘 알려진 데이터이다. 많은 발표 논문에서 실험에 사용되었다. 총 16명의 사람을 대상으로 크기, 조명, 포즈 별로 3장씩 촬영되어, 개인마다 총 27장의 얼굴 영상을 취득하였다.

③ Olivetti DB : AT&T Laboratories Cambridge에서 구축한 것으로 총 40명을 대상으로 10종류의 포즈 변화를 촬영하였다.

④ FERET DB : 미국 Army Research Lab의 주관으로 George Mason 대학에서 위탁을 받아서 제작된 것으로 현재까지 알려진 정지 영상 얼굴 데이터 가운데 가장 규모가 크고, 체계적으로 만들어졌다. 다양한 얼굴 특징을 반영하고 있으며, 특히 인종별로도 분류가 되어있다. 총 7,000여 장이 넘는 규모로 FERET test에서 사용되었지만, 원칙적으로 타 국가의 연구자들에게는 공개되지 않는다.

⑤ NIST(National Institute of Standards and Technology) DB : 과거 FERET DB를 구축했던 연구진이 NIST로 소속을 옮겨서 새로 구축하는 얼굴 데이터로 실시간 얼굴 검출과 인식 연구를 위해서 동영상으로 제작되고 있다. 현재 제작중에 있으며, 기존의 정지 영상으로 구축된 FERET 데이터를 대신해서 앞으로는 동영상으로 구축된 NIST DB로 FERET test가 실시될 계획이다.

⑥ M2VTS(Multi Modal Verification for Teleservices and Security application) DB : 유럽 연합에서 대규모로 진행하는 프로젝트로 동영상 얼굴과 함께 음성도 데이터로 구축하였다. 다양한 포즈 변화와 얼굴 3D 모델도 포함되어 있으며 일부분의 데이터만 공개하고 전체 데이터는 상용으로 판매한다.

6.1.5 패턴 인식 분야의 앞으로의 과제

먼저, 표준화 확립의 문제를 이루어야 한다. 현재 업계에서는 독자적인 기술개발을 통해 지문, 홍채, 정맥, 얼굴 인식 등의 제품을 출시하고 있다. 그러나, 국내 표준이 마련되어 있지 않으며, 또한 국제 표준과도 연계성이 없어서 시장을 확대하는 데 걸림돌이 되고 있다. 시장 내에서 각 제품을 구현할 수 있는 기술방식이나 제품에 대한 평가기준 및 방법 등에 대한 표준화가 마련되지 않으면, 신규 업체가 시장에 진입할 경우 부담해야 할 비용이 커진다. 또한 상호운용성에 대한 문제가 제기되며, 사용자에게 혼란을 가져다줄 수 있다. 이는 해외 시장의 진출에 있어서도 마찬가지이다. 따라서 생체 정보에 대한 교환 규격 설정, 타인증 기술과의 통합, 기타 스마트카드와의 결합 등을 포함하여 기술방식의 표준화 및 인증모듈 인터페이스의 표준화, 국제 표준과의 연계 등을 추진할 필요가 있다. 국내의 경우, 지난 2월 출범한 한국 생체 인식 협의회와 한국 정보보호진흥원(KISA)을 중심으로 생체 인식 표준화에 대한 연구가 진행 중이다. KBA 내 구성된 표준화분과에서는 생체 인식 제품의 시장활성화, 국내 표준제정 및 대외 표준화 활동 공동 대응을 위한 계획을 수립 중이다. 한편 한국정보보호진흥원에서는 기술표준(안)과 보안 기술표준(안) 등을 통해 국제 표준화를 추진할 예정이다.

한편 생체 인식 제품의 성능 및 보안성을 인증해줄 수 있는 평가기준을 확립하는 문제도 필요하다. 생체 인식 제품에 대한 평가 방법은 크게 두 가지로, 제품의 편리성과 정확성을 보장하는 '성능 평가'와 제품의 안전한 사용을 지원하는 '보안성 평가'이다. 국외의 경우, 시장수요가 높은 미국은 정부 및 민간 평가 환경을 통해 제품 평가를 실시하고 있으며, 유럽은 영국, 독일, 이탈리아 등이 연합하여 워킹그룹이나 프로젝트를 통해 수행하고 있다. 이에 비해 국내에서는 생체 인식 제품에 대한 평가사례가 없다. 그러나 KBA 내 산·학·연 공동연합의 시험 평가분과가 구성, 성능평가관련 기준 및 제품 시험 환경 구축을 추진하고 있다. 또한 한국정보보호진흥원에서는 성능 평가 및 보안성 평가 기술에 대한 연구가 수행 중이다. 이러한 노력에 따라 평가기준이 마련되면, 기술 개발 목표 제시, 개발비용의 저렴화, 사용자에 의한 인식률 저하문제 해결, 개발완료 제품에 대한 관리 등을 수행할 수 있으며, 궁극적으로 생체 인식 산업의 안정성과 신뢰성을 향상시킬 수 있다.

또한 생체 인식 산업에서 이슈가 되는 것은 다름 아닌 개인의 생체 정보 공개에 따른 프라이버시 침해 문제이다. 따라서 프라이버시를 보장할 수 있는 제품을 개발하는 것은 물론, 이를 보호하기 위한 법제도가 마련되어야 할 필요가 있다.

이러한 가운데 지난 2000년 12월 정부차원에서 생체 인식 협의회를 구성하고, 생체 인식 제품 평가제도를 도입하며, 기술 개발을 지원하고, 기술의 표준화를 추진하는 내용을 담고 있는 생체 인식 산업 육성계획을 수립했다. 이에 따라 생체 인식 분야의 핵심 원천 기술 개발을 지원하고, 각 생체 인식 기술별 산업 기술을 분류하여 업체의 기술 개발을 지원하며, 이를 위한 생체 인식 테스트 베드 및 성능 평가센터의 구축을 추진할 것이다. 또한 생체 인식 기술과 과학 기술을 접목할 수 있도록 관련 법제도를 정비하고, 해외시장 진출 지원 등 시장을 활성화하는 방안이 추진될 것이다.

6.2 패턴 인식 소개

6.2.1 패턴 인식과 특징 추출

패턴이란 구조의 일정한 형태나 유형을 의미하는 말로써, 해당 구조의 특징을 모은 집합으로 표현할 수 있다. 즉, 패턴 인식이란 컴퓨터가 주어진 대상을 자동으로 인식하는 문제를 다루는 학문으로서, 주어진 대상에 대해 이미 정해진 몇 개의 카테고리들 중 하나로 할당하는 과정을 의미한다. 패턴 인식에서의 높은 성능을 얻기 위해서는 높은 분류 성능을 갖도록 하는 특징을 추출해 내는 과정이 매우 중요하게 된다. 이를 특징 추출과정이라고 하는데, 패턴을 이루는 특징 벡터를 추출하는 방법에 대한 많은 연구가 진행되고 있으며, 문자 인식, 번호판 인식, 음성 인식, 지문 인식 등 다양한 분야에서 응용되고 있다. 패턴 인식 분야는 지문 및 안구 인식 등 다른 생체 인식 방법들과는 달리 인식의 대상이 되는 사람의 특별한 도움이나 접촉이 없고, 위협을 가하지 않으면서 대상을 파악할 수 있다는 점이 높은 특히 최근 20여 년간 전 세계적으로 이에 대한 많은 연구가 활발히 진행되어 큰 발전이 있었다.

패턴 인식에서 높은 성능을 얻어낼 수 있는 좋은 특징을 추출하는 과정이 중요한데, 이 때 좋은 특징은 서로 다른 클래스에 속한 데이터를 잘 분류할 수 있는 특징을 말한다. 특징 벡터의 차원이 높게 되면 잡음 특징들까지 포함되므로 성능이 저하될 가능성이 있으며, 분류기에 의한 학습 속도가 느려지게 된다. 반대로 특징 벡터의 차원이 낮을 수록 계산 효율이 좋고, 차원의 저주[1](curse of dimensionality) 와 같은 문제를 해결할 수 있다. 차원의 저주란 그림 6-2에서 볼 수 있듯이, 특징 벡터의 차원이 높아지게 될 경우 차원을 높일 수록 초반에는 인식률이 점차 높아지는 현상을 보이다가 어느 시점을 기준으로는 차원을 높이게 되면 오히려 인식률이 저하되는 현상을 이르는 말이다. 따라서 많은 특징을 사용하는 것이 반드시 패턴 인식에 도움이 되는 것은 아니다. 따라서 고차원 특징 벡터를 저차원의 특징 벡터로 축소시키는 작업이 필요하게 된다. 본 단원에서는 대표적인 특징 추출 방법들에 대해 소개한다.

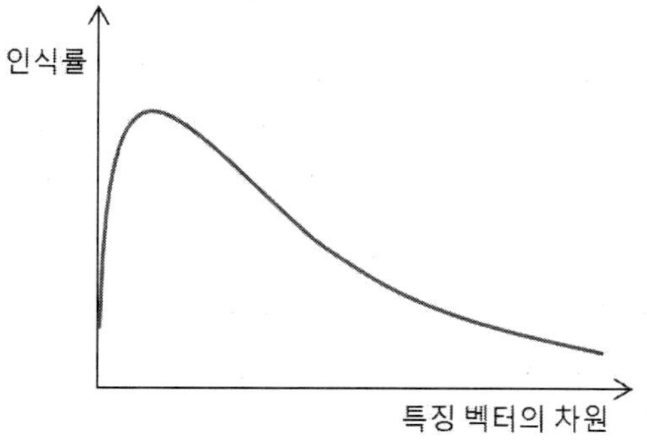

그림 6-2 차원의 저주

6.2.2 패턴 인식의 과정

패턴 인식의 일반적인 절차를 그림 6-3과 같이 나타낼 수 있다. 먼저 데이터를 모으고 선처리를 통해 데이터를 정규화한 후 이 데이터에서 패턴 인식 시스템의 입력으로 넣을 적절한 특징을 선택하거나 추출한다. 즉, 이 단계에서는 모아진 데이터를 처리하여 패턴 인식 시스템에 입력으로 넣을 특징을 찾는다. 이후 최종적으로 적절한 패턴 인식 모델을 이용하여 모델을 학습시키고 마지막으로 학습이 제대로 수행되었는지를 검증하는 단계를 거친다.

영상 인식의 성능은 수많은 화소들의 집합인 영상을 어떠한 특징을 이용하여 표현하는지에 따라 크게 좌우된다. 일반적으로 영상의 각 화소은 인식의 대상에 관한 많은 정보를 담고 있기 때문에 각 화소를 인식 시스템의 입력으로 사용할 수 있다. 하지만 이러한 경우 인식에 이용되는 입력의 개수가 너무 많아져 인식 시스템의 성능이 현저히 떨어지는 현상이 발생하게 된다.

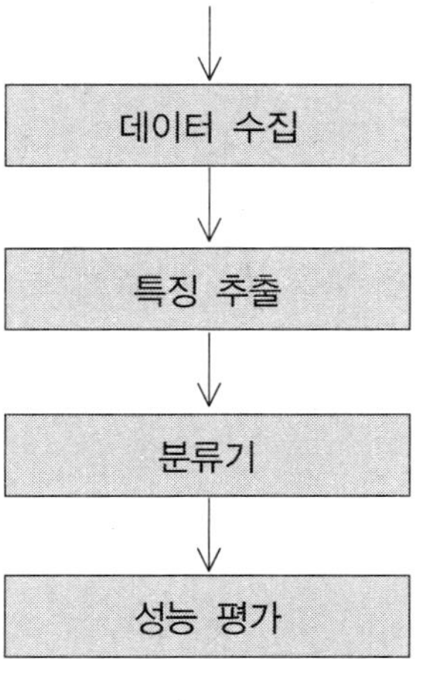

그림 6-3 패턴 인식의 일반적인 절차

따라서 일반적인 영상 인식 시스템에서는 인식을 위해서 원래의 영상으로부터 특징을 추출하여 이 특징들을 인식 시스템의 입력으로 사용하게 된다. 따라서 거의 모든 패턴 인식 문제에서 특징 추출은 매우 중요하며 이에 관한 많은 연구가 수행되고 있다.

특징 추출 방법들 중 대표적인 것으로는 주성분분석법(PCA : Principal Component Analysis)이 있다[2]. 이 방법은 부분 공간 방법(subspace method)의 시효가 되었으며 이 후 선형 판별 분석법[3][4](LDA : Linear Discriminant Analysis), 독립 성분 분석법[5][6](ICA : Independent Component Analysis)의 방법이 등장했다. 이 후 단원에서는 각각의 방법에 대해 자세히 설명한다.

6.3 주성분 분석법

6.3.1 주성분 분석법의 정의

패턴 인식의 성능은 수많은 화소들의 집합인 영상을 어떠한 특징을 이용하여 표현하는지에 따라 크게 좌우된다. 대표적인 특징 추출 방법 중 하나인 주성분 분석법은 다차원 특징 벡터로 이루어진 얼굴 영상에 대하여 해당 영상에 대한 정보를 유지하면서 차원을 축소시키는 데이터 처리 방법 중 하나이다. 샘플 분포에 대한 정보는 그대로 유지하며, 입력의 차원을 감소시킴으로써 고차원 특징 벡터를 단순화시키며 데이터 시각화를 위해 널리 사용되고 있다. 이를 구체적으로 살펴보면 다음과 같다.

6.3.2 주성분 분석법의 이론

영상의 각 화소를 하나의 차원으로 생각하고 영상에서의 전체 화소의 수를 d이라고 할 때 하나의 영상은 d차원 공간에서의 한 점으로 표시된다. 주어진 모든 학습 영상들을 이 d차원 공간에 뿌려 놓고 여기에 주성분 분석법을 수행하면 고유값과 이에 따른 고유 벡터들을 얻을 수 있다. 패턴 인식 중 특히 얼굴 인식 분야에서는 이렇게 얻어진 고유 벡터를 고유얼굴(eigenface)이라 칭하며 고유얼굴 방법에서는 고유값이 큰 수개에서 수십 개의 고유얼굴을 이용하여 얼굴을 인식하게 된다. 얼굴 영상의 주성분을 구하여 특징 벡터를 주성분 방향으로 사영(projection) 시키면 차원을 감소시킬 수 있게 된다. 입력 차원이 d인 n개의 데이터$(x_1,\cdots,x_n) \in R^d$가 있다고 할 때 주성분 분석법의 목적은 x_i의 재구성 오차인 $J_{d'}$을 최소화하면서 d'의 차원으로 감소시키는 것이다.

$$J_{d'} = \sum_{i=1}^{n} \left\| \sum_{k=1}^{d'} y_{ik} e_k - x_i \right\|^2 \qquad \text{(식 6-1)}$$

여기서 e_1 , ⋯ , $e_{d'}$는 부분 공간(subspace)의 기저(base)이고, y_i는 x_i를 부분 공간으로 사영한 결과를 나타낸다. 이 문제를 해결하기 위해 공분산 행렬을 정의할 필요가 있다.

공분산 행렬(scatter matrix)은 아래와 같이 정의된다. 공분산 행렬에 대한 고유값 분석을 통해 얻은 고유값 중에 큰 값을 가지는 순서대로 나열하여 선택된 고유값과 관련된 고유 벡터를 구하고, 고유 벡터를 연결하여 변환 행렬 $W \in R^{d' \times d}$을 만들게 된다.

$$S = \sum_{i=1}^{n} (x_i - \mu)(x_i - \mu)^T \qquad \text{(식 6-2)}$$

$$y = W^T x \qquad \text{(식 6-3)}$$

(식 6-2)에서 $\mu = \frac{1}{n}\sum_{i=1}^{n} x_i$의 방법을 통해 구한다. 이와 같은 방식으로 (식 6-3)을 통해 차원이 감소된 y를 찾는 것이 주성분 분석법의 목적이다.

주성분 분석법을 이용하여 얼굴 인식을 수행하는 방법을 고유 얼굴 방법이라 하며, 하나의 얼굴 영상(f_i)을 하나의 열벡터로 변환시키고, 이 열벡터를 연결하여 얼굴 영상을 집합으로 구성한다. 총 n명의 얼굴 영상을 통해 만든 얼굴 영상의 집합에서 평균 얼굴 벡터(ψ)를 계산하고, 각 얼굴 영상과 평균 얼굴 벡터의 차이(ϕ)를 구한다.

$$\psi = \frac{1}{n}\sum_{i=1}^{n} f_i \qquad \text{(식 6-4)}$$

$$\phi_i = f_i - \psi \qquad \text{(식 6-5)}$$

$$S = \sum_{i=1}^{n} \phi_i \phi_i^T \qquad \text{(식 6-6)}$$

이렇게 구한 ϕ을 이용하여 공분산 행렬(S)을 구하고, 고유값과 고유 벡터를 계산한다. 고유 벡터를 다시 입력되었던 얼굴 영상의 크기와 같은 크기로 변환하여 고유 얼굴을 만든다. 학습이 끝난 후 테스트과정에서는 테스트하기 위한 얼굴 영상과 고유 얼굴에 대해 사영과정을 거친다. 즉 고유 얼굴과 ϕ값과의 내적을 계산하게 되고, 이 가중치를 벡터로 표현한다. 이 과정을 통해 구한 가중치와 각각의 후보 얼굴 영상의 고유 얼굴 상의 가중치와 거리를 비교하여 거리가 최소가 되는 얼굴을 인식된 결과로 나타내게 된다.

주성분 분석법은 분산 행렬의 고유 벡터를 이용하기 때문에 단일 가우시안(unimodal Gaussian)이라는 가정 하에서 샘플들에 대해 독립적인 축을 구하는 과정을 거친다. 따라서 단일 가우시안형태를 띄지 않는 분포를 갖는 데이터에 대해서는 분류 성능이 낮을 가능성이 높다. 또한, 클래스가 다른 샘플들을 분류하는 것을 목적으로 하지 않기 때문에 특징 벡터의 클래스 정보를 고려하지 않는 점 역시 분류 성능을 저하시킬 요소로 작용한다.

6.3.3 주성분 분석법을 이용한 얼굴 인식 실습

이와 같은 단계를 거쳐 특징을 추출하는 주성분 분석법을 이용하여 얼굴 인식을 수행하는 과정을 그림 6-4와 같이 나타낼 수 있다. 실습 과정에서는 인텔(intel) 사에서 만든 오픈 소스 영상처리 라이브러리인 OpenCV를 이용한다. OpenCV는 패턴 인식에 관련된 알고리즘들이 함수로 구현되어 동적 링크 라이브러리(dynamic link library), 정적 링크 라이브러리(static link library) 형태로 제공하게 된다.

그림 6-4에 나타나 있는 구체적인 얼굴 인식 과정을 소개하면 다음과 같다. 먼저 인식을 할 얼굴 데이터를 수집하여 각각의 얼굴 영상 하나를 열벡터(column vector) 형태로 구성하는 과정을 거친다. 각각의 열벡터를 나열하여 행렬 형태로 구성하여 행렬 F를 구성한다. 얼굴 영상의 크기가 N×N이고 얼굴 영상의 총 개수가 M개 라고 하면, 얼굴 영상 하나는 $N^2 \times 1$ 크기를 갖는 열벡터 형태로 나타낼 수 있으며, 같은 크기를 갖는 열벡터 M개를 모아놓은 행렬 F는 $N^2 \times M$의 크기를 갖게 된다. 또한 (식 6-4)와 같이 평균 얼굴 벡터(ψ)를 계산하는 과정을 거치게 된다. 이후 (식 6-6)과 같이 $N^2 \times N^2$의 크기를 갖는 공분산 행렬을 구하는 과정을 수행한다. 공분산 행렬의 고유값과 고유 벡터를 계산하게 되는데, 고유 벡터를 원 얼굴 영상의 크기와 같은 N×N의 크기를 갖도록 재구성을 하게 되면 고유 얼굴을 만들 수 있다.

OpenCV에서는 cvCalcEigenObjects() 함수를 이용하여 고유 얼굴과 평균 얼굴 벡터의 계산이 가능하다. 또한, cvEigenDecomposite() 함수를 이용하여 영상을 고유 얼굴 공간에 투영했을 때 분해 계수(decomposition coefficients)를 계산할 수 있다.

1. 인식 후보 얼굴 벡터 집합 F를 구성
   - 얼굴 영상의 크기가 N x N, 얼굴 영상의 개수 M
   - 얼굴 영상 하나를 N^2 x 1 크기의 열벡터 (column vector) 로 구성하고, M개의 열벡터를 나열하여 N^2 x M 의 크기를 갖는 F를 구성
2. 평균얼굴 벡터 계산
3. 공분산 행렬을 계산
   - 공분산 행렬 : N^2 x N^2
4. 공분산 행렬의 고유값과 고유벡터 계산
   - 고유 벡터를 N x N으로 재구성 하면 고유 얼굴이라 하는데, cvCalcEigenObjects( ) 함수를 이용하여 계산
   - cvEigenDecomposite( ) 함수를 이용하여 영상을 고유얼굴 공간에 투영했을 때 분해계수를 계산
5. 얼굴 인식 단계
   - 고유 얼굴 공간 상에서 재구성된 영상을 얻기 위해 cvEigenProjection( ) 함수를 이용
   - 재구성된 인식하고자 하는 얼굴을 학습 데이터들과 유클라디안 거리를 각각 구하여 차이가 가장 적게 나는 학습 데이터를 구함
   - 얼굴 인식 결과를 얻음

그림 6-4 주성분 분석법을 이용한 얼굴 인식 실습

얼굴 인식 단계에서는 고유 얼굴 공간 상에서 재구성된 영상을 얻어내는 과정을 거치는데 이때는 cvEigenProjection() 함수를 사용한다. 즉, 고유 얼굴과 평균 얼굴 벡터 그리고 분해 계수로 부터 재구성된 영상을 얻어내는 것이다. 이후 재구성된 인식하고자 하는 얼굴과 학습 데이터들과의 유클라디안 거리를 각각 계산한 후 가장 값이 작게 나타나는 학습 데이터를 구한다. 이때 이 학습 데이터의 클래스를 얼굴 인식의 결과로 얻을 수 있다.

6.4 선형 판별 분석법

선형 판별 분석법은 주성분 분석법과 함께 대표적인 특징 벡터의 차원 축소 방법이다. 이 방법은 주어진 데이터들의 분류 성능을 높이는 것을 목표로 특징 추출을 한다. 같은 클래스에 속하는 데이터들은 가깝게 분포하게 하고, 다른 클래스에 속하는 데이터들은 멀리 분포하게 하는 방법으로 특징 벡터의 차원을 축소하게 된다. 그림 6-5는 2차원 데이터들에 대해 2개의 서로 다른 축으로 사영을 시킨 모습을 나타낸 것이다. 왼쪽 그림에 나타난 축에 사영을 시키는 것 보다는 오른쪽 그림에 나타난 축으로 사영을 시키는 것이 서로 다른 두 클래스를 분류하는 데 적합하다고 볼 수 있다.

선형 판별 분석법은 클래스 간 분산 행렬(Between-Class Scatter Matrix)과 클래스 내 분산 행렬(Within-Class Scatter Matrix) 간의 비율을 최대화하는 방법을 통해 데이터에 대한 특징벡터의 차원을 줄이게 된다. 즉 클래스 분리를 최대화하는 벡터의 방향을 찾아 그 방향으로 사영을 시켜 차원을 감소시키게 된다. 같은 클래스 내의 데이터들은 서로 가깝게 모여 있고, 동시에 다른 클래스의 평균 간의 거리는 최대화하는 방향을 찾게 된다. 선형 판별 분석법에서는 최적화된 사영을 찾기 위해 클래스 내 분산 행렬인 S_w와 클래스 간 분산 행렬 S_B의 개념을 도입한다. 열벡터 x들로 이루어진 표본 집합에 대하여 S_w와 S_B는 다음과 같이 정의된다.

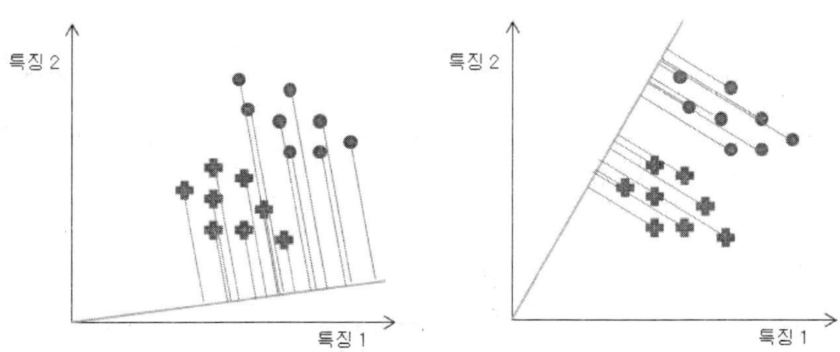

그림 6-5 데이터를 서로 다른 축으로 사영시킨 모습

$$S_i = \sum_{x \in w_i} (x-\mu_i)(x-\mu_i)^T,\ \mu_i = \frac{1}{N_i}\sum_{x \in w_i} x \qquad \text{(식 6-7)}$$

$$S_w = \sum_{i=1}^{C} S_i \qquad \text{(식 6-8)}$$

$$S_B = \sum_{i=1}^{C} N_i(\mu_i-\mu)(\mu_i-\mu)^T,\ \mu = \frac{1}{N}\sum_{x \in w_i} N_i\mu_i \qquad \text{(식 6-9)}$$

w_i는 클래스를 나타낸다. 또는 C는 클래스의 수, N_i은 각 클래스에 속하는 샘플의 수, N은 모든 표본 집합의 개수, w_i는 클래스를 나타낸다.

자신과 같은 클래스에 속하는 데이터들은 가까이에 위치하고, 다른 클래스에 속하는 데이터는 최대한 멀리 떨어뜨리는 사영벡터의 방향을 찾는 것이 선형 판별 분석법의 목적이다. 선형 판별 분석법의 목적을 달성하기 위해 목적 함수 $J(w)$를 정의할 때, 클래스 간 중심이 멀리 떨어져 있게 하기 위해 데이터의 중심 간 거리를 클래스의 평균의 차이를 최대화하고, 같은 클래스의 표본들은 인접하게 분포할 수 있도록 선형 판별 분석법의 개념을 고려한다. $J(W)$는 클래스가 2개일 때를 가정해서 표현하였다.

$$J(W) = \frac{|\widetilde{\mu_1} - \widetilde{\mu_2}|^2}{(\widetilde{S_1}^2 + \widetilde{S_2}^2)} = \frac{W^T S_B W}{W^T S_w W} \qquad \text{(식 6-10)}$$

$J(W)$을 최대로 하는 값을 찾아 고유 벡터를 구하면 다음과 같은 식을 얻을 수 있다. 이 식을 피셔의 선형 판별식(Fisher's Linear Discriminant) 이라 한다. 피셔의 선형 판별식을 W에 대해 미분하여 목적 함수의 최댓값을 찾는다. 미분한 결과를 정리하게 되면 $S_w^{-1}S_B w = Jw$가 되는데 이 결과에 대한 일반화된 고유값 문제를 풀면 (식 6-11)과 같은 결과를 얻을 수 있다. 이와 같은 방법으로 최적화된 변환 행렬 W을 찾아냄으로써 선형 판별 분석법을 수행한다.

$$W^* = \arg max \frac{W^T S_B W}{W^T S_w W} = S_w^{-1}(\mu_1 - \mu_2) \qquad \text{(식 6-11)}$$

그림 6-6은 2차원 공간상에 분포한 데이터들을 주성분 분석법과 선형 판별 분석법을 이용하여 1차원으로 사영된 결과를 나타낸 것이다. 주성분 분석법에 의해 사영된 결과를 보면 데이터를 분류하는 것을 목표로 한 것이 아니라 데이터를 잘 표현하는 것을 목표로 사영을 시켰기 때문에 그림 6-6과 같이 분포된 데이터에 대해서는 서로 다른 클래스의 데이터들이 분류가 잘 되지 않은 모습을 볼 수 있다. 이는 서로 다른 클래스에 속하는 데이터의 사영된 결과가 서로 겹치는 모습을 보면 알 수 있다. 반면에, 선형 판별 분석법에 의해

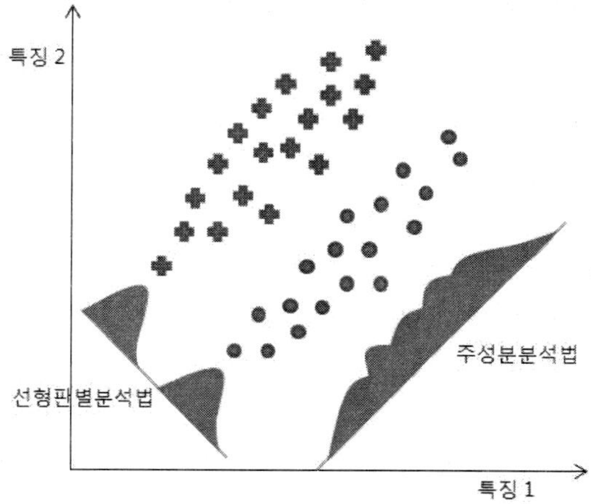

그림 6-6 주성분 분석법과 선형 판별 분석법의 비교

사영된 결과를 보면 서로 다른 클래스에 속하는 데이터의 사영된 결과가 서로 겹치지 않고 잘 분류가 되는 것을 볼 수 있다. 이러한 결과는 특징을 추출하는 과정에서 목표로 하는 바가 서로 다르기 때문에 나타난 것이다.

주성분 분석법은 데이터들을 잘 표현(signal representation)하는 것을 목표로 특징을 추출한다. 즉, 주성분 분석법은 재구성 에러(reconstruction error)를 최소화하는 방향으로 학습을 하게 된다. 반면에 선형 판별 분석법은 데이터들을 잘 분류하는 것을 목표로 특징을 추출하게 된다. 이렇듯 두 방법의 목표로 하는 바가 서로 다르기 때문에 분류 성능 역시 차이를 보이게 된다.

이러한 선형 판별 분석법 역시 한계점을 안고 있다. 선형 판별 분석법에서 데이터의 클래스의 개수가 C개라고 할 경우 최대로 얻을 수 있는 특징이 개수가 C-1개가 되는데, 이는 특징 추출 시 제한적인 요소로 작용하게 된다. 또한, 데이터들의 단일 가우시안 분포를 가정하므로 데이터의 분포가 가우시안 분포가 아닌 경우에는 분류 성능이 저하되는 문제점을 안고 있으며, 주어진 데이터를 분류하는데 중요한 정보가 평균이 아니라 분산에 들어있는 데이터에 대해 선형 판별 분석법을 수행할 경우 분류 성능은 저하되게 된다.

6.5 독립 성분 분석법

6.5.1 독립 성분 분석법의 정의

독립 성분 분석법은 벨(Bell) 등에 의해서 처음으로 제안된 영상 처리 및 신호 처리의 각 분야에서 많이 활용되고 있는 비지도 학습 방법이다. 초기에는 혼합된 신호로부터 어떻게 원래의 신호를 찾아낼 것인가를 목표로 연구가 이루어졌다. 각각 시간의 변화에 따라 관찰된 2개의 신호 $x_1(t)$, $x_2(t)$가 있고, 2개의 근원 신호 s_1, s_2가 있다고 생각하면 (식 6-12)와 같이 표현할 수 있게 된다.

$$x_1(t) = a_{11}s_1 + a_{12}s_2,\ x_2(t) = a_{21}s_1 + a_{22}s_2 \qquad \text{(식 6-12)}$$

관찰된 2개의 신호 $x_1(t)$, $x_2(t)$으로부터 근원 신호 s_1, s_2를 찾기 위해 근원 신호가 서로 독립이라는 가정을 하고 (식 6-12)를 이루는 가중치 값을 추정한 후 이를 통해 근원신호를 추정한다. 이를 암묵 음원 분리(Blind Source Separation) 방법이라고 하는데, 독립 성분 분석법은 암묵 음원 분리 문제를 해결하기 위해 개발된 특징 추출 방법이다. 독립 성분 분석법은 기존의 주성분 분석법과 달리 중첩된 신호들 사이에 직교성을 요구 하지 않는 것이 특징이다. 또한, 기존 비지도 학습인 주성분 분석법과 달리 각 특징들 사이에 공유 정보(mutual information) 를 최소화하는 벡터를 찾는 방법으로서 공유 정보의 특성상 특징을 추출할 때 고차 통계치를 이용한다.

6.5.2 독립 성분 분석법의 이론

구체적인 방법을 개략적으로 살펴보면 독립 성분 분석법은 관찰된 표본 x가 서로 독립인 근원 신호(source) s의 선형 조합(linear combination)으로 구성되었다고 가정한 후, x만을 이용해 근원 신호 s를 분리해 내는 선형 변환 W를 구하는 것이 목적이다.

$$x = As \qquad \text{(식 6-13)}$$

즉, (식 6-13)과 같이 가정한 후 A의 역(inverse)인 W를 찾아내고자 하는 것이 독립 성분 분석법의 목적이다. 참고로 여기서 행렬 A를 혼합 행렬(mixing matrix)이라 한다.

$$s = Wx \qquad \text{(식 6-14)}$$

독립 성분 분석법은 몇 가지 가정을 하고 특징을 추출하게 된다. 먼저 근원 신호(s)와 입력 신호(x)는 모두 평균이 0이라는 가정을 한다. 만일 평균이 0이 아니면 평균을 빼는 과정을 통해 평균을 0이 되게 한다. 또한 근원 신호(s)는 가우시안 분포를 갖지 않는다는 가정하에 특징을 추출하게 된다. 또한 행렬 A를 정방 행렬로 가정하여 수학적 계산을 간단하게 한다. 독립 성분 분석법은 입력 신호(x)가 독립이라는 가정을 하고 있기 때문에, 구해진 독립 성분은 데이터의 상관성(correlation)을 줄여주며 서로 독립(independence)인 성분을 찾게 된다. 여기서 비상관도(uncorrelatedness)와 독립의 관계에 대해 알아보면 다음과 같다.

2개의 랜덤변수 y_1과 y_2에 대해 (식 6-15)에서 정의된 바와 같이 두 변수의 공분산의 값이 0이면 두 랜덤변수가 비상관이라 정의한다.

$$E[y_1^2 y_2^2] = 0 \quad \text{(식 6-15)}$$

또한 2개의 랜덤변수 y_1과 y_2에 대해 y_1의 값에 대한 정보가 y_2의 값에 대한 정보에 어떠한 영향도 주지 않는 경우 두 변수는 독립이라고 정의한다.

$$p(y_1|y_2) = p(y_1) \Leftrightarrow p(y_1, y_2) = p(y_1)p(y_2) \quad \text{(식 6-16)}$$

독립인 2개의 랜덤변수는 서로 비상관성을 가진다. 반면, 비상관성을 갖는 2개의 랜덤변수가 반드시 독립인 것은 아니다. 단, 만일 두 랜덤변수가 가우시안형태를 띄고 있다면 독립과 비상관도가 서로 같은 의미를 갖게 된다.

다름으로는 독립 성분을 추정하는 방법에 대해 알아본다. 독립 성분을 추정하는 가장 대표적인 방법은 비표준 분포율을 이용하는 것이다. 즉, 가우시안 분포가 아닌지 여부를 판단하는 것인데, 이때 사용하는 지표로는 첨도(kurtosis)와 네겐트로피(negentropy)가 있다.

6.5.3 비표준 분포율을 측정하는 지표

6.5.3.1 첨도

첨도는 데이터의 분포가 얼마나 뾰족한지를 나타내는 척도라고 볼 수 있으며, (식 6-17)과 같이 정의한다.

$$kurt(y) = E[y^4] - 3(E[y^2])^2 \quad \text{(식 6-17)}$$

첨도의 값은 양수와 음수 모두 취할 수 있으며, 통상 첨도의 값에 절댓값을 취해서 가우시안 분포인지 여부를 판단한다. 그림 6-7에서 볼 수 있듯이, 가우시안 분포의 형태에서 멀리 떨어질수록 첨도의 값은 점점 커지게 되며, 이러한 특성을 이용하여 비표준 분포율을 측정하게 된다. 변수의 분포가 가우시안 분포형태를 띄고 있다면 첨도의 값은 0이 된다.

첨도를 이용하여 비표준 분포율을 측정하게 될 때는 첨도 값이 특이값(outlier)에 민감하게 반응할 수 있다는 것을 주의해야 한다.

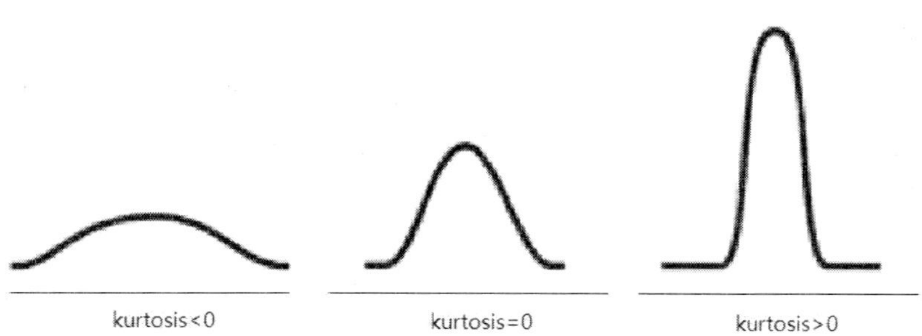

그림 6-7 변수의 분포와 첨도의 값의 관계

6.5.3.2 네겐트로피

가우시안 분포인지 여부를 판단하기 위해 가우시안 분포에 대한 엔트로피를 구하고, 이것과 판단하고자 하는 신호의 엔트로피를 구하여 두 값의 차를 구한 것을 네겐트로피라고 한다.

$$J(y) = H(y_{gauss}) - H(y) \quad \text{(식 6-18)}$$

네겐트로피의 값은 항상 음수가 아닌 값을 갖게 되고, 가우시안 분포를 갖는 신호에 대해서는 네겐트로피는 0이 된다. 네겐트로피는 가장 최적화된 비표준 분포율을 측정하는 지표로 알려져 있다.

6.5.4 독립 성분의 추출

독립 성분을 추출하기 전 이루어지는 전처리 과정은 데이터 중심화(centering) 과 화이트닝(whitening) 로 이루어진다. 전처리 과정을 수행하게 되면 독립성분 계산이 간단해 지고 좋은 조건하에서 계산이 가능해진다. 전처리과정을 수행한 후 고정점 알고리즘을 이용하여 (식 6-14)의 W를 추정할 수 있다. 추정한 W로 부터 독립 성분 S를 추정한다. 본 단원에서는 중심화 과정과 화이트닝과정에 대해 자세히 설명한다.

6.5.4.1 중심화

학습 영상의 평균을 제거하는 과정을 중심화라고 한다. 학습 영상을 $X = \{x_1, x_2, \cdots, x_N\}$이라 하면 중심화과정은 다음과 같이 정의된다. 즉, 평균값을 빼는 방법으로 중심화과정이 이루어지게 된다.

$$x' = x - E[x] \quad \text{(식 6-19)}$$

추후에 근원 신호(s)를 추정하는 과정에서 평균값을 더하는 과정이 필요하게 된다.

$$s = s' - A^{-1}E[x] \quad \text{(식 6-20)}$$

6.5.4.2 화이트닝

화이트닝은 입력 신호의 상관도를 줄여줌으로써 혼합 행렬 A가 직교 (orthogonal) 행렬이 됨에 따라 추정해야 할 변수의 수를 줄여주는 것이 목적이다. 이는 입력 신호(x)에 선형 변환해 줌으로써 입력 신호의 상관도가 없게 만들어 주며 분산을 1이 되도록 한다.

$$\tilde{x} = Wx \Rightarrow E[\tilde{x}\tilde{x}^T] = I \quad \text{(식 6-21)}$$

(식 6-21)의 $\tilde{x}$는 (식 6-22)의 과정을 통해 구한다.

$$\tilde{x} = ED^{-\frac{1}{2}}E^T x \qquad \text{(식 6-22)}$$

$$E[xx^T] = EDE^T \qquad \text{(식 6-23)}$$

(식 6-22)의 E와 D는 각각 $E[xx^T]$의 고유 벡터들이 각 열에 나열되어 있는 행렬, 대각선에 고유값이 분포해 있는 행렬이다.

화이트닝과정을 거치게 되면 추정해야 할 변수의 수가 $n(n-1)/2$개로 줄어들게 된다. 예를 들어, 근원 신호(s)가 2개의 독립적인 신호로 구성되어 있다면 추정해야 할 변수의 수는 1개가 된다.

6.6 참고문헌

[1] R.Bellman, Dynamic programming, Princeton University Press, Princeton, 1957.

[2] M. Turk and A. Pentland, "Face recognition using eigenfaces", in Proc. IEEE Conf. on Computer Vision and Pattern Recognition, pp. 586-591, 1991.

[3] J. Yang, Y. Yu and W. Kunz, "An efficient LDA algorithm for face recognition", Proceedings of the Sixth International Conference on Control, Automation, Robotics and Vision, vol. 33, no. 10, 2000.

[4] Martinez and A. Kak, "PCA versus LDA", IEEE Transactions on Pattern Analysis and Machine Intelligence, vol. 23, no. 2, pp. 228-233, 2001.

[5] A.J. Bell and T.J. Sejnowski, "An Information-Maximization Approach to Blind Separation and Blind Deconvolution", Neural Computation, vol. 7, no. 6, June 1995.

[6] A.J. Bell and T.J. Sejnowski, "The 'Independent Components' of natural scenes are edge filters", Vision Research, vol. 37, no. 23, pp. 3327-3338, 1997.

07 분류기 및 실습

7.1 분류기 소개

기계 학습에서, 패턴 인식의 유형에는 분류(classification), 회귀(regression), 군집화(clustering), 서술(description)이 있다. 분류는 어떤 입력에 대해 그에 해당하는 적절한 라벨을 부여하는 것으로 해석할 수 있다. 패턴 인식의 대부분이 분류(classification)의 문제라 할 수 있는데, 이는 입력 데이터들을 주어진 클래스들 중 하나로 부여하는 방법을 말한다. 간단한 예를 들어, 우리가 받은 이메일이 스팸인지 아닌지를 분류해주는 것, 제품의 합격, 불합격과 같은 결정을 요구하는 분류 등이 분류 문제에 해당한다. 회귀는 분류를 일반화한 것을 의미한다. 여기서 일반화(generalization)라는 것은 시험 데이터에 대해 학습 데이터로부터 얻어진 모델로부터 타당한 결과를 얻을 수 있는 경우를 말한다. 회귀를 통하여 패턴 인식 시스템의 출력으로부터 실수 라벨을 추정할 수 있다. 즉, 회귀를 이용하면 예측이 가능하게 된다. 예를 들면, 어떤 회사의 주식에 대한 배당 가치를 예측하는 문제는 과거의 실적과 주가에 근거하여 추정하는 회귀의 문제에 해당한다. 군집화(clustering)는 분류되지 않은 데이터들의 유사도를 비교하여 복수의 그룹들로 조직해 나가는 것을 말한다. 군집화는 미리 정의된 특성에 대한 정보를 가지지 않는다는 점에서 분류와 차이를 가진다. 예를 들면, 생명체를 종으로 분류하는 하거나, 유사한 행동 집단을 구분하는 것 등을 들 수 있다. 마지막으로 서술(description)은 입력 데이터를 일련의 원형(prototype) 혹은 기본형(primitive)으로 표현하는 문제를 말한다. 이것은 데이터들을 구조적, 언어적인 서술로 나타낼 수 있다. 그 예로, ECG(심전도) 생체 신호를 P, Q, R, S 그리고 T의 항으로 라벨을 붙이는 경우가 이에 해당한다. 이번 장에서는 패턴 인식에서 가장 많이 응용이 되는 분류에 관해 간단히 살펴볼 것이다.

분류 시스템의 분류기 구성요소의 임무는 특징 추출기가 제공하는 특징 벡터를 사용하여 객체를 어떤 부류에 할당하는 것이다. 완벽한 분류 성능은 대체로 불가능하기 때문에, 더 일반적인 임무는 가능한 부류 각각에 대한 확률을 결정하는 것이다. 입력 데이터의 특징 벡터 표현에 의해 제공되는 축약(abstraction)은 영역 독립적 분류 이론의 개발을 가능하게 한다.

분류 문제의 난이도는 다른 부류의 객체들의 특징 값들 간의 차이를 기준으로 한 같은 부류의 객체들의 특징 값들의 변화성에 종속된다. 같은 부류의 객체들의 특징 값들의 변화성은 복잡성에 기인할 수 있으며, 잡음에 기안할 수도 있다. 이러한 잡음은 본래의 근원적인 모델에 기인하지 않고 실세계 또는 센서의 임의성에 의해 감지된 패턴의 모든 특성을 말하며, 중요도가 있는 모든 판정과 패턴 인식 문제들은 어떤 형태로든 잡음을 포함한다. 이러한 변화성을 다루기 위한 분류기를 설계하는 가장 좋은 방법이 무엇이며, 최고의 가능한 성능을 고려한 분류기를 설계하는 것은 매우 중요하다. 예를 들어, 생선 통조림 공장에서 켄베이어 벨트에 실려 들어오는 생선들을 어종별로 분류하는 과정을 자동화하기를 원한다고 하자. 이를 위해 다양한 샘플 영상에서 두 어종 간의 정보로 부터 중요한 특징을 얻는다. 이렇게 얻어진 특징들은 분류기를 이용하여 제시된 특징들을 평가하고 최종적으로 어종에 대한 최종 판정을 내린다.

실제에서 발생하는 한 가지 문제는 특정 입력에 대핸 모든 특징 값들을 계산하는 것이 항상 가능하지는 않다는 것이다. 위의 생선 분류를 위한 우리의 가설적 시스템에서, 다른 생선에 가려져서 생선의 폭을 계산하는 게 불가능할 수도 있다. 또한 일부 특징이 없다면 분류기는 정상 작동하지 않을 수도 있다. 이러한 다양한 상황을 고려하여 최선의 판정을 하는 분류기를 설계하는 것은 중요한 일이다.

7.2 지지 벡터 기계(support vector machines)

7.2.1 소개

지지 벡터 기계(SVM : Support Vector Machines)은 블리디미르 배프닉(Vladimir Vapnik)이 제안한 분류 방법[1]으로 1990년대 들어 필기 숫자 인식과 같은 실용적인 응용 분야에서 우수한 일반화 능력이 입증되었고 그 이후 데이터 마이닝 분야는 물론 얼굴 인식과 같은 패턴 인식 응용 분야에도 널리 사용되고 있다.

SVM은 분류 알고리즘의 하나로 결정트리, 신경망 등의 분류알고리즘보다 일반화 능력이 좋으며 성능(분류율)이 좋은 것으로 평가되고 있다. 이것은 기존의 분류 방법들과 기본 원리가 크게 다르다. 신경망을 포함하여 기존 방법들은 오류율을 최소화하려는 목적으로 분류기를 설계한다. 하지만 SVM은 한 발짝 더 나아가 두 부류 사이에 존재하는 여백(margin)을 최대화하여 일반화 능력을 극대화한다.

7.2.2 최대 분류 초평면

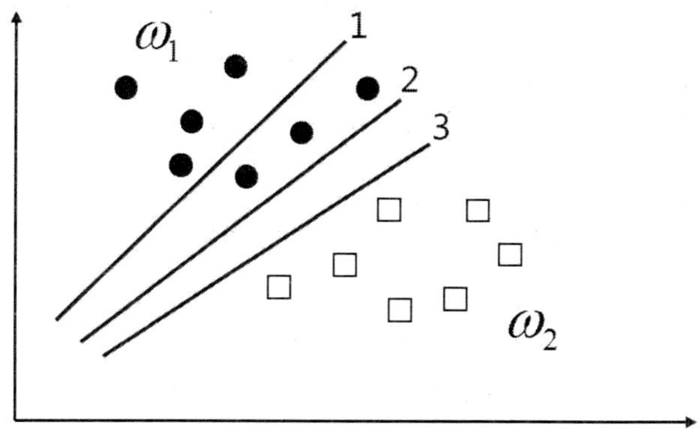

그림 7-1 분류기의 일반화

그림 7-1과 같이 두 클래스에 속하는 선형 분리 가능한 데이터에 대한 이진 분류 문제를 생각해보면, 이를 분류하기 위해 직선으로 표현되는 선형 분류 함수는 무수히 존재할 것이다. 위의 그림은 그 중 3개의 분류기를 보여주는데, 분류기 1은 3개의 데이터를 틀리게 분류하고 분류기 2, 3은 오류 없이 분류하고 있다. 신경망 학습 알고리즘은 초깃값으로 1을 가지고 출발하였다면 오류를 줄여 가는 과정을 반복하여 2 또는 3과 같은 직선을 찾아 갈 것이다. 훈련 집합 입장에서 보면 2와 3은 둘 다 오류가 0이므로 같은 성능의 분류기이다. 하지만 미지의 패턴이 입력으로 주어질 때 이것을 얼마나 잘 분류하는가를 따지는 척도인 일반화(generalization) 능력 측면에서 보면 분류기 2와 3은 같지 않다. 즉, 수많은 분류 함수 중에서 어느 결정 직선을 최적의 분류기로 선택하느냐의 문제를 생각할 수 있다. 분류 함수인 일차 직선을 데이터와 만날 때까지 확장한 폭을 선형 분류기의 여백(margin)이라고 정의하고, 이 마진이 최대가 되는 마진의 중심을 이등분하는 초평면을 최적 분류 초평면이라고 정의한다. 그리고 마진을 이루는 영역을 떠받치고 있는 데이터들을 지지 벡터(support vector)라고 정의한다. 이것은 그림 7-2와 같다. 최대 마진을 정의하는 이유는 이것을 통해 최적 분류 초평면을 선형 분류기로 선택할 경우 최상의 안정된 분류기로 동작할 것으로 예상할 수 있기 때문이다. 또한 분류 경계 부근에서 발생하는 작은 오차가 최대 마진일 경우 분류 오차가 최소가 되기 때문이다.

그렇다면 최적 분류 초평면을 포함하는 마진을 수식으로 표현하고 이를 최대화하는 방법을 알아보자.

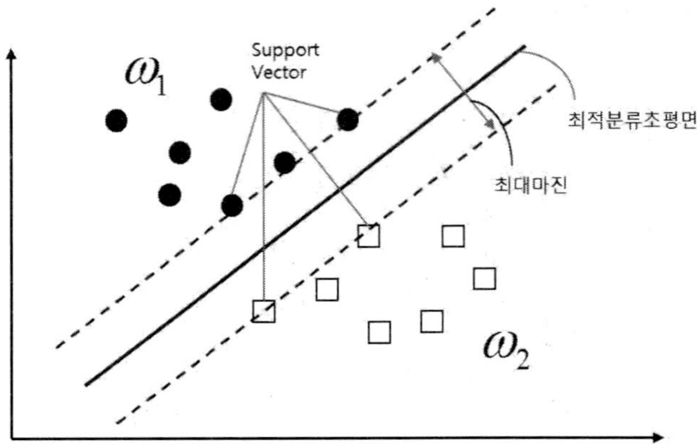

그림 7-2 최대 마진과 지지 벡터들

7.2.3 선형 SVM

n차원의 공간상에서 초평면을 이루는 단위(normal) 법선 벡터 $w = (w_1, \cdots, w_n)$이고 중심에서 이 초평면까지의 거리가 b를 결정 초평면을 정의하는 매개변수라 할 때, 초평면 상의 한 점이 $x = (x_1, \cdots, x_n)$인 초평면의 방정식은 다음과 같다.

$$d(x) = w_1 x_1 + \cdots + w_n x_n + b = w^T x + b = 0 \qquad (식\ 7\text{-}1)$$

이 초평면은 SVM을 유도하는데 도움이 되는 몇 가지 수학적 특성을 가진다. $d(x)$는 전체 특징 공간을 두 영역으로 분할하며 한 쪽 영역에 속하는 점 x는 $d(x) > 0$이고 다른 쪽에 있는 점은 $d(x) > 0$의 특징을 가진다. 두 번째로는 하나의 초평면을 표현하는 식은 여러 개가 존재한다. 위 식에 0이 아닌 임의의 상수 c를 곱하여도 같은 초평면을 나타낸다. 세 번째로는 w는 초평면의 법선 벡터(normal vector)로서 초평면의 방향을 나타내고 b는 위치를 나타낸다. 그리고 네 번째로는 n차원상의 임의의 점 $A = (a_1, \cdots, a_n)$에서 초평면까지의 거리는 다음과 같다.

$$h = \frac{|w_1 a_1 + \cdots + w_n a_n + b|}{\sqrt{w_1^2 + \cdots + w_n^2}} = \frac{|d(A)|}{\| w \|} \qquad (식\ 7\text{-}2)$$

그림 7-3은 선형 분리 가능한 상황이다. 결정 직선의 방향을 나타내는 w가 주어진 상황에서 b를 변화시키면 그에 따라 직선의 위치가 변한다. 이때 두 부류에 대해 직선으로부터 가장 가까운 데이터까지의 거리가 같게 되는 b를 찾을 수 있다.

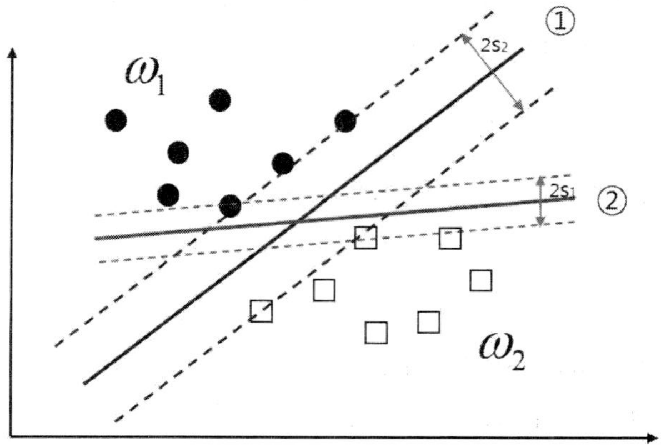

그림 7-3 선형 분리 가능한 SVM

이 과정을 통하여 그림 7-3에서와 같이 2개의 결정 직선을 구할 수 있다. 이때 결정 직선의 최대 여백은 직선으로부터 가장 가까운 데이터까지의 거리의 2배로 정의하고, 각각 $2s_1$와 $2s_2$ 만큼의 여백을 가진다. 이제 SVM을 구하기 위해 여백을 가장 크게 하는 결정 초평면의 방향(w)를 찾아야 하는데 이 여백을 수식으로 표현해야 한다. 앞에서 살펴본 초평면은 w와 b에 적절한 상수 c를 곱해도 같은 초평면을 나타낸다. 따라서 지지 벡터(support vector) x에 대하여 $|d(x)|=1$이 되도록 어떤 c를 적절히 곱하면 여백을 다음과 같이 쓸 수 있다.

$$\text{여백} = M = 2h = \frac{2|d(x)|}{\| w \|} = \frac{2\sqrt{w^T w}}{w^T w} = \frac{2}{\| w \|} \qquad \text{(식 7-3)}$$

학습 데이터에 대해 $d=0$인 결정 경계와 가장 가까운 학습 데이터에 대하여 w_1에 속하면 그 부류(t_i)를 1, w_2에 속하면 -1이 되는 평면이라 하자. 모든 데이터들에 대해 최대 여백을 갖는 결정 초평면을 찾기 위해서는 다음과 같은 조건부 최적화를 풀어야 한다. 조건식에서 등호가 성립하는 데이터들을 바로 서포터 벡터이다.

$$\begin{aligned} &\forall i = (1, \cdots, N)\text{에 대하여} \\ &w^T x_i + b \geq 1, \ \forall x_i \in w_1 \\ &w^T x_i + b \leq 1, \ \forall x_i \in w_2 \end{aligned} \qquad \text{(식 7-4)}$$

의 조건이 주어졌을 때,

$$\frac{2}{\| w \|} \qquad \text{(식 7-5)}$$

(식 7-5)를 최대화하는 것이다. 이것은 여백의 역수가 최소가 되도록 하는 간단한 최소화 문제로 변형이 가능하다. 이것은 두 가지 조건을 하나의 조건식으로 만든 것이다.

$$t_i(w^T x_i + b) - 1 \geq 0,\ i = (1, \cdots, N) \qquad \text{(식 7-6)}$$

의 조건에서 비용 함수($J(w)$)를 최소화하는 하는 것이다.

$$J(w) = \frac{\| w \|^2}{2} \qquad \text{(식 7-7)}$$

(식 7-6)을 제약 함수(constraint function), (식 7-7)을 목적 함수(object function)라 하며, 목적 함수는 2차 함수의 형태로 볼록 함수이다. 볼록 함수는 지역 최소점이 없고 유일하게 전역 최솟값이 존재하기 때문에 그 해는 유일하게 된다. 이 성질은 신경망과 비교했을 때 큰 장점이다. 문제는 N개의 선형 부등식을 조건으로 가진 2차 함수의 최적화 문제이다. 이를 위한 여러 가지 최적화 기법들이 존재하는데 이런 종류의 조건부 최적화 문제는 라그랑지안 승수(α_i)를 이용한 라그랑지안 최적화 기법을 이용한다. 먼저 목적 함수와 제약 함수를 결합하여 다음 식과 같이 라그랑지안 승수를 포함한 라그랑지안 함수를 정의할 수 있다.

$$L(w, b, \alpha) = \frac{1}{2} \| w \|^2 - \sum_{i=1}^{N} \alpha_i \left(t_i \left(w^T x_i + b \right) - 1 \right) \qquad \text{(식 7-8)}$$

그림 7-4는 $L(w, b, \alpha)$를 3차원 공간상에 도시한 것으로, 이 함수의 안정점은 최적의 w와 b에 해당한다.

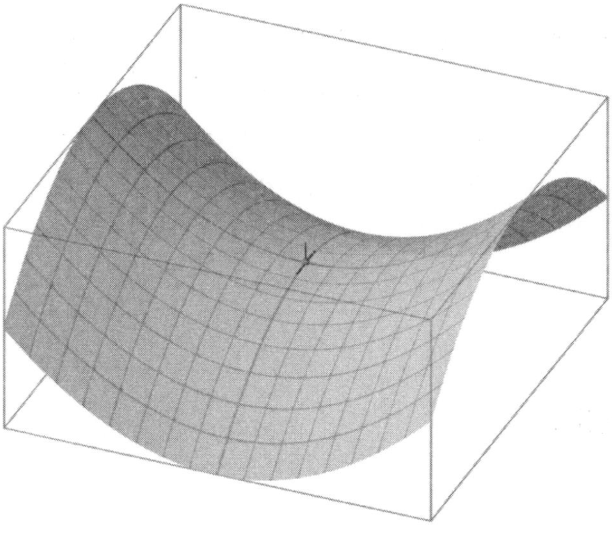

그림 7-4 라그랑지안 함수의 안정점(saddle point)

라그랑지안 함수로 표현한 조건부 최적화 문제는 보통 Karush-Kuhn-Tucker(KKT) 조건을 이용하여 해를 구하는데 이는 (식 7-9)와 같다.

우선 원 변수에 따른 라그랑지안 함수의 기울기는 0이 되어야 한다.

$$\frac{\partial L(w,b,\alpha)}{\partial w} = w - \sum_{i=1}^{N} \alpha_i t_i x_i = 0 \rightarrow w = \sum_{i=1}^{N} \alpha_i t_i x_i \qquad \text{(식 7-9)}$$

(식 7-9)를 이용하여 결정 초평면의 매개변수 w를 구할 수 있다. (식 7-9)에서 보면, 부류(t_i)와 학습 데이터(x_i)는 주어진 것이고 우리가 모르는 것은 라그랑지안 승수(α_i)뿐이다. 즉, 라그랑지안 승수를 안다면 결정 초평면을 구할 수 있다는 말이다.

다음으로 원 제약 함수는 (식 7-10)과 같은 조건을 만족하여야 한다.

$$\frac{\partial L(w,b,\alpha)}{\partial b} = \sum_{i=1}^{N} \alpha_i t_i = 0 \qquad \text{(식 7-10)}$$

또한, 부등 제약식에 대한 라그랑지안 승수는 양수 조건을 만족하여야 하며 (식 7-11)과 같다.

$$\alpha_i \geq 0, i = 1, \cdots, N \qquad \text{(식 7-11)}$$

마지막으로 라그랑제 승수와 제약식과의 곱은 항상 0을 만족해야 한다.

$$\alpha_i \left(t_i \left(w^T x_i + b \right) - 1 \right) = 0, \ i = 1, \cdots, N \qquad \text{(식 7-12)}$$

위 식에서 보면 모든 데이터에 대해 α_i 또는 $\left(t_i\left(w^T x_i + b\right) - 1\right)$이 0이 되어야 한다. 여기서 두 번째를 만족하는 데이터들이 바로 서포트 벡터이다. 그리고 마지막 식을 통해 결정 초평면의 매개변수 b를 구할 수 있다. 즉, $\alpha_i \neq 0$인 샘플에 대해 $t_i\left(w^T x_i + b\right) = 1$을 풀면 된다. 위의 조건부 최적화 문제는 볼록 성질을 만족하는데, 이러한 조건부 최적화 문제는 Wolfe 쌍대화(dual) 문제로 변형할 수 있다. 이것은 KKT 조건에 따라 새로운 목적 함수와 조건 함수가 유도된다. 따라서 위의 조건부 최적화 문제는 (식 7-13)과 같이 된다.

$$\begin{aligned} & w = \sum_{i=1}^{N} \alpha_i t_i x_i \\ & \sum_{i=1}^{N} \alpha_i t_i = 0 \\ & \alpha_i \geq 0, i = 1, \cdots, N \end{aligned} \qquad \text{(식 7-13)}$$

위의 조건이 주어졌을 때, 목적 함수는 라그랑지안 함수이며 이를 최대화시키는 최적화 문제로 변형시킬 수 있는데 (식 7-14)와 같다.

$$L(w,b,\alpha) = \frac{1}{2} \| w \|^2 - \sum_{i=1}^{N} \alpha_i \left(t_i \left(w^T x_i + b\right) - 1\right) \quad (식\ 7\text{-}14)$$

여기서 주목할 것은 우선 최소화 문제가 최대화 문제로 변형이 되었으며, 부등 조건들이 등식 조건으로 바뀐 것이다. 그리고 이 문제에서 주어진 데이터 $\{(x_i, t_i)\}_{i=1}^{N}$에 대한 이차 계획법(quadratic programming)을 이용하여 라그랑제 승수 α를 계산한다. 이것은 이전의 w와 b에 대한 계산을 피할 수 있어서 매우 간단한 최적화 문제로 변형이 가능하게 된다. 따라서 (식 7-13)에서 w에 대한 조건이 필요 없게 되며, 이를 반영한 새로운 목적 함수 $\widetilde{L}(\alpha)$를 새롭게 정의할 수 있다. 새로운 조건과 목적 함수를 (식 7-15)와 같이 쓸 수 있다.

$$\begin{aligned} &\sum_{i=1}^{N} \alpha_i t_i = 0 \\ &\alpha_i \geq 0, i = 1, \cdots, N \end{aligned} \quad (식\ 7\text{-}15)$$

의 조건에서 새로운 목적 함수는 (식 7-16)과 같다.

$$\widetilde{L}(\alpha) = \sum_{i=1}^{N} \alpha_i - \frac{1}{2} \sum_{i=1}^{N} \sum_{j=1}^{N} \alpha_i \alpha_j t_i t_j x_i^T x_j \quad (식\ 7\text{-}16)$$

이 목적 함수의 경우에는 입력 데이터의 내적 $x_i^T x_j$과 출력 데이터 t에 의해서 결정되기 때문에 목적 함수 $\widetilde{L}(\alpha)$를 최대화하는 α와 KKT 조건에서의 w에 관한 식을 이용하여 최적 가중치 벡터 w와 b를 구하면 된다.

여기서 입력 데이터의 내적 계산항은 선형 SVM을 비선형 SVM으로 확장하는데 결정적인 역할을 한다.

7.2.4 비선형 SVM

지금까지는 선형 분리가 가능한 데이터 집합에 대한 논의를 하였으나 실제로 우리가 접하는 대부분의 데이터 패턴들은 그림 7-15와 같이 선형으로 명확하게 분리가 되지 않는 경우가 많다. 이처럼 선형 분리 경계면을 이용하여 분리할 수 없는 데이터의 경우 이 데이터들을 분리 경계면의 내부에 존재하도록 조정할 수 밖에 없다. 선형 분리 경계면으로 오분류를 일으키는 경우를 고려하여 슬랙변수(slack variable) ξ를 조건식에 포함한다. 이러한 데이터들은 세 가지 경우 중의 하나에 속하게 되며 각각의 경우 슬랙변수를 간단히 살펴보면 다음과 같다. 첫째로, 선형 분리 경계면의 바깥에 존재하는 경우다. 이것은 그림에서와 같이 분류가 잘된 경우를 말하며, $1 \leq t(w^T x + b)$를 만족한다. 이 경우 슬랙변수 ξ는 0이 된다. 두 번째로, 선형 분리 경계면의 안쪽에 존재하는 데이터의 경우다. 이런 경우는 자신이 속한 부류의 영역에 존재하며 역시 분류가 잘된 경우를 말한다. 이러한 데이터들은

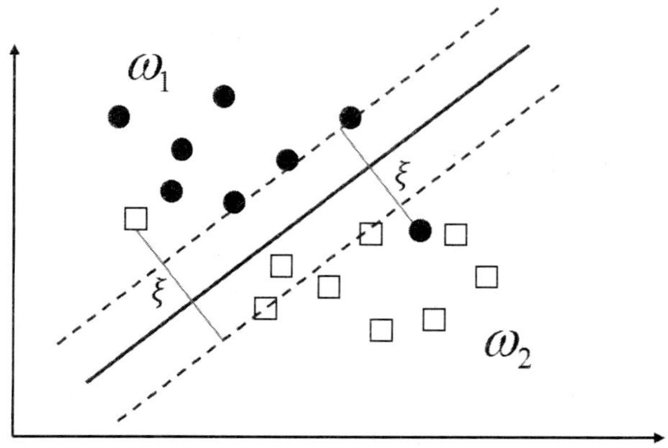

그림 7-5 비선형 패턴과 슬랙변수

$0 \le t(w^T x + b) < 1$을 만족하며, 슬랙변수는 $0 < \xi < 1$의 값을 가진다. 마지막으로 선형 분리 경계면을 넘어 다른 부류에 속해 있는 데이터들의 경우다. 이러한 데이터들은 자신이 속한 부류에 속하지 않기 때문에 틀리게 분류되는 데이터들을 말하며, $t(w^T x + b) < 0$를 만족한다. 이 경우 슬랙변수는 $\xi > 1$의 값을 가진다.

새로운 슬랙변수 ξ를 도입하여 위의 세 가지 경우를 하나의 식으로 정리하면 (식 7-17)과 같다.

$$t(w^T x + b) \ge 1 - \xi \qquad \text{(식 7-17)}$$

이렇게 슬랙변수를 조건식에 포함하여 문제를 다시 쓸 수 있다. 즉, 여백을 가능한 크게 하고, 동시에 $0 < \xi$를 만족하는 데이터의 수를 가능한 적게 하는 결정 초평면의 방향 w를 찾는 것이다. 이것은 분명 선형 분리 가능한 경우의 문제보다 복잡하다. 슬랙변수를 포함한 목적 함수는 다음과 같다.

$$L(w, \xi) = \frac{\| w \|^2}{2} + C \sum_{i=1}^{N} \xi_i \qquad \text{(식 7-18)}$$

위의 식에서 첫 번째 항은 여백을 가능한 크게 하고 두 번째 항은 $0 < \xi$을 만족하는 데이터의 수를 가능한 적게 유지할 수 있게 해준다. 위 식에서 C는 양의 값을 갖는 비용 변수로 값이 크면 오분류 오차가 적어져 여백을 될 수 있는 대로 크게 한다. 반면 이 값이 작다면 최소거리가 최대화되어 여백의 크기는 전혀 고려하지 않고 분할면 내에 데이터들이 존재하지 않는 것에만 집중한다. 그러므로 이 값은 조건식에 따른 최적화와는 다른 정규화 변수로 볼 수 있으며 적절한 타협점을 갖도록 설정해야 한다. 이제 우리는 다음과 같은 조건부 최적화 문제를 위한 조건 함수와 목적 함수를 유도할 수 있다.

$$t_i(w^T x_i + b) \geq 1 - \xi, i = 1, \cdots, N$$
$$\xi_i \geq 0, i = 1, \cdots, N \qquad \text{(식 7-19)}$$

의 조건에서 목적 함수는 다음과 같다.

$$J(w, \xi) = \frac{\| w \|^2}{2} + C\sum_{i=1}^{N}\xi_i \qquad \text{(식 7-20)}$$

를 최소화하는 문제로 생각할 수 있다.

이것은 선형 분리 가능한 경우와 마찬가지로 위의 최적화 문제를 풀기 쉬운 형태로의 변환이 가능하다. 이를 위한 라그랑지안 함수를 다음과 같이 정의할 수 있다.

$$L(w, b, \xi, \alpha, \beta) = \frac{1}{2}\| w \|^2 + C\sum_{i=1}^{N}\xi_i - \sum_{i=1}^{N}\alpha_i(t_i(w^T x_i + b) - 1 + \xi_i) + \sum_{i=1}^{N}\beta_i\xi_i \qquad \text{(식 7-21)}$$

이 문제는 2개의 조건을 가지기 때문에 라그랑제 승수가 α, β로 두 종류가 필요하다. 라그랑지안 함수에 따른 KKT 조건을 정리하면 다음과 같다.

$$w = \sum_{i=1}^{N}\alpha_i t_i x_i$$
$$\sum_{i=1}^{N}\alpha_i t_i = 0$$
$$C = \alpha_i + \beta_i \qquad \text{(식 7-22)}$$
$$\alpha_i \geq 0, \ i = 1, \cdots, N$$
$$\beta_i \geq 0, \ i = 1, \cdots, N$$
$$\alpha_i(t_i(w^T x_i + b) - 1 + \xi_i) = 0, i = 1, \cdots, N$$
$$\beta_i\xi_i = 0, \ i = 1, \cdots, N$$

선형 분리 가능한 상황과 같이 이것은 Wolfe 쌍대화 문제로 바꿀 수 있다. 이에 따라 정리하면 다음과 같은 문제로 변형이 가능하다.

$$w = \sum_{i=1}^{N}\alpha_i t_i x_i$$
$$\sum_{i=1}^{N}\alpha_i t_i = 0$$
$$C = \alpha_i + \beta_i \qquad \text{(식 7-23)}$$
$$\alpha_i \geq 0, \ i = 1, \cdots, N$$
$$\beta_i \geq 0, \ i = 1, \cdots, N$$

의 조건이 주어졌을 때

$$L(w,b,\xi,\alpha,\beta) \qquad \text{(식 7-24)}$$

를 최대화하라.

이 문제를 선형 분리 가능한 상황에서 수행했던 수식 전개를 적용하여 정리하면, 슬랙변수와 그와 관련된 라그랑제 승수는 사라지고 결국 라그랑제 승수 α만 남는다. 결국 이것은 선형 분리 가능한 상황에서의 목적 함수 $\widetilde{L}(\alpha)$와 같게 된다. 단지 제약식에서 $C = \alpha_i + \beta_i$이고 $\alpha_i \geq 0$, $\beta_i \geq 0$이어야 하므로 더 엄격한 제약식 $0 \leq \alpha_i \leq C$으로 대체된다. 이러한 관계들을 통하여 최종적인 최적화 문제를 다음과 같이 정리할 수 있다.

$$\begin{aligned} &\sum_{i=1}^{N} \alpha_i t_i = 0 \\ &0 \leq \alpha_i \leq C,\ i = 1, \cdots, N \end{aligned} \qquad \text{(식 7-25)}$$

의 조건이 주어졌을 때

목적 함수

$$\widetilde{L}(\alpha) = \sum_{i=1}^{N} \alpha_i - \frac{1}{2} \sum_{i=1}^{N} \sum_{j=1}^{N} \alpha_i \alpha_j t_i t_j x_i^T x_j \qquad \text{(식 7-26)}$$

를 최대화하라.

여기서 위의 조건부 최적화 문제에서 라그랑제 승수 α만 구하면 문제의 해를 구하는 것이다. 이것은 라그랑제 승수의 범위에 대한 제약 조건만 추가된 것을 제외하면 선형 분리 가능한 경우의 모든 특성을 그대로 유지한다. 즉 이 문제는 특징 벡터가 내적의 형태로 나타난다는 것과 목적 함수가 상당히 많은 항을 갖는 특성을 가진다.

7.2.5 커널 트릭

지금까지 선형 SVM과 선형 분리가 불가능한 데이터의 경우에 대한 분리에 대해 알아보았다. 앞에서 언급했듯이 현실에서 발생하는 대부분의 데이터들은 비선형의 특성을 가지기 때문에 선형 분류기를 이용할 경우 높은 성능을 얻는데 어려움이 있다. 따라서 선형 SVM을 비선형 SVM으로의 확장을 통하여 비선형 데이터를 분류해야 할 필요가 있다. 이것은 매우 복잡한 과정처럼 느껴지지만, 커널을 이용하면 쉽게 확장이 가능하다. 일반적으로 전처리 단계에서 어떤 비선형 변환 함수를 이용하여 입력 공간 보다 고차원의 공간으로 사상시키면 선형 분리가 가능한 조건이 된다. 이렇게 커널을 이용할 수 있는 이유는 선형 분리가 불가능한 상황의 문제에서 특징 벡터가 내적의 형태로 나타난다는 사실에서 비롯된다. 그림 7-6과 같은 선형 분리가 불가능한 1차원 데이터가 있다고 가정해 보자.

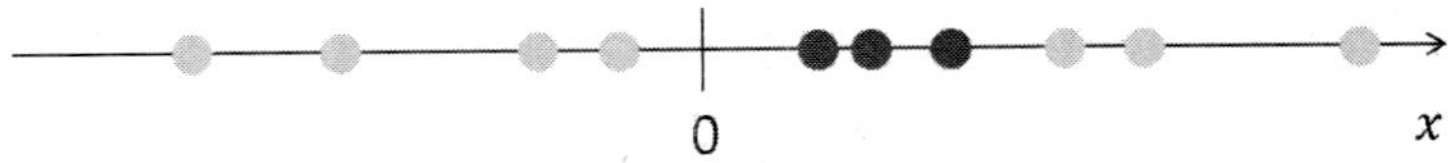

그림 7-6 1차원 공간에서 선형 분리가 불가능한 경우

이렇게 1차원 입력 공간에서 선형 분리가 불가능한 데이터에 임의의 변환 함수 $y_i = (x_i,\ x_i^2)$를 적용하여 입력 공간 보다 고차원인 2차원 공간으로 데이터를 사상하여 선형 분리 가능한 결정 경계를 찾아낼 수 있다. 이것을 그림 7-7로 나타낸다.

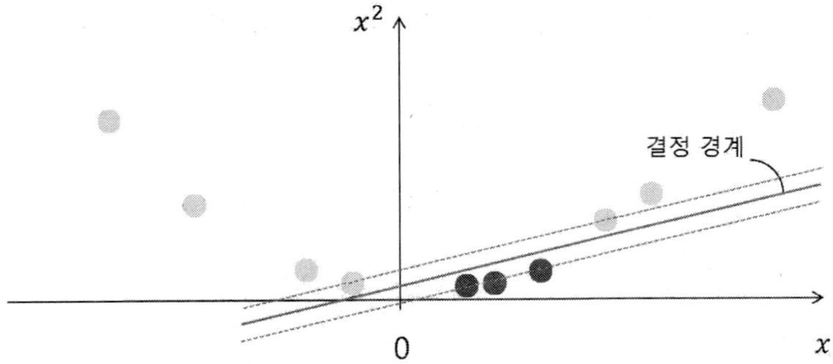

그림 7-7 1차원 공간에서 선형 분리가 불가능한 경우 2차원으로 사상한 경우

2차원 데이터의 경우는 그림 7-8과 같이 임의의 변환 함수를 이용하여 새로운 3차원의 공간으로 사상시켜서 선형 분리 가능한 평면을 얻을 수 있다.

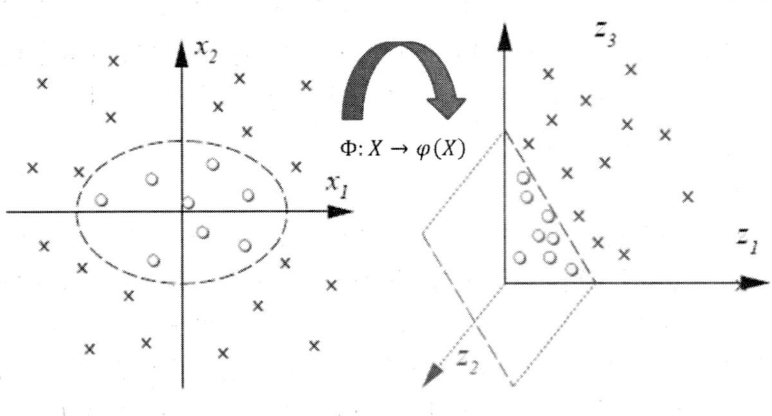

그림 7-8 2차원 데이터를 3차원으로의 사상

앞의 두 경우에서 보았듯이 새로운 공간으로의 사상을 다음과 같이 표기할 수 있다. 원래의 데이터 공간을 L이라 하고 원래의 데이터가 사상된 새로운 공간을 H라 하자. 일반적으로 새로운 공간 H의 차원은 원래의 공간 L보다 훨씬 높다.

$$\Phi : L \rightarrow H$$

사상된 공간에서도 원래의 데이터 공간에서의 거리 관계를 어느 정도 보존할 필요가 있으며, 2개의 벡터를 매개변수를 이용하여 커널 함수를 (식 7-27)과 같다.

$$K(x, x') = \phi(x)^T \cdot \phi(x') \qquad \text{(식 7-27)}$$

이 커널 함수는 반드시 사상 함수 $\phi(\cdot)$가 존재해야 하며 H 공간으로 사상된 두 점 $\phi(x)$와 $\phi(x')$의 내적으로 표현이 된다. 이것은 사상 함수 $\phi(\cdot)$가 존재한다면 커널 함수 $K(\cdot)$를 구현할 수 있다. 어떤 수식이 벡터의 내적을 포함하고 있을 때 그 내적을 커널 함수로 대치하여 계산하는 방법을 커널 트릭(kernel trick)이라 한다. 커널 트릭을 이용하면 계산은 원래의 공간인 L공간에서 큰 어려움이 없이 $K(\cdot)$를 계산할 수 있다. 하지만 이것은 $\phi(\cdot)$에 의해 사상된 고차원 공간 H에서 작업을 하는 것과 같다고 볼 수 있다. 즉, 사상 함수를 통하여 선형 분리가 가능한 고차원 공간을 이용하는 것이다. 이를 통하여 차원의 저주를 해결할 수 있는 것이다. SVM에서 주로 세 가지의 커널 함수를 사용한다.

다항식 커널	$K(x, x') = (x \cdot x' + 1)^p$	
RBF(Radial Basis Function) 커널	$K(x, x') = e^{-\parallel x - x' \parallel^2 / 2\sigma^2}$	(식 7-28)
하이퍼볼릭 탄젠트 커널	$K(x, x') = \tanh(\alpha x \cdot x' + \beta)$	

즉 커널 함수를 두 패턴 벡터 간의 거리를 나타내는 함수로 설정하면, 내적이라고 하는 형태로 원 공간에서의 근사를 보존할 수 있다. 하지만 커널 함수를 만족하는 사상 함수가 존재한다는 사실은 증명되어 있지만 그것이 어떻게 생겼는지도 모르고 사상된 공간 H의 차원이 얼마인지도 모른다. 하지만 다음 식을 보면 사상 함수를 몰라도 됨을 알 수 있다.

$$\widetilde{L}(\alpha) = \sum_{i=1}^{N} \alpha_i - \frac{1}{2} \sum_{i=1}^{N} \sum_{j=1}^{N} \alpha_i \alpha_j t_i t_j \Phi(x_i)^T \Phi(x_j) \qquad \text{(식 7-29)}$$

위 식은 이전에 보았던 선형 분리가 가능한 SVM와 선형 분리가 불가능한 SVM의 목적 함수만을 바꾸어 쓴 것이다. 또한 사상 함수의 내적을 커널 함수로 대치하면 (식 7-30)으로 표현이 된다.

$$\widetilde{L}(\alpha) = \sum_{i=1}^{N} \alpha_i - \frac{1}{2} \sum_{i=1}^{N} \sum_{j=1}^{N} \alpha_i \alpha_j t_i t_j K(x_i, x_j) \qquad \text{(식 7-30)}$$

이 식이 커널을 이용한 SVM의 최종 목적 함수가 된다. 이렇게 최종 목적 함수를 살펴보면 사상 함수를 몰라도 해를 구할 수 있음을 볼 수 있다. 따라서 어떤 커널 함수에 대응하는 사상 함수 자체를 모르더라도 존재한다는 사실만 알면 우리는 그 커널을 사용할 수 있다. 최종적으로 커널을 이용한 비선형 SVM의 위한 조건부 최적화 문제는 다음과 같다.

$$\sum_{i=1}^{N}\alpha_i t_i = 0$$
$$0 \le \alpha_i \le C,\ i = 1,\cdots,N \quad \text{(식 7-31)}$$

의 조건이 주어졌을 때 목적 함수

$$\tilde{L}(\alpha) = \sum_{i=1}^{N}\alpha_i - \frac{1}{2}\sum_{i=1}^{N}\sum_{j=1}^{N}\alpha_i\alpha_j t_i t_j K(x_i, x_j) \quad \text{(식 7-32)}$$

를 최대화하라.

7.2.6 구현

SVM을 구현하기 위해서는 크게 학습과정과 인식과정으로 나누어야 한다. 신경망 구현과 비교했을 때 그 구현이 까다롭다. 신경망에서는 수식만을 적절하게 구현하면 되지만 SVM의 구현은 최적화 문제를 풀기 위한 알고리즘이 필요하기 때문에 조금은 까다로운 점이 있다.

〈학습〉

학습과정은 다음 식에서 w와 b를 구하는 것이다. 이를 위해서는 조건부 최적화 문제를 풀어야 하는데 문제에 따라 선형, 비선형 SVM을 선택해야 한다. 비선형 SVM의 경우 라그랑제 승수 α_i는 각 데이터마다 하나씩 있기 때문에 총 N개가 존재한다. 이것은 조건부 최적화 문제는 구조상 간단해 보이지만, 실제 계산은 상당히 까다롭다는 것을 보여준다. 이 문제를 푸는 기본적인 전략은 문제를 다룰 수 있을 정도로 분해를 하는 것이다. 이것은 N개의 라그랑제 승수를 활성화 집합 U와 비활성화 집합 V로 나눈다. V에 속한 라그랑제 승수는 고정된 상숫값으로 간주하고 U에 대한 최적화를 실행한다. 이러한 과정을 최적화 조건을 만족할 때까지 반복을 한다. SVM 학습과정에 대한 알고리즘은 다음과 같다.

알고리즘 7-1 SVM 분류기

입력 : 학습 데이터 $X = \{(x_1, t_1), \cdots, (x_N, t_N)\}$
　　　선형 또는 비선형 선택
　　　if 비선형
　　　　커널 함수 선택
출력 : 라그랑제 승수 $\alpha = (\alpha_1, \cdots, \alpha_N)^T$

알고리즘

1. 라그랑제 승수를 초기화한다.
2. repeat {
3. 활성화 집합 U에 속할 q개의 라그랑제 승수를 선택. 나머지는 V에 속한다.
4. $\alpha_i \in V$는 상수, $\alpha_i \in U$는 변수로 간주한다.
5. if (선형 SVM) (식 7-15), (식 7-16)을 이용하여 푼다.
6. else (비선형 SVM) (식 7-31), (식 7-32)를 이용하여 푼다.
7. 5, 6에 해당하는 문제를 풀고 $\alpha_i \in U$를 새로운 값으로 변경한다.
8. } until(최적화 조건)

위의 알고리즘을 구현하기 위해 결정해야 할 것이 있다. 첫 번째로 q를 얼마로 할 것인가와 U를 어떻게 선택할 것인지 결정해야 한다. 두 번째는 분해된 문제를 푸는 방법을 찾아야 한다. 마지막으로 최적화 조건이 만족되었는지를 판단하는 조건이 반드시 있어야 한다. q를 얼마로 설정하는지에 따라 그 만큼의 라그랑제 승수만을 변수로 갖는 문제로 축소되며, 이 문제를 풀 수 있게 된다. 그리고 분해된 문제를 푸는 방법 중 가장 널리 알려진 알고리즘은 SMO(Sequential Minimal Optimization)[2][3]이다. 최근에는 Joachims가 SMO보다 빠른 평면 절단 알고리즘을 제안하기도 했다[4]. 그리고 알고리즘의 종료를 위한 최적화 조건으로는 KKT 조건을 사용한다.

〈인식〉

인식과정에서는 학습에서 구한 라그랑제 승수를 이용하여 미지의 패턴 x를 분류하는 문제를 다룬다. 이것은 선형 SVM과 비선형 SVM에 대해 각각 생각을 해야 한다. 우선 선형 SVM에 대한 분류기는 다음과 같이 표현할 수 있다.

알고리즘 7-2 선형 SVM 분류기

if $d(x) > 0$
  $x \in w_1$
else
  $x \in w_2$.
여기서 $d(x) = w^T x + b$

학습과정의 라그랑제 승수로부터 구해야 하는 것은 가중치 벡터 w와 바이어스 b이다. 이것을 위한 계산과정을 다시 설명하기로 하자. 우선 가중치 벡터 w를 다음 식으로 구할 수 있다.

$$w = \sum_{i=1}^{N} \alpha_i t_i x_i = \sum_{x_l \in U} \alpha_l t_l x_l \quad \text{(식 7-33)}$$

위 식에서 $\alpha_i = 0$인 샘플은 제외하게 된다. 활성화 집합 U는 $\alpha_i \neq 0$인 데이터의 집합으로 바로 서포트 벡터이다. 여기서 중요한 것은 분류기의 가중치 벡터 w를 구하기 위해서는 서포트 벡터만 필요하다는 사실이다. 다음으로 바이어스 b를 구하는 과정을 살펴보자. KKT 조건 중 서포트 벡터는 $t_i(w^T x_i + b) - 1 = 0$을 만족해야 한다. 이 식에서 미지수는 b 뿐이기 때문에 b는 쉽게 구할 수 있다.

이제 비선형 SVM에 대해 살펴보자. 비선형 SVM의 학습과정에서는 원래 데이터 벡터 x를 사용하는 대신 고차원 공간인 H로 사상된 데이터 벡터 $\Phi(x)$를 사용하였다. 따라서 인식 과정에서도 이것이 반영되어야 한다. 이를 반영한 분류기 식은 다음 식과 같다.

$$\begin{aligned} d(x) &= w^T \Phi(x) + b \\ &= \left(\sum_{x_l \in U} \alpha_l t_l \Phi(x_l) \right)^T \Phi(x) + b \\ &= \sum_{x_l \in U} \alpha_l t_l \Phi(x_l) \cdot \Phi(x) + b \\ &= \sum_{x_l \in U} \alpha_l t_l K(x_l, x) + b \end{aligned} \quad \text{(식 7-34)}$$

여기서 주의할 것은 사상 함수 $\Phi(x)$를 구체적으로 계산할 수 없기 때문에 그 내적을 커널 함수 계산으로 대치한 것이다. 인식과정에서도 학습 과정과 마찬가지로 사상 함수 간의 내적으로 표현이 가능하다는 것이다. 이를 이용하여 비선형 SVM 인식을 위한 알고리즘을 다음과 같이 쓸 수 있다.

알고리즘 7-3 비선형 SVM 분류기

if $d(x) > 0$

  $x \in w_1$

else

  $x \in w_2$

여기서 $d(x) = \sum_{x_l \in U} \alpha_l t_l K(x_l, x) + b$

비선형 SVM 분류기는 새로운 데이터 x를 인식하기 위해서는 서포트 벡터 x_l 마다 x와의 커널 함수를 계산하고 합해야 하기 때문에 선형 SVM 분류기보다 더 많은 계산이 필요하다.

7.3 K-최근접 이웃 분류기(k-nearest neighbor classification)

7.3.1 소개

$D^n = x_1, \cdots, x_n$으로 n개의 클래스가 주어진 샘플의 집합을 나타내고, $x' \in D^n$은 임의의 x에 가장 가까운 샘플이라는 것으로부터 시작하자. 그러고 나면 x를 분류하기 위한 최근접 이웃 룰은 이것에 x'에 관련된 클래스를 부여하는 것이다. 이는 분류하고자 하는 클래스의 종류에 대해서는 알고 있지만, 샘플들 각각에 대한 확률 밀도 함수를 알지 못하는 상태에서 사용한다. 굳이 각 샘플에 대한 확률 인수들을 구하지 않고 샘플의 값을 그대로 좌표에 표시하여 참조 집합에서 가장 유사하거나 거리상으로 가까운 클래스에 속하는 것으로 분류하는 방법이다. 여기서 근접하다(nearest)는 말은 특징들의 거리를 계산하여 가장 가까운 것을 의미한다. 거리를 계산하는 방법으로는 smallest Euclidean distance, absolute difference, maximum distance, minkowski distance 등과 같이 다양하게 존재한다. 그림 7-9는 2개의 클래스 A, B가 있고, 각 클래스에 3개, 2개의 샘플을 가지는 경우의 특징 공간이다.

어떤 클래스에 속하는지 알려지지 않은 샘플이 좌표(1,1)에 있을 경우 유클리디안 거리를 계산하여 가장 가까이 있는 클래스는 좌표(1,3)에 위치한 클래스 A이다.

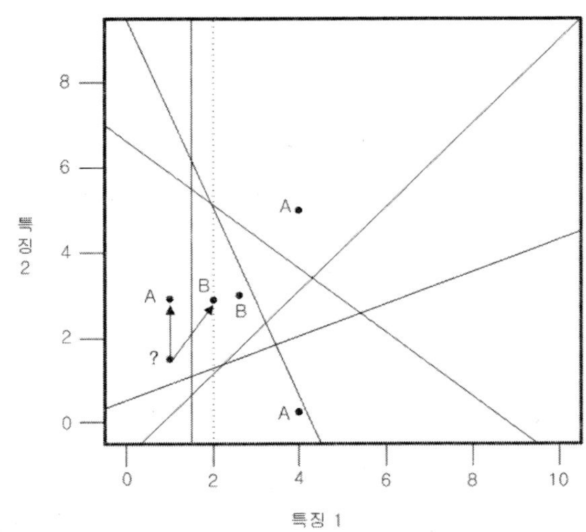

그림 7-9 최근접 이웃 분류기(k=1, 2)

7.3.2 단일 최근접 이웃 분류기(the single nearest neighbor classification)

(1) 유클리디안 거리

n-차원의 특징 공간으로 구성된 경우라 하면 2개의 점 $a=(a_1, \cdots, a_n)$와 $b=(b_1, \cdots, b_n)$ 사이의 기하학적 거리는 다음과 같이 구할 수 있다. 이것은 피타고라스 정리를 n-차원으로 확장한 것이다.

$$d_{(a,}b) = \sqrt{(a_1-b_1)^2+(a_2-b_2)^2+\cdots+(a_n-b_n)^2} = \sqrt{\sum_{i=1}^{n}(a_i-b_i)^2} \qquad (식\ 7\text{-}35)$$

이 방법은 가장 흔하게 사용되는 거리 측정 방법이지만 항상 최고의 방법은 아니다. 각 차원에서 합계되기 전에 제곱을 하기 때문에 계산이 복잡하고 부동성(dissimilarity)이 큰 경우가 강조될 수 있다.

(2) 절대차

두 점의 차이를 그대로 표현하여 계산하기가 쉽다. 도시 블록 거리(city block distance), 맨해튼 거리(Manhattan metric), 택시 거리(taxi-cab distance)라고도 표현된다.

$$d_{ab} = \parallel a-b \parallel_1 = |a_1-b_1|+|a_2-b_2|+\cdots+|a_n-b_n| = \sum_{i=1}^{n}|a_i-b_i| \qquad (식\ 7\text{-}36)$$

(3) 최대 거리

데이터들 중에서 가장 유사하지 않은 즉, 거리가 많이 떨어진 부분이 강조되는 것이다.

$$d_m(a,b) = \max_{i \in n} |\, a_i - b_i \,| \qquad (식\ 7\text{-}37)$$

(4) 민코스키 거리

거리를 측정하는 (1), (2), (3) 방법을 종합한 방법이다. 여기서 r은 조정이 가능한 변수로서 그 값이 1이면 절대차와 같고, 2이면 유클리디안 거리와 같다.

$$d_r(a,b) = \left(\sum_{i=1}^{n}|a_i-b_i|^r\right)^{1/r} \qquad (식\ 7\text{-}38)$$

7.3.3 k-최근접 이웃 분류기(k-nearest neighborhood classification)

k-최근접 이웃 분류기는 최근접 이웃 분류기의 확장으로 볼 수 있다. 이름에서 알 수 있듯이, 이것은 x를 분류하는데 k개의 최근접 샘플 중에서 가장 높은 빈도로 대표되는 클래스를 부여하는 방법을 사용한다. 달리 표현하면, k개의 최근접 이웃들의 클래스를 조사하고 투표를 해서 다수결로 판정을 내린다. 그림 7-9에서 미지의 샘플 (1,1) 주변에 가장

가까이에 있는 3개의 이웃이 있다면, 미지의 샘플(1,1)은 클래스 B에 속하는 것으로 분류된다. 이것은 3개의 가장 가까운 이웃들 중에서 클래스 A에는 하나(1,3), 클래스 B에는 2개의 샘플로 구성되기 때문이다.

7.3.4 k-NN 분류기의 오류율 특성

최근접 이웃 분류기는 차선의 방법론이다. 비모수 밀도 추정법인 Parzen 창 그리고 k-최근접 이웃 룰에 의해 추정된 밀도오 베이즈의 결정 규칙을 이용하면 분류를 할 수 있다. 이것은 보통 가능한 최소, 즉 Bayes율보다 더 큰 에러율을 낼 것이다. 그러나, 제한되지 않은 수의 샘플들을 사용한다면, 에러율은 Bayes율의 2배를 넘지 않을 것이다. 즉, $N \to \infty$인 경우의 1-최근접 이웃 분류기의 오류 확률(E_{1-NN})은 베이시언 분류기의 오류 확률(E_B)에 대하여 다음과 같은 범위에 있게 된다.

$$E_B \leq E_{1-NN} \leq 2E_B$$

다시 말해 최근접 이웃 분류기의 오류 확률은 베이시언 분류기의 오류 확률의 두 배를 넘지 않는다. 이것은 베이시언 분류기가 최적인 점을 감안하며 아주 바람직한 성능이라 할 수 있다. 물론 이론적으로 $N \to \infty$ 이어야 하며 실제적으로는 충분히 큰 N인 경우에 기대할 수 있는 오류 확률을 말한다. 여기서 $N \to \infty$ 라는 말은 다음의 식으로 추정한 확률이 실제 확률과 같아진다는 뜻이다. 즉, 각 클래스에 대한 우도 확률 $p(x|w_i)$를 추정하고, 베이스의 결정 규칙을 이용하여 시험 데이터를 분류하는 것이다. 사후 확률값을 계산하여 가장 큰 사후 확률값을 내는 클래스를 선택하면 되는 것이다.

$$p(x|w_i) = \frac{k_i}{h_x^d N_i}$$
$$p(w_i) = \frac{N_i}{N} \qquad \text{(식 7-39)}$$
$$p(x) = \frac{k}{h_x^d N}$$

위 식들은 x를 중심으로 창을 씌우고, k개 샘플이 안에 들어올 때까지 확장하게 된다. 이때의 창의 크기를 h_x라 하고 창의 부피를 h_x^d로 정의하고, 창 안의 샘플 중에 w_i에 속하는 것의 개수를 k_i라 했을 때의 확률을 말한다. 이것을 베이스 정리를 적용하여 정리하게 되면 다음과 같다.

$$P(w_i|x) = \frac{P(w_i)p(x|w_i)}{p(x)} = \frac{k_i}{k} \qquad \text{(식 7-40)}$$

최종 클래스 결정은 판별함수 결정규칙과 같은 규칙으로 (식 7-41)과 같이 최댓값을 선택한다.

$$P(w_q|x) = \max_j P(w_i|x) \qquad \text{(식 7-41)}$$

또한, k가 1보다 큰 경우의 오류 확률은 다음과 같다.

$$E_B \le E_{1-NN} \le E_B + \sqrt{\frac{2E_{1-NN}}{k}} \qquad \text{(식 7-42)}$$

마지막으로 k-최근접 이웃 분류기를 설계하는 법을 간단히 보면 다음과 같다.

알고리즘 7-4 k-최근접 이웃 분류기

입력 : 훈련 집합 $X = \{(x_1, t_1), \cdots, (x_N, t_N)\}$, 미지의 샘플 x
출력 : 클래스 w_q
훈련 샘플 중에 x에 가장 가까운 k개의 샘플을 찾는다.
k개가 속한 부류를 조사하여 가장 빈도가 높은 부류를 w_q라 한다.

7.4 신경망

7.4.1 소개

신경망(neural network)은 1940년대 처음으로 고안되어 반세기 동안 빠르게 발전하여 공학에서 발생하는 복잡한 문제를 해결하는데 좋은 도구로 사용되고 있다. 신경망은 예측, 평가, 합성, 제어 등의 다양한 분야에 유용하게 쓰일 수 있는 일반적인 문제 해결 알고리즘이다. 특히 학습 능력 및 일반화 능력이 뛰어나며 구현이 쉽다는 특성을 가지고 있기 때문에 패턴 인식 분야에서 분류 알고리즘으로 많이 사용된다.

신경망은 사람 뇌의 정보 처리 방식을 컴퓨터로 모방하여 사람의 지능을 갖는 기계를 만들 목적으로 시작되었다. 이것은 단순한 연산을 수행하는 많은 연산기와 그들 간의 아주 많은 연결을 통해 뇌를 모방하기 위한 계산 모형이었다. 현재 기술은 사람이 쉽게 하는 일상적인 인식 기능을 구현하기란 한계가 있다. 하지만 한정된 특정 분야에서는 많이 응용되고 있다. 과속 단속 및 출입 관리를 위한 자동차 번호 인식이나 건물 출입 보안을 위한 지문 인식, 자동 검사, 우편 주소 인식, 음성 인식, 온라인 필기 인식 등의 많은 시스템에 신경망 분류기가 활용되고 있다.

신경망은 몇 가지 특성을 가지기 때문에 정보 처리를 위한 수학적인 모델로 볼 수 있다. 우선, 훈련 집합을 주면 연결 강도를 자동으로 추정하여 신경망이 자동으로 만들어 지도록 학습을 할 수 있다. 이것은 신경망을 블랙 박스로 간주할 수 있게 해준다. 다음으로 일반화 능력이 뛰어나다. 학습이 끝난 후 새로운 패턴이 주어지면 학습에 사용한 패턴과 비교해 손색이 없는 인식 능력을 보인다. 마지막으로 신경망이 수행하는 연산의 대부분은 노드의 출력과 연결 강도의 곱의 형태로 나타난다. 따라서 각 패턴들이 독립적으로 계산이 가능하므로 병렬 처리가 가능하다.

신경망의 정보 처리과정은 (식 7-43)과 같다.

$$y = f(x) \tag{식 7-43}$$

출력 y는 입력 패턴 x에 대한 패턴 처리 과정 f를 통해 나온다. 패턴 인식에서는 분류기로 응용이 되는데 x는 입력의 특징 벡터이고 y는 분류할 클래스이다.

7.4.2 퍼셉트론

퍼셉트론은 인공신경망의 한 종류로 1957년 코넬 항공 연구소(Cornel Aeronautical Lab)의 Frank Rosenblatt에 의해 고안된 가장 간단한 선형 분류기이다. 이것은 다층 퍼셉트론의 토대가 되기도 하였다. 그림 7-10은 퍼셉트론의 구조를 보여준다.

퍼셉트론은 데이터들을 받는 입력층(input layer)과 처리 후 출력을 하는 출력층(output layer)으로 이루어진다. 입력층은 총 m개의 특징 벡터 $x = (x_1, x_2, \cdots, x_m)^T$이며, 나머지 하나는 바이어스(bias) 노드(x_0)로 항상 1의 값을 가진다고 가정한다. 즉, 총 m+1개의 노드를 가진다. 출력층은 하나의 노드만을 갖는데 이것은 2개의 클래스 w_1, w_2를 분류하는 2진 분류기이다. 각각의 입력 노드들은 하나의 출력 노드와 에지로 연결이 되어 있으며 이

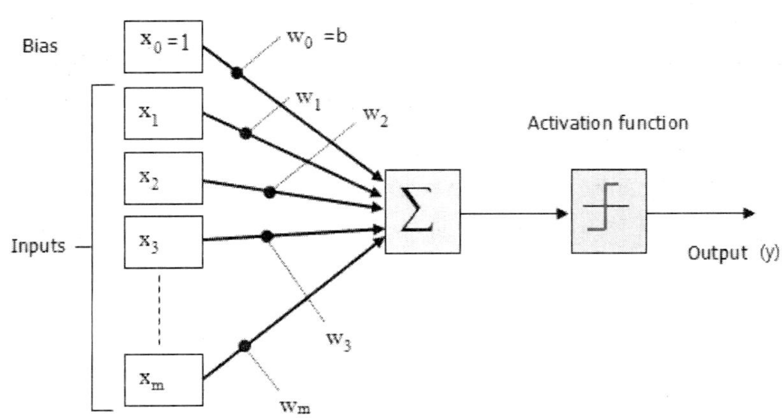

그림 7-10 퍼셉트론 구조

에지는 연결 강도(connection strength)라고도 하는 가중치(weight)를 가진다. 입력 층은 특징 벡터들을 단순히 출력 층으로 전달하는 역할만 하는 반면 출력 층은 합 계산과 활성 함수(activation function) 계산이라는 두 가지 연산을 순차적으로 수행한다. 이 연산을 수식으로 표현한 것이 (식 7-44)이다.

$$y = \tau(s) = \tau\left(\sum_{i=1}^{m} w_i x_i + b\right) = \tau(w^T x + b)$$
$$\tau(s) = \begin{cases} +1, s \geq 0 \\ -1, s < 0 \end{cases} \quad \text{(식 7-44)}$$

위 식에서 특징 벡터는 $x = (x_1, x_2, \cdots, x_m)^T$, 가중치 벡터는 $w = (w_1, w_2, \cdots, w_m)^T$이다. 또한 활성 함수(activation function)는 $\tau(\bullet)$이며 퍼셉트론은 계단 함수(step function)을 사용한다. (식 7-44)와 같은 출력을 가지는 퍼셉트론은 (식 7-45)와 같은 선형 분류기에 해당한다.

$$d(x) = w^T x + b > 0, \ x \in w_1$$
$$d(x) = w^T x + b < 0, \ x \in w_2 \quad \text{(식 7-45)}$$

7.4.3 퍼셉트론 학습과 인식

앞에서 퍼셉트론의 동작 원리를 간단히 살펴보았다. 이제는 퍼셉트론을 어떻게 학습시킬 것인가에 대해 살펴보기로 한다. 이것은 훈련 집합 $X = \{(x_1, t_1), \cdots, (x_N, t_N)\}$이 주어졌을 때 이들을 적절하게 분류하는 퍼셉트론 즉 w와 b를 찾아내는 것이다. 훈련 집합의 샘플 (x_i, t_i)에서 x_i는 특징 벡터이고 t_i는 클래스로서 $x_i \in w_1$이면 $t_i = 1$이고 $x_i \in w_2$이면 $t_i = -1$로 분류가 가능하다. 여기서 가중 중요한 것은 훈련 집합 X는 선형 분리가 가능하다고 가정한다. 분류과정은 (식 7-44)를 통해 이루어지며 이렇게 만들어진 퍼셉트론이 제대로 작동하는지를 살펴봐야 한다. 퍼셉트론이 범하는 오차를 비용 함수 $J(\Theta)$로 정의할 수 있다. 여기서 Θ는 퍼셉트론의 매개변수 집합으로 $\Theta = \{w, b\}$이다. 간단히 생각해 보면 임의의 Θ가 훈련 집합 X를 정확히 분류를 한다면 $J(\Theta)$는 0이 되어야 한다. 이러한 조건을 만족하는 비용 함수는 여러 가지로 존재할 수 있는데 쉽고 가장 많이 사용되는 것은 (식 7-46)이다.

$$J(\Theta) = \sum_{x_l \in U} (-t_l)(w^T x_l + b) \quad \text{(식 7-46)}$$

위의 비용 함수는 항상 양수의 값을 가진다. 또한 오분류한 샘플의 수가 많을수록 값이 커지고 모든 샘플을 정확히 분류하면 0이 된다. 분류기와 그 비용 함수를 정의하였고 이제

$J(\Theta)=0$을 만족하는 Θ를 찾기 위한 최적화 알고리즘을 생각해야 한다. 패턴 인식에서는 매개변수 수백 차원인 경우가 대부분이다. 그리고 목적 함수가 모든 구간에서 미분 가능하다는 보장을 하기 어렵다. 이러한 경우 해를 구할 수 없는 상황이 발생하게 되는데 적절한 해를 초기화하여 반복적으로 개선해 적절한 해를 구하는 수치적 방법을 사용할 수 있다. 이러한 최적화 알고리즘은 다양하게 존재하는데 가장 대표적인 수치적 방법이 내리막 경사법(gradient descent method)이다. 이 방법은 임의의 위치에서 경사가 가장 급하게 하강하는 방향을 찾고 그 방향으로 약간 이동을 하여 새로운 위치를 찾는 과정을 반복하여 최저점을 찾는 알고리즘이다. 다음 (식 7-47)은 새로운 위치를 갱신하는 수식이다.

$$\Theta_{t+1}=\Theta_t-\rho\frac{\partial J}{\partial\Theta_t} \qquad \text{(식 7-47)}$$

그림 7-11은 내리막 경사법이 어떻게 동작을 하는지 보여준다.

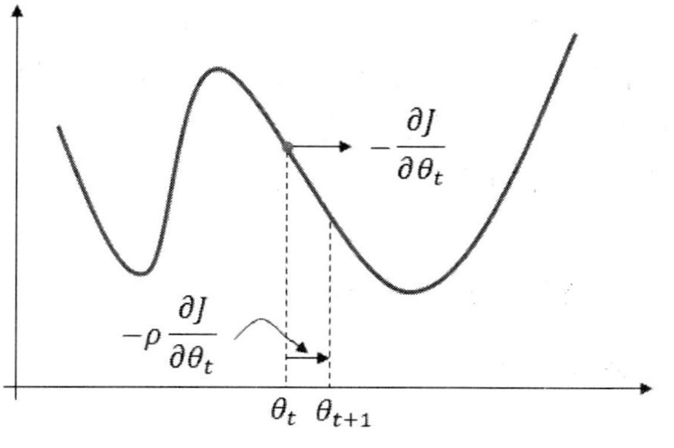

그림 7-11 내리막 경사법

그림에서 임의의 Θ_t를 해로 정하고 여기에서의 미분값을 구해보면 음수가 나온다. 이 값을 기준으로 하강하는 방향으로 이동시킨다. 여기서 얼마나 이동시킬지를 정해야하는데 이를 위해 학습률(learning rate)이라 부르는 작은 값 ρ를 정한다. 이 값의 크기에 따라 내리막 경사법은 상당히 민감하게 반응을 하기 때문에 적절한 학습률의 설정은 매우 중요하다. 내리막 경사법의 수렴 조건은 목적 함수 $J(\Theta)$가 0을 만족할 때 까지 이 과정을 반복하여 원하는 해를 구한다. 내리막 경사법을 신경망에 적용하기 위해 우선 $J(\Theta)$를 w와 b에 대해 미분을 해야 하는데 이것은 (식 7-48)과 같다.

$$\frac{\partial J(\Theta)}{\partial w}=\sum_{x_l\in U}(-t_l)x_l$$
$$\frac{\partial J(\Theta)}{\partial b}=\sum_{x_l\in U}(-t_l) \qquad \text{(식 7-48)}$$

위의 두 (식 7-47), (식 7-48)을 이용하여 퍼셉트론 학습 규칙을 얻을 수 있는데 이를 델타 규칙(delta rule)이라고 한다. 델타 규칙은 목적 패턴은 이용해 신경망의 학습을 인위적으로 제어할 수 있으며 퍼셉트론 학습 알고리즘을 설계하는데 핵심적인 역할을 한다. 퍼셉트론의 구조 그림 7-10에서 보듯이 바이어스 항인 b를 w_0로 표기하여 델타 규칙에 관한 식을 (식 7-49)로 표현할 수 있다.

$$
\begin{aligned}
w(h+1) &= w(h) + \rho(h) \sum_{x_l \in U} t_l \hat{x}_l \\
b(h+1) &= b(h) + \rho(h) \sum_{x_l \in U} t_l
\end{aligned}
\qquad \text{(식 7-49)}
$$

또는

$$
\hat{w}(h+1) = \hat{w}(h) + \rho(h) \sum_{x_l \in U} t_l \hat{x}_l
$$

위 식에서 $\hat{w}$와 $\hat{x}$는 바이어스 항이 추가된 $\hat{w} = (w_0, w_1, \cdots, w_m)^T$와 $\hat{x} = (x_0, x_1, \cdots, x_m)^T$이다. 퍼셉트론은 임의의 초깃값에 대해서 분류를 옳게 하도록 수렴한다는 것이 이미 증명되어 있다[Haykin 99]. 퍼셉트론 학습 방법으로는 배치 모드와 패턴 모드로 구현이 가능하다. 우선 배치 모드는 다음과 같다.

알고리즘 7-5 퍼셉트론 학습 - 배치 모드

입력 : 훈련 집합 $X = \{(x_1, t_1), (x_2, t_2), \cdots, (x_N, t_N)\}$, 학습률 ρ

출력 : 가중치 w, 바이어스 b

w와 b를 초기화

repeat {

  $U = \varnothing$;

  for ($i = 1$ to N) {

    $y = \tau(w^T x_i + b)$;

    if $(y \neq t_i)$ $U = U \cup x_i$;

  }

  $w = w + \rho \sum_{x_l \in U} t_l x_l$;

  $b = b + \rho \sum_{x_l \in U} t_l$;

} until $(U = \varnothing)$;

w, b를 얻는다.

배치 모드 알고리즘은 오분류된 샘플들을 모두 모아서 한 번에 가중치를 갱신한다. 반면 페턴 모드 알고리즘은 오분류된 샘플이 생기면 그때 마다 곧바로 가중치를 갱신하게 된다. 패턴 모드 알고리즘은 다음과 같다.

알고리즘 7-6 패턴 모드

w,b의 초기화
repeat {
  QUIT = true ;
  for ($i=1$ to N) {
    $y=\tau\left(w^T x_i+b\right)$;
    if $\left(y \neq t_i\right)$ {
     QUIT = false;
     $w=w+\rho \sum_{x_l \in U} t_l x_l$;
     $b=b+\rho \sum_{x_l \in U} t_l$;}
  }
} until (QUIT);
$w,\ b$ 구한다.

배치 모드나 패턴 모드 알고리즘은 오분류 패턴에 대한 가중치 갱신에 대한 방법론은 다르지만 전체적인 방법에서는 비슷함을 보임을 알 수 있다. 즉, 입력층에 입력 패턴을 제시하여 신경망 동작을 통하여 델타 규칙에 의해 연결 가중치를 조절한다. 신경망이 완전하게 학습될 때가지 이 과정을 반복한다.

지금까지는 선형 분리가 가능한 경우에 대한 신경망 학습을 살펴보았다. 하지만 선형 분리가 불가능한 경우는 신경망을 어떻게 학습을 시켜야 하는지 생각해야 한다. 패턴들이 선형 분리가 불가능한 경우 모든 샘플을 정확히 분류하는 것은 불가능하다. 따라서 우리는 오분류하는 샘플 수를 최소화하는 알고리즘에 대해 생각해야 한다. 이러한 목적에 적합한 알고리즘이 포켓 알고리즘이다[5]. 이것은 여러 가지 경우 중 가장 좋은 것을 포켓에 담겠다는 의미에서 붙여진 이름이다. 즉, 알고리즘을 통해 얻어지는 가중치 w를 이전 것과 비교하였을 때 좋은지 그렇지 않은지를 비교 검사하여 좋으면 현재의 가중치를 취하는 방법이다.

알고리즘 7-7 포켓 알고리즘

```
w, b를 초기화
w_best = w, b_best = b, q_best = 0;                //q는 가중치 비교를 위한 척도
h = 0                          //세대수
repeat {
    for (i = 1 to N) {
        y = τ(w^T x_i + b);
        if (y ≠ t_i) {
         w = w + ρ Σ_{x_l ∈ U} t_l x_l;
         b = b + ρ Σ_{x_l ∈ U} t_l;}
    }
    N개의 샘플들의 인식률 q를 구한다.
    if (q > q_best) {
      w_best = w;
      b_best = b ;
      b = b + ρ t_i;
    }
    h = h + 1;
} until (stop condition);
w = w_best; b = b_best;
w,b 구한다.
```

위 알고리즘에서 고려해야 할 부분은 stop condition이다. 이를 위한 가장 간단한 방법은 h가 최대 세대수인 H가 되면 멈추는 것이다. 이를 위해 H를 사용자가 정해줘야 한다.

7.4.4 다층 퍼셉트론

퍼셉트론은 앞에서 살펴보았듯이 임의의 특징 공간을 2개의 영역으로 분할하는 선형 평면을 찾는 역할을 한다.

하지만 그림 7-12는 이러한 퍼셉트론을 이용한 선형 분리는 한계가 있다. 포켓 알고리즘을 이용한다고 하더라도 오분류율을 낮추기는 어려운 문제이다. 퍼셉트론은 훈련 집합이 주어졌을 때 자동으로 학습을 수행하는 중요한 특징을 가진 모델이다. 이러한 특징을 유지

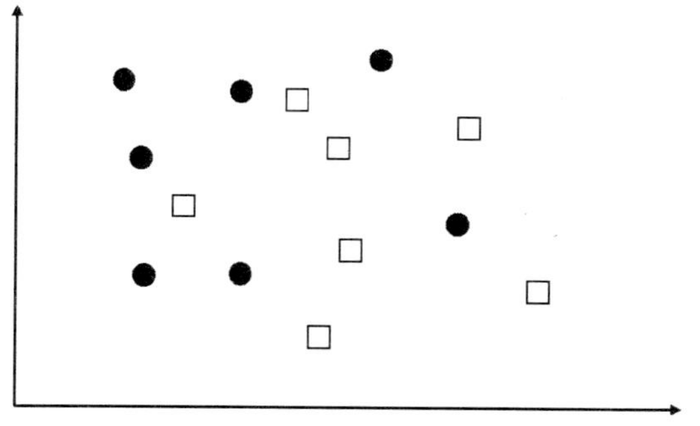

그림 7-12 선형 분리 불가능한 2차원 패턴

하면서 선형 분리가 어려운 경우 높은 성능을 보여 주는 새로운 신경망에 대한 필요가 있다. 이 장에서는 여러 층의 퍼셉트론을 하나의 퍼셉트론으로 구성한 다층 퍼셉트론에 대해 알아보겠다.

다층 퍼셉트론이 퍼셉트론이 가진 한계를 어떻게 극복하는지 보여주는 예는 XOR 게이트의 동작이다. 이 문제는 퍼셉트론을 이용한 경우 인식률은 75%가 최고이다. 이런 경우 다층 퍼셉트론을 이용하면 그림 7-13과 같이 정확히 모든 샘플을 분류할 수 있다.

4개의 샘플을 정확히 분류하기 위해 2개의 결정 직선(d_1, d_2)을 사용하였다. $d_1(x)$와 $d_2(x)$를 각각 퍼셉트론으로 간주하고 각각의 가중치를 w_1과 w_2라 하면 분류 알고리즘을 (식 7-50)과 같이 쓸 수 있다.

$$\begin{aligned} &w_1^T x + b_1 > 0 \text{ 이고 } w_2^T x + b_2 < 0 \text{ 이면, } x \in w_1 \\ &w_1^T x + b_1 < 0 \text{ 이거나 } w_2^T x + b_2 > 0 \text{ 이면, } x \in w_2 \end{aligned} \quad \text{(식 7-50)}$$

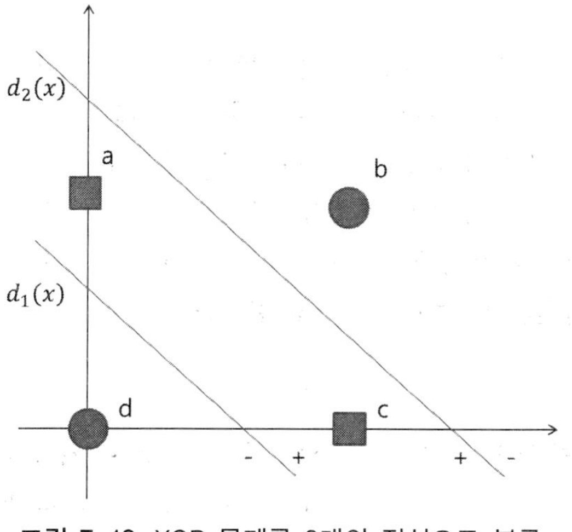

그림 7-13 XOR 문제를 2개의 직선으로 분류

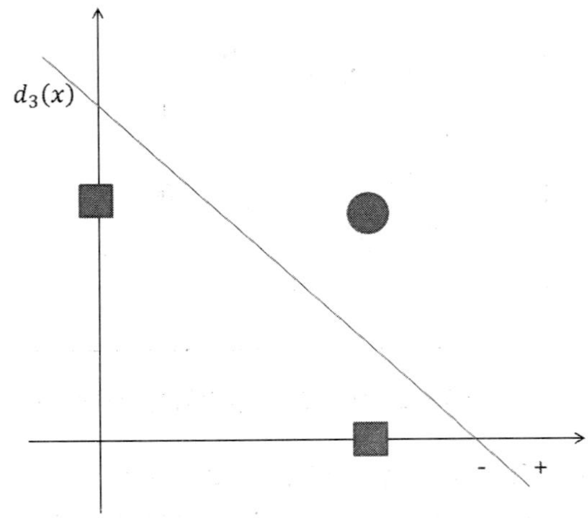

그림 7-14 퍼셉트론 3에 의한 분류

이 과정에서 2개의 퍼셉트론이 사용되었는데, 이것은 특징 벡터 x를 새로운 공간으로 사상하는 것이다. 사상된 새로운 공간에서의 샘플들을 그림 7-14에 나타냈는데 이것은 중요한 결과를 보여준다. 즉, 그림 7-13에서 2개의 퍼셉트론으로 샘플을 분류했는데 새로운 공간에서는 하나의 퍼셉트론으로 샘플을 정확히 분류한다.

그렇다면 다층 퍼셉트론에 대해 좀 더 깊이 생각해 보자. 그림 7-15는 다층 퍼셉트론의 구조를 보여준다. 그림에서 보듯이 다층 퍼셉트론은 입력층과 출력층 사이에 하나 이상의 중간층이 존재하는 신경망이다. 이때 입력층과 출력층 사이의 중간층을 은닉층(hidden layer)이라 부른다. 이 3개의 층은 각자 고유한 기능을 가지기 때문에 수행하는 연산이 다르다. 그리고 각 층 내의 연결과 출력층에서 입력층으로 직접적인 연결은 존재하지 않는 전방향(feedforward) 모델이다. 입력층은 퍼셉트론과 마찬가지로 d개의 특징 벡터 $x = (x_1, x_2, \cdots, x_d)^T$와 바이어스를 위한 하나의 노드가 추가되어 총 $d+1$개의 노드를 가진다. 출력층은 클래스의 개수를 m이라 할 때 각 클래스마다 하나의 노드가 할당되어 총 m개의 노드를 가진다. 마지막으로 은닉층은 하나의 바이어스 노드와 p개의 노드가 필요한데, p의 값은 사용자가 정해줘야 한다. 입력층과 은닉층 사이의 가중치는 그림 7-15에서 보듯이 총 $(d+1)\times p$개가 있으며 u로 표기한다. 그리고 은닉층과 출력층 사이의 가중치는 총 $(p+1)\times m$개가 있으며 v로 표기한다. 마지막으로 출력은 출력 벡터 $o = (o_1, o_2, \cdots, o_m)^T$로 표기되며 입·출력 관계를 (식 7-51)과 같다.

$$o = f(x) \qquad \text{(식 7-51)}$$

(식 7-51)을 입력층에서 은닉층으로의 사상 함수 $p(\cdot)$와 은닉층에서 출력층으로의 사상 함수 $q(\cdot)$를 이용하여 단계별로 다시 정리하면 (식 7-52)와 같다.

$$\begin{aligned} z &= p(x) \\ o &= q(z) \end{aligned} \Rightarrow o = q(p(x)) \qquad \text{(식 7-52)}$$

그림 7-15에서 보듯이 입력층과 은닉층의 바이어스 노드는 그 값을 그대로 다음 층으로 전달만 하는 기능을 하고, 은닉층과 출력층은 전층으로부터 오는 가중치 합과 활성 함수 계산을 수행한다. 은닉층의 j번째 노드의 가중치 합과 활성 함수 계산은 (식 7-53)과 같다.

$$\begin{aligned} z\_sum_j &= \sum_{i=1}^{d} x_i u_{ij} + u_{0j} \\ z_j &= \tau(z\_sum_j) \end{aligned} \qquad \text{(식 7-53)}$$

출력층의 k번째 노드의 가중치 합과 활성 함수 계산은 (식 7-54)와 같다.

$$\begin{aligned} o\_sum_k &= \sum_{j=1}^{d} z_j v_{jk} + v_{0k} \\ o_k &= \tau(o\_sum_k) \end{aligned} \qquad \text{(식 7-54)}$$

위 두 식에서 $\tau(\bullet)$는 활성 함수를 말한다. 다층 퍼셉트론에서는 퍼셉트론에서 사용한 계단 함수 대신 비선형 함수인 시그모이드(sigmoid)를 사용한다. 시그모이드 함수는 전 구간에서 미분이 가능하고 계산이 간단하다는 점, 한번 미분한 값이 자신을 포함한다는 점, 그리고 퍼셉트론이 사용하는 계단 함수를 근사화 한다는 특징을 가진다.

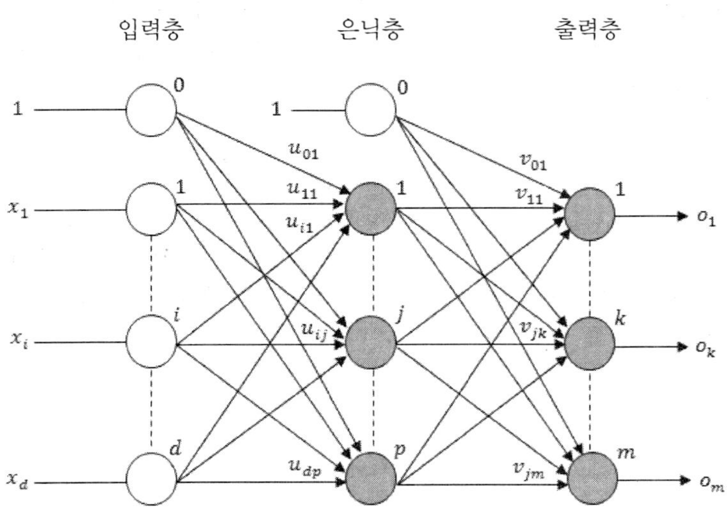

그림 7-15 다층 퍼셉트론

지금까지 다층 퍼셉트론의 구조에 대해 설명하였다. 이렇게 다층 퍼셉트론을 구성할 때 고려해야 할 사항들이 있다. 우선 은닉층을 얼마나 두어야 하는가를 생각해야 한다. 일반적으로 은닉층은 원하는 개수만큼 정할 수 있다. 다음으로 층간의 연결을 어떻게 할 것인가 생각해야 한다. 그림 7-15에서는 전방향 모델이며, 모든 노드 사이에 완전 연결상태이다. 일반적으로는 이웃하지 않은 층간에도 에지를 가질 수 있으며 역방향으로 가는 피드백 에지를 가질 수도 있다. 세 번째로 각 층의 노드의 수를 얼마로 할 것인지 생각해야 한다. 입력층과 출력층의 노드는 고려 대상이 아니나 은닉층의 노드 p는 사용자가 일정하게 정해줘야 한다. 은닉층의 노드 개수에 따라 훈련 알고리즘의 매개변수의 수가 결정되기 때문에 이것을 정하는 것은 매우 중요하다. 일반적으로 최적의 p값을 정하는 방법은 없다. 따라서 여러 값에 대해 신경망을 훈련하고 그들 중 가장 좋은 성능을 보이는 값을 선택해야 한다. 마지막으로 어떤 활성 함수를 사용할지를 생각해야 한다. 노드마다 다른 활성 함수를 사용할 수도 있으나 보통은 하나의 활성 함수를 모든 노드에서 사용한다.

7.4.5 다층 퍼셉트론 구현

〈학습〉

훈련 집합 $X=\{(x_1,t_1),(x_2,t_2),\cdots,(x_N,t_N)\}$이 주어졌을 때 이들을 분류하는 다층 퍼셉트론을 찾는 것이 학습과정이다. 여기서 퍼셉트론과 다른 점은 클래스 라벨(class label)이 벡터로 나타난다. 즉, 2진 모드일 경우 $x_i \in w_j$이면 j번째 요소만 1이고 나머지는 0인 벡터$t_i=(0,\cdots,1,0,\cdots,0)^T$를 갖게 된다. 다층 퍼셉트론의 변수는 입력층과 은닉층, 은닉층과 출력층의 가중치 집합인 $\Theta=\{u,v\}$이다. 가중치 계산은 식(12),(13)을 이용한다. 다음으로 다층 퍼셉트론의 품질을 평가할 비용 함수 $J(\Theta)$를 구해야 한다. 훈련 샘플에 대해 우리가 원하는 출력 t와 u,v로 이루어진 매개변수에 의한 실제 다층 퍼셉트론의 출력 o의 차이를 오류라 하면 비용 함수는 (식 7-55)와 같다.

$$E(error)=\frac{1}{2}\sum_{i=1}^{m}(t_i-o_i)^2 \qquad \text{(식 7-55)}$$

따라서 다층 퍼셉트론 학습 알고리즘은 이 오류를 최소화하는 매개변수 u, v를 찾는 과정이라 말할 수 있다. u와 v의 갱신과정은 (식 7-56)을 통해 수행된다. 다층 퍼셉트론에서도 퍼셉트론에서 사용한 내리막 경사법을 사용한다.

$$\begin{aligned} v(h+1)&=v(h)+\triangle v=v(h)-\rho\frac{\partial E}{\partial v} \\ u(h+1)&=u(h)+\triangle u=u(h)-\rho\frac{\partial E}{\partial u} \end{aligned} \qquad \text{(식 7-56)}$$

퍼셉트론과 마찬가지로 ρ는 학습률이다. (식 7-56)은 샘플 하나에 대한 학습을 수행한다. 이제 다층 퍼셉트론을 위한 알고리즘을 설계할 수 있다.

알고리즘 7-8 다층 퍼셉트론 학습과정

```
입력 : 훈련 집합 X = {(x_1,t_1),(x_2,t_2),…,(x_N,t_N)}, 학습률 ρ
출력 : 가중치 u, v
u, v의 초기화
repeat {
    for ( 모든 샘플 x_i ) {
        z_sum_j = Σ_{i=1}^{d} x_i u_ij + u_0j ;
        z_j = τ(z_sum_j)
        o_sum_k = Σ_{j=1}^{d} z_j v_jk + v_0k ;
        o_k = τ(o_sum_k)
        ∂E/∂v, ∂E/∂u 를 계산한다.
        u, v를 갱신한다. (식 7-56) 참고
    }
} until (stop condition);
```

학습 알고리즘에서 중요한 것은 여섯 번째 라인을 구하는 것이다. 이를 위해 우선 가중치 u, v의 갱신 값을 구해야 한다. j번째 은닉층 노드와 k번째 출력층 노드 간의 가중치 갱신값 $\triangle v_{jk}$은 (식 7-57)과 같이 유도된다.

$$\frac{\partial E}{\partial v_{jk}} = -(t_k - o_k)\tau'(o\_sum_k)z_j \qquad \text{(식 7-57)}$$

(식 7-57)을 정리하면 (식 7-58)과 같이 표현할 수 있으며 최종적으로 $\triangle v_{jk}$는 식 7-59와 같다.

$$\delta_k = -(t_k - o_k)\tau'(o\_sum_k) \qquad \text{(식 7-58)}$$

$$\triangle v_{jk} = -\rho\frac{\partial E}{\partial v_{jk}} = \rho\delta_k z_j,\ 0 \le j \le p,\ 1 \le k \le m \qquad \text{(식 7-59)}$$

다음으로 i번째 입력층 노드와 j번째 은닉층 노드 간의 가중치 갱신 값 $\triangle u_{ij}$는 (식 7-60)과 같이 유도된다.

$$\frac{\partial E}{\partial u_{ij}} = -\sum_{l=1}^{m}\delta_l v_{jl}\tau'(z\_sum_j)x_i \qquad \text{(식 7-60)}$$

(식 7-60)도 일정 항을 η_j로 대치한 후 정리하여 가중치 갱신 값 $\triangle u_{ij}$를 구하게 된다.

$$\eta_j = \tau'(z\_sum_j)\sum_{k=1}^{m}\delta_k v_{jk},\ 1 \le j \le p \qquad \text{(식 7-61)}$$

$$\Delta u_{ij} = -\rho\frac{\partial E}{\partial u_{ij}} = \rho\eta_j x_i,\ 0 \le i \le d, 1 \le j \le p \qquad \text{(식 7-62)}$$

이렇게 갱신된 가중치를 구하는 것을 일반 델타규칙(generalized delta rule)이라 하며 이를 이용하여 완성된 학습알고리즘을 만들 수 있다. 이 알고리즘은 계속해서 오류 E를 줄여가도록 진행이 된다. 주어진 샘플에 대해 전방향 계산을 통해 오류를 추정한 후 출력 층으로부터 다시 오류를 줄이는 쪽으로 가중치를 갱신하게 된다. 이 알고리즘을 오류 역전파 알고리즘(error back propagation algorithm)이라 부른다.

알고리즘 7-9 다층 퍼셉트론을 위한 오류 역전파 알고리즘 학습과정

```
u, v의 초기화
   바이어스 x_0 = z_0 = 1
repeat {
   for ( 모든 샘플 각각에 대해 ) {
      x = (x_1, x_2, ..., x_d)^T,  t = (t_1, t_2, ..., t_m)^T
      for (j = 1 to p) {
         z_sum_j = Σ_{i=0}^{d} x_i u_ij;
         z_j = τ(z_sum_j);
      }
      for (k = 1 to m) {
         o_sum_k = Σ_{j=0}^{p} z_j v_jk;
         o_k = τ(o_sum_k);
      }
      for (k = 1 to m) δ_k를 계산 ;
      for (0 ≤ j ≤ p, 1 ≤ k ≤ m) Δv_jk를 계산;
      for (j = 1 to p) η_j를 계산 ;
      for (0 ≤ i ≤ d, 1 ≤ j ≤ p) Δu_ij를 계산;
      for (0 ≤ j ≤ p, 1 ≤ k ≤ m) v_jk를 계산;
      for (0 ≤ i ≤ d, 1 ≤ j ≤ p) u_ij를 계산;
   }
} until (stop condition);
u, v 구한다.
```

학습과정에서 사용자가 신경을 써야 하는 부분은 가중치 초기화, 종료 조건이다. 학습과정에서 초깃값은 보편적으로 -0.5~0.5 사이의 값을 선택한다. 이보다 더욱 정교한 설정을 하는 방법[Nguyen 90]이 있으나 최적의 방법은 알려지지 않았다. 그리고 종료 조건을 정하는 방법도 보편적으로 알려진 것은 없다. 따라서 주어진 문제를 보고 그에 적절한 조건을 찾아야 한다.

〈인식〉

학습이 된 다층 퍼셉트론에 임의의 패턴이 입력으로 들어왔을 때 인식하는 과정은 전방향 계산만으로 가능하다. 학습에서 얻은 출력 벡터 o 중 가장 큰 값을 갖는 요소의 인덱스가 인식결과가 되며 알고리즘은 다음과 같다.

알고리즘 7-10 인식

```
입력 :u, v, 임의의 패턴 x
출력 : 클래스 w_q
for (j = 1 to p) {
    z_sum_j, z_j를 계산
    }
for (k = 1 to m) {
    o_sum_k, o_k를 계산
    }
o 중 가장 큰 인덱스 q로 분류
```

지금까지 오류 역전파 알고리즘을 구현하는 과정을 살펴 보았다. 사용자가 설정해야 할 매개변수들이 많지만, 일반적인 경우에 적합한 최적의 값을 설정하는 방법은 정해져 있지 않다. 신경망의 성능이 매개변수 설정에 치명적으로 영향을 주는 것은 아니기 때문에 실험을 통해 설정을 할 수 있다.

7.5 참고문헌

[1] Cortes, Corinna; and Vapnik, Vladimir N.; "Support-Vector Networks", Machine Learning, 20, 1995.

[2] .C. Platt, "Fast training of suport vector machines using sequential minimal optimization", in Advances in Kernel Methods-Support Vector Learning (Ed. by B. Scholkopf, C.J.C. Burges, and A.J. Smola), MIT Press, pp. 185-208, 1999.

[3] R.-E. Fan, P.-H. Chen, and C.-J. Lin, "Working set selection using second order information for training SVM", Journal of Machine Learning Research, Vol.6, pp.1889-1918, 2005.
[4] Thorsten Joachims, "Training linear SVMs in linear time", ACMSIGKDD International Conference on Knowledge Discovery and Data Mining, pp.217-226, August 2006.
[5] S.I. Gallant, "Perceptron based learning algorithm", IEEE Transactions on Neural Networks, Vol.1, No.2, pp.179-191, 1990.
[6] 오일석, 패턴 인식, 교보문고, 2008.
[7] 한학용, 패턴 인식 개론, 한빛미디어, 2011.

08 특징 검출과 매칭

본 장에서는 파노라마 영상 생성을 위해 영상 간의 관계를 계산하기 위해 필요한 특징점 추출 방법과 추출한 특정점을 표현하기 위한 기술자 그리고 추출한 특징점 간의 매칭하는 방법에 대해서 다룬다. 8.1절에서는 특징점을 추출하기 위해 다양한 방법들 중 최근 가장 널리 이용되고 있는 SIFT, SURF, MSER 등의 방법들에 대해 알아보고 8.2절에서는 각 특징을 표현할 수 있는 다양한 종류의 기술자에 대해서도 알아본다. 8.3절에서는 기술자에 의해 다차원 벡터로 표현된 특징 간의 매칭을 위해 사용되는 효율적인 매칭 방법에 대해서 알아보고, 8.4절에서는 이런 매칭을 이용해 사물이나 대상을 추적하는 방법에 대해 알아본다.

8.1 불변 특징(invariant feature)

영상에서 코너와 같은 특징은 영상을 분석하는데 많은 정보를 제공해서 물체 인식, 물체 추적 등과 같은 여러 비전 분야에서 매우 중요하게 쓰인다. 보통 특징점들은 특정 사물이나 배경에 존재하므로 이러한 특징점을 정확하게 찾아내는 일은 영상 내의 특정 사물의 위치나 형태를 추정하는데 중요한 정보를 제공한다. 영상으로부터 이러한 특징점을 추출하기 위해 다양한 방법들이 제시되었다. 1988년에 발표된 해리스 코너 검출 방법은 특징점 검출 방법의 기본이 되는 방법으로 지금까지도 널리 이용되고 있는 유용한 방법이다. 그러나 해리스 코너는 Lindeberg가 자동 스케일 선택의 개념에 소개한 것처럼 스케일에 강건하지 못한 단점을 가지고 있다. 이러한 문제점을 해결하기 위해 해리스-라플라스와 해리스-라플라스를 이용한 방법이 제안되었다. 해리스-라플라스는 스케일 공간(scale space)에서 점들의 위치를 찾기 위하여 스케일에 적응적인 해리스 함수를 사용하는 것으로 스케일에 대한 최댓값을 갖는 점을 찾기 위하여 LoG(Laplacian of Gaussian)를 사용한다. 해리스-라플라스 검출기는 크게 두 가지로 나눌 수 있는데 하나는 반복적으로 특징적 지역

(characteristic region)에 대한 위치와 스케일을 동시에 검출하는 방법이고 다른 하나는 앞선 방법을 더 간략하게 만든 알고리즘으로 정확도는 낮지만 매우 유용한 방법이다. 그러나 이 방법은 스케일에 강건한 장점을 가지고 있으나 높은 반복성을 가지는 단점을 가지고 있다. 이러한 반복성으로 인해 속도가 저하되는 것을 막기 위하여 Difference of Gaussians (DoG)를 이용한 Laplacian of Gaussian을 이용하였다.

다양한 스케일 불변 Interest point를 찾는 검출 방법이 제안되었다. Kadir와 Brady은 영역 안의 엔트로피의 최댓값을 이용해 찾는 주요 영역 검출기를 제안했고, Jurie는 영상의 에지를 이용한 에지 기반 검출기를 제안했다. 에지 기반 검출기는 스케일, 조명의 변화가 다양하게 존재하는 복잡한 경우에도 비교적 안정적으로 검출할 수 있다. 에지 기반 검출기는 기본적으로 스케일 변화에 따른 강건성을 높이기 위해 해리스 코너 p와 캐니 기반 검출기를 이용해 다중 스케일 공간에서의 코너와 에지 정보를 이용해 검출한다. 주요 영역 검출기는 타원형의 영역에 대한 밝기 값의 확률 밀도 함수(PDF)에 기반을 둔다. 주요 영역을 추출하기 위해 각각의 화소에서 해당 화소를 중심으로 하는 타원형의 영역을 만들고, 해당 타원 영역에 대한 3개의 파라미터에 대한 엔트로피(entropy)를 측정 후 이러한 엔트로피 극댓값들을 이용해 영상의 주요 영역을 검출한다. 이 장에서는 이러한 다양한 특징 추출 방법 중 현재 가장 널리 사용되는 해리스 코너, SIFT, SURF, MSER에 대해서 알아본다.

8.1.1 해리스 코너

초기 가장 흔히 사용되던 특징은 1988년에 제안한 2차 편미분의 고유 값을 기반으로 한 해리스 코너이다. 해리스 코너의 기본적인 아이디어는 기본적으로 작은 윈도를 상하좌우로 움직이며 윈도 안의 화소값의 변화를 분석하여 결정하는 방식이다.

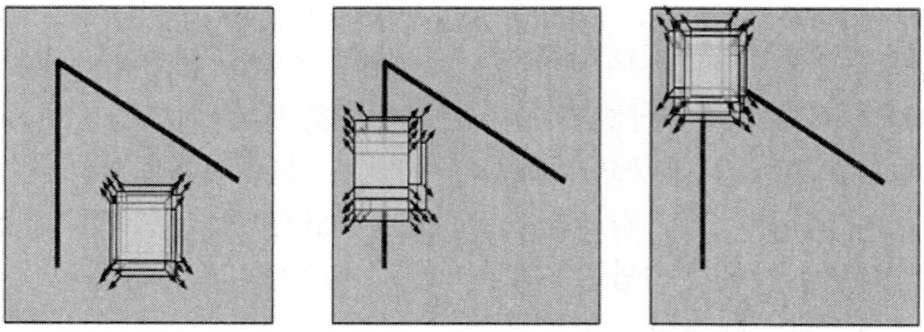

(a) 평면 영역 : no change in all directions

(b) 에지 영역 : no change along the edge directions

(c) 코너 영역 : significiant change in all directions

그림 8-1 해리스 코너 검출기의 기본 개념[1]

그림 8-1(a)는 평탄한 영역에서의 윈도의 움직임을 보여준다. 윈도가 상하좌우로 움직인다 하여도 윈도 안에서의 화소값은 항상 일정할 것이다. (b)는 경계선 위치에 윈도가 존재하는 경우를 보여준다. 이 경우, 윈도가 좌우로 움직일 때에는 윈도 내의 화소값에 큰 변화가 있지만, 상하로 움직인 경우에는 값의 변화가 없다. (c)는 우리가 찾고자 하는 코너 포인트에 윈도가 위치한 그림이다. 이 경우, 윈도가 상하좌우 어느 방향으로 움직여도 그 안에 있는 값의 변화가 크게 나타날 것이라고 할 수 있다.

특징 윈도를 이용해 화소와 주변 화소들과의 밝기 값의 차이는 다음과 같다.

$$\mathbf{E}(x, y) = \sum_{W}[I(x, y) - I(x + \Delta x, y + \Delta y)]^2 \quad \text{(식 8-1)}$$

여기서 W는 윈도이다. 변화량을 나타내는 함수 $\mathbf{E}(x, y)$의 값은 평탄한 영역에서는 낮은 값을 갖고, 코너 주변에서는 값이 커지게 된다. (x, y) 위치에서 $(\Delta x, \Delta y)$만큼 이동된 위치에서의 밝기 값 $I(x + \Delta x, y + \Delta y)$은 테일러 급수를 이용해 다음과 같이 근사화해 할 수 있다.

$$I(x + \Delta x, y + \Delta y) \approx I(x, y) + \begin{bmatrix} I_x(x,y) \; I_y(x,y) \end{bmatrix} \begin{bmatrix} \Delta x \\ \Delta y \end{bmatrix} \quad \text{(식 8-2)}$$

위 식을 (식 8-1)에 대입하면 다음과 같다.

$$\begin{aligned} \mathbf{E}(x, y) &= \sum_{W}\left([I_x(x, y) \;\; I_y(x, y)] \begin{bmatrix} \Delta x \\ \Delta y \end{bmatrix} \right)^2 \quad \text{(식 8-3)} \\ &= [\Delta x \;\; \Delta y] \begin{bmatrix} \sum_{W}(I_x(x, y))^2 & \sum_{W}(I_x(x, y)I_y(x, y)) \\ \sum_{W}(I_x(x, y)I_y(x, y)) & \sum_{W}(I_y(x, y))^2 \end{bmatrix} \begin{bmatrix} \Delta x \\ \Delta y \end{bmatrix} \\ &= [\Delta x \;\; \Delta y]\mathbf{M}\begin{bmatrix} \Delta x \\ \Delta y \end{bmatrix} \end{aligned}$$

그러면, M은 다시 다음과 같다.

$$\mathbf{M} = \sum_{\Delta x, \Delta y} w(\Delta x, \Delta y) \begin{bmatrix} I_x^2 & I_x I_y \\ I_x I_y & I_y^2 \end{bmatrix} \quad \text{(식 8-4)}$$

만약 행렬 M의 고유값(eigen value)을 λ_1와 λ_2라고 한다면, λ_1와 λ_2의 값에 따라 해당 화소가 평탄한 영역인지, 경계선인지, 혹은 코너인지 구변된다. 만약 λ_1와 λ_2가 모두 작은 값을 가진다면, 이는 해당 화소가 평탄한 점에 속한다고 볼 수 있다. 만약 λ_1와 λ_2 중 하나는 크고 하나는 적은 값을 가진다면 이는 경계선 위에 있는 점이라고 할 수 있다. 마지막으로 λ_1와 λ_2 모두 큰 값을 가진다면 주변 화소와 비교했을 때 모든 방향으로 차이가 많이 난다는 것을 의미하므로 코너에 위치한 점이라고 할 수 있다.

행렬 M의 고유값을 직접 구하는 것은 계산이 복잡하여 비효율적이므로 대신 2×2 행렬에서 성립하는 성질 (식 8-5)와 (식 8-6)을 이용해 코너 응답 함수(corner response function) R을 (식 8-7)과 같이 정의하고 이를 척도로 이용한다.

$$\det(\mathbf{M}) = \lambda_1 \cdot \lambda_2 \quad \text{(식 8-5)}$$

$$\mathrm{Tr}(\mathbf{M}) = \lambda_1 + \lambda_2 \quad \text{(식 8-6)}$$

$$R = \lambda_1 \cdot \lambda_2 - k(\lambda_1 + \lambda_2)^2 = \det(\mathbf{M}) - k.\mathrm{Tr}(\mathbf{M})^2 \quad \text{(식 8-7)}$$

여기서 det(•)는 행렬식(determinant)를 나타내고, Tr(•)은 행렬의 트레이스(trace)를 나타낸다.

코너 응답 함수 R에 따라 평탄한 영역, 경계선 화소, 코너 화소를 구분하면 그림 8-2와 같이 구분할 수 있다.

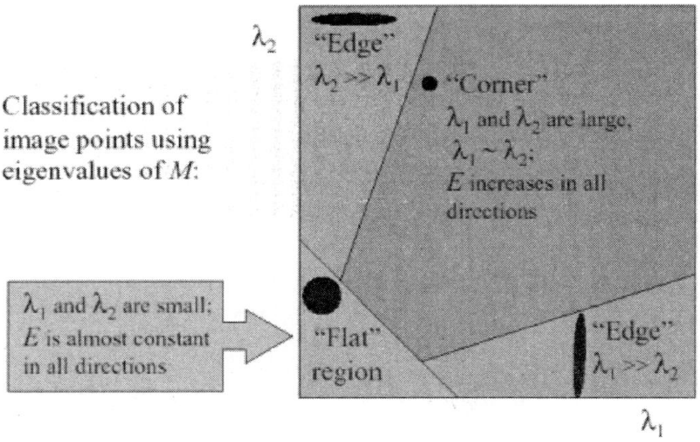

그림 8-2 해리스 코너 검출기의 코너 결정

8.1.2 SIFT(Scale-Invariant Feature Transform)

SIFT는 Lowe에 의해 제안된 방법으로 영상 이동, 스케일, 회전과 부분적인 조명과 아핀 변환에 강건한 특징을 추출하는 방법이다[2][3]. SIFT는 크게 두 가지 단계를 거치는데, 하나는 특징점을 추출하는 과정이고 나머지 하나는 추출된 특징점에 대한 기술자를 구성하는 것이다. 특징점 추출과정에서는 스케일 공간상에서의 DOG를 통해 후보 키 포인트(candidate keypoint)를 추출하고 키 포인트 후보 점들의 안정성을 고려해 안정한 키 포인트 후보의 위치를 세부 위치로 보정한다. 기술자 구성 단계에서는 선택된 점들을 중심으로 주변 영역의 그레디언트를 통해 방향과 세기를 계산하고, 얻어진 방향과 세기 정보를 이용해 기술자를 생성하게 된다.

SIFT는 기본적으로 다음의 네 단계 과정을 거친다.[3]

① Scale-Space extreme detection : 스케일-공간 극댓값 검출(scale-space extrema detection)은 스케일-공간(scale-space)에서 DoG(Difference of Gaussian) 함수에 대한 최소 또는 최댓값을 갖는 잠재적 점들을 찾는 과정을 말한다.

② Keypoint localization and filtering : 키 포인트 위치(keypoint localization)는 각각의 후보 포인트에 대한 위치와 스케일을 결정하고, 이러한 후보 점들 중에서 안정성에 대한 측정을 통하여 최종적인 주요점을 선택한다.

③ Orientation assignment : 키 포인트의 방향(orientation)과 세기를 지역적 이미지 그레디언트(local image gradient)를 이용하여 계산하고 양자화 과정을 통해 할당한다.

④ Keypoint descriptor : 키 포인트 기술자는 각각의 키 포인트에 대하여 두 단계에서 얻은 스케일의 지역적 이미지 그레디언트(local image gradient) 정보를 이용하여 구성한다.

보통 코너 검출을 기반으로 하는 해리스-라플라스와 같은 방법은 조명 변화와 시점 변화에 강건하다는 장점을 가지고 있지만 스케일 공간에서 극값(extrema value) 을 계산하기 위해 가우시안 필터 영상에 대해 라플라시안 필터를 적용해야 하기 때문에 연산량이 많이 요구되는 단점을 가지고 있다. 이에 반해 DoG(Difference of Gaussian) 방법은 가우시안 필터 영상 간의 차이를 이용하기 때문에 연산량이 상대적으로 적은 장점을 가지고 있다.

영상의 스케일 공간은 variable-scale Gaussian과 입력 영상 $I(x,y)$와의 (식 8-8)과 같이 컨볼루션 연산에 의해 정의된다.

$$L(x,y,\sigma) = G(x,y,\sigma) * I(x,y) \quad \text{(식 8-8)}$$

여기서 *은 컨볼루션 연산이고 $G(x,y,\sigma)$ 다음과 같다.

$$G(x,y,\sigma) = \frac{1}{2\pi\sigma^2} e^{-(x^2+y^2)/2\sigma^2} \quad \text{(식 8-9)}$$

$L(x,y,\sigma)$는 다른 레벨의 분산을 갖는 가우시안 함수에 의해 블러된 영상이다. 이러한 스케일 공간은 모든 가능한 스케일 변화에 대해 안정적인 점들을 검출하기 때문에 영상의 크기 변화에 대하여 강인한 성능을 보인다.

스케일 공간 안에서 안정적인 키 포인트 위치를 검출하기 위해 넓은 범위의 스케일과 위치 변화에 강건한 특징을 획득하기 위해 SIFT에서는 첫 단계에서 DoG(Difference of Gaussian) 함수에 대한 스케일-공간의 극댓값을 찾는다. 이 DoG 함수는 다음의 (식 8-10)과 같이 가우시안을 적용한 2개의 인접한 영상들 간의 차이로부터 구할 수 있다. 2개의 영상에 대한 가우시안은 스케일에 대해 k만큼 차이가 난다.

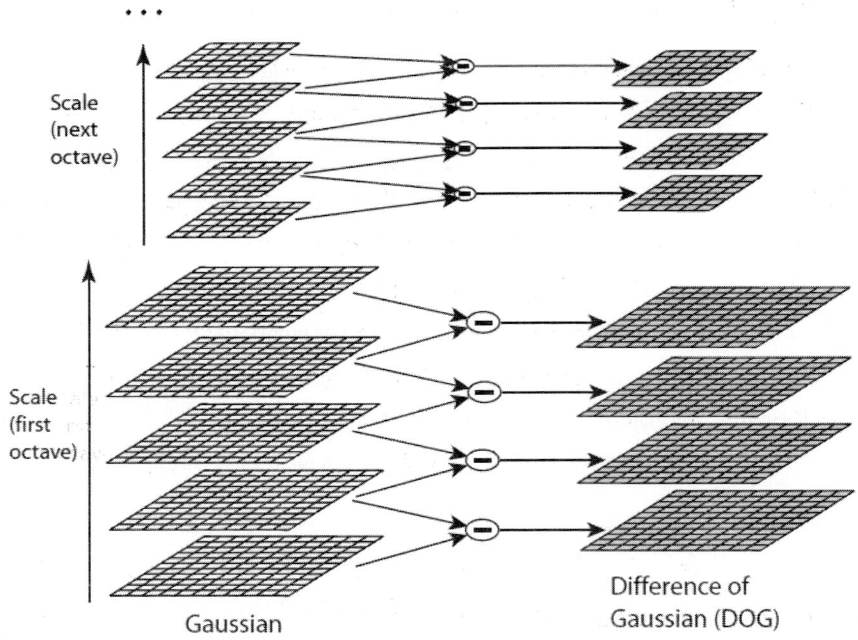

그림 8-3 스케일 공간에서의 DOG의 구성[3]

$$D(x,y,\sigma) = (G(x,y,k\sigma) - G(x,y,\sigma)) * I(x,y) \qquad \text{(식 8-10)}$$
$$= L(x,y,k\sigma) - L(x,y,\sigma)$$

여기에서 $L(x,y,\sigma)$는 영상에 대한 스케일 공간을 나타내며, 가우시안 커널(Gaussian kernel) $G(x,y,\sigma)$을 영상 $I(x,y)$에 컨볼루션(convolution)함으로써 얻을 수 있다. 상수 k는 보통 $\sqrt{2}$의 승수를 사용하고, 영상의 블러 정도를 점진적으로 증가시킴으로서 영상의 Octave별로 영상의 피라미드를 구성한다. 그림 8-3은 블러된 영상들의 이웃 영상들을 이용하여 가우시안 차분(DoG)를 구하는 과정을 보인 것이다.

다음으로 DoG함수에 대한 지역적 극댓값(local extreme value)을 갖는 점을 찾아서 이를 키 포인트(keypoint) 후보들을 추출한다. 생성된 가우시안 차영상에서 그림 8-4처럼 지역적(local) 극대, 극소점의 위치로 스케일 불변 특징점들을 후보로 선택한다. 지역적인 극대, 극소점은 현재 위치의 화소를 중심으로 이웃한 8개 화소와 인접한 상위, 하위 레벨에서 대응하는 9개 화소 총 26개 화소와 비교해 선택한다. 이 후 스케일 공간상의 중간 위치의 가우시안 영상을 다운 샘플링을 수행하고 난 뒤 위 과정을 반복함으로서 키 포인트의 후보 점들을 찾아낸다. 이렇게 추출한 키 포인트 후보 점들은 주변 화소들을 이용하여 안정성을 검사하고, 최종적으로 특징점으로 판단되면 보다 localization과정을 통해 불안정 키 포인트 후보들을 제거한다.

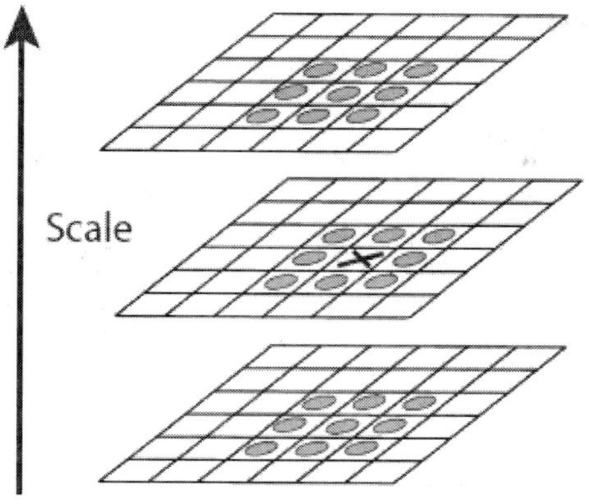

그림 8-4 DoG 영상에서 극대/극솟값 추출[3]

추출된 키 포인트 후보 점들에 대해 매칭이나 안정성 향상을 위해 정확한 위치 값을 보정해 주는 과정이 필요하다. 이를 위해 SIFT에서는 (식 8-11)과 같이 테일러 시리즈를 적용하여 먼저 낮은 대비를 가지는 후보 점들을 제거한다.

$$D(\hat{\mathrm{x}}) = D + \frac{1}{2}\frac{\partial D^T}{\partial \mathrm{x}}\hat{\mathrm{x}} \tag{식 8-11}$$

여기서 D는 가우시안 차영상이고, $\hat{\mathrm{x}}$는 (식 8-12)와 같은 미분 연산으로 구해진다.

$$\hat{\mathrm{x}} = -\frac{\partial^2 D^{-1}}{\partial \mathrm{x}^2}\frac{\partial D}{\partial \mathrm{x}} \tag{식 8-12}$$

이때, $|D(\hat{\mathrm{x}})|$가 일정한 임계값을 넘으면 구해진 후보점들의 세부 위치를 보정하게 된다.

하지만, 여전히 불안정한 점들이 존재하므로 Hessian matrix의 행렬식과 트레이스의 비를 이용하여 주곡률(principle curvature)만 선택하게 된다. Hessian matrix는 (식 8-13)과 같이 구성되고, 행렬식과 트레이스의 비는 (식 8-14)를 이용하여 구해진다.

$$H(x,y,\sigma) = \begin{bmatrix} D_{xx}(x,y,\sigma) & D_{xy}(x,y,\sigma) \\ D_{xy}(x,y,\sigma) & D_{yy}(x,y,\sigma) \end{bmatrix} \tag{식 8-13}$$

$$\frac{Tr(H)}{Det(H)} = \frac{(\alpha+\beta)^2}{\alpha\beta} = \frac{(r+\beta)^2}{r\beta} = \frac{(r+1)^2}{r} \tag{식 8-14}$$

여기서, α와 β는 각각 고유값(eigenvalue)의 크기가 가장 큰 것과 작은 것을 나타내고, r은 두 값의 비를 나타낸다. 그림 8-5는 행렬식과 트레이스 비를 이용하여 불안정한 점을 제거한 결과 영상을 보여주고 있다.

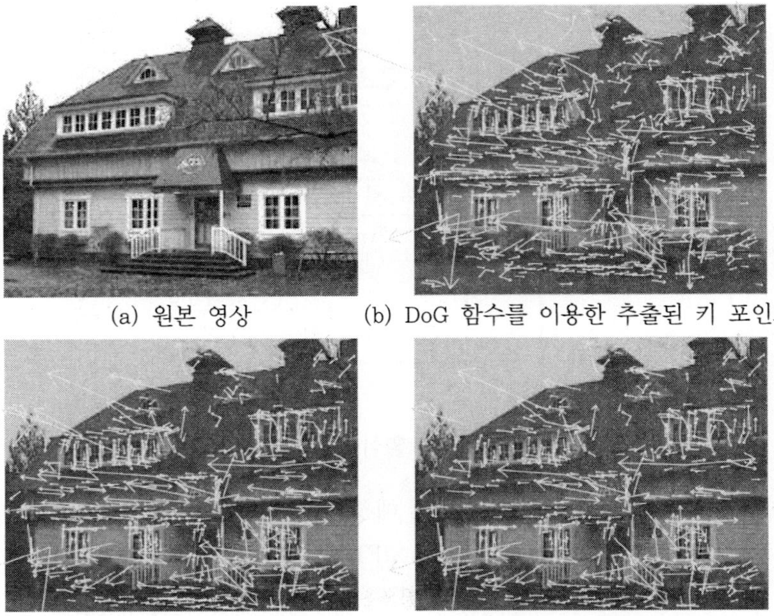

(a) 원본 영상 (b) DoG 함수를 이용한 추출된 키 포인트

(c) 최소 대비 문턱치 값을 적용한 경우 (d) 주곡률 비를 적용한 경우

그림 8–5 키 포인트 선택과정[3]

키 포인트에 대한 기술자를 구성하기 전에 회전에 불변한 기술자를 구성하기 위하여 그림 8-6과 같이 키 포인트에 대한 방향(orientation)을 계산해야 한다. 즉, 영상 $L(x, y, \sigma)$의 지역적 기울기(local gradient)에 대한 방향 히스토그램(orientation histogram)으로부터 얻을 수 있다. 각각의 고유 스케일에서의 샘플 영상 $L(x, y)$에 대하여 그레디언트 세기(gradient magnitude) $m(x, y)$와 기울기(orientation) $\theta(x, y)$를 화소 간의 밝기(brightness) 차이를 이용하여 다음의 (식 8-15), (식 8-16)과 같이 계산할 수 있다.

$$m(x,y)^2 = (L(x+1,y) - L(x-1,y))^2 + (L(x,y+1) - L(x,y-1))^2 \qquad \text{(식 8-15)}$$

$$\theta(x,y) = \tan^{-1}\frac{L(x,y+1) - L(x,y-1)}{L(x+1,y) - L(x-1,y)} \qquad \text{(식 8-16)}$$

방향 히스토그램은 360°의 방향를 포함하는 36개의 단위(bin)로 나눈다. 각 점에 대하여 그레디언트 세기(gradient magnitude) $m(x, y)$를 가중치를 준 히스토그램에 추가한다. 일반적인 키 포인트 기술자(keypoint descriptor)는 4×4의 격자 구조를 갖는 16개의 기울기 히스토그램으로 구성된다. 각 히스토그램은 4×4의 윈도 영역에 대한 기울기에 대한 8개의 단위(bin)를 가진다. 따라서 최종적 특징 벡터는 16×16의 윈도 영역에 대한 128개의 요소로 구성된다. 그림 8-7은 추출한 SIFT 키 포인트의 예를 보인 것이다.

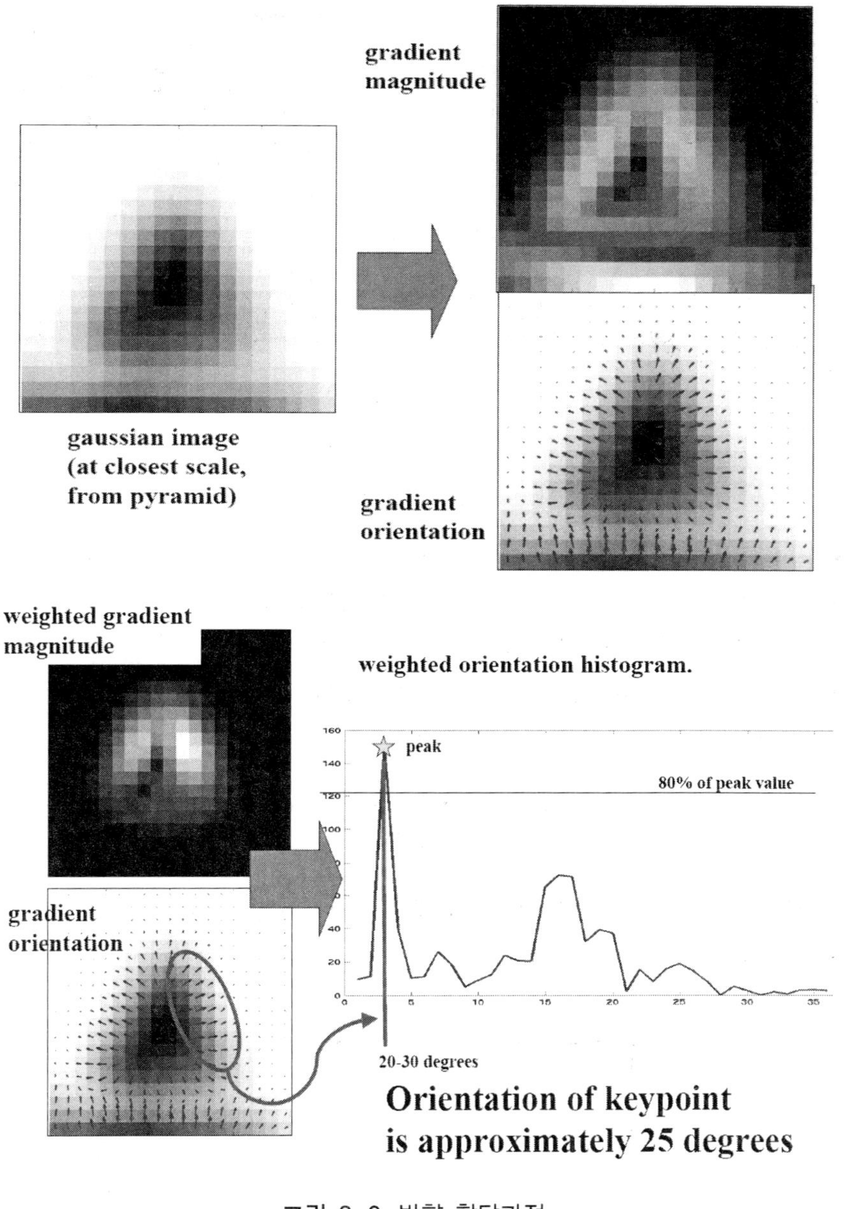

그림 8-6 방향 할당과정

(출처 : http://www.cvmt.dk/education/teaching/e10/VGIS9/CV/lecture_CV_220910.pdf)

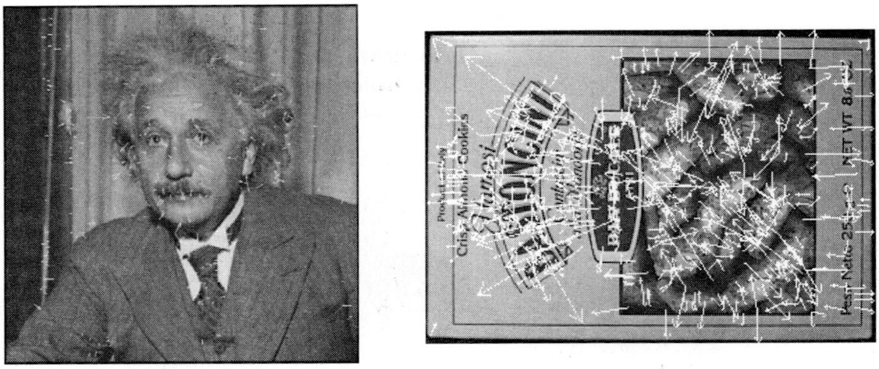

그림 8-7 SIFT 키 포인트 추출결과

8.1.3 SURF(Speeded Up Robust Feature)

SURF[4][5]는 Herbert Bay가 2006년에 제안한 이미지 특징 검출기로 2D Haar wavelet response와 적분 영상을 기반으로 한다. 박스형태의 필터의 컨볼루션 연산을 빠르게 수행하기 위해 SURF에서는 적분 영상(integral image)을 이용한다. 그림 8-8과 같이 적분 영상에서 $x=(x,y)^T$의 한 점은 입력 영상의 원점과 x에 의해 형성되는 사각 영역의 모든 화소의 합을 나타낸다.

$$I_{\Sigma}(\mathrm{x}) = \sum_{i=0}^{i \le x} \sum_{j=0}^{j \le y} I(i,\, j) \qquad \text{(식 8-17)}$$

주어진 $x=(x,\, y)$에 대해, 이미지 I에서 스케일 σ의 Hessian 행렬은 $H(x,\sigma)$는 다음과 같다.

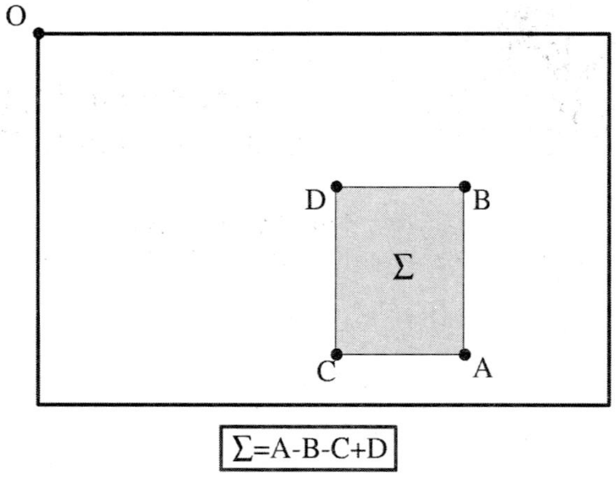

그림 8-8 적분 영상의 구성[1]

$$H(x,\sigma)=\begin{bmatrix} L_{xx}(x,\sigma) & L_{xy}(x,\sigma) \\ L_{xy}(x,\sigma) & L_{yy}(x,\sigma) \end{bmatrix} \quad \text{(식 8-18)}$$

여기서 이미지 $I(x)$에서 $L_{xx}(x,\sigma)$, $L_{xy}(x,\sigma)$, $L_{yy}(x,\sigma)$는 가우시안 2차 미분 함수 필터와 영상과의 컨볼루션을 통해 획득되는 영상이다.

SURF에서는 효율적인 계산을 위해 일반적인 가우시안 필터가 아닌 연산속도가 빠른 박스 필터를 이용한다. 그림 8-9는 9×9 가우시안 필터와 이에 대응되는 박스 필터의 예를 보인 것이다. 여기서 박스 필터의 검은 부분은 2, 흰 부분은 1의 가중치를 나타내며, 또한 필터의 가중치 합은 0이다.

가우시안은 일반적으로 실수값을 가지지만, 박스 필터는 정수값을 가지므로 속도의 향상을 이룰 수 있다. 이 필터들은 원본 영상이 아닌 적분 영상과 컨볼루션을 수행하며, 스케일에 강건한 특징을 획득하기 위해 크기 변화가 다양한 영상 대신 박스 필터의 크기를 점검 증가시키면서 적분 영상에 적용하는 방법을 이용한다.

x, y, xy 방향 가우시안 필터결과를 L_{xx}, L_{xy}, L_{yy}, 대응하는 박스 필터 D_{xx}, D_{xy}, D_{yy}라 하면, Hessian 행렬의 행렬식(determinant)는 (식 8-19)를 통해 계산되며, 계산된 값 중에서 임계치를 초과하는 점이 후보점이 된다.

$$\det(H_{\text{approx}}) = D_{xx}D_{yy} - (\omega D_{xy})^2 \quad \text{(식 8-19)}$$

여기서 $\omega = \dfrac{|L_{xy}(1.2)|_F |D_{xx}(9)|_F}{|L_{xx}(1.2)|_F |D_{xy}(9)|_F} = 0.912\cdots \simeq 0.9$이고, $|\mathbf{x}|_F$는 Frobenius norm이다.

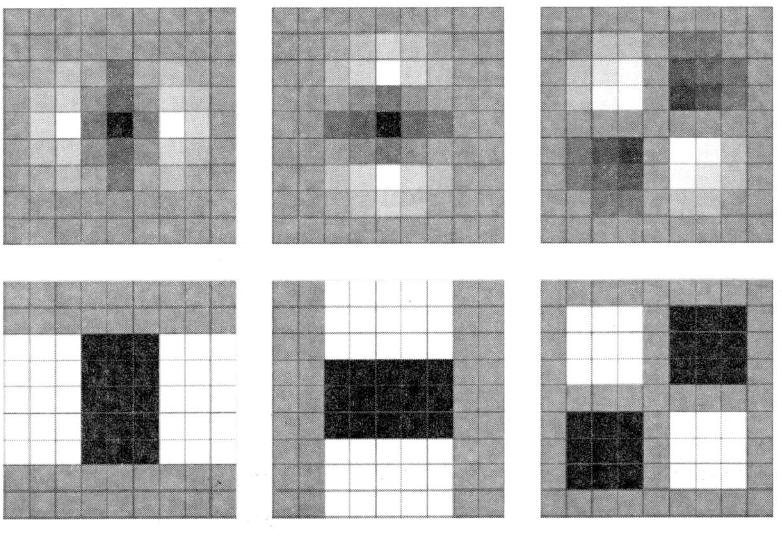

그림 8-9 가우시안 방향 필터와 그에 대응되는 박스 필터[1]

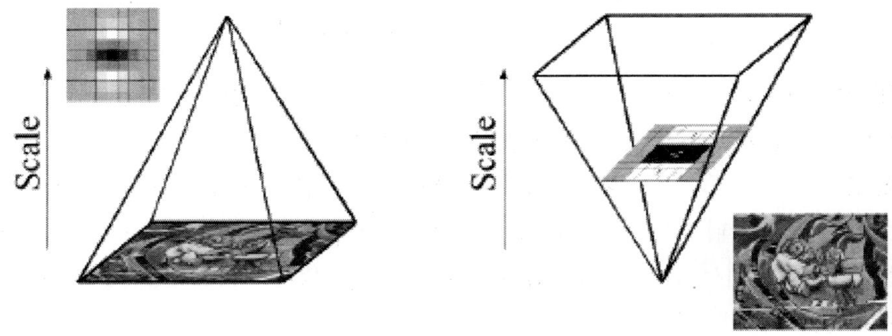

그림 8-10 이미지 크기에 불변한 스케일 분석[5]

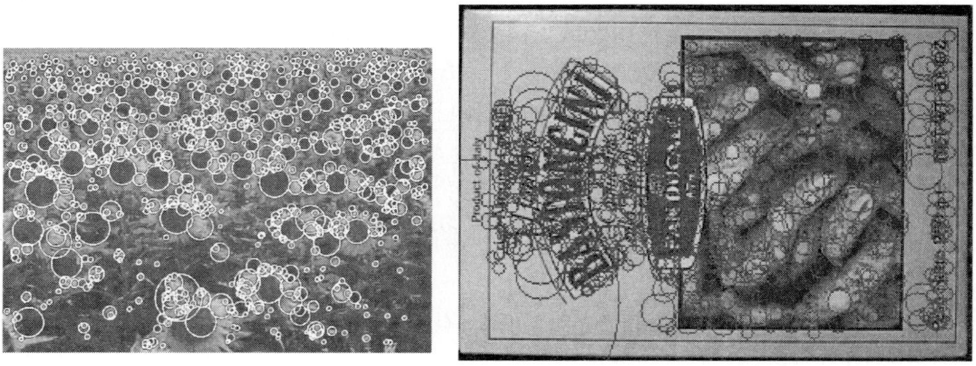

그림 8-11 SURF Key point 추출 결과[1]

SURF 알고리즘도 SIFT와 마찬가지로 스케일 변화에 강건한 특징을 추출하기 위해 스케일 공간(scale-space)에서 영상을 처리한다. SIFT에서의 스케일 공간은 그림 8-10과 같이 영상 피라미드로 표현하고, 가우시안 필터를 반복적으로 영상에 적용함으로서 다양한 스케일 상의 영상을 생성한다. 이에 반해 SURF는 적분 영상을 이용해 원본 영상은 변하지 않고 박스 필터의 크기를 변화시키면서 스케일 공간을 생성한다. 이처럼 스케일 공간에서 반복적으로 검출된 후보점이 크기에 불변하는 특징점으로 선정된다. 그림 8-11인 추출한 SURF 특징점의 예를 보인 것이다.

8.1.4 MSER(Maximally Stable Extremal Region)

MSER(Maximally Stable Extremal Region)[6][7]은 영상에서 일정한 밝기 값을 갖는 연결 요소(connected component)들이다. 여기에서 extremal은 MSER 내부의 화소들이 갖는 성질로, 가장자리 안과 밖의 밝기가 매우 밝거나 매우 어두운 것을 말한다. 또한 maximally stable은 밝기 값에 대한 문턱치(threshold)를 선택하는 과정에서 최적의 문턱치를 찾는 성질을 말한다.

극대적인 영역(extremal region) e는 문턱치화(thresholding)를 통하여 얻으며, 이는 연결된 요소들의 집합이라고 볼 수 있다. 극대적인 영역은 몇 가지의 성질을 가진다. 먼저, 영상의 밝기 값이 변화가 단조 증가하는 경우 영역의 변화가 없다. 왜냐하면, 단지 화소 밝기에 대한 순서에만 종속적이기 때문이다. 두 번째 성질은 연속적인 기하학 변환은 보존된다. 그 이유는 단일 연결요소는 또 다른 단일 연결요소로 변환되기 때문이다. 기하학적인 변화에 대하여 매칭된 극대적인 영역(extremal region)은 또 다른 변환된 영역 e'이 된다. 여기에서 말하는 기하학적인 변화는 어파인 변환이나 호모그라피나 연속적인 비선형 워핑(continuous non-linear warping)을 지역적으로 근사화한 것을 말한다. 마지막 성질은 영상 내에서 극대적인 영역(extremal region)은 유일하다. 따라서 영역들은 넓은 범주의 기하학적이나 사진학적 변화에 대하여 보존된다고 정의할 수 있다.

MSER 알고리즘은 흑백 영상에서 intensity의 크기에 따라 검출되는 영역들 중 가장 안정적으로 변화하는 영역들을 말한다. 이렇게 생성된 영역은 다른 영상에서도 전체적인 intensity가 변화해도 똑같이 추출이 가능하다. MSER 알고리즘은 크게 두 단계로 나누어 생각할 수 있다. 첫 번째는 극대적인 영역(extremal region)을 추출하는 것이고, 두 번째는 최대 안전 영역(maximally stable region)을 찾아내는 것이다. 극대적인 영역(extremal region)을 계산하는 방법은 다음과 같다

영상 I가 주어지고 I의 화소를 X라 할 때 각 화소의 intensity는 $I(X)$로 정의한다. 또한, level set $S(X)$는 다음과 같이 정의한다.

$$\begin{gathered}\Lambda = \text{the set of pixels in the image } I \\ S(x) = \{y \in \Lambda : I(y) \le I(x)\}\end{gathered} \qquad \text{(식 8-20)}$$

위 레벨 집합에서 connected component C를 계산하고, 이를 통해 추출된 C, 곧 $path$ $(x_1, x_2, \cdots, x_n)$는 이웃한 화소 x_i, $x_{i+1}(i=1, \cdots, n-1)$에 대해서 4-방향 또는 8-방향 neighbors를 만족한다. 여기서 생성된 최대 connected component C를 최대 안전 영역(maximally stable region) R이라고 정의한다. 이렇게 주어진 영상 I에 대해서 생성된 모든 R의 집합을 $R(I)$라고 정의한다.

다음 과정은 생성된 모든 극대적인 영역(extremal region) $R(I)$ 사이에서 가장 변화가 안정된 영역을 추출하는 과정이다. 다음 그림 8-12는 1차원 I에 대하여 최대 안전 영역(maximally stable region)을 추출하는 방법에 대해서 설명하고 있다. 각각의 기호는 다음과 같다.

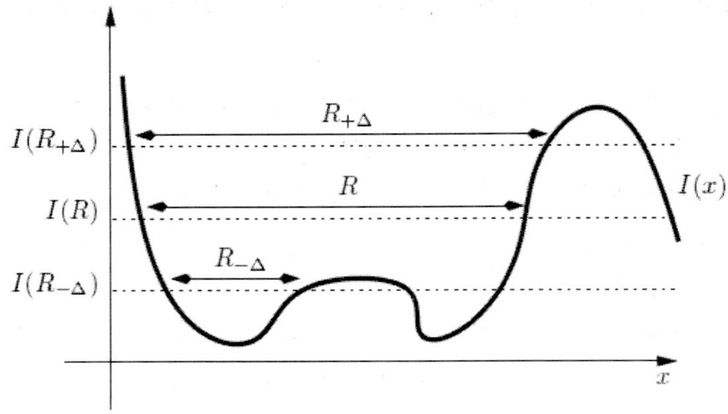

그림 8-12 안전 영역 추출방법[1]

$$\Delta > 0$$
$$R_{+\Delta} = \arg min\{|Q|: Q \in R(I), Q \supset R, I(Q) \geq I(R) + \Delta\} \qquad (식\ 8\text{-}21)$$
$$R_{-\Delta} = \arg min\{|Q|: Q \in R(I), Q \subset R, I(Q) \leq I(R) - \Delta\}$$

위 수식을 통해 $R_{+\Delta}$, $R_{-\Delta}$를 구하고 (식 8-22)를 통해 영역 변화 값을 계산한다. 영역 변화 값은 가장 안정화된 영역을 찾는 기준이 되며, 이 값이 최소화되는 영역 R이 가장 안정된 영역이 된다.

$$\rho(R:\Delta) = \frac{|R_{+\Delta}| - |R_{-\Delta}|}{|R|} \qquad (식\ 8\text{-}22)$$

그림 8-13은 추출한 MSER의 예를 보인 것이다.

그림 8-13 MESR 추출 결과

8.2 특징 기술자(feature descriptor)

추출된 두 영상의 특징을 추출한 후에는 해당 특징들을 매칭하는 것이 필요하다. 가장 단순한 방법으로 해당 특징을 포함하는 작은 패치들 간의 제곱 차의 합(sum of squared differences)나 정규화 교차 상관도(normalized cross correlation)를 이용하는 것이다. 하지만, 대부분의 경우, 특징의 지역적 외관(appearance)과 방향, 스케일, 그리고 어파인 변형(affine deformation)에 영향을 받기 때문에, 먼저 지역적 스케일, 방행, 어파인 프레임을 추정한 후 패치를 다시 추출한 후 특징의 기술자를 생성한다. 가장 대중적인 기술자로는 SIFT를 말할 수 있고, 그 이후로 다양하게 SIFT를 기반으로 개선된 기술자들이 제안되었다. 예를 들어 그레디언트 이미지를 이용한 PCA-SIFT가 있다. 이것은 36개의 차원의 기술자를 산출하여 SIFT보다 빠른 매칭을 장점으로 가지고 있다. 그러나 SIFT보다는 정확하게 특징점을 구별하는 것이 적고 느린 특징 연산이 빠른 매칭을 하는 효과를 반감시킨다. 또한 GLOH라는 SIFT의 변현된 기술자는 SIFT와 많은 차원의 개수를 가지기 때문에 특징점의 구별성은 발전되었지만 연산 시에 많은 비용을 요구하게 된다.

8.2.1 HOG(Histogram of Oriented Gradient)

HOG(Histogram of Oriented Gradient) 기술자[8]는 객체 검출을 목적으로 고안된 특징정보 기술자로 Dalal와 Triggs에 의해 제안되었다. HOG 기술자는 국소 영역에 포함되어 있는 인접 화소의 분포를 히스토그램화하여 국소 영역의 기하학적인 변화에 강건한 특징을 가지고 있다. 화소에 대한 방향과 크기는 다음 식을 이용해서 계산할 수 있다.

$$m(x,y)^2 = (I(x+1,y) - I(x-1,y))^2 + (I(x,y+1) - I(x,y-1))^2 \qquad \text{(식 8-23)}$$

$$\theta(x,y) = \tan^{-1}\frac{I(x,y+1) - I(x,y-1)}{I(x+1,y) - I(x-1,y)} \qquad \text{(식 8-24)}$$

8.2.2 SIFT 기술자

SIFT 특징은 검출된 키 포인트 주변의 16×16 윈도의 각 점에서의 그레디언트의 방향과 세기에 의해 결정된다. 먼저 키 포인트 주변 영역에서 지역 그레디언트의 방향과 크기를 구한 후, 회전에 강건한 기술자를 계산하기 위해 그레디언트의 방향과 기술자의 좌표는 기준 방위 방향으로 회전이동이 이루어진다. 회전된 그레디언트 영상에 대해 특징점을 중심으로 방향과 조명 변화에 민감설을 회피하기 위해 가우시안 가중치를 부여한다. 가우시안 가중치가 부여된 그레디언트는 그림 8-14와 같이 8개의 방향으로 양자화(quantization)되어

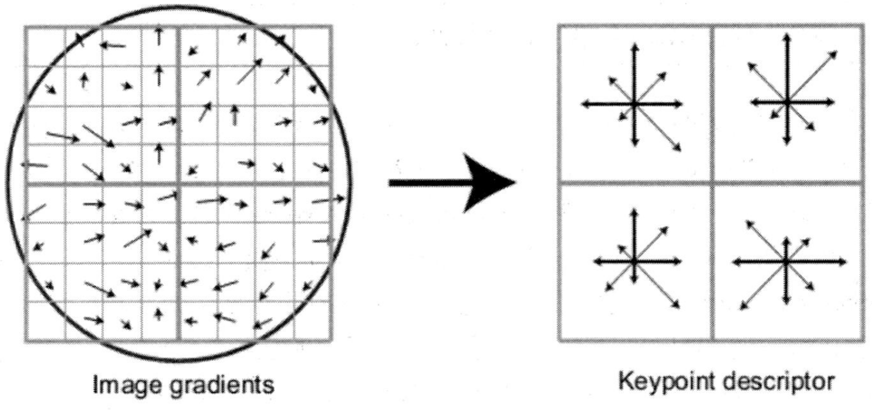

그림 8-14 SIFT 기술자[3]

해당 키 포인트에 대한 특징 벡터로 재구성한다. 이러한 방향 히스토그램은 4×4 영역에 대대 8개의 방향으로 양자화되어 총 128(4×4×8) 차원의 벡터로 구성되며, 최종적으로 정규화 과정을 거쳐 키 포인트를 표현하는 기술자가 된다.

8.2.3 PCA-SIFT 기술자

Ke와 Sukthankar은 제안한 PCA-SIFT 기술자[9]는 기존의 SIFT 기술자의 한 변형으로 39×39 패치에 대해 x-방향과 y-방향 그레디언트를 계산하고 이를 통해 획득되는 3042 차원의 벡터를 PCA(Principal-Component Analysis)를 통해 36차원으로 줄임으로서 효율적인 기술자를 구성하도록 한 방법이다.

8.2.4 SURF 기술자

SURF 알고리듬에서 기술자는 필터 크기가 2인 Harr-wavelet 결과를 통해 계산된 64차원의 벡터로 표현하다. 기술자 계산을 위해 먼저 추출된 키 포인트들에 대해 6σ 반경 내의 x 방향 Harr wavelet 응답과 y 방향 Harr wavelet 응답을 더해서 그림 8-15, 그림 8-16과 같이 주방향을 계산하다. 주방향을 기준으로 4×4 크기의 세부 영역으로 나누고, 각 영역마다 5×5 크기의 x 방향 및 y 방향 Harr wavelet을 적용시켜 dx, dy를 계산한 후 dx, dy를 사용하여 $\sum dx$, $\sum dy$, $\sum|dx|$, $\sum|dy|$의 값을 계산한다. 각 세부 영역마다 이 4개의 특징값을 구하면 총 16개의 영역에 대해 4개의 특징값을 구할 수 있으므로, 총 64차원의 벡터가 구성되고, 이것이 키 포인트를 표현하는 기술자가 된다.

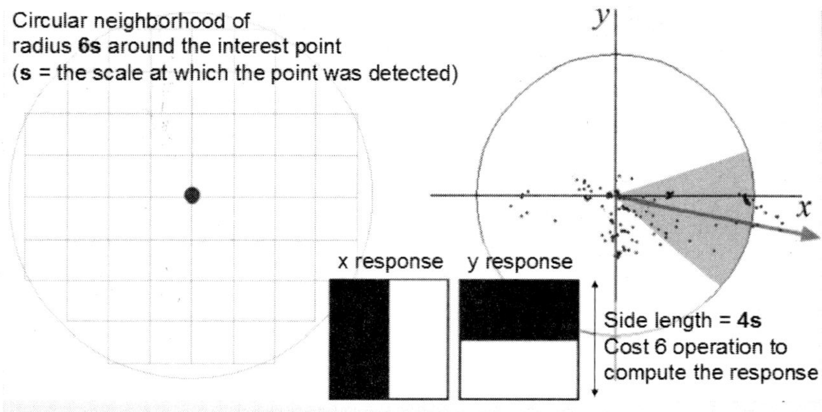

그림 8-15 방향 할당[5]

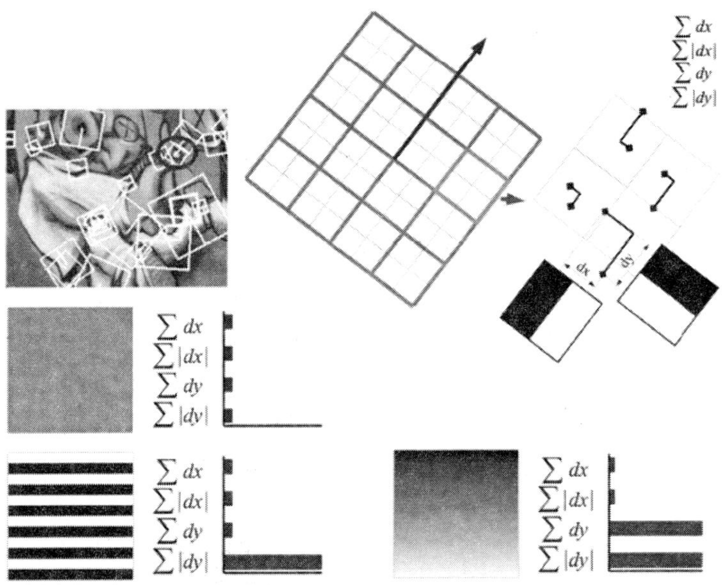

그림 8-16 기술자 연산의 wavelet의 이용[1]

8.2.5 GLOH(Gradient location-orientation histogram)

GLOH는 Mikolajczyk와 Schmid에 의해 제안된 GLOH[10]는 SIFT 기술자의 한 변형으로 SIFT의 4분면 대신 로그-폴라 바이닝(log-polar binning) 구조를 이용하는 방법이다. 그림 8-17과 같이 8개 각도에 대해 반지름 6, 11, 15로 구성되어 총 공간에 대한 17개의 bin과 16개의 방향에 대한 bin으로 공간적 bin을 구성한다.

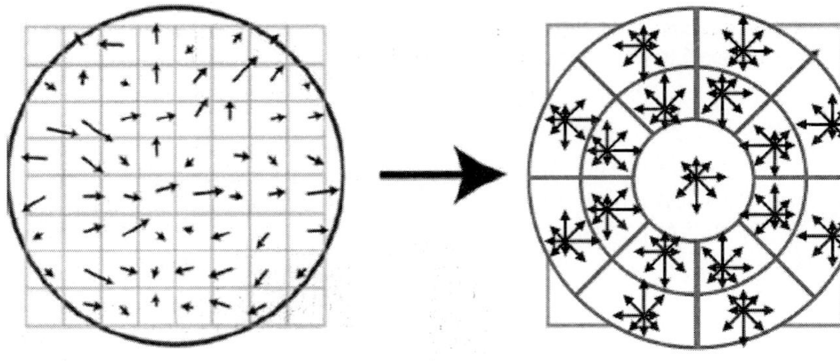

그림 8-17 Gradient location-orientation histogram(GLOH) descriptor[1]

8.3 특징 매칭(feature matching)

그림 8-18과 같이 겹쳐야 할 2개의 영상에 있다고 한다면, 왼쪽 영상의 특징들과 오른쪽의 영상의 특징들은 겹침이 발생하거나 외형(appearance)이 크게 변한 것을 제외하면 대부분의 특징이 매칭되거나 그림 8-19와 같이 만약 인식해야 할 대상을 알고 있고, 복잡한 영상에서 이러한 대상을 인식해야 상황에서는 물체의 특징이 매칭이 되지 않은 경우, 모두 굉장히 많은 특징 매칭을 검색해야 하므로 효율적인 매칭전략이 필요하다.

서로 다른 영상의 특징을 매칭시키기 위해서는 먼저 기술자에 의해 표현된 특징 간의 차이를 유클리디언 거리(Euclidean distance)를 이용한다. 특징 간의 매칭은 먼저 매칭 전략에 의해 결정되는데 크게 세 가지를 이용한다. 가장 간단한 매칭전략은 문턱치(threshold)값을 설정하고, 이 문턱치 값보다 적은 값만을 매칭의 기준으로 하는 것이다.

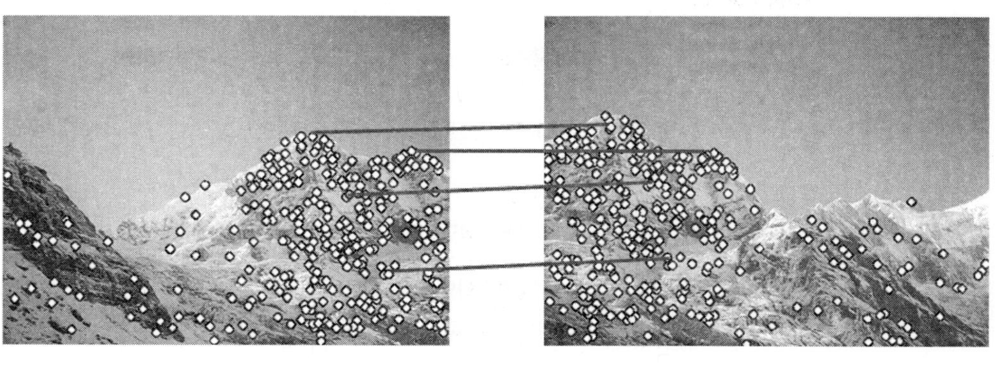

그림 8-18 파노라마 영상 생성을 위한 특징 매칭[1]

그림 8-19 물체 인식에서의 특징 매칭[3]

이 방법은 매우 간단하지만 그림 8-20과 같이 만약 이 문턱치 값이 너무 높게 설정하면 많은 false positive가 발생하고, 너무 낮게 설정이 되면 반대로 많은 false negative가 발생하는 단점을 가지고 있다. 그림 8-19에서 검은색의 1과 2는 서로 다른 영상에서의 특징이라 하고 현재의 문턱치 값이 실선으로 표시된 원이라고 할 때 녹색 1은 검은 색 1과 문턱치 범위 안에 있으므로 true positive(올바른 매칭)가 발생하고, 파란색 1은 반대로 문턱치 값 밖에 있으므로 매칭되어야 할 특징이어야 함에도 매칭이 일어나지 않아 false negative가 발생한다. 빨간색 3은 검은색 2와 매칭 스코어가 문턱치 값 안에 있어 매칭이 일어나지만 실제로는 다른 특징이므로 false positive가 발생한다. 만약 문턱치 값을 점선으로 표시한 원과 같이 높이면, 파란색 1은 true positive가 되지만, 녹색 4의 경우에는 false positive가 추가적으로 발생하는 경우가 된다[11].

보통 매칭 특정 문턱치 값에 대해 매칭 알고리즘의 성능은 다음의 정의에 의해 올바르게 수행된 매칭과 잘못된 매칭의 수를 계산해서 평가한다.

TP : true positive(올바르게 매칭된 수)
FN : false negative(매칭이 일어나야 하지만 실제로는 매칭이 일어나지 않은 수)
FP : false positive(매칭되지 않아야 할 매칭이 실제로 매칭이 일어난 수)
TN : true negative(매칭되지 않아야 할 매칭이 실제로 매칭이 일어나지 않은 수)

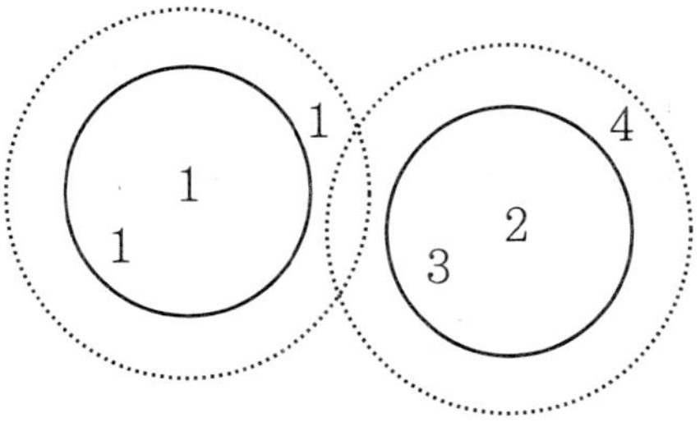

그림 8-20 False positive와 negative[1]

이 정의들을 이용해 아래 값들을 정의하고 이를 통해 알고리즘의 성능을 평가한다.

- True positive rate(TPR)

$$\mathrm{TPR} = \frac{\mathrm{TP}}{\mathrm{TP} + \mathrm{FN}} = \frac{\mathrm{TP}}{\mathrm{P}} \qquad \text{(식 8-25)}$$

- False positive rate(FPR)

$$\mathrm{FPR} = \frac{\mathrm{FP}}{\mathrm{TP} + \mathrm{FN}} = \frac{\mathrm{FP}}{\mathrm{N}} \qquad \text{(식 8-26)}$$

- Positive predictive value(PPV)

$$\mathrm{PPV} = \frac{\mathrm{TP}}{\mathrm{TP} + \mathrm{FP}} = \frac{\mathrm{TP}}{\mathrm{P}'} \qquad \text{(식 8-27)}$$

- Accuravy(ACC)

$$\mathrm{ACC} = \frac{\mathrm{TP} + \mathrm{TN}}{\mathrm{P} + \mathrm{N}} \qquad \text{(식 8-28)}$$

다음 표 8-1은 특징 매칭 알고리즘에서 올바르게 매칭되거나 잘못 매칭된 수를 이용해 위에서 정의한 성능 평가 지수의 한 예를 보인 것이다.

표 8-1 매칭 알고리즘 성능 평가 지수의 예[11]

	True matches	True non-matches		
Predicted matches	TP=18	FP=4	P'=22	PPV=0.82
Predicted non-matches	FN=2	TN=76	N'=78	
	P=20	N=80	Total=100	
	TPR=0.90	FPR=0.05		ACC=0.94

문제는 이러한 최적의 문턱치 값을 설정하는 것이 매우 어렵다는 것이다. 따라서 이렇게 고정된 문턱치 값을 사용하는 대신 최인접 이웃 매칭 방법이나 최인접 이웃 거리 비 방법을 이용한다. 최인접 이웃 매칭 방법은 영역 A와 B에 대해서 기술자 D_B가 D_A의 인접 이웃(nearest neighbor)이면 두 영역을 매칭시키는 방법이다. 하지만 이 방법도 고정된 문턱치 값을 이용하는 문제점이 있다. 마지막으로 최인접 이웃 매칭 방법과 유사하지만 문턱치 값을 다음과 같은 최인접 이웃 거리 비를 이용하는 방법이다.

$$\mathrm{NNDR} = \frac{d_1}{d_2} = \frac{\| D_A - D_B \|}{\| D_A - D_C \|} \qquad \text{(식 8-29)}$$

여기서 D_A는 목표 기술자이고, D_B, D_C는 각각 가장 가까운 이웃들이다.

이와 같은 매칭 전략이 결정되면, 다음으로 수행할 일은 잠재적 매칭 후보들에 대한 검색(search)을 수행하는 것이다. 가장 간단한 방법은 하나의 특징에 대해 상대 쪽의 모든 특징을 전부와 비교하면서 대응관계를 찾는 것이다. 하지만 이 방법은 추출된 특징의 개수에 따라 너무 많은 비교를 수행해야 하므로 사용하는데 많은 제약이 있다. 이러한 문제점을 개선하기 위해 다중 차원 검색 트리(multi-dimensional search tree)나 해시 테이블(hash table)과 같은 인덱스 구조(indexing structure)를 이용한다[13]. 이러한 인덱스 구조는 각 영상과는 독립적으로 구성되며, 주어진 영상 데이터 베이스 내의 모든 영상에 대해서, 반복적인 검색이 필요하지 않기 때문에 보다 빠른 속도로 검색을 수행 할 수 있다. Hasing 기술을 사용하는 방법 중 널리 이용되는 방법 중 하나는 locality sensitivity hasing 방법으로 특징을 인덱스 하기 위해 독립적으로 계산되어진 해싱 함수의 결합하여 사용하는 방법이다[14, 16]. 최근에는 고차원 기술자를 해밍 거리(hamming distance)를 이용해 2진 코드(binary)로 바꾸는 방법이 제안되기도 하였다[17-18].

또 다른 방법은 흔히 k-d 트리 혹은 kd 트리라고 알려진 다차원 검색 트리 방법이다[11, 19]. K-d 트리는 2진 트리(binary)를 다중 차원 개념으로 확장한 것으로 다수의 속성을 동시에 키로 이용하는 색인 구조이다. 이 방법은 다중 차원의 특징 공간을 축에 따라 정렬되어진 초평면(axis-aligned hyperplane)으로 나누고, 각 축별로 특정 기준을 최대화 하는 문턱치 값을 선택해서 적용하는 방법이다. 그림 8-21은 2차원 k-d 트리의 예를 보인 것이다. 그림 8-22를 보면 8개의 데이터(A~H)가 2차원 2차원 평면 위에 작은 다이아몬드로 표시되어 있다. K-d 트리는 재귀(recursive)적으로 포함될 데이터의 분산이 가장 큰 수평이나 수직 축 방향으로 각 절단면마다 하나의 원소만을 포함할 때까지 절단한다.

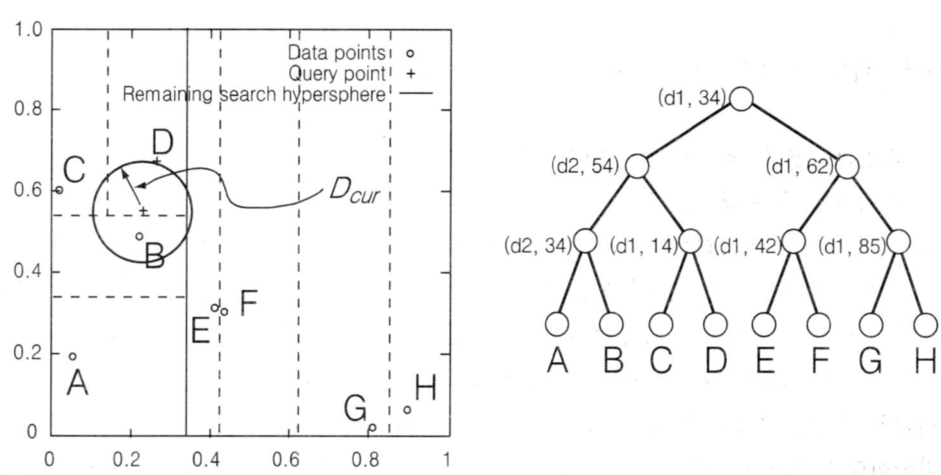

그림 8-21 K-d 트리[9]

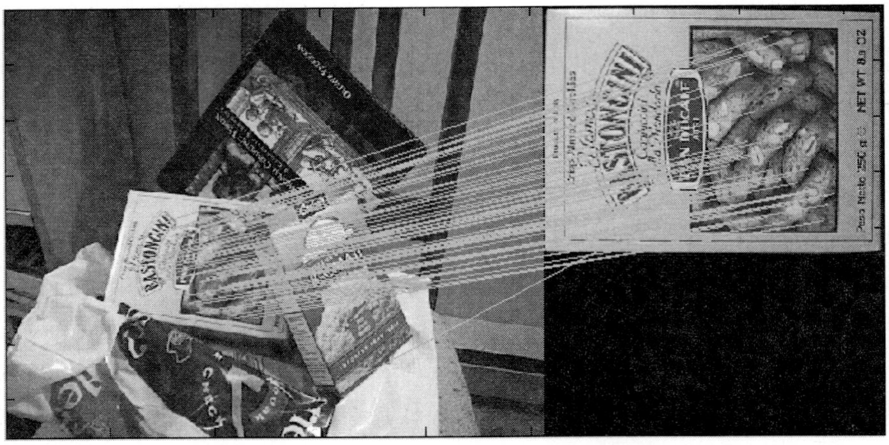

그림 8-22 SIFT 특징을 이용한 매칭 결과

절단된 공간에서 각 절단 축에 대해 초평면 안에 포함되어 있으면 왼쪽 서브 트리에, 포함되어 있지 않으면 오른쪽 서브 트리에 위치하게 하고 최대한 최대 깊이가 가능한 적은 방향으로 트리를 구성하게 된다. K-d 트리에서 검색은 차원이 하나일 때에는 일반적인 2진 트리 검색과 같지만, 다중 차원일 경우에는 트리의 루트에서 하나의 속성을 비교한 후 다음 레벨에 와서는 다른 속성에 대한 비교를 수행한다. 이처럼 레벨이 달라질 때마다 서로 다른 속성을 이용하여 검색을 수행한다.

이 외에도 많은 최인접 이웃 문제를 해결하기 위해 다양한 방법들이 제안되었지만[20, 25], 영상의 특징을 빠르게 매칭하는 문제는 여전히 도전과제로 남아 있다.

8.4 특징 추적(feature tracking)

'Detect and Track' 기법은 비디오 추적 애플리케이션에서 널리 쓰이는 기법으로 비디오의 프레임에 대해 특징을 구하고 첫 번째 프레임에 있는 타깃(target) 특징들의 위치에 대응되는 위치를 해당 프레임 영상에서 검색하는 방법으로 주로 인접한 프레임 사이의 모션과 외형 변화가 적을 경우 많이 이용된다. 따라서 이 방법에서 추적하는데 간단한 특징을 선택하는 문제는 매우 중요한 문제이다. 실제로, 높은 그레디언트를 포함하는 영역은 특징을 매칭하는데 쉽기 때문에 안정적인 추적을 하는데 쉽다. 보통 패치(patch) 기반의 위치 검색은 제곱차 방법을 이용하면 좋은 추적결과를 얻을 수 있다. 하지만 만약 영상이 밝기 변화가 발생한다면 이러한 변화를 보정(compensation)하거나 아니면 정규화된 상호 상관을 이용하는 것이 효과적이다. 만약 검색 범위가 넓다면, 저해상도 영상을 이용해 초기 위치를 추측하는 계층적 검색전략(hierarchical search strategy) 기법을 이용하는 것이 효과적이다. 추적 대상의 외형(appearance)을 학습하고 추정된 위치의 주변을 검색하는 방법[26-28]도 이러한 방법 중의 하나라고 할 수 있다.

하지만 만약 특징이 어느 정도 추적이 진행되면, 그들의 외형(appearance)가 변하게 된다. 이렇게 외형이 변하는 경우, 고전적인 방법들의 경우 추적에 실패하는 경우가 많았다. 이러한 외형 변화가 일어날 때 적절하게 사용할 수 있는 방법이 어파인 모션 모델을 이용하는 것이다. Shi와 Tomasi는 그림 8-23과 같이 먼저 이웃 프레임 안에서 패치들을 이동 모델을 이용해 비교한 다음 현재 프레임에서의 패치 사이의 어파인 정합(affine registration)을 이용함으로 위치를 추정하는 방법을 제안했다[29]. 이 추적기(tracker)를 보통 Kanade-Lucas-Tomasi(KLT) 추적기라고 하고 현재에도 널리 사용되고 있다.

이들의 연구로 인해 그 후 다양한 연구와 애플리케이션이 생성됐다. Beardsley, Torr 그리고 Zisserman[30]은 비디오 영상으로부터 sparse 3D 모델을 생성하기 위해 모션 구조와 특징 추적을 결합한 방법을 제안했고, Kang, Szeliski 그리고 Shum[31]은 겹침이 발생하는 환경에서 안정적인 추적을 위해 인접 패치의 코너를 결합하는 방법을 제안했다.

Tommasini, Fusiello, Trucco 등[32]은 기본적인 Shi와 Tomasi 알고리즘에서 잘못된 매칭을 제거하는 보다 나은 방법을 제공한다. Collins와 Liu[33]는 시간에 따라 큰 외형 변화가 발생하는 환경에서 특징 선택에 대한 개선된 방법을 제안했다. Shafique와 Shah[34]는 많은 수의 물체나 점이 움직이는 비디오에서 특징 매칭에 대한 알고리즘을 개발했다. Yilmaz, Javed와 Shah[35]와 Lepetit와 Fua[36]는 특징 기반의 기술뿐만 아니라 윤곽(contour)과 영역(region)기반의 기술을 포함하는 넓은 추적 분야에 대한 서베이(survey)를 발표했다. 최근엔 빠른 특징 매칭을 위해 특정 목적의 학습알고리즘을 이용하는 방법이 개발됐다[37-40]. 먼저 샘플 패치와 그들의 어파인 변형(affine deformation) 정보를 이용해 분류기(classifier)를 훈련(train)시키고, 그림 8-24와 같이 분류기를 통해 보다 빠른 모션을 지원하는 안정적인 특징 검출기를 구성했다. 이러한 특징을 결합한 deformable model[41]과 structure from motion model[42]은 보다 안정적인 결과를 보인다.

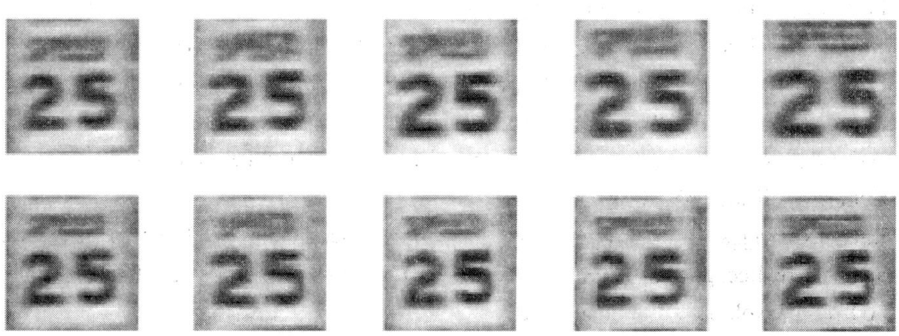

그림 8-23 어파인 모션 모델을 이용한 특징 추적[13]

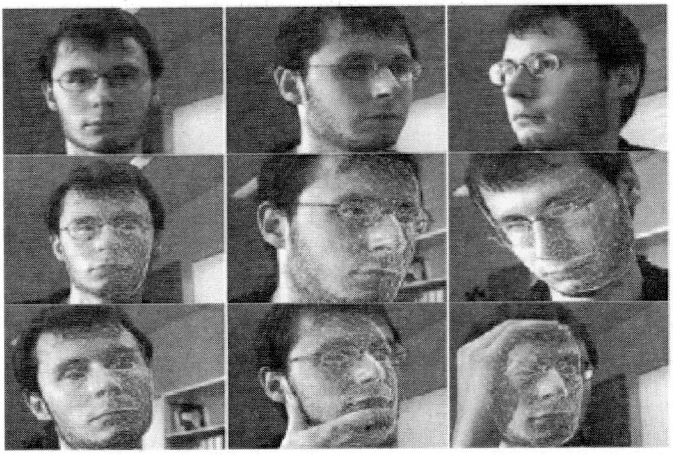

그림 8-24 실시간 머리 추적[1]

8.5 참고문헌

[1] Harris, C. and Stephens, M. J. (1988). A combined corner and edge detector. In Alvey Vision Conference, pp. 147-152.

[2] Lowe, D. G. (1999). Object recognition from local scale-invariant features. In Seventh International Conference on Computer Vision (ICCV'99), pp. 1150-1157, Kerkyra, Greece.

[3] Lowe, D. G. (2004). Distinctive image features from scale-invariant keypoints. International Journal of Computer Vision, 60(2):91-110.

[4] Bay, H., Tuytelaars, T., and Van Gool, L. (2006). SURF: Speeded up robust features. In Ninth European Conference on Computer Vision (ECCV 2006), pp. 404-417.

[5] Herbert Bay, Andreas Ess, Tinne Tuytelaars, Luc Van Gool, "SURF: Speeded Up Robust Features", Computer Vision and Image Understanding (CVIU), Vol. 110, No. 3, pp. 346-359, 2008

[6] J. Matas, O. Chum, M. Urban, and T. Pajdla. Robust wide baseline stereo from maximally stable extremal regions. In Proc. of British Machine Vision Conference, 2002.

[7] Mikolajczyk, K., Tuytelaars, T., Schmid, C., Zisserman, A., Matas, J., Schaffalitzky, F.,Kadir, T., and Van Gool, L. J. (2005). A comparison of affine region detectors. International Journal of Computer Vision, 65(1-2):43-72.

[8] Dalal, N. Triggs, B., "Histograms of oriented gradients for human detection", Computer Vision and Pattern Recognition, 2005. CVPR 2005. IEEE Computer Society Conference on , vol.1, no., pp.886-893 vol. 1, 25-25 June 2005.

[9] Ke, Y. and Sukthankar, R. (2004). PCA-SIFT: a more distinctive representation for local image descriptors. In IEEE Computer Society Conference on Computer Vision and Pattern Recognition (CVPR'2004), pp. 506-513, Washington, DC.

[10] Mikolajczyk, K. and Schmid, C. (2005). A performance evaluation of local descriptors. IEEE Transactions on Pattern Analysis and Machine Intelligence, 27(10):1615-1630.

[11] Richard Szeliski. Computer Vision: Algorithms and Applications. Springer, New York, 2010.

[12] M. Brown and D. Lowe. Automatic Panoramic Image Stitching using Invariant Features. International Journal of Computer Vision, 74(1), pages 59-73, 2007

[13] Nist′er, D. and Stew′enius, H. (2006). Scalable recognition with a vocabulary tree. In IEEE Computer Society Conference on Computer Vision and Pattern Recognition (CVPR'2006), pp. 2161-2168, New York City, NY

[14] Gionis, A., Indyk, P., and Motwani, R. (1999). Similarity search in high dimensions via hashing. In 25th International Conference on Very Large Data Bases (VLDB'99), pp. 518-529.

[15] Shakhnarovich, G., Darrell, T., and Indyk, P. (eds). (2006). Nearest-Neighbor Methods in Learning and Vision: Theory and Practice, MIT Press.

[16] Shakhnarovich, G., Viola, P., and Darrell, T. (2003). Fast pose estimation with parametersensitive hashing. In Ninth International Conference on Computer Vision (ICCV 2003), pp. 750-757, Nice, France.

[17] Torralba, A., Weiss, Y., and Fergus, R. (2008). Small codes and large databases of images for object recognition. In IEEE Computer Society Conference on Computer Vision and Pattern Recognition (CVPR 2008), Anchorage, AK.

[18] Torralba, A., Murphy, K. P., Freeman, W. T., and Rubin, M. A. (2003). Context-based vision system for place and object recognition. In Ninth International Conference on Computer Vision (ICCV 2003), pp. 273-280, Nice, France.

[19] Beis, J. S. and Lowe, D. G. (1999). Indexing without invariants in 3D object recognition. IEEE Transactions on Pattern Analysis and Machine Intelligence, 21(10):1000-1015.

[20] Arya, S., Mount, D. M., Netanyahu, N. S., Silverman, R., andWu, A. Y. (1998). An optimal algorithm for approximate nearest neighbor searching in fixed dimensions. Journal of the ACM, 45(6):891-923.

[21] Liang, L., Liu, C., Xu, Y.-Q., Guo, B., and Shum, H.-Y. (2001). Real-time texture synthesis by patch-based sampling. ACM Transactions on Graphics, 20(3):127-150.

[22] Hjaltason, G. R. and Samet, H. (2003). Index-driven similarity search in metric spaces. ACM Transactions on Database Systems, 28(4):517-580.

[23] Nene, S. and Nayar, S. K. (1997). A simple algorithm for nearest neighbor search in high dimensions. IEEE Transactions on Pattern Analysis and Machine Intelligence, 19(9):989-1003.

[24] Grauman, K. and Darrell, T. (2005). Efficient image matching with distributions of local invariant features. In IEEE Computer Society Conference on Computer Vision and Pattern Recognition (CVPR'2005), pp. 627-634, San Diego, CA.

[25] Muja, M. and Lowe, D. G. (2009). Fast approximate nearest neighbors with automatic algorithm configuration. In International Conference on Computer Vision Theory and Applications (VISAPP), Lisbon, Portugal.

[26] Avidan, S. (2001). Support vector tracking. In IEEE Computer Society Conference on Computer Vision and Pattern Recognition (CVPR'2001), pp. 283-290, Kauai, Hawaii.

[27] Jurie, F. and Dhome, M. (2002). Hyperplane approximation for template matching. IEEE Transactions on Pattern Analysis and Machine Intelligence, 24(7):996-1000.

[28] Williams, O., Blake, A., and Cipolla, R. (2003). A sparse probabilistic learning algorithm for real-time tracking. In Ninth International Conference on Computer Vision (ICCV 2003), pp. 353-360, Nice, France.

[29] Shi, J. and Tomasi, C. (1994). Good features to track. In IEEE Computer Society Conference on Computer Vision and Pattern Recognition (CVPR'94), pp. 593-600, Seattle.

[30] Beardsley, P., Torr, P., and Zisserman, A. (1996). 3D model acquisition from extended image sequences. In Fourth European Conference on Computer Vision (ECCV'96), pp. 683-695, Cambridge, England.

[31] Kang, S. B., Szeliski, R., and Shum, H.-Y. (1997). A parallel feature tracker for extended image sequences. Computer Vision and Image Understanding, 67(3):296-310.

[32] Tommasini, T., Fusiello, A., Trucco, E., and Roberto, V. (1998). Making good features track better. In IEEE Computer Society Conference on Computer Vision and Pattern Recognition (CVPR'98), pp. 178-183, Santa Barbara.

[33] Collins, R. T. and Liu, Y. (2003). On-line selection of discriminative tracking features. In Ninth International Conference on Computer Vision (ICCV 2003), pp. 346-352, Nice, France.

[34] Shafique, K. and Shah, M. (2005). A noniterative greedy algorithm for multiframe point correspondence. IEEE Transactions on Pattern Analysis and Machine Intelligence, 27(1):51-65.

[35] Yilmaz, A., Javed, O., and Shah, M. (2006). Object tracking: A survey. ACM Computing Surveys, 38(4).

[36] Lepetit, V. and Fua, P. (2005). Monocular model-based 3D tracking of rigid objects. Foundations and Trends in Computer Graphics and Computer Vision, 1(1).

[37] Lepetit, V., Pilet, J., and Fua, P. (2006). Keypoint recognition using randomized trees. IEEE Transactions on Pattern Analysis and Machine Intelligence, 28(9):1465-1479.

[38] Hinterstoisser, S., Benhimane, S., Navab, N., Fua, P., and Lepetit, V. (2008). Online learning of patch perspective rectification for efficient object detection. In IEEE Computer Society Conference on Computer Vision and Pattern Recognition (CVPR 2008), Anchorage, AK.

[39] Rogez, G., Rihan, J., Ramalingam, S., Orrite, C., and Torr, P. H. S. (2008). Randomized trees for human pose detection. In IEEE Computer Society Conference on Computer Vision and Pattern Recognition (CVPR 2008), Anchorage, AK.

[40] Özuysal, M., Calonder, M., Lepetit, V., and Fua, P. (2010). Fast keypoint recognition using random ferns. IEEE Transactions on Pattern Analysis and Machine Intelligence, 32(3).

[41] Pilet, J., Lepetit, V., and Fua, P. (2008). Fast non-rigid surface detection, registration, and realistic augmentation. International Journal of Computer Vision, 76(2).

[42] Klein, G. and Murray, D. (2008). Improving the agility of keyframe-based slam. In Tenth European Conference on Computer Vision (ECCV 2008), pp. 802?815, Marseilles.

[43] Lepetit, V., Pilet, J., and Fua, P. (2004). Point matching as a classification problem for fast and robust object pose estimation. In IEEE Computer Society Conference on Computer Vision and Pattern Recognition (CVPR'2004), pp. 244—250, Washington, DC.

09

이미지 와핑(warping) 및 파노라마 생성

파노라마 생성이란 부분적으로 겹쳐진 입력 영상으로부터 이미지 스티칭(image stitching)을 수행하여 시야각이 넓은 파노라마 영상을 생성하는 것이다. 파노라마 영상을 생성하기 위해서 각 입력된 영상 간의 관계를 정의하는 영상 등록이 수행되며 영상 간 겹쳐진 영역에 대해 한 영상을 선택하거나 영상을 결합하는 등의 블렌딩(blending) 과정이 필요하다. 입력된 각 영상은 와핑(warping)을 통해 다양한 방법으로 결과 파노라마 영상에 투영(projection)되어 표현될 수 있다. 그림 9-1은 파노라마를 생성하는 단계를 보여준다. 이 장에서는 파노라마 영상 생성을 위한 이미지 와핑 방법 및 이미지 등록, 블렌딩, 파노라마 전시 기술에 대해 설명한다.

9.1 영상 와핑(image warping)

이미지 와핑은 영상의 형태를 변경시키는 과정으로 영상의 각 화소의 위치를 변경시킨다. 이러한 와핑과정을 통해 영상에 이동(translation), 비율 변환(scaling), 어파인 변환(affine transformation)을 적용할 수 있으며 서로 다른 카메라로부터 획득된 영상 간의 관계를 표현할 수 있다.

이미지에 필터를 적용할 경우, 영상의 화소값에 대해 변경을 수행함으로써 영상에 필터 효과를 적용한다. 이와 달리 와핑은 그림 9-2와 같이 영상의 정의역(domain)에 해당하는 화소의 위치를 변화시켜 영상의 형태를 변형하므로 실제 화소값에는 영향을 주지 않는다. 이러한 영상형태를 변형하는 가장 간단한 변환은 좌, 우 또는 위, 아래의 이동 변환이다. 그러나 대다수의 변형은 다양한 이동 변환이 결합된 형태로 적용되며 각 화소의 이동량은 정수형태 이외에도 소수형태로 발생할 수 있어 인접 화소의 보간을 수행하여야 한다. 이러한 이미지의 형태 변환은 일반적으로 회전(rotation), 이동(translation), 크기(scaling) 변환 등의 기하학적 변환으로 표현 가능하다. 그러므로 이미지 와핑 시스템은 화소의 좌표(coordinate) 변환과 화소 간의 보간(interpolation) 단계를 가진다.

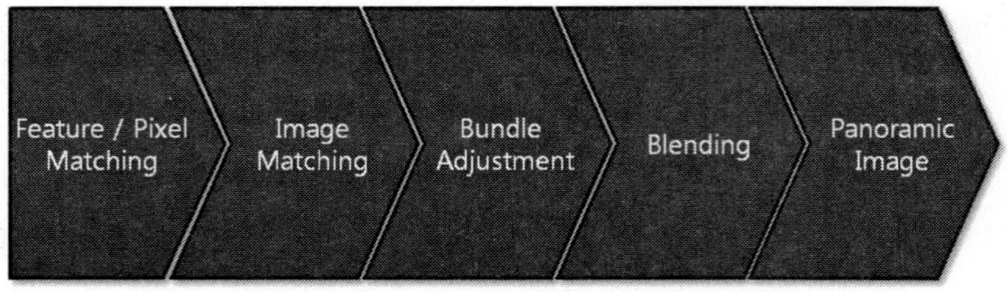

그림 9-1 파노라마 생성과정 예

9.1.1 좌표 변환(coordinate transformation)

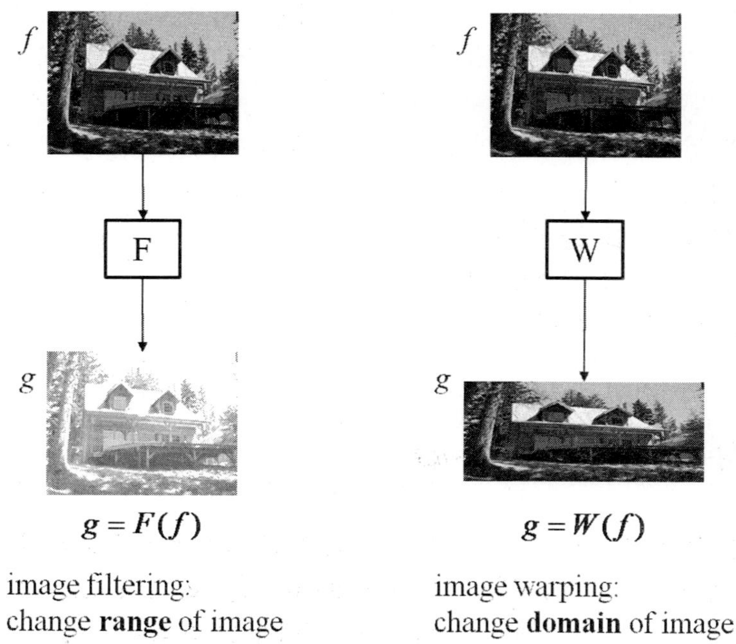

그림 9-2 이미지 필터 vs. 이미지 와핑

이미지의 좌표 변환은 원본 영상과 최종 영상 간의 기하학적 관계를 이용한 좌표 매핑(mapping)을 수행한다.

9.1.1.1 크기 변환

임의의 기하학적 변환이 주어졌을 때, 화소의 좌표 변환은 다음 식과 같이 좌표 행렬 곱으로 표현 가능하다.

$$\begin{bmatrix} x' \\ y' \end{bmatrix} = T \begin{bmatrix} x \\ y \end{bmatrix} \qquad \text{(식 9-1)}$$

여기서 x와 y는 원본 영상의 좌표이며 x'과 y'은 변환 영상의 화소 좌표이다. 그리고 변환 행렬 T는 2×2 행렬로 표현할 수 있다. 크기 변환일 경우, 원본 영상의 화소 좌표가 가로축으로 s_x, 세로축으로 s_y의 비율만큼 변환될 때, 변환 행렬 T는 다음과 같은 행렬로 표현한다.

$$\begin{bmatrix} x' \\ y' \end{bmatrix} = \begin{bmatrix} s_x & 0 \\ 0 & s_y \end{bmatrix} \begin{bmatrix} x \\ y \end{bmatrix} \quad \text{(식 9-2)}$$

그러므로 변환된 화소의 좌표값은 $x' = s_x x$, $y' = s_y y$가 된다.

9.1.1.2 회전 변환

그림 9-3과 같이 길이가 r이고 ϕ의 각을 가진 임의의 좌표 (x, y)를 고려할 때, 좌표 (x, y)는 다음과 같이 길이와 각도로 표현할 수 있다.

$$\begin{aligned} x &= r\cos\phi \\ y &= r\sin\phi \end{aligned} \quad \text{(식 9-3)}$$

이때, 이 좌표가 θ만큼 회전했을 때, 변환 좌표 (x', y')은 다음과 같다.

$$\begin{aligned} x' &= r\cos(\phi+\theta) = r\cos\phi\cos\theta - r\sin\phi\sin\theta = x\cos\theta - y\sin\theta \\ y' &= r\sin(\phi+\theta) = r\sin\phi\cos\theta + r\cos\phi\sin\theta = x\sin\theta + y\cos\theta \end{aligned} \quad \text{(식 9-4)}$$

그러므로 변환 행렬 T는 다음과 같다.

$$\begin{bmatrix} x' \\ y' \end{bmatrix} = \begin{bmatrix} \cos\theta & -\sin\theta \\ \sin\theta & \cos\theta \end{bmatrix} \begin{bmatrix} x \\ y \end{bmatrix} \quad \text{(식 9-5)}$$

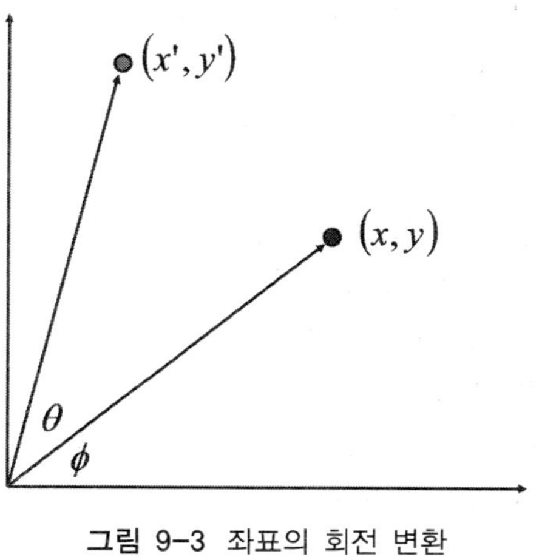

그림 9-3 좌표의 회전 변환

9.1.1.3 이동 변환

위의 행렬식은 화소에 대해 임의의 원소에 대한 곱으로 표현되기 때문에 화소의 이동 변환은 위와 같은 행렬식으로 표현하기 어렵다. 예를 들어, 화소가 x축으로 t_x만큼, y축으로 t_y만큼 이동하였을 경우, 변환 화소 (x', y')은 $x' = x + t_x$, $y' = y + t_y$로 표현되기 때문에 원소의 곱으로 표현될 수 없는 문제점을 가진다. 이러한 문제점을 해결하기 위해 화소를 나타내는 벡터를 3-벡터로 2차원의 좌표를 표현한다. 이러한 표현을 homogeneous 좌표라 하며 임의의 화소 좌표 (x, y)에 대해 다음과 같다.

$$\begin{bmatrix} x \\ y \end{bmatrix} \Rightarrow \begin{bmatrix} x \\ y \\ 1 \end{bmatrix} \quad \text{(식 9-6)}$$

화소의 기하학적 변환을 행렬식으로 표현하기 위해 homogeneous 좌표가 사용된다. 임의의 homogeneous 좌표 (x, y, w)는 2차원 좌표 $(x/w, y/w)$를 나타내며 $(x, y, 0)$은 무한점(ininity point)를 나타낸다. 그리고 $(0, 0, 0)$은 homogeneous 좌표에서 사용되지 않는다.

2차원 위의 임의의 화소 좌표 $(x, y, 1)$이 주어졌을 때, 이동 변환은 다음과 같은 행렬식으로 표현된다.

$$\begin{bmatrix} x' \\ y' \\ w' \end{bmatrix} = \begin{bmatrix} 1 & 0 & t_x \\ 0 & 1 & t_y \\ 0 & 0 & 1 \end{bmatrix} \begin{bmatrix} x \\ y \\ 1 \end{bmatrix} \quad \text{(식 9-7)}$$

9.1.1.4 기하학(geometric) 변환

기하학적 관계는 그림 9-4와 같이 유클리디안(Euclidean), 닮음(similarity), 아핀(affine), 투영(projective) 변환으로 나눌 수 있다. 기하학적 변환은 2차원 좌표에 대해 homogeneous 좌표를 사용하여 행렬식으로 표현되며 각 변환에 따라 변환 행렬 T의 자유도(degrees of freedom)가 정의된다. 유클리디안 변환은 회전 및 이동 변환으로 좌표의 x축, y축의 이동과 2차원 회전 변환을 수행한다.

이 변환은 원본 영상과 변환 영상 간의 매칭되는 선분의 선분 길이가 항상 같으며 매칭되는 면의 면적이 같은 크기를 가진다. 닮음 변환의 경우, 유클리디안 변환에서 영상의 크기 변환 s를 추가한 변환이다. 닮음 변환은 크기 변환으로 인해 원본 영상과 변환 영상간의 선분의 길이가 같지 않을 수 있다. 그러나 각 선분 간의 길이의 비율을 보장한다. 유클리디안 변환과 닮음 변환이 2차원 회전 행렬을 포함하는 반면, 아핀 변환은 회전 행렬 대신 임의의 행렬 원소를 포함한다. 그러므로 영상은 행렬 원소 값에 따라 임의로 왜곡되지만 선분 간의 평행성(parallelism)이 보장된다. 다시 말해, 평행한 선분은 변환 후에도 여전히 평행하게 된다. 투영 변환은 3차원 변환으로 3×3 행렬의 각 원소가 임의의 값을 가지는 변환이다.

그림 9-4

종류	행렬 표현	왜곡형태
유클리디안 변환 (Euclidean)	$\begin{bmatrix} r_{11} & r_{12} & t_x \\ r_{21} & r_{22} & t_y \\ 0 & 0 & 1 \end{bmatrix}$	
닮은 변환 (Similarity)	$\begin{bmatrix} sr_{11} & sr_{12} & t_x \\ sr_{21} & sr_{22} & t_y \\ 0 & 0 & 1 \end{bmatrix}$	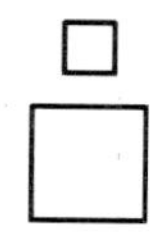
아핀 변환 (Affine)	$\begin{bmatrix} a_{11} & a_{12} & t_x \\ a_{21} & a_{22} & t_y \\ 0 & 0 & 1 \end{bmatrix}$	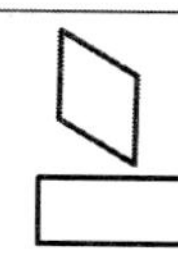
투영 변환 (Projective)	$\begin{bmatrix} h_{11} & h_{12} & h_{13} \\ h_{21} & h_{22} & h_{23} \\ h_{31} & h_{32} & h_{33} \end{bmatrix}$	

그림 9-4 기하학적 변환 종류 및 행렬 표현

9.1.2 전방향 와핑과 후방향 와핑

입력 영상과 와핑을 위한 변환 행렬 T가 주어졌을 때, 입력 영상의 모든 좌표에 대해 변환 행렬 T를 계산하여 변환 영상의 좌표에 화소값을 넣는 방법을 전방향 와핑(forward warping)이라 한다. 이 경우, 그림 9-5와 같이 화소의 변환 좌표가 같을 경우가 발생하며 변환 행렬에 따라 변환 영상의 모든 좌표가 원본 영상에 대응되지 못하는 경우가 발생한다. 이러한 경우는 변환 영상이 원본 영상보다 전체적으로 또는 부분적으로 클 경우, 구멍(hall)이 발생한다.

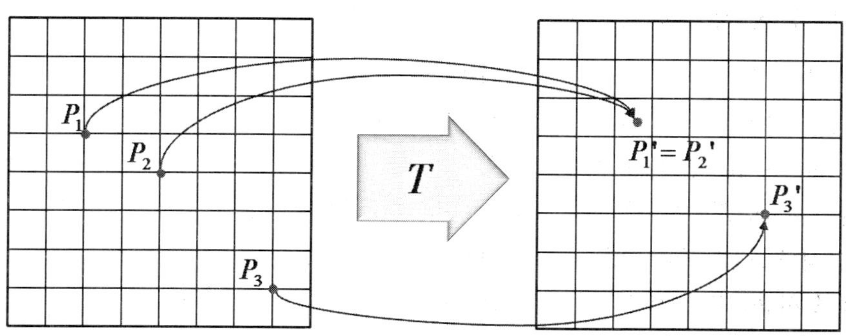

그림 9-5 전방향 와핑 방법

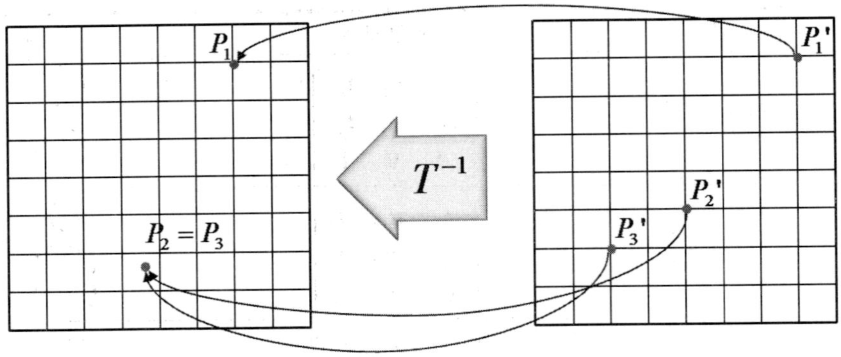

그림 9-6 후방향 와핑 방법

이와 같이 전방향 와핑으로 변환 영상의 모든 화소값을 얻을 수 없기 때문에 실제 와핑 연산에는 전방향 와핑의 역인 후방향 와핑을 많이 사용한다. 후방향 와핑(backward warping)은 그림 9-6과 같이 변환행렬 T의 역행렬 T^{-1}을 이용하여 변환 영상의 모든 좌표를 원본 영상에 대응시킨다. 후방향 와핑에서도 서로 다른 화소에 대해 같은 원본 영상의 화소과 대응될 수 있다. 그러나 이러한 방법은 변환 영상의 모든 화소를 원본 영상과 대응시킬 수 있기 때문에 변환 영상의 모든 화소값을 채울 수 있다.

9.2 이미지 등록(image registration)

이미지 등록이란 파노라마 결과 이미지를 생성하기 위해 각 입력 이미지의 기하학적 위치를 찾는 것이다. 이미지 등록 방법은 직접적인 방법(direct method)과 특징 기반 방법(feature-based method)으로 크게 두 가지로 분류할 수 있다.

9.2.1 화소 기반 이미지 등록

이미지 등록을 위한 직접적인 방법은 화소 기반 방법으로 두 이미지에서 유사한 화소를 찾음으로써 이미지를 등록하는 방법이다. 이 방법의 경우, 두 이미지를 비교하기 위해 먼저 에러 함수(error function)를 정의한다. 에러 함수를 이용하여 이미지 간 유사한 화소를 검색한다. 유사한 화소를 검색하는 가장 간단한 방법은 이미지 내에서 가능한 모든 배열에서 에러 척도를 비교하는 것이다. 그러나 이러한 방법은 매우 많은 계산을 요구하기 때문에 실제로 사용되기 어렵다. 이러한 계산속도를 향상하기 위해 이미지 피라미드 기법을 기반으로 계층적(hierarchical) coarse-to-fine 기법이 개발되었으며, 계산속도를 높이기 위해 푸리에 변환(Fourier transform)이 사용되었다.

9.2.1.1 에러 함수

두 이미지로부터 유사한 화소를 찾기 위해서는 우선적으로 화소 간의 유사성을 측정하기 위한 에러 함수가 정의되어야 한다. 이미지 $I_1(x)$와 $I_2(x)$의 겹쳐지는 영역 R에 위치한 화소 간의 에러 함수는 화소 간의 최소 제곱(least square)으로 SSD(sum of squared difference)를 이용하여 다음과 같다.

$$E_{SSD}(\boldsymbol{u}) = \sum_{i \in R} [I_1(\boldsymbol{x}_i + \boldsymbol{u}) - I_2(\boldsymbol{x}_i)]^2 = \sum_{i \in R} e_i^2 \qquad \text{(식 9-8)}$$

여기서 $\boldsymbol{u} = (u, v)$는 이미지의 변화량(displacement)이고 $e_i = I_1(\boldsymbol{x}_i + \boldsymbol{u}) - I_0(\boldsymbol{x}_i)$는 잔류 오차(residual error)이다.

SSD를 이용한 에러 함수는 화소 간의 차이를 이용한 단순한 방법이기 때문에 계산되는 화소에 포함될 수 있는 outlier로 인해 정확한 결과를 얻기 어려운 경우가 많다. 그러므로 이러한 outlier에 강건한 에러 함수를 위해 위 식에 견고 함수(robust function)를 적용한다.

$$E_{SRD}(\boldsymbol{u}) = \sum_{i \in R} \rho(I_1(\boldsymbol{x}_i + \boldsymbol{u}) - I_2(\boldsymbol{x}_i)) = \sum_{i \in R} \rho(e_i) \qquad \text{(식 9-9)}$$

견고 함수 $\rho(e_i)$는 SSD 방법에 비해 빠르게 계산하기 어렵다. 이와 달리 비디오에서의 모션 추정과 같이 빠르게 동작 가능한 함수로는 다음 식과 같이 SAD(sum of absolute difference)를 이용할 수 있다.

$$E_{SAD}(\boldsymbol{u}) = \sum_{i \in R} \rho|I_1(\boldsymbol{x}_i + \boldsymbol{u}) - I_2(\boldsymbol{x}_i)| = \sum_{i \in R} \rho|e_i| \qquad \text{(식 9-10)}$$

9.2.1.2 공간적 화소 가중치

두 이미지를 비교할 때 에러 함수는 겹쳐지는 영역 내의 화소에서만 계산되며 겹쳐지는 영역 내에 존재하는 화소의 경우에도 화소에 따라 가중치를 다르게 부여할 수 있다. 예를 들어, stitching mosaic에서 이미지 내에서 전경(foreground)의 가중치를 0으로 하여 제거함으로써 배경 안정화(background stabilization)된 결과 이미지를 얻을 수 있다. 이러한 화소 가중치는 일반적으로 화소의 공간적 변화에 따라 정의된다. SSD를 이용한 에러 함수에 화소 가중치를 추가하면 다음 식과 같은 가중치 에러 함수를 얻을 수 있다.

$$E_{WSSD}(\boldsymbol{u}) = \sum_{i \in R} w_1(\boldsymbol{x}_i + \boldsymbol{u}) w_2(\boldsymbol{x}_i) [I_1(\boldsymbol{x}_i + \boldsymbol{u}) - I_2(\boldsymbol{x}_i)]^2 \qquad \text{(식 9-11)}$$

가중치 w_1과 w_2는 유효 범위 밖일 경우 0의 값을 가진다.

이미지에 움직임(motion)이 존재할 때, (식 9-11)을 최소화하는 것은 겹쳐지는 영역이 작아지는 것과 같은 문제점을 가진다. 이러한 문제점에 대해 겹쳐지는 영역에 대한 화소 에러를 계산하여 정규화과정을 수행한다. 정규화를 위한 화소 에러는 다음과 같다.

$$S = \sum_{i \in R} w_1(\boldsymbol{x}_i + \boldsymbol{u}) w_2(\boldsymbol{x}_i) \qquad \text{(식 9-12)}$$

위의 정규화 파라미터를 이용한 (식 9-11)의 정규화된 결과에 대한 제곱근(square root) 결과를 제곱 평균 에러(root mean squared intensity error)라 하며 화소 비교를 위해 가장 많이 사용된다.

$$RMS = \sqrt{E_{WSSD}/S} \qquad \text{(식 9-13)}$$

9.2.1.3 밝기 모델

빛에 대한 노출이 서로 다른 이미지 간의 이미지 등록을 수행할 경우, 이미지 간 밝기 모델을 고려해야 한다. 두 이미지 간의 밝기 변화에 대한 가장 단순한 모델은 다음 식과 같은 바이어스(bias)와 게인(gain) 모델이다.

$$I_1(\boldsymbol{x} + \boldsymbol{u}) = (1 + \alpha) I_2(\boldsymbol{x}) + \beta \qquad \text{(식 9-14)}$$

α는 게인으로 이미지의 선형적 밝기 증가량을 나타내며 β는 바이어스로 밝기의 이동적 변화량을 표현한다. 밝기 모델에 따라 이미지 간의 최소 제곱 에러는 다음과 같다.

$$\begin{aligned} E_{BG}(\boldsymbol{u}) &= \sum_{i \in R} [I_1(\boldsymbol{x}_i + \boldsymbol{u}) - (1 + \alpha) I_2(\boldsymbol{x}_i) - \beta]^2 \\ &= \sum_{i \in R} [\alpha I_2(\boldsymbol{x}_i) + \beta - e_i]^2 \end{aligned} \qquad \text{(식 9-15)}$$

이미지 간의 절적한 게인과 바이어스 값을 추정하기 위해 선형 회귀(linear regression)을 통한 반복적인 방법이 사용된다. 또한 컬러 이미지의 경우, 이미지의 각 채널에 대해서 서로 다른 게인과 바이어스를 추정하는 것이 효과적이다.

9.2.1.4 상관 관계 모델

이미지 간 밝기 차이 모델을 대신하여 이미지 간 상관 관계를 이용할 수 있다. 상관 관계 모델은 이미지 간 화소의 곱(product)이나 교차 상관 관계(cross-correlation)을 최대로 한다.

$$E_{CC}(\boldsymbol{u}) = \sum_{i \in R} I_1(\boldsymbol{x}_i + \boldsymbol{u}) I_2(\boldsymbol{x}_i) \qquad \text{(식 9-16)}$$

상관 관계 모델은 이미지 간 밝기 차이가 존재하고 이미지 내 매우 밝은 화소 영역이 존재할 경우, 위 식을 최대로 하기 위해 그 영역을 선점하는 문제점을 가진다. 이러한 문제점으로 인해 일반적으로 정규화된 교차 상관 관계를 많이 이용한다.

$$E_{NCC}(\boldsymbol{u}) = \frac{\sum_{i\in R}\left[I_1(\boldsymbol{x}_i+\boldsymbol{u}) - \overline{I_1}\right]\left[I_2(\boldsymbol{x}_i) - \overline{I_2}\right]}{\sqrt{\sum_{i\in R}\left[I_1(\boldsymbol{x}_i+\boldsymbol{u}) - \overline{I_1}\right]^2\left[I_2(\boldsymbol{x}_i) - \overline{I_2}\right]^2}} \quad \text{(식 9-17)}$$

여기서 $\overline{I_1} = \frac{1}{N}\sum_{i\in R} I_1(\boldsymbol{x}_i+\boldsymbol{u})$, $\overline{I_2} = \frac{1}{N}\sum_{i\in R} I_2(\boldsymbol{x}_i)$이며 N은 영역 내 화소의 개수이다. 정규화된 교차 상관 관계는 항상 $[-1, 1]$의 범위를 가지기 때문에 많은 응용 분야에 쉽게 이용된다.

9.2.2 특징 기반 이미지 등록

특징 기반 방법은 이미지 내 주요한 영역이나 에지, 점 등의 이미지 내 고유한 특징을 검출하고 검출된 특징 간의 매칭 결과를 이용한 이미지 등록 방법이다. 특징은 서로 구분 가능해야 하며 이미지 내 전 영역에 고루 퍼져 있어야 한다. 또한 동일한 특징은 같은 위치를 포함하는 모든 이미지에서 검출 가능해야 하며 시간의 흐름에 영향을 받지 않아야 한다. 특징 기반 이미지 등록 방법은 이미지 간 특징을 매칭하고 매칭결과에 따라 이미지 간의 연관성을 이용하여 각 이미지의 기하학적 정보를 추정한다. 이 방법은 직접적인 방법에 비해 매우 빠르게 수행 가능하기 때문에 이미지 스티칭 이외에도 이미지 등록을 수행하는 다양한 응용 분야에서 쉽게 이용된다.

9.2.2.1 특징의 종류

(1) 영역 특징(region features)

경계가 뚜렷한 적당한 크기의 투영이 영역 특징이 될 수 있다. 예를 들어 그림자나 도시 지역, 숲, 빌딩, 호수, 저수지 등의 영역이 영역 특징이 된다. 영역은 회전이나 크기 변화, 휘어짐 등에 대해 불변적이고 잡음과 밝기 변화에 대해 안정적이기 위해 영역의 무게 중심으로 표현되기도 한다.

영역 특징은 분할 방법의 평균으로 검출된다. 분할 방법에 대한 정확성은 등록결과에 크게 영향을 미친다. Goshtasby et al.[1]은 이미지 등록결과를 향상시키기 위해 분할 순서를 개선하였다. 이미지의 분할은 이미지 등록과 함께 반복적으로 수행된다. 이때, 대략적으로 추정된 대응되는 물체는 매 반복과정에서 분할 파라미터를 조정하기 위해 사용된다. 이로써 이미지 등록의 부분적 화소의 정확도를 추정하였다.

(2) 선분 특징(line features)

선분 특징은 물체의 외곽선이나 해안선, 길, 의학 이미지에서 연속적인 해부학적 구조 등의 선분분할형태로 표현된다. 선분 간의 대응은 일반적으로 선분의 양 끝이나 중간 점을 사용하여 표현된다.

선분 특징을 검출하기 위해서는 일반적으로 가우시안의 라플라시안에 기반한 검출 방법이나 캐니 검출기와 같은 표준적인 에지 검출 기법이 이용된다. Li et al. [2]은 참조되는 이미지에서 미리 검출된 특징을 활용하여 두 번째 이미지에서 선분을 검출하였다. Maintz et al.[3, 4]은 다양한 의학 이미지에서 에지 특징과 봉우리형태의 특징을 추출하가기 위한 여러 가지 다른 방법에 대해 비교하였다.

(3) 점 특징(point features)

점 특징은 선분의 교차점 등에 의해 표현된다. 예를 들어 도로의 교차 지점이나 오일 또는 가스의 관, 변화가 큰 지점, 가버 웨이블릿(Gabor wavelets)을 이용하여 검출된 지역적으로 불연속적인 만곡, 커브의 굴절되는 점, 웨이블릿 변환의 지역적 극점, 유사도를 측정하기 위해 가장 구분되는 점, 코너 점 등이 점 특징으로 사용될 수 있다.

대부분의 경우에서 특징을 검출하는 알고리즘의 핵심은 선분의 교차점이나 영역 둘레의 중심, 웨이블릿 변환의 지역적 최대화와 같이 정의된 점에 의해 결정된다. 직관적으로 코너는 영역의 경계 부분에서 높은 굴곡이 있는 부분으로 이해할 수 있다. 그러나 어느 부분이 정확하게 코너인지는 수학적으로 그 성질을 정의하기 어렵다. 그러므로 코너는 특징의 특수한 형태라 할 수 있다. 코너를 검출하기 위한 수많은 연구들이 정확성을 높이고 빠르고 환경에 강건하게 코너를 검출할 수 있도록 진행되어 왔으며 코너는 이미지의 기하학적 변환에도 변하지 않으며 사람들에게 쉽게 인식되기 때문에 코너는 주요한 컨트롤 포인트(control point)로써 널리 이용된다.

9.2.2.2 특징 기반 기하학적 등록 방법

특징 기반 방법은 이미지 간 특징들의 대응점을 찾은 결과에 따라 이미지 등록을 수행한다. 그러나 특징들의 초기 대응점들은 올바르게 대응된 Inlier 특징과 함께 잘못된 특징과 대응된 Outlier 특징을 포함한다. 그러므로 이러한 초기 대응점에서 최대의 Inlier를 이용하여 이미지 간의 관계를 설명하는 호모그래피(homography)를 계산해야 한다. 대응점으로부터 호모그래피를 계산하는 방법으로는 RANSAC(Random Sample Consensus)과 LMS(Least Median of Square)가 많이 이용된다[6].

RANSAC 알고리즘은 이미지로부터 매칭된 특징 중 임의로 매칭 수 r을 선택하고 이를 이용하여 이미지의 변환 파라미터를 추정하는 알고리즘이다. 알고리즘은 임의로 선택된 매칭 수 r로부터 DLT(Direct Linear Transformation) 방법을 이용하여 두 이미지 간의 호모그래피 $\boldsymbol{H}$를 계산한다. 그리고 이 과정을 n번 반복하여 가장 Inliner의 수가 많은 경우의 $\boldsymbol{H}$를 선택한다. LMS의 경우, RANSAC과 같은 방법을 수행하지만 RANSAC이 Inlier 개수를 최대로 하는 반면, LMS는 에러의 절댓값에 대한 중간값을 찾는다. 실제 특징 기반 방법에서는 RANSAC을 이용한 방법이 주로 사용되며 가장 많은 Inlier의 수보다는 계산된 $\boldsymbol{H}$를 이용하여 매칭된 특징 간의 차이 에러를 최소화하는 $\boldsymbol{H}$를 선택한다. 매칭된 이미지들 간에 하나의 특징이 정확하게 매칭될 확률을 p라 할 때, 반복과정을 n번 반복한 후에 이미지 간 정확한 변환 관계 $\boldsymbol{H}$을 얻을 수 있는 확률은 다음과 같다.

$$p(\boldsymbol{H}\,is\,correct) = 1-(1-p^r)^n \qquad \text{(식 9-18)}$$

특징이 정확하게 매칭될 확률이 $p=0.5$이고 선택된 매칭 수 $r=4$, 과정을 $n=100$번 수행할 경우, 정확한 변환 관계 $\boldsymbol{H}$를 얻을 확률은 99.84%로 매우 높은 확률을 갖게 된다.

RANSAC은 $\boldsymbol{H}$를 찾기 위한 샘플링 기반 알고리즘이다. 만약 inliner의 수를 최대로 하는 $\boldsymbol{H}$를 찾는 대신 로그 우도(log likelihood)의 합을 최대로 하는 $\boldsymbol{H}$를 찾는다면, 결과는 최대 우도 추정(MLE : maximum likelihood estimate)이 된다. 또한 변환 파라미터에 대한 사전 확률을 알 수 있다면 최대 사후 추정(MAP : maximum a posteriori estimate)이 가능하다. 이러한 방식의 알고리즘을 MLESAC와 MAPSAC이라 한다.

9.2.3 번들 조정(bundle adjustment)

번들 조정은 정확한 이미지 등록을 위해 직접적인 방법의 화소 에러나 특징 기반 방법의 매칭 특징 간의 에러를 이용하여 모든 이미지의 카메라 파라미터를 조정하는 과정이다. 이러한 과정은 파노라마 결과 이미지를 생성하기 위해 이미지를 연결할 때 발생하는 누적 에러에 따라 호모그래피 행렬을 조정하여 결과 이미지를 생성하기 위한 실질적과정이라 할 수 있다. 파라미터를 조정하기 위해서 Levenberg-Marquardt(LM) 알고리즘이 사용된다. 본 절에서는 먼저 LM 알고리즘에 대해 알아보고 LM 알고리즘을 이용한 이미지 등록 파라미터 조정에 대해 알아본다.

9.2.3.1 Levenberg-Marquardt 알고리즘

LM 알고리즘은 비선형적인 함수의 공간적인 합으로써 표현되는 다차원 함수의 최솟값을 반복적인 방법으로 찾는다. 이 방법은 컴퓨터 비전 분야에 널리 활용되며 비선형 최소제곱 문제의 표준적으로 사용된다. LM 알고리즘은 Gauss-Newton 방법에서 보다 빠르게 최적화되는 하나의 변형으로 볼 수 있다. 현재의 결과가 실제 원하는 결과와 크게 차이가 날 때, 알고리즘은 빠르게 최적화하면서도 결과적으로 수렴하게 된다. 또한 현재의 결과가 원하는 결과와 크게 차이가 나지 않을 경우에는 Gauss-Newton 방법과 같게 동작한다.

함수 f를 파라미터 벡터 $p \in R^m$를 입력 데이터 벡터 $\hat{x} \in R^n$으로 매칭시키는 함수라고 가정한다. 초기 추정 파라미터가 p_0이며 입력 데이터 x가 주어졌을 때, 함수 f로부터 에러 $\epsilon = x - \hat{x}$을 최소화하는 최적 파라미터 p^+를 찾는다. LM 알고리즘의 기저는 파라미터 p와 이웃한 값들로부터 함수 f로 선형적으로 근사화한다. 테일러 시리즈에 의해 (식 9-19)와 같이 근사화할 수 있다.

$$f(p+\delta_p) \approx f(p) + J\delta_p \qquad \text{(식 9-19)}$$

여기서 J는 자코비안(Jacobian) 행렬로 $\frac{\partial f(p)}{\partial p}$와 같다. 대부분의 비선형 최적화 알고리즘과 같이 LM 알고리즘 역시 반복적인 방법을 수행한다. 초기 파라미터 p_0로 시작하여 함수 f에 대한 최고화 파라미터 p^+로 수렴하는 파라미터 벡터 $p_1, p_2, \cdots$을 생성한다. 따라서 각각의 단계에서는 $\| x - f(p+\delta_p) \| \approx \| x - f(p) - J\delta_p \| = \| \epsilon - J\delta_p \|$를 최소화하는 δ_p를 찾아야 한다. $J\delta_p - \epsilon$이 J가 생성하는 공간과 수직일 경우 최솟값이 얻어지기 때문에 δ_p를 찾는 것은 선형적인 최소 제곱 문제를 푸는 것과 같다. 따라서 정규 방적식의 해가 되는 δ_p는 $J^T(J\delta_p - \epsilon) = 0$을 만족한다.

$$J^T J\delta_p = J^T \epsilon \qquad \text{(식 9-20)}$$

LM 알고리즘은 실제로 위와 같은 증강적 정규화 방정식을 풀게 된다.

$$N\delta_p = J^T \epsilon \qquad \text{(식 9-21)}$$

여기서 N의 대각 성분은 $N_{ii} = \mu + [J^T J]_{ii}$이며 $\mu > 0$이다. N의 비대각 성분은 $J^T J$와 같은 값을 가진다. 여기서 $J^T J$의 대각 성분의 값을 변화시키는 것을 damping이라 하며 μ를 damping term이라 한다. 위의 식을 이용하여 파라미터를 갱신할 경우, 만약 δ_p를 이용하여 $p+\delta_p$로 파라미터가 갱신되었을 때, 에러 ϵ이 감소되었다면 시스템은 damping term을 감소시킨다. 반면에 에러 ϵ가 증가되었다면 damping term은 증가되고 에러가 감소되는 δ_p를 찾을 때까지 시스템은 반복적으로 위 식을 계산하게 된다. 서로 다른 값의 damping term을 이용하여 파라미터가 갱신될 때까지 위의 식을 계산하는 것이 LM 알고리즘의 하나의 단계가 된다.

LM 알고리즘에서 damping term을 각 단계에서 변화시킴으로써 에러 ϵ를 최소화 할 수 있게 된다. 만약 damping을 큰 값으로 설정한다면 위 식에서 행렬 N은 거의 대각 성분만 값을 갖는 행렬과 같게 되고 LM 알고리즘은 δ_p를 매우 크게 하여 빠르게 수렴하도록 한다. 이러한 경우 δ_p의 크기는 감소하게 된다. Damping은 또한 Jacobian 행렬의 랭크(rank)가 부족하여 singular한 경우에도 적용 가능하도록 만든다. 이러한 경우 LM 알고리즘은 모델의 비선형적인 파라미터 공간을 찾을 수 있도록 한다. 반면에 damping이 작은 값을 가질 경우 LM 알고리즘의 각 단계는 선형적인 문제로써 보다 정확한 값으로 근사화하게 된다. LM 알고리즘은 에러 ϵ을 감소시키지 못할 경우, damping의 크기를 크게 하고 감소시킨 경우 damping의 크기를 크게 함으로써 적합한 최적의 값을 찾을 수 있게 된다. LM 알고리즘은 찾고자 하는 파라미터값과 현재의 파라미터값의 차이가 큰 경우 보다 크게 증감하고 작은 경우 보다 작게 증감하여 빠르게 최솟값으로 파라미터를 근사화할 수 있다. LM 알고리즘은 다음과 같은 상태들을 만났을 경우에 최종적으로 종료된다.

- $J^T\epsilon$의 미분 값이 임계치 ϵ_1보다 작게 될 경우
- δ_p의 값이 임계치 ϵ_2보다 작게 될 경우
- 알고리즘이 최대 반복횟수 $k_{\max}$만큼 반복하였을 경우

입력 벡터 x의 공분산 행렬 Σ_x를 사용할 수 있다면 $\epsilon^T\epsilon$의 유클리디안 값 대신 Σ_x^{-1}의 norm 값으로 $\epsilon^T\Sigma_x^{-1}\epsilon$을 사용할 수 있다. 따라서 다음과 같은 가중치 정규화 방정식으로 최솟값을 찾을 수 있다.

$$J^T\Sigma_x^{-1}J\delta_p = J^T\Sigma_x^{-1}\epsilon \tag{식 9-22}$$

LM 알고리즘의 전체적인 구조는 다음과 같다. 그리고 일반적으로 실험에 사용되는 파라미터는 다음과 같이 설정될 수 있다.

$$\tau = 10^{-3}, \epsilon_1 = \epsilon_2 = 10^{-15}, k_{\max} = 100 \tag{식 9-23}$$

9.2.3.2 LM 알고리즘을 이용한 이미지 등록

번들 조정을 위해 입력 이미지는 가장 잘 매칭된 이미지부터 순차적으로 입력된다. 새로운 입력된 이미지는 먼저 가장 잘 매칭된 이미지와 같은 카메라의 회전 행렬과 시야 거리로 초기화된다. 그 이후 Levenberg-Marquardt(LM) 알고리즘을 사용하여 모든 파라미터들을 갱신한다.

시스템은 각 특징이 매칭되는 모든 이미지로 투영된 후 카메라 파라미터에 따라 나타나는 이미지 거리의 합으로써 투영 에러의 합(sum squared projection error)을 목적 함수로 사용한다. $\mathbf{u}_i^k$를 i번째 이미지에서의 k번째 추출된 특징이라고 하면, 매칭된 특징 $\mathbf{u}_i^k \leftrightarrow \mathbf{u}_j^l$가 주어졌을 때, 잔여 에러(residual error)는 다음과 같다.

$$\mathbf{r}_{ij}^k = \mathbf{u}_i^k - \mathbf{p}_{ij}^k \tag{식 9-24}$$

여기서 $\mathrm{p}_{\mathrm{ij}}^{\mathrm{k}}$는 j번째 이미지에서 i번째 이미지에 매칭되는 특징 $\mathrm{u}_{\mathrm{i}}^{\mathrm{k}}$로 투영된 특징점을 나타낸다.

$$\tilde{\mathbf{p}}_{ij}^k = \mathbf{K}_i\mathbf{R}_i\mathbf{R}_j^T\mathbf{K}_j^{-1}\tilde{\mathbf{u}}_j^l \tag{식 9-25}$$

에러 함수는 모든 입력 이미지들에 대해 위와 같은 잔여 에러들의 합으로 표현된다.

Input: A vector function $f : \mathcal{R}^m \rightarrow \mathcal{R}^n$ with $n \geq m$, a measurement vector $\mathbf{x} \in \mathcal{R}^n$ and an initial parameters estimate $\mathbf{p}_0 \in \mathcal{R}^m$.
Output: A vector $\mathbf{p}^+ \in \mathcal{R}^m$ minimizing $||\mathbf{x} - f(\mathbf{p})||^2$.
Algorithm:

```
k := 0; ν := 2; p := p0;
A := J^T J; ε_p := x − f(p); g := J^T ε_p;
stop:=(||g||∞ ≤ ε1); μ := τ * max_{i=1,...,m}(A_ii);
while (not stop) and (k < k_max)
    k := k + 1;
    repeat
        Solve (A + μI)δ_p = g;
        if (||δ_p|| ≤ ε2||p||)
            stop:=true;
        else
            p_new := p + δ_p;
            ρ := (||ε_p||^2 − ||x − f(p_new)||^2)/(δ_p^T(μδ_p + g));
            if ρ > 0
                p = p_new;
                A := J^T J; ε_p := x − f(p); g := J^T ε_p;
                stop:=(||g||∞ ≤ ε1);
                μ := μ * max(1/3, 1 − (2ρ − 1)^3); ν := 2;
            else
                μ := μ * ν; ν := 2 * ν;
            endif
        endif
    until (ρ > 0) or (stop)
endwhile
```

그림 9-7 LM 알고리즘[5]

$$e = \sum_{i=1}^{n} \sum_{j \in I(i)} \sum_{k \in F(i,j)} f\left(\mathbf{r}_{ij}^{k}\right) \quad \text{(식 9-26)}$$

여기서 n은 입력 이미지의 수이고 $I(i)$는 i번째 이미지에서 매칭된 이미지들의 집합을 나타낸다. 그리고 $F(i,j)$는 i번째 이미지와 j번째 이미지 사이에서 매칭된 특징들의 집합이다.

Huber robust error 함수를 이용하면 다음과 같다.

$$f(x) = \begin{cases} |x|^2, & \text{if } |x| < \sigma \\ 2\sigma|x| - \sigma^2, & \text{if } |x| \geq \sigma \end{cases} \quad \text{(식 9-27)}$$

위의 에러 함수는 inliner 특징들에 대해 빠르게 수렴되는 L_2 Norm의 특성과 Outliner에 대해 효율적인 L_2 Norm의 특성을 결합한다. 초기화의 경우에 Outliner에 대한 거리를 $\sigma=\infty$와 같이 설정하고 최종적은 파노라마를 생성할 때는 $\sigma=c$ 화소로 설정된다.

Levenberg-Marquardt 알고리즘을 사용하여 파라미터를 갱신하는 문제는 결국 비선형 최소 제곱 문제를 해결해야 하는 것과 같다. 알고리즘의 각 반복 단계는 다음과 같은 형태로 나타낼 수 있다.

$$\Theta=\left(\mathbf{J}^T\mathbf{J}+\lambda\mathbf{C}_p^{-1}\right)^{-1}\mathbf{J}^T\mathbf{r} \qquad \text{(식 9-28)}$$

여기서 Θ는 모든 파라미터의 집합을 나타내고 $\mathbf{r}$은 잔여 에러를 나타내며 $\mathbf{J}=\partial r/\partial\Theta$로 Jacobian 행렬을 나타낸다. 파라미터 변화에 대한 사전 변화율은 대각 행렬의 공분산 행렬 $\mathbf{C}_p$로 나타낸다.

$$\mathbf{C}_p=\begin{bmatrix}\sigma_\theta^2 & 0 & 0 & 0 & 0 & \cdots\\ 0 & \sigma_\theta^2 & 0 & 0 & 0 & \cdots\\ 0 & 0 & \sigma_\theta^2 & 0 & 0 & \cdots\\ 0 & 0 & 0 & \sigma_f^2 & 0 & \cdots\\ 0 & 0 & 0 & 0 & \sigma_\theta^2 & \cdots\\ \vdots & \vdots & \vdots & \vdots & \vdots & \ddots\end{bmatrix} \qquad \text{(식 9-29)}$$

위의 공분산 행렬값의 설정에 따라 Levenberg-Marquardt 알고리즘의 단계의 변화량을 조절하여 결국 수렴속도를 조절할 수 있다. 그리고 파라미터는 각 단계마다 목적 함수에 따라 조금씩 감소하게 된다.

번들 조정은 특징 기반의 다중 뷰 시스템이나 모션 추정 알고리즘 등에서의 최종적인 단계로써 거의 필수 불가결적으로 사용된다. 번들 조정은 본래 사진 측량 분야에서 사용되는 것으로 최근 몇 년간 비전 분야의 연구자들에 의한 사용이 증가하고 있다. 시스템에 입력된 이미지는 잡음을 포함한다고 가정할 때, 뷰를 이용하여 뷰 파라미터를 지속적으로 는 최적화함으로써 최적의 3차원 정보를 포함하는 이미지로 재구성할 수 있다. 이미지 에러가 평균이 0인 가우시안 분포를 가지고 있다고 가정하면, 번들 조정은 최대 우도를 추정한다. 모든 이미지의 구조와 뷰 파라미터를 최적화가 되도록 조정하는 각 3차원 특징들로부터 빛줄기 다발(bundle)에 따라 번들 조정(bundle adjustment)이라 명명되었다.

번들 조정은 비선형 함수를 이용하여 관찰된 이미지와 추정되는 이미지 화소들 간의 투영 에러를 최소화한다. LM 알고리즘은 넓은 범위의 초깃값으로부터 빠른 단계를 거쳐 효율적으로 최적화를 수행하기 때문에 가장 널리 쓰인다. 그러므로 이러한 비선형적인 최소 제곱 알고리즘을 사용하여 최소화를 수행한다. LM 알고리즘은 현재 추정치의 이웃하는 값을 최소화시키는 반복적인 선형 함수에 의해 정규화 방정식(normal equation)으로 알려진 선형 시스템의 해답을 가진다. 정규화 방정식이 LM 알고리즘 과정에서 반복적으로 계산되고 각 단계에서의 해가 파라미터 수에 대해 O(N[3])의 계산 복잡도를 가진다는 것을 고려할 때, MINPACK의 LMSDER나 PORT3에서 구현된 LM 알고리즘과 같이 LM 알고리즘은 많은 파라미터에 의존적인 계산에서 매우 효율적이다. 번들 조정에서의 최소화 문제를 계산할 경우, 서로 다른 3차원 점들과 카메라들에 사이의 관계에 대한 부족성으로 인해 정규화 방정식은 공간적인 구조를 가진다. 따라서 정규 방정식이 0의 패턴을 갖는 LM 알고리즘의 공간적 변화를 이용하여 보다 계산적인 이득을 가져올 수 있다.

9.3 블렌딩(blending)

입력 이미지의 각 화소들이 최종 합성 표면 위에 매핑 되었을 때, 최대한 자연스럽게 보이는 파노라마 이미지를 생성하기 위해서는 화소 간의 혼합 방법을 결정해야 한다. 모든 입력 이미지들이 정확하게 등록되는 이상적인 경우에서는 이미지 간의 특별한 혼합 방법 없이도 자연스러운 파노라마 이미지를 생성할 수 있다. 그러나 실제 이미지에서는 심(seam), 블러링(blurring), 잔상효과(ghosting) 등과 같은 왜곡이 포함된다. 효과적으로 파노라마 결과 이미지를 생성하기 위해서는 공통된 영역을 갖는 각 이미지로부터 화소를 선택하거나 혹은 가중치를 이용하는 등의 이미지 방법이 필요하다.

9.3.1 화소 가중치

이미지 간의 화소 합성을 위한 가장 간단한 방법은 공통되는 화소의 평균값을 이용하는 것이다.

$$C(x)=\sum_k w_k(x)\widetilde{I}_k(x)/\sum_k w_k(x) \qquad \text{(식 9-30)}$$

$\widetilde{I}_k(x)$은 $I_k(x)$이미지의 파노라마 투영 이미지이고, $w_k(x)$은 파노라마 투영 시 유효한 화소일 경우 1의 값을 가지며 유효하지 않은 경우 0의 값을 갖는 함수이다.

그러나 아래의 그림 9-8(a)와 같이 이미지 간 노출 차이(exposure differences)나 잘못된 이미지 등록, 이미지의 움직임 등으로 인해 이처럼 화소 간의 평균을 사용하는 것은 좋은 결과를 얻기 어렵다. 이미지에서 급격한 물체 움직임이 존재한다면 그림 9-8(b)와 같이 중간값 필터(median filter)를 이용할 경우 좋은 결과를 얻을 수 있다.

보다 다양한 상황에서 좋은 결과를 얻기 위한 방법은 이미지의 중심 근처에서 화소의 가중치를 크게 주거나 에지 근처에 다운 가중치 화소를 주는 것이다.

$$w_k(x)= \| \mathrm{argmin}_y \{ \| y \| \ \widehat{I}_k(x+y) \ is \ invalid \} \| \qquad \text{(식 9-31)}$$

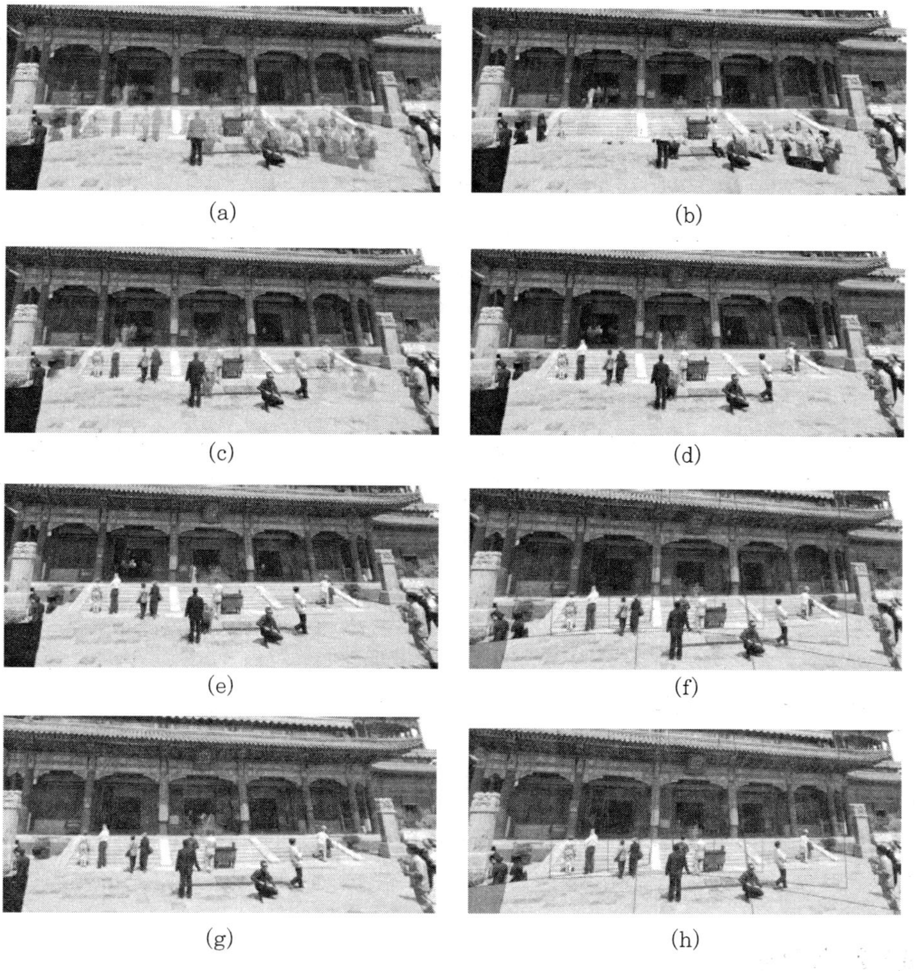

그림 9-8 화소 가중치에 따른 파노라마 생성 예[6]

각 유효한 화소은 가장 가까우면서 유효하지 않은 화소과의 유클라디안 거리를 가중치로 가진다. 이러한 가중치로 two-pass raster 알고리즘을 이용하여 유클라디안 거리 맵(Euclidean distance map)을 계산한다. 페더링(feathering)이란 거리맵을 이용하여 부여된 가중치의 평균을 구하는 것이며 노출 차이를 블렌딩하는데 유용한 방법이다. 그러나 그림 9-8(c)에서 볼 수 있듯이 블러링이나 잔상효과와 같은 문제는 효과적으로 해결하기 어렵다.

페더링 방법을 향상시키는 방법은 거리 맵 값(distance map values)을 크게 올려주는 것이다. 가중치가 부여된 평균은 페더링에 비해 보다 큰 값을 가진다. 이는 p-norm과 같은 방식으로 그림 9-8(d)에서 보는 것과 같이 p 파라미터에 따라 결과 이미지에서 화소 간 차이와 블러링 사이에서 적당한 값을 얻을 수 있는 방법이다. p가 무한한 값으로 증가하면, 이 방법은 최대 거리 값을 갖는 화소를 선택한다.

$$C(x) = \widetilde{I_{l(x)}}(x)$$
$$l = \arg max_k w_k(x) \quad \text{(식 9-32)}$$

위 식은 각 화소에 대해 이미지를 선택하는 라벨링(label assignment) 또는 화소 선택(pixel selection) 함수이다. 이 화소 선택과정은 보르노이 다이어그램(Vornoi diagram)과 유사성을 가진다. 또한 이러한 방법의 결과 합성은 입력 이미지의 그림 9-8(e)에서와 같이 노출이 다양할 때 발생하는 심(seam)에 대해 매우 강한 에지를 보이는 경향이 있다.

입력 이미지 내 움직이는 물체가 있는 경우, 생성된 결과 파노라마 이미지에서는 물체의 잔상이 나타나는 고스트 현상이 발생한다. 이러한 문제점을 해결하기 위해 Uyttendaele et al.(2001)은 각 입력 이미지에서 같은 물체에 대해 물체를 유지하거나 제거하여 이러한 잔상효과를 제거하였다. 제안된 방법은 모든 겹쳐진 영역의 입력 이미지를 비교하여 이동하는 물체와 같이 이미지 간 공통되지 않은 영역인 RODs(regions of difference)를 검출한다. 그리고 검출된 ROD를 정점(vertex)으로 하는 그래프(graph)를 생성하였다. 최종 파노라마 이미지에 하나의 물체만을 표현하기 위해 생성된 그래프를 vertex cover 알고리즘을 통해 가장 작은 정점만을 남겨 표현하거나 각 ROD에서 페더 가중치를 이용하여 weighted vertex cover 알고리즘으로 각 정점의 가중치를 계산하여 물체를 표현하였다. 그림 9-8(f)는 ROD를 이용하여 생성된 파노라마결과를 보여준다.

심을 제거하기 위한 또 다른 방법으로 겹쳐지는 영역에 대해 MRF(Markov Random Field)를 생성하여 로그 우도를 최소화하거나 그래프를 생성하여 그래프 컷(Graph Cut) 알고리즘을 이용하여 화소에 가중치를 부여하였다. 그림 9-8(g)는 Agarwala et al (2004)의 그래프 컷 알고리즘을 이용한 심 제거 방법의 예를 보인다.

9.3.2 블렌딩

입력 이미지 간의 노출 차이(exposure differences)는 자연스러운 결과 파노라마 이미지를 생성하지 못하게 하는 또 다른 원인이다. 이러한 노출 차이는 페더 가중치를 이용하여 어느 정도 최소화할 수 있다. 그러나 노출 차이가 큰 경우, 변화 모델에 보다 적합한 블렌딩 방법이 필요하게 된다.

9.3.2.1 라플라시안 피라미드 블렌딩(laplacian pyramid blending)

라플라시안 피라미드 블렌딩은 Burt and Adelson(1983)에 의해서 제시되었다. 이 방법은 이미지 간 블렌딩을 위해 단순한 이동 변화량을 이용하는 대신 이미지 간 주파수대역의 이동량을 고려한다. 주파수대역의 이동량은 각 이동량이 피라미드 레벨의 함수로 정의되는 라플라시안대역 피라미드(laplacian band-pass pyramid)를 생성하여 표현된다. 이 방법의 과정은 다음과 같다.

파노라마 결과 이미지에 투영된 각 입력 이미지를 대역 피라미드로 변환한다. 대역 피라미드는 각 레벨에서 1/16(1,4,6,4,1) 크기의 이항 커널(binomial kernel)이 적용되고 2의 파라미터로 서브샘플링(subsampling)된 후, 원 이미지로부터 재구성된 저주파(low-pass) 이미지를 뺌으로서 표현된다.

입력 이미지에서 유효한 화소를 나타내는 마스크(mask)를 가우시안 저주파 피라미드(Gaussian low-pass pyramid)로 변형한다. 피라미드의 블러링과 서브샘플링된 각 마스크는 입력 이미지의 대역에 따라 각 레벨별로 페더링 블렌딩(feathered blend)를 수행하기 위한 가중치로 이용된다.

최종적으로 생성된 파노라마 결과 이미지는 모든 피라미드 레벨의 대역 이미지(band-pass images) 간의 보간 및 합으로 재구성된다.

그림 9-8(h)는 라플라시안 피라미드 블렌딩을 통해 생성된 결과의 예를 보인다.

9.3.2.2 다중 채널 블렌딩(multi-band blending)

이론적으로는 카메라로부터 같은 선(ray) 위의 화소은 모든 이미지에서 같은 값(intensity)으로 표현되어야 한다. 그러나 실제 입력되는 이미지들은 같은 선상 위의 화소이라도 서로 다른 값을 갖는 경우가 발생한다. 이는 각각의 입력되는 이미지마다 서로 적용되는 효과가 다르고 시스템에서는 이러한 효과를 모델링하지 않기 때문이다. 이로 인해 생성된 파노라마는 심과 같은 원하지 않는 잡음을 포함하게 된다. 또한 형성된 파노라마 이미지에는 각 이미지마다의 카메라 모션에 의한 parallax 효과나 카메라 모델 생성의 오차에 의한 이미지 등록오차, 렌즈 왜곡(radial distortion) 등으로 인해 이미지 왜곡을 포함한다. 다중 채널 블렌딩 방법은 이미지의 주파수대역에 따라 서로 다른 블렌딩 기법을 적용하는 방법으로 이미지 왜곡을 최소화하면서 매우 빠른 수행속도를 가지기 때문에 최근 많이 사용되는 방법이다.

입력된 이미지로부터 특징을 추출하고 LM 알고리즘을 이용하여 파노라마 이미지를 생성함으로써 i 번째 입력 이미지의 투영 이미지를 $I^i(\theta, \phi)$와 같이 표현할 수 있다. 입력 이미지 간의 공통되는 영역에서 각 이미지마다의 가중치를 고려하기 위해 가중치 함수 $W(x, y) = w(x)w(y)$을 고려한다. 이때 $w(x)$와 $w(y)$는 0에서 1 사이의 값을 가진다. 가중치 함수는 각 투영된 이미지마다 $W^i(\theta, \phi)$와 같이 표현될 수 있다. 이러한 가중치 함수를 만드는 가장 간단한 방법은 같은 선상의 화소에 대해 이미지마다의 가중치의 함을 계산하는 것이다.

$$I^{linear}(\theta, \phi) = \frac{\sum_{i=1}^{n} I^i(\theta, \phi)\, W^i(\theta, \phi)}{\sum_{i=1}^{n} W^i(\theta, \phi)} \qquad \text{(식 9-33)}$$

위 방법은 공통된 영역을 갖는 이미지들로부터 $I^{linear}(\theta, \phi)$를 선형적으로 생성한다. 그러나 이러한 방법은 이미지 간의 등록 에러(registration error)가 적을 경우에는 이미지의 고주파 성분에서 블러링이 발생하기 때문에 이미지를 왜곡시킬 수 있다. 이러한 문제점을 방지하기 위해 Burt와 Adelson은 다중 채널 블렌딩 방법을 제안하였다. 다중 채널 블렌딩의 기본적인 개념은 이미지의 저차원 값에 대해서는 넓은 공간적 영역으로 블렌딩을 수행하고 고차원 값에 대해서는 보다 좁은 공간적 범위에 대해서 블렌딩을 수행하는 것이다.

블렌딩과정을 위해 먼저 i번째 이미지에 대해 j번째 이미지에 가장 잘 나타나 있는 점들의 집합을 찾음으로써 다음과 같이 초기화한다.

$$W^{i}_{\max}(\theta, \phi) = \begin{cases} 1 & \text{if } W^{i}(\theta, \phi) = \mathrm{arg}max_{j} W^{j}(\theta, \phi) \\ 0 & otherwise \end{cases} \quad \text{(식 9-34)}$$

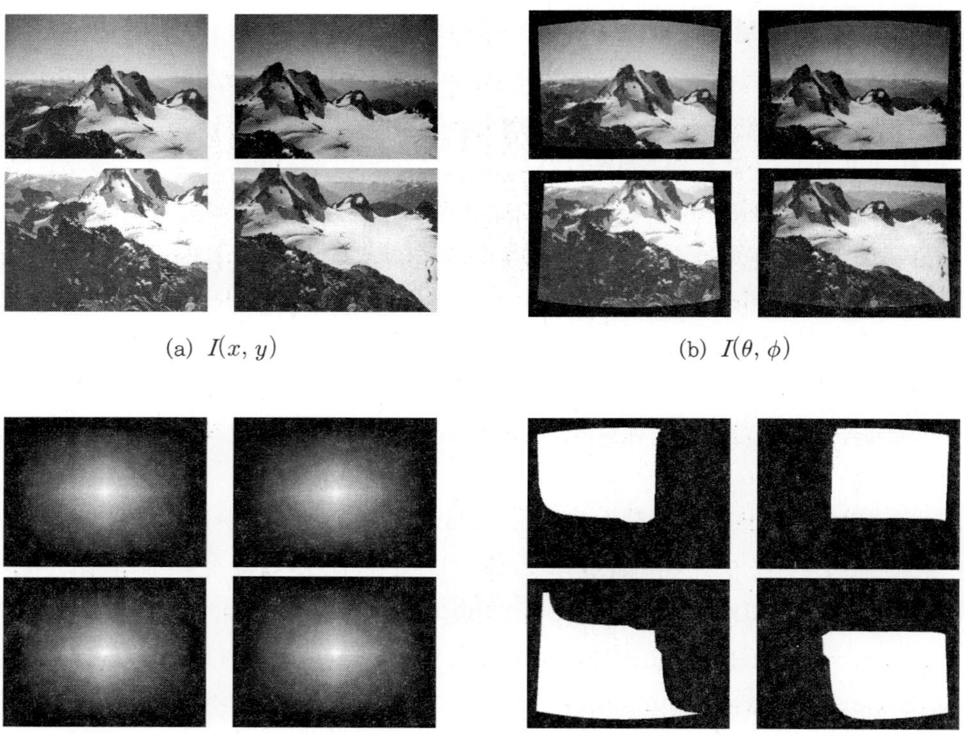

(a) $I(x, y)$ (b) $I(\theta, \phi)$ (c) $W(\theta, \phi)$ (d) $W_{\max}(\theta, \phi)$

그림 9-9 이미지 $I(x, y)$ 변형된 이미지 $I(\theta, \phi)$, $I(\theta, \phi)$의 거리에 따른 가중치 $W(\theta, \phi)$와 이진화 가중치 $W_{\max}(\theta, \phi)$ 예[7]

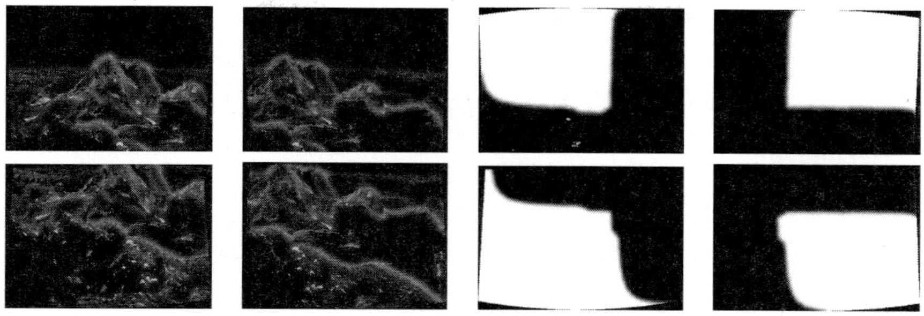

(a) 밴드 1(0~σ 크기)

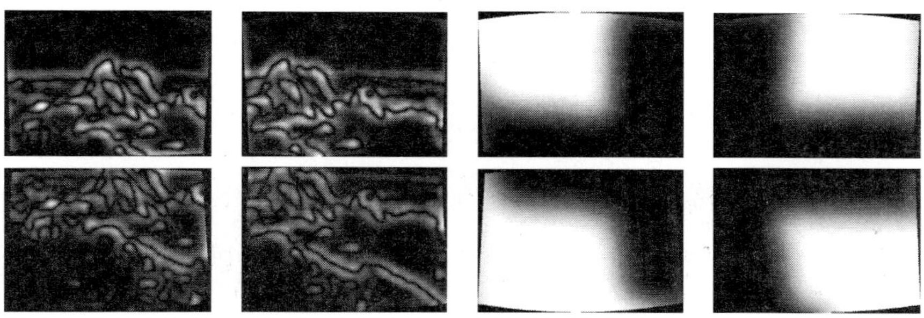

(b) 밴드 2(σ~2σ 크기)

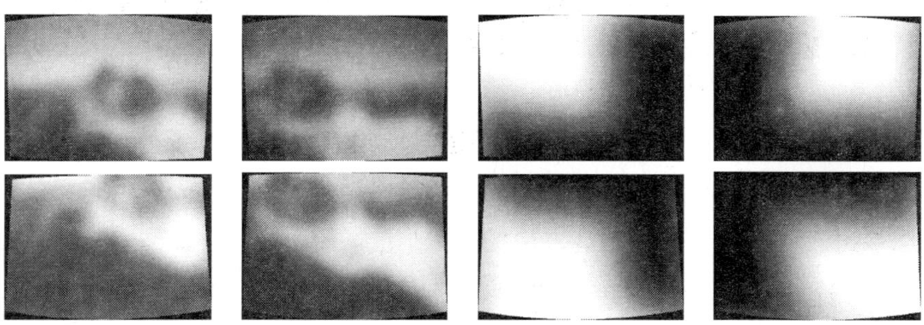

(c) 밴드 3(2σ 보다 작은 크기)

그림 9-10 다중 채널 블렌딩[7]

예를 들어 $W_{\max}^{i}(\theta,\phi)$는 (θ,ϕ)의 값을 갖는 점에 대해 최대의 가중치를 가질 때, 1의 값이 할당되고 다른 이미지에서 보다 높은 가중치가 있는 경우 0으로 할당된다. 이러한 이진화 가중치는 각 채널에 대해 효과적으로 적용될 수 있다.

이미지의 고주파 성분은 다음과 같다.

$$I_{\sigma}^{i}(\theta,\phi) = I^{i}(\theta,\phi) - I^{i}(\theta,\phi) \cdot g_{\sigma}(\theta,\phi) \qquad \text{(식 9-35)}$$

여기서 $g_\sigma(\theta, \phi)$는 σ를 표준편차로 갖는 가우시안 가중치이고 $I_\sigma(\theta, \phi)$는 공간 주파수의 파장이 $\lambda = 0 \rightarrow \sigma$의 범위를 갖는 이미지이다. 이와 같은 주파수의 이미지에 대해 위의 1과 0의 값을 갖는 이진화 가중치를 적용하여 블렌딩을 수행한다.

$$B_\sigma^i(\theta, \phi) = W_{\max}^i(\theta, \phi) \cdot g_\sigma(\theta, \phi) \qquad \text{(식 9-36)}$$

위 식에서 $B_\sigma^i(\theta, \phi)$는 주파수 파장이 $0 \rightarrow \sigma$의 범위를 갖는 영역에 대한 블렌딩 가중치가 된다. 보다 저주파를 갖는 이미지는 아래와 같이 반복적으로 계산될 수 있으며 저주파의 성분을 갖는 이미지일수록 공간적으로 보다 넓은 범위에서 블렌딩을 수행하게 된다.

$$\begin{aligned} I_{(k+1)\sigma}^i &= I_{k\sigma}^i - I_{k\sigma}^i \cdot g_\sigma \\ B_{(k+1)\sigma}^i &= B_{k\sigma}^i \cdot g_\sigma \end{aligned} \qquad \text{(식 9-37)}$$

(a) 블렌딩 비수행 (b) 다채널 블렌딩 수행

그림 9-11 다중 채널 블렌딩 결과

(c) 선형 블렌딩 (d) 다채널 블렌딩

그림 9-12 일반적인 선형 블렌딩의 결과와 다중 채널 블렌딩의 결과 비교[7]

각 주파수 채널에 대해 최종적인 이미지는 다음과 같이 선형적인 결합을 통해 생성된다.

$$I_{k\sigma}^{\mu lti}(\theta,\phi) = \frac{\sum_{i=1}^{n} I_{k\sigma}^{i}(\theta,\phi) B_{k\sigma}^{i}(\theta,\phi)}{\sum_{i=1}^{n} B_{k\sigma}^{i}(\theta,\phi)} \quad \text{(식 9-38)}$$

위와 같은 방법으로 블렌딩을 시도함으로써 고주파 성분에 대해서는 좁은 범위의 블렌딩을 수행하는 반면 저주파 성분으로 갈수록 보다 넓은 범위에 대해 블렌딩을 수행하게 되어 이미지의 에지 성분 등을 자연스럽게 살리면서도 공통된 영역을 갖는 이미지들 간에 자연스러운 합성을 도모할 수 있다.

9.3.2.3 노출 보상(exposure compensation)

입력 이미지 간에 노출 차이가 매우 큰 경우, 페더 가중치를 이용한 방법이나 파라미드를 이용한 블렌딩 방법, 다중 채널 블렌딩 방법은 자연스러운 파노라마 결과 이미지를 생성하지 못한다. 이미지 간의 노출을 보정하기 위해 Uyttendaele et al.(2001)은 각 입력 이미지와 생성된 파노라마 이미지 간의 노출 차이를 반복적으로 최소화하였다. 각 입력 이미지와 초기 페더 가중치로 생성된 결과 파노라마 이미지 간에 블록 단위의 2차 전이 함수(quadratic transfer function)를 적용한다. 전이 함수는 이웃한 전이 함수와 평균화하여 보다 부드러운 매핑을 수행하며 각 화소의 전이 함수는 이웃한 블록의 값들로 보간(interpolating)되어 계산된다. 모든 입력 이미지의 노출 정도가 조정된 후, 페더 가중치를 이용하여 결과 파노라마 이미지는 새로 생성되며 알고리즘은 이 과정을 반복하게 된다. 일반적으로 3번의 반복으로 노출 보정된 결과를 획득할 수 있다.

9.4 파노라마 전시 방법

9.4.1 파노라마 투영법(panorama projections)

우리는 관광을 할 때, 유난히 아름다운 지역이 한 눈에 보이길 바란다. 그러나 눈이나 카메라 등의 시야각은 제약적이기 때문에 한눈에 모든 지역을 보기 어렵다. 이러한 넓은 지역을 동시에 관찰하기 위한 방법으로 파노라마 투영법(panorama projections)과 같은 다양한 방법이 연구되었다. 여기에서 파노라마란 전체의 주위 환경을 한 눈에 볼 수 있는 것으로 정의할 수 있다.

20C 이전에 파노라마는 화가나 사진작가와 같은 예술가에 의해 선호되어 왔지만 20C초, 카메라가 개발되어 사용되기 시작했을 때, 발명가들은 파노라마카메라를 개발하기 시작했다.

그 후, 과학의 진보가 빨라지면서 개인용 컴퓨터와 디지털카메라가 보급되기 시작된다. 이로 인해 파노라마 영상을 만들기 위한 부분적으로 겹쳐지는 영상을 쉽게 획득할 수 있게 되었었고 고가의 파노라마카메라를 이용하지 않고 단지 소프트웨어만으로 한 장의 사진으로는 담을 수 없었던 넓은 화각을 가지는 사진을 만들어 낼 수 있게 되었다. 그러나 한 장의 사진은 너무 많은 시각적 정보를 포함하기 때문에 다중 영상을 이용하여 한 장의 파노라마 영상을 생성할 경우 왜곡이 발생한다. 예를 들어 직선이 곡선처럼 보이게 된다거나 특정한 모양이 우스꽝스러운 모양이 되는 것이다. 심하게는 어떤 경우에 대해 완벽하게 알아볼 수 없을 정도로 왜곡이 발생하기도 한다.

9.4.1.1 원통 파노라마 투영법(cylindrical panoramic projection)

그림 9-13(a)와 같이 원통 안에 관찰자가 있다고 가정한다. 관찰자는 원통의 중앙에 위치하며 원통의 중앙점은 원점으로 정의한다. 관찰자는 주위를 둘러보기 시작하고 우리는 관찰자가 보고 있는 모든 뷰의 원통의 표면 투영을 고려한다. 예를 들어, 그림 9-13(a)에서와 같이 점 P는 직선 원근법(linear perspective)에서처럼 관찰자와 점 P가 연결되어 원통의 표면과 교차하는 P^*에 투영된다. 관찰자가 전체 원을 다 둘러본 후에는 원통의 표면은 전체적인 파노라마 영상이 생성된다.

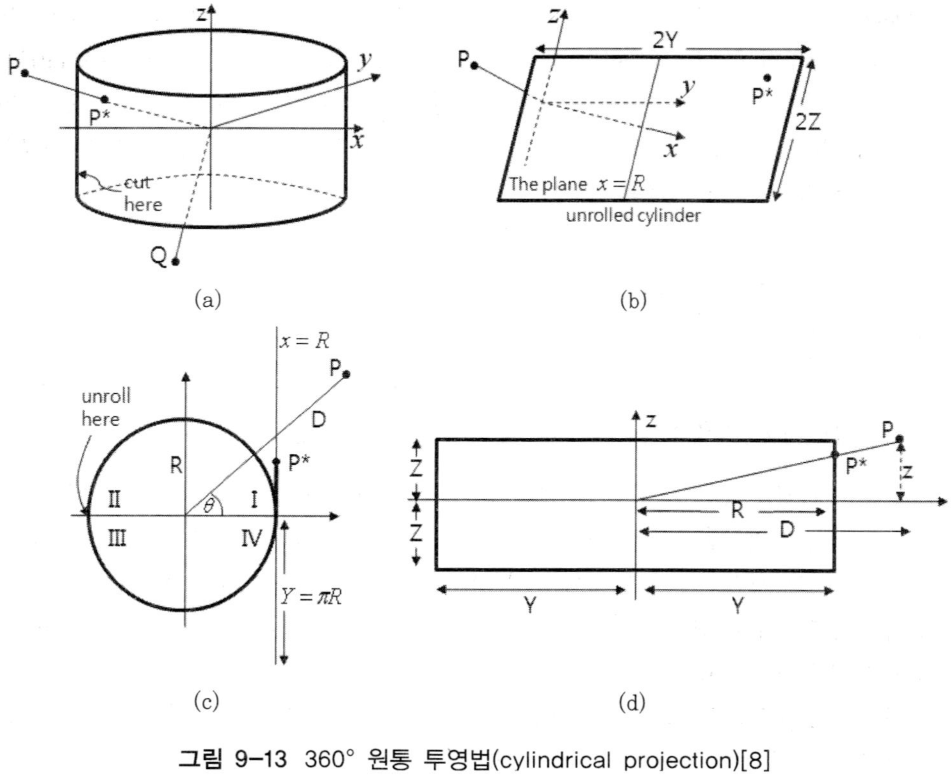

그림 9-13 360° 원통 투영법(cylindrical projection)[8]

이제 원통은 직사각형의 영상으로 그림 9-13(b)처럼 펼쳐져 있을 경우를 고려한다. 펼쳐진 영상은 관찰자에 의해 관찰된 360° 원통형 파노라마(cylindrical panorama) 영상과 같은 결과를 가진다. 그러나 관찰자가 그림 9-13(a)의 점 Q와 같이 원통을 통해 너무 높거나 낮은 부분을 볼 경우 문제점이 발생할 수 있다. 이러한 점은 원통이 펼쳐졌을 때 전체 장면에 포함되지 않는다. 즉, 원통의 윗면과 아랫면은 소실되고 원통의 높이에 따라 소실되는 부분의 크기가 결정된다.

그림 9-13(a)는 원통의 원점에 중심을 둔 것을 보여준다. 또한 3차원의 점 P가 원통의 P^*에 어떻게 투영되는지를 쉽게 보여준다. 그림 9-13(b)는 펴져있는 원통을 보여준다. 이 그림에서 점 P는 그림 9-13(a)와 같은 공간상에 위치해 있지만 점 P의 투영은 원통이 펴지는 부분에 따라 다르게 나타난다.

그림 9-13(c)는 기하학적인 문제를 보여준다. 펼쳐진 원동의 직사각형이 $2Y \times 2Z$의 크기를 가진다고 가정하면 원통이 반지름 R의 크기로 말려있을 때, 원통의 둘레의 길이는 $2\pi R = 2Y,\ R = \dfrac{Y}{\pi}$을 만족한다.

임의의 3차원상의 점 $P = (x, y, z)$가 관찰자가 관찰하고자 하는 점이라면 원통이 펼쳐졌을 때, P는 $P^* = (x^*, y^*, z^*)$에 투영되고 투영점 P^*의 좌표를 x, y, z, Y, Z를 이용하여 결정하게 된다.

x^*의 좌표는 일반적으로 쉽게 결정할 수 있다. 그림 9-13(d)는 펼쳐져 있는 원통 위의 모든 점들이 같은 x 좌표를 가진다. x 좌표는 R로 설정하거나 보다 간단하게 0으로 설정할 수 있다. 반면 y^*의 좌표는 관찰자가 가로축으로의 회전각 θ에 의해 원호 R의 길이와 같다.

회전각 θ는 P의 x 좌표와 y 좌표에 따라 결정되지만 z 좌표와는 무관하다. 이러한 관계는 $(x, y) = D(\cos\theta, \sin\theta)$로 표현될 수 있다. 여기서 D는 원점과 점 P 사이의 거리이며 $\sqrt{x^2 + y^2}$와 같다. 그러므로 다음과 같은 식을 얻을 수 있다.

$$\frac{(x, y)}{\sqrt{x^2 + y^2}} = (\cos\theta, \sin\theta) \qquad \text{(식 9-39)}$$

또는,

$$\theta = \arcsin\left(\frac{y}{\sqrt{x^2 + y^2}}\right) = \arccos\left(\frac{x}{\sqrt{x^2 + y^2}}\right) = \arctan\left(\frac{y}{x}\right) \qquad \text{(식 9-40)}$$

여기서 주목할 점은 4분원에 따라 x와 y의 부호가 결정된다는 것이다. 만약 θ가 4분원 III이나 IV에 속해있다면 y^*는 음수로 결정된다.

z^*의 좌표는 원근 투영법(perspective projection)에 의해 결정된다. 닮음 삼각형을 이용하여 원근 투영법은 다음과 같다.

$$\frac{z}{D} = \frac{z^*}{R} \rightarrow z^* = \frac{zR}{D} = \frac{zY}{\pi\sqrt{x^2+y^2}} \quad \text{(식 9-41)}$$

따라서

$$(x^*, y^*, z^*) = \left(0, \pm R\theta, \frac{zY}{\pi\sqrt{x^2+y^2}}\right) \quad \text{(식 9-42)}$$

에 의해 투영되는 점 P^*의 좌표가 결정된다. 그러므로 투영되는 좌표는 Z를 제외한 x, y, z, Y에 의해 결정된다.

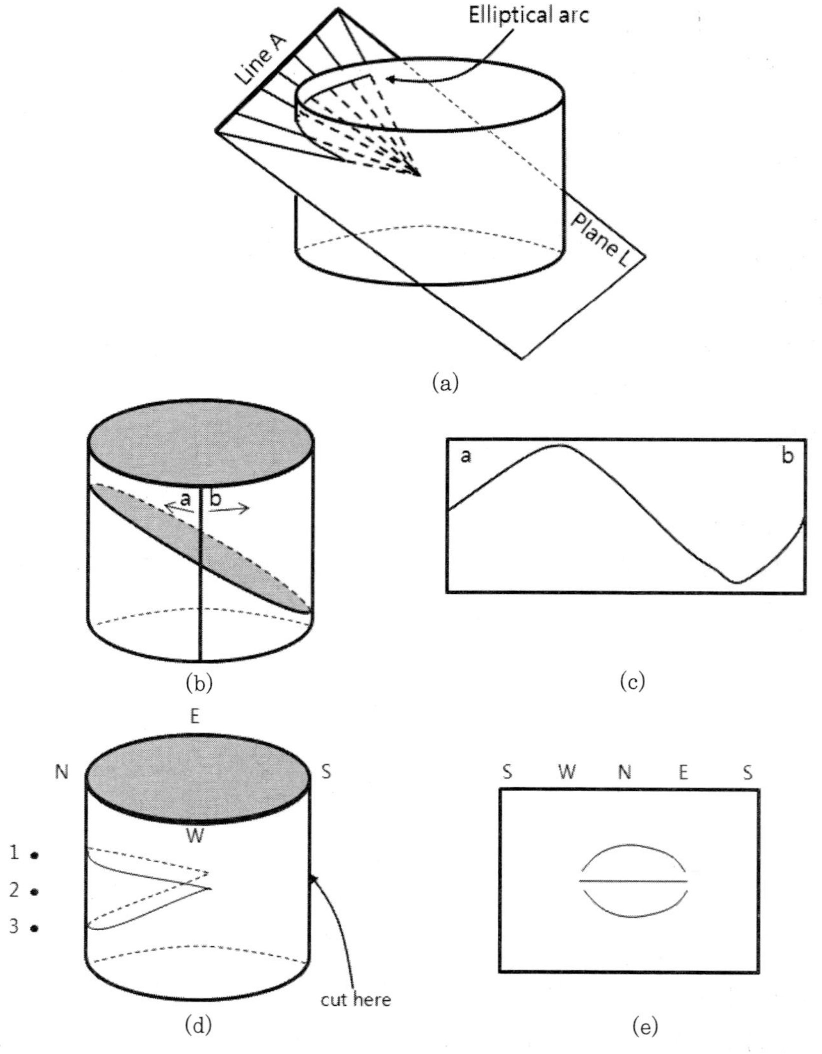

그림 9-14 직선의 투영[8]

파노라마 투영법은 자연스럽게 곡선화(왜곡)된 원근법(curved perspective)의 개념이 적용된다. 곡선화된 원근법은 직선을 파노라마 투영법으로 투영할 때 발생한다. 그림 9-14(a)는 투영되는 원통과 관찰되는 임의의 직선 A를 나타낸다. 직선 A와 원통의 중심이 이루는 평면 L은 그림 9-14(b)와 같이 원통과 평면의 교점인 타원으로 나타난다. 그러므로 원통에서의 A의 투영은 타원형의 호가 된다. 원통이 펴졌을 때, 이 호는 그림 9-14(c)와 같이 사인 곡선으로 표현된다.

이러한 현상은 파노라마 투영법에서 직선은 곡선으로 투영된다는 것을 의미한다. 그러므로 결과적으로 곡선화된 원근법이라고 부를 수 있다. 이때, 두 가지 특수한 경우에 대해서 고려해야 하는데, 하나는 평면이 원통에 수직일 경우($\theta = 0°$)와 원통의 축에 평면이 평행한 경우($\theta = 90°$)이다. 전자의 경우, 교점은 원점이고 사인곡선의 진폭은 0이 된다. 즉, 그것이 원통에 투영된 후에도 여전히 직선으로 유지된다. 후자의 경우, 교점은 무한한 타원이 되고 사인 곡선은 무한한 진폭을 가진다.

관찰자가 원통의 중심에 위치하고 북쪽(N) 방향을 바라보고 있을 경우를 고려하자. 관찰자는 그림 9-14(d)와 같이 3개의 무한히 긴 수평선 1, 2, 3을 바라보고 있으며 이 선들 중의 1과 3은 타원이 되며 그림 9-14(e)에서와 같이 사인 곡선으로 투영된다.

선 2의 투영은 반원 호가 되고 원통이 펴져있을 때 이것은 직선으로 유지된다. 이것은 수평한 직선이 곡선화된 원근법에 의한 투영 결과를 보여준다. 3개의 선분은 서쪽(W)과 동쪽(E) 방향에 의해 둘러싸인 지역의 원통에 투영된다. 2개의 직선은 곡선이 되고 중앙의 한 개는 직선은 직선으로 남는다. 수직선은 항상 수직의 직선으로 투영된다.

그림 9-15는 그림 9-14(e)를 확장하여 표현한 것으로 360° 원통 투영(cylindrical projection)의 수평 직선을 4방향으로 나타낸다. 그림 9-15(a)는 4개의 직선과 직선들의 방향을 나타내며 그림 9-15(b)는 각각의 선분들이 펴진 원통에서 어떻게 곡선이 투영되는지를 보여준다. 북쪽(N) 방향의 선분 1은 서쪽(W)과 동쪽(E) 방향의 곡선으로 투영된다. 남쪽(S) 방향의

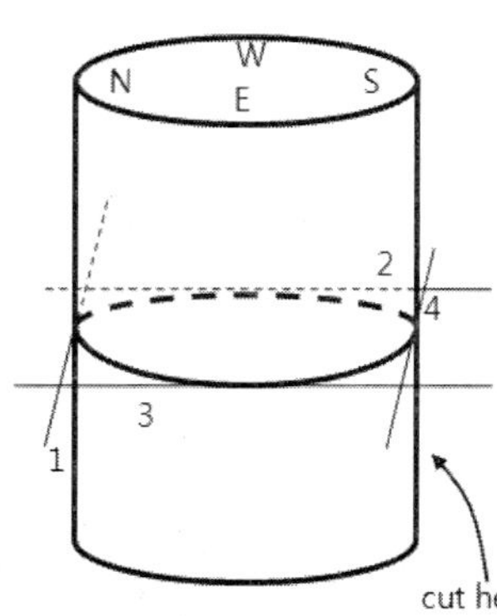

(a) 4개의 선분들

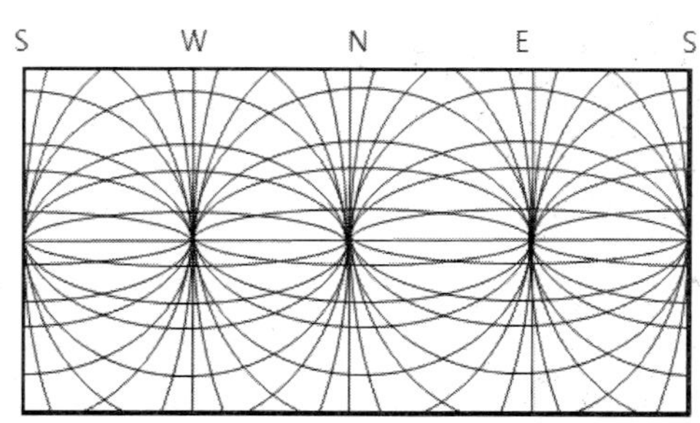

(b) 수평선들의 원통 투영

그림 9-15 원통 투영[8]

선분 4는 남쪽(s) 방향에서 서쪽(W)과 동쪽(E) 방향의 곡선으로 투영된다. 서쪽(W) 방향의 선분 2는 서쪽(W) 방향에서 북쪽(N)과 남쪽(S) 방향의 곡선으로 투영되고 선분 3은 동쪽(E) 방향에서 북쪽(N)과 남쪽(S) 방향의 곡선으로 투영된다. 그리고 수직선은 직선으로 투영되는 것을 볼 수 있다.

그림 9-16 세로 원통 투영[8]

그림 9-17 가로 원통 투영의 예[8]

9.4.1.2 구형 파노라마 투영법(spherical panoramic projection)

원통 파노라마 투영법(cylindrical panoramic projection)은 전통적인 원근 투영이기 때문에 직선이 곡선으로 변하게 된다. 원통 파노라마 투영법을 보다 발전시켜 이러한 왜곡을 줄이는 방법이 구형 파노라마 투영법(spherical panoramic projection)이다.

관찰자 주위에 투명한 구가 위치한다고 가정한다. 여기서 관찰자가 보는 모든 것은 구의 표면에 투영된다. 전체 360° 구형 원근법(spherical perspective)에 따라 구는 어느 정도 평평하다. 이러한 가정은 구가 왜곡이 없이 평평한 표면으로 펼 수가 없는 문제점을 가진다.

이와 같은 문제를 해결하고 구를 평평하게 하기 위해 가장 단순한 방법을 가지고 시작한다. 먼저 3차원상의 점 P가 구에 투영될 때, 점 P는 위도와 경도를 가진 점 P^*로 투영된다. 가로로 360°, 세로로 180°인 직사각형의 영상을 생성하고 좌표 (x, y)로써 위도와 경도를 사용하면 쉽게 직사각형에 점 P^*를 투영할 수 있다. 이때, 직사각형에서 위도선은 같은 길이이지만 구의 극 위도선은 길이가 짧기 때문에 늘려야만 한다.

그림 9-18은 구형 파노라마 투영법(spherical panoramic projection)을 사용하여 지구를 투영한 예이다. 이 그림에서 왜곡된 모습은 쉽게 발견 가능하다 즉, 정사각형에서의 위도의 길이는 같다. 따라서 구의 극 위도는 짧기 때문에 늘려야할 필요성이 존재한다.

구형 파노라마 투영법의 경우 관찰자 주위를 둘러싼 360° 공간이 직사각형 위에 투영될 때, 관찰자의 위와 아래의 지역은 펴지게 되고 특징들은 더 세분화된다. 반면에 관찰자의 눈높이에 있는 지역은 세분화가 부족하지만 크기를 조절할 필요는 없다. 이 투영은 일반적으로 지도를 만들 때 사용되며 등직사각형 투영법(equirectangular projection)이라 한다.

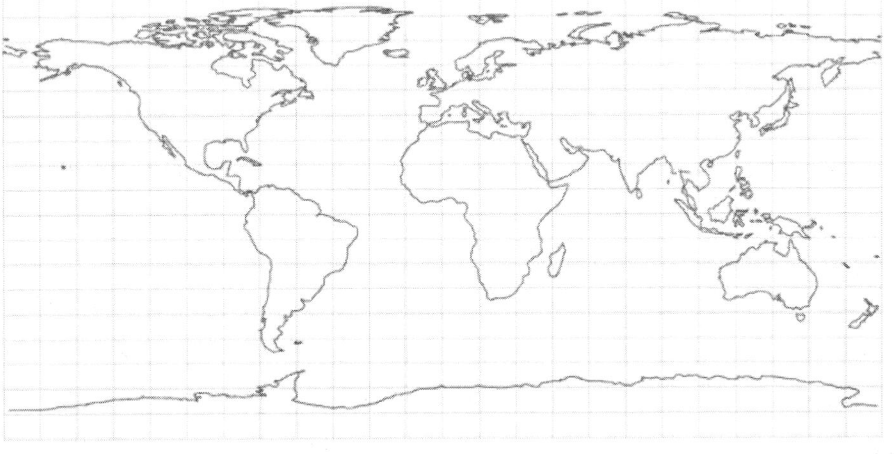

그림 9-18 Equidirectional projection of a sphere[8]

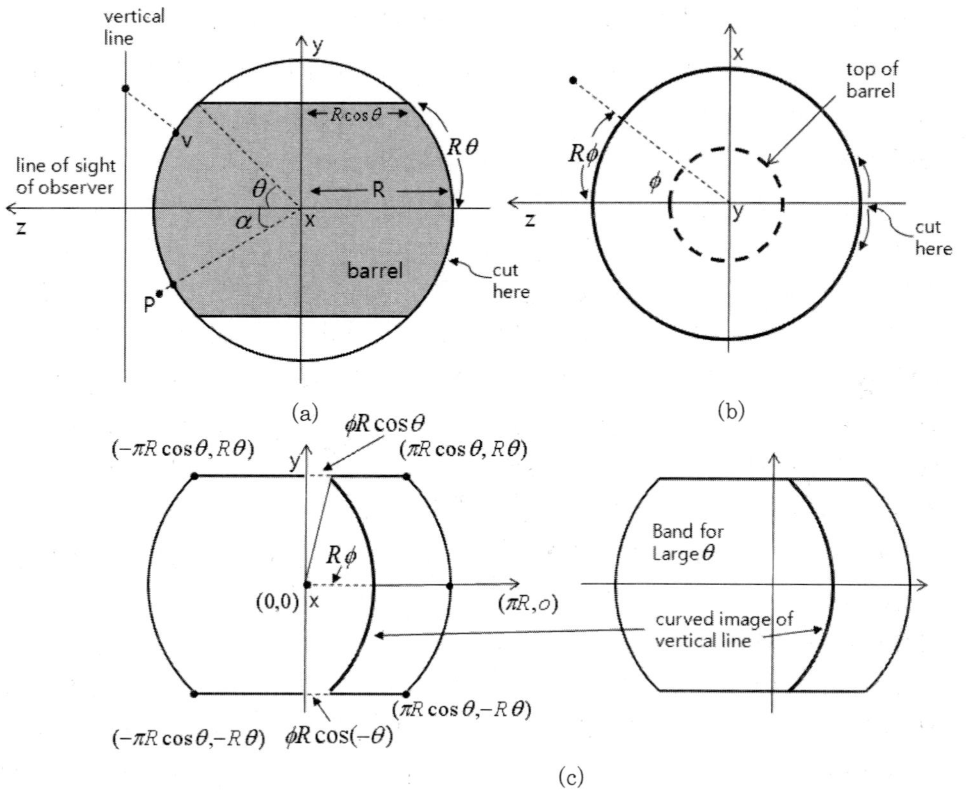

그림 9-19 구형 투영[8]

원점이 원의 중심이고 반지름이 R인 투명한 구를 고려하자. 이 구의 중앙에 관찰자가 위치하고 z축 방향으로 구를 관찰한다. 이때, $[0, \pi/2]$의 범위 내에 있는 θ에 의해 구의 위도 상에서 θ보다 크거나, 작은 양쪽(위와 아래) 끝을 잘라 그림 9-19(a)와 같은 모양을 얻는다. 그림 9-19(a)와 같은 통은 관찰자의 후방에서 잘려지고 그림 9-19(c)와 같이 반창고를 닮은 2차원의 그림과 같이 평평하게 펴진다. 이를 밴드 또는 캡슐이라 부른다. 여기서 이미지는 직사각형에 투영되는 원통 파노라마 투영법과는 대조적으로 이 밴드에 투영된다.

이 밴드(band)의 중심 높이에서 가로 길이는 $2\pi R$(구의 둘레)의 길이를 가진다. 위와 아랫부분은 $2\pi R\cos\theta$의 길이를 가지며 밴드의 세로 길이는 $2R\theta$이다. 구의 양 끝을 자른 통의 모양은 최종적으로 투영된 이미지에서 왜곡의 양을 조절하는 것을 가능하게 한다. θ의 값이 작은 경우 밴드를 폭이 좁은 모양으로 만들고 직사각형에 가깝게 한다. 단지 관찰자를 둘러싼 장면의 작은 부분들이 이 밴드에 그려지지만 왜곡은 최소화된다. θ가 $\pi/2$에 근접할 때 밴드는 더 커지고 그 모양은 원에 근접하게 된다. 이것은 특히 관찰자를 둘러싼 장면들은 더 많이 포함하게 되지만 보다 많은 왜곡이 발생한다.

원통 파노라마 투영법에서처럼 수평선은 사인 곡선으로 밴드에 투영된다. 그러나 수직선은 원통 투영법에서 직선으로 투영되는 것과 다르게 여기서는 곡선으로 투영된다. 그림 9-19(b)는 통의 아래 부분을 시점으로 하여 보여준다. 이때, 긴 수직선은 y축과 평행하다. 우리는 이 선의 일반적인 점이 통의 점 v에 투영된다고 가정한다. 통이 펴진 후에, 점 v의 y 좌표는 $[-R\theta, +R\theta]$의 범위에 다양하게 분포한다. x 좌표는 y 좌표에 따라 결정되고 이것은 y 높이에서의 반지름과 각도 ϕ의 곱과 같다. y 높이에서 통의 반지름은 $R\cos\left(\frac{y}{R}\right)$로 쉽게 구할 수 있다.

그러므로 점 v는 밴드의 $\left(\phi R\cos\left(\frac{y}{R}\right), y\right)$에 위치하게 된다. 이때, $-R\theta \le y \le +R\theta$이다. 이 위치는 y의 값에 따라 $\left(\phi R\cos\left(\frac{y}{R}\right), -R\theta\right) \le (x, y) \le \left(\phi R\cos\left(\frac{y}{R}\right), +R\theta\right)$의 범위에서 존재한다. 밴드에서 수직선의 투영은 그림 9-19(c)에서 보는 것과 같이 곡선으로 투영된다. 여기서 θ가 $\frac{\pi}{2}$에 근접할수록 $\cos\theta$는 더 작아지고 더 왜곡된 투영이 되는 것을 볼 수 있다.

임의의 점 $P=(x, y, z)$가 주어질 때, 상대적으로 밴드에서 투영되는 xy 좌표를 계산하는 것이 어렵지 않다. 그림 9-19(b)는 xz 좌표상에서의 상황을 보여주고 밴드 위에 투영되는 점의 x 좌표가 호 $R\phi$라는 것을 명백하게 해준다. $\tan\phi = \frac{x}{z}$인 것에서, 우리는 x 좌표를 $R\arctan\left(\frac{x}{z}\right)$로 구할 수 있다. 유사하게 그림 9-19(a)에서 밴드에 투영되는 점의 y 좌표는 호 $R\alpha$ 또는 $R\arctan\left(\frac{y}{z}\right)$로 구할 수 있다. 그러므로 투영되는 점은 좌표 $(R\phi, R\alpha)$이거나 $\left(R\arctan\left(\frac{x}{z}\right), R\arctan\left(\frac{y}{z}\right)\right)$로 정의된다. ϕ와 α는 모두 $[-\pi, +\pi]$의 구간에 다양하게 존재하고 x좌표는 $[-\pi R, +\pi R]$의 구간에 다양하게 존재한다. 투영되는 y 좌표는 같은 구간 내에 존재하지만 그림에서 보이는 것처럼 $|\alpha|$가 $|\theta|$보다 더 클 때, 점 P는 통의 외부에 투영된다. 그리고 그 점은 결과적으로 제거된다.

9.4.1.3 정육면체 파노라마 투영법(cubic panoramic projection)

정육면체 파노라마 투영법(cubic panoramic projection)의 원리는 다른 파노라마 투영법(panoramic projection)의 원리와 유사하다. 그림 9-20(a)와 같이 정육면체의 중앙에 관찰자가 위치하고 3차원상의 외부 장면을 보고 있다고 가정한다. 관찰자가 정육면체의 각각의 면을 보고 있고 정육면체는 그림 9-20(b)와 그림 9-20(c)에서처럼 연결된 6개의 정사각형으로 평평하다. 이것은 6개의 부분으로 완전한 360° 파노라마를 생성한다.

정육면체 파노라마 투영법(cubic panoramic projection)의 주된 이점은 왜곡이 없다는 것이다. 직선은 항상 직선으로 투영되지만 전체 선형성으로부터의 편차가 정육면체의 6개의 면들 사이의 경계에서 불연속적인 면이 발생한다.

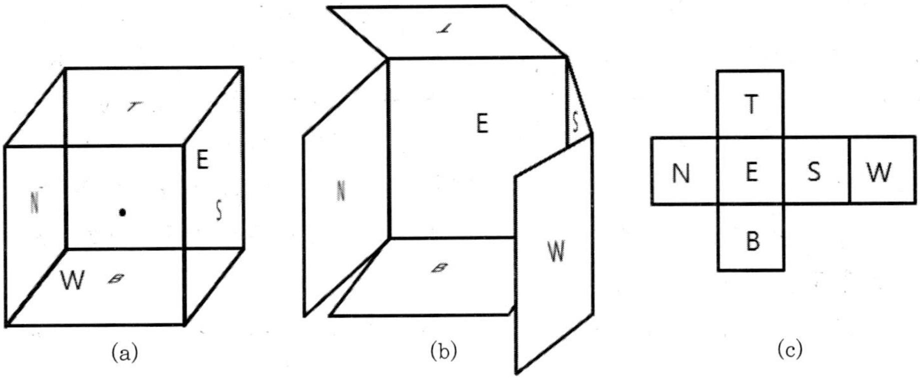

그림 9-20 큐브 투영[8]

그림 9-21(a)는 z 축의 양의 방향에서 바라본 정육면체의 두 면을 보여준다. 정육면체 각각의 면은 $2k$만큼의 길이를 가지며 여기서 2개의 판을 $x = k$와 $y = k$에 위치한다고 가정한다. 그림 9-21(b)는 두 판이 나란히 서도록 회전한 것을 보여준다. 이를 시각화하기 위해서 2개의 판 사이에 경첩이 있다고 고려한다면 두 평면은 문처럼 접히는 것 같이 보일 것이다. 그림은 $x = k$인 판이 yz 평면에 평행하고 이 판 위의 모든 점들은 (k, y, z)형식의 좌표를 가진다. 반면에 $y = k$인 판은 xz 평면에 평행하고 이 판 위의 모든 점들은 (x, k, z)형식의 좌표를 가진다.

예를 들어 임의의 두 점 $P_1 = \left(4k, \dfrac{K}{2}, 0\right)$와 $P_2 = \left(\dfrac{k}{2}, 2k, 1\right)$을 고려할 때, P_1은 $x = k$ 판에 투영되고 이 점은 (k, y, z)의 좌표를 가진다. 그러므로 $P_1{}^* = \left(k, \dfrac{k}{8}, 0\right)$에 투영된다. P_2는 $y = k$판에 투영되고 그것의 y 좌표는 k가 되어야만 한다. 따라서 $P_2{}^* = \left(\dfrac{k}{4}, k, \dfrac{1}{2}\right)$에 투영된다.

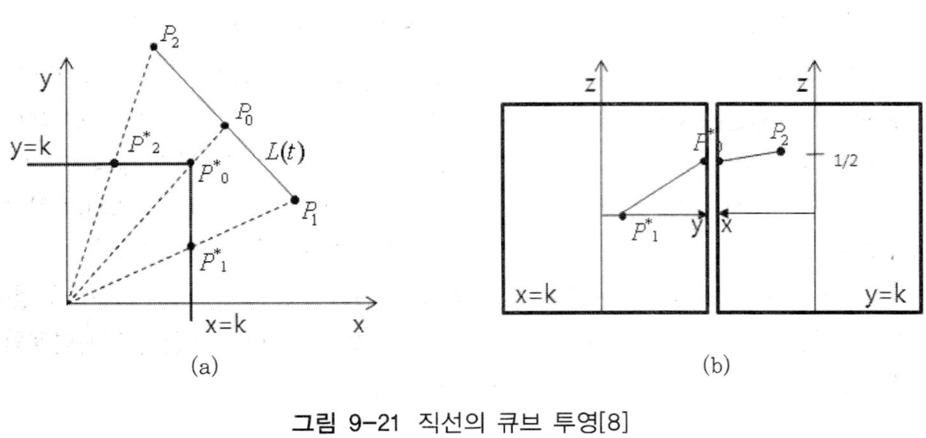

그림 9-21 직선의 큐브 투영[8]

$L(t)$를 점 P_1과 점 P_2를 연결하는 직선으로 정의하고 $L(t)=(1-t)P_2+tP_2=\left(\frac{4k-7tk}{2}, \frac{k/2+3tk}{2}, t\right)$로 계산할 수 있다. 선분 $L(t)$ 위의 점 P_0는 정육면체의 모서리인 $x=y=k$에 투영된다. 그러므로 P_0의 x 좌표와 y 좌표는 투영이 되고 난 후에는 같은 값을 가져야 한다. P_0가 선분 $L(t)$ 위에 있기 때문에 t_0는 $L(t_0)$와 같다. $4k-\frac{7t_0k}{2}=\frac{k}{2}+\frac{3t_0k}{2}$의 관계식에 따라 t_0를 계산하여 $t_0=\frac{7}{10}$이라는 값을 얻을 수 있다. 그러므로 P_0의 좌표는 $L(t_0)=\left(\frac{31}{20}k, \frac{31}{20}k, \frac{7}{10}\right)$이고 이 점은 $P_0{}^*=\left(k, k, \frac{7}{10}\times\frac{20}{31}\right)=\left(k, k, \frac{14}{31}\right)$에 투영된다.

$P_0{}^*$의 z 좌표를 이미 알고 있기 때문에, $L(t)$의 투영을 구성하는 두 직선의 기울기를 계산할 수 있다. $y=k$인 판에서 기울기는

$$\frac{\frac{1}{2}-\frac{14}{31}}{\frac{3k}{4}}=\frac{2}{31k} \qquad \text{(식 9-43)}$$

이고 반면에 $x=k$인 판에서 기울기는

$$\frac{\frac{14}{31}-0}{\frac{7k}{8}}=\frac{16}{31k} \qquad \text{(식 9-44)}$$

가 된다.

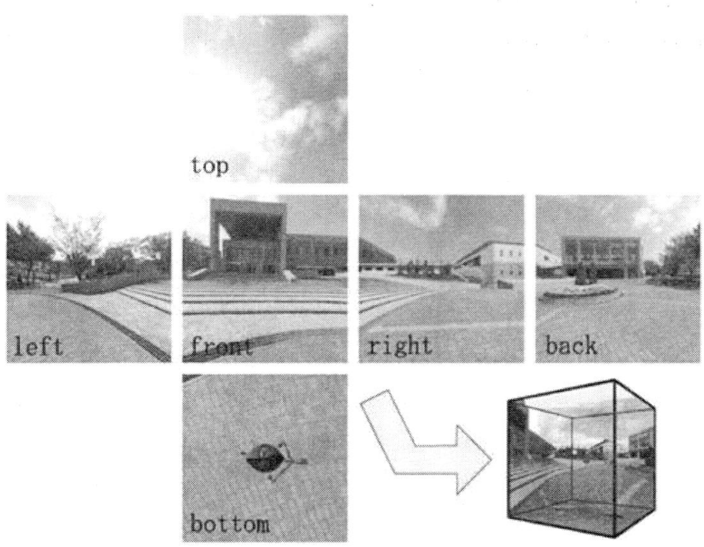

그림 9-22 큐브 파노라마 투영[8]

P_1과 P_2를 연결하는 직선은 2개의 직선으로 투영되지만 2개의 판위에 서로 다른 기울기를 가지고 투영된다. 정육면체의 대칭성으로 인해 수평선과 수직선 사이의 차이가 없으며 그것들은 모두 판들 사이에서 같은 불연속성의 기울기를 갖는 특징이 있다.

9.5 참고문헌

[1] A. Goshtasby, G.C. Stockman, C.V. Page, A region-based approach to digital image registration with subpixel accuracy, IEEE Transactions on Geoscience and Remote Sensing 24: 390-399, 1986.

[2] H. Li, B.S. Manjunath, S.K. Mitra, A contour-based approach to multisensor image registration, IEEE Transactions on Image Processing 4: 320-334, 1995.

[3] J.B.A. Maintz, P.A. van den Elsen, M.A. Viergever, Comparison of edge-based and ridge-based registration of CT and MR brain images, Medical Image Analysis 1: 151-161, 1996.

[4] J.B.A. Maintz, P.A. van den Elsen, M.A. Viergever, Evaluation on ridge seeking operators for multimodality medical image matching, IEEE Transactions on Pattern Analysis and Machine Intelligence 18: 353-365, 1996.

[5] M. I. A. Lourakis and A. A. Argyros, Is Levenberg-Marquardt the Most Efficient Optimization Alogorithm for Implementing Bundle Adjustment?, IEEE International Conf. on Computer Vision, 2005.

[6] R. Szeliski. Image alignment and stitching: A tutorial. Technical Report MSR-TR-2004-92, Microsoft Research, 2004.

[7] M. A. Brown, Multi-Image Matching using Invariant Features, Doctoral Dissertation, University of British Columbia Vancouver, BC, Canada, 2005.

[8] D. Salomon, Transformations and Projections in Computer Graphics, Springer, 2006.

10

영상 와핑 및 파노라마 실습

10.1 영상 와핑과 파노라마 영상

- **영상 와핑이란?**

와핑이란 영상에 변형을 주는 것으로서 영상의 이동(translation), 회전(rotation), 비율 변환(scaling), 어파인(affine) 변형, 원근 변형(perspective) 등이 있다. 초창기의 와핑 기술은 NASA에서 인공위성과 우주선으로부터 수신된 영상을 바로 펴기 위해서 사용하였다. 하지만 요즘에는 영화에서 영상 간의 다른 물체로의 변형 기술 등 여러 영상 처리에 이용되고 있다. 이러한 와핑 기술이 파노라마 영상에 필요한 이유는 전시 기법에서 영상의 원하는 부분을 축소 또는 확대시켜 투영 환경을 맞추기 위해서 사용한다.

- **파노라마 영상(image stitching)이란?**

파노라마 영상이란 단일카메라에서 겹치는 여러 사진을 얻었을 때, 원본 영상들의 조합으로 끊김 없는 고해상도의 영상을 생성하는 것이다. 파노라마 영상은 넓은 시야각을 가지는 한 장의 영상을 생성하는 것을 목적으로 한다. 이렇게 생성된 파노라마 영상은 다양한 분야에 적용된다. 최근 들어 많이 적용되는 분야는 유적지, 박물관과 같이 제한적인 한 장의 영상으로 볼 수 없는 공간을 이미지 스티칭을 통한 파노라마 영상을 구성하여 사용자에게 제공함으로써 전체적인 공간을 보여줌으로써 장소를 효율적으로 홍보하거나 관람객을 유치할 수 있다. 또한 보안 영상 분야에서는 여러 카메라와 여러 화면으로 감시를 해야 하는 불편함이 있지만 겹치는 여러 영상을 파노라마 영상을 생성하여 최소한의 화면으로 감시 시스템을 만들어서 사용자의 편의를 제공하는 분야에서도 사용될 수 있다.

10.1.1 Image composite editor(microsoft)

Image composite editor는 마이크로소프트에서 제공하는 이미지 스티칭 애플리케이션이다(그림 10-1, 10-2 참조).

그림 10-1 입력 영상

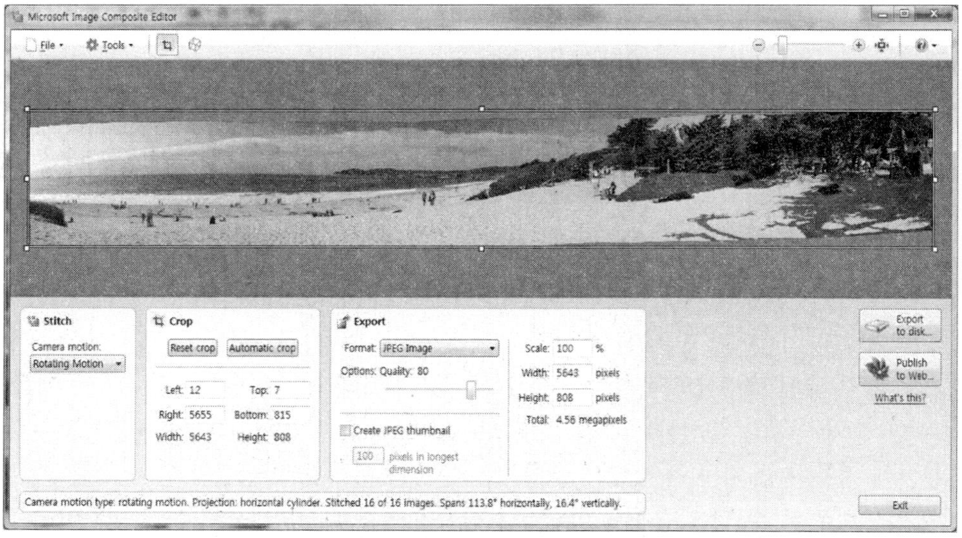

그림 10-2 ICE의 스티칭결과 영상

10.1.2 Autostitching[1]

UBC(University of British Columbia) 대학에서 만든 스티칭 프로그램으로 현재 데모버전으로 윈도, 맥 그리고 아이폰 앱 등으로 제공된다. 이전 장에서 배운 David G. Lowe가 개발한 SIFT(Scale Invariant Feature Transform)[2]로 특징점을 추출/매칭하여 파노라마 영상을 생성한다.

그림 10-3 AutoStitching 프로그램과 입력 영상

그림 10-4 AutoStitching 결과 영상

10.1.3 다음(daum) 로드 뷰

다음 로드 뷰는 2009년 1월에 인터넷 포털 업체인 다음커뮤니케이션에서 제공하는 실사 파노라마 영상을 제공한다. 이러한 온라인 지도 서비스는 지리 정보, 위치 정보를 제공하며 다음과 같은 문화 유적을 가상 체험을 할 수 있다. 360°로 촬영된 파노라마 사진은 상·하·좌·우 둘러보기를 이용할 수 있으며 고해상도의 파노라마 영상으로 구현되어 있기 때문

에 영상의 확대/축소 보기가 가능하다. 로드 뷰는 360° 파노라마를 촬영할 수 있는 특수 촬영 장비와 GPS 추적장치를 이용하여 서울, 수도권 및 전국 주요 도시의 파노라마 영상을 제공한다.

(a) 경복궁 내의 다음 로드 뷰

(b) 국회의사당의 다음 로드 뷰

그림 10-5 다음 로드 뷰 실행 영상

10.2 OpenCV 개요 및 구조

OpenCV[3]는 오픈소스로 만들어지고 있는 컴퓨터 비전 라이브러리(Computer Vision Library)이며, http://sourceforge.net/projects/opencvlibrary에서 다운로드받을 수 있다. OpenCV 라이브러리는 C와 C++ 언어를 이용하여 작성되었고, 리눅스, 윈도, Mac OS 등 기존의 PC 운영체제에서 사용 가능하고, 또한 모바일 운영체제인 안드로이드에서도 동작한다.

OpenCV의 주요 목적 중 하나는 사용하기 쉬운 컴퓨터 비전 기반 구조(Infrastructure)를 제공함으로써 정교한 컴퓨터 비전 응용 프로그램을 쉽고 빠르게 만들 수 있도록 도와주는 것이다. OpenCV 라이브러리는 수백 개의 함수들로 구성되어 있으며 이들 함수는 공장에서의 불량 검사, 의료 영상, 영상 보안, 스테레오 비전 등 다양한 컴퓨터 비전 분야에서 사용될 수 있다. 현재 이 책에서는 OpenCV API를 위주로 실습하기 때문에 OpenCV API의 구조에 대해서 알아보도록 한다.

OpenCV는 몇몇 라이브러리를 포함하는 패키지형태의 모듈 구조로 가진다. 그 중 대표적인 여덟 가지의 구조에 대해서 설명하고자 한다.

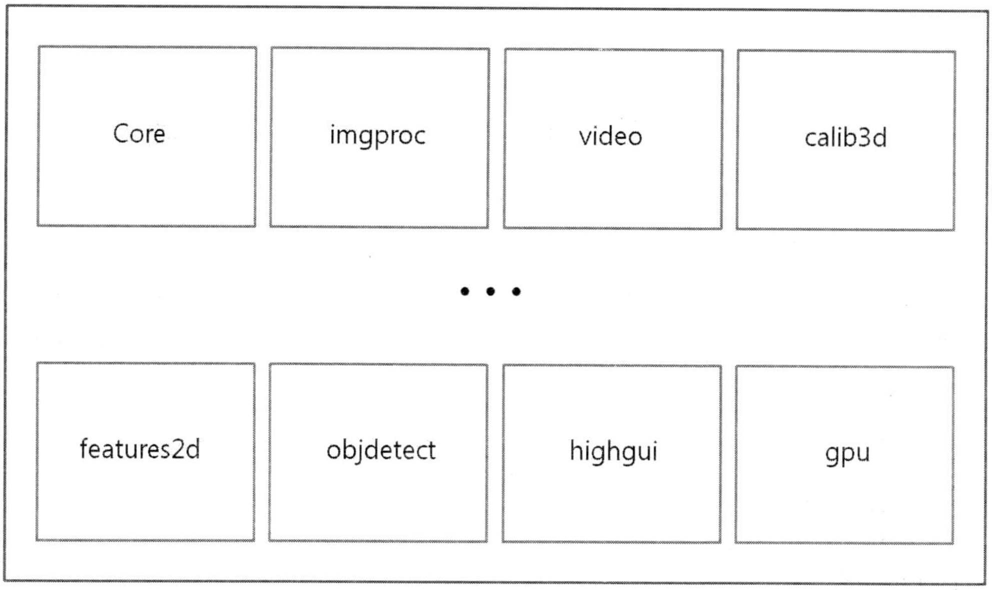

그림 10-6 OpenCV 대표적인 모듈 구조

이러한 대표적인 모듈은 다음과 같은 역할을 수행한다.

- Core : 기본적인 데이터 구조를 가진다. 예를 들어 영상 및 행렬의 값들을 저장할 수 있는 배열 mat을 가지고 있고 그와 관련되어서 기본적인 함수를 제공한다.
- imgproc : 선형 및 비선형 영상 필터링을 포함한 영상 처리 모듈이다. 기하적인 영상의 변형(비율 변형, 어파인과 원근 변형 등), 컬러 공간 변환, 히스토그램과 관련된 처리 등을 할 수 있는 기본적인 영상 처리 함수를 제공한다.
- video : 비디오 분석 모듈로써 움직임 추정, 전·후경 분리, 물체 추적 알고리즘 등을 가지고 있다.
- calib3d : 기본적인 멀티 뷰(multi-view) 기하학 알고리즘과 단일 및 스테레오카메라 calibration, 물체 동작 추정, 스테레오 관련 알고리즘, 마지막으로 3D 구성요소를 제공하는 모듈이다.
- features2d : SIFT, SURF[4], MSER[5] 등과 같은 영상의 특징점 탐지 기능, 그것의 기술자와 각 특징의 매칭 등과 같이 영상의 특징 추출과 관련된 기능을 가진 모듈이다.

- objdetect : 미리 정의된 종류(예를 들어, 얼굴, 눈, 사람, 자동차와 같은)를 구별하는 물체 탐지와 관련된 모듈이다.
- highgui : 비디오 캡처, 영상 및 비디오 코덱 등을 제공하여 간단한 UI(user interface)을 제공하는 모듈이다.
- gpu : 여러 OpenCV 모듈들을 GPU를 사용해서 알고리즘을 고속화시키는 모듈이다.

10.3 OpenCV에서 제공하는 파노라마 영상 구성을 위한 프로그램

10.3.1 와핑(warping)

스티칭 프로그램을 실습하기 전에 기본적인 와핑에 대해 실습하고자 한다. 이러한 영상의 와핑을 OpenCV를 이용해서 구현할 경우에는 다음과 같은 함수를 사용할 수 있다. 다음 코드는 영상 와핑의 전체적인 소스이다.

"ImageWarping.cpp"

```
#include "opencv2/highgui/highgui.hpp"
#include "opencv2/imgproc/imgproc.hpp"
#include <iostream>
#include <stdio.h>
using namespace cv;
using namespace std;
/// Global variables
char* source_window = "Source image";
char* warp_window = "Warp";
char* warp_rotate_window = "Warp + Rotate";
/** @function main */
int main( int argc, char** argv )
{
        Point2f srcTri[3];
        Point2f dstTri[3];
        Mat rot_mat( 2, 3, CV_32FC1 );
        Mat warp_mat( 2, 3, CV_32FC1 );
        Mat src, warp_dst, warp_rotate_dst;
        /// Load the image
        src = imread( argv[1], 1 );
        /// Set the dst image the same type and size as src
        warp_dst = Mat::zeros( src.rows, src.cols, src.type() );
        /// Set your 3 points to calculate the Affine Transform
```

```
        srcTri[0] = Point2f( 0,0 );
        srcTri[1] = Point2f( src.cols - 1, 0 );
        srcTri[2] = Point2f( 0, src.rows - 1 );
        dstTri[0] = Point2f( src.cols*0.0, src.rows*0.33 );
        dstTri[1] = Point2f( src.cols*0.85, src.rows*0.25 );
        dstTri[2] = Point2f( src.cols*0.15, src.rows*0.7 );
        /// Get the Affine Transform
        warp_mat = getAffineTransform( srcTri, dstTri );
        /// Apply the Affine Transform just found to the src image
        warpAffine( src, warp_dst, warp_mat, warp_dst.size() );
        /** Rotating the image after Warp */
        /// Compute a rotation matrix with respect to the center of the image
        Point center = Point( warp_dst.cols/2, warp_dst.rows/2 );
        double angle = -50.0;
        double scale = 1.0;
        /// Get the rotation matrix with the specifications above
        rot_mat = getRotationMatrix2D( center, angle, scale );
        /// Rotate the warped image
        warpAffine( warp_dst, warp_rotate_dst, rot_mat, warp_dst.size() );
        /// Show what you got
        namedWindow( source_window, CV_WINDOW_AUTOSIZE );
        imshow( source_window, src );
        namedWindow( warp_window, CV_WINDOW_AUTOSIZE );
        imshow( warp_window, warp_dst );
        namedWindow( warp_rotate_window, CV_WINDOW_AUTOSIZE );
        imshow( warp_rotate_window, warp_rotate_dst );

        imwrite("src.jpg", src);
        imwrite("WarpDst.jpg", warp_dst);
        imwrite("WarpRotateDst.jpg", warp_rotate_dst);
        /// Wait until user exits the program
        /// Wait until user exits the program
        waitKey(0);
        return 0;
}
```

와핑을 하기 위해서 필요한 입력 영상(src)과 어파인 변형 파라미터를 저장할 2×3 행렬인 warp_mat 변수와 회전 변형을 저장할 회전 행렬인 rot_mat 변수를 선언한다. 그리고 어파인 변형의 행렬은 srcTri, dstTri의 변수를 통해서 구하게 된다. 그 방법은 다음 그림과 같이 어파인 행렬을 추출한다.

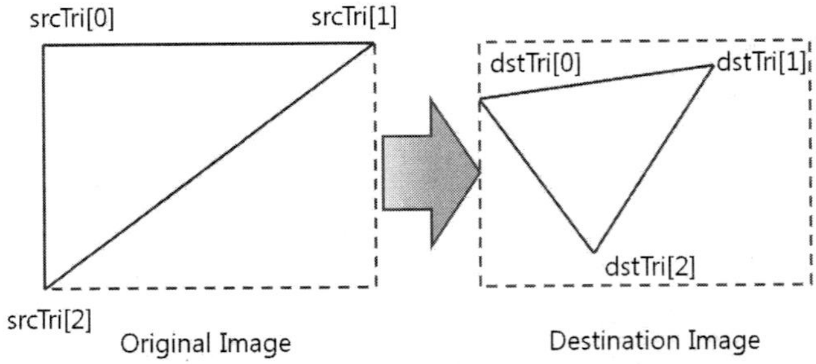

그림 10-7 어파인 행렬을 구하기 위한 방법

이렇게 세 점의 변형을 통해서 어파인 행렬을 구하는 함수는 getAffineTransform()이다. 이후에 회전 변형을 하기 위해서는 회전할 영상의 중점과 회전할 각도, 마지막으로 비율 변형과 관계된 스케일 파라미터를 통해서 회전 행렬을 구하게 된다. 회전 행렬을 구하는 함수는 getRotationMatrix2D() 함수이다. 이 함수가 요구하는 파라미터는 다음과 같다. 회전하려고 하는 영상의 중점 좌표와 회전각도, 비율 변형에 관련된 변수를 통해서 구하게 된다. 이전 단계에서 각각 변형의 행렬을 구하면 그것을 통해서 영상의 변형을 하게 된다. 실제적으로 변형을 시키는 함수는 warpAffine() 함수이다. 이 함수의 파라미터는 다음과 같다. 우선적으로 변형하려고 하는 영상, 변형된 영상을 저장하는 변수, 이전 단계에서 구한 변형 행렬, 회전된 영상의 크기를 가지게 된다. 위의 코드를 통해서 구한 영상은 다음과 같다.

(a) 원본 영상

(b) 어파인 변형 영상

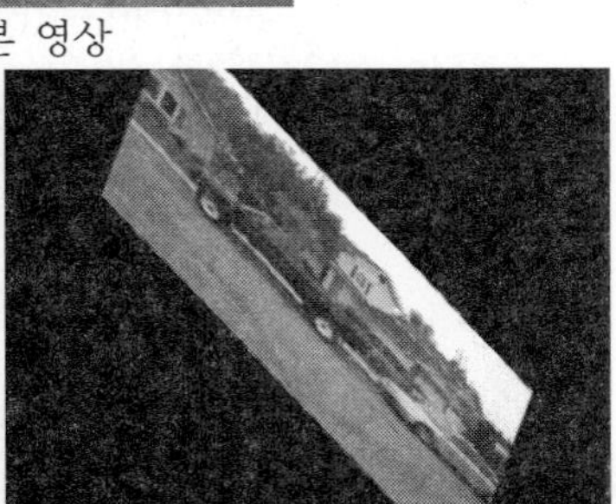

(c) 회전 변형 영상

그림 10-8 와핑 결과 영상

10.3.2 스티칭 프로그램

현재 OpenCV 2.3 버전에서 제공하는 스티칭 샘플 코드로 실습을 진행하고자 한다. 이전의 OpenCV 버전에서는 스티칭 코드가 제공되지 않는다. OpenCV 2.3 버전을 설치한 경우 다음과 같은 경로(C:\설치된 폴더\opencv2.3\modules\stitching)에 샘플 코드가 존재한다.

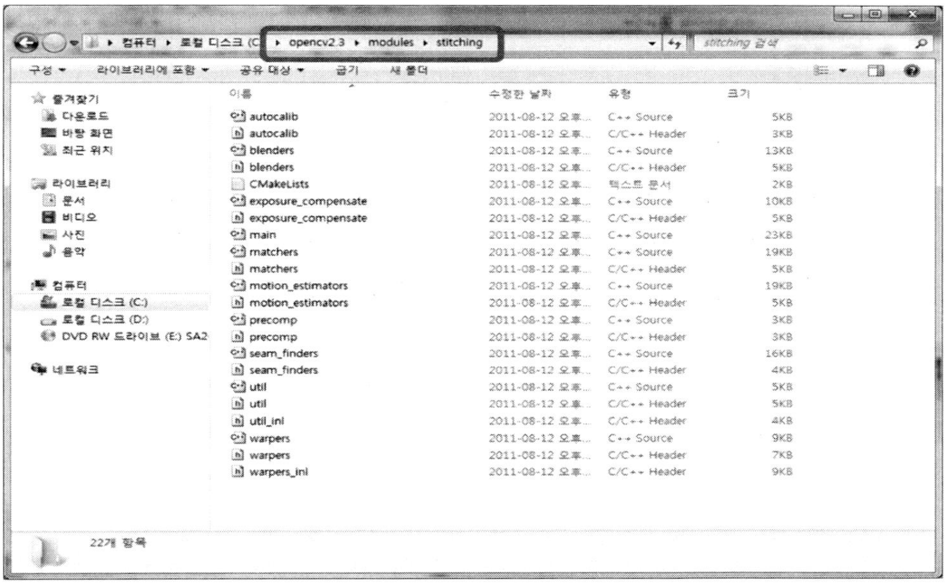

그림 10-9 스티칭 모듈이 존재하는 폴더 그림

스티칭 프로그램의 전체적인 알고리즘의 순서는 다음과 같다.

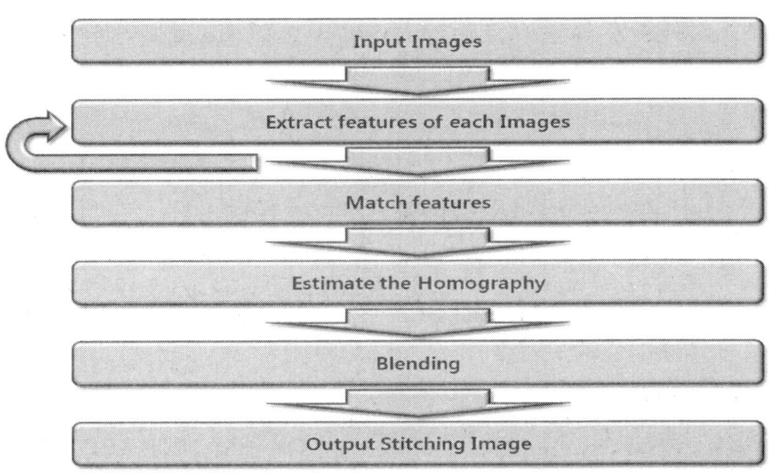

그림 10-10 스티칭 알고리즘 순서도

다음 그림과 같이 스티칭하려고 하는 영상들을 입력한다. 그리고 각각의 입력 영상에서 사용해야 할 특징점을 반복적으로 추출한다. 현재 OpenCV에서 샘플 코드로 제공되는 스티칭 프로그램은 SURF(Speeded Up Robust Feature)라는 특징점을 추출한다. 다음 단계에서는 추출된 각 특징점의 기술자(descriptor)를 비교하여 같은 특징을 서로 매칭한다. 이후에서는 입력 영상들 간의 회전과 스케일 그리고 어파인(affine)과 같은 관계성을 나타내는 호모그래피를 추정한다. 마지막으로 겹쳐지는 부분을 블렌딩을 통해서 최종결과 영상을 출력하게 된다[6].

10.3.3 특징점 추출

스티칭 프로그램에서 특징점과 관련된 파일은 "matchers.hpp"와 "matchers.cpp"이다. 이 파일은 영상의 정보을 저장하기 위한 구조체, 특징점을 추출하기 위한 클래스, 그리고 마지막으로 매칭과 관련된 클래스 및 구조체로 이루어져 있다.

"matchers.hpp"

```
struct ImageFeatures {
        int img_idx
        cv::Size img_size
        std::vector<cv::KeyPoint> keypoints
        cv::Mat descriptors
};
```

그림 10-11 구조체 이름으로 변경 불가 구조체

위에서 나타난 구조체는 영상의 크기와 특징점의 정보(예를 들어, 좌표와 기준 방향, 그리고 추출된 옥타브 등), 마지막으로 각 특징점 매칭 연산을 하기 위한 기술자(descriptor)를 저장한다.

"matchers.hpp"

```
class SurfFeaturesFinder : public FeaturesFinder {
public:
    SurfFeaturesFinder(bool try_use_gpu = true, double hess_thresh =
                300.0, int num_octaves = 3, int num_layers = 4,
                int num_octaves_descr = 4, int num_layers_descr = 2);
    void releaseMemory();

protected:
    void find(const cv::Mat &image, ImageFeatures &features);
    cv::Ptr<FeaturesFinder> impl_
};
```

그림 10-12 변경 불가 클래스

그림 10-12에서 보여주는 클래스는 OpenCV에서 제공하는 SURF 특징을 추출하기 위한 함수로 구성됐다. SurfFeaturesFinder 클래스에서 상속받은 FeaturesFinder 클래스의 연산 '( )'를 통해서 연산되어진다. 그림 10-12 클래스에서 SURF를 수행할 때 필요한 매개변수를 전달하게 된다. 각 매개변수는 다음과 같은 속성을 가진다.

매개변수명	내 용
try_use_gpu	GPU의 사용 여부
hess_thresh	Hessian response의 임계값
num_octaves	필터 사이즈의 크기 결정할 옥타브 개수
num_layers	옥타브를 구성할 레이어 개수
num_octaves_descr	각 옥타브의 기술자 개수
num_layers_descr	각 레이어의 기술자 개수

제공되는 샘플 코드에서는 이러한 매개변수들이 초깃값을 가지게 된다. 위에서는 보이는 것처럼 hess_thresh = 300, num_octaves = 3 등과 같이 다음과 같이 가장 일반적인 값들로 정해져 있는 것을 확인할 수 있다. 이러한 클래스와 메소드를 사용하여 특징점을 추출하는 예제는 다음과 같다. 다음의 예제는 샘플 코드에서 "main.cpp" 파일에 있는 특징점 추출과 관련된 소스를 첨부한 것이다.

"main.cpp"

```
vector<ImageFeatures> features(num_images);
SurfFeaturesFinder finder(try_gpu);
Mat full_img, img

    finder(img, features[i]);
    features[i].img_idx = i

finder.releaseMemory();

full_img.release();
img.release();
```

영상의 특징 정보를 저장할 수 있는 ImageFeatures 구조를 vector로 선언하여 각각 정보를 저장한다. SurfFeaturesFinder의 변수 finder를 통해서 특징점의 정보들을 연산한다. 매개변수 중에서 img는 특징을 추출할 영상과 features[i]는 영상의 특징 정보를 저장할 ImageFeatures 구조의 변수이다. 이번 실습에서 사용되는 원본 영상과 위 코드를 수행하고 나온 특징점 추출한 결과는 다음과 같다.

원본 입력 영상

그림 10-13 스티칭에 사용될 원본 영상

(a) SURF의 특징점 추출 영상

(b) SIFT의 특징점 추출 영상

그림 10-14 SURF와 SIFT의 특징점 추출 영상

10.3.4 추출된 특징점 매칭

이번 단계에서는 이전에 추출되어진 특징점의 기술자(descriptor)를 비교하여 매칭하는 것이다. 관련된 구조체는 MatchesInfo와 클래스는 BestOf2NearestMatcher가 있다.

"matchers.hpp"

```
struct MatchesInfo{
        MatchesInfo();
        MatchesInfo(const MatchesInfo &other);
        const MatchesInfo& operator =(const MatchesInfo &other);

        int src_img_idx, dst_img_idx
        std::vector<cv::DMatch> matches
        std::vector<uchar> inliers_mask
        int num_inliers
        cv::Mat H
        double confidence
};
```

그림 10-15 MatchesInfo 구조체

우선적으로 구조체인 MatchesInfo는 매칭이 된 특징점들을 저장할 DMatch의 matches 변수와 매칭의 inlier인 매칭 값, inlier의 개수를 저장한 num_inliers, 그리고 호모그래피 저장할 변수 H, 영상 간의 일치성을 나타내는 confidence 변수를 가지게 된다.

"matchers.hpp"

```
class BestOf2NearestMatcher : public FeaturesMatcher{
public:
    BestOf2NearestMatcher(bool try_use_gpu = true, float match_conf =
      0.55f, int num_matches_thresh1 = 6, int num_matches_thresh2 = 6);
    void releaseMemory();

protected:
    void match(const ImageFeatures &features1, const ImageFeatures
              &features2, MatchesInfo &matches_info);

    int num_matches_thresh1_
    int num_matches_thresh2_
    cv::Ptr<FeaturesMatcher> impl_
};
```

그림 10-16 BestOf2NearestMatcher 클래스

매칭을 하기 위한 BestOf2NearestMatcher는 영상들의 특징 정보를 입력받아서 실제적으로 매칭을 하는 클래스이다. 매개변수는 GPU의 작동 여부를 확인하는 try_use_gpu와 매칭 임계값을 넘겨주는 match_conf, 그리고 각 매칭을 통해서 얻어진 최소한의 매칭 개수를 설정하기 위한 num_matches_thresh1, num_matches_thresh2의 변수들이 존재한다. 현재 클래스의 메소드인 match는 각 영상들의 특징을 가진 ImageFeatures 구조체인 features1과 features2를 입력받고 매칭을 수행하여 나온 결과를 저장할 구조체 MatchsInfo인 matches_info 변수를 받게 된다.

위에서 만든 클래스와 구조체를 사용하여 매칭하는 코드는 다음과 같다. 다음에 나온 코드에서 보이는 것처럼 구조체 MAtchesInfo를 선언하여 매칭된 특징을 저장할 변수(pairwise_matches)를 선언하고 이후에 클래스 BestOf2NearestMatcher를 선언하고 메소드 matcher에 특징점을 추출한 features 변수와 저장할 pairwise_matches를 넘겨주는 것을 확인할 수 있다.

"main.cpp"

```
vector<MatchesInfo> pairwise_matches
BestOf2NearestMatcher matcher(try_gpu, match_conf);
matcher(features, pairwise_matches);
matcher.releaseMemory();
```

다음 매칭을 통해서 얻은 결과 영상이다.

SURF의 특징점 추출 영상

그림 10-17 매칭 결과 영상

10.3.5 호모그래피 연산

이전 단계에서 매칭을 수행한 이후에는 영상 간의 관계성을 나타내는 호모그래피를 구하는 단계이다. 이번 단계에서 관련된 파일은 "motion_estimators.hpp"와 "motion_estimators.cpp"이다.

"motion_estimators.hpp"

```
class HomographyBasedEstimator : public Estimator {
public:
    HomographyBasedEstimator() : is_focals_estimated_(false) {}
    bool isFocalsEstimated() const { return is_focals_estimated_ }

private:
    void estimate(const std::vector<ImageFeatures> &features, const
                  std::vector<MatchesInfo> &pairwise_matches,
                  std::vector<CameraParams> &cameras);

    bool is_focals_estimated_
};
```

그림 10-18 HomographyBasedEstimator 클래스

호모그래피를 추정하는 클래스는 HomographyBasedEstimator이다. 현재 클래스에서 사용하는 메소드인 estimate의 매개변수는 다음과 같다. 우선적으로 각각의 영상의 모든 특징점의 정보를 저장한 변수 features와 매칭 정보를 가진 변수 pairwise_matches, 그리고 투영 행렬을 구하여 저장할 수 있는 변수 cameras를 가진다. features와 pariwise_matches의 변수의 구조체는 이전에 설명을 ImageFeatures와 MatchesInfo이고, 구조체 cameraParams에는 초점 길이와 회전, 이동을 저장할 수 있는 구조로 이루어져 있다.

"main.cpp"

```
HomographyBasedEstimator estimator
vector<CameraParams> cameras
estimator(features, pairwise_matches, cameras);
```

위 코드를 통해서 호모그래피를 추정할 수 있다. 매칭을 비교하여 추정된 호모그래피의 값들은 카메라 내에 파라미터, 즉 초점 길이, 회전, 이동이 저장된다. 호모그래피를 구하는 알고리즘은 기본적으로 RANSAC(RANdom SAmple Consensus) 알고리즘이 초기값으로 설정되어 있으며 이 방법을 통해서 추정된다.

이후 단계에서는 추정된 호모그래피의 값들 중에서 가장 적은 에러율(error rate)을 가지는 최적의 호모그래피를 구하기 위하여 번들 조정(bundle adjustment)을 이용하게 된다. 번들 조정(bundle adjustment)과 관련된 파일은 호모그래피와 관련 파일 "motion_estimators.hpp", "motion_estimators.cpp"로 같은 파일에 존재한다.

"motion_estimators.hpp"

```
class BundleAdjuster : public Estimator {
public:
      enum { RAY_SPACE, FOCAL_RAY_SPACE };
      BundleAdjuster(int cost_space = FOCAL_RAY_SPACE,
                    float conf_thresh = 1.f)
       : cost_space_(cost_space), conf_thresh_(conf_thresh) {}

private:
      void estimate(const std::vector<ImageFeatures> &features, const
                   std::vector<MatchesInfo> &pairwise_matches,
                   std::vector<CameraParams> &cameras);

      void calcError(cv::Mat &err);
      void calcJacobian();

      int num_images_
      int total_num_matches_
      const ImageFeatures *features_
      const MatchesInfo *pairwise_matches_
      cv::Mat cameras_
      std::vector<std::pair<int,int> > edges_

      int cost_space_
      float conf_thresh_
      cv::Mat err_, err1_, err2_
      cv::Mat J_
};
```

그림 10-19 BundleAdjuster 클래스

번들 조정(bundle adjustment)과 연관된 클래스는 BundleAdjuster이다. 이 클래스의 변수는 영상의 개수를 나타낸 num_images와 총 매칭된 개수인 total_num_matches, 이전까지 지속적으로 사용한 영상의 특징 정보를 저장한 features, 모든 매칭 정보를 가진 pairwise_matches, 그리고 전 단계에서 추정한 호모그래피의 값들은 카메라, 그리고 bundle adjustment를 수행 시 에러율을 저장할 변수인 err_, err1_, err2_ 마지막으로 자코비안 행렬을 저장할 변수인 J가 존재한다. 그리고 클래스의 메소드로는 호모그래피의 에러율을 연산할 calcError() 메소드와 자코비안 행렬을 구할 calcJacobian() 메소드, 마지막으로 호모그래피 값들 중에서 최적의 값을 추정하기 위한 estimate() 메소드로 구성되어 있다.

이후의 소스는 "main.cpp" 파일에 있는 코드로써 번들 조정(bundle adjustment)을 수행하는 단계를 보여준다.

"main.cpp"

```
BundleAdjuster adjuster(ba_space, conf_thresh);
adjuster(features, pairwise_matches, cameras);
```

위에서 보는 것과 같이 BundleAdjuster 클래스 변수인 adjuster를 선언한 후 클래스의 메소드을 수행하여 최적의 호모그래피를 추정한다.

10.3.6 영상 와핑

이번 단계인 영상 와핑 단계이고 와핑에 관련된 파일은 "Warpers.hpp"인 헤더 파일과 각 함수들이 구현되어져 있는 "Warpers.cpp" 파일이 있다. 와핑 단계는 파노라마 영상을 여러 방법으로 전시하기 위하여 수행된다. "warpers.hpp"에 존재하는 warper 클래스는 다음과 같이 정의된다.

"warpers.hpp"

```
class Warper{
public:
      enum { PLANE, CYLINDRICAL, SPHERICAL };
      static cv::Ptr<Warper> createByCameraFocal(float focal, int type,
                                                   bool try_gpu = false);

virtual ~Warper() {}
virtual cv::Point warp(const cv::Mat &src, float focal, const cv::Mat& R,
                  cv::Mat &dst, int interp_mode = cv::INTER_LINEAR,
                  int border_mode = cv::BORDER_REFLECT) = 0;
virtual cv::Rect warpRoi(const cv::Size &sz, float focal, const cv::Mat &R)
= 0;
};
```

그림 10-20 Warper 클래스

Warper 클래스는 세 가지의 옵션을 가진다. 하나는 평면에 프로젝션(projection)을 수행하는 "PLANE" 옵션과 원통형에 프로젝션하는 "CYLINDRICAL" 옵션, 마지막으로 구형에 프로젝션시키는 "SPHERICAL"을 가진다. 내부의 가상 메소드로서 두 가지가 존재하는데 그 중 하나인 warp() 메소드는 점 대 점(point by point)으로 와핑하는 것이다. 이 메소드의 매개변수는 와핑하고자 하는 원본 영상인 변수 src와 초점 길이를 나타내는 초점 변수, 회전을 하기 위해 요구되어지는 회전 행렬인 변수 R, 와핑한 결과 영상을 저장할 변수 dst, 마지막으로 와핑이 수행될 때 요구되는 보간법과 경계 부분 처리를 위해 필요한 옵션 모드로 변수 interp_mode와 border_mode가 있다. 그리고 또 다른 메소드인 warpRoi()는 영역을 와핑하기 위한 메소드로써 매개변수는 다음과 같다. 영역의 크기를 나타내는 변수 sz, warp 메소드에서도 설명한 초점 길이를 나타내는 초점변수와 회전 시 필요한 R 변수를 가진다.

옵션에 따른 결과는 다음과 같다.

(a) 평면 투영 방식으로 와핑한 결과

(b) 원통형 투영 방식으로 와핑한 결과

(c) 구형 투영 방식으로 와핑한 결과

그림 10-21 다양한 전시 방식에 따른 결과 영상

"main.cpp"

```
vector<Point> corners(num_images);
vector<Mat> masks_warped(num_images);
vector<Mat> images_warped(num_images);
vector<Size> sizes(num_images);
vector<Mat> masks(num_images);
```

```
    // Preapre images masks
    for (int i = 0; i < num_images ++i)
    {
        masks[i].create(images[i].size(), CV_8U);
        masks[i].setTo(Scalar::all(255));
    }

    // Warp images and their masks
    Ptr<Warper> warper =
    Warper::createByCameraFocal(
      static_cast<float>(warped_image_scale * seam_work_aspect), warp_type,
try_gpu);
    for (int i = 0; i < num_images ++i)
    {
        corners[i] = warper->warp(images[i], static_cast<float>(cameras[i].focal
* seam_work_aspect), cameras[i].R, images_warped[i]);
        sizes[i] = images_warped[i].size();
        warper->warp(masks[i],
                static_cast<float>(cameras[i].focal    *    seam_work_aspect),
cameras[i].R, masks_warped[i], INTER_NEAREST, BORDER_CONSTANT);
    }

    vector<Mat> images_warped_f(num_images);
    for (int i = 0; i < num_images ++i)
        images_warped[i].convertTo(images_warped_f[i], CV_32F);
```

위 코드에서 확인할 수 있는 것처럼 우선적으로 영상들을 와핑하기 위해서 createByCameraFocal() 메소드를 수행한다. 메소드를 실행하기 위해 필요한 매개변수는 다음과 같다. 첫 번째로 프로젝션 시 필요한 영상의 스케일, 두 번째로는 와핑의 세 가지 옵션을 선택하는 매개변수, 세 번째로는 GPU의 사용 여부를 확인하는 매개변수가 있다. 이후에 실질적으로 와핑을 수행하기 위한 메소드로 warp() 메소드가 실행된다. 위 코드에서 보는 것처럼 warp() 메소드의 매개변수는 원본 영상을 나타내는 mask[i] 변수, 초점 길이인 (cameras[i].focal*seam_work_aspect), 회전 정보를 가진 cameras[i].R, 와핑한 결과를 저장할 masks_warped[i], 이후에는 와핑에 필요한 옵션을 있는 것을 확인할 수 있다. 여기서 변수 i는 영상의 인덱스를 나타내는 반복문 제어변수이다.

10.3.7 이미지 블렌딩

와핑 과정 이후에는 노출 보정(exposure compensation)과 심(seam)을 찾는 과정을 실행하게 된다. 노출 보정은 한 영상을 획득하고 이후 다른 영상을 획득하려고 할 때, 노출의 차이로 인해 파노라마 영상이 자연스럽지 못하게 생성되는 경우 그것을 보정하기 위해 수행되어진다. 또한 영상과 영상을 스티칭할 경우 심이 생성되게 되는데, 이것 또한 정상적이지 못한 파노라마 영상을 만들기 때문에 두 영상 간에 경계를 찾아 부드럽게 해주는 작업을 필요로 한다. 노출 보정을 위한 클래스는 ExposureCompensator이다. 이 클래스와 관련된 파일은 "exposure_compensate.hpp"와 "exposure_compensate.cpp"이 있다. ExposureCompensator 클래스는 세 가지 옵션(NO, GAIN, GAIN_BLOCKS)을 가진다. 각각의 옵션은 이후의 실험 결과를 통해서 차이를 확인할 수 있을 것이다. 그리고 feed() 함수는 와핑되어서 보정해야 할 부분을 나타내는 corners 변수와 와핑된 영상인 images, 그것의 마스크인 masks 변수를 가진다. apply() 함수는 적용시킬 영상의 인덱스인 index변수와 이후의 매개변수는 이전에 소개한 feed() 함수의 매개변수와 같다.

"exposure_compensate.hpp"

```
class ExposureCompensator {
public:
    enum { NO, GAIN, GAIN_BLOCKS };
    static cv::Ptr<ExposureCompensator> createDefault(int type);

    void feed(const std::vector<cv::Point> &corners,
              const std::vector<cv::Mat> &images,
              const std::vector<cv::Mat> &masks);
    virtual void feed(const std::vector<cv::Point> &corners,
              const std::vector<cv::Mat> &images,
              const std::vector<std::pair<cv::Mat,uchar> > &masks) = 0;
    virtual void apply(int index, cv::Point corner, cv::Mat &image,
                  const cv::Mat &mask) = 0;
};
```

그림 10-22 ExposureCompensator 클래스

"seam_finders.hpp"

```
class SeamFinder {
public:
    enum { NO, VORONOI, GC_COLOR, GC_COLOR_GRAD };
    static cv::Ptr<SeamFinder> createDefault(int type);

    virtual ~SeamFinder() {}
    virtual void find(const std::vector<cv::Mat> &src,
                 const std::vector<cv::Point> &corners,
                 std::vector<cv::Mat> &masks) = 0;
};
```

그림 10-23 SeamFinder 클래스

클래스 SeamFinder도 4개의 옵션을 가진다. 이 옵션은 경계 부분에 어떠한 방법도 적용시키지 않는 NO, Voronoi 방법을 통해서 경계 부분을 부드럽게 VORONOI, 색상을 통해서 영상의 합성 기술을 그래프컷을 이용한 방법인 GC_COLOR, 마지막으로 컬러 그레디언트를 이용하여 그래프컷을 적용시킨 GC_COLOR_GRAD 옵션이 있다. 메소드 find()는 실제 심(seam)을 찾는 함수이고 매개변수는 이전 단계인 노출 보정에서 사용한 ExposureCompensator 클래스에서 설명한 것과 같은 파라미터를 사용한다.

"main.cpp"

```
Ptr<ExposureCompensator> compensator =
                ExposureCompensator::createDefault(expos_comp_type);
compensator->feed(corners, images_warped, masks_warped);
Ptr<SeamFinder> seam_finder = SeamFinder::createDefault(seam_find_type);
seam_finder->find(images_warped_f, corners, masks_warped);
```

위의 코드는 노출 보정과 심을 찾아 보정하는 소스이다. 노출 보정을 하기 위해서는 ExposureCompensator 클래스를 선언하고 ceateDefault() 메소드는 옵션을 입력받아서 해당 메소드를 수행한다. 그리고 클래스변수 compensator의 feed() 메소드는 보정해야 할 부분인 corners 변수와 외핑된 영상인 images_warped 변수, 그것의 마스크인 masks_warped 변수를 매개변수로 입력 받는다. 심을 보정하는 방법도 노출 보정하는 코드와 유사하게 클래스 SeamFinder 변수 seam_finder를 선언하고 옵션을 받는다. 그리고 find() 메소드를 통해서 심 부분을 보정하게 된다. 다음 그림은 순서대로 노출 보정의 각각의 옵션과 심 보정의 각각의 옵션을 수행하였을 경우의 결과 영상을 보여준다.

우선적으로 노출 보정의 옵션이외는 전부 수행하지 않도록 한다(예를 들어 와핑 : 구형, 심 보정 : no, 블렌드 옵션 : no). 그리고 심 보정을 결과 영상에서는 와핑은 구형 투영, 노출 보정은 게인 블록, 그리고 블렌드 옵션은 no를 입력한 결과 영상이다.

(a) 게인 옵션으로 노출 보정 결과

(b) 게인 블록 옵션으로 노출 보정 결과

(c) No 옵션으로 노출 보정 결과

그림 10-24 다양한 노출 보정 옵션에 따른 결과 영상

(a) No 옵션으로 심 보정 결과

(b) Voronoi 옵션으로 심 보정 결과

그림 10-25 심 보정 중 두 가지 옵션에 따른 결과 영상

(a) GC_Color 옵션으로 심 보정 결과

(b) GC_Color_Grad 옵션으로 심 보정 결과

그림 10-26 심 보정 중 나머지 가지 옵션에 따른 결과 영상

"blenders.hpp"

```
class Blender{
public:
      enum { NO, FEATHER, MULTI_BAND };
      static cv::Ptr<Blender> createDefault(int type, bool try_gpu = false);

      void prepare(const std::vector<cv::Point> &corners,
                   const std::vector<cv::Size> &sizes);
      virtual void prepare(cv::Rect dst_roi);
      virtual void feed(const cv::Mat &img, const cv::Mat &mask,
                        cv::Point tl);
      virtual void blend(cv::Mat &dst, cv::Mat &dst_mask);

protected:
      cv::Mat dst_, dst_mask_
      cv::Rect dst_roi_
};
```

그림 10-27 Blender 클래스

클래스 블렌더는 옵션은 다음과 같다. NO 옵션은 어떠한 블렌딩을 하지 않는 것이다. 페더 옵션은 블렌딩할 가중치 맵의 평균값을 이용한 페더 블렌딩을 수행하는 옵션이다. 그리고 마지막으로 영상을 여러 채널로 분할하여 블렌딩하는 멀티-밴드 블렌딩의 옵션은 MULTI_BAND이다. 클래스변수는 블렌딩 이후 저장할 dst 변수와 그 마스크 변수인 dst_maks와 dst_roi가 있다. 관련된 메소드는 prepare()와 feed(), blend()이 있다. 첫 번째 prepare() 메소드는 클래스 블렌더의 변수인 블렌딩 이후에 저장할 dst 변수, dst_mask 변수, dst_roi 변수를 생성 및 초기화하는 함수이다. feed() 함수의 매개변수는 블렌딩할 영상인 img와 그 마스크인 마스크, 블렌딩해야 할 영역을 나타내는 tl 변수들이 있다. blend() 함수는 최종적으로 블렌딩할 영상(파노라마의 최종 영상)을 dst 변수와 그 가중치 값인 mask 변수가 입력된다.

다음 코드는 실제로 블렌딩하는 소스 코드이다.

"main.cpp"

```
if (blender.empty())
      {
          blender = Blender::createDefault(blend_type, try_gpu);
          Size dst_sz = resultRoi(corners, sizes).size();
          float  blend_width  =  sqrt(static_cast<float>(dst_sz.area()))  *
blend_strength
                            / 100.f;
          if (blend_width < 1.f)
              blender = Blender::createDefault(Blender::NO, try_gpu);
```

```
            else if (blend_type == Blender::MULTI_BAND)
            {
                MultiBandBlender* mb =
dynamic_cast<MultiBandBlender*>(static_cast<Blender*>(blender));
mb->setNumBands(static_cast<int>(ceil(log(blend_width)/log(2.)) - 1.));
                LOGLN("Multi-band blender, number of bands: " << mb->numBands());
            }
            else if (blend_type == Blender::FEATHER)
            {
                FeatherBlender* fb =
dynamic_cast<FeatherBlender*>(static_cast<Blender*>(blender));
                fb->setSharpness(1.f/blend_width);
                LOGLN("Feather blender, number of bands: " << fb->sharpness());
            }
            blender->prepare(corners, sizes);
        }

        // Blend the current image
        blender->feed(img_warped_s, mask_warped, corners[img_idx]);
    }

    Mat result, result_mask
    blender->blend(result, result_mask);
```

위 코드에서 볼 수 있듯이, 블렌더 클래스를 생성 후 각 옵션에 맞게 소스가 구성되어 있는 것을 확인할 수 있다. 옵션이 MULTI_BAND일 경우에는 블렌더를 상속받은 MultiBandBlender 클래스가 새로 선언되어 수행하고 다른 옵션인 페더일 경우에도 블렌더를 상속받은 FeatherBlender 클래스로 블렌딩이 실행된다. 그리고 최종 결과 영상을 다시 feed() 함수를 이용하여 입력받고 blend() 함수를 이용하여 최종 파노라마 영상을 얻게 된다.

다음 그림은 블렌딩의 각 옵션에 따른 결과 영상을 보여준다. 블렌딩 이외에 옵션은 와핑 : 구형, 심 보정 : no, 노출 보정 옵션 : 게인 블록이다.

(a) No 옵션으로 블렌딩 결과

(b) 페더 옵션으로 블렌딩 결과

(c) 멀티-밴드 옵션으로 블렌딩 결과

그림 10-28 다양한 블렌딩 결과 영상

10.4 실습

이전에 배운 와핑과 스티칭의 각 단계를 실습을 통해서 각 파라미터를 어떻게 사용하는지 알아보는 과정이다. 각 실습을 통해서 현재까지 배운 함수와 그와 상응하는 매개변수를 숙달함으로써 응용된 문제를 해결할 수 있는 실력을 기르고자 한다.

10.4.1 와핑

문제
이전에 배운 와핑에서 아래의 입력 영상 크기의 가로 1/3, 세로 1/3로 이동을 수행하고 영상의 비율 변환을 각각 1/2로 실행한다. 그리고 시계 반대 방향으로 30° 회전한 영상을 만드시오. Hint) OpenCV의 getAffineTransform( ), warpAffine( ), getRotationMatrix2D( ) 함수를 사용

원본 영상

그림 10-29 Warp 실습 영상

다음과 문제에서 원하는 영상을 생성하기 위해서 10.3.1절의 와핑 소스를 참고하여 문제를 해결하도록 한다. 우선적으로 영상의 이동과 비율 변환을 하기 위해서 getAffineTransform()의 파라미터인 원본 영상의 3점(srcTri 변수)을 변환 영상의 3점(dstTri 변수)을 설정하여 와핑하도록 한다. 그와 관련된 코드는 다음과 같다.

"ImageWarping.cpp"

```
// …
// …
// 3.1의 코드와 동일
/// Set your 3 points to calculate the Affine Transform
srcTri[0] = Point2f( 0,0 );
srcTri[1] = Point2f( src.cols - 1, 0 );
srcTri[2] = Point2f( 0, src.rows - 1 );
dstTri[0] = Point2f( src.cols*0.33, src.rows*0.33 );
dstTri[1] = Point2f( src.cols*0.5+src.cols*0.33, src.rows*0.33);
dstTri[2] = Point2f( src.cols*0.33, src.rows*0.5+src.rows*0.33 );

/// Get the Affine Transform
```

```
        warp_mat = getAffineTransform( srcTri, dstTri );
        /// Apply the Affine Transform just found to the src image
        warpAffine( src, warp_dst, warp_mat, warp_dst.size() );

        // 밑의 회전 코드와 같음
        // …
        // …
```

회전을 하기 위한 코드는 다음과 같다. 회전을 하기 위해서 영상의 중점을 알아야 하는데 10.3.1절에 나온 코드처럼 center 변수를 point(warp_dst.cols/2, warp_dst.rows/2)으로 구성할 경우 위에서 이동과 비율 변환을 한 영상의 중점이 아니기 때문에 원하지 않는 결과를 낳을 수도 있다. 그러므로 이동된 위치와 비율 변환을 한 크기의 중점을 알기 위해서 새로운 변수 TransSizeC, TransSizeR을 선언하고 이용하도록 한다. 다음 코드의 center 변수는 문제에서 나온 제약을 따라서 변환된 영상의 중점을 찾는 것이다.

"ImageWarping.cpp"

```
        // …
        // …
        // 위의 코드와 동일
        //** Rotating the image after Warp
        /// Compute a rotation matrix with respect to the center of the image
        double TransSizeC = src.cols*0.5;
        double TransSizeR = src.rows*0.5;

        Point center = Point( src.cols*0.33 + TransSizeC/2.0, src.rows*0.33
+TransSizeR/2 );

        double angle = 30.0;
        double scale = 1.0;
        /// Get the rotation matrix with the specifications above
        rot_mat = getRotationMatrix2D( center, angle, scale );
        /// Rotate the warped image
        warpAffine( warp_dst, warp_rotate_dst, rot_mat, warp_dst.size() );
        // 3.1의 코드와 같음
        // …
        // …
```

문제에 대해서 변화한 결과 영상은 다음과 같다.

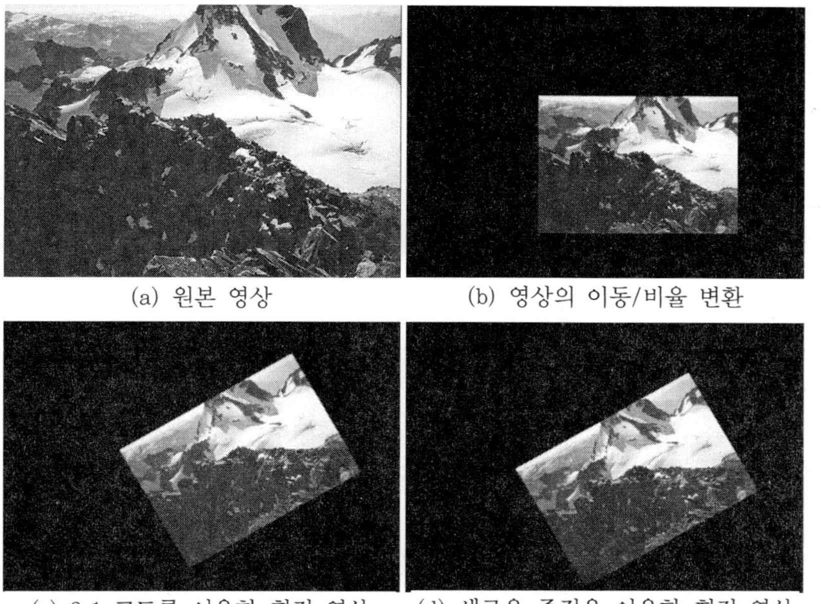

(a) 원본 영상　　(b) 영상의 이동/비율 변환

(c) 3.1 코드를 이용한 회전 영상　　(d) 새로운 중점을 이용한 회전 영상

그림 10-30 와핑결과 영상

10.4.2 스티칭

스티칭과 관련된 실습은 3절에서 부분적으로 설명한 스티칭 모듈을 전체적인 소스를 분석하고자 한다. 다음 소스에는 주석을 통해서 각 단계를 확인할 수 있으며 위에서 사용되는 함수들과 각 파라미터들을 확인하도록 한다.

문제
오버랩(Over-Lap)되는 아래의 영상 5장을 이전 절에서 배운 스티칭 코드를 통해서 파노라마 영상을 생성하시오

그림 10-31 임의의 5장의 입력 영상

우선적으로 스티칭 알고리즘에서 필요로 한 구조체 및 클래스를 가지고 있는 파일들을 프로젝트에 추가하도록 한다.

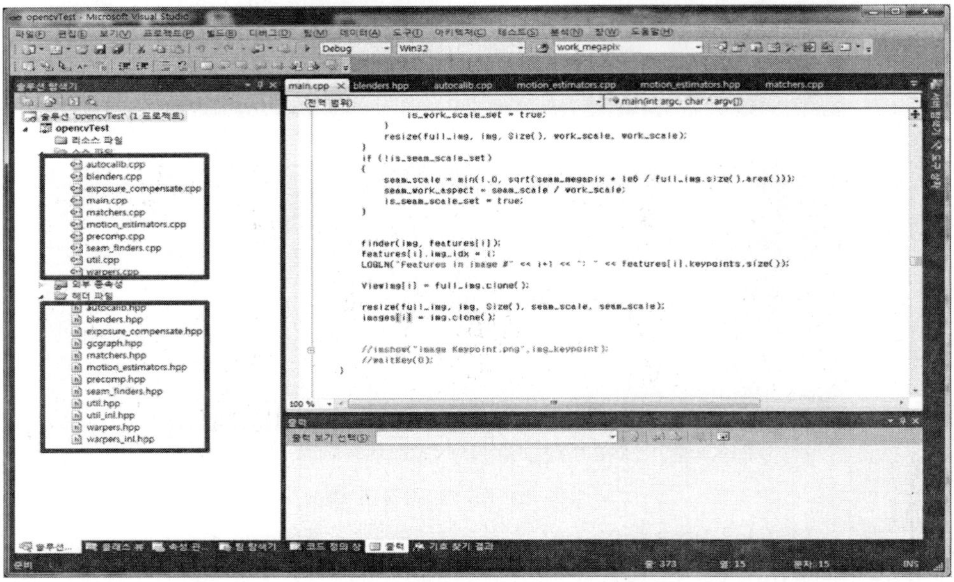

그림 10-32 추가할 파일 목록

코드의 입력 argv에 들어가는 옵션 중에서 스티칭 시 중요한 파라미터는 다음과 같다. 처음으로는 영상의 파일명 그리고 gpu의 사용 여부인 "–try_gpu", 노출 보정인 "–expos_comp", Seam 보정과 관련되 "–seam", 마지막으로 블렌딩 옵션인 "–blend"가 있다. 이러한 옵션을 유저가 원하는 파라미터로 정의하여 argv로 넘겨준다.

"main.cpp"

```
int main(int argc, char* argv[])
{
    int64 app_start_time = getTickCount();
    cv::setBreakOnError(true);
    int retval = parseCmdArgs(argc, argv);
    if (retval)
        return retval
    // Check if have enough images
    int num_images = static_cast<int>(img_names.size());
    if (num_images < 2)    {
        LOGLN("Need more images");
        return -1;
```

```
    }

    double work_scale = 1, seam_scale = 1, compose_scale = 1;
    bool is_work_scale_set = false, is_seam_scale_set = false, is_compose_scale_set
= false;
    int64 t = getTickCount();
/////////////////////////////////////////////////////////////////
// 각 영상 입력받고 SURF 특징을 추출하는 클래스를 선언하고 추출된
// 특징의 정보와 기술자를 연산한다.
/////////////////////////////////////////////////////////////////
    vector<ImageFeatures> features(num_images);
    SurfFeaturesFinder finder(try_gpu);
    Mat full_img, img
    vector<Mat> images(num_images);
    vector<Size> full_img_sizes(num_images);
    double seam_work_aspect = 1;

    for (int i = 0; i < num_images ++i)    {
        full_img = imread(img_names[i]);
        full_img_sizes[i] = full_img.size();

        if (full_img.empty()){
            LOGLN("Can't open image " << img_names[i]);
            return -1;
        }
        if (work_megapix < 0){
            img = full_img
            work_scale = 1;
            is_work_scale_set = true
        }
        else{
            if (!is_work_scale_set){
                work_scale = min(1.0, sqrt(work_megapix * 1e6 / full_img.size().area()));
                is_work_scale_set = true
            }
            resize(full_img, img, Size(), work_scale, work_scale);
        }
        if (!is_seam_scale_set){
            seam_scale = min(1.0, sqrt(seam_megapix * 1e6 / full_img.size().area()));
            seam_work_aspect = seam_scale / work_scale;
            is_seam_scale_set = true;
```

```
        }
        finder(img, features[i]);
        features[i].img_idx = i;
        LOGLN("Features in image #" << i+1 << ": " << features[i].keypoints.size());
        resize(full_img, img, Size(), seam_scale, seam_scale);
        images[i] = img.clone();
    }
    finder.releaseMemory();
    full_img.release();
    img.release();
////////////////////////////////////////////////////////////////////
// 추출한 특징점의 매칭하는 클래스를 만들고 이전 단계에서 연산한
// 기술자를 비교하여 유사도가 가장 큰 특징점들을 매칭한다.
////////////////////////////////////////////////////////////////////
    vector<MatchesInfo> pairwise_matches;
    BestOf2NearestMatcher matcher(try_gpu, match_conf);
    matcher(features, pairwise_matches);
    matcher.releaseMemory();
////////////////////////////////////////////////////////////////////
// 영상들 중에서 매칭 후보가 매칭 일치성 임계값보다 큰 요소들을 남기는
// 작업을 수행함 그 이유는 매칭이 안되는 영상들을 제거하기 위해서.
////////////////////////////////////////////////////////////////////
    vector<int> indices = leaveBiggestComponent(features, pairwise_matches,
conf_thresh);
    vector<Mat> img_subset;
    vector<string> img_names_subset;
    vector<Size> full_img_sizes_subset;
    for (size_t i = 0; i < indices.size(); ++i){
        img_names_subset.push_back(img_names[indices[i]]);
        img_subset.push_back(images[indices[i]]);
        full_img_sizes_subset.push_back(full_img_sizes[indices[i]]);
    }

    images = img_subset;
    img_names = img_names_subset;
    full_img_sizes = full_img_sizes_subset;

    // Check if we still have enough images
    num_images = static_cast<int>(img_names.size());
    if (num_images < 2){
        LOGLN("Need more images");
```

```
        return -1;
    }
//////////////////////////////////////////////////////////////////
// 영상을 스티칭하기 위해서 영상의 회전, 이동, 초점 길이를 추정하는
// 단계이다.
//////////////////////////////////////////////////////////////////
    HomographyBasedEstimator estimator;
    vector<CameraParams> cameras;
    estimator(features, pairwise_matches, cameras);

    for (size_t i = 0; i < cameras.size(); ++i){
        Mat R;
        cameras[i].R.convertTo(R, CV_32F);
        cameras[i].R = R;
    }

    BundleAdjuster adjuster(ba_space, conf_thresh);
    adjuster(features, pairwise_matches, cameras);
    // Find median focal length
    vector<double> focals;
    for (size_t i = 0; i < cameras.size(); ++i){
        focals.push_back(cameras[i].focal);
    }
    nth_element(focals.begin(), focals.begin() + focals.size()/2, focals.end());
    float warped_image_scale = static_cast<float>(focals[focals.size() / 2]);

    if (wave_correct){
        vector<Mat> rmats
        for (size_t i = 0; i < cameras.size(); ++i)
            rmats.push_back(cameras[i].R);
        waveCorrect(rmats);
        for (size_t i = 0; i < cameras.size(); ++i)
            cameras[i].R = rmats[i];
    }
//////////////////////////////////////////////////////////////////
// 파노라마 영상을 전시하기 위한 와핑 단계이다.
//////////////////////////////////////////////////////////////////
    vector<Point> corners(num_images);
    vector<Mat> masks_warped(num_images);
    vector<Mat> images_warped(num_images);
    vector<Size> sizes(num_images);
```

```
    vector<Mat> masks(num_images);
    // Preapre images masks
    for (int i = 0; i < num_images ++i){
        masks[i].create(images[i].size(), CV_8U);
        masks[i].setTo(Scalar::all(255));
    }
    Ptr<Warper>  warper  =  Warper::createByCameraFocal(static_cast<float>
(warped_image_scale * seam_work_aspect), warp_type, try_gpu);
    for (int i = 0; i < num_images ++i){
        corners[i] = warper->warp(images[i], static_cast<float>(cameras[i].
focal * seam_work_aspect), cameras[i].R, images_warped[i]);
        sizes[i] = images_warped[i].size();
        warper->warp(masks[i], static_cast<float>(cameras[i].focal * seam_
work_aspect), cameras[i].R, masks_warped[i], INTER_NEAREST, BORDER_CONSTANT);
    }

    vector<Mat> images_warped_f(num_images);
    for (int i = 0; i < num_images ++i)
        images_warped[i].convertTo(images_warped_f[i], CV_32F);
//////////////////////////////////////////////////////////////////////
// 영상 간의 노출도의 차이를 줄이기 위한 노출도 보정과정과 영상의
// 심을 찾아 보정하는 단계이다.
//////////////////////////////////////////////////////////////////////
    Ptr<ExposureCompensator> compensator = ExposureCompensator::createDefault
(expos_comp_type);
    compensator->feed(corners, images_warped, masks_warped);

    Ptr<SeamFinder> seam_finder = SeamFinder::createDefault(seam_find_type);
    seam_finder->find(images_warped_f, corners, masks_warped);
    // Release unused memory
    images.clear();
    images_warped.clear();
    images_warped_f.clear();
    masks.clear();

    Mat img_warped, img_warped_s
    Mat dilated_mask, seam_mask, mask, mask_warped
    Ptr<Blender> blender
    double compose_seam_aspect = 1;
    double compose_work_aspect = 1;
```

```
    for (int img_idx = 0; img_idx < num_images ++img_idx)
    {
        LOGLN("Compositing image #" << indices[img_idx]+1);
        // Read image and resize it if necessary
        full_img = imread(img_names[img_idx]);
        if (!is_compose_scale_set){
if (compose_megapix > 0)
                compose_scale = min(1.0, sqrt(compose_megapix * 1e6 / full_
img.size().area()));
            is_compose_scale_set = true
            // Compute relative scales
            compose_seam_aspect = compose_scale / seam_scale
            compose_work_aspect = compose_scale / work_scale
            // Update warped image scale
            warped_image_scale *= static_cast<float>(compose_work_aspect);
            warper = Warper::createByCameraFocal(warped_image_scale, warp_type,
try_gpu);
            // Update corners and sizes
            for (int i = 0; i < num_images ++i){
                // Update camera focal
                cameras[i].focal *= compose_work_aspect
                // Update corner and size
                Size sz = full_img_sizes[i];
                if (abs(compose_scale - 1) > 1e-1){
                    sz.width = cvRound(full_img_sizes[i].width * compose_scale);
                    sz.height = cvRound(full_img_sizes[i].height * compose_scale);
                }
                Rect roi = warper->warpRoi(sz, static_cast<float>(cameras[i].
focal), cameras[i].R);
                corners[i] = roi.tl();
                sizes[i] = roi.size();
            }
        }
        if (abs(compose_scale - 1) > 1e-1)
            resize(full_img, img, Size(), compose_scale, compose_scale);
        else
            img = full_img
        full_img.release();
        Size img_size = img.size();
        // Warp the current image
        warper->warp(img, static_cast<float>(cameras[img_idx].focal), cameras
```

```
[img_idx].R,
                  img_warped);
        // Warp the current image mask
        mask.create(img_size, CV_8U);
        mask.setTo(Scalar::all(255));
        warper->warp(mask, static_cast<float>(cameras[img_idx].focal), cameras
[img_idx].R, mask_warped, INTER_NEAREST, BORDER_CONSTANT);
        // Compensate exposure
        compensator->apply(img_idx, corners[img_idx], img_warped, mask_warped);
        img_warped.convertTo(img_warped_s, CV_16S);
        img_warped.release();
        img.release();
        mask.release();
        dilate(masks_warped[img_idx], dilated_mask, Mat());
        resize(dilated_mask, seam_mask, mask_warped.size());
        mask_warped = seam_mask & mask_warped

        if (blender.empty()){
            blender = Blender::createDefault(blend_type, try_gpu);
            Size dst_sz = resultRoi(corners, sizes).size();
            float  blend_width  =  sqrt(static_cast<float>(dst_sz.area()))  *
blend_strength / 100.f;
            if (blend_width < 1.f)
                blender = Blender::createDefault(Blender::NO, try_gpu);
            else if (blend_type == Blender::MULTI_BAND){
                MultiBandBlender* mb = dynamic_cast<MultiBandBlender*>(static_
cast<Blender*>(blender));

mb->setNumBands(static_cast<int>(ceil(log(blend_width)/log(2.)) - 1.));
            }
            else if (blend_type == Blender::FEATHER){
                FeatherBlender* fb = dynamic_cast<FeatherBlender*>(static_cast
<Blender*>(blender));
                fb->setSharpness(1.f/blend_width);
            }
            blender->prepare(corners, sizes);
        }
        // Blend the current image
        blender->feed(img_warped_s, mask_warped, corners[img_idx]);
    }
    Mat result, result_mask
```

```
    blender->blend(result, result_mask);
    imwrite(result_name, result);
    return 0;
}
```

임의의 5장의 영상을 스티칭한 결과는 다음과 같다.

그림 10-33 5장의 입력 영상을 통한 파노라마 영상

10.5 참고문헌

[1] AUTOSTITCH Website. http://people.cs.ube.ca/~mbrown/autostitch/autostitch.html

[2] Lowe D. G. (2004). Distinctive image features from scale-invariant keypoints. International Journal of Computer Vision. 60(2):91~110.

[3] OpenCV Websiet. http://opencv.itseez.com/

[4] Bay H., Tuytelaars T., Gool L. V. (2006). Surf: Speeded up robust features. In Proceeding of the European Conference on Computer Vision, vol. 3951, 404-417.

[5] J. Matas, O. Chum, M. Urban, and T. Pajdla. Robust wide baseline stereo from maximally stable extremal regions. In Proc. of British Machine Vision Conference, pages 384-396, 2002.

[6] Richard Szeliski. Computer Vision : Algorithms and Applications.

11 렌즈 왜곡 보정(Lens correction) 및 감마 보정(Gamma correction)

11.1 카메라와 화질

근래 지능형 자동차(smart vehicle)를 구현하기 위해 다양한 센서들이 자동차에 장착되기 시작하였고, 그 중에서 카메라(camera)는 다양한 지능형 자동차 구현 기술들의 신뢰성 향상과 성능 향상을 위해 그 사용의 필요성이 증가되고 있는 추세이다. 실제로 주차 시 운전자의 원활한 조향 장치 조작을 위한 후방 카메라(rear view camera), 졸음운전 방지를 위해 카메라와 레이다(radar)를 병합한 차선이탈경보 시스템(LDWR : Lane Departure Warning System), 그리고 교통사고 분석을 위한 차량용 블랙박스(VBB : Vehicle Black Box, 이는 가끔 car DVR이라고도 불린다.) 등이 이미 상용화되었고, 카메라를 기반으로 하는 자동운행 시스템 등도 상당 부분 개발이 완료되어 조만간 상용화가 이루어질 것이라고 보고되고 있다.

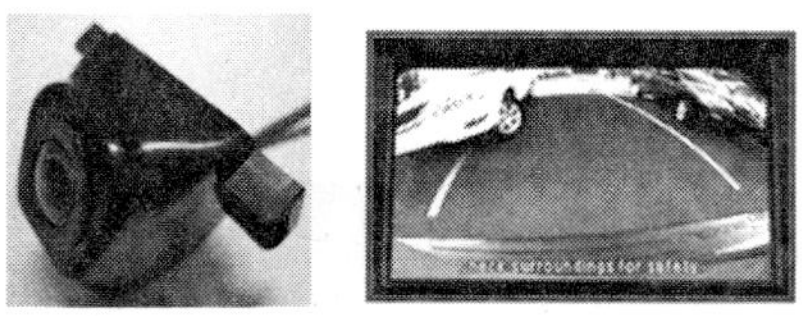

(a) 후방 카메라 및 그 영상

(b) 차선이탈 경보 시스템

(c) 차량용 블랙박스

그림 11-1 상용화된 카메라를 이용한 차량용 제품 군

그만큼 지능형 자동차 기술 분야에서의 이미지 처리 기술은 기존의 단순히 영상획득만 수행하던 것에서, 도로와 주변 시설물과 같은 도로 상의 주변 차량을 구분하고, 차선을 검출하여 이탈 유무를 확인하는 등 다양하고 높은 수준의 기술들로 변화되고 있다. 이러한 고급 이미지 처리를 위해서는 카메라를 이용하여 취득한 이미지의 화질이 원하는 수준으로 향상되어야 이들 기술의 완성도가 올라갈 수 있기 때문에 고해상도 이미지 센서(high definition image sensor), 비구면 렌즈(aspherics lens), 고해상도 복원 기술(high resolution reconstruction) 등 이미지 화질을 향상시키기 위한 노력들이 활발하게 진행되고 있다. 이미지 화질에 영향을 미치는 것은 여러 가지 요소가 있는데 첫 번째가 이미지 센서의 성능이다.

이미지 센서는 빛을 전기적 신호로 전환하여 인간이 인식할 수 있는 그림(사진 또는 동영상)의 형태로 변화하는 것으로 센서의 크기가 클수록 화질은 좋아진다.

(a) CMOS 이미지 센서

(b) CCD 이미지 센서

그림 11-2 대표적인 이미지 센서(출처 : 위키피디아)

두 번째로는 조도의 변화 및 광원의 위치인데, 카메라의 구조 및 동작 원리는 인간의 시각체계와 매우 흡사하여 광량이 이미지 센서의 반응속도 보다 빠르게 광량이 갑자기 많아지거나 작아지면 화질은 어둡거나 밝게 나타나게 되어 인간이 판독하기 어렵게 된다. 또 조도의 세기가 서로 다른 광원이 다수 존재하게 되면 이미지 센서는 어느 광원을 기준으로 해야 할지를 정하기 어려워 어두운 부분은 아주 어둡고 밝은 부분은 아주 밝아 이미지 전체의 화질의 저하를 가져올 수도 있다.

(a) 광량이 많은 경우의 이미지

(b) 광량이 적은 경우의 이미지

그림 11-3 광량에 따른 화질 변화(출처 : 위키피디아)

세 번째로 화질에 영향을 미치는 요소는 렌즈로, 이는 이미지 센서가 빛 신호를 전기적 신호로 전환하기 위해 빛을 모으는 역할과 촬영 범위를 결정한다. 여기서 촬영 범위라 함은 화각(angle of view) 및 초점 거리(focal length) 등을 말하는 것으로, 넓은 범위를 촬영하기 위해서는 볼록 렌즈를 채택하는데 렌즈의 굴절률이 클수록 넓은 범위를 촬영할 수 있는 반면, 이미지는 렌즈 굴절률에 의해 왜곡되는 현상이 발생되어 실제와 다른 형상으로 표현될 수 있다.

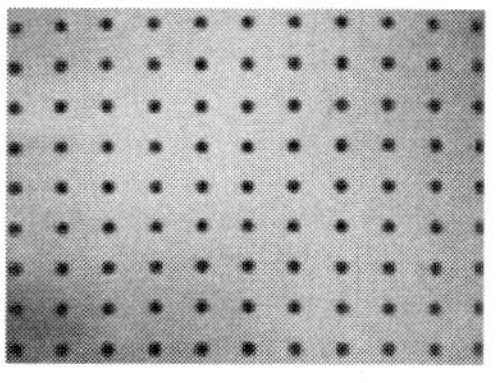

(a) 원본 이미지

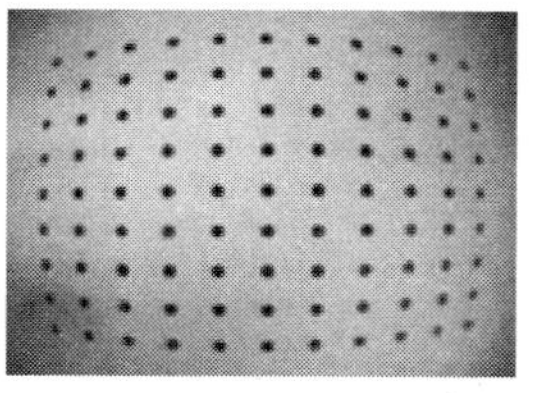

(b) 렌즈 왜곡된 이미지

그림 11-4 렌즈 왜곡에 의한 이미지 변화

따라서 본 장에서는 이미지 화질을 개선하기 위해 두 번째의 조도의 변화 및 광원의 위치에 따른 화질저하를 개선하는 방법과 세 번째의 렌즈 왜곡을 어떻게 보정할 것인가에 대한 논의를 한다.

11.2 렌즈 왜곡 보정 기법

11.2.1 렌즈 왜곡의 기본 개념 및 접근 방법

일반적으로 카메라는 거의 전부 렌즈를 채용하고 있으며, 이로 인해 렌즈에 의한 이미지 왜곡이 필연적으로 발생된다. 렌즈 왜곡은 촬영하고자 하는 범위 즉 화각에 의해 달라지며 용도에 따라서도 다르게 나타난다. 따라서 이미지 처리를 위한 전처리로써의 렌즈 왜곡 보정은 절대적으로 필요하다고 할 수 있다.

렌즈 왜곡에 대한 모델링은 크게 세 가지로 나눌 수 있는데 첫 번째로 방사 왜곡 모델을 이용한 왜곡 보정 기법을 들 수 있다. 왜곡 모델링은 1966년 Brown에 의해 처음으로 제안되어 연구가 시작되었다. 그는 그림 11-5에 나타낸 볼록 및 오목 렌즈에 의한 방사 왜곡(radial distortion), 편심 왜곡(decentering distortion), 스펙트럼 왜곡(spectrum distortion) 등을 정의하였으나, 방사 왜곡만이 렌즈 왜곡에 있어 중요한 의미를 가지고 나머지들은 거의 무시할 수 있는 것으로 알려졌다. 이 모델을 채택한 왜곡 보정 연구들은 왜곡변수를 찾기 위해 3차원 기준점을 이용하는데, 잡음환경 하에서 정확한 제어점을 추출하여 실험을 통해 정확한 왜곡변수를 찾아나가는 것이 주요 개념이다.

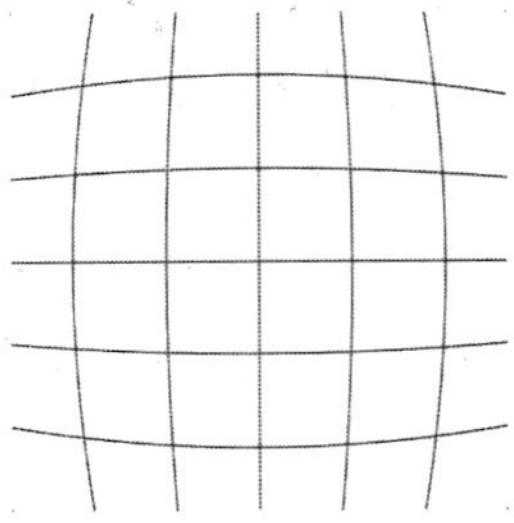

(a) 볼록 왜곡

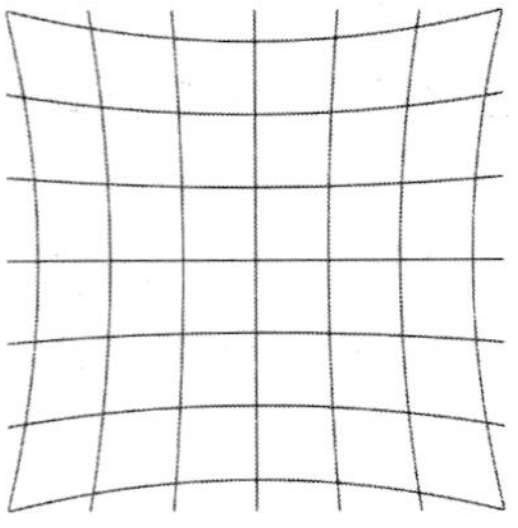

(b) 오목 왜곡

그림 11-5 방사 왜곡에 의한 이미지 변형

렌즈 왜곡 보정을 위한 두 번째 접근방식은 주로 왜곡변수를 찾기 위해 투영기하학의 불변량 속성을 기반으로 한 것으로, "피사체의 직선은 이미지에서도 직선으로 표현된다." 라는 상식에서 출발하였다. 그러나 평행한 다수의 직선들은 이미지에서 평행성도 유지해야 하는데, 이들 방식들은 이 평행성 유지 조건을 놓쳐 왜곡변수의 오류를 발생시켰다.

세 번째 접근방식은 이미지 전체의 데이터를 취합하여 왜곡변수를 찾는 것으로, 왜곡변수 추출을 위한 별도의 패턴 조정(pattern calibration)이 필요 없다는 장점이 있는 반면, 왜곡보정 오류도 상당 부분 존재한다.

11.2.2 교차비

앞에서도 서술한 바와 같이 기하학적 불변성이라 함은 피사체의 직선은 이미지에서도 직선으로 표현되어야 하는 것을 말한다. 본 절에서는 렌즈 왜곡 모델의 기하학적 접근 및 개념에 대해 서술한다.

만약 피사체의 점들이 이들 사이의 비율과 적용된 제한은 원근 투사에 의해 형성된 이미지 상의 점들 사이에도 같이 나타나야 하므로 왜곡된 영상의 점들의 원래 위치를 알려면 이들 사이의 비율과 적용된 제한을 알아야 한다. 일반적으로 이를 정의하기 위해서 정방형의 표준 형판(plan calibration template)를 사용하는데 이는 이 표준 형판 위의 점들 간의 거리가 같기 때문에 비율과 적용된 제한을 쉽게 계산할 수 있기 때문이다.

그림 11-6과 같이 만약 2개의 네 점의 집합 {A, B, C, D}와 {A', B', C', D'}에서 다음 (식 11-1)과 같은 조건이 만족하면 교차비(CR : cross ratio) 불변이라 정의된다.

$$CR(A,B,C,D) = \frac{AC}{BC} / \frac{AD}{BD} = \frac{A'C'}{B'C'} / \frac{A'D'}{B'D'} \qquad \text{(식 11-1)}$$

여기서 A와 B는 정보 점이고 C와 D는 기준점이다.

표준 형판 위의 점들 간의 거리가 같기 때문에 비율과 적용된 제한을 쉽게 계산할 수 있기 때문이다.

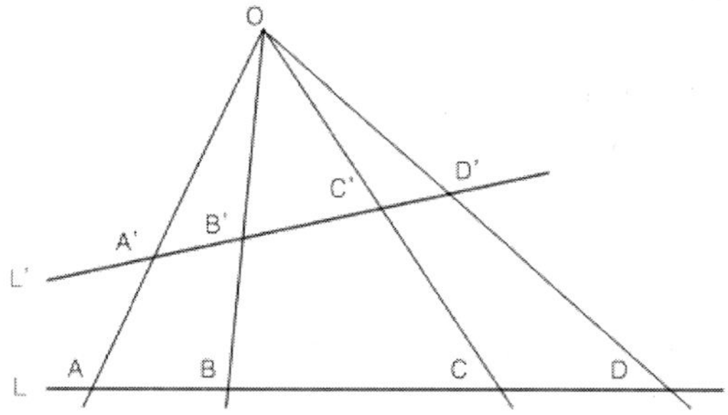

그림 11-6 교차비 불변의 원리

따라서 평면 형판 위의 네 점 $p_1=(x_1,\ y_1)$, $p_2=(x_2,\ y_2)$, $p_3=(x_3,\ y_3)$, $p_4=(x_4,\ y_4)$가 동일 선상에 위치한다면 이들의 교차비는 다음 (식 11-2)와 같이 구해진다.

$$CR(p_1,p_2,p_3,p_4)=\frac{d_{13}d_{24}}{d_{14}d_{23}} \qquad \text{(식 11-2)}$$

여기서 d_{ij}는 p_i와 p_j 사이의 거리를 나타내고 그 크기는 (식 11-3)과 같다.

$$d_{ij}^2=(x_i-x_j)^2+(y_i-y_j)^2 \qquad \text{(식 11-3)}$$

평면 형판 위의 모든 점들은 모두 균일한 거리를 가지므로 $CR(p_1,\ p_2,\ p_3,\ p_4)$는 항상 일정한 값을 가진다. 여기서 $p_1,\ p_2,\ p_3,\ p_4$들의 이미지에 대응되는 점들을 $q_1=(u_{1d},\ v_{1d})$, $q_2=(u_{2d},\ v_{2d})$, $q_3=(u_{3d},\ v_{3d})$, $q_4=(u_{4d},\ v_{4d})$라 하면 교차비 정리에 의해 (식 11-4)와 같이 표현된다.

$$CR(q_{1d},q_{2d},q_{3d},q_{4d})=\frac{s_{13}s_{24}}{s_{14}s_{23}}=CR(p_1,p_2,p_3,p_4) \qquad \text{(식 11-4)}$$

여기서 s_{ij}는 q_i와 q_j 사이의 거리를 나타내고 그 크기는 (식 11-5)로 정의된다.

$$s_{ij}^2=(u_i-u_j)^2+(v_i-v_j)^2 \qquad \text{(식 11-5)}$$

따라서 렌즈 왜곡이 발생하지 않았다면 이미지의 네 점 $\{q_1,\ q_2,\ q_3,\ q_4\}$은 평면 형판 위의 네 점 $\{p_1,\ p_2,\ p_3,\ p_4\}$과 같은 CR 값을 가질 것이므로, 왜곡된 이미지 상의 점 $q_{id}=(u_{id},\ v_{id})$를 보정된 $q_{ip}=(u_{ip},\ v_{ip})$로 대응시키면 렌즈 왜곡이 보정된다.

따라서 왜곡 보정 방법은 우선 이미지 상의 점들을 m개의 점들로 이루어진 직선형태의 n개의 집합으로 표현하고 이를 일반화한다. 즉, 직선 l의 점 i는 q_{il}로 표현 되며 l=1,2,...n, i=1,2,...m이다. 따라서 왜곡된 점의 CR 값과 원 피사체의 CR 값의 차를 최소화(이상적으로는 0)하면 왜곡이 보정된다. 이를 (식 11-6)과 같이 표현할 수 있다.

$$J_{CR} = \sum_{l=1}^{n} \sum_{i=1}^{m-3} \left(CR(q_{i,l}, q_{i+1,l}, q_{i+2,l}, q_{i+3,l}) - CR(p_1, p_2, p_3, p_4) \right)^2 \quad \text{(식 11-6)}$$

11.2.3 직선

이미지 상의 점들은 m개의 점들로 이루어진 n개의 직선에 분포되어 있으므로 완전한 직선으로 보정하기 위해서는 이 점들이 보정되어야 한다. 본 절에서는 이를 위해 총 최소자승법(total least square method)을 적용하여 최적의 대응 위치를 찾는 방법을 소개한다.

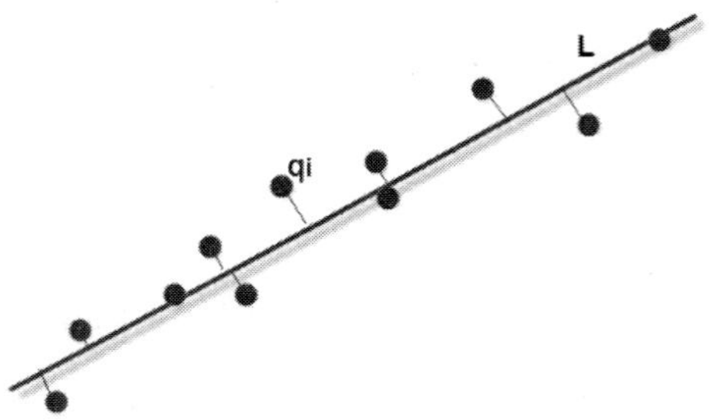

그림 11-7 총 최소자승법을 이용한 최적의 직선

그림 11-7에 나타낸 바와 같이 각 점에서 선까지의 거리는 (식 11-7)로 표현되는데, $\vec{h}$는 선까지의 일반 벡터(vector)를 c는 상수를 나타낸다.

$$d_i = \begin{pmatrix} u_i \\ v_i \end{pmatrix} \vec{h} - c \quad \text{(식 11-7)}$$

여기에 총 최소자승법을 최소화하면

$$\chi^2 = \sum_{i=1}^{m} d^2 = \sum_{i=1}^{m} \left[\begin{pmatrix} u_i \\ v_i \end{pmatrix} \vec{h} - c \right]^2 \quad \text{(식 11-8)}$$

이 되고, 여기에 특이 값 분해법(singular value decomposition method)을 사용하면, (식 11-9)와 같은 적합한 직선을 얻게 된다.

$$h_x u + h_y v - c = 0, \quad h_x^2 + h_y^2 = 1 \quad \text{(식 11-9)}$$

결론적으로 이미지의 점들을 보정하기 위해서는 (식 11-10)을 최소화하여야 한다.

$$J_{ST} = \sum_{l=1}^{n} \sum_{i=1}^{m} d_i^2 \quad \text{(식 11-10)}$$

11.2.4 렌즈 왜곡 모델과 왜곡 보정

11.2.4.1 렌즈 왜곡 모델

방사 왜곡의 표준 모델은 취득된 왜곡 이미지 좌표 $q_d = (u_d,\ v_d)$를 왜곡되지 않은 이미지 좌표 $q_p = (u_p,\ v_p)$로 대응시키는 것으로 (식 11-11)로 표현할 수 있다.

$$u_p = u_d + \overline{u_d}\left(k_1 r_d^2 + k_2 r_d^4 + k_3 r_d^6 + \ldots\right) + \left[p_1\left(r_d^2 + 2\overline{u_d^2}\right) + 2p_2\overline{u_d}\,\overline{v_d}\right]\left[1 + p_3 r_d^2 + \ldots\right]$$
$$v_p = v_d + \overline{v_d}\left(k_1 r_d^2 + k_2 r_d^4 + k_3 r_d^6 + \ldots\right) + \left[p_1\left(r_d^2 + 2\overline{v_d^2}\right) + 2p_2\overline{u_d}\,\overline{v_d}\right]\left[1 + p_3 r_d^2 + \ldots\right]$$

(식 11-11)

여기서 $\overline{u_d} = u_d - c_u$, $\overline{v_d} = v_d - c_v$, $r_d^2 = \overline{u_d^2} + \overline{v_d^2}$이고, k_1, k_2, k_3,⋯는 방사 왜곡 계수이고 p_1, p_2, p_3,⋯는 편심 왜곡 계수이다. r_d는 $(c_u,\ c_v)$로 정의되는 왜곡 중심에서 이미지 점의 반경을 의미한다.

11.2.4.2 왜곡 보정

방사 왜곡을 보정하기 위해서는, 동일 선상의 네 점들의 교차비를 포함하는 좌표와 직선 사이의 교차비를 조합하여 (식 11-12)와 같이 표현할 수 있으며 이를 최소화함으로써 왜곡 보정을 수행할 수 있다.

$$J = J_{ST} + J_{CR} = \sum_{l=1}^{n}\left(\sum_{l=1}^{n} d_i^2 + \sum_{i=1}^{m-3}\left(CR(q_{i,l}, q_{i+1,l}, q_{i+2,l}, q_{i+3,l}) - CR(p_1, p_2, p_3, p_4)\right)^2\right)$$

(식 11-12)

11.2.4.3 왜곡 보정을 위한 방법론 제안

본 절에서는 왜곡보정을 위한 두 가지 방법을 제시하여 그 결과를 고찰하고 이를 지능형 자동차에 적용하는 것이 가능한지를 살펴본다.

먼저 저가형 카메라에 효율적으로 적용할 수 있는 기하불변성을 이용한 방법을 제시한다. 일반적으로 저가형 디지털카메라 등은 해상도가 그리 높지 않아 (식 11-11)에서 4차 이상의 고차 항은 무시할 수 있다. 따라서 (식 11-13)으로 정리할 수 있으며

$$u_p = u_d + \overline{u_d} k_1 r_d^2$$
$$v_p = v_d + \overline{v_d} k_1 r_d^2$$

(식 11-13)

왜곡 변위는 (식 11-14)와 같다.

$$r_p = r_d\left(1 + k_1 r_d^2\right)$$

(식 11-14)

따라서 실제적으로 왜곡 계수 k와 왜곡 중심 (c_u, c_v)를 보정하면 된다. 결론적으로는 (식 11-12)를 최소화함으로써 왜곡보정을 수행할 수 있다.

실제로 Kodak DC210, Casio QV3500, Olympus C2500, OmniVision OV7720을 이용한 웹 카메라(web camera)를 사용하여 취득한 이미지에 OpenCV 라이브러리(library)와 MATLAB의 교정 툴박스를 이용한 결과와 본 절에서 제안하는 방식을 적용하여 비교하였다.

결과적으로 각 방식의 오차율은 표 11-1과 같이 본 절에서 제안하는 방식이 제일 작아 보정률이 우수하며 연산방식도 고차 항을 제거하고 최초 교정을 통해 취득한 값을 룩업 테이블(look up table)화하여 데이터베이스(database)로 만들면 실시간 처리가 가능해 지능형 자동차에 적용이 가능하다. 다만 이 방법은 처리 CPU에 따라 그 결과는 달라지겠지만 32비트 임베디드 시스템(embedded system)을 기준으로 640×480 이하의 해상도에서는 실시간 처리가 가능하나, NTSC방식을 기준으로 그 이상의 해상도에서는 매 2프레임(frame)마다 처리가 가능하다.

표 11-1 각 방식 별 오차율

	매트랩 보정방식	OpenCV 라이브러리	본 절의 제안방식 1
오차율	4.92	5.45	4.75

표 11-2 각 카메라별 렌즈 보정결과

카메라	이미지 크기	방사 왜곡 계수	왜곡 중심
Kodak	1,152×864	1.62×10^{-7}	578/381
Casio	1,024×768	1.87×10^{-7}	496/387
Olympus	856×684	3.37×10^{-7}	427/367
OmniVision	640×480	2.51×10^{-6}	304/252

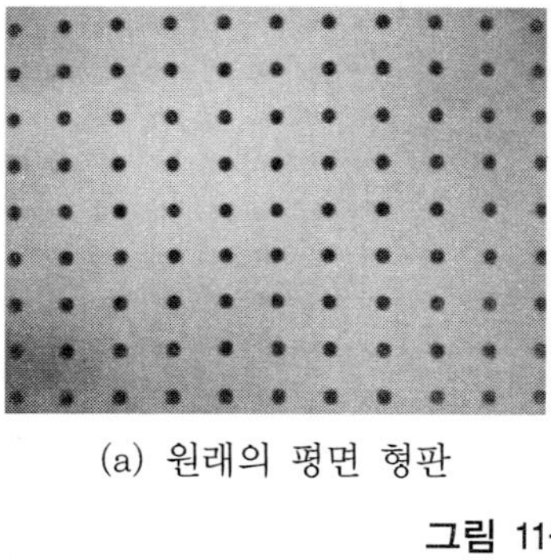

(a) 원래의 평면 형판

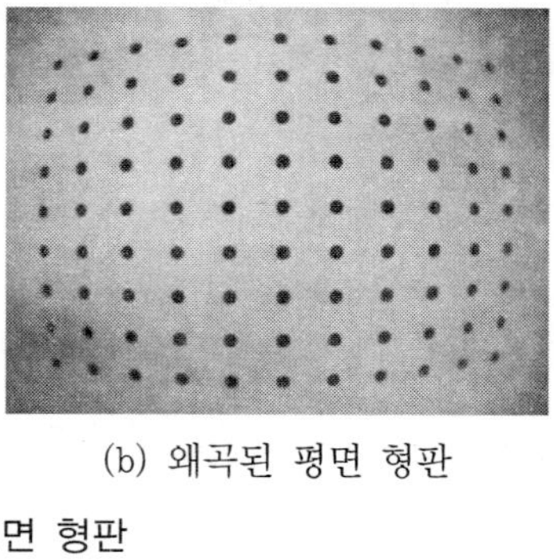

(b) 왜곡된 평면 형판

그림 11-8 사용한 평면 형판

(a) 원본 이미지　　(b) MATLAB 툴박스를 이용한 보정

(C) OpenCV를 이용한 보정　　(d) 본 절에서 제안한 방식 1로 보정

그림 11-9 실험 결과

위의 각 방식을 적용하여 보정된 이미지를 그림 11-9에 나타내었는데, 오차율에 따라 원 이미지에서 손실되는 부분이 증가하는 것을 알 수 있다. 이는 촬영 범위의 감소를 의미하는 것으로 실제 지능형 자동차에 적용할 경우 화각의 감소는 심각한 문제를 일으킬 수 있어 신중하게 고려해야 한다.

두 번째로 제안하는 방식은 평행성을 강화시킨 방법으로 각 수평, 수직 교차점의 화소 수를 세어 원래 피사체의 화소 수와 왜곡 이미지에서 증가된 화소 수의 차이를 파악하여 왜곡 정도를 파악하는 방법이다. 왜곡이 없는 경우의 교차점 별 수평 방향의 화소(pixel) 수와 왜곡이 발생한 경우의 그래프를 그림 11-10에 나타내었다. 그림에서 보인 바와 같이 중심에서 멀어질수록 왜곡의 정도가 심하여 화소 수가 증가하는 것을 알 수 있다.

이 방식은 왜곡 영상이더라도 중심에서는 왜곡성이 거의 없다는 것에서 출발하였다. 그림 11-10에서도 이미지 중심에서는 원본 영상과 왜곡 영상의 화소 수의 차이가 없는 것으로 나타난다. 왜곡률은 수평과 수직 성분에 대해서 각 각 화소 수의 변화를 계산하고 수평과 수직의 평균을 구해 왜곡률을 계산한다.

$$E_h = \frac{\sum_{i=1}^{n} \sqrt{\left(p_i^{uh} - p_i^{dh}\right)^2}}{n}, \quad E_v = \frac{\sum_{i=1}^{m} \sqrt{\left(p_i^{uv} - p_i^{dv}\right)^2}}{m} \qquad \text{(식 11-15)}$$

$$E = \frac{E_h + E_v}{2} \qquad \text{(식 11-16)}$$

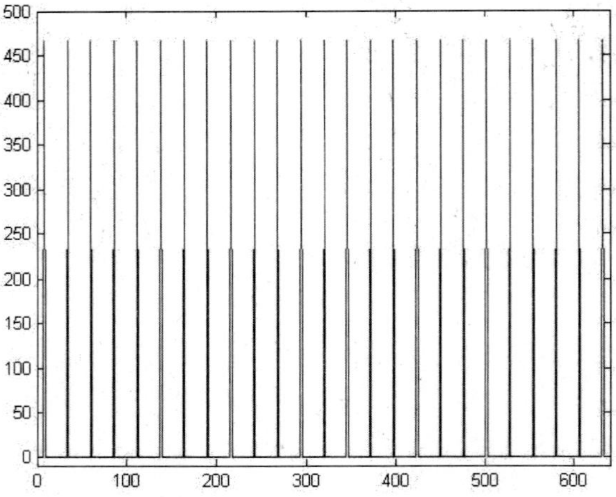

(a) 왜곡이 없는 경우의 위치별 화소 수

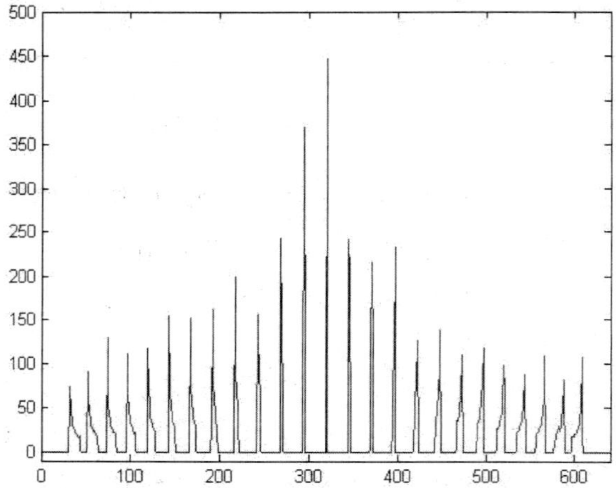

(b) 왜곡이 있는 경우의 위치별 화소 수

그림 11-10 수평 방향의 위치별 화소 수

여기서 n, m은 평면 형판에서의 수평선 및 수직선의 수를 나타내고 uh, dh는 수평선에서 상승 및 하강 지점을 uv, dv는 수직선에서 상승 및 하강 지점을 의미한다. E는 각 지점에서의 왜곡률을 나타내는 것이며 이 값이 왜곡 보정을 위해 찾는 값이다. 여기에 Nelder-Mead의 간략화 기법을 적용하여 보정률을 다른 기법들과 비교하면 그림 11-11에 나타낸 바와 같이 그 성능이 우수함을 알 수 있다.

이 방법 2는 이미지에 잡음요소가 있다 하더라도 그림 11-12에 나타낸 바와 같이 보정률이 좋은 편이다.

본 절에서 제시한 방법 2는 교정을 빠르게 수행할뿐더러 많은 데이터베이스를 요구하지 않고 또한 화각의 감소도 줄어들어 차량용 카메라에 적합하다 할 수 있다.

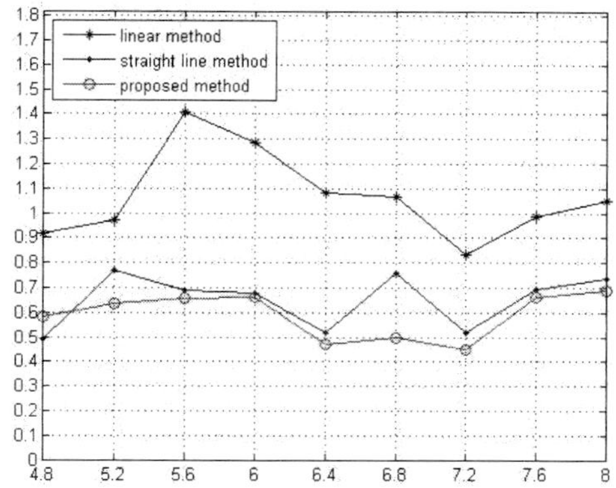

그림 11-11 왜곡 보정 후의 오차율

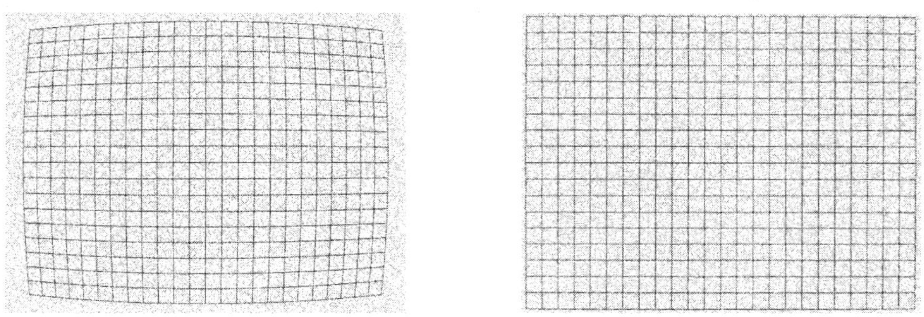

(a) 잡음요소가 있는 경우 (b) 왜곡 보정 결과

그림 11-12 잡음요소가 있는 경우의 제안 2 결과

(a) 원본 이미지 (b) 본 절에서 제안한 방식 2로 보정

그림 11-13 실험 결과

11.3 조도 변화에 대한 화질 감소와 대응책

11.3.1 이미지에서의 밝기 평가

차량에 장착된 카메라는 고정된 위치에서 촬영하는 것이 아니라 이동하면서 촬영하므로 급격한 조도의 변화, 다수 개의 광원이 존재하는 경우에 대해서도 이미지 화질을 유지할 수 있는 기술이 요구된다. 근래의 카메라 기술은 한 장면에 2개 이상의 광원이 존재하더라도 또는 급격한 조도 변화에 능동적으로 대처할 수 있도록 이미지 센서 기술이 발전되고 있다. 그러나 이러한 이미지 센서 설계 및 제조 기술은 막대한 개발비용과 기간을 요구하는 단점을 가지고 있기 때문에 이를 극복할 수 있는 혁신적인 접근 방법이 요구되고 있는 실정이다. 이의 대표적인 연구 분야가 디지털 영상 처리 기반의 감마 보정(gamma correction) 및 고 동적 영역(high dynamic range)의 연구가 이를 대체할 수 있는 기술로 주목받으며 활발히 진행되고 있다.

그런데 조도 변화에 대해 이미지 화질을 개선하기 위해서는 밝기 및 명암에 대한 이미지 평가가 선행되어야 한다. 기존의 이들에 대한 평가는 히스토그램(histogram)의 분포를 자의적으로 해석하는 것으로 이루어지고 있을 뿐 객관적인 평가의 기준을 제시하는 방안이 없었다.

최근 히스토그램의 분포를 밝기와 명암으로 나누어 4 영역으로 재분포시키고 이의 분포 밀도를 a, A, b, B, c, C, d, D로 나타내는 문자표현자(word descriptor)가 2008년 Restrepo와 Ramponi에 의해서 소개되었다. 그러나 이 방법 역시 "아주 밝고, 명암비가 매우 높은" 등의 명확하지 않는 방식으로 이미지 밝기를 표시하므로 객관성이 떨어지고, 이의 활용도 역시 낮을 수밖에 없다.

따라서 본 절에는 같은 장면의 다른 밝기와 명암비가 인간에게 어떻게 느껴지는지를 살펴보고 이를 히스토그램이나 문자 표현자로 표현하는 방법은 어떻게 표시되는지를 살펴본다. 또 이를 이미지 처리를 통해 "보기 좋은" 이미지로 변환시켜 이들의 히스토그램이나 문자 표현자는 또 어떻게 표현되는지를 고찰한다. 이를 바탕으로 객관적인 평가 방법이 왜 필요한지 또 이 객관적 표현방식이 이미지 화질개선에 어떻게 영향을 미치는지를 살펴본다.

11.3.2 문자 표현자

일반적으로 이미지의 밝기 및 명암에 대한 정보는 히스토그램을 이용하여 표현되었다. 그림 11-14에 히스토그램을 이용한 방법의 예를 나타내었다.

(a) 원본 이미지(좌: 보통이미지, 우: 어두운 이미지)

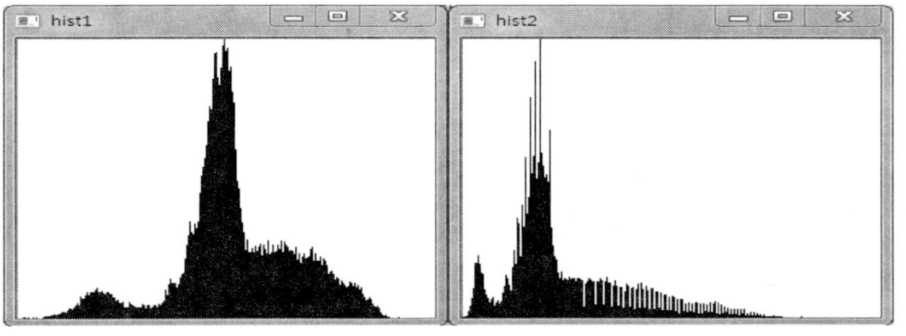

(b) 히스토그램

그림 11-14 히스토그램을 이용한 방법

즉, 히스토그램을 이용하는 방법은 화소 데이터값의 분포 밀도로 이미지 화질을 나타내는 방법으로 평가 주체에 따라 달라지는 단점을 가진다. 이를 해결하기 위해 이미지 화소 데이터를 분산 및 위치 분포도(d-l scatter chart)를 4개 영역(고명암/중밝기(A), 저명암/저밝기(B), 중명암/중밝기(C), 저명암/고밝기(D))으로 나누어 이미지의 밝기 및 명암을 문자의 조합으로 표현하는 Restrepo와 Ramponid의 문자 표현자 방식이 소개되었다.

예를 들어 그림 11-15에 나타낸 바와 같이 "나비" 이미지(그림 11-15(b))에 $\gamma = 0.3$을 적용하여 밝은 영상(그림 11-15(a))을 생성하고, $\gamma = 2.5$를 적용하여 어두운 영상(그림 11-15(c))을 생성한다. 그 다음 이들의 분산 및 위치 분포도를 나타내면 그림 11-15에 각 그림의 우측에 나타낸 분포도와 같이 표시된다. 확률 밀도 함수 f와 누적 분포 함수 F를 갖는 모집단으로부터 데이터 n 샘플의 최대, 최소의 공통 분포는 다음의 (식 11-17)과 같다.

$$f_{\min,\max}(a, b) = n(n-1)\,[F(b) - F(a)]^{n-2} f(a) f(b) \qquad \text{(식 11-17)}$$

또, F(t)=1, f(t)=1을 갖는 균일 분포에 대해서는, 공통 밀도 함수는 (식 11-18)로 구한다. 또 여기서 (min, max)에서의 최댓값=(a, b)=(0, 1)이고 기대치는 (식 11-19)와 같다.

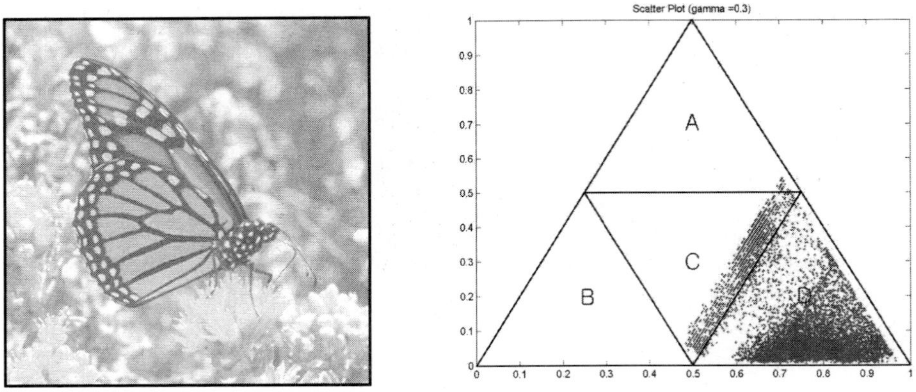

(a) 아주 밝은 경우

(b) 중간 밝기

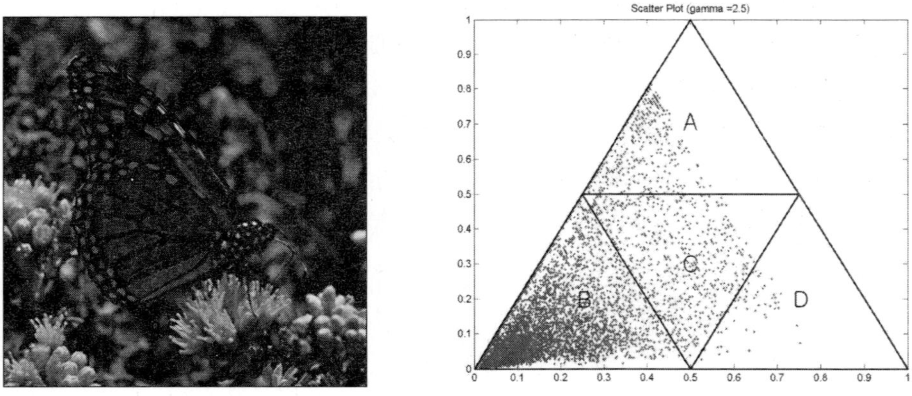

(c) 어두운 경우

그림 11-15 밝기를 서로 다르게 만든 "나비" 이미지를 분산 및 위치 분포도로 나타낸 결과

$$f_{\min,\max}(a,b)=n(n-1)[b-a]^{n-2},\ a\in[0,1],a\le b\le 1 \qquad \text{(식 11-18)}$$

$$(E[\min],E[\max])=\left(\frac{1}{n+1},\frac{n-2}{n-1}\right) \qquad \text{(식 11-19)}$$

이를 이용하여 그림 11-15의 우측에 도시한 것과 같은 분산 및 위치 분포도의 그래프를 얻을 수 있다. 각 그림의 밝기 및 명암을 문자표현자로 나타내면 그림 11-15(a)는 DCab, (b)는 BCAD 그리고 (c)는 BCad로 표현된다.

위의 결과에서 나타낸 바와 같이, 문자 표현자로는 직관적으로 이미지 화질의 상태를 알아내기 어렵고, 이를 알아낸다 하더라도 감마 보정을 통해 이미지 화질을 개선시키고자 할 때 감마값을 선택하기가 어렵다. 또한 분산 및 위치 분포도를 얻기 위해서는 상당히 많은 연산을 수행해야 한다는 단점을 가진다. 따라서 본 장에서는 문자 표현자보다 빠르게 구할 수 있고 또 구한 결과를 누구나 이해할 수 있도록 하는 이미지 밝기 및 명암 평가를 위한 수 표현자를 제안한다.

11.3.3 수 표현자

11.3.3.1 정규화된 밝기 정보 수표현자(NLD : Normalized Luminance Descriptor)

일반적으로 가장 기본적인 밝기 및 명암의 이미지 화질의 평가는 히스토그램을 기반으로 한다. 범위가 $[0,\ L-1]$의 그레이 이미지의 히스토그램은 다음 (식 11-20)과 같이 나타낼 수 있다.

$$h(r_k)=n_k \qquad \text{(식 11-20)}$$

여기서 r_k는 k번째 그레이 레벨(gray level)을, n_k는 k번째 그레이 레벨을 갖는 화소의 수를 나타낸다. 여기서 그레이 레벨은 이미지 밝기를 나타내는 가중치로 사용할 수 있으므로 주어진 이미지의 밝기 정보(LD : Luminance Descriptor)는 다음 (식 11-21)과 같은 방법으로 수치화할 수 있다.

$$LD=\sum_{k=0}^{L-1} r_k \cdot n_k \qquad \text{(식 11-21)}$$

그런데, 밝기 정보(LD)는 이미지 해상도에 따라 달라질 수 있으므로 (식 11-20)을 정규화하는 작업이 필요하다. 정규화는 LD 값을 이미지 해상도로 나누어 구하고, 이는 (식 11-22)와 같다.

$$NLD=\frac{1}{LN}\sum_{k=0}^{L-1} r_k \cdot n_k,\quad 0\le NLD\le 1 \qquad \text{(식 11-22)}$$

여기서, L은 입력 이미지의 최대 화소값으로 만약 8비트 화소인 경우 최댓값은 255가 된다. N은 입력 이미지의 해상도 크기이다. 그림 11-16은 제안하는 정규화된 이미지 밝기 수 표현자를 “배” 이미지에 적용한 것으로, 감마값에 따라 위치-분산 분포도를 나타내었는데 감마값에 대한 육안 느낌이 위치-분산 분포표가 일치하는 것을 알 수 있다.

감마값	이미지	위치-분산 분포도
$\gamma = 0.1$		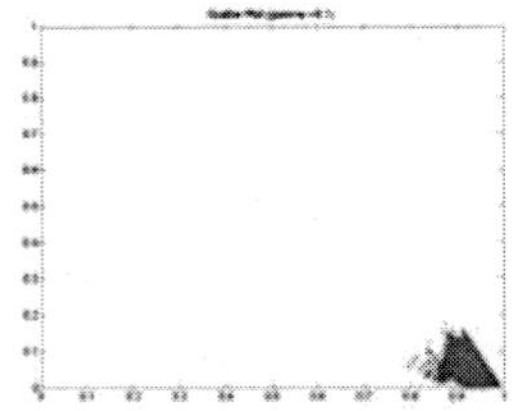
$\gamma = 0.5$		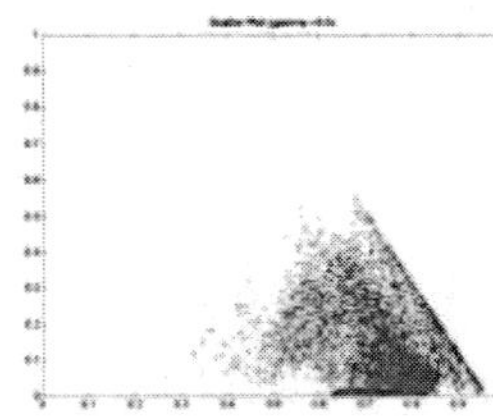
$\gamma = 1.0$		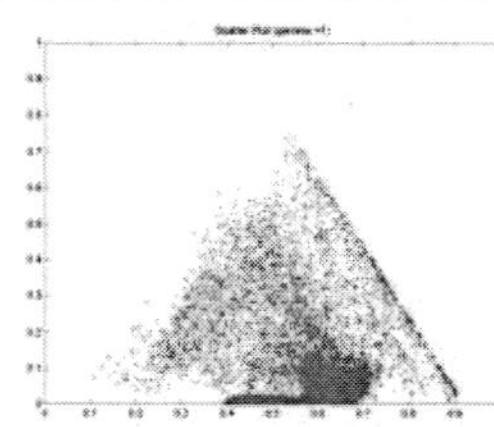
$\gamma = 1.5$		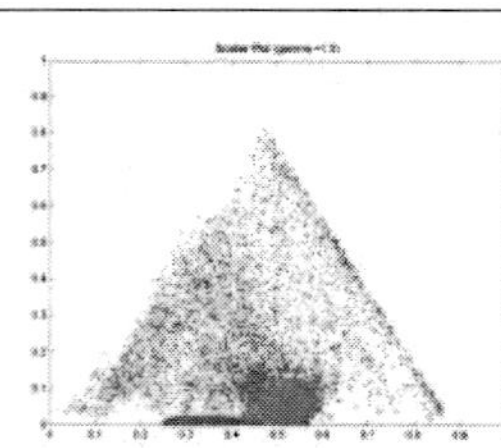
$\gamma = 2.0$		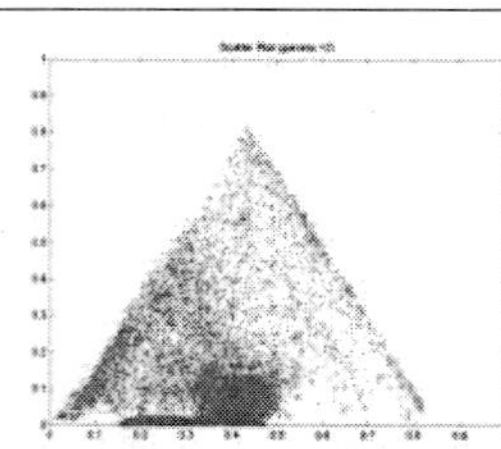

그림 11-16 서로 다른 감마값을 이용하여 만든 “배” 이미지를 위치-분산 분포도로 나타낸 결과

표 11-3은 각 감마값에 대한 정규화된 밝기 정보를 본 장에서 제시한 수 표현자(NLD)로 나타낸 것으로 위치-분산 분포도를 이용하여 나타낸 문자 표현자와 같은 결과를 가진다.

표 11-3 "배" 이미지의 각 감마값에 대한 NLD 결과

감마	0.1	0.5	1.0	1.5	2.0
NLD	0.94	0.74	0.56	0.42	0.33

11.3.3.2 정규화된 명암 정보 수 표현자(NCD : Normalized Contrast Descriptor)

앞서 서술한 NLD에는 명암 정보(contrast)를 포함하지 않기 때문에 명암 정보의 표현방식에 대한 고찰이 필요하다. 명암 정보는 (식 11-23)과 같이 이미지 화소의 최댓값과 최솟값의 차로 표현한다.

$$c = r_{\max} - r_{\min} \qquad \text{(식 11-23)}$$

명암 분포를 구하기 위해 NLD와 같은 [0, $L-1$] 범위의 그레이 이미지와 h(cl) = bl 히스토그램을 사용한다. 여기서 c_l은 l번째 블록의 명암을 나타내는 것으로 c_l = b(rmax-rmin)l로 구하고, b_l은 c_l 명암값을 갖는 블록의 수를 나타낸다. 따라서 NLD와 같은 개념으로 명암의 수 표현자는 (식 11-24)로 나타낼 수 있고 이의 정규화는 (식 11-25)로 나타낼 수 있다.

$$CD = \sum_{l=0}^{B-1} c_l \cdot b_l \qquad \text{(식 11-24)}$$

$$NCD = \frac{1}{L}\sum_{l=0}^{B-1} c_l \cdot b_l,\ 0 \le NCD \le 1 \qquad \text{(식 11-25)}$$

결과적으로 (식 11-25)의 결과에서 NCD 값이 1에 가까우면 높은 명암을 갖는 이미지이고, 0에 가까우면 낮은 명암을 갖는 이미지인 것을 추정할 수 있다.

11.3.3.3 정규화된 이미지 수 표현자(NIQ : Normalized Image Quality)

앞의 1.3.3.1과 1.3.3.2의 결과로부터 이미지 밝기 및 명암의 화질을 정규화된 수치로 표현하는 방식은 (식 11-22)와 (식 11-25)를 조합하여 (식 11-26)과 같이 표현할 수 있다.

$$NIQ = (NLD, NCD) \qquad \text{(식 11-26)}$$

이의 개념을 그림 11-16의 "배" 이미지에 적용하면 표 11-4와 같은 결과를 얻음을 확인할 수 있다. 이미지 밝기 정보와 명암 정보가 감마값에 따라 다른 수 표현자로 표현되며 이는 위치-분산 분포도와 같은 결과를 가진다.

표 11-4 “배” 이미지의 각 감마값에 대한 NIQ 결과

감마	0.1	0.5	1	1.5	2.0
NIQ	(0.94, 0.02)	(0.74, 0.06)	(0.56, 0.08)	(0.42, 0.09)	(0.33, 0.10)

이처럼 본 절에서 제시한 수 표현자는 문자 표현자가 갖는 모호성을 제거하여 좀 더 객관적이고 직관적인 이미지 밝기 및 명암 정보를 제공할 수 있다. 제안한 수 표현자 기법이 모든 영상에 같은 결과를 도출하는지를 입증하기 위해 다양한 해상도와 주파수 분포를 갖는 “비행기”, “원숭이”, “나비” 그리고 “균일 잡음” 등 4개의 표준 샘플 이미지들을 선택하여 실험하였는데 이들의 해상도는 각각 200×200, 500×500, 356×356이고, 24비트의 RGB 컬러 모델로 구성되었다. 먼저 각 이미지들의 NIQ값을 표 11-5에서 표 11-8에 나타내었다.

표 11-5 “비행기” 이미지의 각 감마값에 대한 NIQ 결과

감마	0.1	0.5	1	1.5	2.0
NIQ	(0.95,0.02)	(0.81,0.09)	(0.66,0.13)	(0.55,0.15)	(0.46,0.15)

표 11-6 “원숭이” 이미지의 각 감마값에 대한 NIQ 결과

감마	0.1	0.5	1	1.5	2.0
NIQ	(0.93,0.03)	(0.70,0.13)	(0.50,0.18)	(0.36,0.18)	(0.27,0.17)

표 11-7 “나비” 이미지의 각 감마값에 대한 NIQ 결과

감마	0.1	0.5	1	1.5	2.0
NIQ	(0.91,0.03)	(0.62,0.11)	(0.41,0.13)	(0.28,0.13)	(0.20,0.11)

표 11-8 “균일 잡음” 이미지의 각 감마값에 대한 NIQ 결과

감마	0.1	0.5	1	1.5	2.0
NIQ	(0.92,0.13)	(0.69,0.45)	(0.49,0.59)	(0.37,0.61)	(0.28,0.59)

사용된 그림은 그림 11-17에서 그림 11-20에 나타내었는데, 밝기 정보가 변할수록 명암 정보 또한 변하기 마련인데 이를 위치-분산 분포도로 표현된 것을 수 표현자로 표현하면 좀 더 명확하고 객관적으로 표현됨을 알 수 있다.

감마값	이미지	위치-분산 분포도
$\gamma = 0.1$		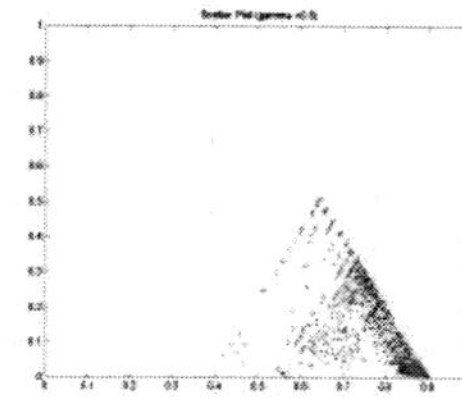
$\gamma = 0.5$		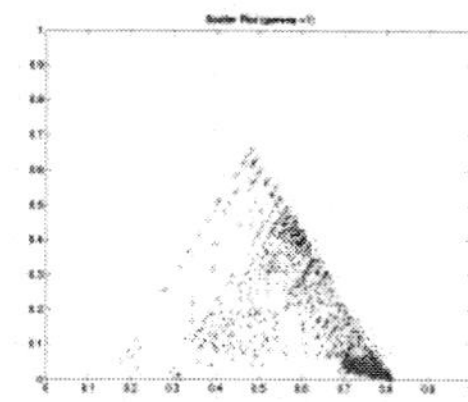
$\gamma = 1.0$		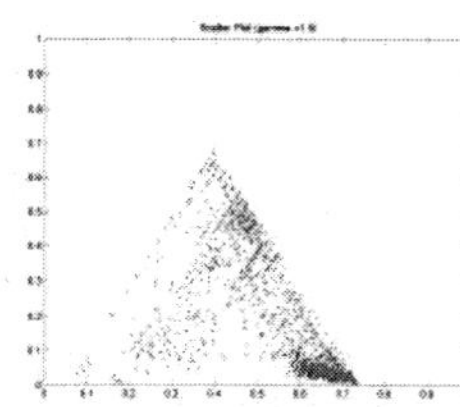
$\gamma = 1.5$		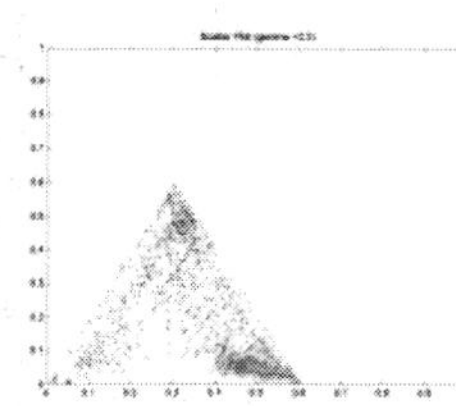
$\gamma = 2.0$		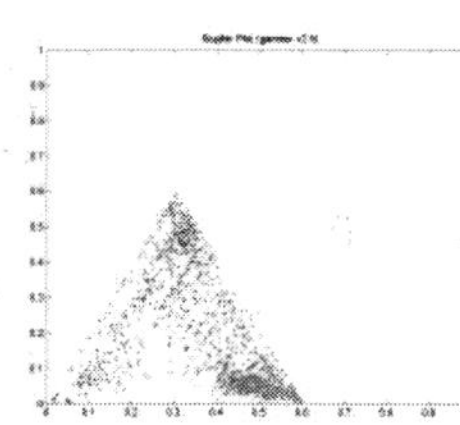

그림 11-17 서로 다른 감마값을 이용하여 만든 "비행기" 이미지를 위치-분산 분포도로 나타낸 결과

감마값	이미지	위치-분산 분포도
$\gamma = 0.1$		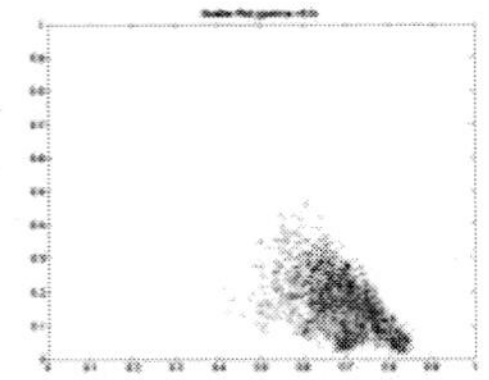
$\gamma = 0.5$	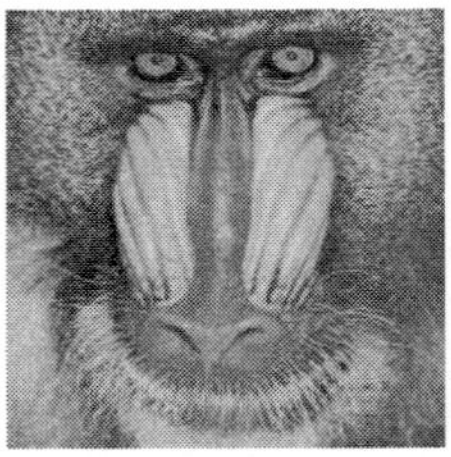	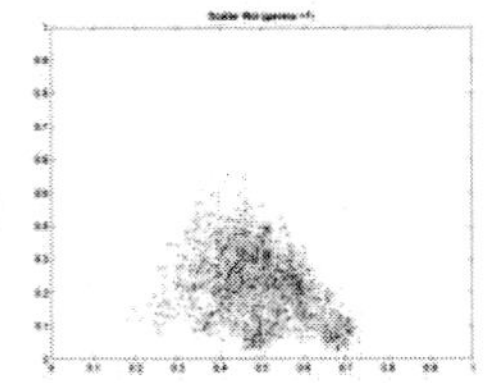
$\gamma = 1.0$	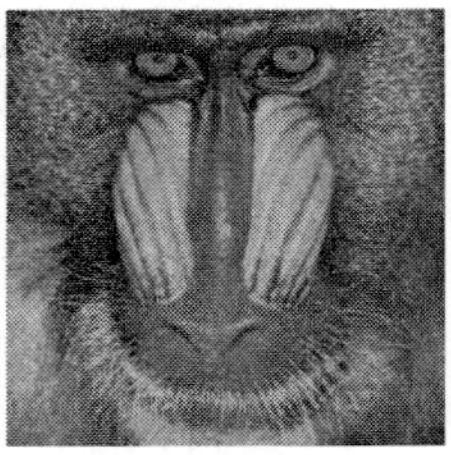	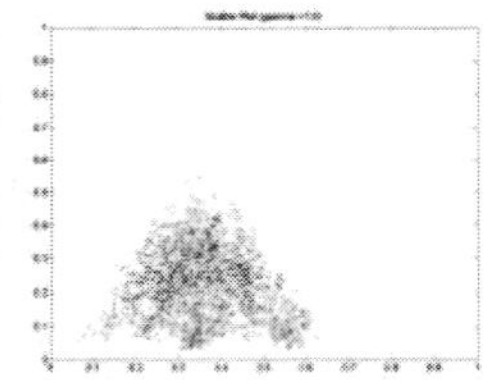
$\gamma = 1.5$	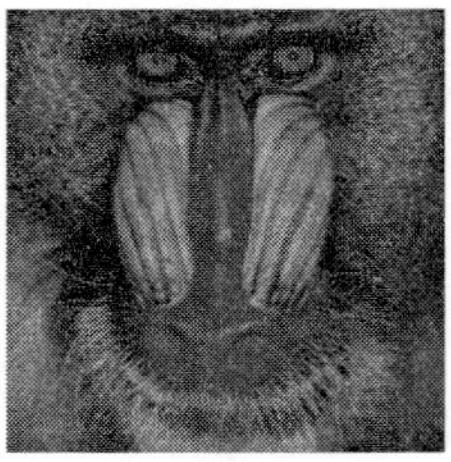	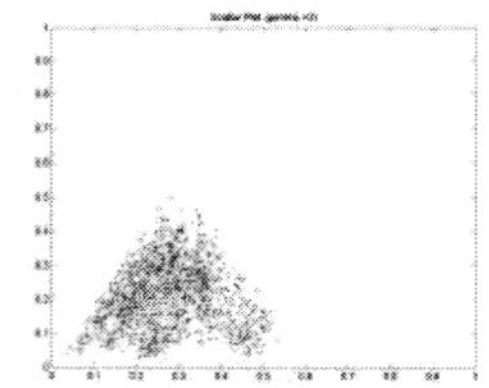
$\gamma = 2.0$	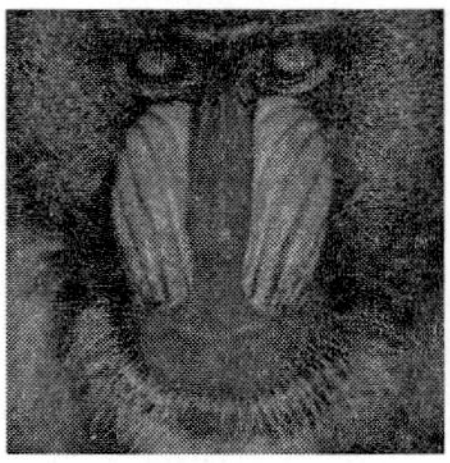	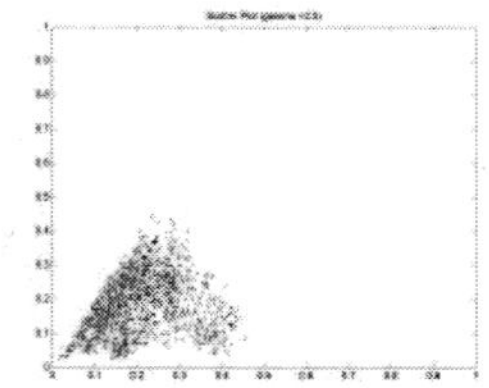

그림 11-18 서로 다른 감마값을 이용하여 만든 "원숭이" 이미지를 위치-분산 분포도로 나타낸 결과

감마값	이미지	위치-분산 분포도
$\gamma = 0.1$		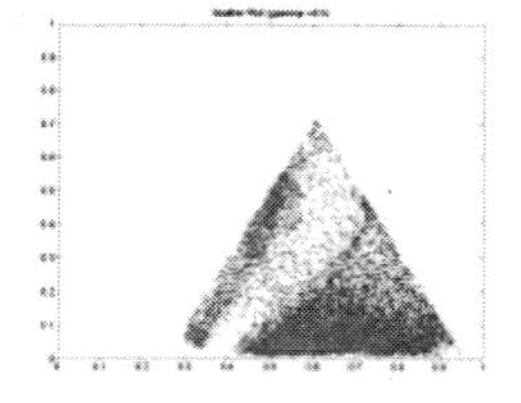
$\gamma = 0.5$		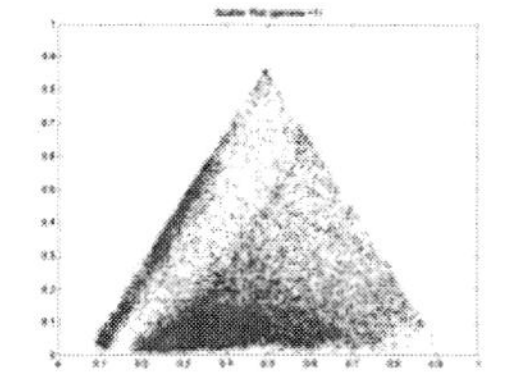
$\gamma = 1.0$		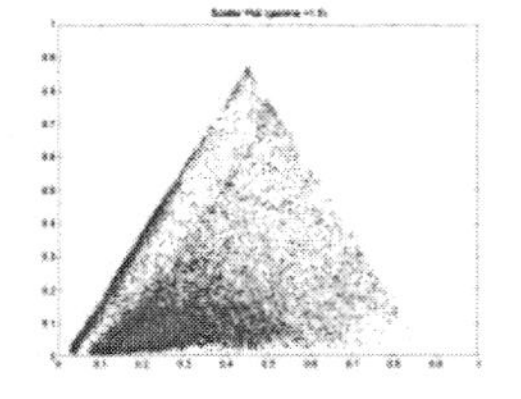
$\gamma = 1.5$		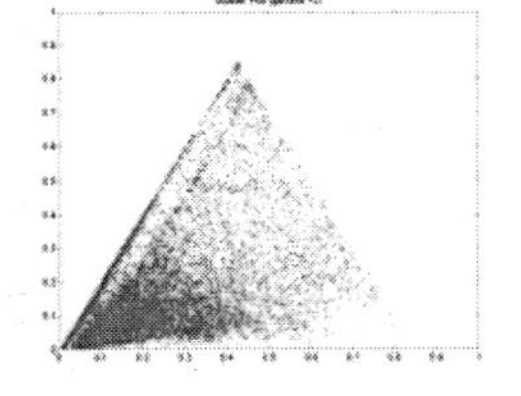
$\gamma = 2.0$		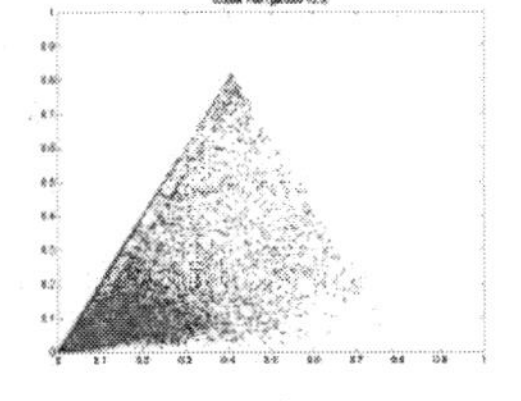

그림 11-19 서로 다른 감마값을 이용하여 만든 "나비" 이미지를 위치-분산 분포도로 나타낸 결과

감마값	이미지	위치-분산 분포도
$\gamma = 0.1$		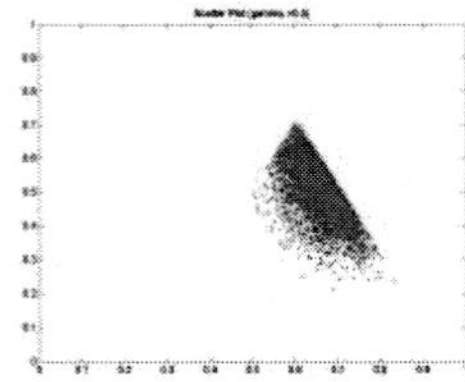
$\gamma = 0.5$		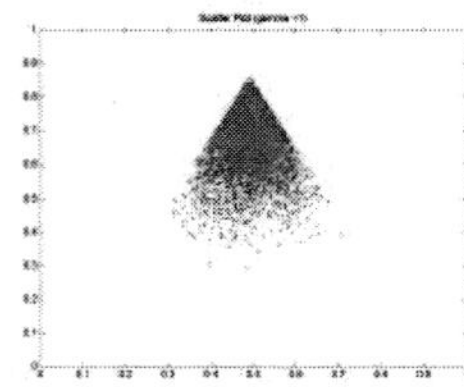
$\gamma = 1.0$		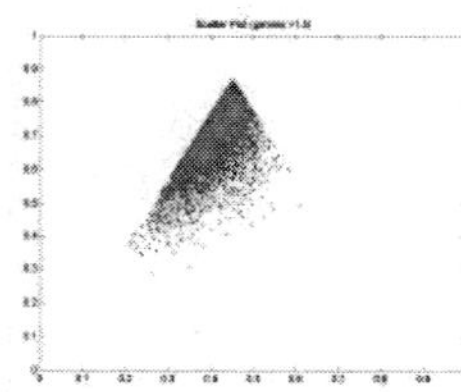
$\gamma = 1.5$		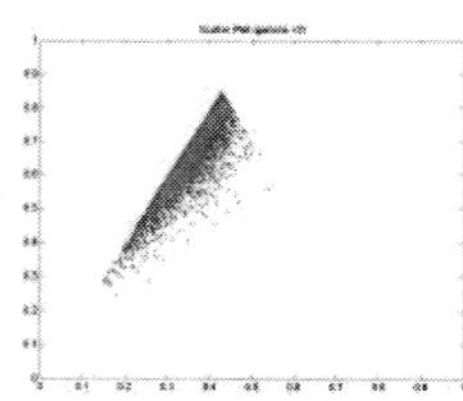
$\gamma = 2.0$		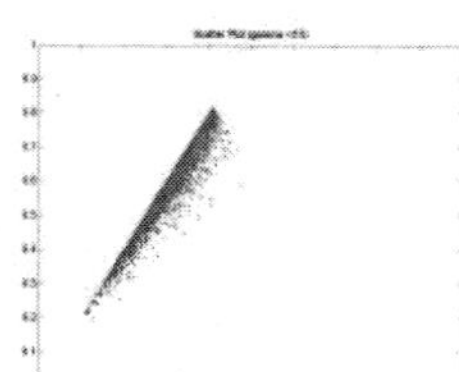

그림 11-20 서로 다른 감마값을 이용하여 만든 "균일 잡음" 이미지를 위치-분산 분포도로 나타낸 결과

"비행기" 이미지의 해상도는 200×200이고 대체적으로 저주파 분포로 구성되어 있다. 이미지의 밝기가 아주 밝거나 반대로 아주 어두운 경우는 명암 정보가 떨어지고, 적당한 밝기인 경우 명암 정보가 대체적으로 잘 나타낸다. 이는 위치-분산 분포도에서도 같은 결과를 나타내고 있으며 본 절에서 제시하는 수 표현자도 같은 결과를 가진다.

"원숭이" 이미지 역시 200×200의 해상도로 구성되었고, 대체적으로 저주파와 고주파가 반반씩 분포되어 있으며, 고주파인 경우 주파수 값도 높은 값을 가지고 있다. 이 경우 주파수 성분이 매우 높거나 매우 낮은 경우 밝기와는 무관하게 명암 정보는 대체로 낮게 느껴진다. 이의 결과는 육안으로 보이는 느낌과 문자 표현자, 수 표현자로 표현되는 것들이 같은 결과를 가지는 것을 확인할 수 있다.

"나비" 이미지의 해상도는 500×500이고, 주파수 분포는 저주파에서 고주파로 고르게 분포되어 있다. 이 경우는 이미지 밝기에 따라 이미지 명암 정보가 변하는 것을 알 수 있고, 이 또한 육안 느낌과, 문자 표현자 그리고 수 표현자로 표현한 것들이 일치한다.

"균일 잡음" 이미지의 해상도는 356×356이고, 고주파수 분포를 가진다. 그러나 고주파수이더라도 주파수 진폭이 커 맑은 이미지인 경우 명암 정보 역시 높은 값을 가지나, 어두운 이미지인 경우 신호 진폭이 감쇄하여 명암 정보가 떨어진다. 그러나 대체적으로 높은 명암 정보를 가진다는 것을 알 수 있다.

11.3.4 다수개의 광원이 존재할 경우의 이미지 화질 및 개선 방법

실제 도로 상에는 조도 범위가 광역으로 분포되어 있으나 카메라 시스템이 인지할 수 있는 조도 범위는 실제와 같거나 또는 그 이하의 영역만 존재한다. 이러한 이유로 도로 주변의 구성에 따라 카메라로 취득되는 영상은 실제의 조도 범위와 다른 이미지로 표현되는데, 이는 주로 화질 저하로 나타나다. 또한 주변 환경의 조도 변화속도가 카메라의 광량 제어속도보다 빠른 경우에도 카메라의 광량 제어 범위를 벗어나므로 화질이 저하될 수 있다. 주변 환경의 급격한 조도 변화는 계절, 기후 변화, 도로 구조 등에 의해 발생되며 다수의 광원이 존재하는 경우에도 그 발생 확률이 매우 높다. 그림 11-21은 다수의 광원이 존재하는 경우 처리방식에 따라 이미지의 조도 정보가 다르게 표현되는 것을 나타낸다.

이런 조도 문제를 해결하기 위해 1960년대부터 히스토그램 평활화(histogram equalization), 감마 보정(gamma correction), 광역동적 영역(WDR : Wide Dynamic Range) 등 다양한 기법들에 대한 연구가 진행되고 있다.

그런데 이들 연구 영역이 대체적으로 컴퓨터 비전(computer vision) 또는 그래픽(computer graphics) 영역에서 이루어질 뿐, 카메라 시스템 자체에 대해서는 본격적인 연구가 미비한 상태이어서 차량용 카메라에 적용하기에는 많은 한계가 있다. 다행히 디지털 신호 처리(digital signal processing) 기술이 이미지 처리 분야에 접목되면서 또 반도체 기술의 발전으로 센서 자체에 감마값 설정, WDR 기술이 적용되고 있어 상당 부분 개선되고 있는 실정이다.

(a) 밝은 쪽에 기준을 둔 경우 (b) 어두운 쪽에 기준을 둔 경우 (c) 최적의 처리결과

그림 11-21 다수 광원이 존재하는 경우의 조도정보

하지만 이러한 기술 발전도 카메라 제조 시에 한 번 설정되면 그 설정된 값을 바꾸기 어렵다는 한계를 가지고 있다. 따라서 차량용 카메라 기술 분야에서는 조도 변화 시마다 조도 정보를 보정하는 기술에 대한 연구가 필요하다.

본 절에서는 기존 기술의 한계점과 이들 한계점을 극복하기 위한 새로운 접근 방법들을 제시하고, 차량용 카메라에 적합한 기술들을 중심으로 논의한다.

11.3.4.1 히스토그램 평활

이미지 조도 정보 개선법 중 가장 고전적인 방법이 히스토그램 평활화인데, 히스토그램은 이미지 밝기 정보의 분포 함수로 그림 11-22에 나타낸 바와 같이 밝기 정보가 어두운 쪽에 많이 분포되어 있으면 어둡게 느껴지고, 밝은 쪽에 많이 분포되어 있으면 밝게 느껴진다. 따라서 밝기 정보를 고루 분포하게 되면 이미지 화질이 개선된다는 개념이다.

일반적으로 카메라의 조도 변화 영역이 피사체의 조도 변화 영역과 같은 경우 이 히스토그램 평활화 방법으로 충분히 조도에 의한 화질저하를 개선할 수 있다. 즉, 앞 절에서 서술한 정규화된 밝기 정보가 0.1~0.3 영역에서의 밝은 경우 즉, 정규화된 밝기 정보 값이 0.6~0.8이 공존하는 경우엔 이 방법으로 충분히 개선될 수 있다. 그러나 이 영역 밖의 값이 공존하게 되면 전체적으로 이미지에 뿌연 연기가 있는 것처럼 보이는 스모키 현상(smoky effect)이 나타난다.

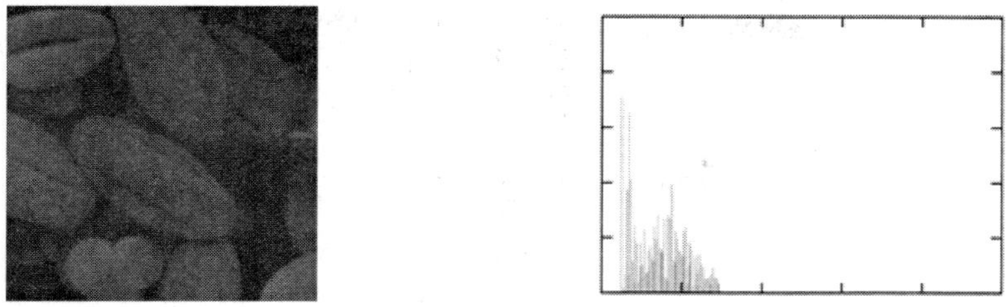

(a) 어두운 이미지의 히스토그램

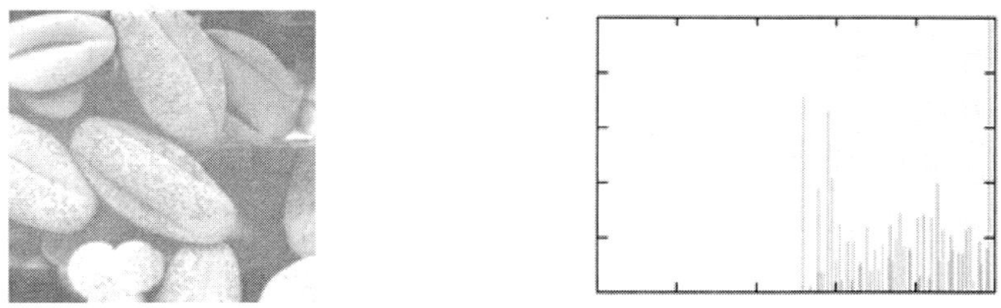

(b) 밝은 이미지의 히스토그램

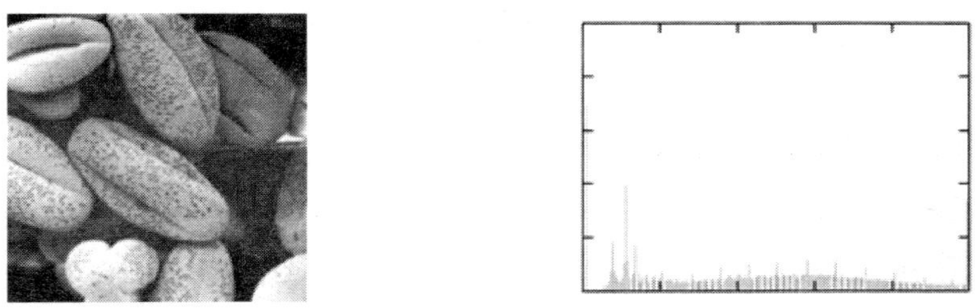

(c) 밝은 이미지의 히스토그램

그림 11-22 히스토그램 평활화의 개념(출처 : 곤잘레스의 매트랩을 이용한 디지털 이미지 프로세싱)

11.3.4.2 감마 보정

감마 보정 기법은 로그 함수 또는 지수 함수를 적용하여 이미지 조도를 개선하는 방법으로 대체적으로 어두운 경우 즉, 정규화된 밝기 정보 값이 0.35 이하인 경우는 로그 함수를 적용하여 어두운 부분은 증폭을 많이 하고, 밝은 부분은 증폭을 적게 하여 화질을 개선하며, 반면에 밝은 경우 즉 정규화 된 밝기정보가 0.75 이상인 경우는 지수 함수를 적용시켜 밝은 부분은 많이 감쇄시키고 밝은 부분은 적게 감쇄시켜 화질을 개선하는 방법이다. 그림 11-23에 감마 처리에 대한 기본 개념을 나타내었다.

서술한 바와 같이 이 감마 보정은 이미지 내에서 밝기에 따라 정도는 다르지만 전체적으로 감쇄 또는 전체적으로 증폭하는 개념이어서 광원이 다수 존재하게 되면 역시 한계가 존재한다. 근래에는 지수 함수 또는 로그 함수를 조합하여 시그모이드 함수(sigmoide function)의 형태로 좀 더 개선된 기법들이 발표되고 있으나 이 방법 역시 한계를 완벽하게 극복하지는 못한다.

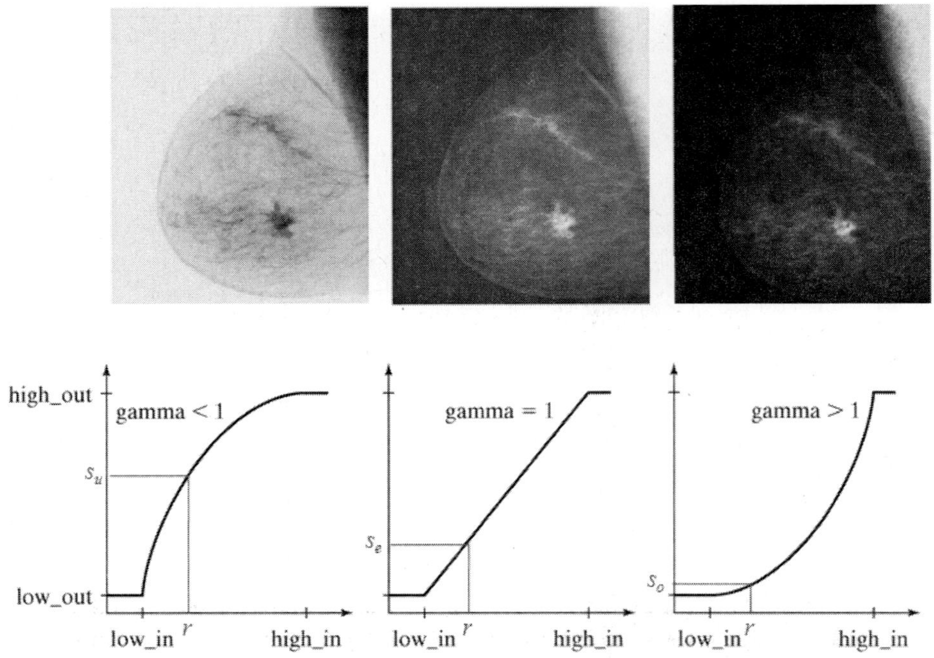

그림 11-23 히스토그램 평활화의 개념(출처 : 곤잘레스의 매트랩을 이용한 디지털 이미지 프로세싱)

현재는 카메라 이미지 센서에 한 번 감마값을 설정하면 변경이 불가능하므로 다양한 조도 값에 대해서는 한계를 가질 수밖에 없다. 이는 상황에 따라 감마값을 수시로 변화시키는 적응형 감마 보정으로 해결할 수 있다.

그런데 이를 위해서는 앞서 서술한 바와 같이 지수 또는 로그 함수를 계산해야 하므로 연산 복잡도(computational complexity)가 매우 높아 실시간 처리를 위해서는 고성능의 프로세서(processor)를 요구하기 때문에 가격상승을 가져와 상용화의 걸림돌로 작용한다.

이를 해결하기 위해 본 절에서는 근사화 기법을 기반으로 한 방안을 제시한다. 즉, 이미지 정보 면에서 볼 때 한 화소를 선택하면 그 정보의 내용이 주변 화소와 유사성이 매우 높다는 사실이다. 따라서 Shannon의 율-왜곡비용(rate-distortion cost)을 적용하여 적당한 크기로 분할하여 블록의 가중치를 한 화소로 대응하여 고려할 수 있게 된다. 그러면 블록의 크기 비율만큼 연산량은 감소되어 연산 복잡도를 떨어뜨릴 수 있다.

여기에 앞 절에서 서술한 정규화된 밝기 및 명암 정보의 수 표현자를 이용하여 화질 감쇄가 발생하는 영역 즉, 밝기 정보가 급격하게 변화되고, 또 변화된 밝기 정보가 0.35 이하이거나 0.75 이상인 경우에만 감마 보정을 수행하게 함으로써 연산 복잡도를 감소시킬 수 있게 된다. 이는 일종의 관심 영역(ROI : Region Of Interest) 계산으로, 공간이 아닌 시간 축에서의 관심 영역을 설정하여 연산을 감소시키는 개념이다. 그림 11-24에 적응형 감마 처리를 적용했을 때의 동영상의 한 장을 원본 영상과 비교하여 나타내었다.

(a) 원본 영상 (b) 적응형 감마처리 후의 영상

그림 11-24 적응형 감마 처리 예

감마 처리는 고정된 카메라의 조도 범위 내에서 처리를 수행하는 것으로 주변 환경의 조도 범위가 이 범위를 초과하면 아주 밝은 부분은 포화되어 정보 자체를 상실하게 되고 어두운 부분은 개선이 되나 잡음 부분까지도 표현되는 단점을 가지게 된다. 이를 극복하기 위해 WDR 기법이 발표되었는데 이 또한 아주 세밀한 부분은 소실될 수 있고, 명암 정보와 밝기 정보도 왜곡될 수 있다. 근래에 이러한 문제를 해결하기 위해 상대 값의 개념을 적용한 톤 매핑(tone mapping)방식이 발표되어 연구되고 있다. 따라서 본 절에서는 기존의 톤 매핑방식에 비해 연산복잡도를 줄이면서 명암비를 높이는 방안을 제시한다. 이의 특징은 먼저 삼각법의 tan 함수와 제곱근을 사용하여 밝은 영역에서 명암비를 보존하고 어두운 영역의 가시성을 높일 수 있다는 것이다. 두 번째로는 조절 가능한 변수를 사용하여 동적 영역을 압축하여 어두운 영역의 보정률을 향상시켰다. 그림 11-25에 서로 다른 밝기를 갖는 전등 이미지에 본 절에서 제안하는 방법을 적용했을 때 결과 이미지를 나타내었는데, 밝은 부분의 명암 정보와 어두운 부분의 가시성이 증가된 것을 알 수 있다.

(a) 원본 영상 (b) 톤매핑 적용 후의 영상

그림 11-25 톤 매핑 기법 처리 예

(a) 예제 영상

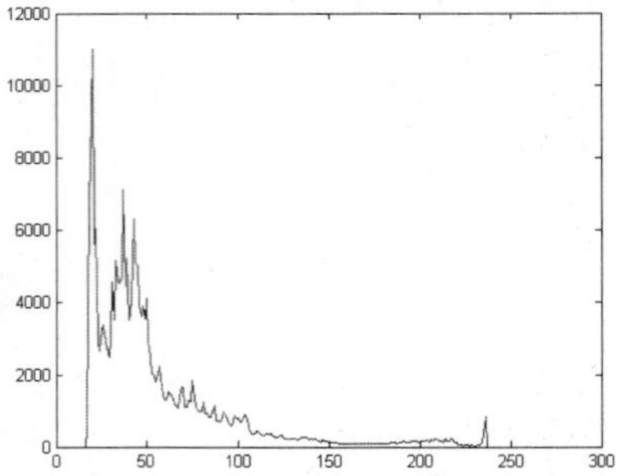

(b) (a)의 히스토그램

그림 11-26 제안방식의 첫 단계 처리

처리 절차는 먼저 첫 단계로 이미지의 히스토그램을 이용하여 누적 확률 분포 함수를 구한다. 그림 11-26에 예제 영상의 히스토그램을 나타내었다.

누적 확률 분포 함수는 다음과 같다.

$$P(k) = \sum_{k_n < k} T(k_n)/T \qquad \text{(식 11-27)}$$

여기서 T는 이미지의 전체 화소 수를 의미한다.

두 단계로는 이미지에서 최소 및 최댓값을 정의한다. 즉, 제일 많은 화소 수를 갖는 밝기 정보가 최대가 되고 반대로 제일 적은 화소 수를 갖는 밝기 정보가 최솟값이 된다. 두 단계를 이용하여 그림 11-1의 확률 분포도는 그림 11-27과 같다.

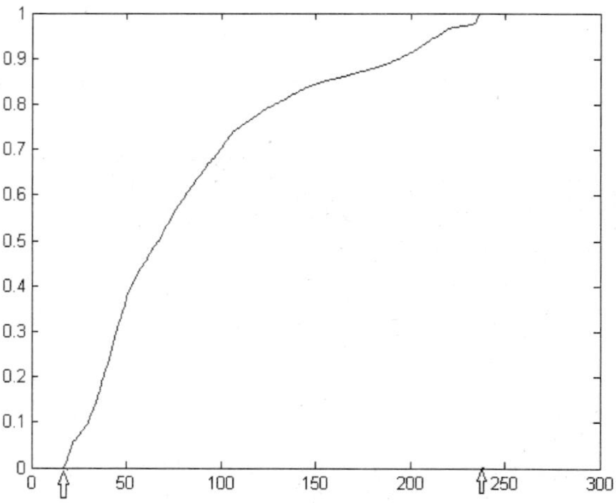

그림 11-27 제안방식의 두 단계의 확률 분포도

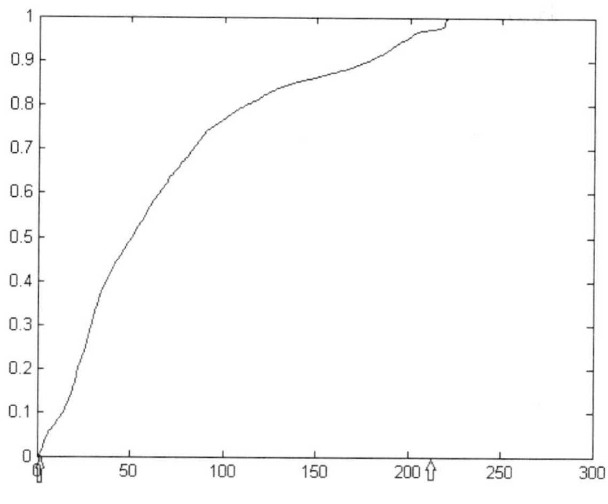

그림 11-28 제안하는 방식의 세 단계의 확률 분포도

세 단계로 그림 11-27을 최솟값에서 최댓값까지의 범위만 추출하여 다시 그래프로 그리면 그림 11-28과 같다.

네 단계는 세 단계의 확률 분포도를 기반으로 (식 11-28)과 같이 표시 범위를 구할 수 있는데, Compfact는 범위 압축 요소로 0.1~5.54의 범위를 가진다(log255=5.54).

Dispminlumin은 이미지에서 최소 조도 레벨을 나타내며, 표시 영역은 k1 (=Max-Min)보다 작게 표시된다.

$$\begin{aligned}\operatorname{Exp}(Disprange) = (nthroot(\tan(Pk(K)) \times 1.5) \times \\ Compfact) + \log(Dispminlumin)\end{aligned} \quad \text{(식 11-28)}$$

따라서 다음과 같은 루프를 반복 수행하면 그림 11-29의 실제 표시 확률 분포도를 구할 수 있다.

```
For compfact  0.1 to 5 in steps 0.1
        For each k level
        if k <Ldmax-Ldmin

Exp(Disprange)=(nthroot1(tan(Pk(K)x1.5))XCompfact )+ log(Disp-minlumin)
        else
Exp(Disprange)=(nthroot2(tan(Pk(K)x1.5))XCompfact )+ log(Disp-minlumin)
        endif
                Break if range exceed the k1 range as defined above
        End for
End for
```

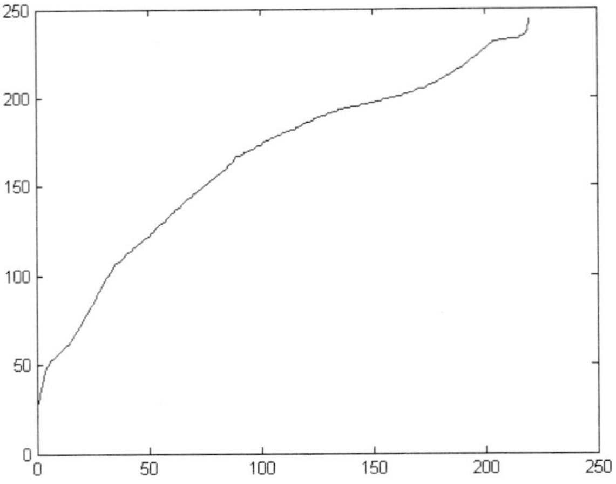

그림 11-29 제안하는 방식의 실제 표시 확률 분포도

최종적으로 그림 11-30과 같은 보정 영상을 획득할 수 있다. 이를 원본 영상과 함께 배치하면 시각적인 느낌도 보정 이미지가 훨씬 개선되었음을 알 수 있다.

(a) 원본 영상

(b) 톤매핑으로 보정된 영상

그림 11-30 원본 영상과 보정 영상의 비교

12 고해상도 복원 기법

12.1 고해상도 복원 기법의 개요 및 정의

이미지 해상도 증가는 여러 분야에서 요구가 증가하고 있는데, 여기서 "해상도 증가"의 의미는 단순히 공간적으로 이미지 화소 수의 증가만을 의미하는 것이 아니라 분해능의 증가를 의미하는 것으로 얼마나 세밀하게 표현하는가를 뜻한다.

분해능은 그림 12-1에 나타낸 ISO(international organization for standardization) 해상도 도표(chart)를 주로 사용하여 평가하는데, 전시(display) 또는 인쇄(print)되는 장치에 표시되는 선간 분해능이 얼마만큼 세밀하고 정밀한지를 이용하여 그 장치의 해상도와 분해능을 판단할 수 있다.

영상 분야에서는 1990년대 초반 30만 화소(0.3 mega pixel) 이미지 센서의 출현을 시작으로 카메라의 해상도가 급속도로 높아지고 있다. 또 CMOS(complementary metal oxide semiconductor) 이미지 센서의 출현으로 이미지 센서의 제작이 쉬워지면서 꾸준히 고해상도 이미지 센서 개발에 박차를 가해지고 있고, 기존의 CCD(charge coupled device) 이미지 센서도 반도체 제조 기술의 발전으로 고해상도가 가속화되고 있다. 이러한 현상은 통신 및 멀티미디어(multimedia) 기술의 확대로 시장에서 고해상도 이미지의 요구가 강력하게 증가하고 있기 때문으로 해석된다.

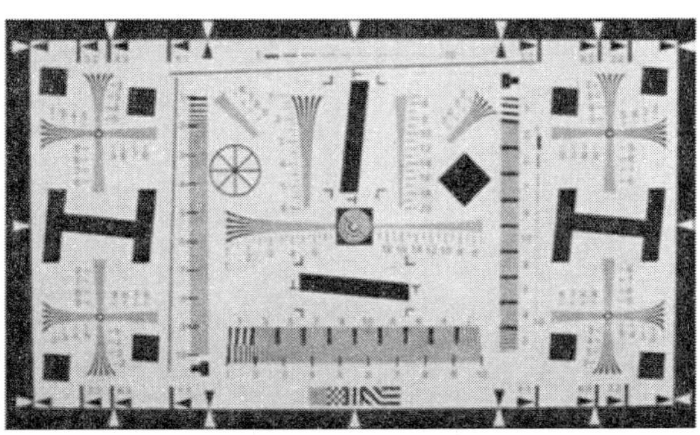

그림 12-1 ISO 해상도 도표

가장 기본적인 해상도 증가방식은 이미지 센서의 공간 해상도를 증가시키는 것인데, 이는 곧 이미지의 공간 해상도가 증가한다는 것을 의미한다. 그런데 반도체 기술이 접목되는 이미지 센서에 이를 적용하기 위해서는 반도체 셀의 집적도를 증가시켜야만 가능하다. 그러나 알려진 바와 같이 반도체의 집적도 증가는 설계 기간 및 비용이 엄청나게 투자되어야 하고, 제조 기술 또한 막대한 비용을 요구하기 때문에 어렵고 비경제적이라 할 수 있다.

두 번째 접근 방식은 이미지 센서 칩(chip) 크기를 증가시키는 방법인데, 화소 수가 증가하면서 이미지 센서의 크기가 증가하는 방식이어서, 반도체 집적 기술은 요구하지 않는 장점을 가지나 셀의 크기는 변하지 않고 전체 센서의 크기가 증가하는 형태라 산탄 잡음(shot noise) 등이 발생되기 쉽고, 이미지 셀의 충전 및 방전 시간의 제어가 힘들어 오히려 역효과가 발생할 수 있다는 단점을 가진다.

마지막으로 아주 혁신적인 방법이 디지털 신호 처리(digital signal process)를 이용하여 이미지 해상도를 증가시키는 방법이다. 즉, 저해상도 이미지는 고주파 성분이 많이 부족하다는 것을 의미하므로, 소실된 고주파 성분을 복원함으로써 고해상도 이미지로 복원하는 방식을 말한다. 이 방식은 근래 반도체 설계 및 제조 기술이 발전하게 됨에 따라 프로세서(processor)의 성능이 발전하여 그 처리속도가 빨라져 그만큼 많은 양의 데이터를 처리할 수 있기 때문에 가능하게 되었다.

마지막의 디지털 신호 처리를 이용한 방식이 크게 각광받는 이유는, 설계 및 제작에 소요되는 경비는 절약되면서도 그 효과는 최대로 올릴 수 있기 때문으로, 이는 크게 보간법과 고해상도 복원 기법 두 가지로 구분된다.

첫 번째가 보간법(interpolation)이다. 이 방법은 한 장의 저해상도 이미지를 이용하여 한 장의 고해상도 이미지를 생성하는 것으로, 고해상도 좌표를 채우기 위해 원래의 이미지 화소 이외의 새로운 화소 데이터값을 결정할 때, 셀 주변의 정보를 참조로 하여 새로운 데이터를 생성하는 개념이다. 이를 주파수 관점에서 보면 저주파수 대역을 가지고 있는 저해상도 이미지에서 화소 간 데이터의 조합으로 새로운 데이터를 만들어 주파수를 높이는 방식이다. 그러나 이렇게 증가된 주파수는 완벽한 고주파 성분의 복원이 아니라 선형적인 증가로 분해능이 혁신적으로 개선되지는 않는다. 물론 이중 선형 보간법(bi-linear interpolation)을 선두로 bi-cubic 등 새롭고 다양한 보간법들이 소개되고는 있지만 원천적인 해결은 하지 못하고 있다. 이 방법은 디지털 카메라, 방범용 CCTV(surveillance closed circuit television) 등에 이미 적용되어 상용화된 상태이다.

두 번째 접근방식은 고해상도 복원 기법(super/high resolution reconstruction)이라 불리는 방식으로 다수의 저해상도 이미지들을 이용하여 한 장의 고해상도 이미지를 생성하는 방법으로, 고해상도를 구성하는 모든 데이터가 모두 저해상도의 데이터로부터 추출된 것이어서 실제 데이터와 유사하다. 다시 말해 고해상도 이미지를 구성하기 위한 모든 데이터가 가공되어 만들어진 것이 아니라 고해상도 이미지를 생성하기 위해 사용된 저해상도 이미지들로부터 추출한 것이어서, 화소 간 데이터의 실제성이 매우 높고, 복원 이미지의 분해능이 증가하여 세밀한 부분까지 표현이 가능하다. 그러나 이는 연산 복잡도(computational complexity)가 매우 높아 상용화에 어려움이 있어 일부 디지털 카메라 등에만 적용되고 있지만 조만간 여러 분야에 적용된 상용화 기술이 곧 개발될 것으로 기대된다.

그림 12-2는 보간법과 고해상도 복원 기법의 결과 이미지를 비교한 것인데, 보는 바와 같이 보간법은 가공된 이미지 데이터로 고해상도 이미지를 생성하였기 때문에 흐릿하게(blurring) 보이고, 고해상도로 복원한 이미지는 실제 데이터를 이용하였기 때문에 보간법에 의한 이미지보다 좀 더 선명하게 보인다.

(a) 보간법을 이용한 고해상도 이미지

(b) 고해상도 복원 기법을 이용한 고해상도

그림 12-2 보간법과 고해상도 복원 이미지의 차이

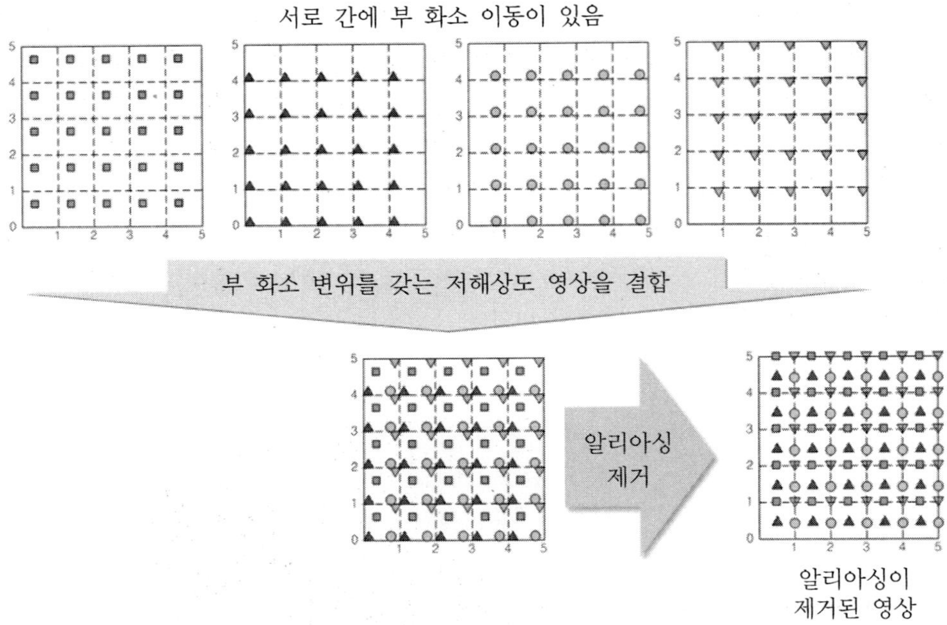

그림 12-3 고해상도 복원 기법의 기본 개념

고해상도 복원 기법을 설명하기 위해, 그림 12-3과 같이 수평 및 수직으로 각각 2배로 해상도를 증가시키는 경우를 예로 들어 설명하고자 한다. 수평 수직으로 2배씩 해상도를 증가시키려면 최소한 4장의 저해상도 이미지가 필요하다. 왜냐하면 그림 12-3에서 보듯이 수평, 수직으로 2배씩, 전체적으로 4배의 해상도가 증가하기 때문이다. 그러나 실제로 최상의 후보 영상을 만들기 위해 그 이상의 저해상도 이미지들을 필요로 할 수도 있다.

또한, 그림 12-3에서 추정할 수 있듯이, 고해상도 복원을 위해서는 저해상도 영상들 간 부 화소 변위 차(sub-pixel displacement)가 존재해야 한다. 즉, 고해상도 이미지의 좌표는 저해상도 이미지의 좌표로 해석하면 1 보다 작은 좌표값을 가진다. 저해상도 이미지 입장에서 보면 자신의 화소 좌표의 수평의 중간 지점, 수직의 중간 지점, 그리고 대각선으로 중간 지점에 새로운 데이터가 놓여야 하므로, 이들 지점에 다른 저해상도 이미지들의 데이터가 놓임으로써 고해상도 좌표를 모두 채울 수 있다는 의미이다.

만약 이들 사이에 정수단위의 변위가 존재한다면 같은 좌표에 2개 이상의 데이터가 놓이는 것이어서, 이 중 어느 것을 선택하느냐 하는 선택의 문제도 발생하지만 고해상도 좌표상의 모든 지점을 채울 수 없기 때문에 고해상도 이미지를 생성할 수 없게 된다. 이 부 화소 변위 차의 개념을 그림 12-4에 나타내었다.

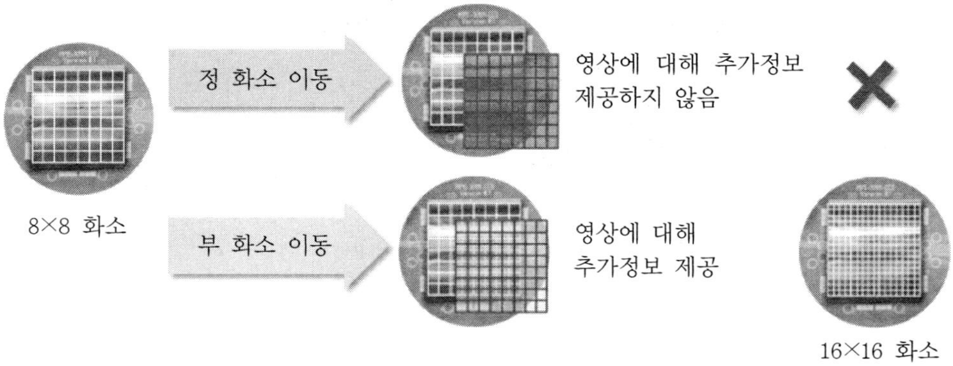

그림 12-4 고해상도 복원 기법의 기본 조건

12.2 관찰모형(observation model)

고해상도 복원 기법(super resolution reconstruction)을 이용하여 고해상도 이미지를 생성하기 위해서는, 생성되는 고해상도 이미지와 입력 저해상도 이미지들 간의 대응 관계를 정의해야 하는데, 알려진 대응관계 정의 중 가장 널리 사용되는 것이 관찰모형(observation model)이다. 이 관찰 모델의 개념은 고해상도에서 어떻게 저해상도 이미지를 만들 수 있는지를 정의하면 반대로 그 처리를 역으로 진행하면 저해상도 이미지들로 1장의 고해상도 이미지를 생성할 수 있다는 것이다.

이 관찰모형을 자세히 이해하기 위해 먼저 고해상도 이미지에서 저해상도 이미지를 생성하는 방법에 대해 설명하고자 한다. 저해상도 이미지는 쉽게 생각해서, 표본화 주파수(sampling frequency)를 고해상도 이미지의 표본화 주파수보다 낮은 주파수를 사용하여 만들 수 있다(이를 일반적으로 다운 샘플링(down sampling)이라 부른다). 즉, 다운 샘플링과 표본화 주파수의 위상(phase)을 여러 가지로 변화시켜 여러 장의 저해상도 이미지를 만들 수 있으나 저해상도 이미지들 간 특성이 유사하다는 한계가 있다. 이 한계를 극복하기 위해 회전, 블러링, 노이즈 성분 등 다양한 형태의 특성을 부여한다. 이를 블록도로 표시한 것이 그림 12-5인데, 회전, 블러링 등의 다양한 변화 특성들을 고해상도 이미지에 적용한 후 이에 다운 샘플링을 수행하면 특성이 다른 다양한 저해상도 이미지들이 생성된다.

또한 저해상도 이미지를 만들어가는 과정, 즉 위에 열거한 요소들의 적용 순서에 따라 생성된 저해상도 이미지의 특성이 달라지므로 저해상도 이미지의 특성을 얼마만큼 잘 분석하느냐에 따라 복원되는 고해상도이미지의 화질이 달라질 수 있다.

그림 12-5에 나타낸 관찰모형의 수학적 모델은 (식 12-1)과 같다.

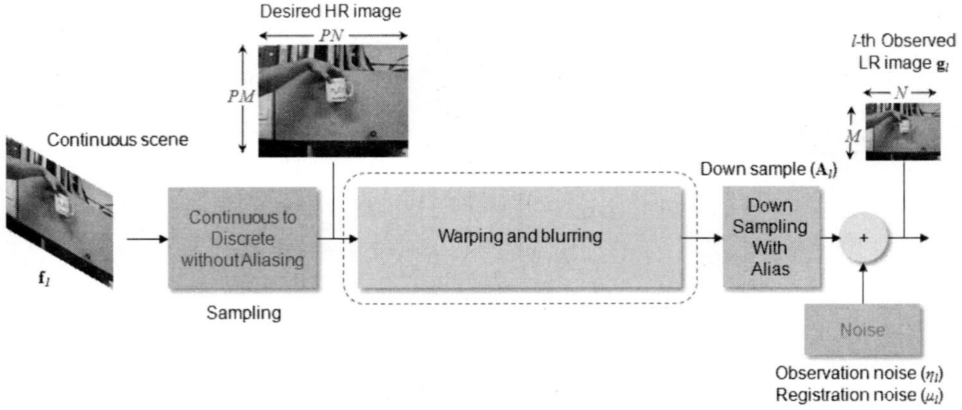

그림 12-5 관찰모형의 블록도

$$f_l(m,n) = f_k\left(m + d^x_{l,k}(m,n),\ n + d^y_{l,k}(m,n)\right)$$

$$d^x_{l,k} = \left(d^x_{l,k}(m,n),\ d^y_{l,k}(m,n)\right),\ l = 1,2,\ldots,L,\ m = 1,2,\ldots,PM-1,\ n = 1,2,\ldots,PN-1$$

(식 12-1)

(식 12-1)을 행렬-벡터형태로 표현하면 (식 12-2)로 표현된다.

$$\begin{aligned} f_l &= C(d_{l,k})f_k \\ C(d_{l,k})f_k &= (PM\times PN)\times(PM\times PN) \\ d_{l,k} &= (PM\times PN)\times 2 \end{aligned}$$

(식 12-2)

여기서 $C(d_{l,k})$는 고해상도에서 저해상도로 대응되는 관계를 정의한 것으로 저해상도 이미지 간의 변위 특성을 나타낸 것이다. 따라서 $d_{l,k}$는 두 프레임 간의 수평 및 수직 변위를 사서편집(lexicographic) 순서로 정의한 것인데 주로 움직임 추정에 의해 이루어진다.

움직임 추정은 원본 영상 압축 분야에 사용되고 있는 기술로, 변화되지 않은 정보는 그대로 두고 변화된 정보만 저장 또는 전송함으로써 데이터양을 줄일 수 있다는 것이 데이터 압축의 기본 개념이다. 영상 압축은 영상 정보는 많은 부분에서 중복성(duplication)이 존재하기 때문에 이들 중복성을 찾아 제거함으로써 가능하게 된다. 이때, 중복되는 부분인지를 판단하기 위해 움직임 추정(motion estimation) 기법을 사용하게 되는데 주로 블록기반 움직임 추정을 주로 사용하고 있다.

블록기반 움직임 추정은 이미지를 사각형 단위로 분할하고, 분할된 블록 단위로 중복성을 찾아 나가는 방법이다. 만약 두 프레임(frame) 간 같은 좌표의 블록의 데이터가 같으면 중복된 정보를 갖는 것이고 그렇지 않으면 중복되지 않았다고 판단한다. 예를 들어 그림 12-6과 같은 2장의 이미지가 존재한다고 가정하자.

1	3	2	4	5
6	4	2	3	2
5	4	2	2	3
4	4	3	3	1
4	6	7	4	5

(a) 프레임 1

3	2	3	3	4
2	1	3	2	4
3	6	4	3	3
1	5	4	3	2
1	4	4	3	3

(b) 프레임 2

그림 12-6 움직임 추정설명을 위한 2장의 이미지 데이터

그리고 그림 12-7의 프레임 2의 굵게 표시한 블록과 한 지점이 정의되고, 이를 프레임 1에서의 중복성을 찾는다고 하자.

1	3	2	4	5
6	4	2	3	2
5	4	2	2	3
4	4	3	3	1
4	6	7	4	5

(a) 프레임 1

3	2	3	3	4
2	**1**	**3**	**2**	4
3	**6**	**4**	**3**	3
1	**5**	**4**	**3**	2
1	4	4	3	3

(b) 프레임 2

그림 12-7 프레임 2의 움직임 추정을 수행하고자 하는 블록(굵게 표시한 블록)

먼저 그림 12-8과 같이 프레임 1을 그림 12-7의 굵게 표시한 블록 크기로 세분화한다. 그러면 그림 12-8과 같은 좌표가 생성된다.

블록단위로 움직임 추정을 하는 이유는, 만약 화소단위로 어떤 처리를 수행한다고 가정하면 그 연산량은 어마어마하게 많아 다수의 화소를 묶어 블록단위로 나누어 연산을 수행하면 그 만큼 연산량이 줄어들기 때문이다. 하지만 블록단위로 연산을 수행하게 되면 화소단위로 연산을 수행하는 것에 비해 그 정확도가 떨어지게 되는데 정확도 저하는 블록 크기에 비례하게 된다.

그림 12-8처럼 프레임 1(기준 영상)의 각 좌표의 블록(음영 표시한 부분)들과 그림 12-7의 굵게 표시한 블록이 일치하는지를 조사하여 프레임 2의 굵은 선 블록이 프레임 1의 음영 표시한 블록 중 어느 블록과 일치하는지 즉, 중복성이 있는지를 조사한다. 블록의 일치는 블록 정합법(block matching)을 사용한다.

1	**3**	**2**	4	5
6	**4**	**2**	3	2
5	**4**	**2**	2	3
4	4	3	3	1
4	6	7	4	5

(a) (−1, 1)

1	**3**	**2**	**4**	5
6	**4**	**2**	**3**	2
5	**4**	**2**	**2**	3
4	4	3	3	1
4	6	7	4	5

(b) (0, 1)

1	3	**2**	**4**	**5**
6	4	**2**	**3**	**2**
5	4	**2**	**2**	**3**
4	4	3	3	1
4	6	7	4	5

(c) (1, 1)

1	3	2	4	5
6	**4**	**2**	3	2
5	**4**	**2**	2	3
4	**4**	**3**	3	1
4	6	7	4	5

(d) (−1, 0)

1	3	2	4	5
6	**4**	**2**	**3**	2
5	**4**	**2**	**2**	3
4	**4**	**3**	**3**	1
4	6	7	4	5

(e) (0, 0)

1	3	2	4	5
6	4	**2**	**3**	**2**
5	4	**2**	**2**	**3**
4	4	**3**	**3**	**1**
4	6	7	4	5

(f) (1, 0)

1	3	2	4	5
6	4	2	3	2
5	**4**	**2**	2	3
4	**4**	**3**	3	1
4	**6**	**7**	4	5

(g) (−1, −1)

1	3	2	4	5
6	4	2	3	2
5	**4**	**2**	**2**	3
4	**4**	**3**	**3**	1
4	**6**	**7**	**4**	5

(h) (0, −1)

1	3	2	4	5
6	4	2	3	2
5	4	**2**	**2**	**3**
4	4	**3**	**3**	**1**
4	6	**7**	**4**	**5**

(i) (1, −1)

그림 12-8 움직임 추정을 위한 프레임 1(기준 영상)의 좌표

실제 이미지는 각각의 이미지 선서 셀에서 받아들이는 광량이 셀 위치마다 다르고, 렌즈의 굴절률 또한 셀 위치마다 다르기 때문에 같은 장면을 촬영했다 하더라도 2장의 이미지가 정확하게 일치하기는 어렵다. 따라서 블록 간의 유사성이 얼마나 높은 지를 가지고 판단할 수밖에 없는데 블록단위의 일치도가 가장 높은 블록을 찾는 것을 "블록 정합법"이라 부른다. 물리적으로 보면 두 블록 간의 에너지 차가 가장 적은 블록이 정합되는 블록이라고 할 수 있다. 이를 수식으로 표현하면 (식 12-3)과 같고 이를 블록 왜곡측정(BDM : Block Distortion Measure)라고 한다.

$$E(u,v)=\sum_{i=0}^{N-1}\sum_{j=0}^{N-1}|f_{t-\tau}(i+u,j+v)-f_{\tau}(i,j)|,\ -W\le u,v\le W \qquad \text{(식 12-3)}$$

(식 12-3)을 그림 12-7의 2개의 프레임에 적용하여 움직임 추정을 수행해 보자. 먼저 프레임 1을 좌표별(음영 표시 블록)로 정리한 그림 12-8과 그림 12-7의 굵은 선 블록의 BDM은 아래와 같이 구해진다.

$$\begin{array}{ll}
(-1,1): & |1-1|+|3-3|+|2-2|+|6-6|+|4-4|+|2-3|+|5-5|+|4-4|+|2-3|=2 \\
(0,1): & |3-1|+|2-3|+|4-2|+|4-6|+|2-4|+|3-3|+|4-5|+|2-4|+|2-3|=13 \\
(1,1): & |2-1|+|4-3|+|5-2|+|2-6|+|3-4|+|2-3|+|2-5|+|2-4|+|3-3|=16
\end{array}$$

$$\begin{array}{ll}
(-1,0): & |6-1|+|4-3|+|2-2|+|5-6|+|4-4|+|2-3|+|4-5|+|4-4|+|3-3|=9 \\
(0,0): & |4-1|+|4-3|+|3-2|+|4-6|+|2-4|+|2-3|+|4-5|+|3-4|+|3-3|=12 \\
(1,0): & |2-1|+|3-3|+|2-2|+|2-6|+|2-4|+|3-3|+|3-5|+|3-4|+|1-3|=12
\end{array}$$

$$\begin{array}{ll}
(-1,-1): & |5-1|+|4-3|+|2-2|+|4-6|+|4-4|+|3-3|+|4-5|+|6-4|+|7-3|=14 \\
(0,-1): & |4-1|+|2-3|+|2-2|+|4-6|+|3-4|+|3-3|+|6-5|+|7-4|+|4-3|=12 \\
(1,-1): & |2-1|+|2-3|+|3-2|+|3-6|+|3-4|+|1-3|+|7-5|+|4-4|+|5-3|=13
\end{array}$$

따라서 각 좌표의 BDM을 비교하면 그림 12-9와 같이 프레임 2의 굵게 음영 표시된 블록은 프레임 1의 좌표(-1,1)에서 이동되었음을 알 수 있다.

이는 같은 좌표로는 중복성이 존재하지 않지만 다른 좌표상으로 이동해서 비교해 보면 중복되는 경우로 이미지 내의 물체가 시간이 지나면서 다른 위치로 이동했음을 의미하는 것이어서 "움직임 추정"이라는 용어를 사용하게 된 것이다.

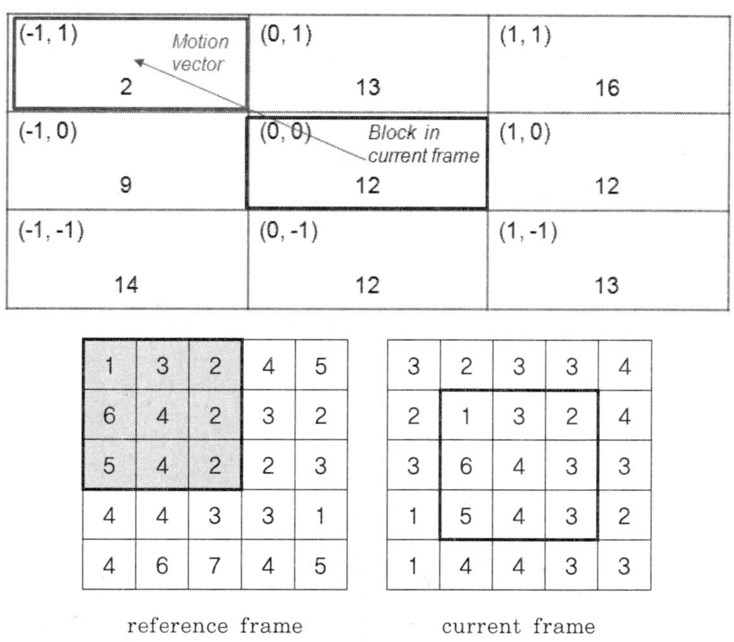

그림 12-9 BDM 연산을 이용한 움직임 추정결과

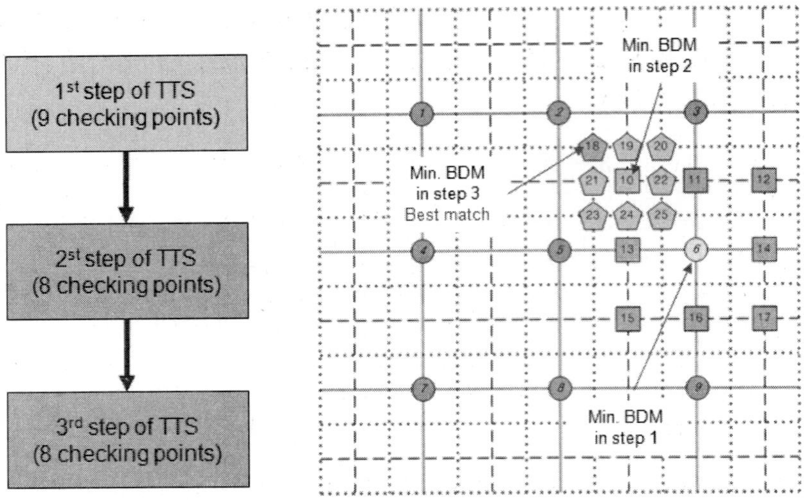

그림 12-10 TSS(Three Step Search)

이 움직임 추정에 대해서는 현재까지 수많은 알고리즘들이 발표되어오고 있는데 이것만으로도 또 다른 연구 분야가 된다. 본 절에서는 이해하기 쉬운 고전적인 TSS(Three Step Search)방법을 그림 12-10에 순서도로 소개하기로 한다.

그런데 확률적으로 이미지 내의 화소 정보는 인접 화소들과의 유사성이 매우 높아 그림 12-11에 나타낸 바와 같이 0.5화소 이내에서 이루어지는 경우가 거의 90% 이상을 차지한다. 그런데 이미지 화소는 정수단위로만 이루어지는데 어떻게 0.5화소 이하의 변위를 계산할 수 있을까? 이는 선형 보간법으로 배수 영상을 만들면 원 데이터는 정수 변위를 가지지만 새로이 생성된 화소 데이터는 부 화소 화소 변위를 갖게 된다.

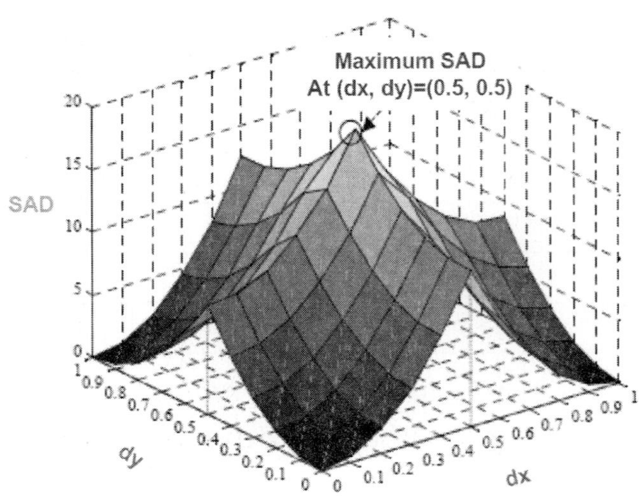

그림 12-11 부 화소 움직임 추정에서의 등록오차 분포율

또, 여기서 고려할 수 있는 또 다른 사항은 블록의 크기를 얼마로 하느냐가 중요한 요소로 부각되는데, Shannon이 비율-왜곡비용(RD cost : Rate-Distortion cost) 이론을 발표하면서 이에 대한 근거와 방향을 제시하였고 지금까지 이 이론을 근거로 블록 크기를 정한다.

고해상도 이미지들의 움직임 추정값이 그대로 저해상도 이미지에 포함되므로 고해상도 이미지 간의 이동 변위가 저해상도 이미지로 표현된다. 또한 움직임이 항상 배경에만 존재하는 것이 아니므로 회전 정보 또한 포함되어야 등록 처리의 정확도를 향상시킬 수 있다. 따라서 관찰모형의 수학적 표현은 (식 12-4)로 표현된다.

$$g_l = A_l H_l f_l + \eta_l,\ l = 1,2,\ldots,L \qquad \text{(식 12-4)}$$

여기서 A_l은 표본화 주파수를 낮추어 표본화하는 것을 의미하며, H_l은 각종 회전, 블러링 등의 처리를 의미한다. 또 η_l은 잡음 모델이다. 이 (식 12-1)을 설명하면, 고해상도 이미지 f_l을 먼저 각종 회전, 블러링을 처리한 후, 표본화 주파수를 떨어뜨리고, 여기에 잡음 요소를 더하면 저해상도 이미지 g_l이 생성된다는 의미이다.

12.2.1 Warp-Blur 모델

이는 (식 12-1)의 H_l을 세분화하되 회전 후 블러링이 발생한 것으로 보는 모델이다. 즉, 고해상도 이미지에서 저해상도 이미지를 생성할 때 회전이 먼저 일어나고 나중에 블러링(blurring)이 발생한다고 가정한 것으로 이의 수학적 표현은 (식 12-5)의 H_l을 회전 후 블러링하는 $B_l C(d_{l,k})$으로 표현한 (식 12-5)와 같다.

$$g_l = A_l B_l C(d_{l,k}) f_l + \eta_l + \mu_k,\ l = 1,2,\ldots,L \qquad \text{(식 12-5)}$$

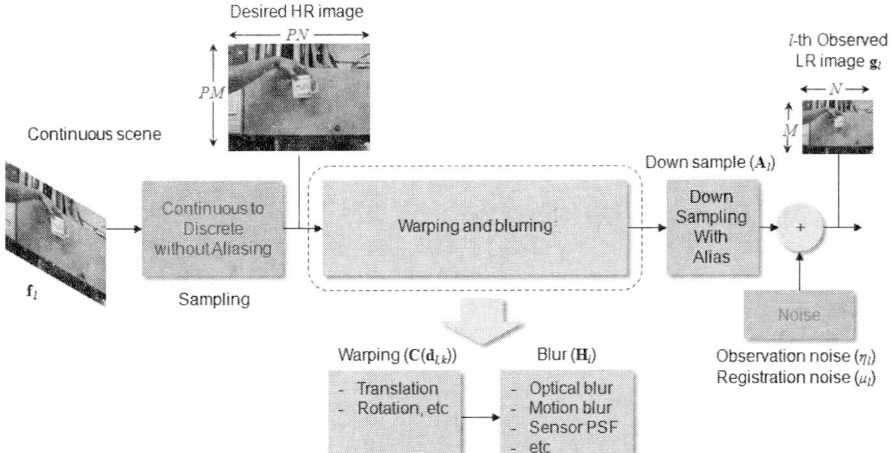

그림 12-12 Warp-Blur 관찰모형의 블록도

여기서 B_l는 블러링을, $C(d_{l,k})$은 회전을 의미한다. 또 η_l는 등록(registration) 잡음을 의미하며 2.3절에서 자세히 설명하기로 한다. 이의 블록도는 그림 12-5에 나타낸 관찰 모델의 블록도에서 H_l을 회전 후 블러링으로 세분화하여 그림 12-12에 나타내었다.

12.2.2 Blur-Warp 모델

고해상도 이미지에서 저해상도 이미지를 생성하는 과정을 위 12.2.1절과는 반대로 블러링이 일어난 후 회전이 발생한다고 가정한 것으로 이의 수학적 표현은 (식 12-6)과 같다.

$$g_l = A_l M(m_{l,k}) B_l f_l + \eta_l + \mu_k,\ l = 1, 2, ..., L \qquad \text{(식 12-6)}$$

여기서 각각의 요소들은 (식 12-5)의 것들과 동일하다. 이의 블록도는 그림 12-5의 관찰 모델의 블록도를 다음 그림 12-13으로 세분화한 것이다.

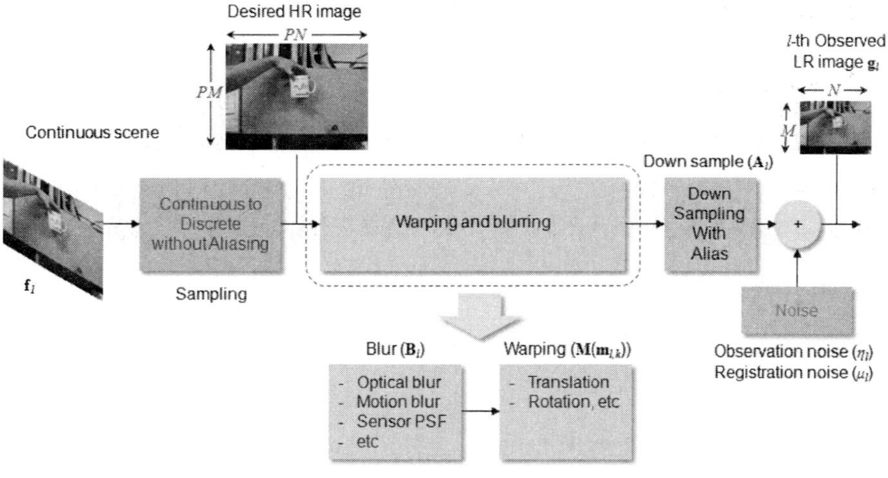

그림 12-13 Blur-Warp 관찰모형의 블록도

12.3 고해상도 복원 단계 및 절차

고해상도 복원 절차를 간단하게 설명하면, 우선 수평 및 수직 성분으로 각 각 2배의 공간 해상도를 증가시키기 위해 다수의 저해상도 이미지들 중에서 하나를 기준 이미지로 선정하고, 이를 고해상도 좌표에 올리기 위해서 이의 원 좌표값에 2배를 한 위치에 배정한다. 그러면 나머지 3개의 고해상도 좌표를 채워야 하는데 이를 다른 3개의 저해상도 이미지들을 선택하여 이들을 고해상도 각 좌표에 채우면 고해상도 이미지가 만들어진다는 개념이다.

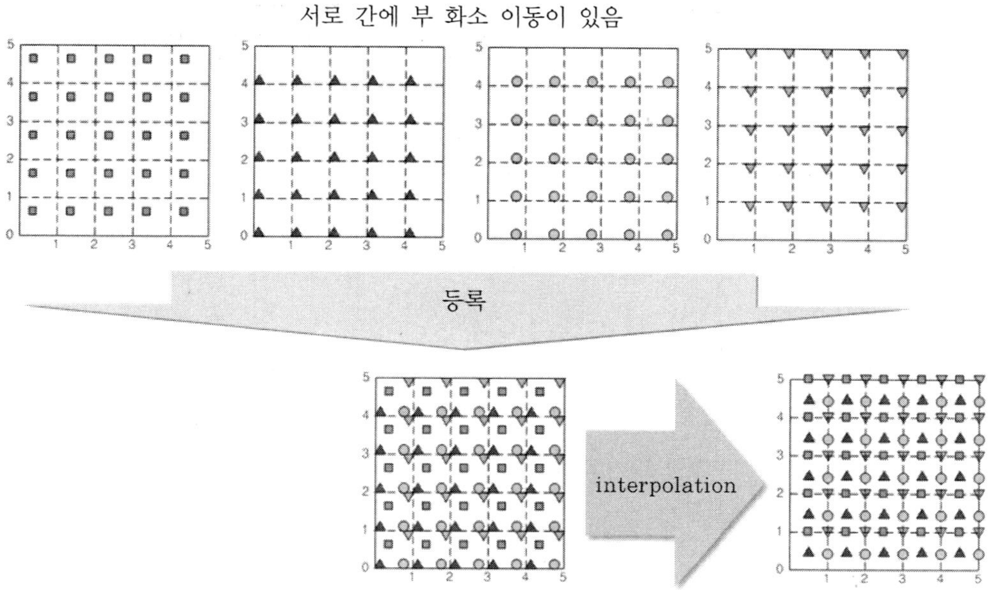

그림 12-14 등록 절차를 마친 후의 고해상도 이미지의 주파수 성분

그렇다면 기준 저해상도 이미지와 다른 저해상도 이미지 간에 반드시 부 화소(저해상도 이미지의 좌표로는 소수 값을 갖는 값이므로)의 변위를 가져야 하므로 이를 찾는 것이 매우 중요하다. 이 절차를 등록(registration)이라 하는데 움직임 추정을 통해 수행된다. 즉, 등록절차는 저해상도 이미지들이 고해상도 좌표상 어느 지점에 위치할 것인가를 결정하는 것으로 고해상도 복원을 위한 첫 번째 처리과정이자 매우 중요한 절차이다.

등록 절차가 완료되면 각 저해상도 이미지들은 고해상도 좌표상에 위치하게 되는데 실제로 고해상도 좌표에 정확히 위치하는 것은 매우 어렵다. 즉, 하나의 고해상도 이미지는 단일 표본화 주파수로 구성되어야 하는데 등록 처리를 마친 이미지에는 통상적으로 일정하지 않는 표본화 주파수를 갖거나 아니면 다수의 표본화 주파수를 가지게 된다. 그림 12-14를 보면 등록 절차를 마친 후의 영상에는 다수의 표본화 주파수가 존재하는 것을 알 수 있다.

정리해서 말하자면 등록 절차가 끝난 후의 이미지는 그림 12-15처럼 다수의 표본화 주파수(multi sampling frequency)를 갖거나, 그림 12-16에 나타낸 것과 같이 표본화 이론(sampling theory)을 위배하는 등의 이유에서 알리아싱(aliasing)이 발생한다.

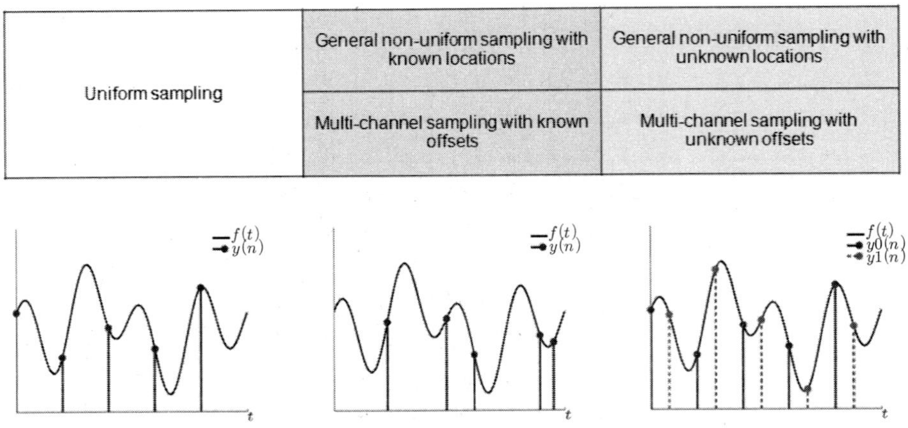

그림 12-15 등록절차 후의 이미지 주파수 구조

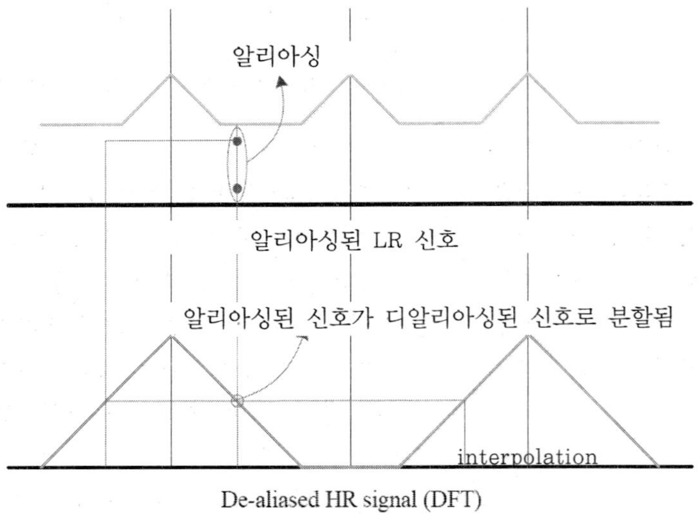

그림 12-16 알리아싱과 디알리싱의 개념도

이 알리아싱은 이미지의 상당량의 정보를 손실한 것을 의미하고 그 결과의 예를 그림 12-17에 나타내었다. 이 그림에서 보듯이 알리아싱이 존재하는 이미지는 고주파 성분을 손실하여 세밀한 부분이 없고 거친 느낌을 주게 된다.

(a) 알리아싱이 없는 경우의 영상

(b) 알리아싱이 존재하는 영상

그림 12-17 알리아싱이 없는 영상과 있는 영상의 화질 비교

이 알리아싱을 제거하는 과정을 복원(reconstruction)이라 하며, 이는 때로 개선의 의미를 갖는 복구(restoration)이라고도 하는데 단순히 알리아싱을 제거하는 디알리아싱(dealiasing) 뿐만 아니라 선명도개선(sharpening), 디블러링 등을 통해 이미지 화질을 개선하는 작업을 포함하기도 한다.

따라서 위에서 설명한 고해상도 복원의 과정을 정리하면 그림 12-18처럼 등록과 복원의 절차로 간략하게 표현할 수 있다.

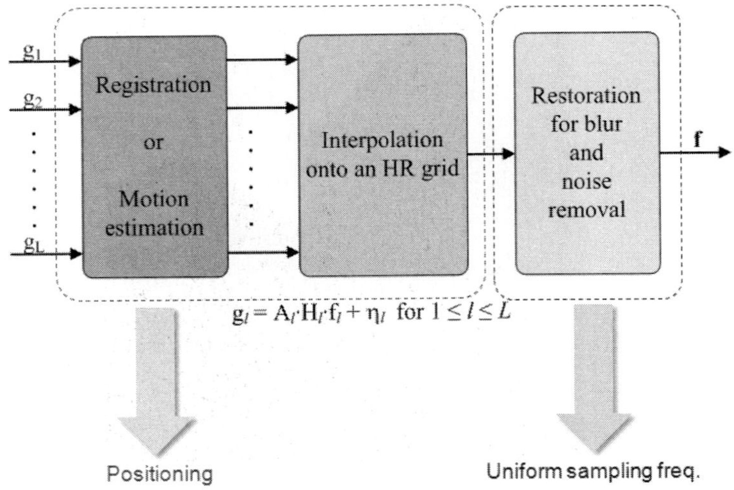

그림 12-18 고해상도 이미지 복원 절차의 블록도

12.4 고해상도 복원 연구의 경향 분석

고해상도 복원에 관련된 연구는 이의 절차에서 알 수 있듯이 등록 기법에 관련된 것과 복원에 관련된 것 또는 이들을 결합한 형태로 나눌 수 있는데 대부분의 연구는 등록에 초점이 맞추어져 있다. 그 이유는 등록이 첫 번째 단계이기도 하지만 이의 결과에 따라 그 결과가 판이하게 달라지기 때문이다. 그러나 후단의 복원에 관련해서도 등록된 결과가 다수의 표본화 주파수 성분들로 구성되어 있으므로 이를 단일 표본화 주파수로 변화시키는 기법들이 연구되어지고 있다.

12.4.1 등록 분야의 연구동향 분석

고해상도 복원에 관련된 연구는 Tsai 등에 의해 처음으로 시작되었는데 이들은 주파수 관점에서 시작되었다. 즉, 고해상도 이미지는 저해상도 이미지에 비해 고주파 성분을 많이 가지고 있으므로 저해상도 이미지들로부터 고주파 성분을 어떻게 복원할 것인가에 대한 물음을 해결하기 위해 시작되었다.

이들은 이의 해법을 찾기 위해 등록 절차를 푸리에 변환(fourier transform)을 통해 수행하였는데 위상차로 각 저해상도 이미지들 간의 위치를 정의한 방식이다. 그러나 이 방식은 수평 및 수직으로의 변위만 고려한 것으로 회전 성분에 대해서는 고려하지 않았고, 또 푸리에 변환으로 얻은 결과는 일-포즈드 문제(ill-posed problem)가 존재하는 단점을 가지고 있다.

이러한 문제를 해결하기 위해 다음으로 연구된 것이 위상과 상관 관계(correlation)을 이용한 방법으로 Reddy, Kim, Foroosh 등 많은 학자들이 이 분야를 연구하였는데 회전 정보를 고려하지 않거나, 오직 회전 정보만을 분석하거나 기준 영상 선정이 애매하게 되는 등 제약과 단점들이 존재하였다.

다음으로는 주파수 접근에서의 최대 단점인 일-포즈드 문제를 해결하기 위해 정규화 기법들이 발표되기 시작하였는데 이 또한 모든 저해상도 이지들이 같은 PSF(Point Spread Function)를 갖는 것으로 해석하는 등 오류를 포함하고 있는 실정이다. 반면에 Capel 등에 의해 공간 영역에서의 접근이 진행되었는데 저해상도 이미지들 간의 움직임이 큰 경우는 복원 자체가 불가능하고 처리 시간 또한 길다는 단점이 있다.

12.4.2 복원 분야의 연구동향 분석

복원 분야는 등록 분야에 비해 연구 활동이 약간 낮은 편인데 그 이유는 기존의 다른 영상 처리 기술로도 복원이 이루어지기 때문이다. 그러나 기존의 영상 처리는 등록 절차에서 나올 수 있는 문제들을 완벽하게 고려하지 않았기 때문에 그 복원 결과들이 그리 뛰어나지 못하다.

Keren 등은 기존의 보간법을 기반으로 하는 복원 기법을 발표하였고 Tasi 등은 등록 절차에 푸리에 변환을 사용하였기 때문에 관찰모형을 통한 푸리에 계수를 이용하여 복원을 시도하였다. Papoulis 등은 Tsai의 주파수 영역에서의 복원을 시간 영역으로 변환하여 복원을 시도하였는데 등록 절차에서의 제약 및 한계로 그 결과들은 그리 좋지 못하다.

(a) 선형 보간법

(b) POCS 복원 기법

그림 12-19 POCS 고해상도 복원 기법의 결과 예

반면에 Patti 등은 POCS(projection onto convex) 기법을 이용하여 복원 기법을 발표하였는데 저해상도 이미지의 화소당 PSF를 분석하여 복원을 시도한 것이다. Capel 등은 베이시안을 기반으로 하는 MAP(Maximum a Posteriori) 기법을 이용하였고, Keren 등은 고해상도 이미지의 모델링을 이용한 기법을 제안하였다.

12.4.3 기존 연구들의 문제점

기존에 제안된 기법들은 실제의 카메라 이미지에 적용하면 부 화소 변위를 찾기가 어려워 오히려 보간법의 의한 고해상도 이미지보다 화질이 더 떨어지는 경우가 발생하기도 한다. 실제로 사람의 손으로 디지털카메라를 이용하여 같은 장면을 여러 장 찍은 후 이를 고행도 복원 기법으로 복원한 결과와 Bi-cubic 보간법으로 고해상도 이미지를 복원한 결과를 비교해 보면 그림 12-20과 같이 오히려 Bi-cubic 보간법의 결과가 더 우수한 경우가 많다. 심지어는 어떤 알고리즘들은 고해상도로 복원한 이미지에 격자가 나타나기도 하고(그림 12-21)와 등록결과가 고해상도 복원이 불가능한 경우(그림 12-22)도 발생한다.

(a) Bi-cubic 보간법으로 복원한 영상

(b) 고해상도 복원법으로 복원한 영상

그림 12-20 부 화소 변위를 찾기 어려울 때의 고해상도 영상 비교(예 1)

(a) Bi-cubic 보간법으로 복원한 영상

(b) 고해상도 복원법으로 복원한 영상

그림 12-21 부 화소 변위를 찾기 어려울 때의 고해상도 영상 비교(예 2)

(a) Bi-cubic 보간법으로 복원한 영상 (b) 고해상도 복원법으로 복원한 영상

그림 12-22 부 화소 변위를 찾기 어려울 때의 고해상도 영상 비교(예 3)

12.5 주파수 기반의 새로운 고해상도 복원 기법

본 절에서 제안하는 방식의 기본 개념은, 주파수 영역이나 공간 영역에서의 움직임 추정이 단지 수평 및 수직 부분에서의 변위만 찾는 것이기 때문에 회전에 대한 고려를 하지 않거나, 회전만 고려하여 수평 및 수직 부분에서의 움직임 추정이 곤란한 문제를 해결하기 위해 평면 움직임 추정을 수행한다. 즉, (식 12-7)을 사용하면 이의 공간적인 변위뿐만 아니라 회전 정보도 얻을 수 있다.

$$f_1(x)= f_0(R(x+x_1)),\ x=\begin{pmatrix} x_k \\ x_v \end{pmatrix},\ x_1=\begin{pmatrix} x_{1,k} \\ x_{1,v} \end{pmatrix},\ R=\begin{pmatrix} \cos\theta_1 & -\sin\theta_1 \\ \sin\theta_1 & \cos\theta_1 \end{pmatrix} \qquad \text{(식 12-7)}$$

이고 이의 푸리에 변환은 다음과 같다.

$$\begin{aligned} F_1(u) &= \iint_x f_1(x) e^{-j2\pi u^T x} dx \\ &= \iint_x f_0(R(x+x_1)) e^{-j2\pi u^T x} dx \\ &= \iint_x f_0(Rx') e^{-j2\pi u^T x} dx' \end{aligned} \qquad \text{(식 12-8)}$$

$$\begin{aligned} |F_1(u)| &= \left| e^{-j2\pi u^T x} \iint_x f_0(Rx') e^{-j2\pi u^T x} dx' \right| \\ &= \left| \iint_x f_0(Rx') e^{-j2\pi u^T x} dx' \right| \\ &= \left| \iint_x f_0(x'') e^{-j2\pi u^T (R^T x'') x} dx'' \right| \\ &= |F_0(Ru)| \end{aligned} \qquad \text{(식 12-9)}$$

(a) 원본 영상

(b) 25° 회전시킨 영상

(c) 영상 (a)의 푸리에 영상

(d) 영상 (b)의 푸리에 영상

그림 12-23 회전 추정 기법(푸리에 변환 이미지) (예 1)

(a) 원본 영상

(b) 25° 회전시킨 영상

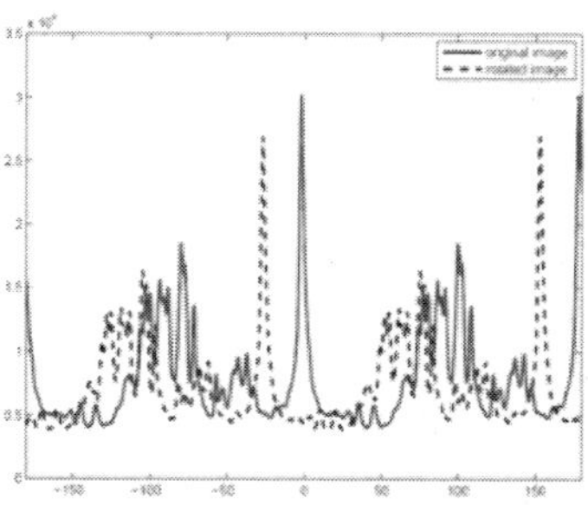

(c) 영상 (a), (b)의 푸리에 그래프

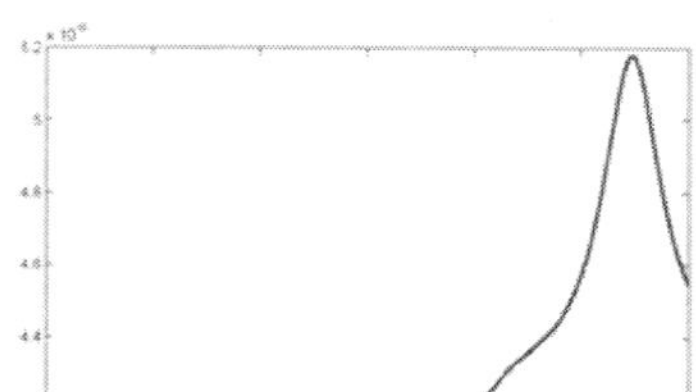

(d) 상관도 그래프

그림 12-24 회전 추정 기법(예 2)

(a) 첫 번째 영상

(b) 두 번째

(c) (a), (b) 두 영상의 회전 정보를 (b) 영상에 적용한 영상

그림 12-25 회전 검증

따라서 (식 12-9)를 이용하여 회전을 추정하는 방식은 다음과 같다. 먼저 이미지를 특정 각도로 회전시켜 푸리에 변환을 하면 그림 12-23과 같이 된다. 그리고 그림 12-23의 위상과 상관도 그래프는 그림 12-24와 같이 된다.

위 기법을 검증하기 위해 다음 그림 12-25와 같이 2장의 이미지를 만들고 두 번째 이미지와 첫 번째 이미지의 회전 정보를 취득한 다음 두 번째 이미지를 회전 정보만큼 회전시켜 회전된 두 번째 이미지와 첫 번째 이미지를 비교하였더니 완벽하게 일치하므로 위 기법은 신뢰성이 있다고 할 수 있다.

등록 오차를 줄이기 위해 입력 저해상도 이미지들에서 아래 (식 12-10)을 만족하는 저해상도 이미지들만을 고해상도 복원을 위한 후보 영상으로 삼는다.

$$-TH \leq \angle\left(F'_k(u)/F_l(u)\right) \leq TH \qquad \text{(식 12-10)}$$

여기서 F_l은 기준 영상을 의미하고, TH는 이상적인 등록 조건을 충족시키는 임계치를 의미한다. 모든 저해상도 이미지에 위 (식 12-10)을 적용하여 가장 많은 후보 영상을 갖는 영상을 기준 영상으로 결정한다. 이의 순서도는 다음 그림 12-26과 같다.

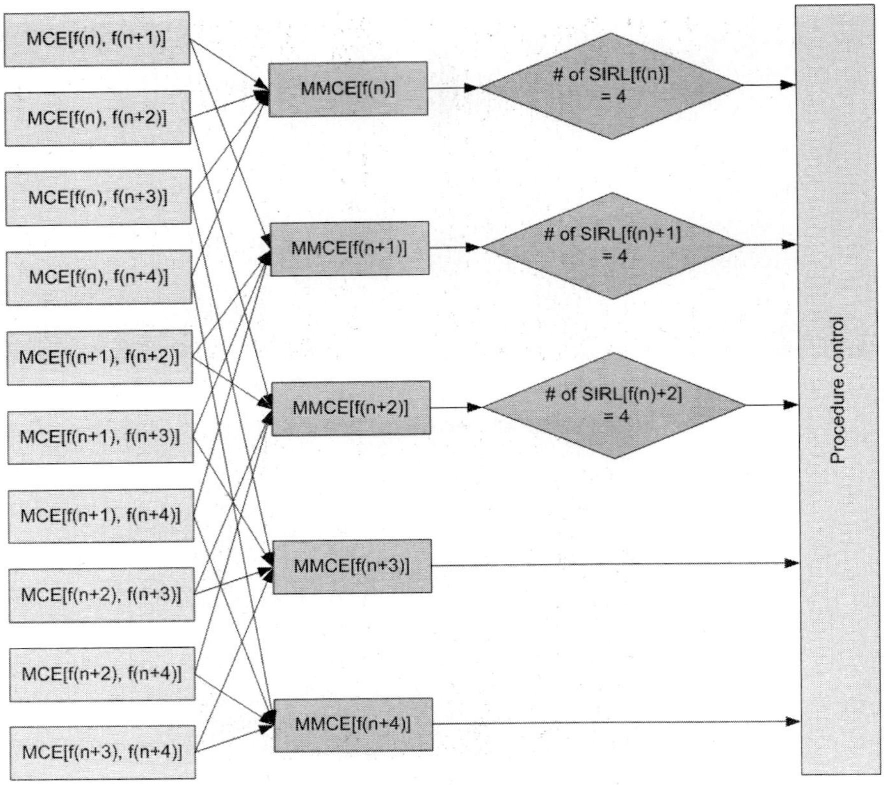

그림 12-26 본 절에서 제안한 등록 절차의 순서도

이처럼 기준 영상의 선정이 중요한 이유는 기준 영상과 후보 영상들이 결국 고해상도 좌표에 위치하여 고해상도 이미지를 복원하는 것이므로 기준 영상과 후보 영상의 선정이 매우 중요하다. 본 절에서 선택된 저해상도 이미지들은 그림 12-27과 같다.

앞서 서술한 바와 같이 등록 처리 결과에 따라 복원 자체가 불가능한 경우가 발생한다. 이는 고해상도 복원의 기본 조건인 저해상도 이미지 간의 부 화소 변위가 존재해야 한다는 조건을 만족해야 하는 것을 물론, 움직임이 너무 커 부 화소보다 큰 움직임이 존재하는 경우에도 등록 처리 결과가 매우 나쁘게 된다. 이들을 이용하여 그림 12-14와 같이 등록 처리를 수행하면 다음 그림 12-28, 12-29와 같은 결과를 얻는다.

그림 12-27 선택된 저해상도 이미지 예

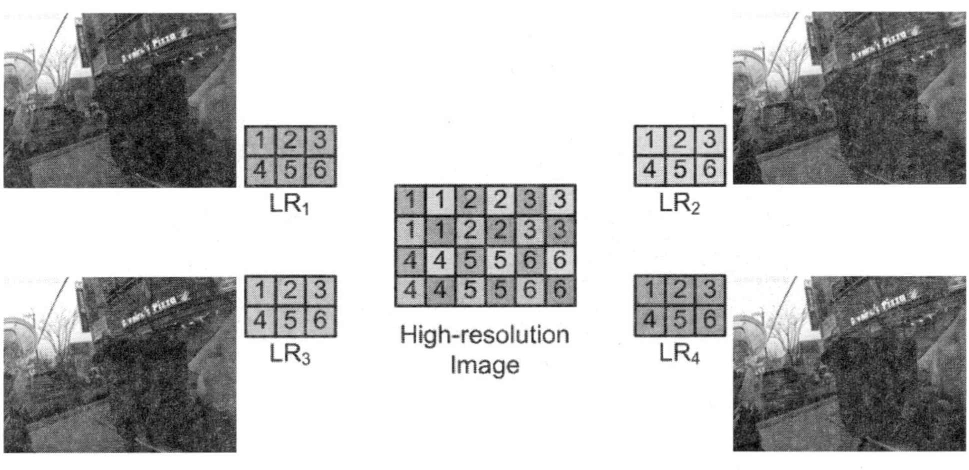

그림 12-28 선택된 저해상도 이미지를 이용한 등록 절차

그림 12-29에서 보듯이 단순히 등록 처리만 한 경우는 이미지가 거칠고 알리아싱도 발견된다. 따라서 디알리아싱을 수행하고 디블러링, 샤프닝 등을 수행하면 그림 12-30과 같은 이미지를 얻게 된다.

그림 12-29 등록 절차 처리 후의 이미지

그림 12-30 부가적인 이미지 처리를 수행한 결과 이미지

여기에 이미지 화질을 개선시키기 위해 Bi-cubic 보간법을 부가적으로 적용하면 좀 더 개선된 이미지 화질을 얻을 수 있다. 이는 하나의 저해상도 이미지에 Bi-cubic 보간법만 적용시킨 경우에 비해 절대적으로 화질 향상을 얻을 수 있다. 수치적으로 보면 일반적으로 Bi-cubic 보간법만으로 고행상도 복원을 수행한 경우 PSNR이 약 25~28dB인데 본 절에서 제안하는 방법으로 복원한 경우는 평균 약 38dB의 결과를 얻을 수 있다. 제안하는 기법의 전체 순서도는 다음 그림 12-31과 같다.

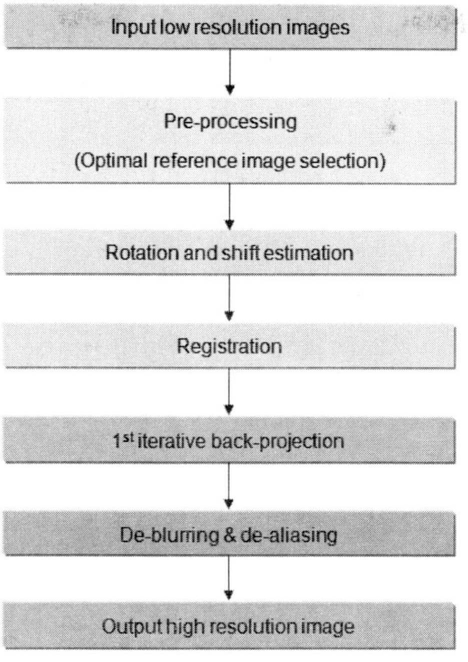

그림 12-31 제안하는 기법의 순서도

먼저 전처리 단계로 입력 저해상도 이미지들에서 임계치를 적용하여 기준 영상과 후보 영상들을 선정한다. 선정된 영상들을 이용하여 등록 처리를 수행하고 1차 회귀 투영처리와 디블러링(de-blurring) 및 디알리아싱(de-aliasing)을 처리하고 최종 출력을 도출하는 순서를 따른다.

본 기법을 평가하기 위해 근래 성능의 우수성이 입증된 다른 고해상도 복원 기법과 그 결과를 비교하였는데 비교한 기법들은 rank-based, projection based, Gröbner basis 등이다. 먼저 사용한 저해상도 이미지들에서 전처리를 통해 얻은 후보 영상들은 다음과 같다.

이를 그림 12-31의 순서도에 의해 처리한 결과와 rank-based, projection based, Gröbner basis 등의 기법으로 고해상도 이미지를 만든 결과를 비교하였는데 이미지 화질을 좀 더 정확하게 하기 위해 화질 검증프로그램을 수행하여 각각의 PSNR(peak signal to noise ratio) 값을 비교하였고 특정 부분을 확대하여 육안의 느낌으로도 판단할 수 있도록 하였다. 그림 12-33에서 보듯이 제안하는 기법이 조금 더 분해능이 우수하고 PSNR 값 역시 우수하다. 이는 일반적인 CMOS 카메라를 이용하여 동영상을 취득하고 이를 정지영상으로 만들어 고해상도 이미지로 복원한 것인데, 실제로 각 비교 기법들이 애초에 제안한 기법으로는 그림 12-30에서 12-32에 나타낸 것과 같이 등록결과가 좋지 못해 전처리 과정은 모두 본 기법이 제안하는 방법을 사용하여 기준 영상과 후보 영상을 선정하였다. 연산 복잡도 또한 비교 기법보다 낮으며 처리 시간은 평균 2초 이내로 조사되었다.

그림 12-32 실험에 사용된 영상 예

그림 12-32 실험에 사용된 영상 예(계속)

이의 처리 시간을 실시간 처리가 가능하도록 33ms 이내로 줄이면 동영상 고해상도 이미지 복원으로도 적용이 가능하므로 이에 대한 지속적인 연구가 필요하다.

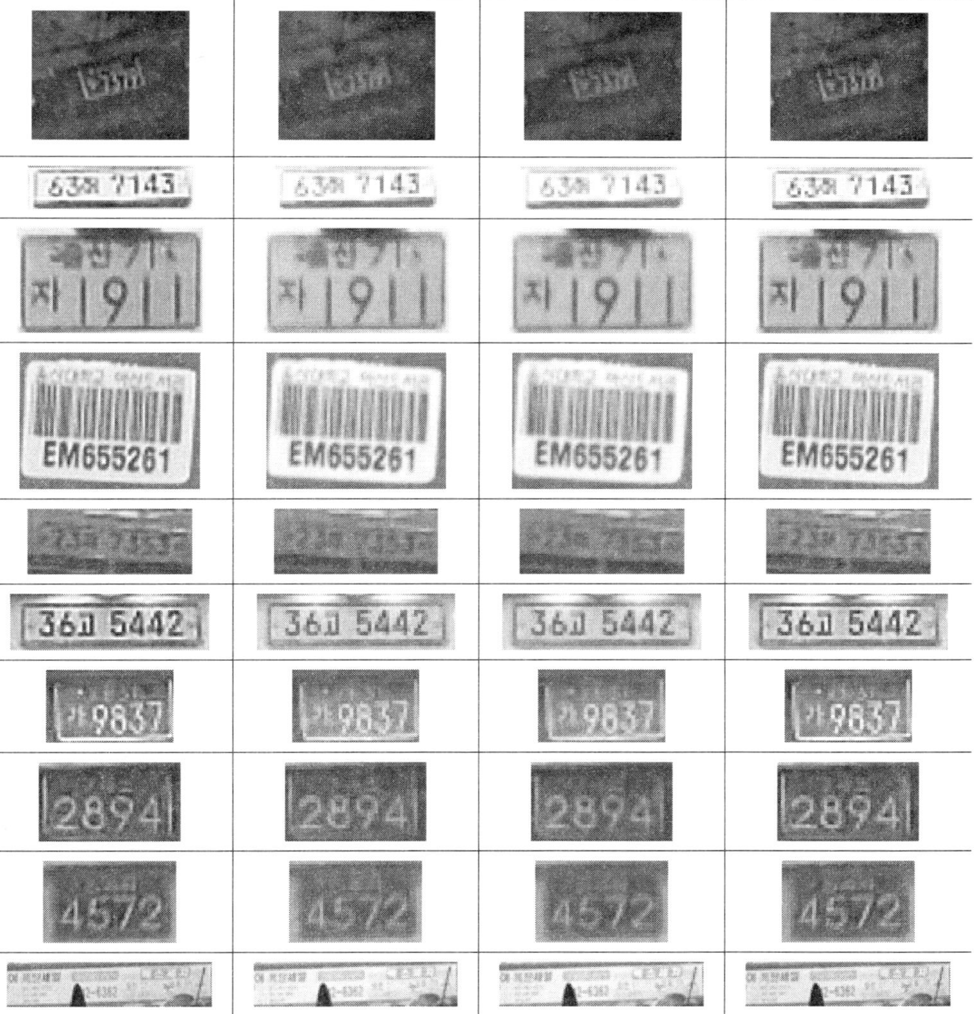

제안하는 방식	rank-based	projection based	Gr bner basis
37.89dB	29.01dB	31.64dB	35.23dB

그림 12-33 제안하는 방식과 기존 알고리즘의 결과 비교

13

비올라 존스 물체 검출 알고리즘

13.1 개요

비올라 존스(viola-jones) 물체 검출 알고리즘은 2001년에 Paul Viola와 Michael Jones가 처음으로 캐나다 밴쿠버에서 개최한 제2회 "Statistical and computational theories of vision-modeling·learning·computing and sampling" 워크숍에서 처음으로 발표되었다. 그 후 2004년에 International Journal of Computer Vision에 게재되면서 널리 알려지게 되었다[1].

비올라 존스 알고리즘은 물체 검출에 특화된 알고리즘이다. 특히 사람의 얼굴검출을 위하여 제안된 방법으로 우수한 검출성능과 상당히 빠른 실시간 처리가 가능하도록 고안되었다. 이 연구는 2001년 당시 처음으로 개발된 실시간 처리 가능한 물체 검출 알고리즘으로써 최근에는 OpenCV 영상 처리 라이브러리에 추가되어 쉽게 구현할 수 있도록 되어 있다. 본 알고리즘은 크게 학습과정과 테스트과정으로 나눌 수 있는 데, 학습과정에 의해 디자인된 검출기를 통하여 사람/얼굴/자동차 등의 물체 검출을 수행하게 된다.

비올라 존스 알고리즘은 실시간으로 비교적 높은 검출성능으로 물체 검출을 할 수 있는 장점이 있는 동시에 학습과정이 너무 많이 소요되는 단점을 가지고 있다. 또한 학습과정은 오프라인 작업으로 대부분의 응용 분야에서는 문제가 되지 않지만 데이터베이스 업데이트 혹은 새로운 물체를 추가할 시 학습과정을 새로 수행해야 한다.

물체를 검출하기 위한 캐스케이드 검출기에는 다양한 특징점(feature)들이 사용되는데, 해결하고자 하는 문제와 찾고자 하는 물체의 특성에 따라 서로 다른 특징점들(key features)을 선택해서 사용해야 한다. 물체 영역에 유용한 텍스처(texture) 정보가 없을 때 본장에서 다루는 비올라 존스 검출기는 높은 검출성능과 실시간 처리를 만족하는 대표적인 강인한 검출기 중의 하나이다. 비올라 존스 검출기에서는 빠른 특징 계산을 위하여 Haar-like 특징점과 적분(integral) 영상을 사용하고, 유효한 특징점들을 선택하기 위하여 아다부스트

1) 구글 학술자료 검색 기준으로 2001년 워크숍 논문은 1,891회 인용되었고, 2004년 IJCV(Impact Factor : 5.15)논문은 3,514회 인용되었다(2012년 1월 26일 기준).

(AdaBoost : Adaptive Boosting) 알고리즘을 사용하며, 물체 영역이 아닌 영역을 빠르게 제거하기 위하여 캐스케이드 분류기를 사용한다.

물체 인식의 기존의 연구들을 살펴보면 비올라 존스 알고리즘이 개발되기 전, Sung and Poggio, 1998[1]; Rowley et al., 1998[2]; Osuna et al., 1997[3]; Schneiderman and Kanade, 2000[4]; Roth et al., 2000[5] 등에 의해 개발된 알고리즘들은 검출성능은 비교적 우수하나 실시간 처리가 가능하지 못하였다. 그 후 비올라 존스 알고리즘이 개발되면서 실시간 처리가 가능해졌고, 다양하게 응용되고 있다. 한편으로 R. Lienhart and J. Maydt[7], T. Mita[10] 등은 원형의 Haar-like 특징점들을 변형하여 검출성능을 높이는 연구를 진행한 바가 있다. 비올라 존스 알고리즘은 얼굴 검출뿐만 아니라 Haar-like 특징점의 업그레이드를 통하여 차량 검출, 사람 검출 등 다양한 응용 분야에 사용되고 있다.

본 장에서는 비올라 존스 물체 검출기 설계에 필요한 수학적 지식, OpenCV를 이용한 학습과정 및 검출과정에 대한 실습을 진행하고, 차량 검출과 같은 다양한 애플리케이션을 소개함으로써 독자들로 하여금 다양한 응용 분야에 대해 소개하고자 하였고, 사람의 상체 검출을 통하여 현재 많이 사용되는 대표적인 물체 검출 알고리즘들과 본 장에서 소개하는 비올라 존스 알고리즘을 비교하여 장/단점을 파악해 보고자 한다.

13.2 요소 기술

13.2.1 Haar-like 특징점

Haar measure는 헝가리의 수학자 Alfred Haar(1885~1933)에 의해 처음으로 고안되었다. Haar-like 특징점은 Haar measure에 의하여 계산된다. Haar-like 특징점은 다음 그림과 같이 "검은 영역(black)"과 "밝은 영역(white)"의 사각형의 조합으로 구성된다. 그림 13-1은 원형 Haar-like 특징 윈도를 나타내고, 그림 13-2는 확장된 Haar-like 특징 윈도를 나타낸다.

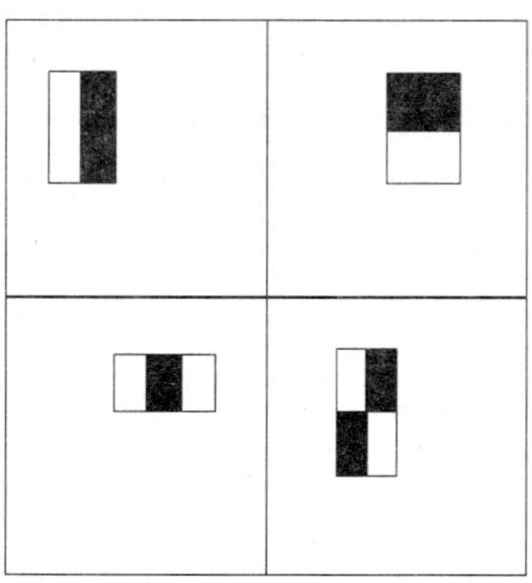

그림 13-1 원형 Haar-like 특징 윈도

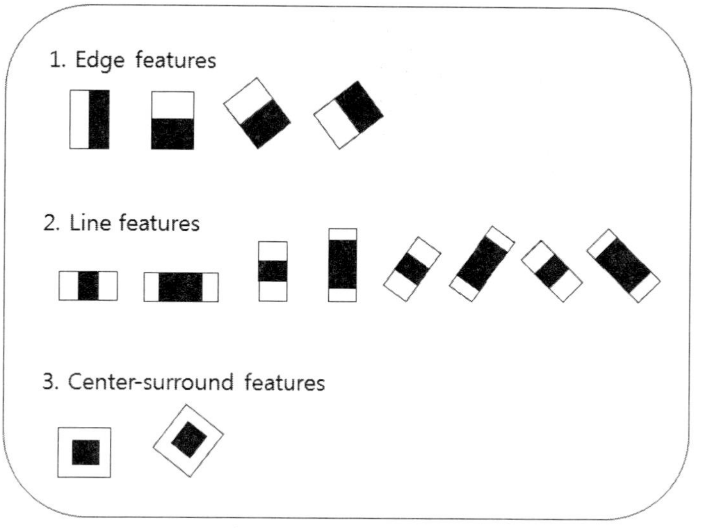

그림 13-2 확장된 Haar-like 특징 윈도

Haar-like 특징은 그림 13-1와 그림 13-2에서 제공된 원형 혹은 확장된 특징 윈도를 이용하여 아래의 (식 13-1)에 의해 계산된다.

$$f(x) = \sum_{(x,y) \in white\ rectangles} I(x,y) - \sum_{(x',y') \in black\ rectangles} I(x',y') \qquad (식\ 13\text{-}1)$$

여기서 $I(x,y)$는 (x,y) 좌표에 위치한 영상의 밝기 값을 나타내는 데, (x,y)는 밝은 영역에 해당되는 인덱스를 나타내고, (x',y')은 검은 영역에 해당되는 인덱스에 해당된다. 흔히 밝은 영역을 오픈 윈도(open window)라고 하고 +1로 표시되고, 검은 영역을 클로즈 윈도(close window)라고 하고 -1로 표시된다.

13.2.2 적분 영상

적분 영상은 "summed area table"이라고도 불린다. 1984년에 처음으로 소개되었으나 많이 응용되지 않았으며 2001년 비올라와 존스에 의해 사용되면서 함께 고속 처리 영역에서 주목을 받게 되었다. 적분 영상에서의 (x,y)인덱스에 해당되는 적분 영상의 값은 (x,y)보다 작은 모든 인덱스에 해당하는 원본 영상의 밝기 값의 합과 같다. 적분 영상의 계산은 아래의 그림 13-3과 같이 계산된다. 즉 (식 13-2)와 같이 계산된다.

$$II(x,y) = \sum_{x' < x, y' < y} I(x',y') \qquad (식\ 13\text{-}2)$$

여기서 $I(x',y')$는 원본 영상에서 (x',y')위치에 해당되는 밝기 값을 나타내고, $II(x,y)$는 (x,y)위치에 해당되는 적분 영상의 밝기 값을 나타낸다.

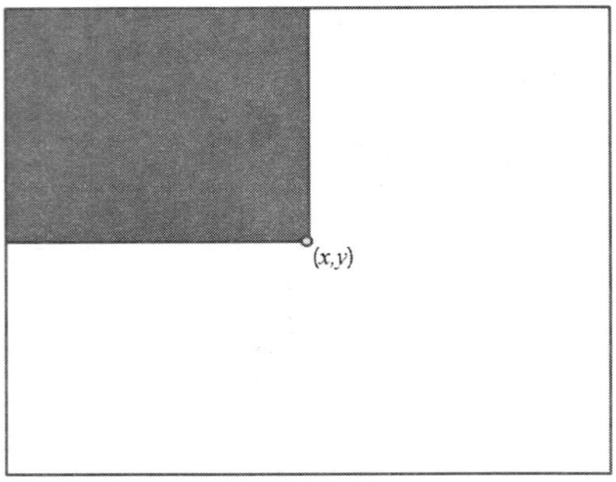

그림 13-3 적분 영상

그림 13-4는 화소에 해당되는 4×4 크기의 매직 행렬로 가로, 세로, 대각선의 합이 모두 같은 행렬이다. 오른쪽 행렬은 이를 이용하여 계산된 적분 행렬의 일부이다. 물음표에 해당되는 적분 영상의 값은 독자들이 직접 구해보기 바란다. 그림 13-5는 실제 영상에서의 적분 영상을 구한 예이다. 그림에서 왼쪽은 원본 영상이고 오른쪽은 적분 영상이다. 오른쪽 그림에서 보이듯이 적분 영상은 화소 위치의 인덱스가 커질수록 더해지는 화소의 개수가 커지기 때문에 오른쪽으로 이동될수록, 아래쪽으로 이동될수록 적분 영상의 값이 커지는 것을 볼 수 있다. 따라서 적분 영상에서는 맨 오른쪽 아래의 값이 가장 큰 값이 된다.

16	2	3	13
5	11	10	8
9	7	6	12
4	14	15	1

원본 행렬

→ 적분

16	18	21	34
21	34	47	68
30	50	69	?
34	68	?	?

적분 행렬

그림 13-4 적분 행렬 계산의 예

원본 영상

적분 영상

그림 13-5 원본 영상과 적분 영상

13.2.3 적분 영상을 이용한 고속 Haar-like 특징점 추출

비올라 존스 알고리즘에서 Haar-like 특징점을 사용하는데 Haar-like 특징은 윈도 기반으로 계산하기 때문에 계산 시간이 많이 소요된다. 따라서 이를 고속화하기 위하여 적분 영상을 사용하게 된다. 아래의 그림 13-6은 영상에서 D 영역에서의 모든 화소값을 구하는 예제이다. 그림에서 p_1, p_2, p_3, p_4는 각각 적분 영상 값을 나타내고, 그림의 오른쪽과 같이 계산된다. 따라서 원본 영상에서의 D 영역의 밝기 값의 합은 적분 영상의 특정 화소의 값에 의해 계산되는 것을 알 수 있다. 이는 직접적으로 Haar-like 특징점을 적분 영상으로부터 계산할 수 있음을 보여준다.

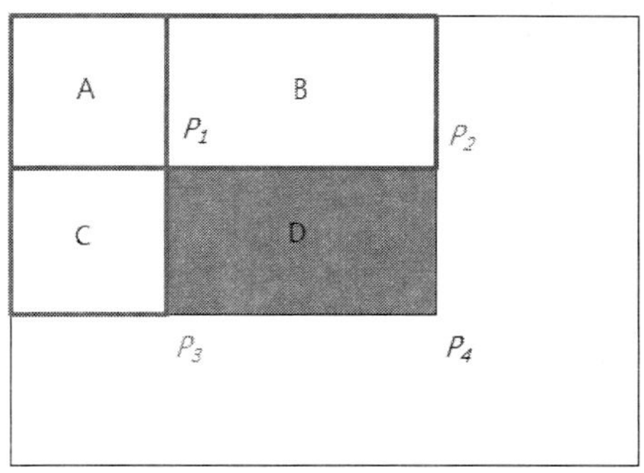

그림 13-6 D 영역의 화소값의 합을 구하는 예제

그림 13-7은 사각형 형태의 Haar-like 특징점 어떻게 6개의 적분 영상의 화소값에 의해 계산되는지를 보여주는 그림이다. 그림 13-7에서의 S_2, S_1은 그림 13-6의 방법에 의해 계산된다. 따라서 Haar-like 특징점은 $S_2 - S_1$과 같이 간단한 계산을 통하여 구현함으로써 고속화를 실현할 수 있다.

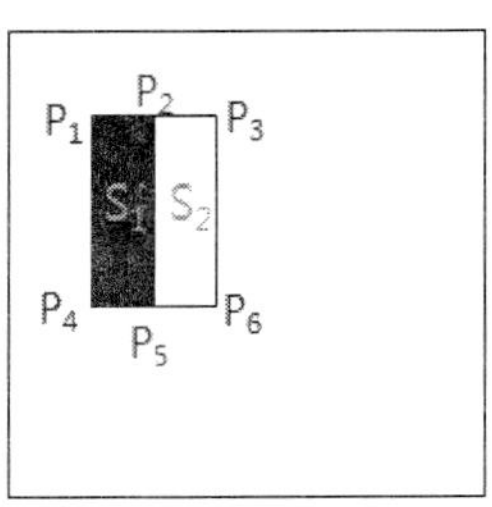

$$f(x) = \underbrace{P_2 + P_6 - (P_3 + P_5)}_{S_2} - \underbrace{(P_1 + P_5 - (P_2 + P_4))}_{S_1}$$

그림 13-7 Haar-like 특징점을 계산하는 예제

16	2	3	13
5	11	10	8
9	7	6	12
4	14	15	1

원본 행렬

적분 ⇒

16	18	21	34
21	34	47	68
30	50	69	102
34	68	102	136

적분 행렬

-1	-1	+1	+1
-1	-1	+1	+1
-1	-1	+1	+1

Haar-like 특징 윈도

$$f(x) = \underbrace{P_2 + P_6 - (P_3 + P_5)}_{S_2} - \underbrace{(P_1 + P_5 - (P_2 + P_4))}_{S_1}$$

f(1)=
(3+13+10+8+6+12)
-(16+2+5+11+9+7)
=2

f(1)=
0+102-(0+50) - (0+50-(0+0))
=2

f(2)=
(10+8+6+12+15+1)
-(5+11+9+7+4+14)
=2

f(2)=
18+136-(34+68) - (0+68-(18+0))
=2

그림 13-8 Haar-like 특징점을 계산하는 예제

64	2	3	61	60	6	7	57
9	55	54	12	13	51	50	16
17	47	46	20	21	43	42	24
40	26	27	37	36	30	31	33
32	34	35	29	28	38	39	25
41	23	22	44	45	19	18	48
49	15	14	52	53	11	10	56
8	58	59	5	4	62	63	1

원본 행렬

64	66	69	130	190	196	203	260
73	130	187	260	333	390	447	520
90	194	297	390	484	584	683	780
130	260	390	520	650	780	910	1040
162	326	491	650	808	976	1145	1300
203	390	577	780	983	1170	1357	1560
252	454	655	910	1166	1364	1561	1820
260	520	780	1040	1300	1560	1820	2080

적분 행렬

-1	-1	-1	+1	+1	+1
-1	-1	-1	+1	+1	+1
-1	-1	-1	+1	+1	+1
-1	-1	-1	+1	+1	+1
-1	-1	-1	+1	+1	+1
-1	-1	-1	+1	+1	+1

Haar-like 특징 윈도

$$f(x) = \underbrace{P_2 + P_6 - (P_3 + P_5)}_{S_2} - \underbrace{(P_1 + P_5 - (P_2 + P_4))}_{S_1}$$

f(10)=
(13+51+50+21+43+42+36+30+31+28+38+39+45+19+18+53+11+10)
-(55+54+12+47+46+20+26+27+37+34+35+29+23+22+44+15+14+52)
=-14

f(10)=
130+1561-(203+910) - (64+910-(130+252))
=-14

그림 13-9 Haar-like 특징점을 계산하는 예제

그림 13-8과 그림 13-9는 원본 영상과 적분 영상을 이용하여 계산된 Haar-like 특징점 계산에 대한 예이다. 예제에서 보시다시피 적분 영상을 사용하였을 때 원본 영상을 사용했을 때보다 계산량이 훨씬 줄어드는 것을 확인할 수 있다. 즉 적분 영상을 사용하면 7번의 더하기와 빼기의 간단한 연산을 이용하여 계산이 가능하다. 이는 윈도의 크기와 독립적인 계산이기 때문에 더욱 효율적이다. 즉 원본 영상을 사용했을 때는 윈도의 크기가 커질수록 더 많은 처리 시간이 수요 되지만 적분 영상을 이용하면 항상 7번의 연산에 의해서 계산된다.

13.2.4 아다부스트

부스팅 알고리즘은 T개의 약한 분류기(weak classifier) $h_t, t \in 1,\ldots,T$ 를 학습시키기 위하여 사용된다. 부스팅 알고리즘의 기본 개념은 그림 13-10과 같이 잘못 분류된 데이터에 높은 가중치를 주고, 잘 분류된 약한 데이터에 낮은 가중치를 주는 방식으로 강인한 분류기를 만들게 된다. 약한 분류기는 (식 13-3)과 같이 정의되고 실제 부스팅 알고리즘은 다음과 같이 작동한다.

$$h(x,f,p,\theta) = \begin{cases} 1 & \text{if} \quad pf(x) < p\theta \\ 0 & otherwise \end{cases} \qquad \text{(식 13-3)}$$

여기서 x는 sub-window 영상, f는 특징점, θ는 임계값을 나타내고 p는 불균형의 방향(direction of the inequality)을 나타낸다.

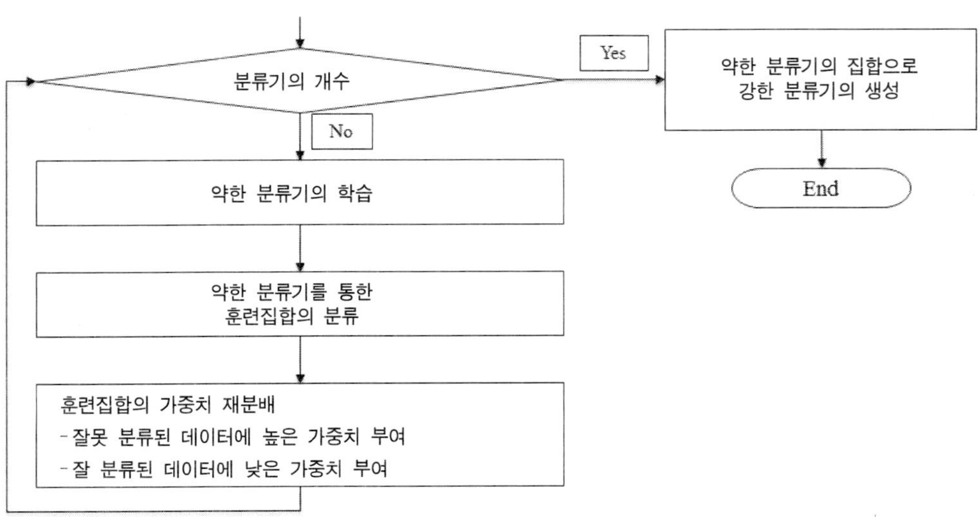

그림 13-10 부스팅 알고리즘의 개념도

(1) n개의 특징점 $(x_1, y_1), \cdots, (x_n, y_n)$이 입력으로 들어온다. 여기서 $y_i = 0$ 혹은 $y_i = 1$로 물체가 아닌(negative) 특징과 물체인(positive) 특징을 구분하는데 사용된다.

(2) 가중치 초기화는 물체가 아닌 특징과 물체인 특징에 대하여 다음과 같이 설정한다. $w_{1,i} = \frac{1}{2m}, \frac{1}{2f}$, 여기서 m과 n은 각각 음성과 양성에 해당되는 특징점의 개수를 나타낸다.

(3) $For \quad t = 1, \ldots, T$:

(가) 가중치들에 대한 표준화를 진행한다. 즉 $w_{t,i} \leftarrow \dfrac{w_{t,i}}{\sum_{j=1}^{n} w_{i,j}}$

(나) 가장 좋은 성능의 약한 분류기를 가중치 오차 공식에 의해 선택한다. 가중치 오차는 $\varepsilon_t = \min_{f,p,\theta} \sum_i w_i |h(x_i, f, p, \theta) - y_i|$에 의해 계산된다.

(다) $h_t(x) = h(x, f_t, p_t, \theta_t)$를 정의한다. 여기서 f_t, p_t, θ_t는 ε_t를 최소화시키는 파라미터들이다.

(라) 가중치를 업데이트한다. $w_{t+1,i} = w_{t,i}\beta^{1-e_i}$, 여기서

$$e_i = \begin{cases} 0 & \text{if } x_i \ is \ classified \ correctly \\ 1 & otherwise \end{cases}, \quad \beta_t = \frac{\varepsilon_t}{1-\varepsilon_t}.$$

(4) 최종 강인한 분류기는 다음과 같이 설계된다.

$$C(x) = \begin{cases} 1 & \sum_{t=1}^{T} \alpha_t h_t(x) \geq \frac{1}{2} \sum_{t=1}^{T} \alpha_t \\ 0 & otherwise \end{cases}, \text{ 여기서 } \alpha_t = \log \frac{1}{\beta_t}$$

다음 그림 13-11을 통하여 부스팅의 알고리즘에 대해 이해하여 보자. 특징 공간(feature space)에 그림 13-11과 같이 10개의 특징들이 분포되어 있다. 그림에서 FS는 Feature Space의 약자이다. 따라서 특징은 {⊕,1}, {⊖,0}으로 구성할 수 있다.

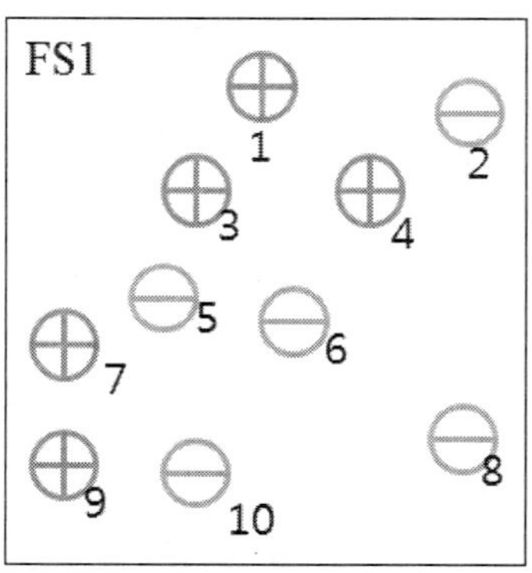

그림 13-11 특징 공간

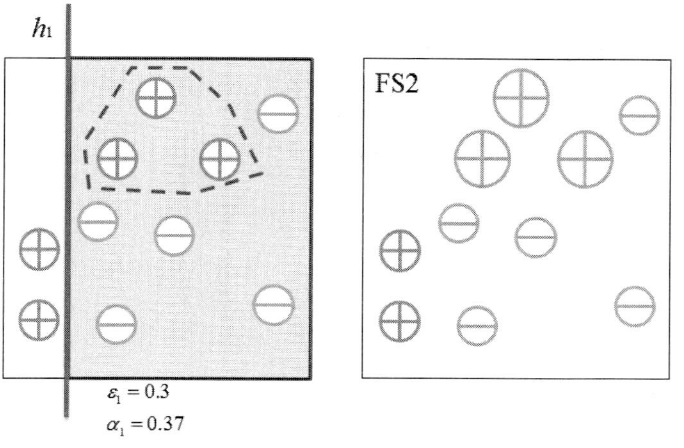

그림 13-12 첫 번째 분류기 및 가중치 부여

그림 13-12는 분류기 h_1에 의해 분류된 결과 영상과 잘못 분류된 특징에 가중치를 부여하는 그림이다. 이후 설명에서는 그림에서 볼 수 있는 각 특징마다의 인덱스를 이용한다. 초기 가중치를 공식에 의하여 $w_{1,i} = \frac{1}{2\times 5} = \frac{1}{10}$로 계산할 수 있다. 또한 $\varepsilon_1 = \min_{f,p,\theta}\sum_i \frac{1}{10}|h(x_i,f,p,\theta) - y_i|$가 된다. h_1에 의해 분류된 결과를 보면 총 3개의 특징들의 분류가 잘못 수행되었다. 따라서 $\varepsilon_1 = \frac{3}{10} = 0.3$이 되고 $\alpha_1 = \log\frac{1}{\beta_1} = \log(\frac{0.7}{0.3}) = 0.37$이 된다.

다음은 두 번째 단계, 즉 t=2일 때 사용하게 될 가중치에 대한 업데이트가 필요하다. ⊕와 ⊖가 각각 5개씩 존재하기 때문에 초기의 가중치는 위에서 계산한 바와 같이 $\left\{\frac{1}{10},\frac{1}{10},\frac{1}{10},\frac{1}{10},\frac{1}{10},\frac{1}{10},\frac{1}{10},\frac{1}{10},\frac{1}{10},\frac{1}{10}\right\}$이 되고 위에서 주어진 공식 $w_{t+1,i} = w_{t,i}\beta^{1-e_i}$에 의해 초기의 가중치에 대하여 업데이트를 진행하면 $\left\{\frac{1}{10},\frac{3}{70},\frac{1}{10},\frac{1}{10},\frac{3}{70},\frac{3}{70},\frac{3}{70},\frac{3}{70},\frac{3}{70},\frac{3}{70}\right\}$가 된다. 여기서 $\frac{3}{70}$은 정확하게 분류된 일곱 개에 해당되는 가중치이고 $\frac{1}{10}$은 잘못 분류된 특징점에 대한 가중치이다. 여기서 계산된 결과를 이용하여 다시 정규화과정을 거치면 가중치의 /값이 $\left\{\frac{1}{6},\frac{1}{14},\frac{1}{6},\frac{1}{6},\frac{1}{14},\frac{1}{14},\frac{1}{14},\frac{1}{14},\frac{1}{14},\frac{1}{14}\right\}$가 된다. 따라서 $\varepsilon_2 = \frac{3}{14} = 0.21$, $\alpha_2 = \log\frac{1}{\beta_2} = \log(\frac{0.79}{0.21}) = 0.58$으로 계산된다. 마찬가지 방법으로 $\varepsilon_3 = 0.19$, $\alpha_3 = 0.63$을 구할 수 있다.

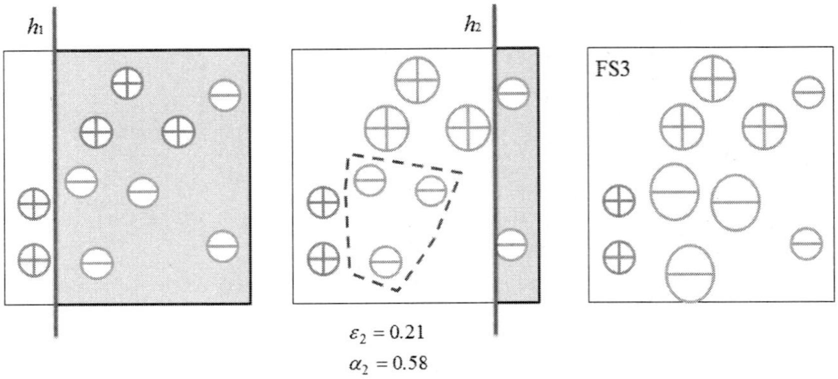

그림 13-13 두 번째 분류기 및 가중치 부여

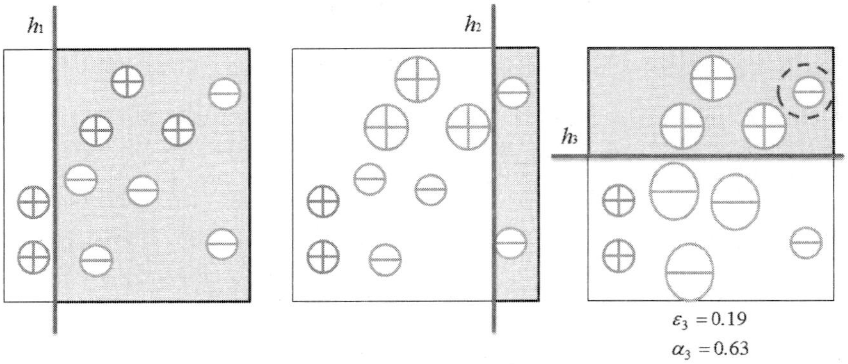

그림 13-14 세 번째 분류기 및 가중치 부여

위에서 구한 파라미터들을 이용하여 최종적으로 강인한 분류기를 구성할 수 있다. 아래의 그림 13-15는 $H_{final} = \sum_{t=1}^{T} \alpha_t h_t(x)$에 해당되는 그림으로 세 분류기에 가중치를 주어 계산된 값이다. 이 값들을 이용하여 최종적으로 강인한 분류기를 구성함을 보여주고 있다. 즉 분류기 $C(x) = \begin{cases} 1 & H_{final} \geq \frac{1}{2}\sum_{t=1}^{T}\alpha_t \\ 0 & otherwise \end{cases}$이 구하려고 하는 강인한 분류기이다.

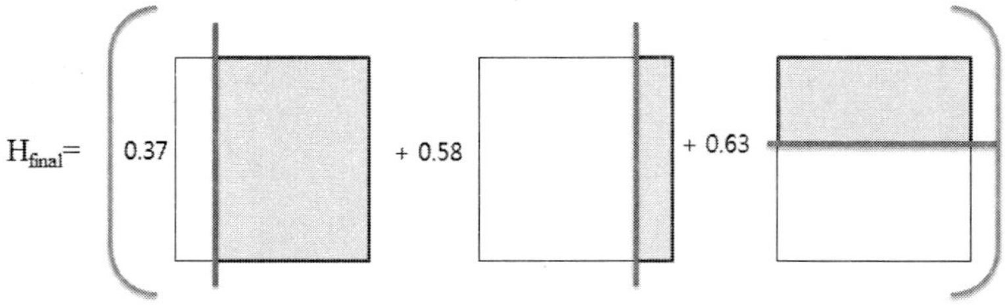

그림 13-15 최종 강인한 분류기 생성

13.2.5 캐스케이드 분류를 이용한 특징 선택

캐스케이드 분류기를 이용하면 검출성능을 향상시키는 동시에 처리 시간을 단축할 수 있다. 캐스케이드 방식은 적은 양의 정보를 이용하여 물체가 아닌 영역을 제거하고, 남은 영역에 대하여 좀 더 많은 정보를 이용하는 방식으로 위양성율를 낮추는 방식이다.

그림 13-16은 캐스케이드 특징 선택 및 분류의 예이다. 영상 내의 sub-window에서 특징점들을 추출한다. 우선 하나의 특징점을 이용하여 물체인지 아닌지를 구분하게 되는데 이때 물체가 아닌 영역을 100% 검출 정확도(correct detection rate)로 분별한다. 이때 발생하는 위양성률은 50%가 된다. 다음 노드에서 전 단계에서 물체일지도 모르는 50%에 대응하는 영역에 대하여 5개의 특징점을 이용하여 다시 물체인지 아닌지를 구분하게 된다. 이때 역시 물체가 아닌 영역을 100%로 검출 정확도로 판별하게 되고, 따라서 두 번째 노드에서 발생하는 위양성률은 20%로 줄어드는 것을 볼 수 있다. 마찬가지 방법으로 세 번째 노드에서는 20개의 특징점을 이용하여 보다 정확하게 물체를 분류할 수 있게 된다.

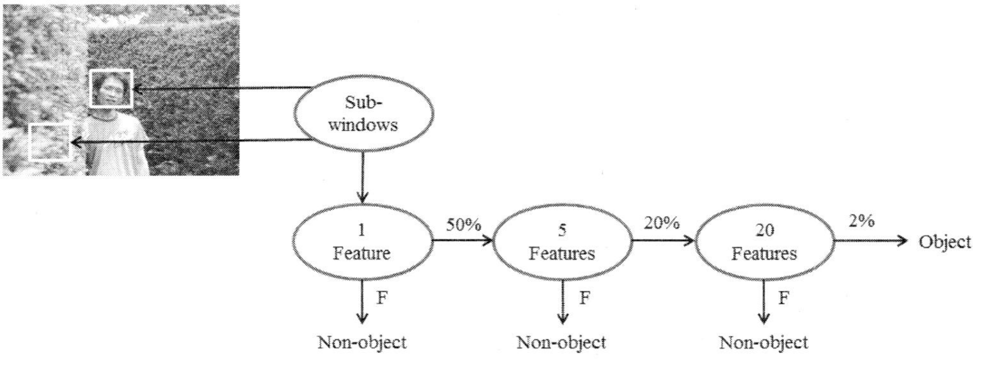

그림 13-16 캐스케이드 분류의 예

13.3 비올라 존스 분류기

13.3.1 비올라 존스 분류기 이론

비올라 존스 분류기는 낮은 거절 비율로 높은 검출률을 얻기 위하여 그림 13-17과 같이 캐스케이드의 각 노드에서 아다부스트를 수행한다. 이 분류기는 아래와 같은 특징들을 사용한다.

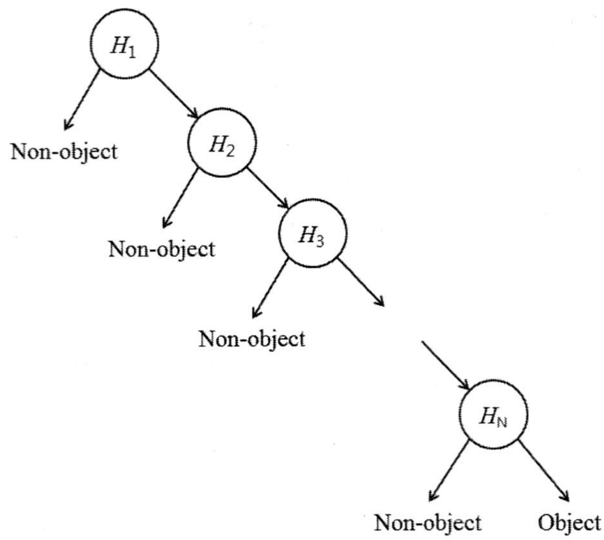

그림 13-17 Haar 캐스케이드 분류

(1) 비올라 존스 분류기는 Haar-like 특징들을 사용한다. 즉, 사각형 영상 영역의 합 또는 차에 임계값이 적용된다.

(2) 비올라 존스 분류기는 적분 영상을 사용함으로써 사각형 영역 또는 45° 회전된 사각형 영역에서의 합계 연산을 매우 빠르게 수행한다. 적분 영상을 이용함으로써 Haar-like 특징들을 빠르게 계산할 수 있다.

(3) 비올라 존스 분류기는 높은 검출률과 약한 거절 비율을 갖는 2진 분류 노드를 만들기 위하여 통계적 부스팅을 사용한다.

(4) 비올라 존스 분류기는 약한 분류기 노드를 이용하여 거절 캐스케이드를 구성한다. 첫 번째 분류기 집단은 많은 실수를 포함하지만, 물체를 포함하고 있는 영역을 가장 잘 찾아내는 것으로 선택된다. 다음 분류기 집단은 약한 거절을 갖는 두 번째로 검출 성능이 좋은 것으로 선택하고, 이러한 방식을 반복한다. 실험 단계에서 전체 캐스케이드를 다 통화한 경우에만 찾고자 하는 객체로 검출된다. 이렇게 하면 물체가 포함되지 않은 영역을 즉시 거절하기 때문에 캐스케이드의 실행속도가 빨라진다.

13.3.2 학습과정

그림 13-18은 비올라 존스 알고리즘의 학습과정을 나타내는 그림이다. 우선 적분 영상을 이용하여 특징을 추출하고, 다수의 약한 분류기를 통과하여 조건을 만족시키는 특징점들을 선택한 후 캐스케이드 분류기를 이용하여 분류기를 학습시킨다. 각 단계의 구체적인 내용은 위에서 언급된 바와 같이 구현된다. 다음 장의 OpenCV를 이용한 실습에서 학습과정에 대해 자세한 내용을 다룬다.

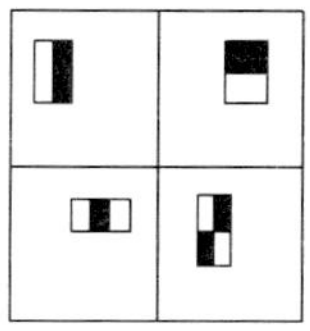

$$h(x, f, p, \theta) = \begin{cases} 1 & \text{if } pf(x) < p\theta \\ 0 & \text{otherwise} \end{cases}$$

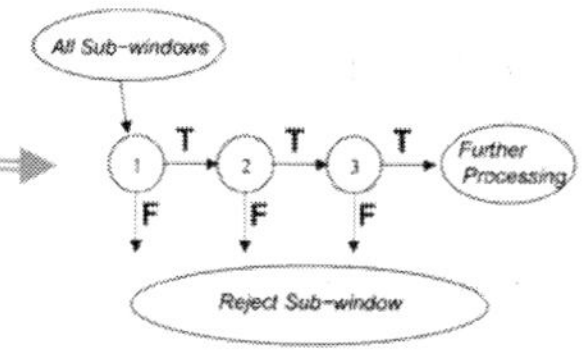

적분 영상 기반의 특징점 연산

특징점 추출 및 분류기 학습

분류기들의 집합
(직렬 분류기 생성)

f : 특징점
θ : 임계값
p : 극성(편차의 방향)
x : 24×24 화소로 구성된 sub-window

그림 13-18 학습과정

13.3.3 검출과정

검출과정은 그림 13-19와 같이 우선 입력 영상에 대하여 K개의 피라미드 구조를 구축한다. 여기서 K는 피라미드 레벨 수를 나타내고, 이는 영상의 크기와 검출 대상 물체의 크기에 따라 결정할 수 있다. 피라미드를 구성하는 이유는 크기 변화에 강인하게 적용하기 위함이다. 피라미드 구조의 영상에 대하여 sub-window를 적용하여 Haar-like 특징점들을 구하게 된다. 이때 피라미드 구조의 각 영상에 적용되는 sub-window의 크기는 고정되어야 한다. Haar-like 특징점을 구하고 나면 캐스케이드 분류기를 이용하여 물체인지 아닌지를 검출하게 된다.

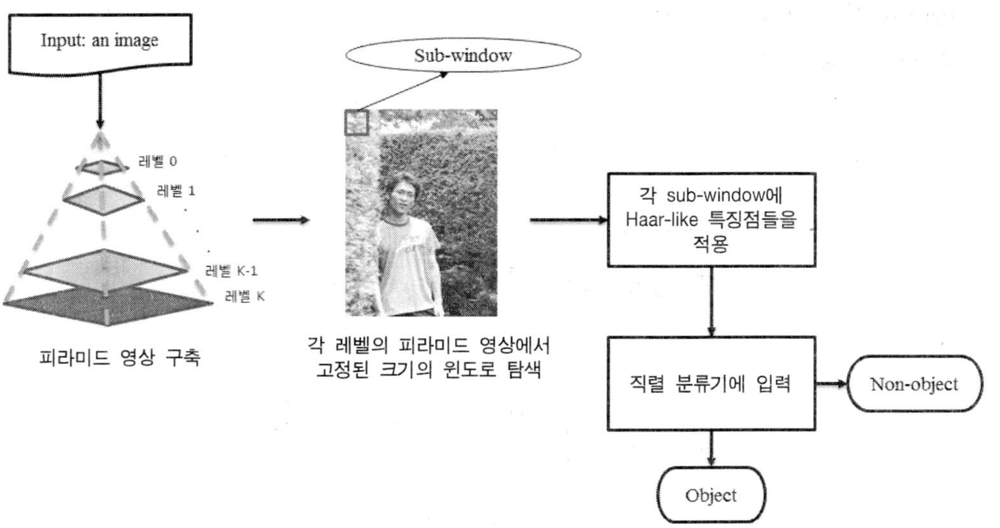

그림 13-19 검출과정

13.4 비올라 존스 알고리즘의 구현

13.4.1 OpenCV를 이용한 구현 방법

13.4.1.1 응용예제 : 얼굴 검출

앞 절에서 말한 바와 같이 OpenCV는 open source 라이브러리이기 때문에 다양한 알고리즘에 대한 함수들이 많이 구현되어 있을 뿐만 아니라 그 구조를 살펴볼 수 있기 때문에 컴퓨터 비전을 공부하기에 좋은 장점이 있다. 본 장에서 설명하는 비올라 존스 알고리즘 또한 쉽게 사용할 수 있도록 함수들을 제공하고 있으며 얼굴을 찾기 위하여 확률 모델(statistical model)인 분류기(classifier)를 사용하는 예제를 보여주고 있다. 따라서 OpenCV를 이용한 얼굴 검출 예제를 살펴보며 비올라 존스 알고리즘에 대해 좀 더 실용적으로 사용하기 위하여 실습해 보자. 분류기는 우리가 찾고자 하는 물체에 대하여 학습을 시켜 얻을 수 있는 데, 이를 만들기 위해서는 양성과 음성 샘플들이 필요하다. 양성 샘플은 우리가 찾고자 하는 물체의 영상들이고 음성 샘플은 찾고자 하는 물체가 아닌 임의의 영상이다. 위의 영상들로부터 이루어지는 학습은 물체를 분류하기 위한 특징점들을 추출하고 이를 통하여 물체를 분별하는 분류기를 생성한다. 이렇게 얻어진 분류기는 추출된 특징들로부터 물체를 효과적으로 분류 및 검출할 수 있다.

OpenCV에서는 분류기로 아래의 간단한 사각 특징들(rectangular features) 즉, 그림 13-20에서 보이는 특징들을 사용하여 얻어진 Haar 캐스케이드 분류기를 사용한다. 여기에서 캐스케이드라는 용어는 몇 개의 간단한 분류기들이 단계(stage)를 이루며 연결되어 있음을 나타내며, 이 각각의 분류기들은 다음의 Haar 특징들로부터 물체의 모양과 위치 그리고 크기를 규정하고 있다.

따라서 얼굴을 분류하기 위한 캐스케이드 분류기의 각 단계는 사람의 얼굴 그리고 그 안의 특징들 사이의 관계를 비교자로 갖게 되고 얼굴을 분류하게 되는 것이다.

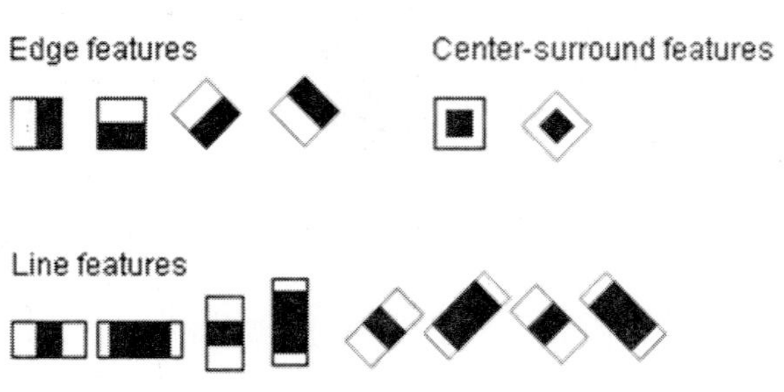

그림 13-20 Haar 특징

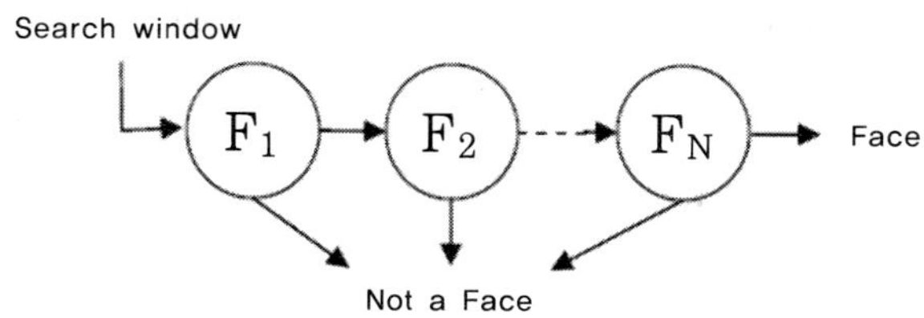

그림 13-21 얼굴 분류과정

일반적으로 물체 검출과정에서는 입력 영상에 대하여 탐색 윈도(search window)를 통해 원하는 물체인지 아닌지를 판단하게 된다. 이때 고정된 크기의 물체로 학습된 분류기를 이용하는 탐색 윈도는 영상에서 나타나는 다양한 크기의 물체를 찾기 위하여 크기를 변화시키며 여러 번 sliding하게 된다. 이렇게 각각의 약한 분류기들은 그림 13-21과 같이 후보군을 제외시키거나 다음 단계의 분류기로 통과시키게 되며 마지막 분류기를 통과한 물체를 우리가 원하는 얼굴로 인식하게 되는 것이다.

OpenCV에서는 전신, 상반신, 하반신, 얼굴, 눈, 코, 입 등의 몇 개의 분류기들을 XML파일로 제공하고 있다. 이 파일들은 OpenCV가 설치된 폴더([설치된 폴더]/data/haarcascades)에서 찾아볼 수 있다. 제공된 분류기는 상당히 질이 좋고 성능이 좋지만 목적에 따라 다른 분류기를 이용해야 하기 때문에 분류기의 생성에서부터 검출까지의 전과정을 실습을 통하여 살펴보도록 하자.

13.4.1.2 분류기(classifier) 생성

(1) 데이터 준비

앞에서 말한 바와 같이 분류기를 생성하기 위하여 먼저 대량의 양성 샘플과 음성 샘플이 필요하다. 여기에서는 얼굴을 검출하기 위한 분류기 생성을 위하여 얼굴만을 포함한 양성 샘플이 필요하겠고, 얼굴이 포함되지 않은 음성 샘플이 필요하겠다. Kuranov et. al.의 논문에서는 1,000개의 양성 샘플로부터 얻은 5,000개의 양성 얼굴전면의 패턴을 얻어내어 사용하였고, 음성 샘플로는 3,000개를 이용(양성 샘플과 음성 샘플의 1:3 비율을 추천함)하였다. 이렇게 방대한 양의 데이터들을 준비하고 질이 좋은 양성 샘플을 준비하기 위하여 얼굴만을 추출하는 것은 상당히 힘들고 오랜 시간이 걸리는 작업이다. 다행히도 다양한 데이터베이스들을 해외 유수 대학들이 제공하고 있고 영상에서 얼굴만을 추출해주는 툴도 준비되어 있다. 아래에 데이터베이스들과 얼굴 추출 툴을 다운로드할 수 있는 링크를 적어두었다.

- Database
  - http://www.face-rec.org/databases/
  - http://www.cs.cmu.edu/~cil/v-images.html

- ImageClipper
  - http://code.google.com/p/imageclipper/

(2) 샘플 생성

위에서 준비한 양성 샘플들과 음성 샘플들로부터 분류기(XML 파일)생성을 위한 샘플을 생성해보겠다. 먼저 위에서 준비된 이미지를 포함할 폴더를 적당한 위치에 생성한다. 본 책에서는 C:/temp 폴더의 양성 폴더와 음성 폴더를 이용하였다. 이어서 준비된 영상들(영상의 파일 이름을 단순히 맞추어 줄 것을 추천함; ex) pos_1.jpg, neg_1.jpg)을 각각의 폴더를 만들어 넣어주고 각각의 양성 폴더와 음성 폴더에 pos.txt와 neg.txt를 만들어 각각 넣어준다. 그 후 각각의 txt 파일에 다음과 같이 기술해 준다.

- 양성 텍스트파일
  [file명.확장자] [물체 수] [시작 위치(Column Index)] [시작 위치(Row Index)] [끝 위치(Column Index)] [끝 위치(Row Index)]
- 음성 텍스트파일
  [file명.확장자]

ex) - pos.txt

```
pos_1.jpg 1 0 0 50 60
pos_2.jpg 1 0 0 50 60
pos_3.jpg 1 0 0 50 60
...
```

- neg.txt

```
img1.jpg
img2.jpg
img3.jpg
...
```

영상의 이름이나 사이즈를 변경하는 일은 매우 단순한 일이지만 영상의 양이 상당히 많기 때문에 일괄 변경이 가능한 툴(알씨 등)을 이용하는 것이 간편하다.

이렇게 모든 준비가 끝났다면 샘플들을 규정하는 vec 파일을 생성해야 한다. 여기에서 OpenCV에서 제공하는 createsamples라는 툴[2])을 이용한다. 이는 양성 샘플을 만드는 작업으로써 단일 물체 영상이나 양성 영상의 모음으로 수행된다. 이 명령은 opencv_createsamples.exe를 사용하게 되는 데 내부적으로 살펴보면 아래에서 설정한 명령 옵션들과 함께 cvCreateTrainingSamples() 함수를 이용하게 된다.

---

2) createsamples툴 존재 경로
OpenCV 2.1) ../[OpenCV 설치 폴더]/bin/opencv_createsamples.exe
OpenCV 2.3.1) ../[OpenCV 설치 폴더]/build/common/x86/opencv_createsamples.exe

• cvCreateTrainingSamples 함수

```
cvCreateTrainingSamples( vecname, imagename, bgcolor,
                         bgthreshold, bgfilename, num,
                         invert, maxintensitydev,
                         maxxangle, maxyangle, maxzangle,
                           showsamples, width, height );
```

이 함수의 내부에서는 CvSampleDistortionData 타입의 변수에 icvStartSampleDistortion() 함수를 이용하여 다양한 샘플 정보들을 만들어 vec파일을 만들어 주는 것을 알 수 있다.

명령 방법은 다음과 같이 앞에서 만들었던 C:/temp 경로에 vec 폴더와 final 폴더를 만든다. 이어 명령프롬프트에서 opencv_createsamples.exe가 존재하는 경로(아래 각주에 서술되어 있다.)로 이동한다. 여기에서 그림 13-22와 같이 명령을 입력한다.

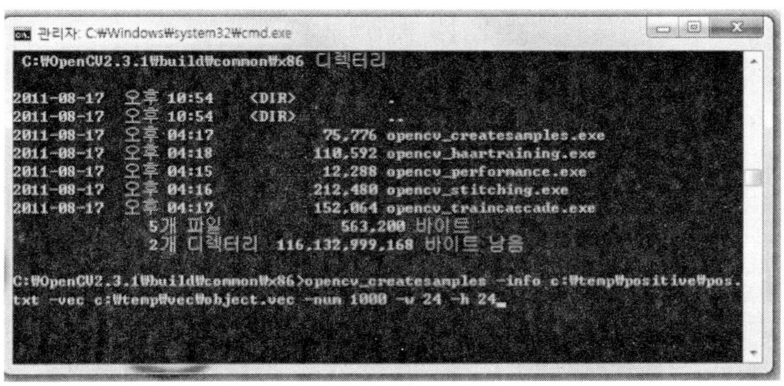

그림 13-22 createsamples 명령

• createsamples 툴의 옵션들

- info : 영상 수집 파일(.txt)
- img : 양성 소스 영상
- vec : 출력파일의 경로 및 파일 이름
- bg : 음성 샘플 영상
- num : 양성 샘플 파일의 개수
- maxidev : 최대 명도 편차
- maxxangle : x 방향으로의 최대 회전 각
- maxyangle : y 방향으로의 최대 회전 각
- maxzangle : z 방향으로의 최대 회전 각
- w : 샘플의 넓이
- h : 샘플의 높이

실행이 완료되면 전에 만든 vec 폴더 내에 object.vec 파일이 생성된 것을 볼 수 있을 것이다. 이제 학습을 위한 모든 준비를 마친 것이다. 그렇다면 이제 분류기 생성을 위한 단계인 학습 단계로 넘어간다.

(3) 학습(training)

지금까지 준비한 데이터를 기반으로 Haar 트레이닝을 진행한다. 지금까지는 양성 샘플에서 얼굴만을 추출하는 작업 외에는 오랜 시간이 걸리지 않았지만 지금부터 수행할 작업에는 상당한 시간이 필요하다는 것을 미리 염두해 두자. 다음 과정에서도 위에서 살펴본 vec 파일의 생성과 비슷한 과정을 거치게 된다. opencv_createsamples.exe가 존재하는 폴더를 살펴보면 opencv_haartraining.exe 파일과 opencv_traincascade.exe 파일이 존재하는데 이 둘 중 하나를 이용하여 Haar 캐스케이드 분류기를 생성할 수 있다. 이 두 가지 명령은 명령 방법은 비슷하나 결과물이 다른데 opencv_haartraining.exe를 이용하게 되면 final 폴더에 test 파일들이 텍스트 형식으로 저장되고 opencv_traincascade.exe을 이용한다면 cascade.xml 파일이 바로 생성된다. 본 책에서는 opencv_haartraining.exe를 이용하여 나온 결과들을 XML 파일로 합치는 것을 설명함으로써 모든 방법에 익숙할 수 있도록 하고자 한다. opencv_haartraining은 말 그대로 분류기를 훈련시키는 일을 수행하며 다음과 같이 명령프롬프트를 통해 파일이 존재하는 경로에서 그림 13-23과 같이 다음의 명령을 입력함으로써 명령한다.

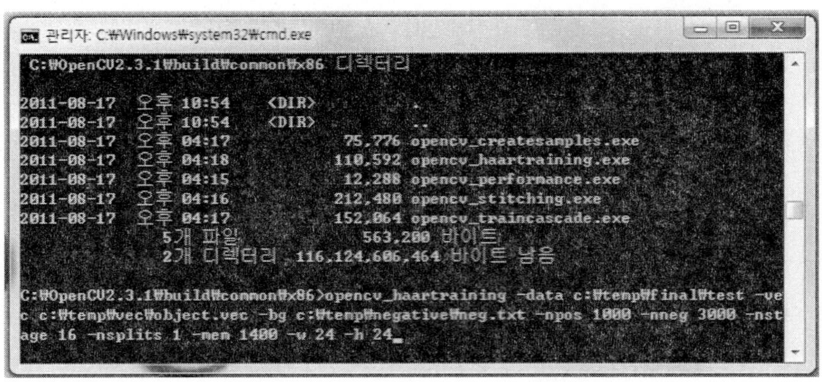

그림 13-23 haartraining 명령

- haartraining 툴의 옵션들
  - data : vec 파일을 이용해 테스트 파일들이 생성될 경로
  - vec : vec 파일 존재 폴더
  - bg : 음성 영상 수집 파일(.txt)
  - npos : 양성 샘플 파일의 개수
  - nneg : 음성 샘플 파일의 개수

- nstage : 만들 stage의 수
- nsplits : split 수
- mem : 사용될 메모리 크기(MB)
- minhitrate : 각 stage에서의 최소 적중률 설정
- maxfalsealarm : 각 stage에서의 최대 false alarm율
- maxtreesplits : 각 캐스케이드 트리 노드에서의 최대 분할 수
- w : 샘플의 넓이
- h : 샘플의 높이

이 명령을 수행하면 트레이닝이 시작되는 데 내부적으로 좀 더 살펴보면 다음과 같이 명령 옵션들로부터 세팅된 cvCreateTreeCascadeClassifier가 호출되는 것이다.

• cvCreateTreeCascadeClassifier 함수

```
cvCreateTreeCascadeClassifier( dirname, vecname, bgname,
                               npos, nneg, nstages, mem,
                               nsplits,
                               minhitrate, maxfalsealarm,
                               weightfraction, mode, symmetric,
                               equalweights, width, height,
                               boosttype, stumperror,
                               maxtreesplits, minpos, bg_vecfile );
```

함수 내부에서는 먼저 icvCreateIntHaarFeatures() 함수를 이용하여 Haar-like 특징점들을 선택했던 옵션들로부터 만들어 내고 icvCreateHaarTrainingData() 함수를 윈도 크기와 양성/음성 샘플들을 이용하여 훈련 데이터를 생성하게 된다. 이렇게 얻어진 훈련 데이터들을 기반으로 트리의 노드를 추가하며 캐스케이드 분류기를 생성하는 것이다. 캐스케이드 분류기 생성의 자세한 이해를 원한다면 OpenCV 2.3.1버전 기준으로 [OpenCV 설치 폴더]/modules/haartraining/cvhaartraining.cpp 파일을 살펴보기 바란다.

샘플 영상의 개수가 많으면 많을수록 강력한 분류기가 생성되지만 생성의 시간도 상당히 늘어나기 때문에 이를 염두해 두자. 이 작업이 완료되면 final 폴더에 몇 개의 폴더가 생성되고 그 안에 텍스트파일이 생성된다. 그 폴더의 개수가 약한 분류기의 개수가 되고 이것들을 캐스케이드 분류기인 XML 파일로 합쳐주는 것이 마지막 단계가 된다.

이는 haarconv 툴을 이용하여 수행할 수 있는 데 불행히도 이 툴은 OpenCV에서 제공되지 않고 있다. 하지만 이는 야후의 OpenCV group에 haarconv라는 프로젝트에서 다운받을 수 있고 이를 이용하여 최종 테스트용 캐스케이드 분류기를 얻어낼 수 있다. haarconv의 내부

를 살펴보면 다음과 같이 간단하다. 앞에서 만든 final 폴더의 내용들을 test파일의 너비와 높이 정보와 함께 cvLoadHaarClassifierCascade() 함수를 이용하여 CvHaarClassifierCascade 타입의 변수에 로드되고 이를 cvReleaseHaarClassifierCascade() 함수를 이용하여 배포용 xml파일을 만들어 준다. 이 역할을 수행하는 haarconv는 그림 13-24와 같이 명령된다.

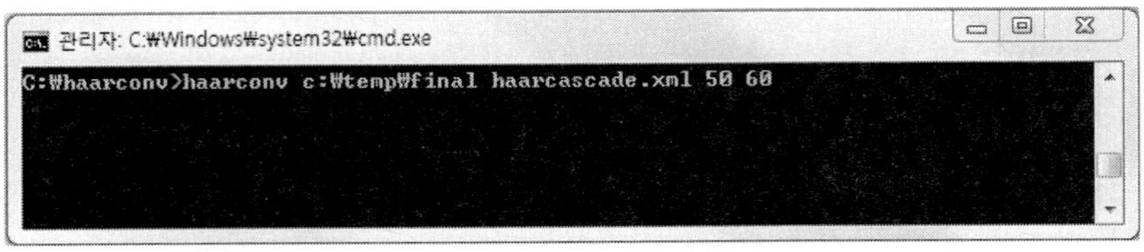

그림 13-24 haarconv 명령

- haarconv의 명령 옵션
  haarconv [테스트 파일 경로] [classifier 파일] [테스트 파일의 너비] [테스트 파일의 높이]

다음의 명령이 실행되면 haarcascade.xml 파일이 생성되고 이로써 분류기 생성의 모든 과정이 끝나게 된다. 이제 영상에서 이를 이용하여 원하는 물체인 얼굴을 찾아내기만 하면 된다.

13.4.1.3 물체 검출(object detection-face detection)

이제 위에서 생성한 분류기인 XML 파일을 이용하여 물체를 검출하는 과정을 살펴보자. [코드 13-1]은 얼굴을 검출하여 해당 위치에 각 다른 색상을 이용하여 원을 그려주고 그 내부에서 눈을 검출하여 눈도 원으로 표시해주는 애플리케이션의 예제 코드이고 openCV의 예제 코드를 추출하여 수정한 코드이다. 주석에 나와 있듯이 이 코드는 앞 절에서 설명함과 같이 생성된 캐스케이드 분류기를 XML 파일로부터 읽어오게 되고 이를 이용하여 검출하게 된다.

```
#include<iostream>
#include <cv.h>
#include <highgui.h>

using namespace std;
using namespace cv;

CascadeClassifier faceCascade;          //얼굴 분류기
CascadeClassifier nestedFaceCascade;    //눈   분류기

//Classifier 경로설정 및 파일
String cascadeName = "haarcascade_frontalface_alt.xml";
String nestedCascadeName = "haarcascade_eye_tree_eyeglasses.xml";

//그리기 작업에서 사용할 색상 정의
const static Scalar colors[] =  { CV_RGB(0,0,255),
    CV_RGB(0,128,255),
    CV_RGB(0,255,255),
    CV_RGB(0,255,0),
    CV_RGB(255,128,0),
    CV_RGB(255,255,0),
    CV_RGB(255,0,0),
    CV_RGB(255,0,255)} ;
```

```
24
25 int main( ){
26     CvCapture* capture = cvCaptureFromCAM(0);
27     IplImage* frame = cvQueryFrame(capture);
28     Mat image;
29     double scale = 1;   //빠른 처리를 위한 scale변환
30
31     //캐스케이드 분류기를 불러옴
32     if( !faceCascade.load(cascadeName)){
33         cout<<"ERROR: Could not load the cascade classifier!"<<endl;
34         return 0;
35     }
36     if( !nestedFaceCascade.load(nestedCascadeName)){
37         cout<<"WARNING: Could not load the cascade classifier for nested objects"<<endl;
38     }
39
40     while(true){
41         //현재 프레임을 쿼리받기
42         frame=cvQueryFrame(capture);
43         image = frame;
44         if(image.empty( ))   break;
45
46         int colorIdx=0;
47         vector<Rect> faces;
48
49         Mat smallImg( cvRound (image.rows/scale), cvRound(image.cols/scale), CV_8UC1 );
50         Mat gray;
51         cvtColor( image, gray, CV_BGR2GRAY );
52
53         resize(gray, smallImg, smallImg.size( ), 0, 0, INTER_LINEAR );   //이미지 리사이징
54         equalizeHist( smallImg, smallImg );                              //히스토그램 균일화
55
56         //Viola-Jones detector를 이용한 얼굴 검출
57         faceCascade.detectMultiScale( smallImg, faces,1.1, 2,0 | CV_HAAR_SCALE_IMAGE,Size(30, 30) );
58         cout<<"Got found "<<faces.size( )<<"people in the Image!"<<endl;
59
60         //검출된 얼굴을 표시
61         for( vector<Rect>::const_iterator r = faces.begin( ); r != faces.end( ); r++,colorIdx++){
62             Scalar color = colors[colorIdx%8];
63             Mat smallImgROI;
64             vector<Rect> nestedObjects;
65             Point center;
66
67             int radius;
68             center.x = cvRound((r->x + r->width*0.5)*scale);
69             center.y = cvRound((r->y + r->height*0.5)*scale);
70             radius = cvRound((r->width + r->height)*0.25*scale);
71             circle( image, center, radius, color, 3, 8, 0 );
72             if( nestedFaceCascade.empty( ) )
73                 continue;
74             smallImgROI = smallImg(*r);
75             //검출된 얼굴 내부에서 Viola-Jones detector를 이용한 눈 검출
76             nestedFaceCascade.detectMultiScale( smallImgROI, nestedObjects,1.1,2,0 | CV_HAAR_SCALE_IMAGE,Size(30, 30) );
77             for( vector<Rect>::const_iterator nr = nestedObjects.begin( ); nr != nestedObjects.end( ); nr++ ){
78                 center.x = cvRound((r->x + nr->x + nr->width*0.5)*scale);
79                 center.y = cvRound((r->y + nr->y + nr->height*0.5)*scale);
80                 radius = cvRound((nr->width + nr->height)*0.25*scale);
81                 circle( image, center, radius, color, 3, 8, 0 );
82             }
83         }
84         imshow( "CAM", image );
85
86         int c=cvWaitKey(1);
87         if(c=='q'||c=='Q'||c==27)   break;
88     }
89     cvDestroyAllWindows( );
90     cvReleaseCapture(&capture);
91     return 0;
92 }
```

코드 13-1

그렇다면 위의 코드를 자세히 살펴보자. 먼저 검출한 얼굴을 서로 다른 색상으로 표현하기 위하여 코드 열여섯 번째 줄에서 보이듯이 스칼라 타입의 배열 컬러에 여러 색상들을 정의하였고 이를 이용하여 검출된 얼굴들을 각각 다른 색깔로 표시할 수 있도록 하였다. 얼굴 검출에 사용된 캐스케이드 분류기는 그레이 스케일 영상에서 동작하기 때문에 오십

일 번째 줄과 같이 cvCvtColor() 함수를 이용하여 컬러 RGB 영상을 그레이 스케일 영상으로 변환하고 빠른 처리를 위하여 앞에서 설정한 scale factor로 cvResize() 함수를 이용하여 영상의 크기를 변화시킨다. 그 다음 cvEqualizeHist() 함수를 호출하여 히스토그램 균등화를 수행한다. 이 과정은 적분 영상에서 추출되는 특징들이 사각형 영역 값들의 차이를 기반으로 하므로 실험 영상이 전체적으로 밝거나 어두운 경우, 히스토그램 균등화를 하지 않으면 적절한 특징을 추출할 수 없기 때문에 중요하다. 오십 일곱 번째 줄과 칠십 여섯 번째 줄에서 사용된 detectMultiScale() 함수는 CascadeClassifier 클래스의 클래스 함수로써 입력 영상으로부터 다른 크기의 물체들을 검출해 내고 이 영역들을 벡터<Rect>로 리턴한다. 검출을 통하여 리턴 된 벡터를 for{} 루프를 통하여 하나씩 불러오며 원을 그리기 위한 계산을 한 후 circle() 함수를 이용하여 원을 그려주게 된다. 실제로 분류를 수행하는 detectMultiScale() 함수의 원형은 다음과 같다.

- detectMultiScale() 함수의 원형

```
CascadeClassifier::detectMultiScale(
        const Mat&          image,
        vector<Rect>&       objects,
        double              scaleFactor=1.1,
        int                 minNeighbors=3,
        int                 flags=0,
        Size                minSize=Size(),
        Size                maxSize=Size()
);
```

Mat 타입의 변수 image는 그레이 스케일 영상이다. 이 영상이 관심 영역(ROI)으로 설정되어 있으면 함수는 해당 부분만을 처리하기 때문에 영상의 일부분에서만 얼굴이 나타난다면 관심 영역을 이용하여 처리할 영역을 줄임으로써 얼굴 검출속도를 향상시킬 수 있다. 이 함수를 통한 검출은 클래스에 로드된 데이터를 기반으로 영상을 모든 스케일에 대하여 스캔하며 이루어지게 되고 검출된 얼굴들의 영역이 vector<Rect> 타입의 objects에 저장된다. 여기에서 scaleFactor는 영상의 크기 변환을 어느 정도로 수행할 것인지를 결정하게 되는 데, 만약 이 값을 크게 설정하면 계산을 빠르게 수행할 수 있지만 특정 크기의 얼굴은 검출되지 않을 가능성이 높다. 검출 시 하나의 물체가 다양한 스케일에 대하여 여러 번 발견되기 때문에 주변 화소에서도 같은 얼굴이 검출되기도 발견되기도 하는데 이를 막기 위한 설정으로 minNeighbors를 설정해 준다. 이는 기본값으로 3을 갖고 있으며, 특정 위치에서 최소 3번의 물체가 겹쳐져서 검출되어야 해당 위치에 얼굴이 존재한다고 판단하게 한다. flags에는 사실 다음과 같은 인자들이 들어간다.

```
#define CV_HAAR_DO_CANNY_PRUNING        1
#define CV_HAAR_SCALE_IMAGE             2
#define CV_HAAR_FIND_BIGGEST_OBJECT     4
#define CV_HAAR_DO_ROUGH_SEARCH         8
```

이는 OpenCV 2.3.1버전에서는 Object.hpp 파일에서 정의되어 있는 데, C style의 코드에 사용되는 cvHaarDetectObjects() 함수와 같은 이전 cascade 함수에 사용되는 flag였다. 이 부분은 새로운 방식의 cascade 함수 즉, detectMultiScale() 함수에서는 사용되지 않는다(사용해도 무방함). 마지막으로 minSize와 maxSize에서는 물체의 크기를 한정한다. 따라서 탐색된 후보군이 minSize보다 작거나 maxSize보다 크게 되면 이 후보군을 물체로 검출하지 않는다.

그림 13-25 얼굴 검출 결과 화면

그림 13-25에서는 구현해 본 얼굴 검출 알고리즘을 테스트한 영상으로 의도한 바와 같이 얼굴을 검출해 내고 내부의 눈을 찾아 눈과 얼굴 각각에 원으로 표시를 해주고 있다. 이와 같이 비올라 존스 물체 검출 알고리즘을 이용하면 상당히 빠르고 비교적 정확하게 찾고자 하는 물체를 검출해 낼 수 있다. 하지만 이 알고리즘은 그림 13-26과 같이 주변 환경 혹은 조도(ilumination)에 따른 미검출이나 오검출(false alarm)이 발생할 수 있기 때문에 이를 유념해야 할 것이다.

그림 13-26 얼굴 미검출 결과 화면

그림 13-27 다양한 물체 검출 애플리케이션

이렇게 OpenCV에서 제공하는 얼굴 검출 예제를 통하여 비올라 존스 알고리즘이 물체 검출에 어떻게 사용되는지 전반적인 과정을 살펴볼 수 있었다. 이를 이용한다면 앞에서 말한 바와 같이 얼굴뿐만 아니라 다양한 물체에 대한 검출을 수행할 수 있는 데 아래의 그림 13-27과 같이 보행자, 오토바이, 버려진 물건, 자동차 등 다양한 물체에 적용 가능하며 또한 다양한 방법(ex. 감시 시스템, 디지털카메라, 지능형 자동차의 비전 시스템 등)으로 사용되고 있음을 알 수 있다.

13.4.2 비올라 존스 기반의 애플리케이션

13.4.2.1 자동차 검출

오검출 문제와 미검출 문제가 비올라 존스 알고리즘의 성능을 떨어뜨리는 문제점으로써 이를 보정하는 다른 보조 알고리즘들과의 융합을 통하여 이 같은 문제를 해소할 수 있고 다양한 연구들이 그러한 방법으로 발전되고 있는 상황이다. 한 가지의 예로 최재식[12]씨의 논문을 살펴보기로 한다. 다음의 논문은 본 교재에서의 2장에서 공부하게 될 옵티컬 플로 그리고 본 장에서 배운 비올라 존스 알고리즘을 복합적으로 사용하여 자동차의 후면을 검출하는 알고리즘을 연구한 내용을 다루고 있다. 따라서 본 교재의 목적인 지능형자동차를 위한 영상처리의 인식 및 추적에 대한 이해에 도움을 줄 것이라 생각하여 다음 논문을 살펴보고자 한다. 영상 처리를 이용한 차량 검출 알고리즘은 자율 주행자동차의 다양한 기술 중 상당히 중요한 기술로 중/장거리의 범위의 차량을 낮은 비용으로 검출할 수 있게 한다. 하지만 앞에서 말한 바와 같이 오검출이나 미검출 문제가 발생할 수 있기 때문에 이를 줄이기 위한 연구가 많이 진행되어 왔다. 다음 논문에서 제시하는 알고리즘 그림 13-28의 흐름도를 살펴보며 자동차 검출에 비올라 존스 알고리즘 및 타 알고리즘이 문제를 해결하기 위하여 어떤 방법으로 사용되는지 알아보자.

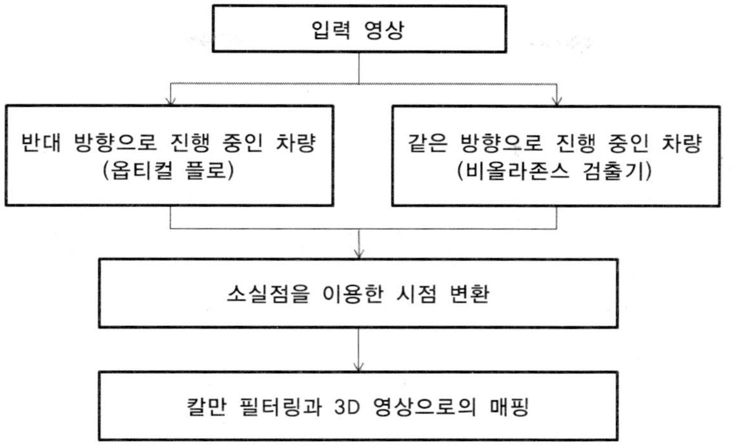

그림 13-28 논문에서 제시되는 차량 검출의 흐름도

이 논문에서는 전방 카메라에서는 이 카메라가 진행하는 방향의 차들과 반대 방향의 차들 이렇게 두 가지 종류의 차들이 입력 영상에 나타나게 됨을 가정으로 두고 입력 영상에서 반대 방향으로 이동 중인 자동차를 옵티컬 플로를 이용하여 검출하고 같은 방향으로 이동 중인 자동차를 비올라 존스 알고리즘을 이용하여 검출하였다.

이렇게 검출된 영역들에는 그림 13-29와 같이 자동차가 존재하거나 오검출이 일어날 수 있다. 또한 앞 절에서 설명한 바와 같이 Haar 물체 검출기의 경우 같은 물체에 대하여 여러 번 검출하는 경우도 발생된다는 것을 이 그림을 통하여 살펴 볼 수 있다. 따라서 이전 프레임에서 검출된 차량의 뷰포인트(소실점과 도로로 부터의 높이)와 차량의 높이 같은 특징을 기억하는 방법으로 오검출을 줄이고자 하였다.

그림 13-29 차량 오검출 결과 영상

기억된 정보들은 검출된 후보 영역을 검증하는 목적으로 이용된다. 여기에서는 영상에서의 검출된 영역의 크기와 위치를 검증하기 위한 특징으로 하는데, 소실점으로부터 검출

될 자동차의 크기와 그 위치가 다르다는 것을 이용한 것이다. 이를 이용하여 보정된 영상을 그림 13-30에서 살펴볼 수 있다.

그림 13-30 차량 보정된 결과 영상

비올라 존스 알고리즘을 이용하여 차량 검출 시 몇 프레임 동안 검출하지 못하다 다시 찾게 되는 경우가 발생하는 데, 이를 매끄럽게 검출될 수 있도록 도와주는 칼만 필터를 이용하여 이 문제를 해결할 수 있다. 칼만 필터는 상당히 다양한 분야에서 다양한 보정역할을 해주는 필터이므로 이를 잘 활용한다면 양질의 애플리케이션을 만들 수 있음을 기억해 두자.

그 후 그림 13-31과 같이 기하학적 구조를 이용하여 검출된 차량을 3차원 공간상으로 맵핑시켜 카메라로부터의 거리를 구하게 된다.

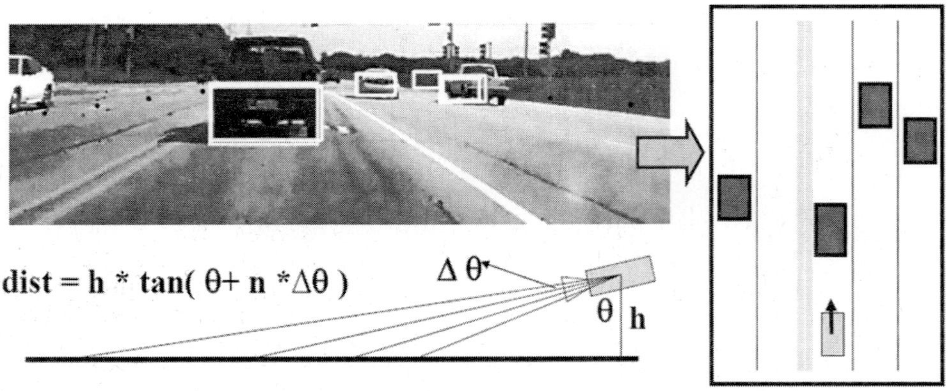

그림 13-31 검출된 자동차를 3차원 공간으로 매핑

결과적으로 그림 13-32와 같이 차량을 비교적 안정적으로 찾을 수 있게 되고 적은 처리 시간을 보임을 표 13-1에서 볼 수 있다.

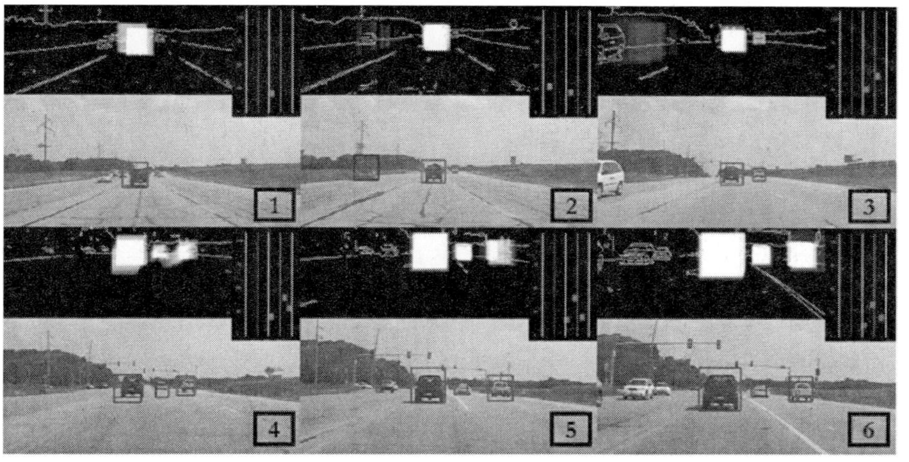

그림 13-32 해당 논문의 결과 영상

표 13-1 해당 논문의 결과 표

Content	Time/frame(s)	Time/15 frame(s)
프레임 읽기	0.021	0.312
코너 검출	0.014	0.214
허프 변환	0.029	0.429
옵티컬 플로	0.012	0.184
클러스터링	0.001	0.008
자동차 검출 & 칼만 필터	0.033	0.490
프레임 쓰기	0.059	0.891
총 시간(읽기/쓰기 포함)	0.168	2.527
총 시간(읽기/쓰기 제외)	0.088	1.324

이렇게 해서 특정 자동차 검출 알고리즘의 전반적인 과정을 살펴보았다. 이 논문을 통하여 비올라 존스 알고리즘으로 차량을 검출하게 되고 이로써 발생하는 문제들을 보정하기 위하여 다양한 방법들을 이용하는 것을 살펴볼 수 있었다. 실제로 특정 물체를 검출하는 알고리즘은 상당히 다양하고 이 알고리즘들의 조합을 통하여 강력한 검출기를 만들 수 있다.

13.4.2.2 성능 평가 : 상체 검출

비올라 존스 알고리즘은 앞에서 살펴본 일련의 트레이닝과정을 통해 얻게 되는 특정 물체에 대한 분류기만 존재한다면 강력하고 빠른 검출이 가능하기 때문에 응용 범위가 상당히 넓다. 앞에서 말한 것과 같이 사람의 상체, 하체, 전신 검출에 사용되고 자동차 및 일정 사물 검출 등 다양하게 사용되고 있다. 이렇게 빠르고 강력한 비올라 존스 알고리즘이 다른 물체 검출 알고리즘들과 비교했을 때 어떠한 성능 차를 보이는지 살펴보도록 하자.

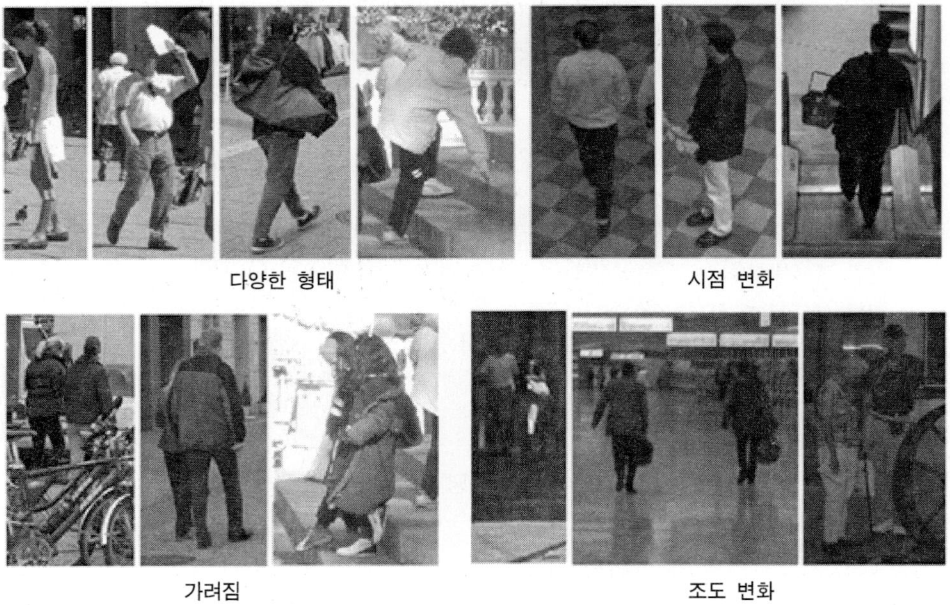

그림 13-33 사람 검출 시 어려움이 되는 요인들

여기서 참고할 논문은 Binh[13]의 논문이다. 논문에서는 상체 검출을 위해 비올라 존스 알고리즘, PCA(Principal Component Analysis) 그리고 HOG(Histogram of Oriented Gradient)를 이용하여 상체 검출을 수행해보고 각 알고리즘들의 성능(정확도와 수행 시간)을 평가하고 있다. 데이터베이스로는 INRIA와 PennFundanPed를 사용하였다. 물체 검출에서 검출의 성능을 저하시키는 다양한 조건들이 존재하는 데, 논문에서는 그림 13-33과 같이 상체 검출이나 전신 검출 시 어려움이 되는 요인들을 다양한 형태, 환경 변화(조도 및 날씨 등), 부분적 가려짐, 카메라의 움직임, 그리고 실시간 영상 처리로 규정하고 있다.

이를 잘 극복하며 물체 검출에 이용되는 대표적 알고리즘인 비올라 존스, PCA 그리고 HOG 알고리즘들을 간단히 살펴보자.

먼저 비올라 존스 알고리즘은 위에서 얘기한 바와 같이 대표적인 실시간 물체 검출기로써, Haar-like 특징점들을 이용하여 트레이닝한 후 얻어지는 분류기를 이용한 물체 검출 방법이다. 이 논문에서는 상체 검출을 위하여 데이터베이스들을 22×22 화소로 크기를 변환하고 Haar-like 특징점들을 이용하여 훈련하여 2,913개의 특징점들을 포함하는 열다섯 단계의 캐스케이드 분류기를 생성하였다. 이렇게 얻어진 캐스케이드 분류기를 이용하여 상체 검출 테스트를 수행하였고 이에 따른 결과는 다른 알고리즘들의 설명 이후에 총괄적으로 비교하도록 한다.

다음으로 PCA 기반의 알고리즘을 이용한 상체 검출을 살펴보자. PCA의 목적은 '정보 손실을 최소화'하며 D차원을 d차원으로 변환하는 것으로, 즉 훈련 집합을 이용하여 변환에 필요한 매개변수를 추정하고 그 결과를 이용하여 특징 공간을 변환하는 것이다. 따라서 샘플들이 본래의 공간에 퍼져있는 정도를 변환된 공간에서 얼마나 잘 유지(변환된 공간에서 샘플들의 분산으로 측정)하는 가를 이용하여 양성 샘플과 음성 샘플을 분류한 게 되는 것이다. PCA를 이용한 물체 검출 알고리즘은 비올라 존스 알고리즘과 마찬가지로 트레이닝 단계와 분류 단계를 거치게 되는데, 트레이닝 단계에서는 상체 성분들과 상체가 아닌 성분들 각각을 공간상에 맵핑하는 두 종류의 프로젝터를 트레이닝으로 얻어낸다. 이 논문에서는 두 종류의 평균과 주성분 프로젝터를 양성 샘플에 대한 $\overline{X_p}$와 W_p 그리고 음성 샘플에 대한 $\overline{X_n}$와 W_n로 규정하고 있다. 분류단계에서는 주어진 그레이 스케일 영상에 64×64 화소의 윈도를 이용하여 스캔하여 선택되는 관심 영역인 X로부터 2개의 재구성된 이미지 $\widetilde{X_p}$와 $\widetilde{X_n}$을 (식 13-4)을 통하여 구한다.

$$Y_p = W_p(X - \overline{X_p}),\ \ \widetilde{X_p} = W_p^T Y_p + \overline{X_p}$$
$$Y_n = W_n(X - \overline{X_n}),\ \ \widetilde{X_n} = W_n^T Y_n + \overline{X_n} \qquad \text{(식 13-4)}$$

또한 재구성 시 발생하는 에러는 다음 (식 13-5)를 이용하여 구한다.

$$E_p = \| X - \widetilde{X_p} \|,\ \ E_n = \| X - \widetilde{X_n} \|$$
$$d = E_n - \epsilon \times E_p \qquad \text{(식 13-5)}$$

다음의 방식으로 비올라 존스 알고리즘과 같은 테스트 영상들을 이용하여 성능 평가를 수행하였고, 여기서는 대표적인 알고리즘들의 성능 평가에 의의를 두고 자세한 알고리즘에 대한 설명은 이 정도에서 생략하겠다.

다음으로는 HOG 기반의 상체 검출 알고리즘이다. 이것은 SIFT(Scale Invariant Feature Transform)와 마찬가지로 사람 검출에 유효한 그레디언트(gradient)들을 특징점으로 이용한다. 특정 화소를 중심으로 마스크 영역에서 해당 화소의 주변에 대한 그레디언트의 크기와 그 기울기 방향 값을 히스토그램으로 표현하게 되는 데, 이 HOG 기술자(descriptor)를 이용하면 물체 형상을 벡터화(vectorization)하여 표현하는 것이 가능하다. 이런 특성을 이용하여 HOG 기반의 검출 알고리즘은 사람 또는 자동차 검출 등 다양한 물체 검출에 사용되고 있다. Binh의 논문에서는 64×64 화소 크기의 윈도와 16×16 화소 크기의 블록, 8×8 화소 크기의 셀 그리고 9 스텝의 히스토그램 빈을 사용하고 이 설정들을 이용하여 알고리즘 내에서 각각의 관심 영역당 1,764차원의 특징 벡터를 계산하게 된다. 그 후 linear SVM (Support Vector Machine)을 이용하여 분류를 수행하게 되는데, 다음 그림 13-34에서 HOG 기술자 그리고 양성과 음성의 SVM 가중치 영상을 보여주고 있다. 이 그림들이 상체 검출 시에 단서가 되는 머리와 어깨의 시각화 영상이 되겠다.

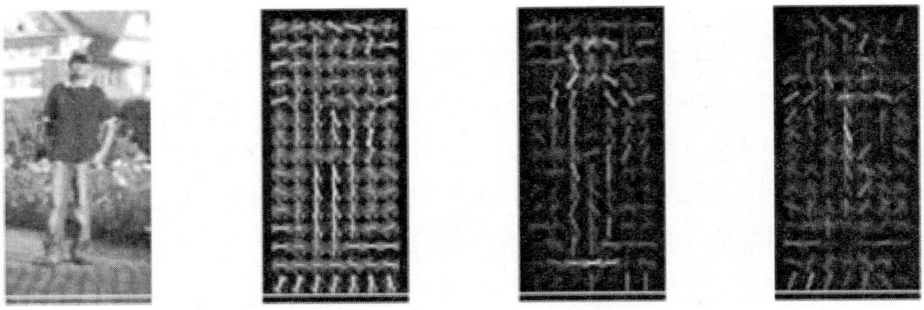

(a) 테스트 영상 (b) HOG 기술자 (c) 양성/음성 SVM 가중치의 시각화 영상 (d) 양성/음성 SVM 가중치의 시각화 영상

그림 13-34 HOG와 SVM 가중치를 이용한 그레디언트 맵

얻어진 특징 벡터들을 이용하여 앞에서 수행하였던 같은 테스트 영상들을 이용하여 상체 검출을 수행하였다.

이렇게 해서 비올라 존스 알고리즘, PCA, HOG를 이용한 물체 검출 알고리즘들을 통하여 아래의 설명과 같이 같은 데이터베이스를 이용하여 상체 검출을 수행해 보았고 수행결과를 통하여 성능을 비교 및 평가해 보았다. 훈련 집합으로는 1,237개의 양성샘플 그리고 3,891개의 음성 샘플들을 이용하였고 테스트 집합으로는 각 다른 크기의 상체를 포함하는 양성 샘플 288개와 음성 샘플 589개를 이용하였다. 다음 그림 13-35와 그림 13-36에서 훈련 집합과 테스트 집합의 샘플 일부를 보여준다.

그림 13-35 훈련 집합의 양성/음성 샘플

그림 13-36 테스트 집합의 양성/음성 샘플

이제 위에서 설명한 테스트 집합들(320×240 크기의 영상)을 이용하여 비올라 존스, PCA, HOG 각각을 기반으로 한 상체 검출 알고리즘의 성능평가 결과를 살펴보도록 하자. 그림 13-37은 각 알고리즘들의 성능(true positive rate)을 위양성의 개수에 따라 분석한 그래프로써, HOG 기술자를 이용한 상체 검출이 가장 좋은 성능(true positive rate)을 보이고, 비올라 존스 알고리즘, HOG를 이용한 상체 검출 순으로 순위를 파악할 수 있었다.

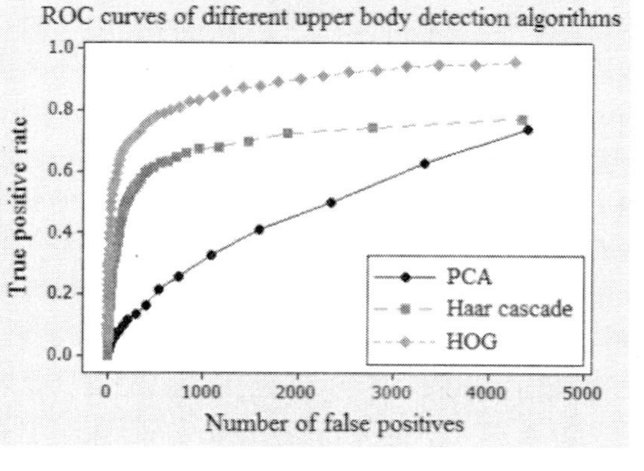

그림 13-37 비올라 존스(Haar cascade), PCA, HOG의 상체 검출결과의 성능 비교

하지만 표 13-2에서의 상체 검출 수행 시 걸리는 frame당 처리 시간에서는 비올라 존스 알고리즘은 20ms, PCA는 300ms, HOG는 70ms로 비올라 존스의 처리 시간이 타 알고리즘들에 비해 상당히 빠르다는 것을 알 수 있었다.

표 13-2 해당 논문의 결과 표

사용된 알고리즘	훈련 시간	처리 시간
비올라 존스	10days	20ms
HOG	5minutes	70ms
PCA	10minutes	300ms

이렇게 위의 결과에서 살펴볼 수 있듯이 PCA는 정확도와 시간 면에서 타 알고리즘에 비해 물체 검출에 적합하지 않다는 결과를 살펴볼 수 있었으며, 비올라 존스와 HOG 알고리즘들은 각각 장단점이 존재함을 볼 수 있었다. 하지만 실시간 시스템에서 가장 중요한 처리 시간 면에서 비올라 존스 알고리즘이 상당히 우위를 보이고 있는 것을 볼 수 있다. 따라서 많은 물체 검출 애플리케이션에서 처리 시간이 빠른 비올라 존스 알고리즘을 사용하고 있고 검출 성능이나 처리 시간 향상을 위하여 다른 알고리즘으로 보조하는 것이다.

13.5 결론

본 장의 목적은 학습을 통하여 아래와 같은 능력을 향상시키는 데에 있다.

① 기본형태의 Haar-like 특징 추출에서부터 물체의 특성에 맞게 다양하게 변형하여 사용할 수 있어야 한다.
② 적분 영상을 이용한 고속 처리 알고리즘에 대해 정확하게 이해하고 기타 응용 분야에서도 적용할 수 있어야 한다.
③ 다양한 특징점들로부터 유효한 특징점 선택을 할 수 있는 아다부스트 알고리즘에 대해 정확하게 이해해야 한다.
④ OpenCV를 사용하여 비올라 존스 알고리즘을 사용할 수 있어야 한다.

본 장에서는 비올라 존스 물체 검출기에 대해 알아보았다. 비올라 존스 검출기에서는 빠른 특징 계산을 위하여 Haar-like 특징점과 적분 영상을 사용하였고, 유효한 특징점들을 선택하기 위하여 아다부스트 알고리즘을 사용하였으며, 물체 영역이 아닌 영역을 빠르게 제거하기 위하여 캐스케이드 분류기를 사용하였다.

비올라 존스 알고리즘은 실시간으로 비교적 높은 검출성능으로 물체 검출을 할 수 있는 장점이 있는 동시에 학습과정이 너무 많이 소요되는 단점을 가지고 있다는 것을 위의 OpenCV 실습과 4.2.2절의 성능 평가 : 상체 검출을 통해 살펴볼 수 있었다.

학습과정은 오프라인 작업으로 대부분의 응용 분야에서는 문제가 되지 않지만 데이터베이스 업데이트나 새로운 물체 추가 시 다시 학습과정을 거치게 되며 실시간 업데이트는 현재로서는 불가능하다.

본 장에서는 비올라 존스 이론뿐만 아니라 OpenCV를 이용한 구현 방법과 비올라 존스 알고리즘을 이용한 애플리케이션(얼굴 검출) 그리고 본 교재의 목적에 맞는 자동차 검출에 대하여 알아보았다. 또한 대표적인 물체 알고리즘들의 성능 평가를 통한 비교 분석을 해보았고 결과적으로 비올라 존스 알고리즘을 이용한 물체 검출 애플리케이션은 상당히 빠른 처리시간을 보이며 비교적 강인한 검출을 수행하는 것을 알 수 있었다.

이렇게 비올라 존스 알고리즘의 모든 것을 살펴보았고 어떠한 방법으로 어느 부분에 적용되는지 이해할 수 있었을 것이다. 본 교재의 목적인 지능형 자동차에서 가장 중요한 부분인 주변 환경 인식 및 물체 검출에 있어서 비올라 존스가 어떠한 역할을 하고 있는지 그 중요성을 다시 한 번 생각해 보기 바라며 본 장을 마친다.

13.6 참고문헌

[1] Sung, K. and Poggio, T. "Example-based learning for viewbased face detection" IEEE Patt. Anal. Mach. Intell., 20:39-51, 1998.

[2] Rowley, H., Baluja, S., and Kanade, T. "Neural network-based face detection," IEEE Patt. Anal. Mach. Intell., 20:22-38, 1998.

[3] Osuna, E., Freund, R., and Girosi, F. "Training support vector machines: An application to face detection", In Proceedings of the IEEE Conference on Computer Vision and Pattern Recognition, 1997.

[4] Schneiderman, H. and Kanade, T. "A statistical method for 3D object detection applied to faces and cars", In International Conference on Computer Vision, 2000.

[5] Roth, D., Yang, M., and Ahuja, N. "A snowbased face detector", In Neural Information Processing 12, 2000.

[6] M. J. Brady, and D. Kersten. "Bootstrapped learning of novel objects", J Vis. 3(6), 413-422. 2003.

[7] R. Lienhart and J. Maydt. "An extended set of Haar-like features for rapid object detection", International Conference on Image Processing, 2002.

[8] P. Viola and M. J. Jones. "Robust real time face detection", International Journal of Computer Vision 57(2), 137-154. 2004.

[9] P. Viola and M. J. Jones. "Rapid object detection using a boosted cascade of simple features", Conference on Computer Vision and Pattern Recognition (CVPR2001). 2001.

[10] T. Mita, T. Kaneko and O. Hori. "Joint Haar-like features for face detection", International Conference on Computer Vision. 2005.

[11] Y. Freund and R. Schapire, "A short introduction to boosting", Journal of Japanese Society for Artificial Intelligence 14(5), 771-780. 1999.

[12] Jaesik Choi, "Realtime On-Road Vehicle Detection with Optical Flows and Haar-like feature detector", a final report of a course CS543 (Computer Vision, prof. Li Fei-Fei), 2006.

[13] Nguyen Thi Hai Binh, "Human Upper Body Detection in Videos : A Performance Evaluation", Conference on Information Security and Cryptography(CISC2011), 2011.

14 옵티컬 플로

14.1 개요

로봇이나 감시카메라와 같은 일상생활에서 많이 이용될 수 있는 실용적 애플리케이션에서는 카메라를 움직이는 로봇에 장착하거나 정지된 상태의 물체에 카메라를 부착하여 동영상을 촬영하게 된다. 이 경우 배경 혹은 우리가 관심을 갖고 지켜봐야 할 물체들은 움직임 정보들을 포함하게 되며, 관심을 갖고 있는 객체에 대한 추적을 수행해야 할 경우가 종종 발생한다.

본 장에서는 물체추적에 널리 사용되는 옵티컬 플로(optical flow)에 대하여 그 이론적인 배경, 적용 시 발생할 수 있는 애퍼처(aperture) 문제와 LK(Lucas-Kanade) 방법을 사용한 해결 방법, 추적에 적합한 특징점인 해리스 코너(Harris corner), 옵티컬 플로 추정에 적용되는 피라미드 방법에 대하여 설명한다. 또한 OpenCV와 MATLAB을 이용한 실제 프로그래밍 과정을 통해 객체의 추적이 어떻게 동작되고 수행되는지 알아볼 것이다.

14.2 옵티컬 플로의 정의 및 그 활용

옵티컬 플로(optical flow)를 의미 그대로 한자어로 표현한다면 광류(光流)라고 표현할 수 있을 것이다. 즉, 빛의 흐름이다. 위키피디아(wikipedia)에서 옵티컬 플로는 관찰자와 관찰자가 바라보는 장면으로부터의 물체, 표면, 외곽선 등에서 발생하는 움직임 패턴으로 정의한다[1]. 이에 따르면 초기 옵티컬 플로는 1940년경에 James J. Gibson에 의해 연구된 기록이 있으며, 1981년 Horn과 Schunk[1] 그리고 Lucas와 Kanade[2]의 논문에서 현재와 같은 형태의 수학적 모델과 그 토대를 수립하게 된다.

1) 위키피디아의 옵티컬 플로 설명 : http://en.wikipedia.org/wiki/Optical_flow

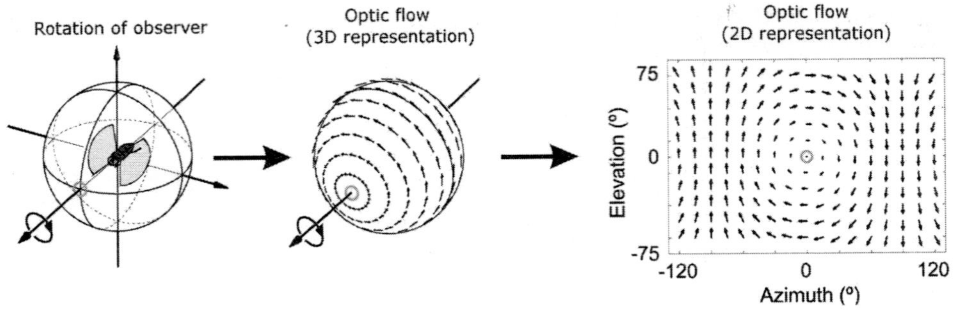

그림 14-1 관찰자(파리)가 바라본 옵티컬 플로의 형태

그림 14-1[2]은 관찰자인 파리가 회전을 할 때 발생하는 옵티컬 플로를 그림으로 표현한 것이다. 파리가 회전할 때 나타나는 옵티컬 플로의 3차원 좌표계에서의 표현은 그림 14-1의 중간형태이며, 이를 2차원으로 표현하면 그림 14-1의 마지막 형태가 될 것이다.

우리의 목적에 맞는 보다 실제적인 정의는 1995년 Beuchemin과 Barron의 논문[3]에 쓰여 있다. 그들은 옵티컬 플로를 실세계 3차원 객체 표면의 한 점에 대한 속도 벡터의 영상 평면에 투영한 형태로 본다. 이 정의가 앞으로 우리가 설명하고 구현하게 될 옵티컬 플로에 대한 정의에 가장 부합한다고 생각이 된다.

옵티컬 플로는 움직임 정보의 추정이다. 움직임 정보는 컴퓨터 비전과 같은 실세계의 인식 기술에서 매우 중요한 역할을 수행한다. 움직임 정보를 이용한 컴퓨터 비전 기술의 애플리케이션은 아래와 같이 다양하다.

- 물체의 3차원 형상 복원
- 로봇의 움직임 제어
- 물체의 추적
- 카메라의 떨림 보정
- 영상 압축
- 파노라마 영상 생성 기술

위에서 언급한 애플리케이션 외에도 다양한 응용에 움직임 정보가 활용될 수 있으며, 옵티컬 플로는 이 움직임 정보를 이용하는 하나의 수단이 될 수 있을 것이다.

---

2) 출처 : Huston SJ, Krapp HG, "Visuomotor Transformation in the Fly Gaze Stabilization System", 2007.

14.3 옵티컬 플로 추정 방법

14.3.1 옵티컬 플로의 기본 가정

14.2절에서 정의한 옵티컬 플로를 추정하기 위한 방법에는 기본적으로 다음과 같은 세 가지의 가정이 존재한다[4].

① **밝기 항상성**(brightness constancy) : 어떤 객체상의 화소는 프레임이 바뀌어도 그 값이 변하지 않는다. 그레이 스케일(grayscale) 영상의 경우, 추적하고 있는 객체 화소의 밝기는 변하지 않는다고 가정한다.

② **시간 지속성**(temporal persistence) : 영상 내에서 움직임은 그다지 빠르지 않다. 즉, 영상에서 객체의 움직임에 비하여 시간의 변화가 더 빠르게 진행되며, 이는 연속된 프레임 사이에서 객체의 이동량이 많지 않음을 의미한다.

③ **공간 일관성**(spatial coherence) : 공간적으로 서로 인접하는 점들은 같은 객체에 속할 가능성이 높고, 같은 움직임을 가진다.

그림 14-2[3]는 위의 세 가지 가정들에 대한 설명을 나타낸다.

첫 번째, 밝기 항상성은 특정 패치(영역)안의 화소들의 값이 시간이 지난 후 혹은 다음 프레임에서 그 값이 일정함을 나타낸다. 그림 14-2의 밝기 항상성에 대한 그림은 음료수 캔이 이동하였지만 그 캔의 특정 부분은 이동하여도 밝기 값이 변하지 않음을 보이며 이를

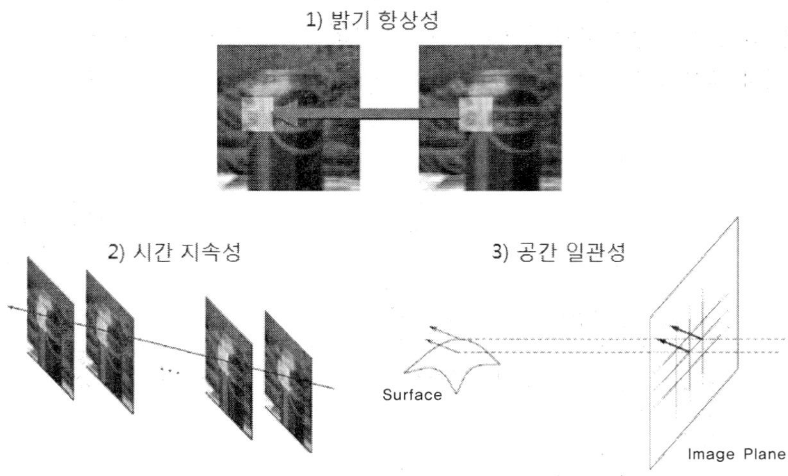

그림 14-2 옵티컬 플로의 기본 가정

3) 출처로부터 재구성된 그림 : Gary Bradski and Adrian kaehler, Learning OpenCV : Computer Vision with the OpenCV Library, O'Reilly Media, 2008.

(식 14-1)로 표현할 수 있다. (식 14-1)의 $I(x,y,t)$는 화소 좌표 x, y의 시간 t에서의 밝기 값을 의미하며 u, v는 각각 X와 Y축으로의 이동량을 나타낸다.

$$I(x+u, y+v, t+1) = I(x,y,t) \qquad \text{(식 14-1)}$$

밝기 항상성에 대한 가정은 종종 실제 자연의 성질과는 다르다. 한 가지 예는 그림 14-3[4]을 통해 확인할 수 있다. 그림의 왼쪽에 해당하는 실에 매달린 둥근 추는 패턴을 갖고 있지 않은 단색이며 회전을 하고 있다. 또한 조명은 한 곳에 정지해 있는 상황이다. 이 경우 추의 회전 움직임에도 불구하고 강한 조명의 영향과 매끈한 추의 형태 때문에 아무런 움직임 패턴이 나타나지 않는다. 반대로 오른쪽의 그림은 추는 정지해있으며 조명이 움직이는 경우이다. 이 경우 강한 조명의 영향 탓에 추는 움직이지 않음에도 불구하고 밝기 값의 변화가 발생하여 움직임 패턴이 나타나게 된다.

두 번째, 시간 지속성은 프레임 사이에서는 움직임이 작다는 것을 의미한다. 영상에서의 밝기 값의 변화는 시간에 대한 미분 형태라고 볼 수 있는데 이 값, 즉, 연속적인 프레임에서 나타나는 변화는 매우 작다고 가정하는 것이다. 그림 14-2의 시간 지속성은 움직임 변화가 시간에 따라 점진적으로 증가하는 것을 표현한 것이다.

세 번째, 공간 일관성은 특정 물체의 같은 표면에 있는 인접한 점들은 같은 움직임을 보인다는 가정이다. 따라서 이러한 점들의 집합이 영상평면에 투영되었을 때도 각 점은 비슷한 형태의 움직임을 나타낼 것이다. 그림 14-2의 공간 일관성은 이를 직관적으로 잘 표현하고 있다.

위에서 설명한 가정들을 이용하면 다양한 방법으로 움직임 정보의 추정이 가능하다. 예를 들면 밝기 항상성의 가정을 이용하여 영상의 특정 영역 내의 윈도를 매칭하는 방법을 이용하거나 블록 간의 상관(correlation)을 이용하여 움직임 정보를 추적할 수 있을 것이다.

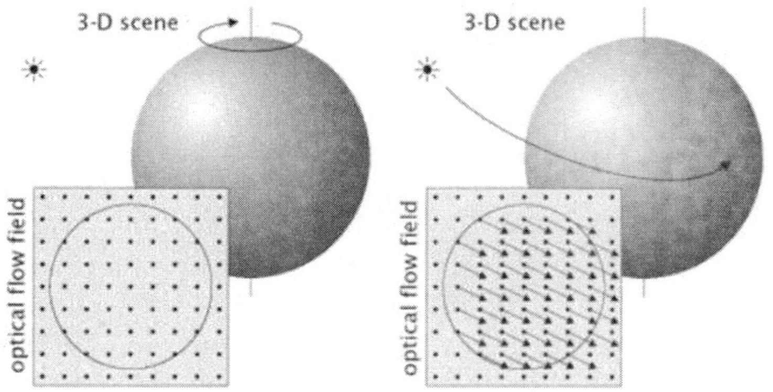

그림 14-3 밝기 항상성이 위반되는 경우

4) 출처 : D.J. Fleet & A.D. Jepson, Optical Flow Estimation, Lecture note from Toronto Univ. 2005.

또한 시간 지속성 가정을 이용하여 현재 블록의 위치를 다음 프레임에서의 탐색 범위의 중심으로 한정시킬 수 있을 것이다. 공간 지속성을 이용한다면 모든 화소에 대한 움직임 정보를 추적하지 않고 특징점만을 추적하는 방법으로 물체의 움직임을 추적할 수 있을 것이다. 본 교재의 다음 절에서는 앞서 설명한 가정들을 이용하여 그레디언트(gradient)에 기반 한 움직임 제약 방정식을 설명한다.

14.3.2 움직임 제약 방정식

움직임 제약 방정식(motion constraint equation)은 옵티컬 플로를 계산하는데 필요한 기본적인 방정식이며 이는 앞 절에서 설명한 가정들을 이용하여 수립된다. 본 절에서는 2차원과 3차원의 움직임 제약 방정식의 유도와 그 성질을 알아본다.

14.3.2.1 2차원 움직임 제약 방정식

$I(x,y,t)$ 를 $n \times n$ 블록 영역에 대한 중심 화소의 밝기 값으로 정의하자. 그리고 이 영역이 δt의 프레임 시간만큼 이동 하였다면 블록의 중심좌표가 δx, δy만큼 이동하였다면 이는 $I(x+\delta x, y+\delta y, t+\delta t)$로 표현될 수 있을 것이다. 이 두 점의 밝기 항상성의 가정에 의해 이동을 하여도 같기 때문에 (식 14-2)로 표현할 수 있다.

$$I(x,y,t) = I(x+\delta x,\, y+\delta y,\, t+\delta t) \qquad \text{(식 14-2)}$$

(식 14-2)는 밝기 항상성의 가정을 그대로 표현한 것이며, 시간 지속성의 가정처럼 δx, δy, δt의 크기가 매우 작다면 직관적으로 충분히 성립 가능함을 생각해 볼 수 있다. 그림 14-4는 이를 이해하기 쉽도록 조금은 과장되게 표현한 것이다. (식 14-2)의 $I(x+\delta x,\, y+\delta y,\, t+\delta t)$는 1차 테일러 시리즈 전개(Taylor series expansion)를 이용하여 (식 14-3)으로 나타낼 수 있다.

$$I(x+\delta x,\, y+\delta y,\, t+\delta t) = I(x,y,t) + \frac{\partial I}{\partial x}\delta x + \frac{\partial I}{\partial y}\delta y + \frac{\partial I}{\partial t}\delta t + H.O.T. \qquad \text{(식 14-3)}$$

그림 14-4 (x,y,t)에서의 블록은 $(x+\delta x, y+\delta y, t+\delta t)$의 블록과 큰 차이가 없음

(식 14-3)에서 $\frac{\partial I}{\partial x}$, $\frac{\partial I}{\partial y}$, $\frac{\partial I}{\partial t}$는 각각 (x,y,t) 에서의 영상 밝기 값 $I(x,y,t)$의 편미분이며, H.O.T는 High Order Term을 의미한다, H.O.T는 그 값이 매우 작기 때문에 무시할 수 있다고 가정한다. 따라서 (식 14-2)와 (식 14-3)을 이용하면 (식 14-4)를 얻을 수 있다.

$$\begin{aligned}&\frac{\partial I}{\partial x}\delta x+\frac{\partial I}{\partial y}\delta y+\frac{\partial I}{\partial t}\delta t=0,\\ &\Rightarrow\frac{\partial I}{\partial x}\frac{\delta x}{\delta t}+\frac{\partial I}{\partial y}\frac{\delta y}{\delta t}+\frac{\partial I}{\partial t}\frac{\delta t}{\delta t}=0,\\ &\Rightarrow\frac{\partial I}{\partial x}v_x+\frac{\partial I}{\partial y}v_y+\frac{\partial I}{\partial t}=0\end{aligned} \qquad \text{(식 14-4)}$$

(식 14-4)의 마지막 행에서 $v_x=\frac{\delta x}{\delta t}$이고 $v_y=\frac{\delta y}{\delta t}$이며, 당연히 $\frac{\delta t}{\delta t}=1$이 되어 표현하지 않았다. 수식을 자세히 살펴보게 되면 v_x, v_y는 각각 x와 y 방향의 속도이다(위치좌표 x와 y에 대한 시간 축 미분). 즉, 이 속도 벡터가 움직임을 나타내며 우리가 구하고자 하는 옵티컬 플로가 된다. 이후의 수식 전개는 편리성을 위해 식 14-4의 편미분 항을 보다 간략하게 (식 14-5)로 나타낼 것이다.

$$I_x=\frac{\partial I}{\partial x}, I_y=\frac{\partial I}{\partial y}, I_t=\frac{\partial I}{\partial t} \qquad \text{(식 14-5)}$$

(식 14-4)는 내적을 이용하여 간편한 형태인 식 14-6으로 표현되며, 벡터형태인 (식 14-7)로 보다 간소화하여 표현할 수 있다.

$$[I_x, I_y]\begin{bmatrix}v_x\\v_y\end{bmatrix}=-I_t \qquad \text{(식 14-6)}$$

$$\nabla I^T\vec{v}=-I_t \qquad \text{(식 14-7)}$$

(식 14-7)을 2차원 움직임 제약 방정식이라고 한다. 이 방정식의 $\nabla I=[I_x, I_y]$를 영상의 공간(spatial)에서의 그레디언트라 하고 $\vec{v}=[v_x, v_y]$는 앞서 설명한 것처럼 화소 위치 x와 y에 대한 옵티컬 플로 혹은 움직임 벡터라고 부른다. 우리가 관심을 갖고 추정해야 하는 것은 v_x와 v_y이며, 나머지 I_x, I_y는 영상 밝기의 화소 위치에 대한 미분이기 때문에 현재의 프레임 영상으로부터 획득할 수 있고, I_t는 시간 축 미분이기 때문에 현재의 프레임과 그 다음의 프레임으로부터 획득할 수 있다. (식 14-7)을 살펴보면 이는 직선의 방정식이며 1개의 방정식에서 2개의 변수 v_x와 v_y를 추정하는 문제이다. 이 직선의 방정식은 그림 14-5와 같다.

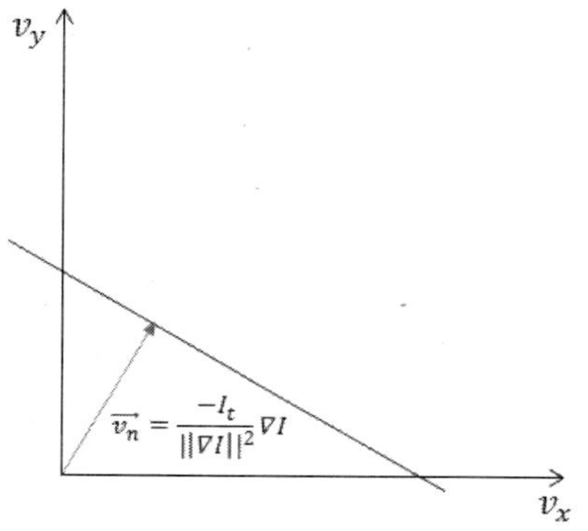

그림 14-5 (식 14-7)만을 이용하면 직선의 법선에 해당하는 $\overrightarrow{v_n}$만을 구할 수 있음

(식 14-7)로부터 얻을 수 있는 것은 그림 14-5에서 가질 수 있는 수많은 v_x와 v_y의 값 중 이 직선과 가장 가까운 법선(normal)과 같은 방향에 위치한 벡터이다. 이제 그림 14-5의 2차원 움직임 제약 방정식의 직선을 이용하여 이 법선 벡터 $\overrightarrow{v_n}$을 구해 보자. 이 법선 벡터 $\overrightarrow{v_n}$을 크기(magnitude)가 상수(scalar) v_n이고 방향이 단위 정규 벡터 $\hat{n}$을 따르는 벡터라고 생각하자. 그러면 $\overrightarrow{v_n} = v_n\hat{n}$으로 표현할 수 있다. v_n은 원점에서부터 직선까지의 크기이므로 (식 14-8)의 직선과 한 점 사이의 크기 공식을 이용하여 구한다.

$$d = \frac{ax_1 + by_1 + c}{\sqrt{a^2 + b^2}} \quad \text{(식 14-8)}$$

(식 14-8)은 일반형 직선의 방정식 $ax + by + c = 0$과 점 (x_1, y_1)과의 수직 크기 d를 나타낸다. 크기라고 표현한 것은 이 식의 분자 항에 절댓값을 씌우면 거리이지만 이 직선의 위에 위치하는 점인지, 아래에 위치하는 점인지에 따라 벡터의 크기 값은 부호를 가질 수 있기 때문에 크기라고 표현하였다. (식 14-6)을 직선의 방정식의 일반형으로 표현하면 (식 14-9)와 같기 때문에 원점에서 (식 14-9)와의 크기를 나타내는 v_n은 (식 14-10)과 같다.

$$I_x v_x + I_y v_y + I_t = 0 \quad \text{(식 14-9)}$$

$$v_n = \frac{-I_t}{||\nabla I||} \quad \text{(식 14-10)}$$

(식 14-9)로부터 법선 벡터 $\hat{n}$은 (I_x, I_y)임을 알 수 있으며 이를 정규화하면 (식 14-11)과 같다.

$$\hat{n} = \frac{(I_x, I_y)}{||\nabla I||} = \frac{\nabla I}{||\nabla I||} \quad \text{(식 14-11)}$$

따라서 우리가 구하고자 하는 법선 벡터 $\overrightarrow{v_n}$은 (식 14-12)와 같다.

$$\overrightarrow{v_n} = v_n \hat{n} = \frac{-I_t}{\|\nabla I\|^2} \nabla I \qquad \text{(식 14-12)}$$

이렇게 구한 법선 벡터 $\overrightarrow{v_n}$은 우리가 구하고자 하는 정확한 옵티컬 플로가 아니다. 단지 우리가 구한 것은 하나의 방정식이 가질 수 있는 무수한 v_x와 v_y 중 법선벡터만을 선택한 것이기에 정확하다고 말할 수 없는 것이다. 이러한 결과를 애퍼처 문제라고하며 이에 대한 해결책은 본 교재의 애퍼처 문제를 자세히 다루는 절에서 설명하도록 하겠다.

14.3.3 3차원 움직임 제약 방정식

움직임 제약 방정식의 3차원으로의 표현은 단순히 2차원 움직임 제약 방정식의 확장이다. 그림 14-6은 시간 t에서 (x,y,z)에 위치한 3차원 $n \times n \times n$ 영역이 시간 이 δt만큼 지난 후 $(x+\delta x, y+\delta y, z+\delta z)$로 이동하였을 때를 보여준다.

그림 14-6의 모델은 2차원 움직임 제약 방정식의 유도에서와 마찬가지로 (식 14-13)과 같이 쓸 수 있으며, 1차 테일러 시리즈 확장을 이용하여 (식 14-14)와 같다.

$$I(x,y,z,t) = I(x+\delta x, y+\delta y, z+\delta z, t+\delta t) \qquad \text{(식 14-13)}$$

$$I_x V_x + I_y V_y + I_z V_z + I_t = 0 \qquad \text{(식 14-14)}$$

(식 14-14)의 벡터 $\overrightarrow{V} = (V_x, V_y, V_z) = (\frac{\delta x}{\delta t}, \frac{\delta y}{\delta t}, \frac{\delta z}{\delta t})$가 우리가 추정해야 할 3차원 옵티컬 플로이다. (식 14-14)는 보다 간결한 형태로 (식 14-15)와 같이 쓸 수 있으며 이 식이 3차원 움직임 제약 방정식이 된다.

$$\nabla I^T \overrightarrow{\mathrm{V}} = -I_t \qquad \text{(식 14-15)}$$

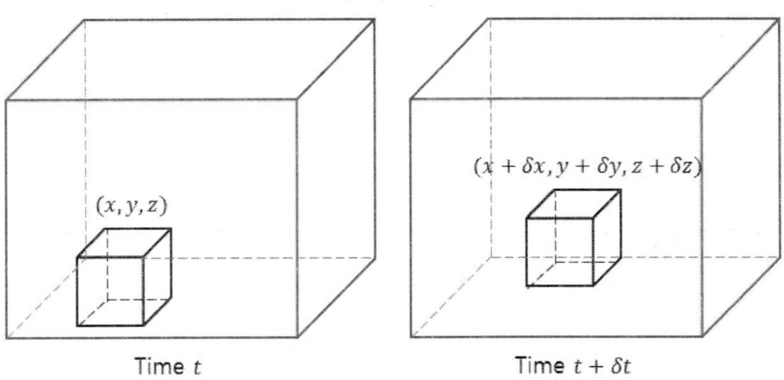

그림 14-6 시간 t에서 중심을 (x,y,z)로 갖고 있는 $n \times n \times n$ 영역의 이동

이 3차원 움직임 제약 방정식은 3차원 공간에서 평면의 방정식을 나타낸다. 마찬가지로 이 식 역시 하나의 방정식을 이용하여 3개의 변수를 추정해야 하기 때문에 애퍼처 문제를 발생시킨다.

14.3.4 움직임 제약 방정식의 물리적 의미와 반복 추정

옵티컬 플로 계산이 실제 물리적으로는 어떤 의미를 갖는지 알아보기 위해 표현이 간단한 1차원의 경우를 생각해보자. 2차원, 3차원의 경우와 마찬가지로 밝기 항상성에 의해 다음과 같은 (식 14-16)로부터 (식 14-17)을 생각해 볼 수 있다. 그리고 이로부터 (식 14-18)을 얻을 수 있다.

$$I(x,t) = I(x+\delta x, t+\delta t) \quad \text{(식 14-16)}$$

$$I(x+\delta x, t+\delta t) = I(x,t) + \frac{\partial I}{\partial x}\delta x + \frac{\partial I}{\partial t}\delta t + H.O.T. \quad \text{(식 14-17)}$$

$$\frac{\partial I}{\partial x}\delta x + \frac{\partial I}{\partial t}\delta t = 0 \;\Rightarrow\; \frac{\partial I}{\partial x}\frac{\delta x}{\delta t} + \frac{\partial I}{\partial t}\frac{\delta t}{\delta t} = 0 \;\Rightarrow \frac{\partial I}{\partial x}v_x + \frac{\partial I}{\partial t} = 0 \quad \text{(식 14-18)}$$

최종적으로 (식 14-18)은 (식 14-19)의 형태로 쓸 수 있고 이를 v_x에 관하여 정리하면 (식 14-20)의 형태로 쓸 수 있다.

$$\frac{\partial I}{\partial x}v_x + \frac{\partial I}{\partial t} = I_x v_x + I_t = 0 \quad \text{(식 14-19)}$$

$$v_x = -\frac{I_t}{I_x} \quad \text{(식 14-20)}$$

(식 14-20)과 같이 1차원으로 표현된 경우를 그림 14-7과 같이 그래프로 표현해 볼 수 있다. 그림 14-7은 1차원의 점선으로 표현된 밝기 값의 그래프 $I(x,t)$가 실선의 그래프 $I(x,t+1)$로 이동하였을 때, (식 14-20)의 파라미터들인 v_x, I_x, I_t의 관계를 보여준다.

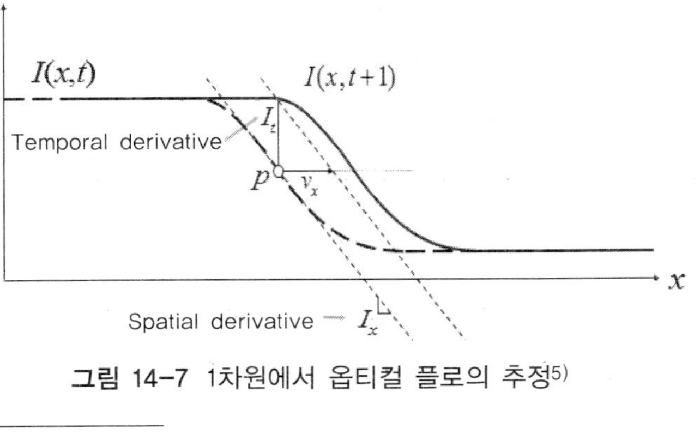

그림 14-7 1차원에서 옵티컬 플로의 추정[5)]

5) 출처 : Bradski & Kaehler, Learning OpenCV, O'REILLY, 2008.

그림 14-7에서 알 수 있듯이 점 p에서 I_t는 $I(p,t+1)$와 $I(p,t)$의 미분형태인 값의 차이로 얻을 수 있다. 점 p에서의 I_x는 $I(p,t)$의 위치에서 획득할 수 있을 것이다. 즉, 예를 들면 $I(p,t)$와 그 주변 $I(p+1,t)$이나 $I(p-1,t)$을 이용하여 획득할 수 있을 것이다. 그림 14-7에서 I_t와 v_x를 축으로 봤을 때, I_x는 이들의 기울기로 표현될 것이다. 즉, $I_x = -\frac{I_t}{v_x}$이며 이를 다시 옵티컬 플로인 v_x에 관하여 정리하면 앞에서 유도한 방법과 마찬가지로 (식 14-20)을 얻을 수 있다.

그러나 그림 14-7에서 확인할 수 있듯이 실제로 이러한 방법은 밝기 값 항상성과 프레임간의 움직임이 매우 작다는 시간 지속성이란 가정을 전제로 계산된 것이다. 즉, 이러한 가정이 정확하게 맞아 들어가지 않는 실제 영상의 경우 그림 14-7과 같이 옵티컬 플로 v_x가 $I(x,t+1)$에서의 정확한 값을 가리키지 못하고 있는 것이다. 이러한 경우 그림 14-8과 같은 반복 추정을 통해서 어느 정도 정확하게 v_x를 추정할 수 있다.

반복과정은 다음과 같이 수행된다. 첫 번째 추정된 v_x를 이용하여 그 지점으로 이동한 뒤 다시 I_t를 추정한다. 이때 I_x의 값은 변하지 않으므로 처음에 계산되었던 값을 그대로 이용할 수 있다. 이러한 과정은 (식 14-21)과 같이 표현할 수 있다. 일반적으로 5번 정도의 반복이면 옵티컬 플로 v는 수렴한다.

$$v = v_{previous} - \frac{I_t}{I_x} \qquad \text{(식 14-21)}$$

1차원 경우와 마찬가지로 우리가 주요하게 다룰 2차원 옵티컬 플로 추정의 경우도 이러한 반복을 통해 더욱 정확하게 추정될 수 있다.

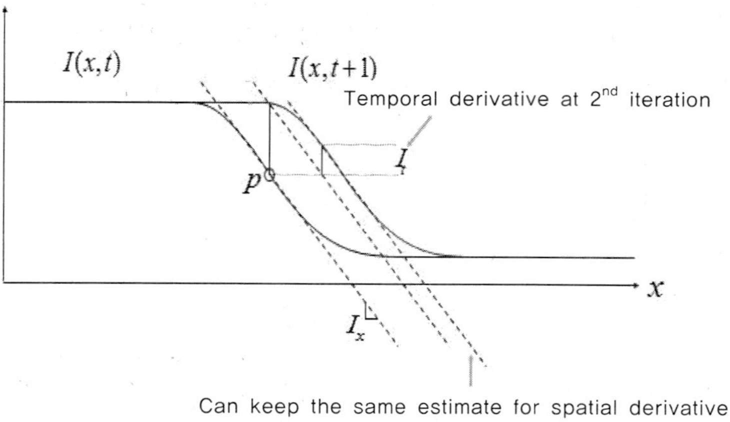

그림 14-8 반복 추정을 통한 옵티컬 플로 정확도 개선[6)]

6) 출처 : Bradski & Kaehler, Learning OpenCV, O'REILLY, 2008.

14.4 애퍼처 문제

앞 절에서 움직임 제약 방정식을 이용하여 옵티컬 플로를 추정 할 경우 애퍼처 문제가 발생한다고 지적을 했었다. 이 절에서는 이 애퍼처 문제에 대해 보다 자세하게 알아보며 이 문제를 완화할 수 있는 LK(Lucas-Kanade) 방법에 대해서 알아본다.

14.4.1 애퍼처 문제의 예

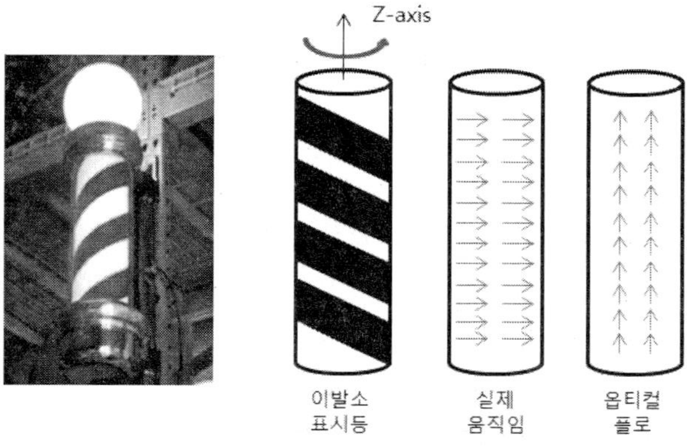

그림 14-9 이발소 표시등에서 발생하는 애퍼처 문제

그림 14-9는 일상생활에서 자주 볼 수 있는 이발소 표시등을 나타낸다. 모두가 느끼겠지만 이발소 표시등은 분명히 수평 방향으로 회전을 하고 있음에도 불구하고 우리는 이발소 표시등의 띠무늬가 위로 올라간다는 착시 현상을 느끼게 된다. 이는 일상생활에서 우리가 느낄 수 있는 대표적인 애퍼처 문제의 예이다. 이 이발소 표시등에서 옵티컬 플로를 추정하게 된다면 실제로도 우리가 느끼듯이 위로 올라가게 추정될 것이다. 애퍼처 문제는 움직임의 추적 시 커다란 부분을 보지 못하고 작은 영역 내에서 추적을 수행할 때 발생하는 문제이다. 이 문제는 그림 14-10을 통해 보다 명확히 확인할 수 있다.

그림 14-10에서 표시한 점선은 이동 전의 평면을 의미하며 이동 후는 직선으로 표시하였다. 동그라미는 추정하고자 하는 영역을 의미하며 이 부분의 옵티컬 플로를 계산하려고 한다. 그림 14-10(a)의 코너를 포함하는 영역은 옵티컬 플로를 추정하는데 큰 어려움이 없으며 안정적으로 이 영역과 같은 부분을 추정해 낼 수 있을 것이다. 그림 14-10(b)는 에지 영역의 옵티컬 플로를 계산하려고 하는데 그에 해당하는 똑같은 모양의 영역이 에지를 타고 무수히 발생하기 때문에 정확한 옵티컬 플로를 계산할 수 없다. 그림 14-10(c)는 텍스처(texture)가 없는 매끈한 영역이기 때문에 옵티컬 플로를 찾아낼 수 없게 된다.

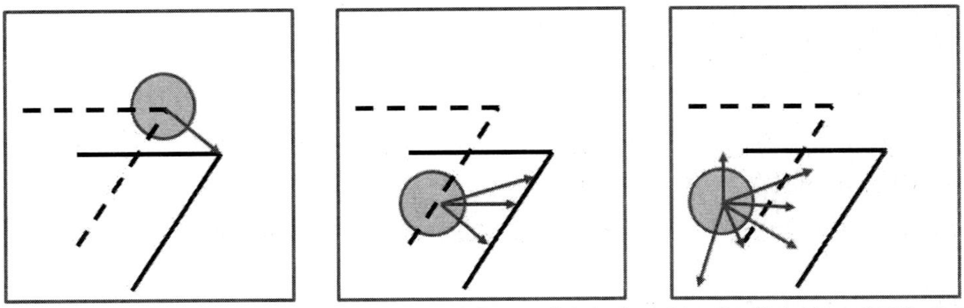

(a) 코너와 같은 영역이기 때문에 안정되게 옵티컬 플로를 추정할 수 있음 (b) 에지는 이발소 표시등과 같이 애퍼처 문제를 일으킴 (c) 텍스처가 없는 매끈한 평면의 경우 애퍼처 문제 발생

그림 14-10 애퍼처 문제

14.4.2 LK 방법을 이용한 애퍼처 문제의 해결

애퍼처 문제를 해결하는 방법은 간단하다. 애퍼처가 발생하지 않을 코너와 같은 영역만을 추적하면 될 것이다. 또한 (식 14-7)의 하나의 2차원 움직임 제약 방정식으로부터 2개의 변수를 찾아내는 문제가 아닌, 식을 여러 개로 만들어서 그 값을 추정 해 낼 수 있을 것이다. 이때 이용될 수 있는 옵티컬 플로의 기본 가정은 공간 일관성이다. 즉, 작은 영역은 같은 움직임을 보인다는 가정이다. 윈도를 만들어서 이 영역에 속한 화소들을 대표하는 하나의 옵티컬 플로를 계산한다면 보다 안정적으로 옵티컬 플로를 추정해 낼 수 있을 것이다.

5×5 영역에 대해 옵티컬 플로를 추정해 보자. 이 경우 25개의 방정식을 얻을 수 있고, 움직임 제약 방정식 14-7은 (식 14-22)와 같다.

$$\underbrace{\begin{bmatrix} I_x(p_1) & I_y(p_1) \\ I_x(p_2) & I_y(p_2) \\ \cdots & \cdots \\ I_x(p_{25}) & I_y(p_{25}) \end{bmatrix}}_{\substack{A \\ 25\times 2}} \cdot \underbrace{\begin{bmatrix} v_x \\ v_y \end{bmatrix}}_{\substack{d \\ 2\times 1}} = - \underbrace{\begin{bmatrix} I_t(p_1) \\ I_t(p_2) \\ \cdots \\ I_t(p_{25}) \end{bmatrix}}_{\substack{b \\ 25\times 1}} \qquad \text{(식 14-22)}$$

(식 14-22)에서 추정해야 하는 v_x, v_y는 2개이지만, 방정식의 개수는 25개이다. 이는 최소 자승 문제(least squares problem)를 푸는 방법으로 해결할 수 있다. 즉 (식 14-22)는 (식 14-23)을 푸는 문제가 된다.

$$\underbrace{A}_{25\times 1}\ \underbrace{d}_{2\times 1} = \underbrace{b}_{25\times 1} \quad \mapsto \quad \text{minimize}\,\|Ad-b\|^2 \qquad \text{(식 14-23)}$$

최소 자승 문제를 선형대수의 방법으로 푸는 것은 행렬의 의사역 행렬(pseudo-inverse)을 이용하면 된다. 위의 (식 14-23)의 양변에 A^T를 곱하면 이는 (식 14-24)가 되고, A^TA의 역행렬을 다시 양변에 곱해주면 우리가 추정하려고 하는 d를 구할 수 있다.

$$\underbrace{(A^TA)}_{2\times 2}\underbrace{d}_{2\times 1} = \underbrace{A^Tb}_{2\times 1} \quad \text{(식 14-24)}$$

이를 일반화하여 표현하면 (식 14-25)로 표현할 수 있고, v_x와 v_y는 (식 14-26)을 이용하여 추정할 수 있다.

$$\underbrace{\begin{bmatrix} \sum I_xI_x & \sum I_xI_y \\ \sum I_xI_y & \sum I_yI_y \end{bmatrix}}_{A^TA}\begin{bmatrix} v_x \\ v_y \end{bmatrix} = -\underbrace{\begin{bmatrix} \sum I_xI_t \\ \sum I_yI_t \end{bmatrix}}_{A^Tb} \quad \text{(식 14-25)}$$

$$\begin{bmatrix} v_x \\ v_y \end{bmatrix} = (A^TA)^{-1}A^Tb \quad \text{(식 14-26)}$$

이러한 추정 방법은 1981년 Lucas와 Kanade의 논문[2]에서 처음으로 제안됐기 때문에 보통 LK 방법이라 불린다. 이는 애퍼처 문제에 공간 일관성 가정을 부여 한 후, 한 화소가 아닌 영상의 블록에 대해 옵티컬 플로를 추정함으로써 해결한 방법이다. (식 14-25)와 (식 14-26)을 이용하여 옵티컬 플로를 추정해야 할 경우 반드시 A^TA의 역행렬이 존재 하여야 한다. 이제 우리가 추정하려는 옵티컬 플로의 중심이 에지 위에 존재할 경우 A^TA의 값이 어떻게 될지 생각해 보자. (식 14-25)의 A^TA는 그레디언트 벡터로 표현하여 (식 14-27)과 같다.

$$A^TA = \begin{bmatrix} \sum I_xI_x & \sum I_xI_y \\ \sum I_xI_y & \sum I_yI_y \end{bmatrix} = \sum \begin{bmatrix} I_x \\ I_y \end{bmatrix}[I_x \; I_y] = \sum \nabla I(\nabla I)^T \quad \text{(식 14-27)}$$

그림 14-11과 같이 에지를 화살표 방향으로 이동하는 블록은 그 영역 내에서 같은 I_x와 I_y 값들을 갖게 될 것이다. 이 경우 각각의 I_x는 I_y 거의 같은 값이라고 가정할 수 있기 때문에 (식 14-27)의 시그마 표현 대신, (식 14-28)과 같은 형태로 표현 할 수 있고 이 식의 양변에 그레디언트 ∇I 를 곱하면 (식 14-29)와 같다.

$$\left(\sum \nabla I(\nabla I)^T\right) \approx k\nabla I \nabla I^T \quad \text{(식 14-28)}$$

$$\left(\sum \nabla I(\nabla I)^T\right)\nabla I = k\|\nabla I\|\nabla I \quad \text{(식 14-29)}$$

(식 14-29)가 의미하는 것을 잘 생각해 보아야 한다. (식 14-29)의 그레디언트 ∇I는 고유값(eigen value) $k\|\nabla I\|$를 갖는 A^TA 의 고유 벡터(eigen vector)이다. 즉, A^TA는 고유 벡터 ∇I 와 고유값 $k\|\nabla I\|$의 선형조합으로 이루어져 있기 때문에 이들의 값을 분석해 보면 이에 속한 블록들이 어떤 영역인지를 추정해 볼 수 있을 것이다. 에지 영역에 대한

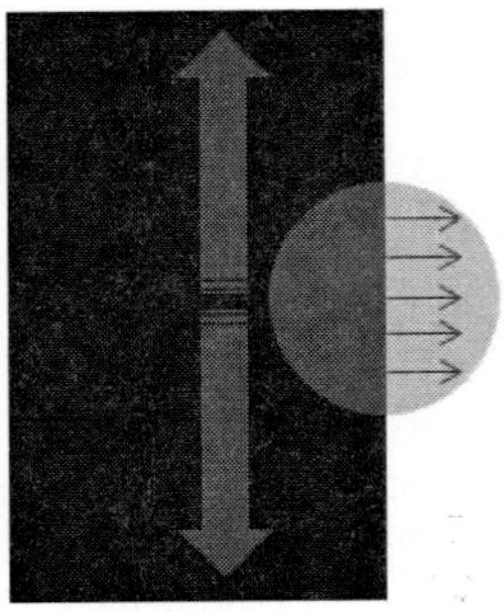

그림 14-11 원 안의 $\sum I_x I_x$, $\sum I_y I_y$, $\sum I_x I_y$는 에지를 따라 화살표 방향으로 이동하면서 같은 값을 갖게 됨

고유 벡터 ∇I 외에 이 영역의 또 다른 고유 벡터를 구해보자. 고유 벡터의 성질에 의해 이 벡터는 ∇I가 만들 수 있는 공간과 수직인 공간에서 생성되는 고유 벡터일 것이다. 즉, 에지 영역에 대한 이 고유 벡터를 N으로 표현할 때 (식 14-30)이 성립할 것이다.

$$\left(\sum \nabla I (\nabla I)^T\right) N = 0 \qquad \text{(식 14-30)}$$

(식 14-30)과 같이 에지 영역에 대해서는 한 방향의 고유값만이 존재하고 이에 해당하는 고유 벡터로 에지를 표현할 수 있게 된다. 그림 14-12를 통해서 A^TA의 고유 벡터와 고유값이 에지가 아닌 다른 영역은 어떻게 규정할 수 있는지 자세히 알아보자. 그림 14-12의 사진 속 검은 박스는 옵티컬 플로를 추정하기 위한 영역을 나타내며 이를 확대한 영역도 같이 나타내었다. 또한 확대한 영역의 밝기 값에 대한 3차원 그래프를 통해 이 영역이 보다 잘 드러나도록 하였으며 영역에 해당하는 A^TA의 고유값을 λ_1과 λ_2로 나타내었다.

첫 번째, 높은 텍스처(코너)를 갖는 영역의 그레디언트는 서로 다른 값들로 이루어져 있을 것이며 이 영역에 해당하는 A^TA의 고유 벡터는 서로 다른 방향이며 고유값 λ_1과 λ_2 모두 크게 나타날 것이다. 두 번째, 낮은 텍스처 영역(매끈한 영역)에 해당하는 A^TA의 그레디언트는 직관적으로 그 값이 매우 작을 것이며 결국 그 고유값의 크기도 작을 것이다. 세 번째, 에지영역은 앞에서 설명한 바와 같이 한 방향의 그레디언트 고유 벡터로 표현될 수 있을 정도로 한 쪽의 고유값만이 큰 값을 나타낼 것이다.

이에 대해 다음과 같은 결론을 내릴 수 있다. 옵티컬 플로는 현재의 프레임과 그 다음 프레임으로부터 획득되는 영상을 이용하여 추정하는 것이다. 그러나 1장의 영상만으로도 옵티컬 플로를 추정하기 위한 영역이 애퍼처 문제를 발생시킬 수 있는 에지 영역 혹은 낮은 텍스처 영역인지를 미리 판별해 낼 수 있는 것이다. 이 접근은 실제로 움직임을 추적할 때 매우 유용하게 사용될 것이며 추적을 위한 영역들을 선별해 낼 수 있도록 해줄 것이다. 이러한 조건을 만족하는 특징점 중 대표적인 코너 검출기인 해리스(Harris) 코너[2]가 있다. 이에 대해 14.5절에서 보다 자세히 알아보도록 하자.

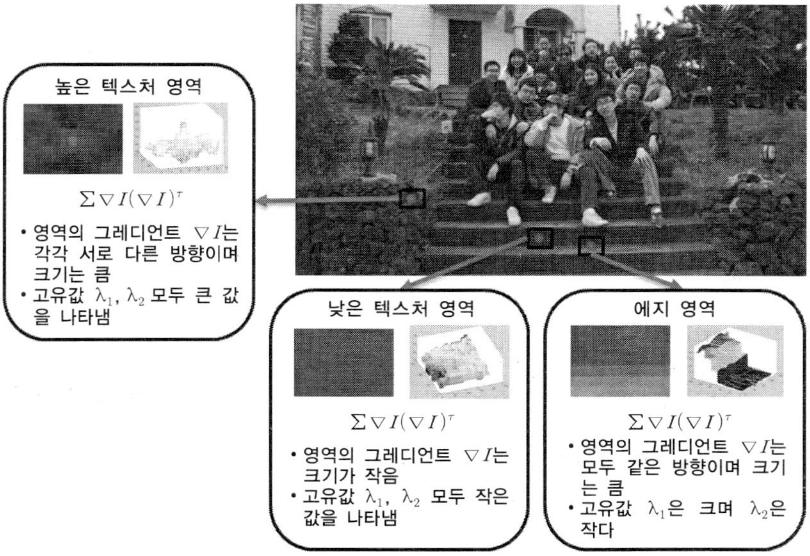

그림 14-12 영역별 고유 벡터 ∇I와 그 고유값의 관계

14.5 해리스 코너 검출기

14.5.1 해리스 코너 검출기의 유도

그림 14-13(a)를 보면서 코너가 특정 윈도의 이동에 대해 어떤 성질을 나타내는지 살펴보자. 특정 윈도가 이동할 때 마다 그 영역에 대한 평균 밝기 값을 측정해 보면 각 영역에 대해 그림 14-13(a)의 설명과 같은 결과를 나타낼 것이다. 이런 성질에 대한 표현을 (식 14-31)로 나타낸다.

$$E(u,v) = \sum_{x,y} w(x,y)[I(x+u,y+v) - I(x,y)]^2 \qquad \text{(식 14-31)}$$

(식 14-31)의 u와 v는 그림 14-13(b)에서의 윈도의 이동량을 의미하며, x와 y는 이동전의 윈도의 영역을 의미한다. 그림 14-13(b)는 이동량 u와 v가 각각 2와 -2일 때를 예로 나타낸 것이다. $w(x,y)$는 윈도 함수로 그림 14-13(c)와 같이 윈도가 존재하는 영역이 아닌 나머지 부분에는 0의 값을 가지며, 윈도 영역에 대해서만 1의 값을 갖게 하거나, 가우시안(Gaussian) 가중치 값을 부여하는 역할을 한다. 윈도 함수로 주로 사용되는 것은 가우시안 함수이다. 이 경우 코너를 추정하기 위한 윈도 영역의 중심 부분이 높은 가중치 값을 갖게 하여 보다 강인하게 동작할 수 있도록 돕고 영역의 노이즈를 제거하는 역할을 하게 된다.

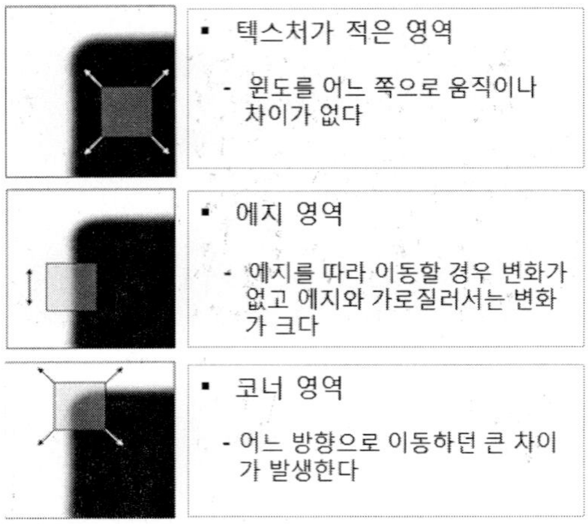

(a) 특정 영역 내에서 윈도 평균 밝기 값의 차이

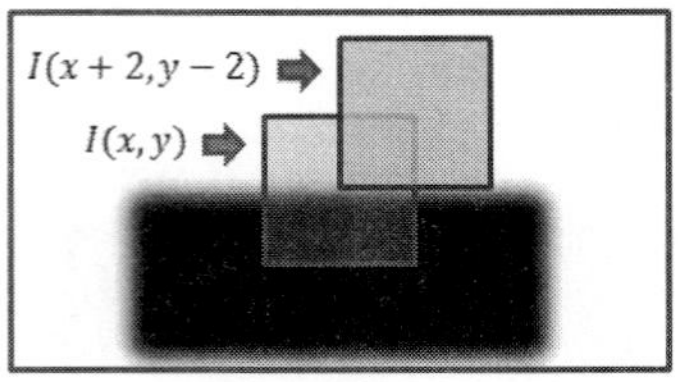

(b) (식 14−31)의 예

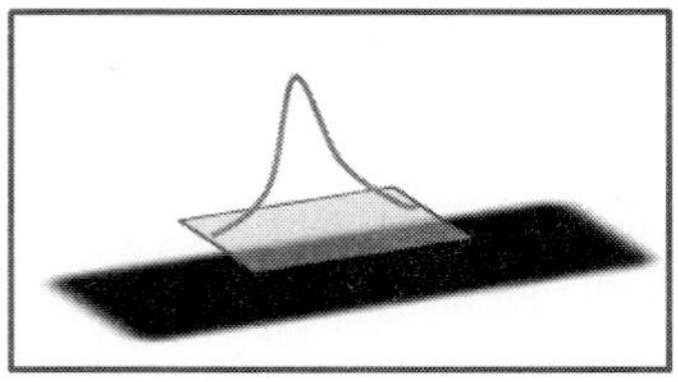

(c) 가우시안 윈도 함수

그림 14−13 윈도와 윈도 함수

(식 14-31)의 $I(x+u, y+v)$는 14.3.2절에서 이야기 했던 1차 테일러 시리즈 확장을 이용하여 $I(x,y)+I_x u+I_y v$로 표현할 수 있으며 이를 (식 14-31)에 대입하여 정리하면 $I_x u+I_y v$만 남아서 (식 14-32)와 (식 14-33)으로 표현한다.

$$E(u,v)=\sum_{x,y} w(x,y)[I_x u+I_y v]^2 \qquad \text{(식 14-32)}$$

$$E(u,v)=\sum_{x,y} w(x,y)[I_x^2 u^2+I_y^2 v^2+2 I_x I_y uv] \qquad \text{(식 14-33)}$$

이 선형식을 2차식(quadratic form)의 행렬형태로 표현해 보자. 먼저 이를 표현하는 방법에 대한 선형대수의 일반론을 알아볼 것이다. 2차식의 형태는 (식 14-34)와 같은 형태의 식이다.

$$a_1 x_1^2+a_2 x_2^2+\cdots+a_n x_n^2+(i<j \text{를 만족하는 } a_k x_i x_j \text{의 형태의 모든 조합}) \qquad \text{(식 14-34)}$$

(식 14-35)와 (식 14-36)은 각각 변수가 x_1, x_2 2개일 때와 x_1, x_2, x_3로 3개일 때의 2차식 형태를 나타낸다.

$$a_1 x_1^2+a_2 x_2^2+a_3 x_1 x_2 \qquad \text{(식 14-35)}$$

$$a_1 x_1^2+a_2 x_2^2+a_3 x_3^2+a_4 x_1 x_2+a_5 x_1 x_3+a_6 x_2 x_3 \qquad \text{(식 14-36)}$$

(식 14-35)와 (식 14-36)에서 두 변수의 곱을 포함하는 항을 크로스-곱(cross-product) 항이라고 부른다(예 : 식 14-35의 $a_3 x_1 x_2$). 이렇게 정리된 (식 14-35)와 (식 14-36)은 각각 (식 14-37)과 (식 14-38)로 표현될 수 있다.

$$[x_1\, x_2]\begin{bmatrix} a_1 & a_3/2 \\ a_3/2 & a_2 \end{bmatrix}\begin{bmatrix} x_1 \\ x_2 \end{bmatrix} \qquad \text{(식 14-37)}$$

$$[x_1\; x_2\; x_3]\begin{bmatrix} a_1 & a_4/2 & a_5/2 \\ a_4/2 & a_2 & a_6/2 \\ a_5/2 & a_6/2 & a_3 \end{bmatrix}\begin{bmatrix} x_1 \\ x_2 \\ x_3 \end{bmatrix} \qquad \text{(식 14-38)}$$

(식 14-37)과 (식 14-38)은 모두 $\mathbf{x}^T A\mathbf{x}$의 형태로 쓸 수 있다. $\mathbf{x}$는 변수들의 열벡터(column vector)이며 $\mathbf{A}$는 2차식의 계수만을 표현하는 행렬로서 대각선 방향으로는 제곱 항의 계수를 갖고, 대각선이 아닌 곳에서는 크로스-곱 항의 계수를 2로 나눈 값을 갖는 대칭 행렬이다. 보다 정확하게 표현해 보면, 행 i와 열 i에 속하는 대각선에 위치한 계수는 x_i^2의 계수이며 대각선이 아닌 위치인 행 i와 열 j에 해당하는 계수는 x_ix_j 계수를 2로 나눈 값이다. 2차식이 항상 위의 (식 14-37)과 (식 14-38)과 같이 대칭형태로만 표현될 수 있는 것은 아니다. 예를 들면 (식 14-39)의 첫 번째 행의 형태로도 쓰일 수 있다.

$$\begin{aligned} 2x^2+6xy-7y^2 &= [x\;\; y]\begin{bmatrix} 2 & 5 \\ 1 & -7 \end{bmatrix}\begin{bmatrix} x \\ y \end{bmatrix} \\ &= [x\;\; y]\begin{bmatrix} 2 & 3 \\ 3 & -7 \end{bmatrix}\begin{bmatrix} x \\ y \end{bmatrix} \end{aligned} \qquad \text{(식 14-39)}$$

그러나 행렬이 대칭형태로 표현되면 추후 더욱 편리한 연산을 수행할 수 있기 때문에 보통 $\mathbf{x}^T A\mathbf{x}$ 형태로 표현된 이차식의 행렬 $\mathbf{A}$는 언급하지 않는 경우 대칭 행렬로 간주하는 경우가 많다.

이렇게 2차식인 (식 14-34)는 행렬의 형태로 쉽게 변환할 수 있음을 알았다. 이제 (식 14-33)을 이차 행렬식의 형태로 표현하면 (식 14-40)과 같다.

$$E(u,v) \cong [u,v]M\begin{bmatrix} u \\ v \end{bmatrix} \qquad \text{(식 14-40)}$$

(식 14-40)에서 M은 (식 14-41)과 같다.

$$M=\sum_{x,y} w(x,y)\begin{bmatrix} I_x^2 & I_xI_y \\ I_xI_y & I_y^2 \end{bmatrix} \qquad \text{(식 14-41)}$$

위 식의 M은 $w(x,y)$ 항을 제외하면 14.4.2절 LK 방법의 (식 14-25)의 A^TA와 같음을 알 수 있다. 또한 14.2.2절에서 이미 이 행렬의 고유값에 대한 분석을 통해 이 영역이 어떠한 성질을 갖고 있는지 추정할 수 있음을 알고 있다. (식 14-41)의 행렬 M은 영상의 특정 윈도 영역의 그레디언트로 구성된 행렬이며 이를 통해 (식 14-40)과 같이 u, v의 이동에 따른 영역의 밝기 값 변화량 $E(u,v)$를 결정할 것이다. 따라서 행렬 M을 분석하면 이 영역을 규정할 수 있게 된다.

해리스 코너의 기본 아이디어는 행렬 M을 구성하는 I_x와 I_y를 좌표계에 표현한 후 이를 적절하게 표현할 수 있는 타원의 파라미터를 획득하여 이 영역이 코너인지를 확인하는 방법이다. 그림 14-14에 노이즈를 포함하는 에지 영역, 평평한 영역, 코너 영역과 각 영역의 x와 y 방향 미분을 수행한 영상을 표현하였다. 그리고 그림 14-14에서 영상의 x와 y방향 미분 영상의 각 화소값 I_x와 I_y의 분포를 좌표축에 표현한 후 이 점들을 표현할 수 있는 타원을 그림 14-15에 표현하였다.

일반적으로 타원의 방정식은 $x^2/a^2 + y^2/b^2 = 1$ 의 형태로 표현되며 장축이 x축과 일치할 경우 $2a$는 타원의 장축의 길이이며, $2b$는 단축의 길이임을 알고 있다. 이 타원의 방정식에서 그림 14-15에서 표현한 고유값 λ_1과 λ_2는 각각 타원의 방정식에서의 a와 b의 값을 의미한다. 즉, 그림 14-16과 같이 표현할 수 있다.

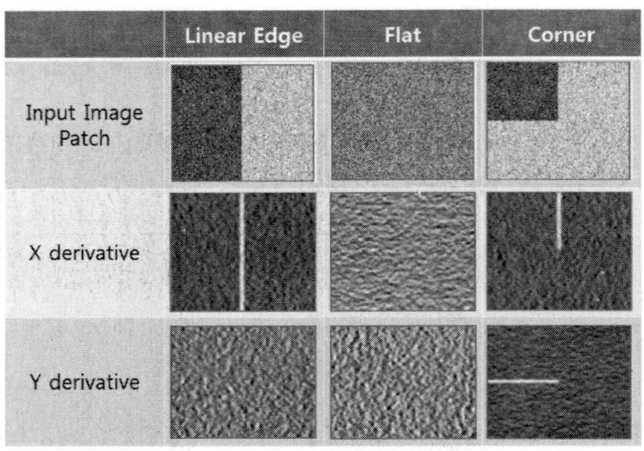

그림 14-14 각 영역별 미분 영상

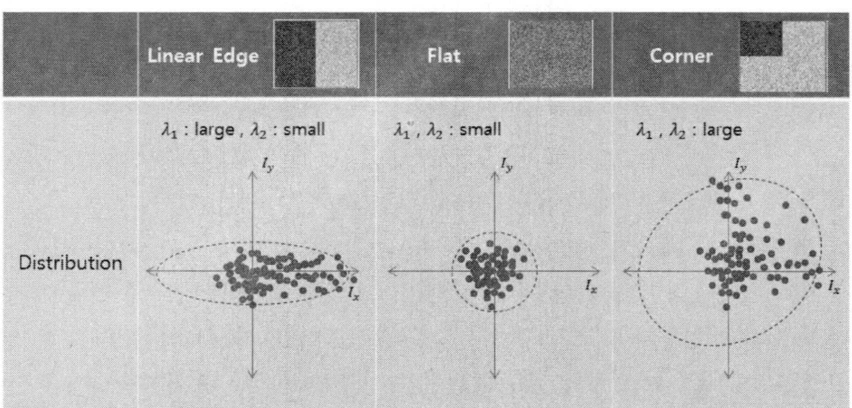

그림 14-15 타원의 주성분으로 표현될 수 있는 영역의 I_x와 I_y

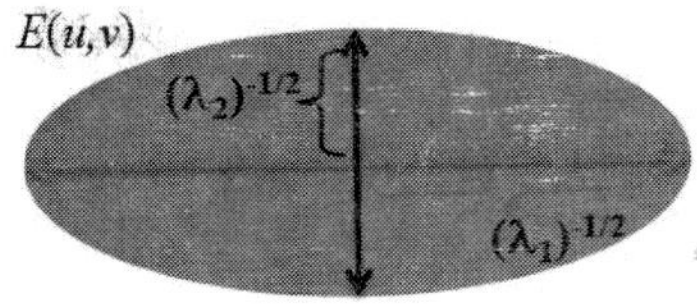

그림 14-16 $E(u,v)$를 규정하는 λ_1과 λ_2

행렬 M은 직교하는 고유 벡터 2개로 구성될 것이기에 λ_1과 λ_2의 고유값만을 이용하면 이 영역의 특징을 규정할 수 있다. 즉, 영상 각각의 모든 화소에 대하여 행렬 M을 구한 후 이 형렬 M의 고유값을 구하면 각 화소가 에지 영역, 코너 영역, 평평한 영역인지를 분류해 낼 수 있게 되는 것이다. 그림 14-17에는 이 고유값의 크기에 따라 결정할 수 있는 영역을 그림으로 나타냈다.

보다 정확한 영역의 분류를 위해서는 단순한 고유값의 비교가 아닌 코너 화소를 결정할 수 있는 코너 응답 함수(corner response function)를 필요로 한다. 이는 (식 14-42)로 표현할 수 있으며 그림 14-17의 점선으로 표시된 선을 의미한다. 코너는 회전에 불변한 특징이기 때문에 (식 14-42)와 같은 2차식으로 표현할 수 있는 것이다. (식 14-42)는 대각합(trace)에 대한 고유값의 성질인 (식 14-43)과 행렬식(determinant)에 대한 고유값의 성질인 (식 14-44)를 이용한 것이다. (식 14-43)과 (식 14-44)의 A는 일반적인 $n\times n$ 행렬이며 이 행렬의 고유값은 λ_1, ..., λ_n을 가진다고 가정할 경우 성립한다.

$$R=\det(M)-k(\mathrm{trace}(M))^2 \qquad \text{(식 14-42)}$$

$$\mathrm{trace}(A)=\sum_i \lambda_i \qquad \text{(식 14-43)}$$

$$\det(A)=\Pi\,\lambda_i \qquad \text{(식 14-44)}$$

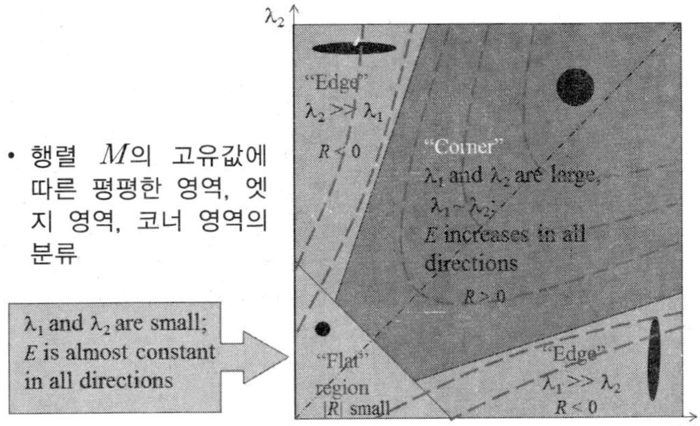

그림 14-17 고유값 분석을 통한 영역의 결정 및 코너 응답 함수

따라서 (식 14-42)의 $\det(M)$은 $\lambda_1\lambda_2$가 되고 $\mathrm{trace}(M)$ 은 $\lambda_1+\lambda_2$가 되어 행렬 M의 고유값에 대한 계산 없이 단순한 행렬식과 대각합 식을 이용하여 코너 응답 함수를 계산해 낼 수 있다. 식 14-42의 k는 일반적으로 0.04~0.06 사이의 값으로 결정한다. (식 14-42)의 R을 계산하기 위해서는 행렬 M만이 필요하며 이는 실제적으로 M의 고유값만을 통해 계산된다. 또한 R값이 클 경우 이는 코너로 간주되고 R이 큰 값이지만 음수를 나타낼 경우 이는 에지가 된다. 또한 $|R|$ 가 작다면 이 영역은 평평한 영역이 될 것이다.

해리스 코너는 최종적으로 두 단계를 통해서 찾아진다. 첫 번째로 앞서 설명한 코너 응답 함수가 특정 문턱치 값 이상인($R>\mathrm{threshold}$) 모든 점을 찾는 것이다. 두 번째 단계로 이 점들 중 R값이 지역 최댓값(local maxima)에 속하는 점들을 코너로 취하면 된다. 이 과정을 그림 14-18에 나타내었다.

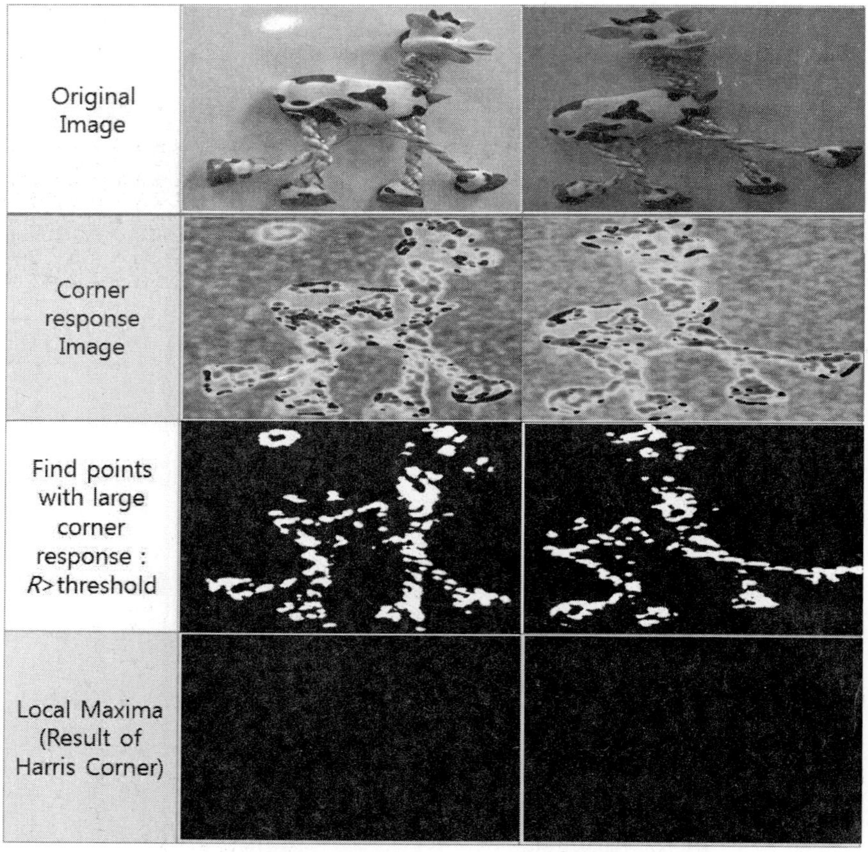

그림 14-18 해리스 코너의 검출과정[7]

7) 출처 : Bill Freeman, Advances in Computer Vision, Lecture Note.

해리스 코너가 발생하는 영역에 대해서만 추적을 수행한다면 보다 효율적으로 오류 없이 옵티컬 플로를 추정해 낼 수 있을 것이다. 실제로 Carlo Tomasi와 Takeo Kanade[6]의 연구에서는 (식 14-45)를 만족하는 영역만을 추적하며 이를 만족하지 않을 경우 이 영역에 대한 추적을 중지한다. 이 식의 λ는 경험적으로 얻어지는 상숫값으로, 정해진 값은 없으며 평평한 영역과 높은 텍스처 영역의 중간값 정도로 결정하면 된다.

$$\min(\lambda_1, \lambda_2) > \lambda \qquad \text{(식 14-45)}$$

(식 14-45)를 사용한 추적 영역과 추적의 멈춤을 결정하는 것과 해리스 코너의 응답 함수의 값 중 코너에 속하는 점들만을 이용하는 방법은 그 접근이 유사함을 알 수 있다.

14.5.2 해리스 코너의 한계와 특징의 선택

지금까지 해리스 코너가 옵티컬 플로를 추정하기 좋은 영역을 지정해 줄 수 있음을 알아봤다. 그러나 해리스 코너 영역도 실제로 옵티컬 플로를 이용한 추적을 수행해 보면 추적이 잘 안될 경우도 발생하며, 이 영역이 가려짐에 의해서 사라지거나 영상을 벗어나는 경우도 발생할 것이다.

먼저 해리스 코너의 성질과 그 한계를 알아보자. 해리스 코너의 응답 함수 R은 그림 14-19와 같이 회전에 불변한 성질을 지닐 것이다. 이는 영상에서 어느 방향으로 움직이건 코너로 측정되는 영역은 타원의 모양을 결정하는 고유값들로 결정되기 때문이다.

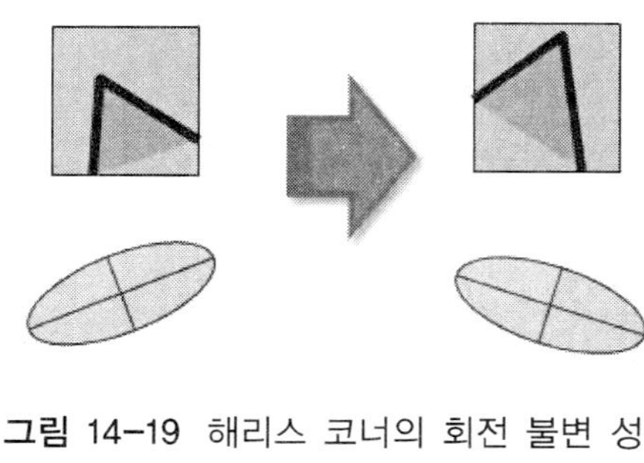

그림 14-19 해리스 코너의 회전 불변 성질

또한 해리스 코너의 응답 함수는 영상의 미분을 파라미터로 갖고 있기 때문에 영상 밝기 값의 상수 크기 증감에 대해서는 아무런 영향을 미치지 못하여 불변할 것이며, 스케일 변화에는 미분을 취하여도 그 차이는 존재하기 때문에 부분적으로 불변할 것이다. 스케일 변화에 따른 해리스 코너 응답 함수가 부분적으로 불변함을 그림 14-20에 보였다. 그림 14-20의 왼쪽 그래프를 보면 문턱 값(threshold)에 의해 나타나지 않았던 하나의 해리스 코너 점이 오른쪽에서는 나타남을 확인할 수 있다. 따라서 이는 부분적으로 불변한다고 말할 수 있다.

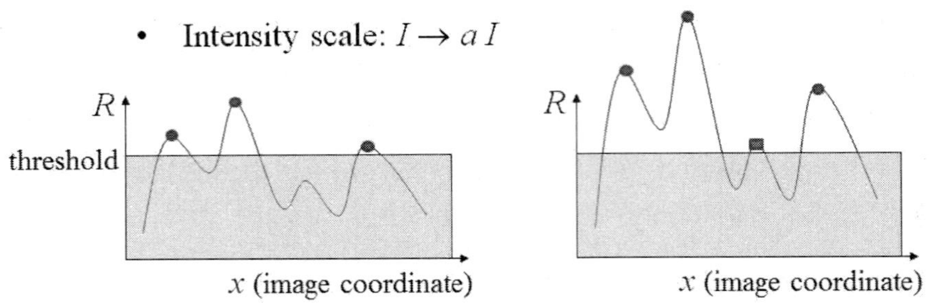

그림 14-20 영상 밝기 값의 스케일 증가에 따라 부분적으로 불변함[8)]

이번에는 영상 밝기 값의 스케일 변화가 아닌 영상자체의 스케일 변화에 대하여는 어떻게 될지 살펴보자. 이를 위해 그림 14-21을 살펴보자. 그림 14-21의 왼쪽의 선은 어떤 물체를 나타내고 네모박스는 해리스 코너를 추정하기 위한 윈도라고 해보자. 왼쪽 윈도 내에 속한 영역들을 살펴보면 이는 에지 영역으로 추정될 것이다. 이 그림의 오른쪽 선은 왼쪽 선의 스케일이 줄어들어 매우 작아진 형태를 나타낸다. 해리스 코너를 측정하기 위해 왼쪽과 똑같은 윈도를 사용하게 될 경우 이 윈도 영역은 코너로 추정될 것이다. 따라서 해리스 코너는 영상의 스케일 변화에 대해서 불변하지 않다.

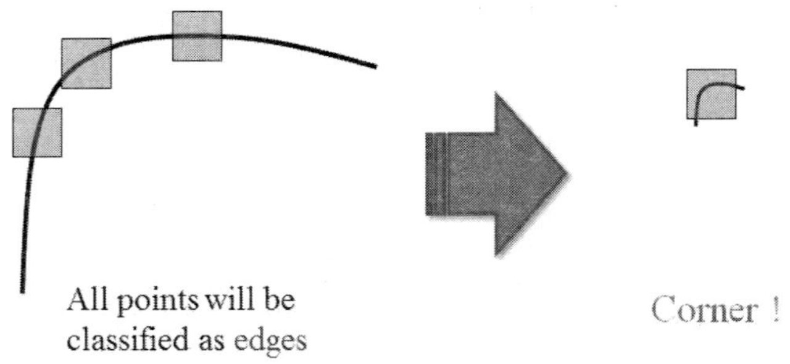

그림 14-21 영상의 크기 변화에 따라 불변하지 않음[8)]

따라서 스케일 변화가 큰 프레임에서 해리스 코너 영역의 옵티컬 플로를 추정할 경우 14.4절에서 설명한 애퍼처 문제가 발생함을 알 수 있다. 이렇게 발생하는 영상 스케일 변화를 해결하기 위해서 대표적으로 해리스-라플라시안(Harris-Laplacian) 방법[7]이나 SIFT[8]와 같은 특징 추출 방법들이 개발되었으며 현재도 굉장히 다양하고 많은 방법들이 개발되고 있다. 특징 추출 알고리즘의 평가 방법을 알고 싶다면 C.Schmid의 논문[9]을 참고하기 바란다. 14.6절에서는 앞서 설명한 스케일 변화에 대해 강인하게 옵티컬 플로를 추정할 수 있도록 해주는 영상 피라미드 방법에 대해 설명한다.

---

8) 출처 : Bill Freeman, Advances in Computer Vision, Lecture Note.

14.6 영상 피라미드를 이용한 스케일 공간상의 추정

대부분의 비디오에서는 크고 불규칙한 움직임이 빈번하게 발생하고 이러한 사실은 이전 옵티컬 플로의 가정 중 프레임과 프레임 사이에는 아주 작은 움직임만이 발생한다는 시간 지속성과 인접한 객체가 같은 움직임을 가진다는 공간 일관성의 가정을 위배하게 된다. 커다란 움직임을 감지하기 위해서는 큰 윈도를 사용하여야 하지만 이는 일관된 움직임이라는 가정을 깨뜨리기 쉽다. 이러한 문제점을 해결하기 위하여 영상 피라미드를 사용할 수 있다. 영상 피라미드는 그림 14-22와 같은 형태의 영상 구성을 의미한다.

영상 피라미드는 영상의 크기를 단계별로 축소하여 피라미드형태로 구성하는 방법을 말한다. 이때 영상을 축소를 위한 샘플링 시 발생하는 알리아싱(aliasing)을 줄이기 위해 가우시안 필터를 적용한다. 영상 피라미드를 이용한 옵티컬 플로 추정 방법은 그림 14-22와 같이 피라미드의 최상위 계층에서 옵티컬 플로 계산을 시작하고, 다음 계층에서 이를 개선하는 형태로 움직임을 추정하는 방식이다. 즉, 최상위 계층에서 가장 먼저 옵티컬 플로를 계산하고, 계산된 결과를 다음 계층에서 시작점으로 삼아서 다시 움직임 추정을 수행한다. 이러한 연산을 피라미드 최하위 계층에 도달할 때까지 반복한다. 이렇게 계층별로 옵티컬 플로를 추정함으로써 작고 일관된 움직임이라는 가정 때문에 발생할 수 있는 문제들을 완화시킬 수 있다.

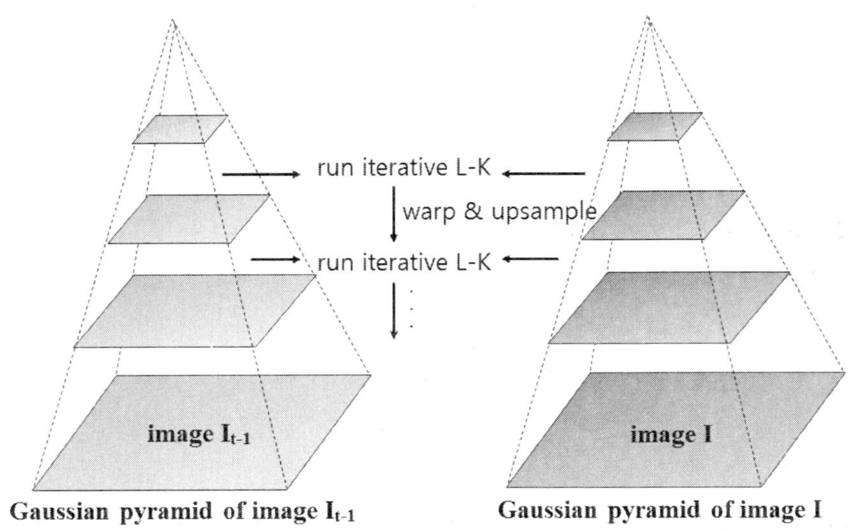

그림 14-22 영상 피라미드에서의 옵티컬 플로 추정

14.6.1 영상 피라미드 구성

크기가 $n_x \times n_y$ 인 원본 영상 I 를 가정하자. 그리고 피라미드의 최하단인 0번째 단계의 영상을 $I^0 = I$ 로 표현한다. 즉 I^0 는 원본 영상을 의미한다. 각 단계에서의 영상의 크기도 마찬가지 방식으로 기술한다. 첫 번째 단계에서의 영상의 가로와 세로의 크기는 $n_x^0 = n_x$ 와 $n_y^0 = n_y$ 가 될 것이다. 영상 피라미드를 생성하는 방법은 I^0 로부터 I^1 을 생성하고, I^1 으로부터 I^2 를 생성하는 재귀적인 방법을 이용한다. 이러한 재귀적 방법을 이용하여 영상 피라미드는 (식 14-46)과 같다.

$$\begin{aligned} I^L(x,y) = &\frac{1}{4} I^{L-1}(2x,2y) + \\ &\frac{1}{8}\left(I^{L-1}(2x-1,2y) + I^{L-1}(2x+1,2y) + I^{L-1}(2x,2y-1) + I^{L-1}(2x,2y+1) + \right. \\ &\frac{1}{16}\left(I^{L-1}(2x-1,2y-1) + I^{L-1}(2x+1,2y-1) + I^{L-1}(2x-1,2y+1) + I^{L-1}(2x+1,2y+1) \right) \end{aligned} \quad \text{(식 14-46)}$$

(식 14-46)에서 영상을 벗어나게 표현되는 좌표값 x 와 y 는 최인접 화소로 보간한다고 가정하고 (식 14-47)과 같다.

$$\begin{aligned} &I^{L-1}(-1,y) \doteq I^{L-1}(0,y), \\ &I^{L-1}(x,-1) \doteq I^{L-1}(x,0), \\ &I^{L-1}(n_x^{L-1},y) \doteq I^{L-1}(n_x^{L-1}-1,y), \\ &I^{L-1}(x,n_y^{L-1}) \doteq I^{L-1}(x,n_y^{L-1}-1), \\ &I^{L-1}(n_x^{L-1},n_y^{L-1}) \doteq I^{L-1}(n_x^{L-1}-1,n_y^{L-1}-1) \end{aligned} \quad \text{(식 14-47)}$$

피라미드 영상의 가로와 세로 크기는 각 단계에서 (식 14-48)의 관계를 갖는 가장 큰 정수이다.

$$\begin{aligned} n_x^L &\le \frac{n_x^{L-1}+1}{2}, \\ n_y^L &\le \frac{n_y^{L-1}+1}{2} \end{aligned} \quad \text{(식 14-48)}$$

(식 14-46)의 각 영상의 좌표를 따라가 보면 앞서 그림 14-22의 피라미드 표현을 그대로 표현한 것임을 알 수 있다. 이 피라미드 표현의 식이 길어진 이유는 가우시안 필터를 위한 계수가 I^{L-1} 에 곱해져 있기 때문이다. 즉, 이 식은 그림 14-23의 가우시안 필터를 영상 I^{L-1} 에 적용하여 샘플링으로 인한 알리아싱을 제거한 후 I^{L-1} 의 화소를 $2x$ 와 $2y$ 로 샘플링한 것이 된다.

$\frac{1}{16}$	$\frac{1}{8}$	$\frac{1}{16}$
$\frac{1}{8}$	$\frac{1}{4}$	$\frac{1}{8}$
$\frac{1}{16}$	$\frac{1}{8}$	$\frac{1}{16}$

그림 14-23 (식 14-46)에 적용된 가우시안 필터

이렇게 구성되는 영상피라미드 구조를 $\{I^L\}_{L=0,\ldots,L_m}$로 표현하며 L_m은 피라미드의 최상위 단계를 의미한다. L_m은 처리할 영상의 크기와 추적해야 할 객체에 맞춰서 선택하며 보통 5를 넘지 않을 것이다. 1,280×960의 경우도 피라미드의 다섯 단계까지 가면 영상의 크기가 640×480, 320×240, 160×120, 80×60을 거쳐 40×30이 되기 때문에 의미 있는 움직임 추적이라고 볼 수 없기 때문이다.

14.7 옵티컬 플로 추정의 최종정리

지금까지 옵티컬 플로 계산에 필요한 제약사항과 방법들에 대해서 설명적으로 알아보았고 영상 피라미드의 구성방법도 알아보았다. 이번 절에서는 지금까지 배웠던 내용들을 구현 할 수 있도록 보다 수학적인 방법으로 정리하고 표현하도록 하겠다. 이제부터 나올 수식 표현과 설명은 참고문헌[10]을 참조하였다.

14.7.1 영상 피라미드에서의 옵티컬 플로 계산

다시 LK 옵티컬 플로를 추정하는 방법을 상기해 보자. 이는 최소 자승 근사법으로 (식 14-49)를 최소화하는 벡터 $\vec{d}$를 찾는 것으로 생각할 수 있다.

$$\epsilon(\vec{d}) = \epsilon(d_x, d_y) = \sum_{x=u_x-w_x}^{u_x+w_x} \sum_{y=u_y-w_y}^{u_y+w_y} (I(x,y) - J(x+d_x, y+d_y))^2 \qquad \text{(식 14-49)}$$

(식 14-49)의 I는 첫 번째 영상, J는 두 번째 영상이며 둘 모두 그레이 스케일 영상이라고 가정한다. $\vec{u} = [u_x, u_y]$로 영상에서의 옵티컬 플로가 계산될 좌표를 표현하고 w_x와 w_y는 애퍼처 문제를 해결하기 위한 LK 방법의 접근인 윈도의 크기를 나타낸다. 이는 일반적으로 2~7까지의 크기에서 결정할 수 있다. 이제 피라미드 단계 $L = 0, \ldots, L_m$에 대하여

영상 I^L에 해당하는 영상좌표를 $\overrightarrow{u^L}=[u_x^L, u_y^L]$로 표현하자. 일반적으로 앞서 설명한 피라미드 생성과정에 의하여 $\overrightarrow{u^L}$은 (식 14-50)과 같이 계산된다. (식 14-50)의 $\vec{u}=\overrightarrow{u^0}$이다.

$$\overrightarrow{u^L}=\frac{\vec{u}}{2^L} \qquad \text{(식 14-50)}$$

앞서 설명한 바와 마찬가지로 옵티컬 플로의 계산은 가장 위 단계인 L_m 단계에서 시작된다. 그리고 이 계산된 결과는 L_m-1 단계의 보다 정확한 추정을 위한 예측결과로 이용되며 이러한 과정이 최종 단계까지 반복되는 것이다. 이러한 과정을 수학적으로 살펴보기 위하여 피라미드 단계 $L+1$과 L을 이용하여 보다 자세히 살펴보도록 하자. 피라미드 단계 $L+1$에서 L로의 옵티컬 플로의 예측치 값을 $\overrightarrow{g^L}=[g_x^L, g_y^L]$ 이라고 하자. 이 예측치를 이용한 보다 정교한 옵티컬 플로의 추정은 (식 14-51)과 같다.

$$\begin{aligned}\epsilon^L(\overrightarrow{d^L}) &= \epsilon^L(d_x^L, d_y^L)\\ &= \sum_{x=u_x^L-w_x}^{u_x^L+w_x}\ \sum_{y=u_y^L-w_y}^{u_y^L+w_y}(I^L(x,y)-J^L(x+g_x^L+d_x^L, y+g_y^L+d_y^L))^2\end{aligned} \qquad \text{(식 14-51)}$$

(식 14-51)에서 알 수 있듯이 옵티컬 플로를 계산하기 위한 중심점은 영상 J 에서 $\overrightarrow{g^L}$만큼 이동하게 되고 결과적으로 추정해야 할 $\overrightarrow{d^L}=[d_x^L, d_y^L]$은 작은 값을 갖게 되기 때문에 프레임 간 움직임은 작다는 옵티컬 플로 가정을 더 잘 만족하는 형태가 되어 보다 강인하게 옵티컬 플로를 추정할 수 있게 된다. 이렇게 추정된 값은 또다시 $L-1$의 예측값으로 사용되게 되는데 이의 계산은 (식 14-52)와 같다. 이는 직관적으로도 피라미드의 단계가 낮아짐에 따라 영상이 2배 더 커지기 때문이다.

$$\overrightarrow{g^{L-1}}=2(\overrightarrow{g^L}+\overrightarrow{d^L}) \qquad \text{(식 14-52)}$$

마찬가지로 $L-1$ 단계에서의 옵티컬 플로 $\overrightarrow{d^{L-1}}$이 (식 14-51)과 같은 과정으로 계산되며 이 값은 (식 14-52)를 통해 다음 단계의 예측 값으로 넘어 갈 것이다. 이 과정은 L이 0이 될 때까지 반복된다. 초기 가장 높은 피라미드의 단계에서는 $\overrightarrow{g^{L_m}}=[0\ \ 0]$으로 한다. 그리고 마지막 단계에서 최종적으로 계산되는 옵티컬 플로 $\vec{d}$는 (식 14-53)과 같다.

$$\vec{d}=\overrightarrow{g^0}+\overrightarrow{d^0} \qquad \text{(식 14-53)}$$

이러한 반복과정을 통한 옵티컬 플로의 추정은 (식 14-54)와 같은 형태로도 표현한다.

$$\overrightarrow{d} = \sum_{L=0}^{L=L_m} 2^L \overrightarrow{d^L} \qquad \text{(식 14-54)}$$

지금까지 수식을 통해서도 알 수 있듯이 영상 피라미드를 구성한 추정 방법의 가장 큰 이점은 작은 움직임을 가정하더라도 큰 옵티컬 플로를 계산할 수 있다는 점이다. 일반적으로 한 단계에서 추정할 수 있는 옵티컬 플로의 값을 $\overrightarrow{d_{max}}$ 라고 가정할 경우, 영상 피라미드를 통해서는 $\overrightarrow{d_{max\,final}} = (2^{L_m+1}-1)d_{max}$과 같이 보다 큰 범위를 계산할 수 있게 된다. 이 계산 범위의 증가는 굉장히 큰 것으로 우리가 피라미드의 단계를 3까지만 지정하여도 (즉, $L_m = 3$) 15배나 넓은 추정을 수행할 수 있다는 것을 알 수 있다. 결과적으로 추정하려는 영역의 윈도 크기는 상대적으로 작게 유지하면서 커다란 움직임을 추정해 낼 수 있게 된다.

14.7.2 반복 계산을 통한 LK 방법

모든 영상 피라미드 단계의 L에 대하여 우리는 (식 14-51)의 ϵ^L을 최소화하는 $\overrightarrow{d^L}$을 찾아내야한다. 각 단계 L에 대하여 똑같은 계산을 수행하기 때문에 편의를 위해 (식 14-51)의 2개의 영상을 (식 14-55)와 (식 14-56)으로 나타낸다.

$$A(x,y) \doteq I^L(x,y) \qquad \text{(식 14-55)}$$

$$B(x,y) \doteq J^L(x+g_x^L, y+g_y^L) \qquad \text{(식 14-56)}$$

그리고 $\overrightarrow{v} = [v_x\, v_y]^T = \overrightarrow{d^L}$로 표현하고 영상좌표를 $\overrightarrow{p} = [p_x\, p_y]^T = \overrightarrow{u^L}$로 표현하면 (식 14-51)은 (식 14-57)과 같다.

$$\epsilon(\overrightarrow{v}) = \epsilon(v_x, v_y) = \sum_{x=p_x-w_x}^{p_x+w_x} \sum_{y=p_y-w_y}^{p_y+w_y} (A(x,y) - B(x+v_x, y+v_y))^2 \qquad \text{(식 14-57)}$$

(식 14-57)의 에러 함수를 최소화하는 $\overrightarrow{v}$는 (식 14-58)과 같이 이 식을 $\overrightarrow{v}$에 대해 미분한 후 이 값이 0인 $\overrightarrow{v_{opt}}$를 찾으면 된다.

$$\left[\frac{\partial \epsilon(\overrightarrow{v})}{\partial \overrightarrow{v}}\right]_{\overrightarrow{v} = \overrightarrow{v_{opy}}} = [0\ 0] \qquad \text{(식 14-58)}$$

미분하기 전에 (식 14-57) B항을 1차 테일러 시리즈를 이용하여 표현해 보자. 이는 (식 14-59)와 같다.

$$
\begin{aligned}
\epsilon(\vec{v}) &= \epsilon(v_x, v_y) \\
&\approx \sum_{x=p_x-w_x}^{p_x+w_x} \sum_{y=p_y-w_y}^{p_y+w_y} \left(A(x,y) - \left(B(x,y) + \frac{\partial B(x,y)}{\partial x} v_x + \frac{\partial B(x,y)}{\partial y} v_y\right)\right)^2 \\
&= \sum_{x=p_x-w_x}^{p_x+w_x} \sum_{y=p_y-w_y}^{p_y+w_y} \left(A(x,y) - B(x,y) - \frac{\partial B(x,y)}{\partial x} v_x - \frac{\partial B(x,y)}{\partial y} v_y\right)^2 \\
&= \sum_{x=p_x-w_x}^{p_x+w_x} \sum_{y=p_y-w_y}^{p_y+w_y} \left(\delta I(x,y) - \frac{\partial B(x,y)}{\partial x} v_x - \frac{\partial B(x,y)}{\partial y} v_y\right)^2
\end{aligned}
\qquad \text{(식 14-59)}
$$

(식 14-59)의 $\delta I(x,y)$는 좌표 $[x\ y]$에 대한 두 영상의 시간 축 미분으로 해석할 수 있으며 이는 (식 14-60)과 같다.

$$\delta I(x,y) \doteq A(x,y) - B(x,y) \qquad \text{(식 14-60)}$$

(식 14-59)를 $\vec{v}$에 관하여 미분하면 각각 (식 2-61)과 (식 2-62)를 얻는다.

$$\frac{\partial \epsilon(\vec{v})}{\partial v_x} \approx 2 \sum_{x=p_x-w_x}^{p_x+w_x} \sum_{y=p_y-w_y}^{p_y+w_y} \left(\delta I - \frac{\partial B(x,y)}{\partial x} v_x - \frac{\partial B(x,y)}{\partial y} v_y\right) \frac{\partial B(x,y)}{\partial x} \qquad \text{(식 14-61)}$$

$$\frac{\partial \epsilon(\vec{v})}{\partial v_y} \approx 2 \sum_{x=p_x-w_x}^{p_x+w_x} \sum_{y=p_y-w_y}^{p_y+w_y} \left(\delta I - \frac{\partial B(x,y)}{\partial x} v_x - \frac{\partial B(x,y)}{\partial y} v_y\right) \frac{\partial B(x,y)}{\partial y} \qquad \text{(식 14-62)}$$

수식 전개의 편의를 위해 영상 $B(x,y)$의 편미분을 (식 14-63)과 같이 그레디언트로 표현한다.

$$\nabla I = \begin{bmatrix} I_x \\ I_y \end{bmatrix} \doteq \begin{bmatrix} \frac{\partial B(x,y)}{\partial x} & \frac{\partial B(x,y)}{\partial y} \end{bmatrix}^T \qquad \text{(식 14-63)}$$

(식 14-63)의 영상에 대한 x, y로의 미분은 실제 영상 B가 아닌 A의 미분결과를 가져와도 무방하다. 이의 성립은 밝기 항상성을 적용하여 생각해 볼 수 있고 실제로 수식 전개에 영상 A와 B를 바꾸어 정리하여도 같기 때문이다. A의 미분결과를 사용하는 이점은 LK의 반복 계산 시 계산 시간을 줄여주는 효과가 있다. 즉, $\delta I(x,y)$의 계산만을 필요로 하게 된다. 이에 대해서는 뒤에서 보다 자세히 설명할 것이다. 이제 영상의 좌표상 미분인 $I_x(x,y)$와 $I_y(x,y)$는 실제적 구현으로 (식 14-64)와 같다.

$$\nabla I = \begin{bmatrix} I_x(x,y) \\ I_y(x,y) \end{bmatrix} \doteq \begin{bmatrix} \frac{\partial A(x,y)}{\partial x} \\ \frac{\partial A(x,y)}{\partial y} \end{bmatrix} = \begin{bmatrix} \frac{A(x+1,y) - A(x-1,y)}{2} \\ \frac{A(x,y+1) - A(x,y-1)}{2} \end{bmatrix} \qquad \text{(식 14-64)}$$

이제 (식 14-61)과 (식 14-62)를 보다 간략한 형태인 (식 14-65)와 (식 14-66)으로 표현하자.

$$\frac{\partial \epsilon(\vec{v})}{\partial v_x} \approx 2 \sum_{x=p_x-w_x}^{p_x+w_x} \sum_{y=p_y-w_y}^{p_y+w_y} (-I_x v_x - I_y v_y + \delta I) I_x$$
$$= 2 \sum_{x=p_x-w_x}^{p_x+w_x} \sum_{y=p_y-w_y}^{p_y+w_y} (-\nabla I^T \vec{v} + \delta I) I_x \quad \text{(식 14-65)}$$

$$\frac{\partial \epsilon(\vec{v})}{\partial v_y} \approx 2 \sum_{x=p_x-w_x}^{p_x+w_x} \sum_{y=p_y-w_y}^{p_y+w_y} (-I_x v_x - I_y v_y + \delta I) I_y$$
$$= 2 \sum_{x=p_x-w_x}^{p_x+w_x} \sum_{y=p_y-w_y}^{p_y+w_y} (-\nabla I^T \vec{v} + \delta I) I_y \quad \text{(식 14-66)}$$

이제 이 두 식을 하나로 묶어서 정리하면 (식 14-67)이 되고 이를 풀어서 쓰면 (식 14-68)이 된다.

$$\frac{1}{2} \frac{\partial \epsilon(\vec{v})}{\partial \vec{v}} \approx \sum_{x=p_x-w_x}^{p_x+w_x} \sum_{y=p_y-w_y}^{p_y+w_y} (-\nabla I^T \vec{v} + \delta I) \nabla I^T \quad \text{(식 14-67)}$$

$$-\frac{1}{2} \left[\frac{\partial \epsilon(\vec{v})}{\partial \vec{v}} \right]^T \approx \sum_{x=p_x-w_x}^{p_x+w_x} \sum_{y=p_y-w_y}^{p_y+w_y} \left(\begin{bmatrix} I_x^2 & I_x I_y \\ I_x I_y & I_y^2 \end{bmatrix} \vec{v} - \begin{bmatrix} \delta I I_x \\ \delta I I_y \end{bmatrix} \right) \quad \text{(식 14-68)}$$

이제 (식 14-68)의 각 항을 (식 14-69)로 표현하면 최종적으로 (식 14-70)을 얻으며 (식 14-58)에 따라서 $\overrightarrow{v_{opt}}$는 (식 14-71)이 된다.

$$G \doteq \sum_{x=p_x-w_x}^{p_x+w_x} \sum_{y=p_y-w_y}^{p_y+w_y} \begin{bmatrix} I_x^2 & I_x I_y \\ I_x I_y & I_y^2 \end{bmatrix} \text{ and } \vec{b} \doteq \sum_{x=p_x-w_x}^{p_x+w_x} \sum_{y=p_y-w_y}^{p_y+w_y} \begin{bmatrix} \delta I I_x \\ \delta I I_y \end{bmatrix} \quad \text{(식 14-69)}$$

$$-\frac{1}{2} \left[\frac{\partial \epsilon(\vec{v})}{\partial \vec{v}} \right]^T \approx G\vec{v} - \vec{b} \quad \text{(식 14-70)}$$

$$\overrightarrow{v_{opt}} = G^{-1} \vec{b} \quad \text{(식 14-71)}$$

실제로 이 과정은 (식 14-9)의 2차원 움직임 제약 방정식을 이용한 결과와 같다. 2차원 움직임 제약 방정식은 윈도에 속한 모든 화소에 대해 성립하므로 LK 방법은 (식 14-72)의 시그마 표현이 된다. (식 14-72)를 각각 v_x와 v_y로 미분하면 (식 14-73)이 되며 이를 (식 14-69)와 같이 정리하면 똑같은 결과를 얻게 된다. 표현의 차이점은 (식 14-69)의 δI 대신 I_t로 표현했다는 것뿐이다.

$$\epsilon(v_x, v_y) = \sum_{x,y} (I_x v_x + I_y v_y + I_t)^2 \quad \text{(식 14-72)}$$

$$\begin{cases} \dfrac{\partial\epsilon(v_x,v_y)}{\partial v_x} = \sum_{x,y}(I_x^2 v_x + I_x I_y v_y + I_x I_t) = 0 \\ \dfrac{\partial\epsilon(v_x,v_y)}{\partial v_y} = \sum_{x,y}(I_y^2 v_y + I_x I_y v_y + I_y I_t) = 0 \end{cases} \quad \text{(식 14-73)}$$

이제 14.3.4절의 옵티컬 플로의 물리적 의미에서 살펴보았던 반복적인 옵티컬 플로의 추정을 수식적으로 보다 자세히 전개해 보자. 반복을 위한 변수를 k로 놓고 처음 시작은 $k=1$이며 1,2,..., $k-1$까지의 반복을 통해 옵티컬 플로 $\overrightarrow{v^{k-1}} = [v_x^{k-1}, v_y^{k-1}]$의 예측치를 얻게 된다고 가정하자. 이때 이 $\overrightarrow{v^{k-1}}$에 의해서 이동하는 영상을 B_k라고 하면 (식 14-74)가 성립한다.

$$B_k = B(x+v_x^{k-1}, y+v_y^{k-1}) \quad \text{(식 14-74)}$$

이 영상에 대하여 마찬가지로 (식 14-75)와 같은 옵티컬 플로를 추정하게 될 것이다.

$$\epsilon^k(\overrightarrow{\eta^k}) = \epsilon^k(\eta_x^k, \eta_y^k) = \sum_{x=p_x-w_x}^{p_x+w_x}\sum_{y=p_y-w_y}^{p_y+w_y}(A(x,y) - B_k(x+\eta_x^k, y+\eta_y^k))^2 \quad \text{(식 14-75)}$$

이것의 결과는 (식 14-71)과 마찬가지로 (식 14-76)이 될 것이며 2×1 벡터 $\overrightarrow{b_k}$는 (식 14-77)이 된다.

$$\overrightarrow{\eta^k} = G^{-1}\overrightarrow{b_k} \quad \text{(식 14-76)}$$

$$\overrightarrow{b_k} = \sum_{x=p_x-w_x}^{p_x+w_x}\sum_{y=p_y-w_y}^{p_y+w_y}\begin{bmatrix}\delta I_k(x,y)\, I_x(x,y) \\ \delta I_k(x,y)\, I_y(x,y)\end{bmatrix} \quad \text{(식 14-77)}$$

여기서 k^{th} 영상 차 $\delta I_k(x,y)$는 (식 14-78)로 계산될 것이다.

$$\delta I_k(x,y) = A(x,y) - B_k(x,y) \quad \text{(식 14-78)}$$

여기서 알 수 있는 것은 반복적으로 옵티컬 플로를 계산하는 경우 영상 A로부터 계산되어지는 I_x와 I_y는 처음의 옵티컬 플로 계산 시 단 한번만 계산된다는 점이다. 즉, G는 반복계산에서 변하지 않고 그 값을 계속 나타내기 때문에 다시 계산할 필요가 없고 오직 $\overrightarrow{v^{k-1}}$의 이동에 의한 (식 14-78)만을 계산하면 되기 때문에 계산상의 큰 이점이 생긴다. 일단 (식 14-76)에 의해 반복과정에서 추정되는 옵티컬 플로가 계산되면 이는 그 다음 반복을 위해 (식 14-79)의 계산을 거친다.

$$\overrightarrow{v^k} = \overrightarrow{v^{k-1}} + \overrightarrow{\eta^k} \quad \text{(식 14-79)}$$

이 반복과정은 $\overrightarrow{\eta^k}$가 특정 문턱치 값 이하일 때 멈춘다. 일반적으로 5번 정도 반복되면 멈춤 조건을 만족하며 초기 예측은 $\overrightarrow{v^0} = [0\,0]^T$으로 한다. 이제 다시 영상 피라미드로 돌아와서 피라미드 단계 L에서의 옵티컬 플로는 (식 14-80)으로 구해짐을 알 수 있다.

$$\vec{v} = \overrightarrow{d^L} = \overrightarrow{v^K} + \sum_{k=1}^{K} \overrightarrow{\eta^k} \qquad \text{(식 14-80)}$$

이렇게 구한 $\overrightarrow{d^L}$은 영상 피라미드에서의 옵티컬 플로 계산을 위해 (식 14-52)의 입력으로 이용되며 피마리드 단계가 $L-1$, $L-2$, $\cdots$, 0이 될 때까지 계산되게 된다. 그림 14-24에 지금까지 배웠던 내용을 의사 코드(pseudo-code)로 정리하였다.

Goal: Let **u** be a point on image I. Find its corresponding location **v** on image J

Build pyramid representations of I and J: $\{I^L\}_{L=0,\ldots,L_m}$ and $\{J^L\}_{L=0,\ldots,L_m}$

Initialization of pyramidal guess: $\mathbf{g}^{L_m} = [g_x^{L_m}\ \ g_x^{L_m}]^T = [0\ \ 0]^T$

for $L = L_m$ **down to** 0 **with step of** -1

Location of point **u** *on image* I^L: $\mathbf{u}^L = [p_x\ \ p_y]^T = \mathbf{u}/2^L$

Derivative of I^L *with respect to x:* $I_x(x,y) = \dfrac{I^L(x+1,y) - I^L(x-1,y)}{2}$

Derivative of I^L *with respect to y:* $I_y(x,y) = \dfrac{I^L(x,y+1) - I^L(x,y-1)}{2}$

Spatial gradient matrix: $G = \displaystyle\sum_{x=p_x-\omega_x}^{p_x+\omega_x} \sum_{y=p_y-\omega_y}^{p_y+\omega_y} \begin{bmatrix} I_x^2(x,y) & I_x(x,y)\,I_y(x,y) \\ I_x(x,y)\,I_y(x,y) & I_y^2(x,y) \end{bmatrix}$

Initialization of iterative L-K: $\overline{\nu}^0 = [0\ \ 0]^T$

for $k = 1$ **to** K **with step of** 1 (or until $\|\overline{\eta}^k\| <$ accuracy threshold)

Image difference: $\delta I_k(x,y) = I^L(x,y) - J^L(x + g_x^L + \nu_x^{k-1}, y + g_y^L + \nu_y^{k-1})$

Image mismatch vector: $\overline{b}_k = \displaystyle\sum_{x=p_x-\omega_x}^{p_x+\omega_x} \sum_{y=p_y-\omega_y}^{p_y+\omega_y} \begin{bmatrix} \delta I_k(x,y)\,I_x(x,y) \\ \delta I_k(x,y)\,I_y(x,y) \end{bmatrix}$

Optical flow (Lucas-Kanade): $\overline{\eta}^k = G^{-1}\,\overline{b}_k$

Guess for next iteration: $\overline{\nu}^k = \overline{\nu}^{k-1} + \overline{\eta}^k$

end of for-loop on k

Final optical flow at level L: $\mathbf{d}^L = \overline{\nu}^K$

Guess for next level $L-1$: $\mathbf{g}^{L-1} = [g_x^{L-1}\ \ g_y^{L-1}]^T = 2\,(\mathbf{g}^L + \mathbf{d}^L)$

end of for-loop on L

Final optical flow vector: $\mathbf{d} = \mathbf{g}^0 + \mathbf{d}^0$

Location of point on J: $\mathbf{v} = \mathbf{u} + \mathbf{d}$

Solution: The corresponding point is at location **v** on image J

그림 14-24 영상 피라미드 기반 LK 옵티컬 플로의 추정 방법

14.8 옵티컬 플로 실습

14.8.1 실습의 개요

이제 앞서 배웠던 옵티컬 플로를 직접 구현해 봄으로써 기본 원리를 이해하고 실제로 어떻게 이용할 것인지 살펴보도록 하자. 옵티컬 플로를 구현하기 위해서는 반드시 연속하는 영상 2장 이상이 필요하다. 모든 처리의 과정은 실시간으로 처리되며, 첫 번째 영상을 제외하고는 항상 결과 값을 내보낸다. 옵티컬 플로는 다양하게 응용하여 사용할 수 있지만, 대표적으로 아래의 흐름도와 같이 이용한다.

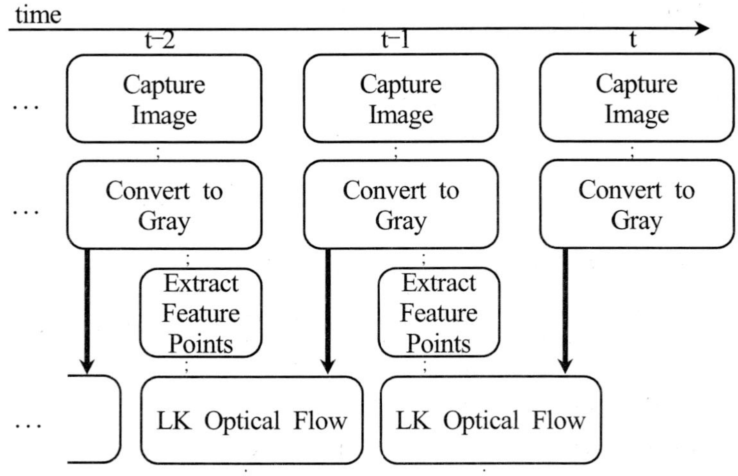

그림 14-25 옵티컬 플로 흐름도

14.8.2 MATLAB을 통한 옵티컬 플로 원리 이해

원리를 이해하기 위한 예제로 간단한 MATLAB 코드를 살펴보고자 한다.

실제 환경에서 사용되는 옵티컬 플로의 코드는 아니지만 개념을 이해하는데 더 도움이 될 만한 간단한 코드이다.

14.8.2.1 샘플 이미지 생성

먼저 옵티컬 플로를 테스트해 볼 이미지를 생성한다. 영상은 이해를 돕기 위해 가장 이상적인 형태로 직접 생성하여 이용한다.

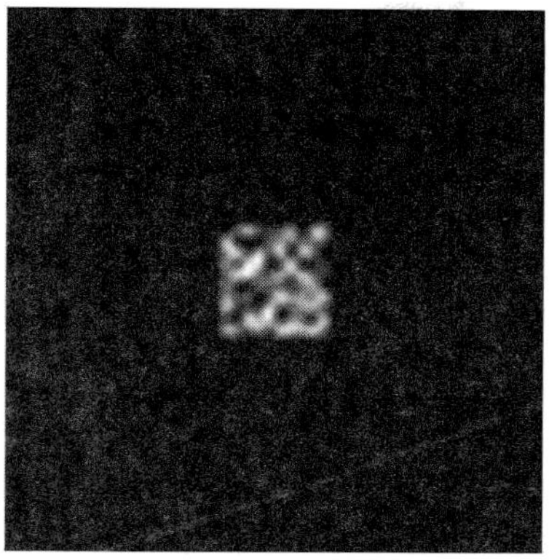

(a) $t-1$ 영상

(b) t 영상

그림 14-26 예제로 사용될 2장의 영상

```
randPattern = rand(10,10)*255;
%균일한 난수 10×10을 생성
im0 = zeros(50,50);
im0(21:30,21:30) = randPattern;
%생성한 패턴을 im0의 21,21에 삽입
im1 = zeros(50,50);
im1(24:33,24:33) = randPattern;
%생성한 패턴을 im1의 24,24에 삽입
```

코드 14-1 예제 영상 생성

위의 두 장의 그림에서 서로 다른 위치의 균일한 잡음을 가지는 임의의 패턴을 (3,3)만큼 이동시켜 생성하였다. 이제 옵티컬 플로를 이용하여 위의 패턴이 얼마만큼 이동하였는지 직접 계산해 보도록 하자.

14.8.2.2 필터 설계

옵티컬 플로에서는 크게 두 가지의 필터를 사용한다. 유사한 필터로 다양하게 응용해 볼 수 있겠지만, 본 예제에서는 가우시안(Gaussian) 필터와, 가우시안의 1차 미분형태인 DoG(Derivative of Gaussian) 필터를 이용하였다.

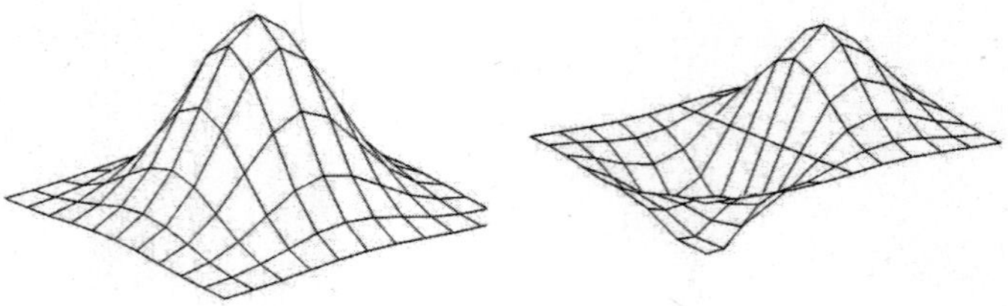

그림 14-27 가우시안, DoG 필터

```
imSz = size(im0);
bbox = [21 21; 30 30];

%가우시안 필터의 표준편차(필터의 윈도 크기에 영향을 줌)
sigmaBlur = 2;
%잡음의 표준편차(잡음을 제거할 때의 임계값에 영향을 줌)
sigmaGrey = 4;
%가우시안 필터의 윈도 크기
gBlurSize = 2 * round(2.5 * sigmaBlur) + 1;

gFilt = fspecial('gaussian',[1 gBlurSize],sigmaBlur);
x = [1:gBlurSize] - round((gBlurSize+1)/2);
dogxFilt = (x/sigmaBlur^2) .* gFilt;
%2차원 가우시안 필터
gFilt2D = gFilt'*gFilt;
%x 방향과 y 방향의 2차원 DoG 필터
dogxFilt2D = gFilt'*dogxFilt;
dogyFilt2D = dogxFilt'*gFilt;

%잡음을 제거할 임계값을 설정
gradStdDev = sigmaGrey * norm(dogxFilt)*norm(gFilt);
gTol2 = (2.0 * gradStdDev)^2;
```

코드 14-2 필터 설계

14.8.2.3 ROI(Region of Interest) 설정 및 필터링

이제 옵티컬 플로를 계산할 영역을 지정하고 해당 영역에 대하여 위에서 설계한 필터를 적용하고자 한다. 영역을 지정하는 부분은 많은 애플리케이션에서 코너 검출기를 이용하지만 조금 더 쉽고, 직관적인 이해를 위해 패턴이 있는 영역 전부를 관심 영역으로 잡았다.

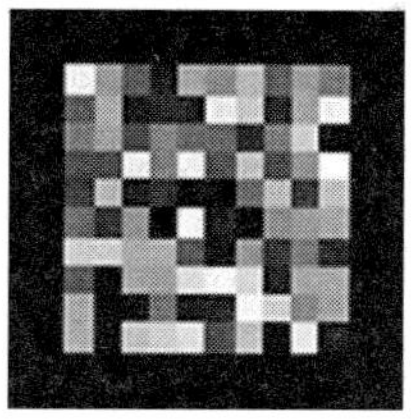

(a) 원본 영상

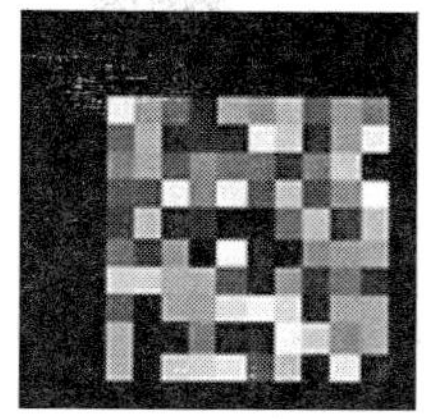

(b) 원본 영상

(c) 가우시안 필터 적용 영상

(d) 가우시안 필터 적용 영상

(e) 영상 (a)의 x 축과 y 축의 DoG 영상

(f) 영상 (a)의 x 축과 y 축의 DoG 영상

그림 14-28 ROI 영상

14.8.2.4 최소자승법을 이용한 옵티컬 플로 계산

$$A \cdot d = b \rightarrow \min \| A \cdot d - b \|^2$$

$$\underset{2\times 2}{(A^T A)} \underset{2\times 1}{d} = \underset{2\times 1}{A^T b}$$

$$\underbrace{\begin{bmatrix} \sum I_x I_x & \sum I_x I_y \\ \sum I_x I_y & \sum I_y I_y \end{bmatrix}}_{A^T A} \begin{bmatrix} u \\ v \end{bmatrix} = - \underbrace{\begin{bmatrix} \sum I_x I_t \\ \sum I_x I_t \end{bmatrix}}_{A^T b}$$

옵티컬 플로를 계산하기 위해서는 최종적으로 최소자승법이 이용된다. 기본적인 원리는 14.4.2장 (식 14-22)에서 배웠던 위의 수식이었다. 위의 수식을 코드로 구현하면 다음과 같다.

```
%두 영상의 차(Difference)이미지 diffIm는 위의 수식의 b에 해당
diffIm = im1CB - im0CB;
%변수 gradIm0C는 위의 수식의 A에 해당. Norm을 계산하여 잡음을 제거
nrm2Im = sum(gradIm0C.^2,3);
idx = idImC(:) & (nrm2Im(:) > gTol2);
%아래 코드의 AtA는 A^TA Atb는 A^Tb와 같음
gradIm0C_ = reshape(gradIm0C, numel(im1CB), 2);
AtA = zeros(2,2); b = zeros(2,1);
AtA(1,1) = sum(gradIm0C_(idx,1)'.*gradIm0C_(idx,1)',2);
AtA(2,1) = sum(gradIm0C_(idx,2)'.*gradIm0C_(idx,1)',2);
AtA(1,2) = AtA(2,1);
AtA(2,2) = sum(gradIm0C_(idx,2)'.*gradIm0C_(idx,2)');
Atb(1) = sum(gradIm0C_(idx,1)'.*diffIm(idx)');
Atb(2) = sum(gradIm0C_(idx,2)'.*diffIm(idx)');
%MATLAB에서 AtA\Atb는 inv(Ata)*Atb와 같음
dv = - (AtA\Atb)';
v = dv;
fprintf('iteration 1,  dv: %f %f   v: %f %f\n', dv, v);
```

코드 14-3 최소자승법을 이용하여 특징 점의 이동 벡터 계산

여기까지가 옵티컬 플로의 전반적인 원리를 이해 할 수 있는 코드이다. 옵티컬 플로의 논문에서는 이동 벡터의 정확한 계산을 위해 위의 과정을 5번 정도 반복할 것을 권장한다.

```
%계산된 v만큼 이동하여 t 이미지의 관심 영역을 다시 설정
vShift = round(v);
cropBox0 = cropBox0 + repmat(vShift,2,1);
im1C = im1(cropBox0(1,2) : cropBox0(2,2),cropBox0(1,1) : cropBox0(2,1));
im1CB = imfilter(im1C,gFilt2D);
% 코드 3의 점선(----) 이후부터 반복
```

코드 14-4 관심 영역 이동

본 교재에서는 간략하게 2회만 반복하도록 코드를 구성해 보았다. 그림 14-29는 코드 14-4 예제 코드 실행했을 때의 결과이다. 실제로 (3,3)을 이동했지만 결과는 첫 번째 약 (1.84, 1.74), 두 번째 약 (3.02 2.96) 이동한 것으로 결과가 나온다. 반복횟수가 증가할수록 더 정답에 근접하게 되는 것을 확인할 수 있다. 그래프는 최소자승법을 사용하여 잡음을 제거하고 u와 v를 찾아낸 그림이다.

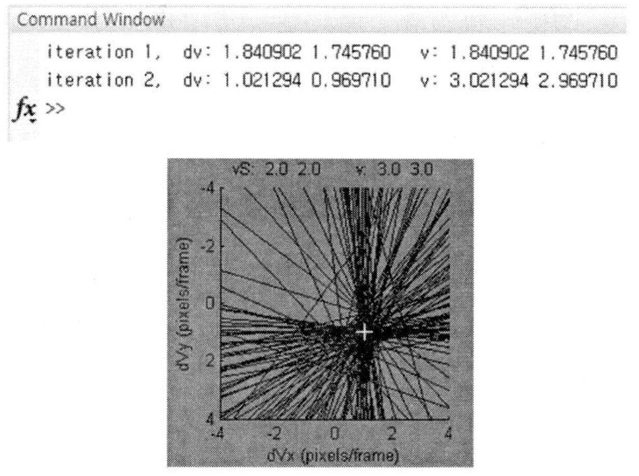

그림 14-29 옵티컬 플로 결과

14.8.3 OpenCV를 이용한 실습

이제 실제 동영상이나 카메라와 연동하여 실시간으로 처리하며 활용할 수 있는 옵티컬 플로를 구현해 보고자 한다. 14.8.2절에서 MATLAB을 이용하여 옵티컬 플로의 기본 원리에 대해서 이미 다루었기 때문에 본 장에서는 OpenCV를 이용하여 어떻게 옵티컬 플로를 활용할 것인가에 초점을 맞추어서 구현하고자 한다. 본 장에서는 14.8.1절에서 소개했던 흐름도를 기반으로 한 가지 응용한 형태를 추가하고자 한다. 14.8.1절에서 소개했던 흐름도 그림 14-25는 옵티컬 플로의 특징점을 매번 추출했으나 한 번만 추출하고 이후에는 계속해서 추적해 나가는 방법이 있다. 이것은 같은 물체가 어떻게 시간이 지나면서 어떻게 이동해 가는지 알 때 유용하게 사용할 수 있다.

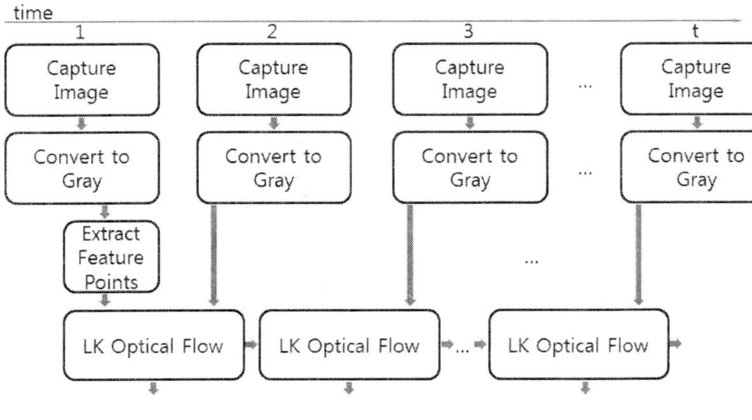

그림 14-30 옵티컬 플로 흐름도(추적할 때)

위 알고리즘을 구현하는데 필요한 함수들은 모두 OpenCV에서 지원하고 있다. 먼저 간략하게 각 기능별로 어떤 함수가 있는지와 각 함수들의 사용법에 대해서 언급하고자 한다.

표 14-1 기능별로 지원하는 OpenCV 함수

기능	내용	OpenCV 함수
Capture Image	저장된 영상이나 카메라에서 이미지를 받아옴	cvCaptureFromFile cvCaptureFromCAM cvQueryFrame
Convert to Gray	컬러 이미지를 회색조로 바꿈	cvCvtColor
Extract Feature Points	특징이 되는 포인트를 추출	cvGoodFeaturesToTrack
LK 옵티컬 플로	각 특징 포인트마다 흐름을 계산	cvCalcOpticalFlowPyrLK

표 14-2 OpenCV 함수형태

```
CvCapture* cvCaptureFromFile(const char* filename)
CvCapture* cvCaptureFromCAM(int device)
```

- filename에 해당하는 동영상 파일 또는 device에 해당하는 카메라의 정보를 CvCapture 구조체에 저장

```
IplImage* cvQueryFrame(CvCapture* capture)
```

- 앞에서 설정된 동영상 파일 또는 카메라로부터 한 프레임의 영상을 얻어옴

ex)

```
CvCapture* video = cvCaptureFromFile("files/hockey.avi");
IplImage* img = cvQueryFrame(video);
cvReleaseCapture(&video);
```

```
void cvCvtColor(const CvArr*src, CvArr*dst, int code)
```

- code의 값에 따라 src의 영상의 색 좌표를 바꾸어 dst에 저장한다.

ex)

```
cvCvtColor( Src_frame, curr_frame, CV_BGR2GRAY );
```

```
void cvGoodFeaturesToTrack(const CvArr* image, CvArr* eigImage, CvArr* tempImage, CvPoint2D32f* corners, int* cornerCount, double qualityLevel, double minDistance, const CvArr* mask=NULL, int blockSize=3, int useHarris=0, double k=0.04 )
```

- image : 회색 음영의 영상
- corners : 검출된 특징점들이 저장됨
- cornerCount : 검출된 특징점의 개수
- qualityLevel : 특징 점의 품질의 최솟값. 숫자가 작을수록 많은 특징점이 추출된다.
- minDistance : 검출된 특징점들 사이의 최소한의 유클라디안 거리
- mask : 특징점을 검출할 영역을 설정할 수 있다. NULL일 경우 영상 전체가 된다.
- blockSize : 내부 윈도의 크기
- useHarris : 특징점 추출방식을 선택할 수 있다(1: Harris 방법, 0: Shi & Tomasi 방법).

ex)

```
cvGoodFeaturesToTrack(prev_frame, eig_image, temp_image, prev_frame_features,
&count, 0.01, 15, NULL);
```

```
void cvCalcOpticalFlowPyrLK(const CvArr* prev, const CvArr* curr, CvArr*
prevPyr, CvArr* currPyr, const CvPoint2D32f* prevFeatures, CvPoint2D32f*
currFeatures, int count, CvSize winSize, int level, char* status, float*
trackError, CvTermCriteria criteria, int flags)
```

- prev, curr : 이전 프레임, 현재 프레임 영상
- prev_pyr, curr_pyr : 첫 번째 이미지의 피라미드, 두 번째 이미지의 피라미드. 사전에 미리 계산되었으면 넣어주고 없으면 빈 이미지를 넣어준다.
- prevFeature : 이전 프레임 이미지에서 검출된 특징점
- CurrFeature : 현재 프레임에서 계산된 이전 프레임 특징점의 이동 결과
- count : 전체 특징점의 개수
- mask : 특징점을 검출할 영역을 설정할 수 있다. NULL일 경우 영상 전체가 된다.
- winSize : 탐색 영역의 크기
- level : 수행할 피라미드의 단계
- status : 1: 이동된 특징점을 찾은 경우, 0: 찾지 못한 경우
- trackError : 각 특징 점의 오류 값을 저장한다.
- criteria : 반복하는 횟수와 반복 시에 종료할 조건을 설정
- flag : 위의 피라미드 이미지를 미리 넣어줄지 여부 결정, 일반적으로 NULL

ex)

```
cvCalcOpticalFlowPyrLK(prev_frame, curr_frame, prevPyr, currPyr,
prev_frame_features, curr_frame_features, count, cvSize(5,5), 5, status, track_error,
cvTermCriteria( CV_TERMCRIT_ITER | CV_TERMCRIT_EPS, 20, 0.01), 0);
```

14.8.3.1 OpenCV 실습 코드(1/4) - 선언부

```
#include <cv.h>
#include <highgui.h>

#define number_of_features 300                                    //특징점의 최대 개수

void DrawFlow(IplImage* image, CvPoint2D32f* prev_frame_features, CvPoint2D32f* curr_frame_features,
    char* status,float* track_error){ ... }
```

코드 14-5 OpenCV 실습 코드 - 선언부

먼저 OpenCV의 설치와 경로 설정이 마무리가 되면 실습을 위해 필요한 헤더파일을 포함시켜야 한다. [코드 14-5]와 같이 cv.h와 highgui.h 두 헤더 파일을 포함시켜 보자. 그리고 특징점의 최대 수를 300 정도로 미리 정해놓자. DrawFlow는 옵티컬 플로의 결과를 시각적으로 볼 수 있도록 도와주는 함수로 마지막 절에서 다시 소개를 하겠다.

14.8.3.2 OpenCV 실습 코드(2/4) - Main 함수

```
int main(void) {
    CvCapture *input_video = cvCaptureFromFile("a.avi");          //동영상 파일을 불러옴
    CvSize frame_size;                                            //동영상 파일의 크기를 미리 저장
    frame_size.height   = (int) cvGetCaptureProperty( input_video, CV_CAP_PROP_FRAME_HEIGHT );
    frame_size.width    = (int) cvGetCaptureProperty( input_video, CV_CAP_PROP_FRAME_WIDTH );
    int key_pressed = NULL;                                       //키보드입력값을 받기 위한 변수
    int count = number_of_features;
    int Play = 1;                                                 //동영상을 재생하거나 멈추기 위한 변수
    char Tracking_enable = -1;                                    //특징점들을 추적할지 여부를 정해주는 변수
    bool init_frame = true;

    IplImage *Src_frame;
    IplImage *prev_frame = cvCreateImage(frame_size,IPL_DEPTH_8U,1);
    IplImage *curr_frame = cvCreateImage(frame_size,IPL_DEPTH_8U,1);
    IplImage *eig_image = cvCreateImage(frame_size,IPL_DEPTH_32F,1);
    IplImage *temp_image = cvCreateImage(frame_size,IPL_DEPTH_32F,1);
    IplImage *prevPyr = cvCreateImage(frame_size,IPL_DEPTH_8U,1);
    IplImage *currPyr = cvCreateImage(frame_size,IPL_DEPTH_8U,1);

    CvPoint2D32f prev_frame_features[number_of_features];        //이전 시간 영상에서의 특징점
    CvPoint2D32f curr_frame_features[number_of_features];        //현재 시간 특징점의 이동 위치
    char status[number_of_features];
    float track_error[number_of_features];

    Src_frame = cvQueryFrame( input_video );
    if (Src_frame != NULL) cvCvtColor( Src_frame, prev_frame, CV_BGR2GRAY ); //회색영상으로 변환

    while(Src_frame != NULL) {
        ...
    }
    cvDestroyAllWindows();
    cvReleaseCapture(&input_video);                               //메모리 해제
    cvReleaseImage(&prev_frame);
    cvReleaseImage(&curr_frame);
    cvReleaseImage(&eig_image);
    cvReleaseImage(&temp_image);
    cvReleaseImage(&prevPyr);
    cvReleaseImage(&currPyr);
    return 0;
}
```

코드 14-6 OpenCV 실습 코드 - Main 함수

위의 [코드 14-6]은 반복문을 제외한 main 함수의 코드이다. 주로 변수선언과 메모리 할당, 메모리 해제의 코드들로 이루어졌다.

표 14-3 변수설명

예제에 사용된 변수	설명
key_pressed	키보드에서 입력받은 ASCII 코드를 저장
Play	동영상을 재생/멈춤
Tracking_enable	특징 점들을 계속 추적할지 여부를 결정
init_frame	키보드의 입력이 들어올 경우 현재 프레임을 첫 프레임으로 설정

14.8.3.3 OpenCV 실습 코드(3/4) – 반복문

```
while(Src_frame != NULL) {
    if (Play == 1) {
        Src_frame = cvQueryFrame( input_video );
        if (Src_frame == NULL)  break;
        cvCvtColor( Src_frame, curr_frame, CV_BGR2GRAY );        //회색 영상으로 변환

        if(Tracking_enable == -1 || init_frame == true) {
            cvGoodFeaturesToTrack(prev_frame, eig_image, temp_image, prev_frame_features,
                &count, .001, 25, NULL);                         //특징점 추출
            init_frame = false;
        }
        cvCalcOpticalFlowPyrLK(prev_frame, curr_frame, prevPyr, currPyr,
            prev_frame_features, curr_frame_features, count, cvSize(5,5), 5, status, track_error,
            cvTermCriteria( CV_TERMCRIT_ITER | CV_TERMCRIT_EPS, 10, 0.01), 0); //옵티컬 플로

        DrawFlow( Src_frame, prev_frame_features, curr_frame_features, status,track_error);

        //메모리 초기화
        ZeroMemory(prev_frame_features,sizeof(CvPoint2D32f)*number_of_features);
        if(Tracking_enable == 1)
            memcpy(prev_frame_features,curr_frame_features,sizeof(CvPoint2D32f)*number_of_features);
        ZeroMemory(curr_frame_features,sizeof(CvPoint2D32f)*number_of_features);

        cvCopy(curr_frame,prev_frame);                           //이전 시간 영상을 현재 시간 영상에 복사
    }
    cvShowImage("Optical Flow", Src_frame);
    //키보드 입력 설정
    key_pressed = cvWaitKey(5);
    if      (key_pressed == 27)      break;                      // Esc 키 : 프로그램 종료
    else if (key_pressed == ' ')     Play *= -1;                 // Space Bar : 동영상 재생/정지
    else if (key_pressed == 't')     { Tracking_enable *= -1; init_frame = true; } //추적 모드
    else if (key_pressed == 'r')     init_frame = true;          // 추적 모드시에 특징점 재검출
}
```

코드 14-7 OpenCV 실습 코드 – 반복문

반복문 안에는 위의 흐름도에서 다룬 핵심 함수들이 전부 모여 있다. 이곳은 한 줄씩 살펴보기로 하자.

표 14-4 반복문 코드설명

코드 #	설명
60	키보드 입력을 제외한 모든 부분은 재생 시에만 동작한다.
62~63	현재 영상을 받아서 회색음영으로 변환한다.
65~69	특징점을 추출한다. 추적모드가 켜질 경우 초기 1회만 수행하고 수행하지 않는다.
70~72	옵티컬 플로를 이용해서 현재 이동한 포인트를 계산한다.
74	이전 시간의 특징점과 현재 시간의 특징점의 흐름을 직선으로 표현한다.
77~80	메모리는 다시 초기화한다.
82	현재 시간의 영상을 이전 시간으로 복사한다.
87	ESC키를 누를 때 프로그램 종료한다.
88	스페이스바를 누를 때 재생/멈춤.
89	't'키를 누를 때 추적 모드가 켜짐/꺼짐.
90	추적 모드 시 'r'키를 누를 때 특징점을 다시 추출한다.

14.8.3.4 OpenCV 실습 코드(4/4) - DrawFlow

```
void DrawFlow(IplImage* image, CvPoint2D32f* prev_frame_features, CvPoint2D32f* curr_frame_features,
    char* status,float* track_error) {
    int count = number_of_features;
    for(int i = 0; i < count; i++) {
        CvScalar line_color;            line_color = CV_RGB(255,0,0);
        CvPoint p,q;
        p.x = (int) prev_frame_features[i].x;       p.y = (int) prev_frame_features[i].y;
        q.x = (int) curr_frame_features[i].x;       q.y = (int) curr_frame_features[i].y;

        double angle = atan2( (double) p.y - q.y, (double) p.x - q.x );
        double dist = sqrt((double)(p.y - q.y)*(p.y - q.y) +(p.x - q.x)*(p.x - q.x) );

        if ( status[i] == 0 || q.x>=image->width-5 || q.x <= 4 || q.y >= image->height-5 || q.y <= 4
            || dist > 50) {
            curr_frame_features[i].x = -1;
            curr_frame_features[i].y = -1;
        }
        else {
            cvCircle(image,q,2,line_color,CV_FILLED);
            q.x = (int) (p.x - dist * cos(angle));
            q.y = (int) (p.y - dist * sin(angle));
            cvLine( image, p, q, line_color, 1, CV_AA, 0 );
        }
    }
}
```

코드 14-8 OpenCV 실습 코드 - DrawFlow

14.8.4 결과 및 응용사례

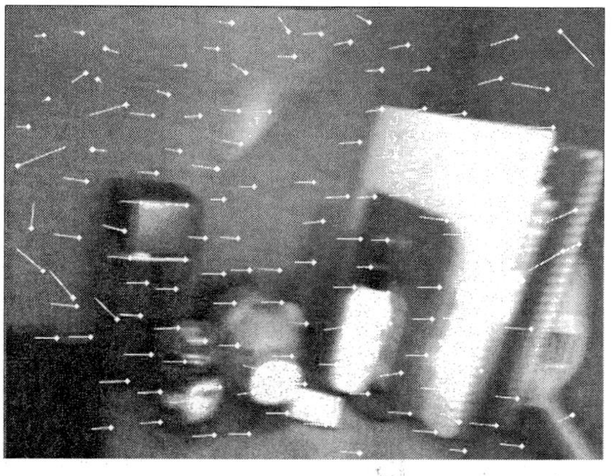

그림 14-31 옵티컬 플로 OpenCV 실습 결과

위의 그림은 실습 예제 코드의 실행 결과이다. 영상 안에서 카메라 또는 특징점을 포함하는 물체가 이동할 경우 특징점의 흐름이 나타나게 된다. 물론 그림 14-31과 같이 정확하게 찾지 못한 경우도 섞여 있기 때문에 이러한 오류를 제거하기 위한 최소자승법, SVD (Singular Value Decomposition) 등 다양한 알고리즘들이 있다. 이러한 특징점의 이동을 이용하여 다음과 같이 응용할 수 있다.

14.8.4.1 카메라 움직임 추정(visual odometry)

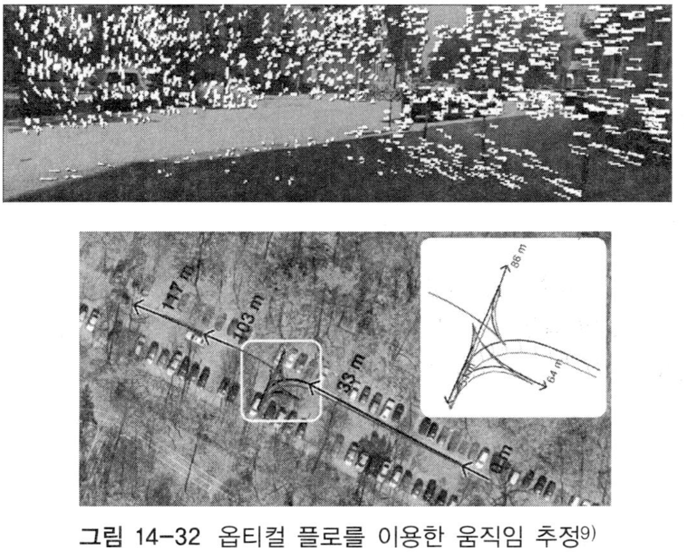

그림 14-32 옵티컬 플로를 이용한 움직임 추정[9]

---

9) 출처 : Bernd Kitt and Andreas Geiger and Henning Lategahn, Visual Odometry based on Stereo Image Sequences with RANSAC-based Outlier Rejection Scheme, IEEE Intelligent Vehicles Symposium, 2010.

그림 14-33 옵티컬 플로를 이용한 3차원 재구성[10)]

우리는 영화에서 매우 빠른 비행을 하는 장면이 나오거나 절벽 아래로 떨어지는 장면이 나오면 마치 내가 그렇게 움직이고 있는 듯한 느낌을 받게 된다. 이것은 사람이 장면의 시각적인 변화만 가지고도 내 자신의 위치가 어떻게 변하고 있는지 예측 할 수 있다는 것을 의미한다. 마찬가지로 옵티컬 플로를 이용하여 영상 안에서 검출된 특징점의 3차원 공간상의 이동을 알 수 있다면 별도의 가속도 센서가 없어도 카메라의 움직임(ego motion)을 예측할 수 있다.

첫 번째 그림은 차량에 부착된 스테레오 카메라만을 이용하여 스테레오 알고리즘의 거리 정보와 좌우 2장의 영상의 옵티컬 플로를 이용하여 정확한 차량의 움직임을 계산해 내는 알고리즘이다. 마찬가지로 두 번째 그림은 이렇게 계산된 카메라의 움직임을 바탕으로 3차원 공간상에 영상을 누적하여 3차원 재구성한 것이다.

14.8.4.2 영상정합(image mosaicing)

카메라의 초점을 중심으로 회전한 동영상의 경우 쉽게 사용할 수 있는 알고리즘이 영상정합이다. 두 영상의 특징점 쌍을 가장 잘 설명하는 호모그래피 행렬(homography matrix)을 알 수 있다면 그림 14-34와 같이 두 영상을 정합할 수 있다.

---

10) 출처 : Hernan Badino and Takeo Kanade, "A Head-Wearable Short-Baseline Stereo System for the Simultaneous Estimation of Structure and Motion", IAPR Conference on Machine Vision Applications(MVA), June, 2011.

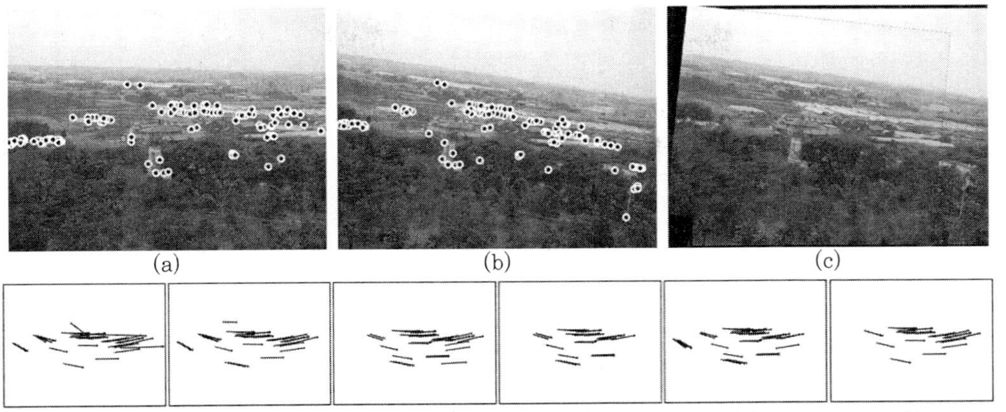

그림 14-34 두 장의 영상의 매칭 되는 특징점을 이용한 영상정합[11)]

14.8.4.3 슈퍼 해상도(super resolution)

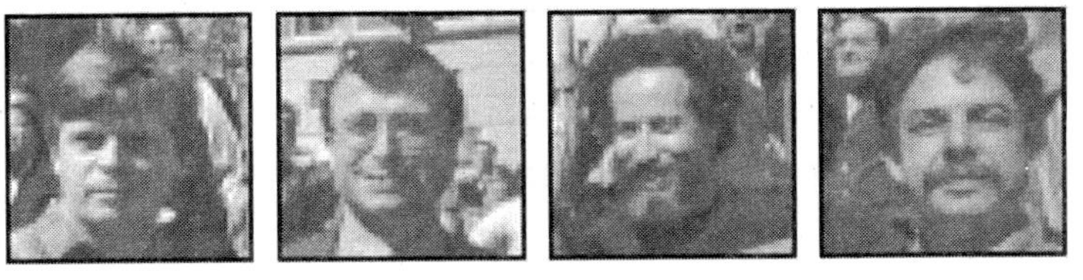

(a) 50×50 원본

(b) 100×100 Bilinear 보간법

(c) 100×100 슈퍼 해상도[12)]

그림 14-35 슈퍼 해상도

11) 출처 : Yasushi Kanazawa and Kenichi Kanatani, "Imagemosaicing by stratified matching", Image and Vision Computing, 22, 93-103, 2004.

12) 출처 : Simon Baker and Takeo Kanade, "Super Resolution Optical Flow", tech. report CMU-RI-TR-99-36, Robotics Institute, Carnegie Mellon University, October, 1999.

정지된 장면을 카메라가 미세하게 움직이며 촬영한 동영상이 있을 경우, 옵티컬 플로를 이용하여 더 높은 해상도의 영상을 재구성할 수 있다. 원리를 간단하게 요약하면 옵티컬 플로를 이용하여 전후 프레임의 이동을 계산하고 해당 위치의 화소값을 조합하여 높은 해상도의 영상을 얻는 것이다.

14.9 결론

지금까지 옵티컬 플로를 계산하기 위한 세 가지 기본 가정을 알아본 후 그 가정을 통해 옵티컬 플로 계산 방법을 유도하였다. 또한 이렇게 유도된 옵티컬 플로에서 발생 할 수 있는 애퍼처 문제에 대해 알아보았고, 이 문제를 해결하는 대표적인 방법인 Lucas-Kanade의 방법과 해리스 코너를 이용하는 방법을 알아보았다. Lucas-Kanade의 방법은 그레디언트 벡터를 추정한 후 이에 해당하는 고유값 분석을 통해 애퍼처 문제가 발생할 여지가 있는 영역의 추적을 중단하는 방법이다. 해리스 코너의 응답 함수를 이용하는 방법은 애퍼처가 발생하지 않도록 코너 영역을 추출하고 이 영역에 대한 옵티컬 플로만을 추적하는 방법이다. 코너로 판단되지 않을 경우 이 영역의 추적을 중단하는 방법을 사용한다. 그리고 영상의 스케일 변화에 대한 추적을 효과적으로 수행하기 위한 영상 피라미드 구성방법을 알아보았다.

이론적인 학습에만 그친다면 실제적인 애플리케이션으로 활용될 가능성이 낮다. 따라서 MATLAB과 OpenCV를 이용하여 배운 내용에 대한 실습을 수행하였고 그 결과를 확인해 보았다. 마지막으로 옵티컬 플로를 활용하여 다른 몇몇 연구자들이 진행한 옵티컬 플로 애플리케이션들을 알아보고 그 활용 가능성을 보였다.

14.10 참고문헌

[1] B. Horn and B. Schunk, "Determining optical flow", Artificial intelligence, 1981.

[2] B. D. Lucas and T. Kanade, "An iterative image registration technique with an application to stereo vision", in IJCAI81, pp. 674-679, 1981.

[3] S. S. Beauchemin and J. L. Barron, "The computation of optical flow", ACM Comput. Surv., vol. 27, no. 3, pp. 433-466, 1995.

[4] Gary Bradski and Adrian kaehler, Learning OpenCV: Computer Vision with the OpenCV Library, O'Reilly Media, 2008.

[5] C. Harris and M. Stephens, "A combined corner and edge detector", Proceedings of the 4th Alvey Vision Conference, pp. 147-151, 1988.

[6] Carlo Tomasi, Takeo Kanade, "Detection and Tracking of Point Features", Technical Report CMU-CS-91-132, 1991.

[7] K.Mikolajczyk, C.Schmid. "Indexing Based on Scale Invariant Interest Points," ICCV 2001.
[8] D.Lowe. "Distinctive Image Features from Scale-Invariant Keypoints," IJCV 2004.
[9] C.Schmid et.al. "Evaluation of Interest Point Detectors". IJCV 2000.
[10] Jean-Yves Bouguet, "Pyramidal Implementation of the Lucas Kanade Feature Tracker Description of the algorithm," Intel Corporation Microprocessor Research Lab., 2000.

15 파티클 필터

15.1 개요

확률 필터(stochastic filter)는 최근 들어 많은 연구가 진행되고 있는 물체추적 방법이며, 다양한 분야의 시스템에서 사용되고 있다. 기존에는 하드웨어의 제약으로 인해서 많은 계산 비용(computation cost)을 필요로 하는 알고리즘을 사용하는데 제약이 있었다. 하지만 근래에 많은 기술적 발전을 통해서 이를 사용 가능한 환경이 되었고, 무엇보다도 간단한 알고리즘에 비해서 확률 필터를 사용하면 좋은 성능을 가져올 수 있기 때문이다. 확률 필터의 장점은 시간에 따라 변화하는 시스템이 항상 잡음이나 모호한 값들을 갖게 되는데, 이러한 값들을 제거하고 확률적으로 가능성이 높은 값을 추정하여 시스템의 상태를 파악하는 방법으로써 그 효과가 입증되어 있다[1]. 그림 15-1은 최근 2006년부터 2010년까지 확률 필터를 사용하는 방법으로 작성된 논문의 통계를 나타낸다.

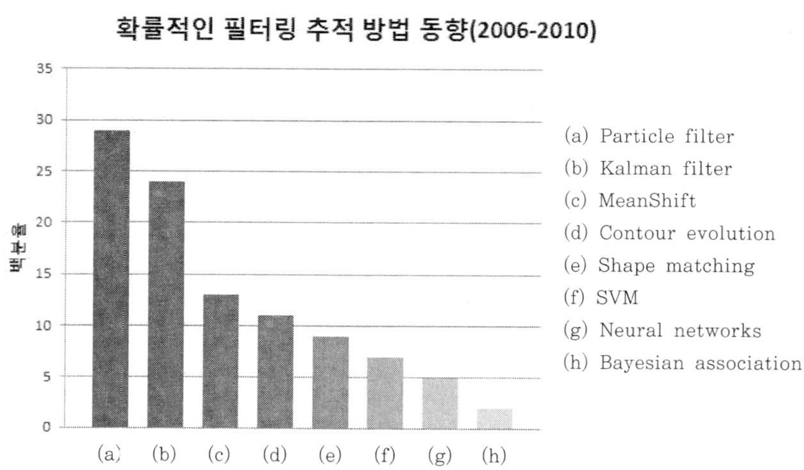

그림 15-1 확률적인 필터링을 이용하여 추적하는 최근 연구동향

자동차 및 로봇에서의 물체 추적은 다양한 물체의 특징을 이용하여 추적을 수행할 수 있다. 가장 일반적으로 사용하는 특징으로는 물체의 색상과 형태가 있다. 색상 특징을 이용하는 대표적인 방법은 물체가 가지고 있는 색상을 히스토그램(histogram)으로 작성하여 영상 내에 이와 유사한 분포를 가지는 부분을 찾아내는 방법이며, 형태 특징을 이용하는 방법은 물체 영역 내의 x,y방향으로 기울기(gradient) 값을 추출하여 각도를 형성하고 서술자(descriptor)로 표현하여 영상 내에서 서술자의 값과 유사함을 가지는 부분을 찾아내는 방법이 있다. 하지만 이러한 방법들은 물체가 배경과 유사한 색상을 지니는 환경, 조명 변화가 이루어지는 환경, 물체의 형태가 지속적으로 변하는 환경에서 추적성능이 떨어질 가능성이 높다.

따라서 이를 해결하고자 물체에서의 색상의 정보를 추출할 때 가중치를 부여하는 방법들이 연구되어 왔다. 물체의 주요 색상을 추출해 내기 위해 물체 중심에 높은 가중치를 부여하고 또한 배경과의 유사성이 낮은 부분에 높은 가중치를 부여하는 방법이 있다. 이러한 방법은 물체와 배경이 유사한 색상을 나타내는 환경에서 보다 강인한 추적결과를 보였다. 물체의 형태를 나타내는 서술자를 이용하는 방법은 조명 변화가 심한 환경에서 좋은 결과를 보이지만 물체의 형태가 지속적으로 변화하는 환경에서는 추적성능을 저하시킬 수 있다.

물체를 추적하는데 가장 중요한 요소는 시간에 흐름에 따라 변화하는 물체를 정확하게 추적하는 것이다. 이를 위해 최근 많은 연구가 진행되고 있는데 그 중 많이 사용하는 방법은 확률적인 필터링 방법들이고 대표적으로 파티클 필터(particle filter), 칼만 필터(Kalman filter), 캠시프트(CAMShift) 등이 있다.

칼만 필터는 반복적인 예측과 수정을 통해 원하는 물체의 상태를 측정하는 방법이지만 선형, 가우시안 추정 문제에 최적화된 결과를 보여주기 때문에 다중적인 관측 모델이 필요할 경우 한계를 보이는 단점을 가지고 있다.

캠시프트는 Continuously Adaptive Mean-Shift의 약어로서 기존에 사용되었던 Mean-Shift를 비디오 프로세싱에 최적화시켜 변형된 알고리즘이다. 물체 영역에 대한 색상 히스토그램을 계산하고 이를 기반으로 확률 분포 영상(probability density image)을 만들어 물체를 추적한다. 하지만 캠시프트 역시 다중 추적을 표현하기 힘들다.

파티클 필터는 비선형적이고(nonlinear) 비가우시안(non-Gaussian)인 물체를 추적하는 데에 주로 사용된다. 칼만 필터와 달리 파티클 필터의 샘플 집합(sample set)은 물체의 확률 분포를 가장 잘 나타낼 수 있으며 이는 많은 양의 샘플 개수로 추정할 수 있다. 로봇에서의 위치 추정(robot localization), 영상에서의 물체추적(object tracking), 사람 자세 인식(pose recognition), 게임에서의 인공 지능(artificial intelligence) 등에서 주로 사용되며, 크게 볼 때 몬테카를로 샘플링(Monte Carlo sampling) 방법을 이용한 재귀적 베이지안 필터(recursive Bayesian filter)를 구현하는 기술이다. 파티클 필터라는 이름을 가지게 된 까닭은 근삿값을 '필터링'하는데 한 무리의 '입자'를 사용하기 때문이다.

본 장에서는 컴퓨터 비전을 사용한 대표적인 추적 방법인 칼만 필터의 기초와 파티클 필터에 대해 집중적으로 공부한다. 먼저 파티클 필터의 기초 이론이 될 수 있는 대표적 선형추적 방법인 칼만 필터에 대해서 공부한 후, 대표적 비선형추적 방법인 파티클 필터를 공부한다. 이 두 알고리즘에 대한 자세한 이론적인 배경을 알아 본 후 실제 프로그래밍을 통해 이를 구현해 봄으로써 실제적으로 어떻게 적용될 수 있는지 배울 수 있게 될 것이다.

15.2 동적 시스템(dynamic system)

컴퓨터 비전에서 물체를 추적하는 문제는 먼저 대상 물체에 대하여 현재 상태와 이전 상태의 관계를 수학적으로 모델링해야 한다. 이것을 동적 시스템 모델링이라 부르고 동적 시스템은 크게 볼 때 상태 전이(transition) 단계와 업데이트(update) 단계로 이루어진다. 또한, 상태라는 것은 추적하고자 하는 물체의 현재 움직임을 나타낸 것이며 상태변수(state variable)를 어떻게 정의하느냐에 따라 다른 시스템이라 말할 수 있다.

일반적으로 현재 상태를 $\mathbf{x}_k$라 했을 때 이전 단계 $\mathbf{x}_{k-1}$와의 관계는 (식 15-1)과 같다.

$$\mathbf{x}_k = f_k(\mathbf{x}_{k-1}, \mathbf{u}_{k-1}, \mathbf{v}_{k-1}) \quad \text{(식 15-1)}$$

위의 식에서 f는 전달 함수이고, $\mathbf{v}_{k-1}$는 상태 잡음, $\mathbf{u}_{k-1}$는 입력(측정값)이다. 식에서 보듯이 현재 상태는 오직 이전 상태만 관계있고, 다시 말해 1차 마르코프 가정(first order Markov assumption)을 따른다. 이전 상태에서 이전 측정값을 이용하여 현재 상태를 유추해 냈기 때문에 상기 단계를 예측 단계로 볼 수 있다.

업데이트 단계는 현재 상태에서 입력으로 들어온 측정값을 잡음도 고려해서 측정 변수 $\mathbf{z}_k$에 넣는 것이다. (식 15-2)를 참고한다.

$$\mathbf{z}_k = h_k(\mathbf{x}_k, \mathbf{u}_k, \mathbf{n}_k) \quad \text{(식 15-2)}$$

(식 15-2)에서 $\mathbf{n}_k$는 측정 잡음을 의미한다.

앞에서 기본적으로 동적 시스템을 어떻게 모델링하는지 알아보았다. 다음으로 동적 시스템 모델을 이용한 대표적인 확률 필터인 칼만 필터와 파티클 필터를 설명한다.

15.3 칼만 필터

칼만 필터[3]는 잡음이 섞여 있는 신호에서 선형성을 가정하고 다음 상태를 예측하여 잡음을 제거하는 필터이다. 그 이후로 여러 가지 응용 알고리즘들이 발표되었고 수십 년이 지난 아직까지도 다양한 분야에서 이용되고 있다. 대표적으로 선박이나 항공기 등에서 사용하는 GPS나 레이더와 같이 이동하는 물체의 움직임을 예측하고 추적할 때 주로 이용된다. 본 교재에서는 가장 기본적인 형태의 칼만 필터만 다루고자 한다.

그림 15-2 칼만 필터가 활용되는 예

15.3.1 평균 필터

우리가 흔히 직관적으로 생각할 수 있는 잡음제거 필터는 평균 필터이다. 영상처리에서도 2차원 평균 필터를 이용하여 흐림 효과와 함께 잡음을 줄이기도 하고, 천문대나 인공위성 망원경의 경우에서도 오랜 시간 동안 같은 곳을 관측한 영상을 누적하는 방법을 통해 평균을 내는 방법으로 잡음을 제거해 선명한 우주 관측 영상을 얻기도 한다.

이와 같은 원리로 측정값에 섞여 있는 잡음을 매우 긴 시간 동안 합하였을 때 0이라고 가정할 수 있다면, 많은 측정값들의 평균을 구하여 추정값으로 이용하는 원리로 잡음을 제거할 수 있다.

$$\overline{x_t} = \frac{x_1 + x_2 + \cdots + x_t}{t} \qquad \text{(식 15-3)}$$

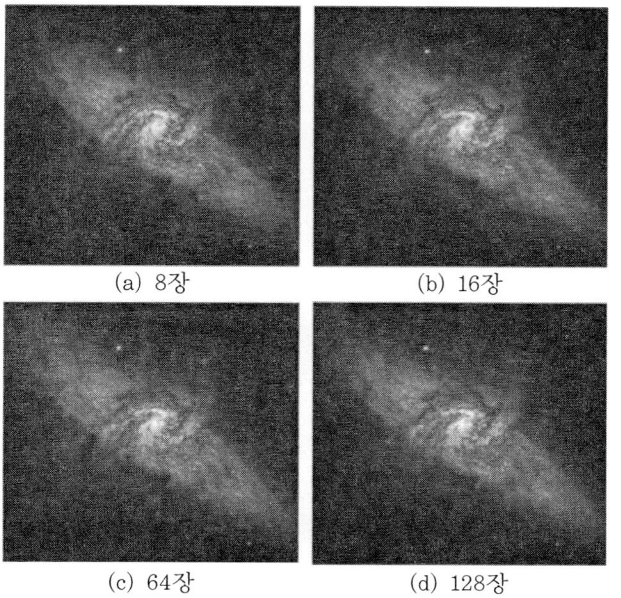

(a) 8장 (b) 16장

(c) 64장 (d) 128장

그림 15-3 평균 필터를 이용한 노이즈 제거 영상[1)]

(식 15-3)에서는 시간 1에서 t까지의 잡음이 포함된 측정값 $(x_1, x_2, \cdots, x_t)$ 에 평균 필터를 적용하여 잡음이 제거된 추정값 $\overline{x_t}$ 을 구하는 과정이다. 이러한 평균 필터는 잡음이 제거된 값을 근사치인 $\overline{x_t}$ 로 이용해야 한다. 그렇기 때문에 x 값의 편차가 클수록 추정값과 측정값의 차이가 점점 많이 나게 되는 단점이 있다. (식 15-3)을 재귀식으로 바꾸면 (식 15-4), (식 15-5)와 같은 결과가 된다. 따라서 재귀식으로 새로운 측정값이 들어올 때마다 적은 연산으로 새로운 추정값을 갱신할 수 있다.

$$\overline{x_t} = \frac{(t-1) \cdot \overline{x_{t-1}} + x_t}{t} \qquad \text{(식 15-4)}$$

$$= \frac{1}{t} \cdot x_t + \frac{(t-1)}{t} \cdot \overline{x_{t-1}} \qquad \text{(식 15-5)}$$

$$= \alpha \cdot x_t + (1-\alpha) \cdot \overline{x_{t-1}}, \ (\alpha = \frac{1}{t}) \qquad \text{(식 15-6)}$$

(식 15-6)을 보면 현재 측정값 x_t와 지난 시간 $t-1$까지 평균 $\overline{x_{t-1}}$에 가중치 α과 $(1-\alpha)$을 각각 곱하여 더한 결과이다. 하지만 위의 필터는 현재 시간 t가 커질수록 α가 작아져서 현재 시간의 측정값에 대한 가중치가 작아지는 단점이 있다. 이제부터 (식 15-6)과 같은 형태의 식에서 가중치를 조금 더 효과적으로 정할 수 있는 칼만 필터에 대해서 소개하고자 한다.

1) 출처 : Digital Image Processing by Gonzalez and Woods

15.3.2 칼만 필터

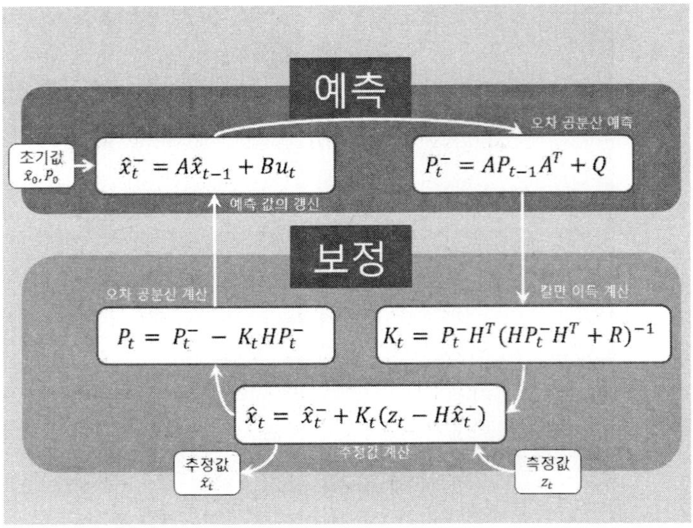

그림 15-4 칼만 필터 순서도

그림 15-4는 칼만 필터의 순서도이다. 칼만 필터는 크게 예측 단계와 보정의 단계로 이루어져있고, 어떤 측정값이 들어올 때, 미리 설정된 잡음의 모델에 따라 예측값을 결정하고, 보정 단계에서 예측값과 측정값의 적정한 비율로 추정값을 결정한다. 그러므로 칼만 필터는 측정값에 위치나 속도와 같은 값들을 넣어 잡음이 제거된 추정값을 얻어낼 수 있는 알고리즘이라고 할 수 있다. 칼만 필터의 입력과 출력은 각각 측정값, 추정값으로 가진다. 먼저 가장 핵심이 되는 추정값 계산 부분의 수식을 살펴보면 아래와 같다.

$$\begin{aligned} \widehat{x_t} &= \widehat{x_t^-} + K_t(z_t - H\widehat{x_t^-}) \\ &= K_t z_t + (I - K_t H)\widehat{x_t^-} \end{aligned} \quad \text{(식 15-7)}$$

(식 15-7)에서 K_t를 (식 15-6)의 α와 같다고 보면 두 수식의 형태가 매우 유사한 형태이다. 다만 (식 15-6)에는 없었던 H가 추가되었고 H는 예측값 $\widehat{x_t^-}$를 측정값 z_t의 형태로 바꾸어 주는 행렬이다. 쉽게 말하면 예측값과 추정값의 차원은 측정값과 항상 같을 필요가 없기 때문에 각 벡터 간에 차원을 맞추어 주는 것이다. 한 가지 예를 들어보면 측정은 위치좌표 x값만 했다면, 예측과 추정과정에서는 좌표 x뿐만 아니라 속도 v_x까지도 추가할 수 있다. 이러한 경우에는 H행렬을 다음과 같다.

$$\begin{aligned} z_t &= Hx_t + v_k \\ z &= [1\ 0]\begin{bmatrix} x \\ v_x \end{bmatrix} + \text{noise} \end{aligned} \quad \text{(식 15-8)}$$

예측값과 추정값 사이에서 가중치 역할을 하는 칼만 이득 K의 경우 평균 필터에 비해 조금 복잡하게 계산된다. 먼저 칼만 필터는 오차가 정규 분포를 이룬다고 가정하기 때문에 오차를 계산하는 데에 분산을 이용한다. 따라서 오차 공분산 P_k를 예측하고 계산하는 과정이 포함되어 있고, P_k는 칼만 이득을 계산할 때 이용한다. P_k의 의미는 아래와 같다.

$$\begin{aligned} P_k &= E\{(x_k - \widehat{x_k})(x_k - \widehat{x_k})^T\} \\ x_k &\sim N(\hat{x}_k, P_k) \end{aligned} \quad \text{(식 15-9)}$$

위의 식에서 $N()$은 정규 분포 함수이고 첫 번째 인자가 평균값, 두 번째 인자가 공분산이다. 예측의 단계에서 등장하는 A행렬은 이전 시간의 추정값을 토대로 예측값을 갱신하는 역할을 한다. 위의 예를 적용해 보면 아래와 같다.

$$\begin{aligned} \hat{x}_t^- &= A\hat{x}_{t-1} + w_k \\ \begin{bmatrix} x_t \\ v_t \end{bmatrix} &= \begin{bmatrix} 1 & 1 \\ 0 & 1 \end{bmatrix} \begin{bmatrix} x_{t-1} \\ v_{t-1} \end{bmatrix} + noise \end{aligned} \quad \text{(식 15-10)}$$

현재 시간의 위치 x_t와 y_t는 이전 시간의 위치와 속도에 영향을 받기 때문에 A행렬은 아래의 수식을 모두 만족하는 형태의 행렬로 구성하게 된다.

$$\begin{cases} x_t = x_{t-1} + v_{t-1} + noise \\ v_t = v_{t-1} + noise \end{cases} \quad \text{(식 15-11)}$$

마지막으로 잡음에 대한 모델링이다. 칼만 필터에서는 오차에 대한 모델과 마찬가지로 잡음에 대한 모델 또한 공분산을 이용한다. 잡음의 공분산에는 R_k과 Q_k 두 가지가 있다. R_k은 (식 15-8)의 v_k의 공분산 행렬이고, Q_k는 (식 15-10)의 w_k의 공분산 행렬이다.

$$\begin{aligned} w_k &\sim N(0, Q_k) \\ v_k &\sim N(0, R_k) \end{aligned} \quad \text{(식 15-12)}$$

여기서 측정값 z_k가 m차 벡터이고, 추정값 $\hat{x}_k$가 n차 벡터라고 할 때, Q_k는 $n \times n$ 대각 행렬이고, R_k는 $m \times m$ 대각 행렬이다. n개의 잡음 $w_1, w_2, \cdots, w_n$의 분산이 $\sigma_1^2, \sigma_2^2, \cdots, \sigma_n^2$일 때, Q는 아래와 같다.

$$Q = \begin{bmatrix} \sigma_1^2 & 0 & \cdots & 0 \\ 0 & \sigma_2^2 & \cdots & 0 \\ \vdots & \vdots & \ddots & \vdots \\ 0 & 0 & \cdots & \sigma_n^2 \end{bmatrix} \quad \text{(식 15-13)}$$

15.3.3 칼만 필터의 MATLAB 실습

이제 MATLAB을 통해 가장 간단한 1차원의 일정한 속도로 증가하는 값에 임의의 정규 분포 잡음(Gaussian noise)이 섞여 있을 때, 칼만 필터를 이용하여 잡음을 제거하고 더불어 현재 속도를 추정해 보는 예제를 살펴보려고 한다. 먼저 시스템 모델과 잡음 공분산의 설정은 다음과 같다.

$$A = \begin{bmatrix} 1\,1 \\ 0\,1 \end{bmatrix} \quad H = [\,1\,0\,] \quad Q = \begin{bmatrix} 1\,0 \\ 0\,3 \end{bmatrix} \quad R = 10$$

대부분의 상황에서는 정확한 Q와 R값을 알 수 없다. 왜냐하면 대부분의 실제 상황에서 발생하는 잡음들은 너무 다양해서 측정할 수 없기 때문이다. 그렇기 때문에 보통 실험적인 방법을 통하여 Q와 R값을 정해준다. 위치와 속도의 초깃값은 각각 1로 설정하였다. 아래는 구현된 코드이다.

```
nSample = 50;                          % 샘플의 개수

% 시스템 모델 설정
dt  = 1;                               % 단위 시간
A   = [1 dt ; 0 1];
H   = [1 0];
% 잡음의 공분산 설정
Q   = [ 1 0 ; 0 3 ];
R   = 10;

% 메모리 공간 미리 할당
zt = zeros(1,nSample);                 % 측정값
x = zeros(2,nSample);                  % 추정값

% 초기값 설정
x(:,1)  = [1 1]';                      % 초깃값 위치 1, 속도 1 설정
P  = eye(2);                           % 오차 공분산 초깃값

for i = 1:nSample
    zt(i) = i/2+randn(1);              % 잡음이 섞인 측정값을 생성
    xt_ = A*x(:,i);                    % 예측값 갱신
    Pt_ = A*P*A'+Q;                    % 오차 공분산 예측
    Kt = Pt_*H'/(H*Pt_*H' + R);        % 칼만 이득 계산
    x(:,i+1) = xt_ + Kt*(zt(i) - H*xt_);    % 추정값 계산
    P = Pt_ - Kt*H*Pt_;                % 오차 공분산 계산
end
```

```
% 결과 출력
figure, hold on;
plot(zt,'r.');                    % 측정값 위치
plot(x(1,:),'r-');                % 추정값 위치
plot(x(2,:),'g*');                % 추정값 속도
```

코드 15-1 칼만 필터 예제

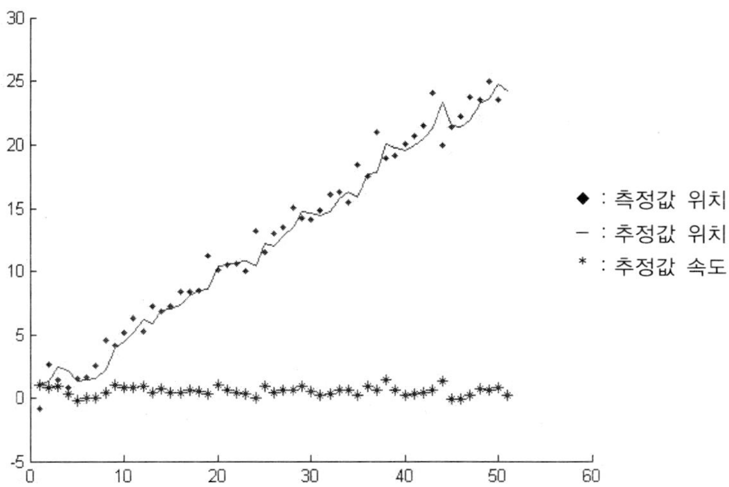

그림 15-5 칼만 필터 예제 실행결과

코드 15-1을 실행하면 그림 15-5와 같은 결과를 얻는다. 측정값은 매우 심한 잡음을 포함하고 있었으나 칼만 필터를 거친 후에 어느 정도 잡음이 제거되었음을 확인할 수 있다. 이 뿐만 아니라 속도 정보와 오차 공분산 값을 통해 해당 값의 신뢰도 또한 알 수 있다.

마지막으로 잡음의 공분산을 변화시켰을 때를 관찰해 보자. 그림 15-6은 잡음 공분산 Q와 R을 그림 15-5의 가운데 그래프를 기준으로 10배씩 증가, 감소시켜 얻은 결과이다. 결과는 Q가 크고 R이 작을수록 추정값과 측정값이 유사해졌으며, R이 크고 Q가 작을 경우 더 완만한 결과를 얻을 수 있다. 이러한 결과를 참고하여 Q와 R을 결정할 수 있을 것이다.

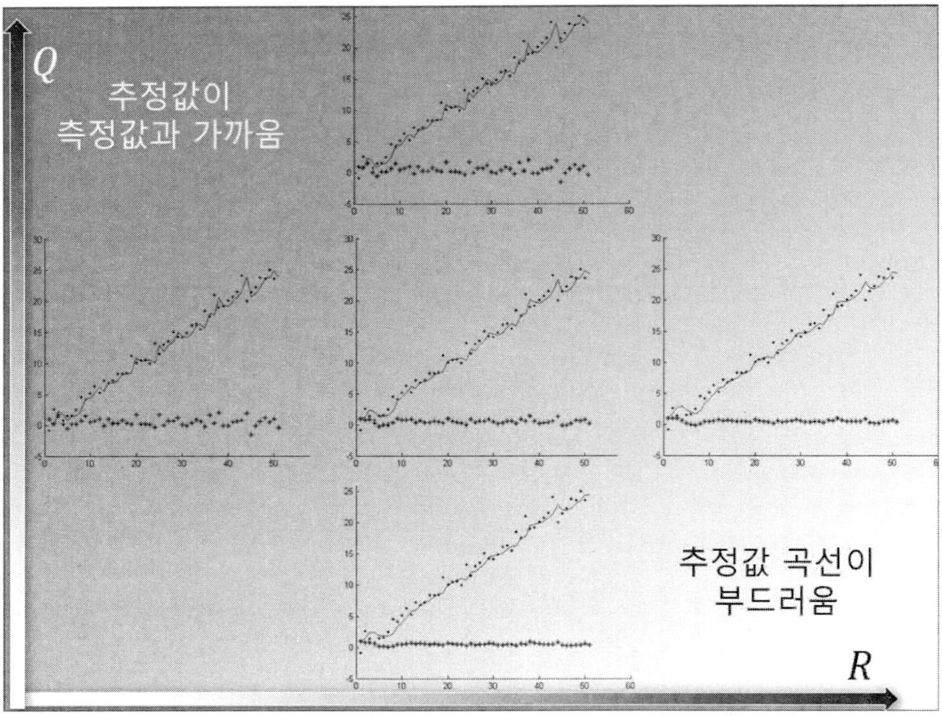

그림 15-6 잡음 공분산에 따른 추정 곡선의 변화

15.4 파티클 필터의 기초 이론

파티클 필터를 구현하기 위해 많은 양의 파티클을 사용하게 되는데 각각 상태변수와 가중치(weight)를 포함하고 있다. 이러한 파티클들의 집합을 이용하여 영상에서의 현재 상태의 물체를 표현하는 방법이 파티클 필터이다. 이러한 파티클 필터를 이해하기 위해서는 세 가지 중요한 요소를 알고 있어야 한다.

15.4.1 상태 공간 모델(state space model)

상태 공간 모델이 그 첫 번째 요소이다. 상태 공간을 모델링하기 위해서는 상태변수를 정의하는 것이 가장 중요하다. 상태변수는 응용에 따라 나름대로 정의할 수 있다. 영상에서 가장 많이 사용되는 상태변수의 정의는 물체 추적 시 사용될 물체의 좌표와 속도가 될 수 있다. (식 15-14)는 간단한 상태변수를 정의하는 방법을 나타낸다.

$$\mathbf{X}_{2D} = [x, y, \dot{x}, \dot{y}, c]^T \qquad \text{(식 15-14)}$$
$$\mathbf{X}_{3D} = [x, y, z, \dot{x}, \dot{y}, \dot{z}, c]^T$$

X_{2D}는 영상과 같은 2차원에서의 상태변수를 나타내고, X_{3D}는 영상에 추가적인 거리와 그림 15-7과 같이 3차원에서의 상태변수를 의미한다. 파티클 필터에서는 각 파티클들이 상태변수를 가지고 있어 처리가 진행되는 동안 각 상태를 업데이트하게 된다.

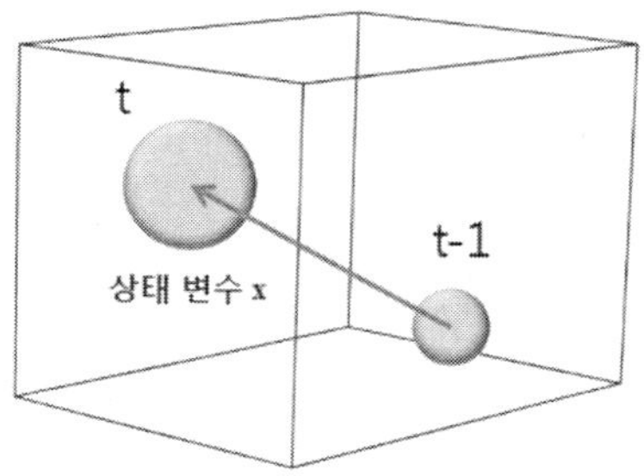

그림 15-7 3차원에서의 상태변수

15.4.2 측정 함수(measurement function)

두 번째 중요한 요소는 측정 함수이다. 측정 함수는 영상으로부터 현재 관측되는 값을 얻어내기 위해 사용되며, 파티클 필터에서는 각 파티클들의 가중치를 업데이트하기 위해 사용된다. 또한 칼만 필터에서는 다음 상태를 추정하기 위해 사용되기도 한다. 측정 함수와 가장 밀접한 관련이 있는 것은 영상 내에서 형태, 움직임, 색상 등과 같은 특징들이다. 그림 15-8은 형태, 움직임, 색상 특징에 대한 예를 보인다.

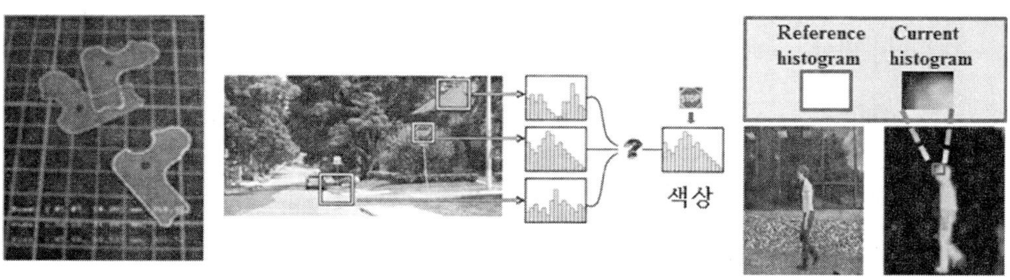

(a) 형태(shape) (b) 색상(color) (c) 움직임(motion)

그림 15-8 형태, 움직임, 색상의 특징에 대한 예

그림 15-8(a)는 형태 특징을 나타낸다. 이러한 형태적인 특징에 대한 측정은 미리 형태에 대한 학습이 필요로 한다. 또한 형태 특징을 정의하기 위해서는 실루엣(silhouette), 템플릿(template), 골격(skeleton), 윤곽(contour) 등을 사용할 수 있다. 이러한 특징을 정의한 다음에는 유사성을 측정하고, 이 유사성을 이용하여 우도(likelihood) 값인 $p(z|x)$를 계산할 수 있다. 유사성을 계산하고 우도를 계산하는 방법은 (식 15-15)와 같다.

$$D = \sum_{i=1}^{N} |x(i) - z(i)|$$
$$p(z|x) \propto \exp(-\frac{D^2}{2\sigma^2}) \quad \text{(식 15-15)}$$

(식 5-15)에서 D는 유사성을 나타내는 거리 값이며, 두 형태가 유사할수록 0에 근접된 결과를 보인다. $x(i)$는 학습된 물체 영역의 N개의 화소에서의 형태에 관련된 값을 나타내며, $z(i)$는 현재 후보 영역에서의 형태에 관련된 값을 나타낸다. σ^2는 미리 정의된 분산 값을 나타낸다. 그림 15-8의 중앙에 위치한 그림은 색상의 특징을 나타낸다. 영상 내에서 찾고자 하는 물체의 색상과 유사한 색상의 물체를 검출하고자 할 때 많이 쓰이며, (식 15-16)과 같이 그 유사성과 우도값을 계산한다.

$$D(h_x^c, h_{ref}^c) = \sqrt{1 - \sum_{i=1}^{N} \sqrt{h_{x,i}^c h_{ref,i}^c}} \quad \text{(식 15-16)}$$
$$p(z|x) \propto \exp(-\sum_{c=R,G,B} \sum_{i=1}^{N} \frac{D^2(h_x^c, h_{ref}^c)}{2\sigma^2})$$

$D(h_x^c, h_{ref}^c)$은 색상의 유사성을 나타내는 대표적인 거리 계산법인 Bhattacharyya coefficient를 나타내며, h_{ref}^c와 h_x^c는 각각 목표 물체의 색상 히스토그램과 후보 물체의 색상 히스토그램을 나타낸다. c는 색상을 의미하며 (식 15-16)에 표현된 것과 같이 RGB채널을 이용할 수도 있고, 경우에 따라 HSV, YCbCr 등 다른 채널들을 사용할 수 있다. 마지막으로 그림 15-8의 오른쪽에 위치한 움직임에 대한 특징이다. 움직임에 대한 정보는 영상 내에서 물체가 움직인 양에 따라 그 값이 표현되므로 이를 이용하여 (식 15-17)과 같이 유사성과 우도값을 계산할 수 있다.

$$h_{ref}^M = \frac{1}{N}$$
$$p(z|x) \propto \exp(-\frac{D^2(h_{x,i}^M, h_{ref,i}^M)}{2\sigma^2}) \quad \text{(식 15-17)}$$

h_{ref}^M는 목표 물체 영역에서의 움직임에 대한 히스토그램을 의미하며 특정 윈도에서 보았을 때 화소 개수에 따른 정규화된 값을 균일하게 가지고 있는 것을 의미한다. h_x^M는 후보 물체 영역에서의 움직임에 의한 히스토그램을 의미하며, 일반적으로 우도를 계산하는 방식은 색상의 우도를 계산하는 방법과 매우 유사하다.

15.4.3 임포턴스 함수(importance function)

마지막으로 중요한 요소는 임포턴스 함수이다. 파티클 필터에서 새로운 파티클들을 만들어 내기 위해 사용되는 방법으로 제안하는 파티클들의 분포를 가리키기도 한다. 이러한 방법은 근본적으로 사후 확률(posterior probability)의 분포로 근사화시키는데 그 목적이 있으며, 파티클 필터에서는 몬테카를로 방법인 임포턴스 샘플링(importance sampling) 방법을 이용한다. 임포턴스 샘플링 방법은 제안하는 분포와 실제 확률 분포의 관계에 의해 임포턴스 가중치(importance weight)를 구하여 파티클들의 가중치를 결정하는 역할을 한다. (식 15-18)은 임포턴스 샘플링을 이용하여 임포턴스 가중치를 어떻게 결정하는지를 유도하여 나타낸다.

$$
\begin{aligned}
E[f(x)] &= \int f(x)p(x)dx = \int f(x)\frac{p(x)}{q(x)}q(x)dx \\
E[f(x)] &\simeq \frac{1}{N}\sum_{i=1}^{N} w(x^{(i)})f(x^{(i)}), \quad w(x^{(i)}) = \frac{p(x^{(i)})}{q(x^{(i)})} \\
\tilde{w}(x^{(i)}) &= \frac{w(x^{(i)})}{\sum_{i=1}^{N} w(x^{(i)})}
\end{aligned}
\qquad \text{(식 15-18)}
$$

$\tilde{w}(x^{(i)})$는 최종 정규화된 각 파티클의 가중치를 나타내며, $f(x)$는 윈도 함수를 나타낸다. $p(x)$와 $q(x)$는 실제 확률 분포와 제안하는 확률 분포를 각각 나타낸다. 좀 더 쉬운 이해를 위해 그림 15-9와 같다.

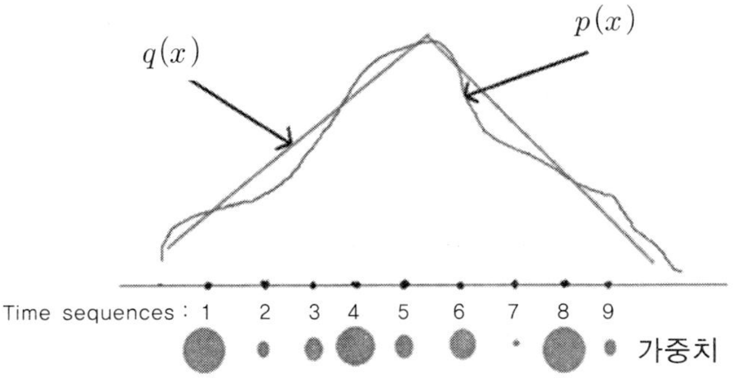

그림 15-9 임포턴스 샘플링의 예[1]

15.5 재귀적 베이지안 필터 특성

파티클 필터에 대해 보다 자세히 알기 위해서는 파티클 필터가 재귀적 베이지안 필터 이론에 근거한다는 점을 알고 있어야 한다. 재귀적 베이지안 필터는 시간적으로 연속적인 시스템에서 사용하는 방법이며 그 기본은 베이지안 이론에 두고 있다. 그림 15-10은 재귀적 베이지안 필터를 모델링한 것을 보여주는 예이다.

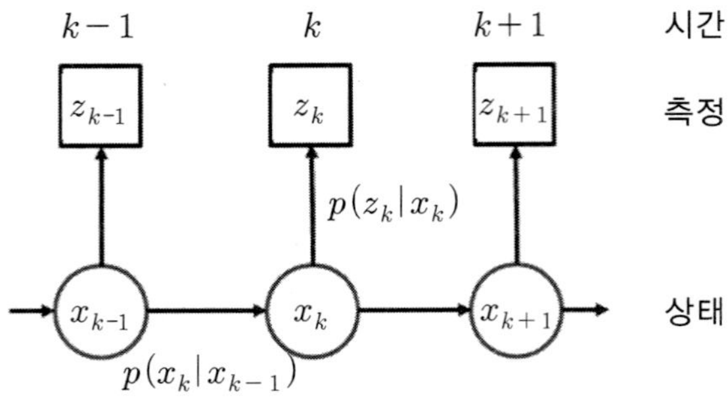

그림 15-10 재귀적 베이지안 필터 모델링

재귀적 베이지안 필터는 크게 시스템의 상태를 표현하는 시스템 모델(system model)과 측정 모델(measurement model)로 나뉘게 된다. 시스템 모델은 현재 상태를 예측하는 단계로도 표현이 가능하며 이에 사전 확률(prior probability)이 포함되며, 측정 모델은 예측된 현재 상태와 측정을 통해 얻어진 우도값을 이용하여 현재 상태를 갱신하는 단계로도 표현하고 우도가 포함된다. 그림 15-11은 시스템 모델과 측정 모델의 수식적인 표현을 나타낸다.

시스템 모델

$p(x_k|x_{k-1})$ Prior

$$p(x_k|z_{1:(k-1)}) = \int p(x_k|x_{k-1}, z_{1:(k-1)})p(x_{k-1}|z_{1:(k-1)})dx_{k-1}$$

$$\boxed{p(x_k|z_{1:(k-1)}) = \int p(x_k|x_{k-1})p(x_{k-1}|z_{1:(k-1)})dx_{k-1}}$$

측정 모델

$\alpha_k p(z_k|x_k)$ Likelihood

$$p(x_k|z_k, z_{1:(k-1)}) = \frac{p(z_k|x_k, z_{1:(k-1)})}{p(z_k|z_{1:(k-1)})}p(x_k|z_{1:(k-1)})$$

$$\boxed{p(x_k|z_k, z_{1:(k-1)}) = \alpha_k p(z_k|x_k)p(x_k|z_{1:(k-1)})}$$

그림 15-11 시스템 모델과 측정 모델의 표현

이러한 모델의 정의를 통해 재귀적 베이지안 필터는 시간적으로 연속적인 시스템에서 사용이 가능하며, 파티클 필터 역시 이러한 방법을 기본으로 하여 동작하게 된다.

15.5.1 SIS

위에서 설명하였던 재귀적 베이지안 필터 방법을 기반으로 파티클 필터는 연속적인 임포턴스 샘플링(sequential importance sampling) 방법이 적용되었다. 앞서 언급되었던 임포턴스 샘플링 방법은 일반적인 이론이며, 실제 연속적인 영상에 적용하여 물체를 추적하기 위해서는 연속적인 임포턴스 샘플링 방법이 필요하다. 이 방법은 일반적으로 SIS 방법이라고도 하며, 그림 15-12에 의사 코드(pseudo code)로 나타내었다.

$$[\{x_k^i, w_k^i\}\ _{i=1}^{N} = SIS[\{x_{k-1}^i, w_{k-1}^i\}\ _{i=1}^{N}, z_k]$$

for $i = 1 : N$

$x_k^i \sim q(x_k^i | x_{k-1}^i, z_k)$ 현재 파티클 예측

$w_k^i = w_{k-1}^i \dfrac{p(z_k | x_k^i) p(x_k^i | x_{k-1}^i)}{q(x_k^i | x_{k-1}^i, D_k)}$ 가중치 계산

End

그림 15-12 SIS 방법에 대한 의사 코드

N은 파티클들의 총 개수를 의미하며, k는 시간, D는 전체 관측된 측정치들을 의미한다. 이 방법은 시간에 따라서 실제 분포와 제안하는 분포를 이용하여 파티클들의 상태와 가중치를 계산하고, 마르코프 가정(Markov assumption)을 이용하여 파티클들의 현재의 상태와 가중치를 갱신하는데 효과적이다. 가중치를 계산하는 부분은 일반적으로 (식 15-19)와 같이 일반화될 수 있다.

$$w_k^i = w_{k-1}^i \frac{p(z_k | x_k^i) p(x_k^i | x_{k-1}^i)}{q(x_k^i | x_{k-1}^i, z_k)} = w_{k-1}^i p(z_k | x_k^i) \qquad \text{(식 15-19)}$$

15.5.2 SIR

하지만 이러한 방법에는 시간이 지남에 따라 통계적으로 가장 큰 가중치를 가졌던 파티클에서 분포가 집중되어 나머지 파티클들이 유효하지 못한 가중치를 가지게 되는 퇴화 문제(degeneracy problem)가 발생한다. 이러한 문제를 해결하기 위해 사용된 방법은 연속적인 임포턴스 리샘플링(SIR : Sequential Importance Resampling) 방법이다. 이 방법은 작은 임포턴스 가중치를 가지고 있는 파티클들을 제거하고 큰 임포턴스 가중치를 가진 파티클들에게 집중시켜 가중치에 따라 파티클 주변에 새로운 파티클들을 재생산해 내는 방법이다. 그림 15-13은 이러한 SIR의 과정을 직관적으로 표현하였다.

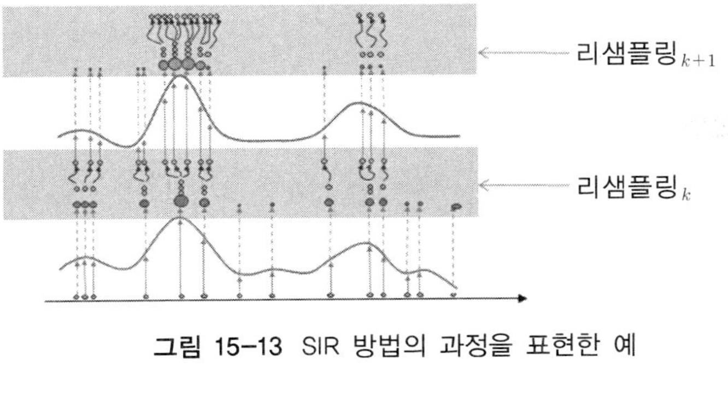

그림 15-13 SIR 방법의 과정을 표현한 예

최근 연구되고 있는 대부분의 파티클 필터들은 SIR 방법을 기반으로 하며, 파티클 필터의 종류는 Generic Particle Filter(GPF), Auxiliary Particle Filter(APF), Rao-blackwellized Particle Filter(RPF)[9], Adaptive Particle Filter(APF) 등이 있다.

본 장에서는 일반적으로 많이 쓰이는 SIR방법에 대해 설명한다. SIR은 앞서 설명한 것과 같이 가중치가 적은 파티클들은 제거하고 가중치가 높은 파티클의 근처에서 가중치에 따라 새로운 파티클들을 재생성시키는 방법이다. 이러한 접근으로 SIS에서 발생할 수 있는 퇴화 현상을 방지하고 보다 효과적으로 물체를 추적하는데 유용하게 설계되어 있다. 이 알고리즘에 대한 순서도는 그림 15-14에 의사 코드로 나타나 있다.

그림 15-14에서의 A와 B는 각각 측정 행렬과 잡음 행렬을 나타내며, $\aleph$는 잡음을 나타낸다. SIR은 그림 15-14와 같은 순서로 매 프레임에서 파티클의 상태와 가중치를 갱신하며 물체를 추적하게 된다.

IF k=0 THEN

N개의 particle 상태 변수 $x_0^{(i)}$, $i = [1, \dots, N]$에 똑같은 독립적인 분포와 가중치 $w_k^{(i)} = \frac{1}{N}$로 particle을 분포시킴

ELSE THEN 입력 : $< x_{k-1}^{(i)}, w_{k-1}^{(i)}, c_{k-1}^{(i)} >, i = [1, \dots, N]$, z_k

FOR i=1, ⋯ , N **DO**

- particle $x_k'^{(i)}$ 선택 하기
  1. 균일 분포의 난수 $r \in [0,1]$ 생성하기
  2. $c_{k-1}^{(i)} \geq r$인 가장 작은 i 찾기
  3. $x_k'^{(i)} = x_{k-1}^{(i)}$
- 새로운 particle $x_k^{(i)} = Ax_k'^{(i)} + B\aleph$ 예측하기
- 가중치 계산하기 $w_k^{(i)} = p(z_k | x_{k-1} = x_k^{(i)})$

END FOR

가중치 정규화하기 $w_k^{(i)} = \frac{w_k^{(i)}}{\sum_i w_k^{(i)}}, \sum_i w_k^{(i)} = 1$

축적 가중치 계산하기 $c_k^{(i)} = c_k^{(i-1)} + w_k^{(i)}$, $i = [1, \dots, N]$

x_k의 기대 값 계산하기 $\sum_{i=1}^{N} w_k^{(i)} \delta(x_k - x_k^{(i)})$

END ELSE

그림 15-14 SIR 알고리즘의 의사 코드

15.6 파티클 필터의 OpenCV 실습

본 장에서는 앞에서 배운 파티클 필터를 실제로 영상에 어떻게 적용하는지 알아보기 위해 간단한 예제로 실험을 하였다. 영상 내에서 물체를 추적하기 위해서는 추적하려는 물체에 대한 사전 지식과 잡음 허용 범위 등을 조정해 주어야 한다.

15.6.1 동적 시스템 모델링

우리가 추적하고자 하는 물체(시스템 상태)에 관한 사전 지식이 필요하다. 예를 들면 관심 물체의 이동 범위가 될 수 있고, 대략적으로 프레임(frame)당 이동속도가 얼마 정도 되는지, 추적하려는 색상 정보는 어떻게 되는지에 대한 사용자의 입력이다. 본 장에서는 그림 15-15와 같은 빨간색 책을 기준으로 설명을 하기로 한다.

그림 15-15 추적할 물체

단순히 영상에서의 책의 위치만 나타내면 되기 때문에 2차원 문제가 되고 상태변수를 (식 15-20)과 같다.

$$\mathbf{x} = [x, y, \dot{x}, \dot{y}]^T \quad \text{(식 15-20)}$$

앞서 배운 내용은 c값이 포함되어 있었으나, 현재 추적하려는 대상은 색상 값을 측정하기 때문에 변수로써 넣지 않는다.

이전 프레임의 상태변수가 현재 프레임의 상태 변수에 영향을 미치는 것을 알아보자. x, y값은 파티클의 위치를 나타내는 정보이고, $\dot{x}, \dot{y}$값은 파티클의 속도를 나타낸다. 따라서 현재 프레임의 위치는 (식 15-21)과 같이 이전 프레임의 속도로 예측할 수 있다.

$$\begin{aligned} x_k &= x_{k-1} + \dot{x}_{k-1} \Delta t \\ y_k &= y_{k-1} + \dot{y}_{k-1} \Delta t \end{aligned} \quad \text{(식 15-21)}$$

위의 식에서 k는 프레임을 나타낸다. 이 관계를 상태 전이 행렬(state transition matrix)로 나타내면 (식 15-22)와 같다.

$$Dyn = \begin{bmatrix} 1 & 0 & \Delta t & 0 \\ 0 & 1 & 0 & \Delta t \\ 0 & 0 & 1 & 0 \\ 0 & 0 & 0 & 1 \end{bmatrix} \qquad \text{(식 15-22)}$$

(식 15-20)과 (식 15-22)를 이용하여 시스템 상태에 관한 사전 지식을 입력하였다. 하지만 예측한 값을 그대로 사용하게 되면 비선형적인 시스템을 표현하기 어렵기 때문에 확산 행렬(diffusion matrix)을 포함하여 동적 시스템을 모델링 하면 (식 15-23)처럼 나타낼 수 있다.

$$\begin{bmatrix} x_k \\ y_k \\ \dot{x}_k \\ \dot{y}_k \end{bmatrix} = \begin{bmatrix} 1 & 0 & \Delta t & 0 \\ 0 & 1 & 0 & \Delta t \\ 0 & 0 & 1 & 0 \\ 0 & 0 & 0 & 1 \end{bmatrix} \begin{bmatrix} x_{k-1} \\ y_{k-1} \\ \dot{x}_{k-1} \\ \dot{y}_{k-1} \end{bmatrix} + \begin{bmatrix} \gamma_{pos} \\ \gamma_{pos} \\ \gamma_{vel} \\ \gamma_{vel} \end{bmatrix} \qquad \text{(식 15-23)}$$

위의 식에서 γ_{pos}는 이동에 대한 잡음이고, γ_{vel}은 속도에 대한 잡음이다.

15.6.2 측정 함수 정의

각 파티클의 가중치를 업데이트하기 위하여 우도를 측정한다. 관심 물체의 특징 중 "빨간색"이라는 특징을 사용한다. 다시 말해 우도는 빨간 정도를 나타내며, 본 교재에서는 여러 가지 측정 방법 중 그림 15-16과 같이 가우시안(Gaussian)으로 측정을 하기로 한다.

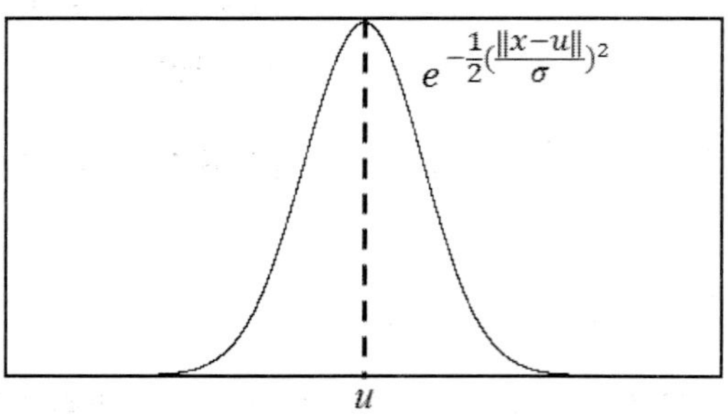

그림 15-16 측정 함수

위의 그림에서 σ는 가우시안의 표준편차이고 u는 그 성분인 R, G, B가 각각 255, 0, 0을 나타내며 x는 파티클이 위치한 화소값이다. 따라서 $\|x-u\|$는 빨간색에 얼마나 근접한지를 나타낸다.

15.6.3 가중치

초기에는 관심 물체가 어디에 있는지 알지 못하기 때문에 파티클을 균일하게 분포시킨 후, 가중치를 업데이트하고 다음 프레임에서 추적을 시작하도록 한다. 또한, 각 파티클의 초기 가중치는 $1/N$으로 균일하게 입력시킨다.

측정 함수로 인해 각 파티클들의 가중치를 구한 후, 가중치의 총합이 1이 되도록 평준화(normalization)를 해야 한다. 왜냐하면 파티클의 집합은 현재 시스템의 확률 밀도 함수(probability density function, pdf)를 표현하기 때문이고, 누적 분포 함수(cumulative distribution function, cdf)는 항상 1이 되어야 하기 때문이다. 각 파티클의 가중치를 (식 15-24)와 같이 측정할 수 있고, (식 15-25)로 평준화한다.

$$\hat{w} = \exp\left(-\frac{1}{2}\left(\frac{||x-u||}{\sigma}\right)^2\right) \quad \text{(식 15-24)}$$

$$w_i = \frac{\hat{w}_i}{\sum_{i=1}^{N} \hat{w}_i} \quad \text{(식 15-25)}$$

15.6.4 구현

파티클 필터는 컴퓨터 비전 분야에서 콘덴세이션(condensation) 알고리즘[10]이라고도 불리며 이는 오픈소스 라이브러리인 OpenCV에 그 구조체와 함수들이 제공되어 있다[11]. 구조체와 함수를 설명하기에 앞서 구현 단계를 일목요연하게 보기 위해 그림 15-17과 같은 흐름도(flowchart)를 참고한다.

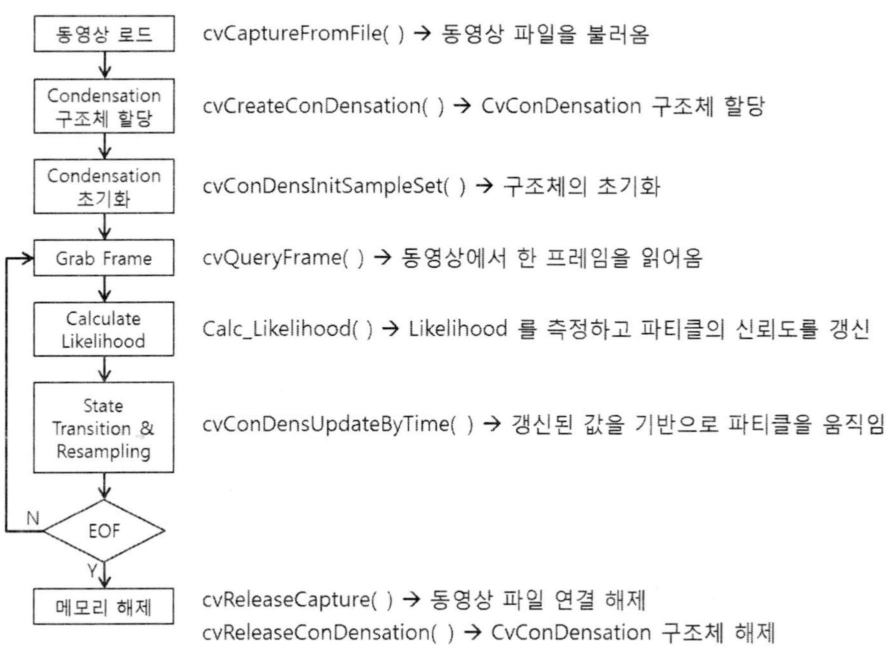

그림 15-17 코드 흐름도

15.6.4.1 콘덴세이션 구조체 할당과 초기화

(1) CvConDensation 구조체

OpenCV 내의 콘덴세이션 구조체는 OpenCV에서 제공되는 문서에 그림 15-18과 같다.

```
typedef struct CvConDensation
{
    int             MP;             // 측정 벡터의 차원
    int             DP;             // 상태 벡터의 차원
    float*          DynamMatr;      // 선형 동적 시스템행렬
    float*          State;          // 상태 벡터
    int             SamplesNum;     // 샘플 개수
    float**         flSamples;      // 샘플 벡터의 배열
    float**         flNewSamples;   // 샘플 벡터를 위한 임시 배열
    float*          flConfidence;   // 각 샘플의 신뢰도
    float*          flCumulative;   // 누적 신뢰도
    float*          Temp;           // 임시 벡터
    float*          RandomSample;   // 샘플 집합을 갱신하기 위한 랜덤 벡터
    CvRandState*    RandS;          // 랜덤 벡터 생성을 위한 구조체 배열
} CvConDensation;
```

그림 15-18 CvConDensation 구조체

이제 콘덴세이션 구조체를 할당하기 위하여 cvCreateConDensation이라는 함수를 알아보자. 마찬가지로 OpenCV 문서에 그림 15-19와 같이 설명되어 있고, 이 함수는 3개의 파라미터만 넣어주면 된다.

cvCreateConDensation (view/add comments)

Allocates the ConDensation filter structure.

```
CvConDensation* cvCreateConDensation(
        int dynam_params,
        int measure_params,
        int sample_count );
```

`dynam_params`	Dimension of the state vector
`measure_params`	Dimension of the measurement vector
`sample_count`	Number of samples

그림 15-19 cvCreateConDensation 함수

dynam_params는 상태변수의 차원, measure_params는 측정 벡터의 차원, 그리고 sample_count는 생성할 파티클의 개수이다. 현재 시스템에서는 각각 4, 2, 1,000으로 입력한다.

```cpp
#include <cv.h>
#include <cvaux.h>
#include <highgui.h>

const int imgWidth = 720;                    //이미지 너비
const int imgHeight = 480;                   //이미지 높이
const int n_particle = 1000;                 //최대 파티클 개수
const int n_stat = 4;                        //상태변수의 차원

void InitConden(CvConDensation* cond){ ... }
double Calc_LikeliHood(IplImage* src, int x, int y){ ... }
void conden(IplImage* src,IplImage* dst,CvConDensation* cond){ ... }

int main() {
    CvCapture* capture = cvCaptureFromFile("books_original.avi");
    IplImage* image = cvCreateImage(cvSize(imgWidth,imgHeight),8,3);
    IplImage* result = cvCreateImage(cvSize(imgWidth,imgHeight),8,3);
    CvConDensation* cond = cvCreateConDensation(n_stat, 2 ,n_particle);

    InitConden(cond);

    while(1) {
        image = cvQueryFrame(capture);
        if(!image)          break;

        conden(image,result,cond);

        cvShowImage("input",image);
        cvShowImage("result",result);
        if(cvWaitKey(10)== VK_ESCAPE)    break;
    }
    cvReleaseImage(&result);
    cvReleaseConDensation(&cond);
    cvReleaseCapture(&capture);
    cvDestroyAllWindows();
    return 0;
}
```

코드 15-2 선언부와 main 함수

(2) 구조체 초기화

구조체를 할당한 후 초기화를 위해 cvConDensInitSampleSet 함수를 알아본다. 이 함수는 입력한 조건에 맞춰 파티클들을 분포시킨다. OpenCV 문서에 그림 15-20과 같다.

cvConDensInitSampleSet (view/add comments)

Initializes the sample set for the ConDensation algorithm.

```
void cvConDensInitSampleSet( CvConDensation* condens,
          CvMat* lower_bound,
          CvMat* upper_bound );
```

그림 15-20 cvConDensInitSampleSet 함수 설명

입력 파라미터 중 condens는 앞서 할당한 콘덴세이션 구조체의 포인터를 넣어주면 되고, lower_bound와 upper_bound는 4×1 행렬로 각각 파티클이 갖는 초기 상태변수의 값을 넣어주면 된다. 상태변수 $\mathbf{x}=[x,y,\dot{x},\dot{y}]^T$의 x,y는 위치를 나타내기 때문에 동영상 크기인 640×480으로 넣어주면 된다. 또한 $\dot{x},\dot{y}$는 초기의 속도인데 본 실습에서는 -10부터 10 사이의 값으로 한다. 따라서 lower_bound 값은 $[0,0,-10,-10]^T$ 으로 하고, upper_bound 값은 $[639,479,10,10]^T$으로 한다.

함수를 호출하게 되면 자동으로 설정해 준 lower_bound와 upper_bound 사잇값으로 파티클들이 균일하게(uniformly random) 분포하게 된다. 또한 $1/N$의 값으로 가중치가 설정되게 된다.

```
void InitConden(CvConDensation* cond) {
    CvMat* lowerBound = cvCreateMat(4,1,CV_32FC1);
    CvMat* upperBound = cvCreateMat(4,1,CV_32FC1);
    // 상태변수의 최소값 설정
    cvmSet(lowerBound,0,0, 0.0);         cvmSet(lowerBound,1,0, 0.0);
    cvmSet(lowerBound,2,0, -10.0);       cvmSet(lowerBound,3,0, -10.0);
    // 상태변수의 최대값 설정
    cvmSet(upperBound,0,0, imgWidth-1); cvmSet(upperBound,1,0, imgHeight-1);
    cvmSet(upperBound,2,0, 10.0);        cvmSet(upperBound,3,0, 10.0);
    ⋮
    cvConDensInitSampleSet(cond,lowerBound,upperBound);
    // 상태 전이 행렬 설정
    cond->DynamMatr[0] = 1.0f;  cond->DynamMatr[1] = 0.0f;  cond->DynamMatr[2] = 1.0f;
    cond->DynamMatr[3] = 0.0f;  cond->DynamMatr[4] = 0.0f;  cond->DynamMatr[5] = 1.0f;
    cond->DynamMatr[6] = 0.0f;  cond->DynamMatr[7] = 1.0f;  cond->DynamMatr[8] = 0.0f;
    cond->DynamMatr[9] = 0.0f;  cond->DynamMatr[10] = 1.0f; cond->DynamMatr[11] = 0.0f;
    cond->DynamMatr[12] = 0.0f; cond->DynamMatr[13] = 0.0f; cond->DynamMatr[14] = 0.0f;
    cond->DynamMatr[15] = 1.0f;
    ⋮
    srand((unsigned)time(NULL));
    // 랜덤 벡터 생성
    cvRandInit(&cond->RandS[0], -10,10, rand());
    cvRandInit(&cond->RandS[1], -10,10, rand());
    cvRandInit(&cond->RandS[2], -5,5, rand());
    cvRandInit(&cond->RandS[3], -5,5, rand());
    ⋮
    cvReleaseMat(&lowerBound);
    cvReleaseMat(&upperBound);
}
```

코드 15-3 콘덴세이션 초기화

15.6.4.2 우도 측정

우도를 측정하는 함수는 구현하고자 하는 시스템에 맞게 설정해 주어야 한다. 본 실습에서는 빨간 영역을 추적하기 위해 그림 15-16의 측정 함수를 이용하여 우도를 측정하였다.

```
double Calc_LikeliHood(IplImage* src, int x, int y){
    double b, g, r;
    double Dist = 0.0, Sigma = 70;

    int offset = (src->widthStep * y) + (x * 3);

    b = (unsigned char)src->imageData[offset + 0];      // 청색 채널
    g = (unsigned char)src->imageData[offset + 1];      // 녹색 채널
    r = (unsigned char)src->imageData[offset + 2];      // 적색 채널

    Dist = sqrt(b * b + g * g + (255 - r) * (255 - r));
    return exp(-Dist * Dist / (2.0 * Sigma * Sigma));   // 가우시안 함수
}
```

코드 15-4 우도 측정 함수

15.6.4.3 가중치 및 파티클 갱신

마지막으로 살펴볼 코드는 계산된 우도를 이용하여 가중치를 갱신하고 파티클의 위치를 갱신하는 부분이다. OpenCV에서는 코드 15-4와 같이 우도 측정 함수를 이용하여 가중치가 갱신되었다면 파티클의 위치를 갱신하는 부분은 그림 15-21과 같이 cvConDensUpdateByTime 함수를 이용하여 간단하게 처리할 수 있다.

```
void  cvConDensUpdateByTime( CvConDensation* condens );
```

그림 15-21 cvConDensUpdateByTime 함수 설명

cvConDensUpdateByTime 함수를 이용하면 파티클의 위치는 가중치가 높은 부분에 더욱 조밀하게 나타나도록 갱신되며, 모든 가중치는 1로 초기화된다.

```
void conden(IplImage* src,IplImage* dst,CvConDensation* cond) {
    cvCopy(src,dst);
    int x_pos, y_pos;
    for (int i = 0; i < cond->SamplesNum; i++) {
        x_pos = (int)(cond->flSamples[i][0]);
        y_pos = (int)(cond->flSamples[i][1]);
        if (x_pos < 0 || x_pos >= imgWidth || y_pos < 0 || y_pos >= imgHeight) {
            cond->flConfidence[i] = 0.0f;    // 영상 밖으로 나간 파티클은 제거
        }
        else {                               // 파티클을 영상에 출력하고 신뢰도를 갱신
            cvCircle(dst, cvPoint(x_pos, y_pos), 1, CV_RGB(0,255,0),2);
            cond->flConfidence[i] = (float)Calc_LikeliHood(src, x_pos, y_pos);
        }
    }
    cvConDensUpdateByTime(cond);             // 변경된 신뢰도를 바탕으로 파티클 갱신
}
```

코드 15-5 가중치 및 파티클 갱신

15.6.4.4 결과

그림 15-22는 적색 원과 청색 사각형, 녹색 삼각형으로 이루어진 패턴을 촬영한 영상이다. 첫 프레임에 고르게 퍼진 파티클들이 프레임 3이면 적색 원에 모여서 다양한 크기와 시점에 상관없이 추적이 되고 있음을 확인 할 수 있다. 이처럼 파티클 필터는 대상이 불규칙하고 다양한 형태로 변화하더라고 절절하게 추적함을 확인할 수 있다. 또한 위의 그림에는 없지만 추적 대상이 다른 물체에 의해 가려서 보이지 않을 때에도 어느 정도 강인한 성능을 보임을 앞의 실습 예로 쉽게 확인할 수 있다.

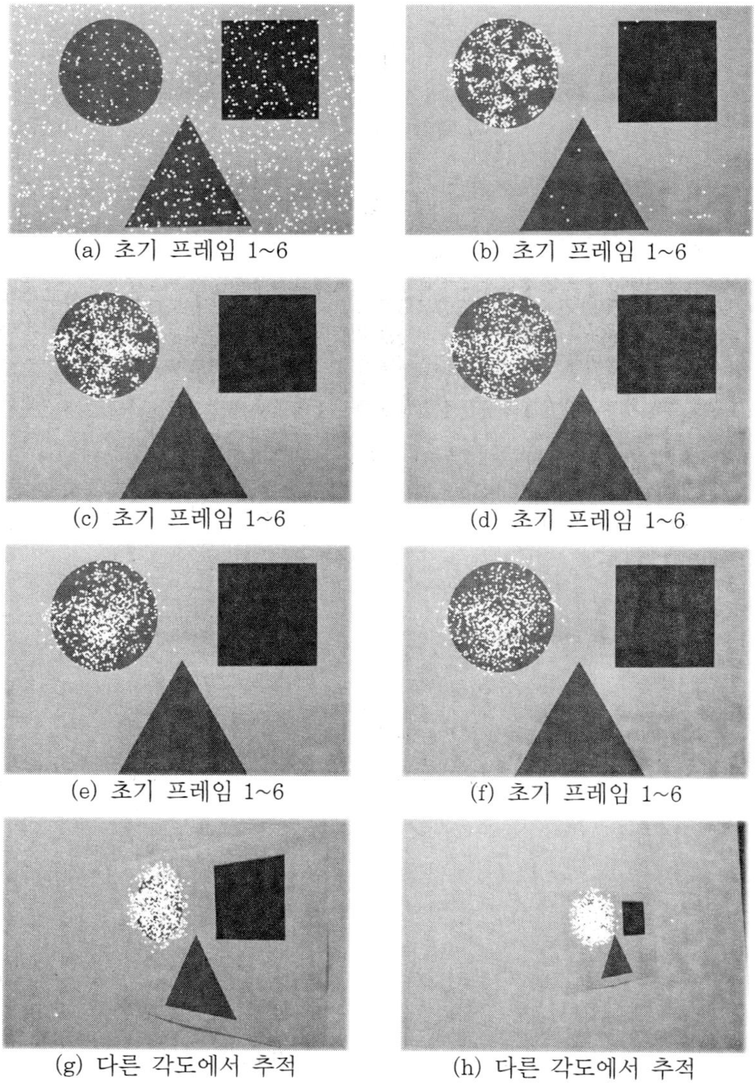

(a) 초기 프레임 1~6 (b) 초기 프레임 1~6

(c) 초기 프레임 1~6 (d) 초기 프레임 1~6

(e) 초기 프레임 1~6 (f) 초기 프레임 1~6

(g) 다른 각도에서 추적 (h) 다른 각도에서 추적

그림 15-22 파티클 필터 실습 결과

15.7 참고문헌

[1] 김성필, "MATLAB활용 칼만 필터의 이해", 아진 출판사, 2010.

[2] Yasir Salih and Aamir Saeed Malik, "Comparison of stochastic filtering methods for 3D tracking," Pattern Recognition, p.2711-2737, 2011.

[3] R. E. Kalman, "A new approach to linear filtering and prediction problems", Journal of Basic Engineering, vol.82, pp.35-45, 1960.

[4] Miodrag Bolic, "Theory and Implementation of Particle Filters", University of Ottawa, 2004

[5] Matthias Muhlich, "Particle Filters : an overview", University Frankfurt, 2003.

[6] Keith Copsey, "Tutorial on Particle Filters", Pattern and Information Processing Group, DERA Malverm.

[7] Chhabi Nigam, "Paticle Filter for Object Tracking", M.E.(SSA), 2007.

[8] McElory Hoffmann, "Particle Filter for Visual Tracking", University of Stellenbosch, 2006.

[9] H Gustaf, K Rickard and Fredrik Gustafsson, "The Rao-wellized Particle Filter: A Filter Bank Implementation", EURASIP, 2011.

[10] Michael Isard and Andrew Blake, "CONDENSATION-Conditional Density Propagation for Visual Tracking", IJCV, 29, 1998.

[11] OpenCV 2.0 Library, Intel.

찾아보기

ㄴ

ㄷ

ㄹ

ㅁ

ㅂ

ㅊ

ㅋ

ㅌ

ㅍ

ㅎ

[저자약력]

신현철(申鉉哲)

1978　서울대학교 전자공학과 공학사
1980　한국과학기술원 전기 및 전자공학 공학석사
1987　U.C. Berkeley 전기 및 컴퓨터 공학 공학박사
현재　한양대학교 전자컴퓨터공학부 교수
　　　IDEC Platform Center소장
http://idec.hanyang.ac.kr

강행봉(康倖奉)

1980　한양대학교 전자공학과 공학사
1986　한양대학교 전자공학과 공학석사
1989　Ohio State University 컴퓨터공학 석사
1993　Rensselaer Polytechnic Institute 컴퓨터공학 박사
현재　가톨릭대학교 디지털미디어학부 교수
http://iim.catholic.ac.kr

곽노준(郭魯濬)

1997　서울대학교 전기공학부 공학사
1999　서울대학교 전기공학부 공학석사
2003　서울대학교 전기컴퓨터공학부 공학박사(패턴인식 전공)
현재　아주대학교 전자공학과 영상처리, 패턴인식 전공
http://image.ajou.ac.kr

김학일(金學一)

1983　서울대학교 제어계측공학과 공학사
1985　(미)퍼듀대학교 대학원 전기컴퓨터공학과 공학석사
1990　(미)퍼듀대학교 대학원 전기컴퓨터공학과 공학박사(패턴인식 전공)
현재　인하대학교 정보통신공학부 교수(컴퓨터비젼 전공)
http://vision.inha.ac.kr

조상복(趙相福)

1979　한양대학교 전자공학과 공학사
1981　한양대학교 대학원 전자공학과 공학석사
1985　한양대학교 대학원 전자공학과 공학박사
현재　울산대학교 전기공학부 교수
　　　울산대 E-vehicle 연구센터 소장
http://cms.ulsan.ac.kr/soc

본 교재는 2011년~2012년 지식경제부 시스템 반도체 설계인력 양성 사업의 지원으로 IDEC Platform Center(한양대학교)에서 수행된 결과물입니다.

정가 29,000원

지능형 차량안전을 위한 영상 및 비전시스템

2012년 11월 20일 초판 인쇄
2012년 11월 30일 초판 발행

저 자 : 신현철·강행봉·곽노준·김학일·조상복
발행자 : 우명찬·송 준
발행처 : 홍릉과학출판사
주 소 : ㊄142-885 서울시 강북구 인수동 455-60
등 록 : 1976년 10월 21일 제5-66호
전 화 : 999-2274~5, 996-8341, 903-7037
팩 스 : 905-6729
ISBN : 978-89-97570-49-2

hongpub@hongpub.co.kr
www.hongpub.co.kr

저자와의 협의하에 인지생략